Die FAQ der PE

Frage	Nein? Dann fehlt es …	Leseanregung
Wissen Sie, nach welchen Kriterien PE-Projekte im Unternehmen entschieden werden?	… an einer aktiven Gestaltung der Beziehung zu Ihren Auftraggebern.	Wie überzeugen? **Seite 307**
Wissen Sie, welche besonderen Herausforderungen im Veränderungsprozess des Unternehmens auf Sie zukommen?	…an einer proaktiven Positionierung der PE als Change Agent.	Wie verhalten? **Seite 319**
Wissen Sie, woher Sie noch PE-Budget erhalten können, wenn der Rotstift alle Budgets gestrichen hat?	…an einer nachhaltigen Begründung des Mehrwertes der PE.	Wie reagieren? **Seite 337**
Wissen Sie, ob Sie PE-Leistung lieber selber erstellen oder sie besser zukaufen sollten?	…an klaren Kriterien zur Entscheidung der Make-or-Buy-Frage.	Make or Buy? **Seite 357**
Wissen Sie, wie Sie die Leistungsfähigkeit der PE zahlengetrieben unter Beweis stellen können?	…an einem definierten Bildungscontrolling.	Wie messen? **Seite 373**
Wissen Sie, wie gut Ihre PE-Aktivitäten im Vergleich zu anderen Unternehmen zu beurteilen sind?	…an einem systematischen Benchmarking.	Was vergleichen? **Seite 389**
Wissen Sie, welche Lerninhalte in Ihrem Unternehmen zukünftig die entscheidenden sind?	…an einem gezielten Prozess zur Gestaltung eines lernenden Unternehmens.	Wie lernen? **Seite 397**

Matthias T. Meifert
Herausgeber

Strategische Personalentwicklung

Ein Programm in acht Etappen

 Springer

Matthias T. Meifert
Kienbaum Management Consultants GmbH
Potsdamer Platz 8
10117 Berlin
matthias.meifert@kienbaum.de

ISBN 978-3-540-29573-0   e-ISBN 978-3-540-29574-7

DOI 10.1007/978-3-540-29574-7

Bibliografische Information der Deutschen Nationalbibliothek
Die Deutsche Nationalbibliothek verzeichnet diese Publikation in der Deutschen Nationalbibliografie; detaillierte bibliografische Daten sind im Internet über http://dnb.d-nb.de abrufbar.

© 2008 Springer-Verlag Berlin Heidelberg

Dieses Werk ist urheberrechtlich geschützt. Die dadurch begründeten Rechte, insbesondere die der Übersetzung, des Nachdrucks, des Vortrags, der Entnahme von Abbildungen und Tabellen, der Funksendung, der Mikroverfilmung oder der Vervielfältigung auf anderen Wegen und der Speicherung in Datenverarbeitungsanlagen, bleiben, auch bei nur auszugsweiser Verwertung, vorbehalten. Eine Vervielfältigung dieses Werkes oder von Teilen dieses Werkes ist auch im Einzelfall nur in den Grenzen der gesetzlichen Bestimmungen des Urheberrechtsgesetzes der Bundesrepublik Deutschland vom 9. September 1965 in der jeweils geltenden Fassung zulässig. Sie ist grundsätzlich vergütungspflichtig. Zuwiderhandlungen unterliegen den Strafbestimmungen des Urheberrechtsgesetzes.

Die Wiedergabe von Gebrauchsnamen, Handelsnamen, Warenbezeichnungen usw. in diesem Werk berechtigt auch ohne besondere Kennzeichnung nicht zu der Annahme, dass solche Namen im Sinne der Warenzeichen- und Markenschutz-Gesetzgebung als frei zu betrachten wären und daher von jedermann benutzt werden dürften.

Herstellung: LE-TEX Jelonek, Schmidt & Vöckler GbR, Leipzig
Einbandgestaltung: WMX Design GmbH, Heidelberg

Gedruckt auf säurefreiem Papier

9 8 7 6 5 4 3 2 1

springer.com

Geleitwort

In den vergangenen 50 Jahren hat sich die Funktion des Personalmanagements auf dramatische Weise entwickelt. Ursprünglich wurde sie im Unternehmen geschaffen, um Managern bei Verhandlungen mit Gewerkschaften über Arbeitsbedingungen und -konditionen zu helfen. Mit der Einsicht, dass der Angestellte wichtiger ist als die materiellen Rahmenbedingungen der Arbeit, verwandelten sich die Industrial Relations in eine Personalfunktion, die Regularien und Verfahren zur Personalauswahl, Training, Vergütung, Kommunikation und den Aufbau des Unternehmens aufstellte. Diese Regularien ermöglichten es Managern, die Mitarbeiter so zu führen, dass sie sich mit dem Unternehmen stärker emotional verbunden und ihm gegenüber mehr verpflichtet fühlten.

Im letzten Jahrzehnt hat sich das HR-Management in seiner Fokussierung auf strategische Aufgaben deutlich weiterentwickelt. Bei der strategischen HR-Arbeit geht es nicht mehr nur darum, Personen mit Respekt und Würde zu behandeln sowie ihr Commitment zum Unternehmen sicherzustellen. Strategisches HR-Management betrifft die Zielorientierung des Commitments. Ist das Commitment nicht zielorientiert, dann handelt es sich um unfokussierte Energie. Mit einer Zielorientierung wird das Commitment zu einem Hilfswerkzeug für die Erreichung der gesteckten Ziele und Zwecke. Dabei richtet die Unternehmensstrategie das Unternehmen aus. Das strategische HR-Management dient dazu, die Mitarbeiter zur Implementierung dieser Strategie anzuhalten. So verstanden, erhält das Commitment der Mitarbeiter eine Zielrichtung und eine Bestimmung.

Die Ideen des strategischen HR-Managements haben ihre Wurzeln in vielen Teilen der Welt. In Japan ist das Strategische eng mit den Begriffen Qualität, Lean Management und Six Sigma verbunden. Führende Firmen wie Toyota, Mitsubishi, NEC und Panasonic waren vorherrschend in der Gestaltung von hoch qualitativen Produkten, Produktionsprozessen und Vertriebssystemen. Diese im Wesentlichen erfolgreichen Firmen waren von „japanischen Management"-Techniken gekennzeichnet, die Kooperation, Partizipation in der Entscheidungsfindung und Konsens förderten (Ouchi, 1982). Viele Management-Techniken des strategischen HR-Managements haben ihre Wurzeln in Nordamerika, dazu gehören die Bereiche der strategischen Planung, der Strategieumsetzung (Charan, Bossidy

& Burck, 2002), des Leadership Development (Hesselbein & Goldsmith, 2006), Change Management (Kotter, 1996), Management der Unternehmenskultur (Ulrich, Ashkenas & Kerr, 2002), Organization Design (Ulrich et al., 2002) und Profile von erfolgreichen Firmen (Collins, 2001). Diese Gedanken konzentrieren sich auf den Beitrag zur Wertschöpfung, den HR-Professionals in einem Unternehmen durch den Aufbau von organisationalen Ressourcen und Fähigkeiten schaffen können (Ulrich & Smallwood, 2003; Ulrich & Brockbank, 2005).

Europa blickt auf eine langjährige Tradition von innovativen Arbeiten zum Thema HR-Management zurück. Diese beinhaltet die sozio-technischen Arbeiten, in denen darüber berichtet wird, wie Technologien an den Menschen angepasst werden um eine bessere Gestaltung und Produktion der Güter und Dienstleistungen zu erzielen (Emery, 1959). Die Gestaltung der Beziehungen zu Gewerkschaften anhand von Mitbestimmung, das Prinzip der Berufsausbildung und die globale Organisation (Evans & Pucik, 2002) basieren alle auf HR-Innovationen aus Europa.

Das vorliegende Buch baut auf dieser Tradition auf, indem es die strategische Personalentwicklung in den Fokus nimmt, und führt sie fort. Das Buch konzentriert sich eher auf den deutschsprachigen Zielmarkt. Die dargelegten Gedanken haben aber Allgemeingültigkeit und gelten sowohl für ganz Europa als auch für Asien und Nordamerika. Die Aufsätze vermitteln ein Verständnis sowohl von vergangenen Leistungen und Errungenschaften in der strategischen Personalentwicklung als auch von Entwicklungsbedarfen für die Zukunft. Die Beiträge bieten Einblicke in das, was Linienmanager von Professionals des Personalwesens, die zur Wertschöpfung des Unternehmens beitragen, erwarten können. Sie geben auch spezifische Leitlinien für Prozesse und Instrumente, die Personalentwickler beherrschen sollten, um zur Wertschöpfung des Unternehmens beitragen zu können.

Der Lektüre der Aufsätze kann ich sieben Themen entnehmen, die aufzeigen, in welche Richtung das strategische HR-Management sich in Zukunft bewegen sollte.

1. **Die Strategie mit HR-Praktiken verknüpfen**.
   Meiferts (Was ist strategisch an der strategischen Personalentwicklung?), Jochmanns (Status Quo der Personalentwicklung – eine Bestandsaufnahme) und Hölzles (Strategien der Personalentwicklung) Aufsätze zeigen auf, dass der Bedarf besteht, das HR-Management mit der Unternehmensstrategie zu verknüpfen, und stellen Typen von

HR-Plänen (People, Functional und Business) dar, die dem HR-Management die Wertschöpfung ermöglichen. Sie heben außerdem hervor, in welchen Bereichen das HR-Management in der Vergangenheit Schwierigkeiten in der Bereitstellung vorausblickender Pläne hatte.

2. **Professionelle Standards gewährleisten**
Döring (Strategische Personalentwicklung – Vision und realistische Perspektive) liefert einen Beitrag zur Anerkennung des professionellen Status des HR-Managements. Dieser Aufsatz zeigt, dass Professionelle des Personalwesens vollständig in der Lage sein müssen, ihre Arbeit mit dem Geschäftsbetrieb in Verbindung zu bringen und dass sie eine Vielfalt von Prozessen beherrschen müssen (Organisationsentwicklung, Corporate Development, Kommunikation und Technologie), um neue professionelle Standards zu erfüllen.

3. **Organisationale Fähigkeiten aufbauen**
Der Fokus des neuen HR-Managements liegt nicht nur auf Talenten und Personen, sondern auch auf Organisationen und Prozessen. Ihre Fähigkeiten verkörpern die Identität einer Organisation so, wie sie von Kunden wahrgenommen wird und wie sie in HR-Verfahren verankert ist. Döring (Was messen? Umriss eines modernen Bildungscontrollings) diskutiert die Kontrollprozesse für Kosten, Qualität, Strategie und Berichterstattung. Kombiniert formen diese Prozesse die Unternehmenskultur (Meifert & Weh: Kultur-Management) und ermöglichen es, innerhalb der Organisation eine Identität zu kreieren, die auf den Kunden außerhalb zugeschnitten ist. Geithner, Krüger und Pawlowsky (Wer lernt? Wissensmanagement in der lernenden Organisation) behandeln die Frage, in wieweit Organisationen fähig sind, Wissen zu akquirieren oder zu lernen. Sie zeigen, dass die Fähigkeit zu lernen in einem Unternehmen ein erwünschtes Ergebnis von guter HR-Arbeit ist und sie verdeutlichen die verschieden Arten, wie Wissen generiert und durch das Unternehmen weggeneralisiert werden kann.

4. **Die Vorbereitung von HR-Maßnahmen**
Um in einem Wissenszweig systematisch voran zu kommen, müssen Mittel existieren, die sowohl seine Aktivität als auch seine Bedeutung messen. Im letzten Jahrzehnt sind Messtechniken im HR-Management im Trend gewesen (Becker, Huselid & Ulrich, 2001). Die Aufsätze von Girbig (Steuerung der Personalentwicklung) und von Girbig und Meifert (Was vergleichen? Zum Sinn von PE-Benchmarks) berichten, wie HR-Kosten gemessen werden sollten und wie das HR-

Management Benchmarking betreiben könnte und sollte, um das Leistungsverhalten sicher zu stellen.

5. **Innovationen und Integration von HR-Praktiken**
Damit das HR-Management vorankommt, müssen traditionelle Taktiken und Verfahren weiterentwickelt werden. Dieser Sammelband bietet einige nützliche Einblicke in das, was für einige dieser Schlüsselpraktiken „als Nächstes kommen wird". Schwerpunkt der Innovationen in den HR-Verfahren wird die Integration der verschiedenen Verfahren sein. Von Preen, Blang, Costa und Kuhnert (Performancemanagement) zeigen, dass die traditionelle Performance-Bewertung mit der Unternehmenskultur und den Geschäftsergebnissen gekoppelt werden muss, um effektiv zu sein. Fredersdorf und Glasmacher (Weiterbildungsmanagement) zeigen, dass übliche Weiterbildungsmaßnahmen mit der Unternehmensstrategie und den wirtschaftlichen Rahmenbedingungen verknüpft sein können und sollten. Feninger und Bruhn (Weiterbildung in einem führenden Industrieunternehmen der deutschen Elektroindustrie) diskutieren über Möglichkeiten, die üblichen Weiterbildungsmaßnahmen zu Entwicklungsmaßnahmen in Einklang mit der Unternehmensstrategie zu erweitern. Bei den in den Weiterbildungsmaßnahmen entwickelten Kompetenzen sollte es sich um die Kompetenzen handeln, die der Strategie entspringen und diese antreiben. Schorp und Heuer (Führungskräfteentwicklung an einem Praxisbeispiel) berichten, wie Professionelle des Personalwesens traditionelle Coaching-Methoden erweitern können, so dass Führungskräfte durch diese nicht nur über ihr persönliches Verhalten Feedback erhalten, sondern auch über ihre Fähigkeiten in Bezug auf die Umsetzung der Strategie.

6. **Das neue HR-Management umsetzen**
HR-Management muss in neuen und kreativen Weisen umgesetzt werden. Bittlingmaier (Wie überzeugen? Zum Umgang mit Auftraggebern von PE-Projekten) zeigt, dass HR-Prozesse in gezielte Projekte aufgeteilt werden können. Jedes Projekt kann dann mit Disziplin und Strenge gemanagt werden, um den Erfolg des HR-Managements sicherzustellen. HR-Grundsätze bleiben oft zu unklar und zu langfristig angelegt. Der Fokus auf das HR-Projekt unterstreicht die Bedeutung von Ergebnissen und vermittelt Zurechnungsfähigkeit. Seigfried (Machen oder Kaufen? Für und Wider dem Outsourcing von PE) wägt die Vor- und Nachteile ab, die die interne Abwicklung der HR-Aufgaben bzw. das Outsourcing von diesen bringen. In den letzten Jahren haben viele große Unternehmen ihre gesamten administrativen

HR-Aufgaben oder Teile dieser externalisiert. Einige strategische HR-Aufgaben müssen jedoch internalisiert werden, um sicherzustellen, dass das Unternehmen über einen eindeutigen Standpunkt verfügt.

7. **Neue wirtschaftliche Kontexte erfassen und das HR-Management daran angleichen**
Teschner (Wie verhalten? PE unter veränderten Rahmenbedingungen) spricht davon, dass das HR-Management sich kontinuierlich weiterentwickeln und an dynamische, von Veränderungen geprägte wirtschaftliche Kontexte angepasst werden muss. Wandel in Technologien, Wettbewerb und Demographie sowie die Globalisierung werden eine permanente Anpassung im HR-Management notwendig machen.

Alle nicht genannten Beiträge dieses Werkes lassen sich nicht eindeutig einer dieser Richtungen zuschreiben, sondern sind interdisziplinär zu verstehen und stellen eine Verbindung zwischen den Themen her. Insgesamt können und sollten diese sieben Erkenntnisse einen Leitfaden für Personalabteilungen und Professionals des Personalwesens darstellen. Das strategische HR-Management wird in der Lage sein, Konzepte in Aktionen umzuwandeln. Dieses Buch zeigt den intellektuellen Bezugsrahmen rund um Strategie, Standards, Fähigkeiten, Maßnahmen, Integration, Umsetzung und wirtschaftliche Bedingungen auf, der das HR-Management in den kommenden Jahren maßgeblich prägen wird. Ein Lob für die Verfasser und Herausgeber sollte ausgesprochen werden, da diese Stellung dazu nehmen, wie das strategische HR-Management und insbesondere die betriebliche Personalentwicklung sich in Zukunft entwickeln kann.

Prof. Dave Ulrich, Ph.D.

Universität von Michigan und Partner der RBL Gruppe

Literatur

Becker, B., Huselid, M. & Ulrich, D. (2001). *The HR Scorecard: Linking people, strategy, and performance.* Boston: Harvard Business School Press.

Charan, R., Bossidy, L. & Burck, W. (2002). *Execution: The Discipline of Getting Things Done*. New York: Crown Books.

Collins, J. (2001). *Good to Great*. New York: Collins.

Emery, F. E. (1959). *Characteristics of Socio-technical Systems: A Review of Critical Theory and Facts*. London: Tavistock Institute of Human Relations.

Evans, P. & Pucik, V. (2002). *The Global Challenge: Frameworks for International Human Resource Management*. New York: McGraw-Hill.

Hesselbein, F. & Goldsmith, M. (2006). *Leader of the Future II*. San Francisco: Jossey Bass.

Kotter, J. (1996). *Leading Change*. Boston: Harvard Business School Press.

Ouchi, W. (1982). *Theory Z*. New York: Avon Books.

Ulrich, D. & Brockbank, W. (2005). *The HR Value Proposition*. Boston: Harvard Business School Press.

Ulrich, D. & Smallwood, N. (2003). *Why the Bottom Line Isn't*. New York: Wiley.

Ulrich, D., Ashkenas, R. & Kerr, S. (2002). *GE Workout*. New York: Wiley.

Vorwort des Herausgebers

> Mach die Dinge so
> einfach wie möglich
> – aber nicht einfacher.
>
> Albert Einstein

Ein Buch über strategische Personalentwicklung (PE) herauszugeben, das macht in mehrfacher Weise verdächtig. Verdächtig, weil schnell der Vorwurf des Etikettenschwindels nahe liegt. Ist das Etikett *strategisch* nicht lediglich ein neuer Schlauch für den alten Wein einer professionellen und bedarfsorientierten Personalentwicklung? Oder noch viel schlimmer: Ist die strategische PE nicht ein Artefakt – ein künstliches Phänomen – was in der Realität ohnehin nicht vorkommt? Und ohnehin, betreiben nicht die meisten deutschen Unternehmen eine moderne und damit strategische Personalentwicklung? Ist damit der Begriff der *strategischen Personalentwicklung* nicht eine Worthülse und damit potentiell inhaltsleer? Warum also dann dieses Buch?

Überdeutlich bringt es einer meiner Klienten auf den Punkt: „Bei uns ist die Personalentwicklung *Karibik*. Anstelle der Bedarfsorientierung steht das Lustprinzip. Anstelle von Selters werden Cocktails geschlürft". Was meint der Personaldirektor eines großen deutschen Finanzdienstleistungsunternehmens mit dieser pointierten Umstandsbeschreibung? Nun, er ist unzufrieden mit dem Status Quo. Er sieht seine PE in einer Nische eingerichtet, in der sie Aufgaben wahrnimmt, die mehr von den persönlichen Präferenzen der Handelnden geleitet sind als von der betrieblichen Notwendigkeit. Auch wenn dieses Bild etwas überzogen ist, verdeutlicht es auf eindrucksvolle Weise den Handlungsbedarf. Die PE wird in deutschen Unternehmen häufig in einer Art und Weise betrachtet, die für sie nicht förderlich ist. Auf der einen Seite betont nahezu jede unternehmerische Verlautbarung den Wert der Mitarbeiterentwicklung. Auf der anderen Seite sehen sich die Personalentwickler nach wie vor einem starken Rechtfertigungsdruck ausgesetzt. Häufig werden ihnen pikante Fragen gestellt: Was bringt die Personalentwicklung? Woran lässt sie sich messen? War das eingesetzte Geld sinnvoll investiert? Warum ist sie pro Mitarbeiter so teuer? Kommen wir nicht auch ohne eigene Trainer aus? Oder: Warum kann die Konkurrenz für 30 Prozent weniger ihre Mitarbeiter entwickeln? Ähnliches fördert eine Studie der Unternehmensberatung McKinsey zu Tage. Sie interviewte Vorstände und fragte nach der Bedeutung der Personalentwicklung im Unternehmen. Die dokumentierten Äußerungen sind wenig schmeichelhaft: „Weiterbildung hat wohl in der Summe eine hohe Bedeutung. Diese Potenziale werden in unserem Unternehmen kaum genutzt." Ein anderer Manager meint: „Unser Trainingsprogramm ist historischer Wildwuchs, eine gezielte Schwerpunktsetzung ist kaum zu erkennen." Oder: „50 Prozent unserer Bildungsausgaben sind wahrscheinlich vergeblich. Wir wissen leider nicht, welche 50 Prozent." (Pichler, 2003).

An dieser Stelle setzt dieses Buch an. Es versteht sich als ein Plädoyer für einen grundlegend anderen Zugang zur Personalentwicklung. Der Schlüssel liegt in einer konsequenten Orientierung der Personalentwicklung an der Unternehmensstrategie oder kurz in der strategischen Personalentwicklung. Gemeint ist eine nachhaltige Ausrichtung sämtlicher Personalentwicklungsinstrumente und -aktivitäten auf die Unternehmensstrategie. Konkret heißt dies, dass die Personalentwicklung in enger inhaltlicher und zeitlicher Nähe zur unternehmensstrategischen Planung vorbereitet wird. Die Personalentwicklung versteht sich so als (Business-) Partner der anderen Organisationseinheiten und unterstützt sie bei der Erfüllung ihrer strategischen Vorgaben mit ihrem spezifischen Know-how. In diesem Verständnis entwickelt sich die ausschließlich Kosten produzierende Organisationseinheit PE zu einem vollwertigen Geschäftsbereich mit eigenem Leistungsspektrum und Beitrag zum Erfolg des Unternehmens.

Zugegeben, dieser Anspruch ist nicht ganz neu. Trotzdem ist eine nachhaltige Strategieorientierung im betrieblichen Alltag häufig noch Mangelware. Sei es aus fehlenden Ressourcen, Wissen oder aufgrund von inkonsequenter Umsetzung. Im Ergebnis werden häufig die Chancen, die mit einer strategischen Personalentwicklung einhergehen, vergeben. In einer US-amerikanischen Kolumne klingt dieser Umstand wie folgt: „Nach zwanzig Jahren hoffnungsvollen und vollmundigen Absichtserklärungen, ein strategischer Partner zu werden, mit einem Platz in gewichtigen Vorstandssitzungen, ist die Realität ernüchternd. Die meisten HR-Professionals haben weder einen Platz in den wichtigen Gremien noch einen Schlüssel zu dem Meetingraum, in dem hinter verschlossenen Türen getagt wird." (Hammonds, 2005, Übersetzung durch den Autor) Auch wenn der Text etwas überspitzt formuliert ist, macht er das Umsetzungsdilemma deutlich. Es wird viel von strategischer Orientierung gesprochen, aber wenig davon eingehalten. Was bedeutet das für die Personalentwicklung in deutschen Unternehmen? Die PE muss sich dem Vorurteil des *Betriebspädagogen*, der nur für die weichen Themen zuständig ist, entziehen und sich als (Mit-) Unternehmer positionieren. Dazu ist sowohl ein Mentalitäts-, Kompetenz- und Strukturwandel nötig. Dieses Buch versteht sich als handlungsorientierter Leitfaden, um diesen notwendigen Prozess zu befördern.

Diesen Herausgeberband zu realisieren, war eine längere Geburt und nur mit der Hilfe und Unterstützung von Vielen möglich. Allen voran sei den Autoren gedankt, die sich bereitwillig und engagiert an die Arbeit gemacht haben und (fast) pünktlich ihre Beiträge abgeliefert haben. Besonders hilfreich waren die Anregungen von Prof. Dave Ulrich, der diese Schrift maßgeblich geprägt hat. Frau Dr. Martina Bihn vom Springer-Verlag hat wie gewohnt das Projekt in vorbildlicher Weise unterstützt. Das Projektmanagement lag in den Händen von meinem Kollegen Johannes Sattler. Er hat alle Klippen und Fallstricke, die bei der Produktion eines Herausgeberwerkes lauern, sicher umschifft und mit Nachdruck die Autoren zur Abgabe ihrer Texte ermuntert. Weitere Unterstützung erhielt ich von meinem Berliner und Düsseldorfer Kienbaum-Team. Meine Kollegen haben maßgeblich zur besseren Lesbarkeit des Textes beigetragen und zuverlässig orthographische und sprachliche Überarbeitungen des Manuskriptes ausgeführt. Danken möchte ich auch den Studierenden an der European Business School, der Hamburg School of Business Administration und der Technischen Universität Berlin für ihre konstruktiv-kritischen Fragen und befruchtenden Diskussionen in meinen Lehrveranstaltungen.

An dieser Stelle ein Hinweis: Ich habe bewusst in Kauf genommen, dass es leichte inhaltliche Redundanzen gibt, da die einzelnen Beiträge in sich argumentativ abgerundet sind. Jeder Artikel ist sorgfältig ausgewählt und folgt stringent dem roten Faden des Buches. Einführende Beiträge sowie eine Vielzahl an strukturierenden Abbildungen sollen der Orientierung dienen. Die Autoren haben unterschiedliche Schreibstile, die ich absichtlich nur vorsichtig angeglichen habe. Aus Gründen der Vereinfachung und besseren Lesbarkeit des Textes wird in allen Beiträgen stets die maskuline Form verwendet. Gemeint und angesprochen sind selbstverständlich sowohl Frauen als auch Männer. Ich wünsche Ihnen eine informative und fruchtbare Lektüre. Möge dieser Text einen Beitrag dazu leisten, dass die Personalentwicklung in deutschen Unternehmen eine unangefochtene Position einnimmt. Eine Position, die sie nach meiner Überzeugung verdient. Anregungen und Verbesserungsvorschläge würden mich freuen. Meine Kontaktdaten finden sich im Kapitel Autorenangaben.

Berlin im August 2007

Matthias T. Meifert

Literatur

Hammonds, K. H. (2005). Why we hate HR. *FastCompany, 97.* Online abgerufen am 23. April 2007 von: http://www.fastcompany.com/magazine/97/open_hr.html.

Pichler, M. (2003). Was Vorstände von Trainings erwarten. *Wirtschaft & Weiterbildung, 5,* 8 – 12.

Inhaltsverzeichnis

Kapitel 1: Einführung in die strategische Personalentwicklung

Was ist strategisch an der strategischen Personalentwicklung?
Matthias T. Meifert 3

Status Quo der Personalentwicklung – eine Bestandsaufnahme
Walter Jochmann 29

Strategische Personalentwicklung – Vision und realistische Perspektiven
Klaus W. Döring 45

Kapitel 2: Die strategische Personalentwicklung in acht Etappen

Prolog – Das Etappenkonzept im Überblick
Matthias T. Meifert 69

Etappe 1: Strategien der Personalentwicklung
Philipp Hölzle 83

Etappe 2: Steuerung der Personalentwicklung
Robert Girbig 111

Etappe 3: Kompetenzmanagement
Stefan Leinweber, Sebastian Rütter & Barbara Honsel 139

Etappe 4: Performancemanagement
Alexander von Preen, Hans-Georg Blang, Giuseppe Costa & Bernd Kuhnert 167

Etappe 5: Talentmanagement
Piotr Bednarczuk & Nadja Wendenburg 199

Etappe 6: Weiterbildungsmanagement
Frederic Fredersdorf & Beate Glasmacher 221

Etappe 7: Retentionmanagement
Matthias T. Meifert 267

Etappe 8: Kulturmanagement
Saskia-Maria Weh & Matthias T. Meifert 291

Kapitel 3: Erfolgskritische Fragen der Personalentwicklung

Wie überzeugen? Zum Umgang mit Auftraggebern von PE-Projekten
Torsten Bittlingmaier 307

Wie verhalten? PE unter veränderten Rahmenbedingungen
Carsten Teschner & Antje Eidel 319

Wie reagieren? Umgang mit Budgetkürzungen
Thomas Hartmann 337

Make or Buy? Für und Wider dem Outsourcing von PE
Michaela Seigfried 357

Wie messen? Umrisse eines modernen Bildungscontrollings
Klaus W. Döring 373

Was vergleichen? Zum Sinn von PE-Benchmarks
Robert Girbig & Matthias T. Meifert 389

Wie lernen? Wissensmanagement in der lernenden Organisation
Silke Geithner, Veronika Krüger & Peter Pawlowsky 397

Kapitel 4: Alltag der strategischen Personalentwicklung

Führungskräfteentwicklung in der Praxis
Stephanie Christina Schorp & Stefan Heuer 419

Weiterbildung in einem führenden deutschen Industrieunternehmen
Gerd Feninger & Horst-Dieter Bruhn 457

Anhang: Verzeichnisse

Glossar 481

Autoren 497

Stichwortverzeichnis 509

Kapitel 1

Einführung in die strategische Personalentwicklung

Was ist strategisch an der strategischen Personalentwicklung?

Matthias T. Meifert

Der Begriff „strategisch" ist modern. Er wird in inflationärer Weise in Vorträgen und Praktikerbeiträgen verwendet. Es wird vom strategischen Planungsprozess gesprochen, die Notwendigkeit von Geschäftsfeldstrategie hergeleitet und gar in Bestsellern die Mäuse-Strategie dem Manager von heute empfohlen (Johnson, 2000). Und wohl jede Führungskraft verfügt über einen zumindest rudimentären Wortschatz des Strategischen. Die viel benutzte Suchmaschine Google weist für den Begriff der Strategie alleine 54.700.000 Einträge[1] auf. Und auch vor der Personalentwicklung (PE) macht der Begriff – wie dieses Buch dokumentiert – nicht halt. Ziel dieses ersten Beitrages ist es, in die Diskussion um die strategische Personalentwicklung und das vorliegenden Buchkonzept einzuführen.

Es bietet sich dazu an, die beiden zentralen Begriffe „Personalentwicklung" und „strategisch" getrennt voneinander zu betrachten. Zunächst soll es darum gehen, welche Auffassung von PE diesem Buch zu Grunde liegt. Anschließend wird aufgezeigt, welche Vorzüge eine strategische PE hat, in dem die typischen Defizite der PE im betrieblichen Alltag ausgeleuchtet werden. Mittels des gedanklichen Dreisprungs Strategie – strategisches Management – Personalentwicklungsstrategie wird dann erläutert, von welchem Strategieverständnis die vorliegenden Beiträge ausgehen. Ein weiterer Abschnitt fasst die Argumentation zusammen und umreißt was mit strategieorientierter Personalentwicklung gemeint ist. Die anschließende Vorschau auf die einzelnen Kapitel des Buches zeigt, in welche Handlungsfelder sich die strategieorientierte Personalentwicklung zerlegen lässt und bietet Orientierung.

---

[1] Stand vom 6. Juli 2007

1. Begriff der Personalentwicklung

Ein Buch, das sich der strategischen PE widmet tut gut dran, offen zulegen, was im Folgenden unter Personalentwicklung verstanden wird. Dass dies keine rein akademische Übung ist, sondern dringend inhaltlich geboten ist, hat Neuberger mit seiner Auflistung von 18 unterschiedlichen PE-Definitionen verdeutlicht (Neuberger, 1994, S. 1 ff.). Kurz gesagt, es ist nach wie vor in der wissenschaftlichen, wie betrieblichen Fachdiskussion umstritten, was exakt PE ist. Häufig entstehen die Missverständnisse bei der Frage, wie die Grenzlinie zwischen der betrieblichen Weiterbildung und der Personalentwicklung verläuft. In einem engen Begriffsverständnis, welches die klassische Personalwirtschaftslehre benutzt, werden Personalentwicklung und betriebliche Weiterbildung gleichgesetzt (Staehle, 1999, S. 872). In einem weiteren Begriffsverständnis wird Personalentwicklung definiert als die Summe von Tätigkeiten, die für das Personal nach einem einheitlichen Konzept systematisch vollzogen werden. „Sie haben in Bezug auf einzelne Mitarbeiter aller Hierarchie-Ebenen eines Betriebs Veränderungen ihrer Qualifikation und/oder Leistung durch Bildung, Karriereplanung und Arbeitsstrukturierung zum Gegenstand. Sie geschehen unter Berücksichtigung des Arbeits-Kontextes, wobei ihre Orientierungsrichtung die Erreichung (Erhöhung des Erreichungsgrades) von betrieblichen und persönlichen Zielen ist. Bereits diese Orientierung legt eine spezifische Art und Weise der Erfüllung der Personalentwicklungsaufgaben nahe: „Die Zusammenarbeit der Betroffenen bei der Bedarfsermittlung, Programmplanung und -durchführung, sowie Kontrolle" (Berthel, 1997, S. 226). Oder kurz gefasst: „Personalentwicklung umfasst alle Maßnahmen der Bildung, der Förderung und der Organisationsentwicklung, die zielgerichtet, systematisch und methodisch geplant, realisiert und evaluiert werden" (Becker, 2005, S. 8).

Aus den Definitionen von Berthel und Becker wird deutlich, dass Personalentwicklung umfassender verstanden werden muss als im Sinne betrieblicher Weiterbildung. Die Personalentwicklung wirkt wie die betriebliche Weiterbildung auf das Qualifikationsprofil und die Arbeitsbedingungen der Mitarbeiter ein, bedient sich dabei aber einer größeren Anzahl an Instrumenten und Herangehensweisen. So verstanden ist die betriebliche Weiterbildung ein Kernelement der Personalentwicklung (vgl. Döring & Ritter-Mamczek, 1999, S. 304; Schanz, 2000, S. 484; Staehle, 1999, S. 872) oder systemtheoretisch ausgedrückt: Die Weiterbildung ist ein Subsystem des Systems Personalentwicklung.

2. Herausforderungen der betrieblichen Personalentwicklung

Wie ist es um den Zustand der PE im betrieblichen Alltag bestellt? Schließlich sehen sich nach wie vor Personalentwickler in deutschen Unternehmen einem starken Rechtfertigungsdruck ausgesetzt. Welche Ursachen können dafür verantwortlich sein, dass die Personalentwicklung sich in einer derartigen Lage in deutschen Unternehmen befindet? Anders formuliert: Warum gelingt es den Personalentwicklern wenig, ihren Wertschöpfungsbeitrag für das Unternehmen deutlich zu machen? Oder noch finaler gefragt: Kann die Personalentwicklung ihre Daseinsberechtigung begründen? Diese Fragestellung ist aktueller denn je. In einigen deutschen Großunternehmen ist der Trend zu erkennen, PE-Leistungen möglichst auszulagern (Outsourcing). Auch sind die Prognosen für die Entwicklung der Mitarbeiterzahlen in Verwaltungsfunktionen nicht unbedingt beruhigend. So würden die Betriebe der Schlüsselindustrien in den nächsten fünf bis zehn Jahren 120.000 der 152.000 Arbeitsplätze streichen. Betroffen sei auch das Personalwesen (Dohmen, 2006, S. 17). Döring sieht ohnehin die PE insgesamt in einem gefährlichen Fahrwasser: „Wohl in keinem betrieblichen Handlungsfeld klafft derart der Anspruch und Wirklichkeit auseinander, wie auf dem Sektor der Personalentwicklung. Die betriebliche PE genieße allen Verlautbarungen zum Trotz nach wie vor den *Hauch* des Nachgeordneten, des Zweitrangigen, des *Nicht-so-Wichtigen*". (Döring, 2008). Werden die Analyseergebnisse von typischen Beratungsprojekten der Kienbaum Management Consultants GmbH zusammengefasst, dann ergibt sich das folgende Bild der PE (vgl. Tabelle 1).

Tabelle 1. Typische SWOT-Analyse der betrieblichen PE (Stärken & Schwächen)

Stärken	Schwächen
• große Vielfalt an PE-Instrumenten	• geringe Messbarkeit der Programme, Tools und eigenen Effizienz
• Bewusstsein für die Bedeutung von PE in den Unternehmen vorhanden	• wenig Vernetzung der PE-Instrumente
• PE Know-how in den Konzernunternehmen und größeren Mittelständlern gut ausgeprägt	• zu komplizierte Instrumente
• PE unterhält etablierte interne Kundenbeziehungen zu den Führungskräften	• ein eigener Strategieprozess fehlt
	• Mangel an unternehmensstrategischen Kompetenzmodellen
• gutes Kundenfeedback bei den Aspekten Servicequalität, Kunden- und Bedarfsorientierung	• Opportunismus und fehlende Langfristigkeit
	• geringes PE-Know-how in kleineren Unternehmen

Chancen	Risiken
• Akzeptanz von PE als Erfolgsfaktor • ganzheitliche Sicht der Unternehmensentwicklung • Akzeptanz der PE-Steuerungsmodelle und der Wirksamkeitsketten	• Kostensensibilität und Verschärfung von Input-Output-Relation • Personalqualitäten und Kompetenzprofilierung in HR • Virtualisierung und Outsourcing von HR Prozessen/Instrumenten

Welche Ursachen können als Erklärungsmuster für diese Situation der PE herangezogen werden? In den Beratungsprojekten von Kienbaum stoßen wir regelmäßig auf sieben Phänomene, die im Folgenden näher erläutert werden sollen. Es handelt sich dabei um

1. den Mangel an Kommunikationsfähigkeit,
2. die Angst vor dem Controller,
3. die Trendversessenheit,
4. die vagabundierende Verantwortung,
5. die Eigendynamikfalle,
6. der stille Gehorsam sowie
7. die Strategievergessenheit.

2.1 Der Mangel an Kommunikationsfähigkeit

Mit diesem Aspekt ist gemeint, dass die Personalentwickler häufig nicht über eine ausreichende Kommunikationsfähigkeit verfügen. Sie sind weniger in der Lage, die Sprache ihrer internen Klienten zu sprechen. Diese Aussage ist zu belegen, denn viele Personalentwickler behaupten von sich, dass sie auf Grund von spezifischen Ausbildungen (wie z. B. als Verhaltenstrainer, Coach, systemischer Berater, etc.) über vielfältige Kenntnisse der Kommunikation verfügen. Wie ist es möglich, dass sie ein Kommunikationsdefizit haben? Um diese Frage zu beantworten, ist zunächst ein etwas allgemeinerer Blick auf das Personal in der Personalentwicklung nötig.

In der Literatur werden unterschiedliche Personengruppen benannt, die für die Entwicklung der Mitarbeiter als verantwortlich gelten. Sie könnten alle als Personalentwickler bezeichnet werden. Zunächst ist es der Mitarbeiter selbst, der für seine persönliche Entwicklung eintreten und seine individuellen Entwicklungsfelder kennen muss (vgl. Scholz, 2000, S. 4). Daneben gilt der unmittelbare Vorgesetzte als der Personalentwickler vor Ort. Damit ist gemeint, dass er Bildungsbedarfe erkennen und eine adäquate Entwicklungsmaßnahme mit dem Mitarbeiter einleiten soll. Unterstützung erhält die Führungskraft von einem hautamtlich agierenden Personalentwickler. Die folgenden Überlegungen gelten der letzt genannten Personengruppe. Dass erhebliche Defizite auch bei den beiden erst genannten Personengruppen zu verzeichnen sind, soll hier nicht geleugnet werden. Die vorgenommene Eingrenzung ist jedoch dienlich, um die Argumentation zuzuspitzen.

Mit der Qualität des Personals in der Organisationseinheit Personalentwicklung beschäftigt sich die Fachliteratur schon längere Zeit. „Der Einstieg in die Personalentewicklung erfolgt […] aus sehr mannigfaltigen Ausbildungs-, Weiterbildungs- und Berufskarrieren […] aufgrund der ungeregelten Zugangswege, der erratischen Karrierepfade und da der Beruf des Personalentwicklers außerdem nicht basaler Natur ist (übertrieben könnte sogar von einem „Anything goes"-Beruf gesprochen werden), erfolgt der dringend notwendige berufsbiografische Substanzaufbau primär und individuell in der Tätigkeit." (Niedermair, 2005, S. 579). Angesichts dieser vorgefundenen Defizite wird unter der Überschrift „Professionalisierung" früh die Forderung nach einer stärkeren „Kriterienorientierheit des beruflichen Handelns pädagogisch tätiger Menschen" aufgestellt (Döring & Ritter-Mamczek, 2000, S. 132). Gemeint ist eine Spezialisierung und Akademisierung von Berufswissen hin zu einem Expertenstatus (vgl. Faulstich, 1998, S. 228 f.). Die Personalentwickler sollen in die Lage versetzt werden, in konkreten Situationen ihre Qualifikation angemessen anzuwenden. Dazu bedarf es Voraussetzungen. Gefordert werden:

- Festgelegte Ausbildungs- und Fortbildungswege für den Zugang zum Expertenstatus.
- Klar definierte Zugangsvoraussetzungen, welche den Bewerberkreis einschränken und ein Mindestmaß an Homogenität sichern.
- Spezifische Einkommens- und Aufstiegschancen, welche ein Sozialprestige verleihen und ein auf die Arbeitstätigkeit bezogenes professionalisierungstypisches Ethos ermöglichen.
- Interessenvertretungen in Form von Berufsverbänden zur Durchsetzung von Interessenlagen (vgl. ebenda, S. 229).

Die Professionalisierungsdebatte mündet in der Forderung, dass das Personal in der Personalentwicklung aufgrund der Aufgabenfülle und -intensität über eine breit angelegte Qualifikation verfügen muss. Trotz dieser recht alten Forderungen und einigen Erfolgen[2] gibt es weiter Unzufriedenheit in der betrieblichen Praxis. Diese resultiert im Wesentlichen daraus, dass Personalentwickler über einen anderen Bezugsrahmen verfügen als viele ihrer internen Kunden (Führungskräfte und Top-Management). In der Organisationseinheit PE arbeiten überwiegend Absolventen geistes- und sozialwissenschaftlicher Studiengänge (Sorg-Barth, 2000). Diese lernen in ihrer Hochschulausbildung, dass die Erklärungen sozialer Phänomene nie vollständig sind, sondern dass eine gewisse Skizzenhaftigkeit auch ausgesprochen gewollt ist (vgl. Schanz, 2000, S. 46). Es geht in diesen Disziplinen darum, „charakteristische bzw. typische Bedingungskonstellationen zu betrachten und darin Erklärungsmodelle zu erblicken, die bewusst von den zahlreichen Besonderheiten des Einzelfalls abstrahieren" (ebenda, S. 47). Damit sehen sich die Vertreter dieser Zunft dem prinzipiellen Vorwurf ausgesetzt, dass es ihnen an „Exaktheit" mangele hinsichtlich ihrer Theoriebildung und Erklärungskraft. „Mit diesem Handicap müssen die mitunter als ‚soft science' bezeichneten Wissenschaften jedoch leben, denn es wird aus verschiedenen Gründen vermutlich nie gelingen, in dieser Hinsicht zu den Naturwissenschaften aufzuschließen." (ebenda). Mitarbeiter, die diese universitäre Sozialisation hinter sich gebracht haben, treffen als Personalentwickler in den Unternehmen auf Führungskräfte mit gänzlich anderem Erfahrungshintergrund. Viele der Entscheidungsträger sind Kaufleute oder Ingenieure. Die erst genannten haben über die „ceteris paribus-Bedingung"[3] schlicht vergessen, dass Unschärfen und unmessbare Phänomene existieren. Und die Ingenieure nähern sich methodisch eher den Natur- als den Sozialwissenschaften an.

Die Folge dieser unterschiedlichen Sozialisationen sind deutlich: Jeder konstruiert seine soziale Wirklichkeit vor dem Hintergrund seiner Erfahrung. Mit dem Ergebnis, dass es an einem gemeinsamen Verständnis mangelt. Mit anderen Worten: Die PEler sprechen selten die Sprache ihrer Kunden. Daraus folgt: Die immer wieder geforderte Professionalisierung des Personals in der Personalentwicklung muss um diesen Aspekt erweitert werden. Personalentwickler sollten eine stärkere Sozialisation im Umfeld

---

[2] Seit geraumer Zeit existieren einige Angebote von zielgruppenspezifischen, postgradualen Studiengängen im deutschsprachigen Raum.

[3] Die „ceteris paribus-Bedingung" ist eine von den Ökonomen häufig verwandte Modellannahme. Sie geht vereinfachend davon aus, dass in einem Modell alle Umweltbedingungen konstant gesetzt werden bis auf einen Faktor, der variiert.

ihrer Klienten erfahren und stärker in den relevanten Themen ihrer Klienten ausgebildet werden.

2.2 Die Angst vor dem Controller

In der Diskussion zum Stellenwert der betrieblichen Personalentwicklung wird argumentiert, dass sie ein wichtiges Instrument sei. Sie sei bedeutsam, um eine optimale Stellenbesetzungen vornehmen zu können, sie habe eine positive Wirkung auf die Attraktivität des Arbeitgeberimages und würde so helfen, durch hoch qualifizierte Mitarbeiter die Wettbewerbsposition zu sichern (vgl. Lung, 1996; S. 40). Auch lassen sich in realiter eine unüberschaubare Anzahl an Unternehmenserklärungen zum besonderen Stellenwert des Personals im Allgemeinen und der betrieblichen PE im Besonderen konstatieren. „Das Glaubensbekenntnis, für die weitere ökonomische Perspektive sei Personal – und damit Qualifikation – ein zentraler Faktor, ist weit verbreitet. Diese Unterstellung wird kaum angezweifelt, obwohl Wirtschaftswachstum sich doch offensichtlich von Arbeitsplatzzuwächsen abgekoppelt hat und die Zahl der arbeitslosen Hochqualifizierten zunimmt." (Faulstich, 1998, S. 2). Auch sehen sich PE-Verantwortliche, wie eingangs geschildert, einem zunehmenden Legitimationsdruck ausgesetzt. Es wird von der Entwicklungsarbeit erwartet, dass sie zielorientiert ist und wertschöpfend wirkt. Folgerichtig werden die Ergebnisse mittels Bildungscontrolling gemessen. Trotz oder gerade deswegen sehen sich Personalentwickler in ökonomisch schwierigen Zeiten mit erheblichen Budgetkürzungen konfrontiert. Die geübte Unternehmenspraxis drängt den Verdacht auf, dass die These „PE als Wertschöpfungsbeitrag" eher umformuliert werden muss in „PE als Luxusgut". Nur solange Budgets vorhanden sind, wird PE betrieben. Drucker, der schon früh darauf hingewiesen hat, dass die Humanressourcen über ein eigenständiges organisationales Leistungspotenzial verfügen, kritisiert diese Entwicklung. Für ihn behaupten heute alle Unternehmen routinemäßig: „Unsere Mitarbeiter sind unser größtes Kapital". Doch nur wenige praktizieren, was sie propagieren – geschweige denn, dass sie wirklich daran glauben (vgl. Drucker, 1993). Und noch etwas pointierter: „Wie können Arbeitgeber behaupten, dass die Mitarbeiter bei ihnen ‚an erster Stelle' kommen, wenn das Jahreseinkommen eines Vorstandsvorsitzenden höher ist als das Trainings-Budget ihres Unternehmens für die nächsten fünf Jahre?" (Friedman, Hatch & Walker, 1999, S. 3). Für Merk hat sich der globale Wettbewerb teilweise verheerend auf die Einstellung zur betrieblichen PE ausgewirkt (Merk, 1998, S. 86). Auch verzeichnet das Institut der deutschen Wirtschaft im Zeitvergleich eine Stagnation der Personalentwicklungsbudgets.

So liegen die betrieblichen Aufwendungen seit 1995 nahezu auf dem gleichen Niveau.

Die Gründe dafür, dass Absichtserklärungen und tatsächliches Handeln auseinander klaffen, lassen sich auch systemimmanent beleuchten (vgl. Goltz, 1999, S. 9 f.). Viele Personalentwickler scheuen den Controller wie der „Teufel das Weihwasser". Der Grund ist einfach: Sie glauben, dass sie ihn nicht überzeugen können. Dass dem häufig so ist, wurde bereits oben unter der Überschrift ‚Kommunikationsprobleme' dargelegt. So einfach sind die Dinge jedoch nicht: Zwar wird die produktive Wirkung von Bildung auf das Humankapital bereits seit mehr als einem Jahrhundert intensiv diskutiert, doch sind die Schwierigkeiten, die mit der Berechnung und Bilanzierung von PE-Investitionen bis heute nicht gelöst (vgl. ebenda, S. 278). Es ist bis jetzt nicht gelungen, eine geschlossene Kausalkette zwischen Bildungserfolg einerseits und Unternehmenserfolg andererseits herzuleiten. Ein Grund mag darin liegen, dass auch die Ziele und Erfolgsmaßstäbe in der Personalentwicklung sich nur sehr schwer quantifizieren lassen. Solange keine klaren Maßstäbe für die Wahl der PE-Strategie und der Erfolgsmessung von PE bestehen, solange kann der Zusammenhang von PE und unternehmerischem Erfolg nur vermutet werden. Er lässt sich zwar logisch herleiten, jedoch nicht eindeutig messen. Gebert und Steinkamp formulieren pointiert: „Dem Leser muss dabei nicht näher erläutert werden, warum es einer Utopie gleichkäme, zweifelsfreie Belege für die ökonomische Wirksamkeit von PE erbringen zu wollen" (Gebert & Steinkamp, 1990, S. 3).

Zwar hat die Debatte um ein intensives Bildungscontrolling Anfang der neunziger Jahre des letzten Jahrhunderts zu vielfältigen Ansätzen geführt, PE-Erfolg zu explizieren, doch bleibt der ökonomisch ausgedrückte Nutzen von PE nach wie vor offen. So kommen die beiden Vorreiter[4] des Bildungscontrollings von Landsberg und Weiß zu dem Schluss: „Wer alles auf die Kosten herunterrechnet, der läuft Gefahr, auch die „added values" und den „strategic thrust" der Bildung wegzurechnen" (von Landsberg & Weiß, 1995, S. 3). Auch Weiß resümiert, nachdem er unterschiedliche An-

---

[4] Nach eigener Aussage sind sie die Wegbereiter der Bildungscontrolling-Idee: „Vor mehreren Jahren kam uns die Idee, die Bereiche Bildung und Controlling miteinander zu verbinden. Das war damals neu und mutig." (von Landsberg & Weiß, 1995, S. 3)

sätze[5] zur Nutzenmessung von betrieblicher PE in Betrieben diskutiert hat: „Die Beispiele zeigen, dass es durchaus Möglichkeiten gibt, sich dem Thema Nutzenmessung zu nähern. Sie zeigen aber auch die Grenzen der verschiedenen Ansätze sehr deutlich. Denn die jeweils gewählten Verfahren geben nur partiell Hinweise zur Entwicklung des Nutzens oder sie sind in ihrem Aussagegehalt so vage, dass verlässliche Entscheidungen daraus kaum abzuleiten sind. Letztlich muss jedes Unternehmen daher immer wieder neu für sich entscheiden, welcher Grad an Genauigkeit gewünscht wird und welche Ressourcen hierfür bereitgestellt werden." (Weiß, 2000, S. 95). Oder um es mit Albert Einstein auszudrücken: „Nicht alles was zählt, kann gezählt werden und nicht alles was gezählt werden kann, zählt." Es bleibt festzuhalten, dass sich ein Teil des Nutzens von betrieblicher PE einer streng quantitativen Messung entzieht – sicherlich einer der bedeutsamen Gründe dafür, dass PE wie oben beschrieben häufig zum Spielball der ökonomischen Situation des Unternehmens wird. Trotzdem bietet die Diskussion genügend Ansatzpunkte, um die Furcht vor dem Controller zu verlieren. Wenn auch der Entwicklungserfolg nicht mit letzter Genauigkeit explizierbar ist, so ist er zumindest näherungsweise erfassbar. Im Übrigen stehen die Controller in ihrer Berufspraxis vor ähnlichen Herausforderungen. Beispielsweise lassen sich Gemeinkosten auf die Kostenträger auch nur näherungsweise verteilen[6].

2.3 Die Trendversessenheit

Ein drittes Phänomen, was die Alltagswirklichkeit der Personalentwicklung trübt, ist das der Modewellen. Insbesondere die häufig praktizierte Orientierung an „Benchmarks" anderer Unternehmen führt zu einer ausgeprägten Trendbewegung. In kaum einem anderen unternehmerischen Handlungsfeld wurden in den vergangenen Jahren derart viele „Moden" hervorgebracht wie in der betrieblichen PE. Die Schlagworte arbeitsplatzorientierte PE, Bedarfsorientierung der PE, Coaching, DIN ISO 9001-

---

[5] Weiß unterscheidet Verfahren zur Nutzenmessung durch Kennziffern, durch Teilnehmerzufriedenheit, durch Kundenzufriedenheit, durch qualitative Analysen, durch Ermittlung der Opportunitätskosten sowie durch Bilanzierung des Humankapitals (Weiß, 2000, S. 85 ff.).

[6] Gemeinkosten sind Kosten, die keinem Kostenträger direkt zuzuordnen sind. Um sie auf die Kostenträger zu verteilen, müssen Annahmen zu ihrem Entstehen getroffen werden.

9004, selbstorganisiertes Lernen, E-Learning wie CBT und WBT, Telelearning, Blended Learning etc. (vgl. Merk, 1998, S. VI) zeugen von diesen Trends. Unabhängig davon, ob diese Entwicklung im Einzelfall sich als sachlich sinnvoll herausstellt, ist festzuhalten, dass das System betriebliche PE permanent mit Neuerungen konfrontiert wird, die es zu bewerten gilt und ggf. zu implementieren. Die Gefahr ist groß, dass angesichts der vielfältigen Trendwellen von den Personalentwicklern Innovationen nicht ausreichend kritisch bewertet werden. Der Eindruck einer Trendversessenheit entsteht. PE-Trends werden so verstanden zum Selbstzweck.

2.4 Die vagabundierende Verantwortung

Wie bereits argumentiert wurde, können verschiedene Akteure im Unternehmen als verantwortlich für die Entwicklung der Mitarbeiter gelten. Insbesondere der Mitarbeiter selbst, die Führungskraft als Entwickler vor Ort und der hauptamtliche PEler wurden diesbezüglich genannt. So inhaltlich richtig diese Unterscheidung ist, so problematisch ist sie im Alltag. Konkret bedeutet dies, dass die Verantwortlichkeit für PE unklar bleibt. Die Geschäftsleitung delegiert sie an die Organisationseinheit Personalentwicklung, diese wiederum fordert von den Führungskräften als „PEler vor Ort" zu agieren und letzt genannte fühlen sich von der Aufgabenfülle erschlagen und legen die „PE-Hände" in den Schoß. Nur eine eindeutige Klärung der Verantwortlichkeit hilft weiter, um eine Laissez-faire-Personalentwicklung zu vermeiden. Eine grobe Orientierung bietet die in Tabelle 2 dargestellte Arbeitsteilung.

Tabelle 2. Akteure der Personalentwicklung und ihre Verantwortung

Akteur der Personalentwicklung	Verantwortung
Geschäftsführung bzw. Vorstand	Legen strategischen Rahmen für das Unternehmen fest, determinieren damit die Notwendigkeit und Ausprägung der Personalentwicklung, leben aktiv Personal-entwicklung im Führungsprozess vor
Organisationseinheit Personalentwicklung	Bricht die unternehmensstrategischen Vorgaben auf die Personalentwicklung herunter, liefert notwendige PE-Instrumente, ist Dienstleister und Partner der Führungskräfte, ist Manager aller Personalentwicklungsaktivitäten

Akteur der Personalentwicklung	Verantwortung
Führungskräfte	Agieren als Personalentwickler vor Ort, haben hohen Anteil an der operativen Personalentwicklung
Mitarbeiter	Sind für das eigene Kompetenzprofil und den Lernprozess verantwortlich, müssen Bildungsdeltas aktiv erkennen

2.5 Die Eigendynamikfalle

Wie jedes dynamische System unterliegt auch die betriebliche Personalentwicklung Veränderungen. Mit Becker (1999, S. 2 und S. 29 ff.) und Bäumer (1999, S. 267) können drei Entwicklungsphasen der betrieblichen Personalentwicklung unterschieden werden:

- Institutionalisierungsphase (1. Generation): „Wir müssen etwas tun!"
- Differenzierungsphase (2. Generation): „Wir müssen systematisch vorgehen!"
- Integrationsphase (3. Generation): „Wir müssen Betroffene zu Beteiligten machen!"

Damit ist intendiert, dass die PE nicht unbedingt nach rationalen Kriterien errichtet wird, sondern Ergebnis eines (eigen-)dynamischen Entwicklungsprozesses ist. In der Literatur findet sich diese Annahme als Analogie zur Reifung von Organisationen wieder (vgl. Bäumer, 1999, S. 267; Becker, 2005, S. 14 ff.). Nach diesem Verständnis existieren weniger klar erkennbare Motive für die Gestaltung der PE, vielmehr bildet sie sich eher situativ heraus. Wenn dies weitgehend unabhängig von der Unternehmensentwicklung erfolgt, begibt sich die PE in die Eigendynamikfalle: Ihre Entwicklung entkoppelt sich von ihrem Auftrag. Im Extremfall wird PE zum Selbstzweck.

2.6 Der stille Gehorsam

In welche Richtung diese Eigendynamik weist, wird nicht selten durch einzelne, handelnde Personen geprägt. Insbesondere die persönlichen Präferenzen von Entscheidern spielen eine gewichtige Rolle. So gehen Impulse von Personen aus, die zuvor in anderen Unternehmen andere Formen von PE kennen gelernt haben oder besonderen Einfluss auf Entscheidungen ausüben können (bspw. Mitglieder der Geschäftsführung). Bäumer verdeutlicht diesen Faktor mit einer Reihe von Statements, die er in Interviews mit PE-Verantwortlichen geführt hat. Exemplarisch sei eine Aussage einer PE-Leiterin eines Verlagsunternehmens zitiert: „Es gibt einen Geschäftsführer, der für Personal zuständig ist. Der hat den Bedarf erkannt, dass wir dringend etwas für unsere Führungskräfte tun müssen. Und dann wurde das von der Geschäftsleitung so entschieden […] Ja, PE war immer ein großes Thema, vom Inhaber initiiert." (Bäumer, 1999, S. 270). Der Autor hat ähnliche Erfahrungen in einem Beratungsprojekt im Winter 2005 bei einer mittelständischen Bank gesammelt. Das für Personal zuständige Vorstandsmitglied hat regelmäßig alle Vorschläge die für sein Haus ausgearbeitet wurden, mit den Konzepten verglichen, die bei seinem vorigen Arbeitgeber – einer Großbank mit mehreren zehntausenden Mitarbeitern – eingesetzt wurden. So begrüßenswert das Engagement der beiden Geschäftsleitungsmitglieder in den Beispielen ist, so problematisch ist es, wenn die PE im stillen Gehorsam die Anregungen umsetzt. Sie verliert die Rolle des Experten und wird zum stillen Erfüllungsgehilfen. Stiller Gehorsam ist so verstanden fehl am Platz und wirkt kontraproduktiv.

2.7 Die Strategievergessenheit

Die letzten vier genannten Phänomene hängen eng mit dem nun zu erörternden Aspekt zusammen: Die Strategievergessenheit. Döring weist darauf hin, dass in vielen Unternehmen auf Strategiediskussionen weitgehend verzichtet wird. Eine 3-jährige oder gar 5-, 8- oder 10-jährige Planung wird angesichts der enormen weltwirtschaftlichen Verflechtungen (Globalisierung) und der sich ständig wechselnden Marktsituationen nämlich schlicht als unrealistisch angesehen (Döring, 2008). Die Folge ist, dass viele Prozesse und Kampagnen intuitiv verlaufen, ohne klare Orientierung an einem übergeordneten Bezugssystem. Becker formuliert dazu pointiert: „So ist es auch in der Personalentwicklung immer noch keine Seltenheit, wenn die Verantwortlichen der Personalentwicklung Maßnahmen ohne systematische Bedarfsanalyse, ohne Prüfung geeigneter Durchführung und ohne leistungsfähige Methoden der Evaluierung realisieren. Vieles in der Personalentwicklung ist vom Zufall bestimmt" (Becker, 2005, S. V).

Es herrscht ein Mangel an Strategie und daraus folgend an Struktur. So setzt die PE unterschiedliche Instrumente ein, ohne erkennbaren „roten Faden". Dass diese Gefahr keine inhaltsleere Floskel ist, zeigen Beispiele aus dem Unternehmensalltag: Da existieren in einem Finanzdienstleistungskonzern unterschiedliche Kompetenzmodelle für die Personalauswahl, Beurteilung und Beförderung. In einem Handelsunternehmen benutzen die verschiedenen Niederlassungen unterschiedliche Formulare zur Mitarbeiterbeurteilung. In einer großen Versicherungsgruppe werden Potenzialträger nach unterschiedlichen Kriterien ausgewählt und völlig differierend ausgebildet und gefördert. Damit vermitteln die Akteure dieser PE-Funktionen den Eindruck: Alles ist beliebig. Gern wird an dieser Stelle argumentiert, das Angebot der PE ist historisch gewachsen und es sei vor dem Hintergrund von „Sachzwängen" zu beurteilen. So nachvollziehbar diese Gründe sind, sie sind organisational betrachtet verheerend: Die PE wird ihrer Funktion nur eingeschränkt gerecht und wird als unstrukturierter „Gemischtwarenladen" wahrgenommen. Nicht immer geht dieser Mangel unmittelbar von der PE aus, sie hat ihn letztendlich aber zu verantworten.

Döring (2008) weist darauf hin, dass die „Strategie" in vielen Unternehmen gleichbedeutend mit dem Geschäftsplan für das folgende Kalenderjahr ist und dieser möglichst spät im Jahr verabschiedet wird, um „Planungssicherheit" zu gewinnen. Damit verkommen die strategischen Planungen, Zielperspektiven und -entscheidungen, die über das folgende Geschäftsjahr hinausgehen, zu mehr oder weniger verbindlichen „Überlegungen". So leicht traut sich in den Vorständen niemand, darüber hinauszugehen, denn das wäre viel zu riskant angesichts der ständig sich beschleunigenden Veränderungen in den geschäftlichen Rahmenbedingungen. Es stellt sich daher unabwendbar die folgende Frage: Wie soll betriebliche PE strategisch auf die Beine kommen, wenn die Kategorie des „Strategischen" selbst im Unternehmen keine solide Basis hat? So Recht Döring mit dieser Bobachtung hat, so unbefriedigend bleibt sie. Die Antwort ist letztendlich trivial: Ein Mangel an Strategie kann nur mit einer Strategie behoben werden. Damit ist gemeint, dass die Personalentwickler sehr wohl ihr Handeln strategisch fundieren können, indem sie die unternehmerischen Absichtserklärungen mit Strategierelevanz auswerten und daraus ihre PE-Strategie ableiten (vgl. dazu Meifert, 2008, S. 69). Trotzdem muss sie berücksichtigen, dass die Halbwertzeit von strategischen Aussagen dramatisch gesunken ist. Im Kern kann es daher nur um eine robust-dynamische Strategie gehen.

2.8 Zwischenfazit: Nutzen der strategischen Personalentwicklung

Vor dem Hintergrund der aufgezeigten Mängel ist es nicht schwer herzuleiten, worin der Nutzen einer strategischen PE besteht. Konkret geht es darum, die PE aus dem Rechtfertigungsdruck zu befreien und für sie eine unumstrittene Daseinsberechtigung zu formulieren. Das gelingt nur, wenn der Strategievergessenheit eine Strategieorientierung entgegengestellt wird. Der Schlüssel dazu liegt in einer **konsequenten Orientierung der Personalentwicklung an der Unternehmensstrategie oder** kurz der strategieorientierten Personalentwicklung. Gemeint ist eine nachhaltige Ausrichtung sämtlicher Personalentwicklungsinstrumente auf die Unternehmensstrategie. Konkret heißt das, dass die Personalentwicklung in enger inhaltlicher und zeitlicher Nähe zur unternehmensstrategischen Planung vorbereitet wird. Die Personalentwicklung versteht sich so als (Business-)Partner der anderen Organisationseinheiten und unterstützt sie bei der Erfüllung ihrer strategischen Vorgaben mit ihrem spezifischen Know-how. In diesem Verständnis entwickelt sich die ausschließlich Kosten produzierende Organisationseinheit PE zu einem vollwertigen Geschäftsbereich mit eigenem Leistungsspektrum und Beitrag zum Erfolg des Unternehmens. Um diesem ehrgeizigen Anspruch gerecht zu werden ist es zusätzlich nötig,

- den Mangel an Kommunikationsfähigkeit der PEler zu überwinden und die „Sprache" der Kunden zu sprechen;
- die Angst vor dem Controller abzulegen und sich auf Augenhöhe mit ihm auszutauschen;
- die Trendversessenheit zu Gunsten eines „kritischen Pragmatismus" aufzugeben;
- die vagabundierende Verantwortung dadurch zu vermeiden, dass sie eindeutig geklärt wird;
- die Eigendynamikfalle zu erkennen und jede Veränderung in der PE am Unsystem Unternehmen zu orientieren;
- den stillen Gehorsam aufzugeben und sich selbstbewusst sowie offensiv zu positionieren.

Was mit der strategischen PE genauer gemeint sein soll und worauf sie sich konkret bezieht, greifen die folgenden Abschnitte auf.

3. Begriff der Strategie

Nachdem das Feld der Personalentwicklung in den vorangegangenen Abschnitten beleuchtet wurde, geht es im Folgenden um den Begriff der Strategie. Konkret: Welches Strategieverständnis liegt diesem Buch zugrunde?

In seiner ursprünglichen Bedeutung geht der Begriff „Strategie" zurück auf das griechische Wort „stratégos". Es entstammt dem Militärischen und meint soviel wie „Heerführer". Im Kern steht die Frage, wie erfolgreich militärische Einheiten geführt werden. Nachhaltigen Einzug in die Betriebswirtschaftslehre fand der Begriff mit den Arbeiten von Ansoff aus den 60er Jahren des letzten Jahrhunderts. Für ihn sind Strategien „... Maßnahmen zur Sicherung des langfristigen Erfolges eines Unternehmens." (nach Bea & Haas, 2005, S. 51). Im Sinne von Porter ist die Strategie „eine in sich stimmige Anordnung von Aktivitäten, die ein Unternehmen von seinen Konkurrenten unterscheidet." (Porter, 1999, S. 15). Dieser Weg zu dauerhaften Wettbewerbsvorteilen bestehe im „spezifischen Aktivitätenprofil" eines Unternehmens. Dieses spezifische Aktivitätenprofil stellt insofern die Strategie dar. Besonders bekannt geworden ist seine grundsätzliche Unterscheidung zwischen drei Ausrichtungen der Unternehmensstrategie: der Kostenführerschaft, der Differenzierung sowie der Fokussierung bzw. dem Nischenangebot.

4. Vom Strategischen Management zur Strategischen Personalentwicklung

Auf diesen grundlegenden Einsichten basiert das, was üblicherweise als Legitimation für eine strategische PE herangezogen wird: Das Strategische Management. „Das Strategische Management befasst sich mit der zielorientierten Gestaltung unter strategischen, d.h. langfristigen, globalen, umweltbezogenen und entwicklungsorientierten Aspekten. Es umfasst die Gestaltung und gegenseitige Abstimmung von Planung, Kontrolle, Information, Organisation, Unternehmenskultur und Strategischen Leistungspotenzialen." (Bea & Haas, 2005, S. 20). Somit ist das strategische Management in erster Linie eine Führungs- bzw. Steuerungsphilosophie. Diese Begriffsdefinition macht deutlich, dass die PE im strategischen Sinne relevant ist: Sie kann den übergreifenden Führungs- und Steuerungsprozess unterstützen. Wie dies konkret aussehen kann, wird weiter unten noch zu konkretisieren sein.

Der Strategie kommt im Strategischen Management die Aufgabe zu, einen Weg für die Zukunftssicherung des Unternehmens festzulegen. Mit anderen Worten: Sie ist für die Geschäftsführung der zentrale Masterplan für die weitere Unternehmensentwicklung. Damit die Strategie dieser Aufgabe gerecht werden kann, muss sie konsequent an zukünftigen Erfolgspotenzialen orientiert sein. Im Mittelpunkt stehen folgerichtig nicht operative

Größen wie Erfolg oder Liquidität, sondern Größen, welche die Voraussetzung dafür sind dass es überhaupt zu einem operativen Erfolg kommen kann. (Riekhof, 1994, S. 5). Dazu zählen nicht zuletzt Lern-, Wissens- und Adaptionspotenziale einer Organisation, die wiederum u. a. von der Art und Intensität der Personalentwicklung determiniert sind.

Eine zentrale Rolle im strategischen Management spielt das „concept of fit". Gemeint ist damit, dass das Kompetenzprofil eines Unternehmens konsequent auf die Anforderungen aus der Unternehmensumwelt auszurichten ist. Anders formuliert: Die Organisation muss mit der Umwelt in Passung gebracht werden (System-Umwelt-Fit) (vgl. Bea & Haas, 2005, S. 16). Diese Forderung wirkt auch nach innen: Die Faktoren einer Organisation wie Struktur, Personal, Kultur, etc. stellen nicht nur die Voraussetzung dar, um Strategien umzusetzen, sondern bieten auch die Möglichkeit diese zu generieren. „Denn je nachdem, über welche Fähigkeiten ein Unternehmen verfügt, hat dies meist direkte Auswirkungen auf seine Handlungsmöglichkeiten gegenüber der Umwelt." (Müller-Stewens & Lechner, 2005, S. 29). So kann eine schnittstellenintensive Vertriebsorganisation eines Unternehmens es dabei behindern die Kostenführerschaft im Markt zu erreichen, weil ihre Vertriebskosten zu hoch sind. Andersherum können flexible Vertriebsprozesse und eine motivierte Vertriebsmannschaft Alleinstellungsmerkmale einer Unternehmung sein. Im strategischen Management ist somit in zweifacher Weise ein *strategic fit* herzustellen: Zum einen der externe Fit zwischen Umwelt und der Organisation und zum anderen der interne Fit zwischen den wichtigsten Organisationselementen.

Welche Organisationsbestandteile dabei in den internen Fit zu bringen sind, wird in der Literatur lebhaft diskutiert (vgl. Bea & Haas, 2005, S. 16 ff.; Müller-Stewens & Lechner, 2005, S. 25 ff.). Nach wie vor hat sich in der betrieblichen Praxis eine Orientierung an dem von der Unternehmensberatung McKinsey vorgelegten 7-S-Modell bewährt (Peters & Waterman, 1982). Das Modell basiert auf Untersuchungen der Autoren, die erhellen sollten, welche Erfolgsfaktoren Unternehmen besitzen. Zu diesem Zweck analysierten sie zahlreiche Großunternehmen, um ihre Hypothese zu überprüfen, dass nicht nur die berechenbaren Unternehmenszahlen, sondern vor allem die in den Unternehmen beschäftigten Menschen und ihre Werte den Erfolg oder Misserfolg verursachen. Danach sind die Elemente Strategy, Structure, Systems, Style/Culture, Staff, Skills und Shared Values/Superordinate Goals in Passung als zentrale Erfolgsfaktoren anzusehen und in geeignete Passung zu bringen. Was verstehen die Autoren unter diesen aufgezählten Faktoren?

Strategy: Bezeichnet das Verhalten und die Maßnahmen des Unternehmens in Antwort auf externe Veränderungen.

Structure: Meint die Aufbauorganisation des Unternehmens, d. h. die Aufteilung in Organisationseinheiten.

Systems: Diese sind die informellen und formellen Geschäftsprozesse und Arbeitsabläufe, die großen Einfluss auf die Effizienz der Unternehmensorganisation haben.

Style/Culture: Der Kulturbegriff ist bei Peters & Waterman zweigeteilt. Zum einen geht es um die direkte Unternehmenskultur, welche Werte, Verhaltensweisen, Normen und andere historisch entwickelte Aspekte des Arbeitsstils im Unternehmen umfasst, zum anderen um den Führungsstil, der in erster Linie durch das Verhalten der Führungskräfte geprägt wird.

Staff: Zu diesem Aspekt gehören alle Prozesse des Personalwesens. Insbesondere die Karrierewege, die Integration neuer Mitarbeiter und die Sozialisationsprozesse formeller und informeller Art gehören hierzu. Der Begriff „Stallgeruch" trifft diesen Aspekt wohl am besten.

Skills: Die Kenntnisse und Fähigkeiten (Kernkompetenzen) einer Organisationseinheit sowie ihre Lernprozesse.

Shared Values/Superordinate Goals: Die gemeinsamen Werte halten alles andere zusammen. Sie können sehr unterschiedlich formuliert sein. Es kann ein offizielles Mission Statement existieren, aber auch eine informelle, nur für Insider nachvollziehbare Vision kann an dessen Stelle treten.

Bei Durchsicht der Begriffe wird deutlich, dass das Konzept zwischen harten Faktoren (Strategy, Structure, Systems) und weichen (Style, Staff, Skills, Shared Values) unterscheidet. Somit lassen sich die Aufgaben einer strategischen PE klar umreißen. Es ist deutlich, dass Aktivitäten der Personalentwicklung besonders auf die weichen Faktoren zielen. Es geht darum Spezialkenntnisse zu fördern, einen gemeinsamen Führungsstil zu hinterlegen, Werte und Normen allen Mitarbeitern zu vermitteln, Karriere- und Sozialisationswege zu definieren etc.

> In dieser Argumentation finden die Überlegungen zur strategischen Personalentwicklung ihre zentrale Begründung. Aus Motiven des strategic fit muss die Personalentwicklung strategisch orientiert werden. Zum einen muss sie bei der Umsetzung der Strategie unterstützen, zum anderen kann sie eigene Strategiepotenziale fördern.

Damit ist die Notwendigkeit einer strategischen PE konzeptionell hergeleitet. In der Praxis liegen die Dinge etwas komplizierter. Die Frage ist, wie das Verhältnis von Personalentwicklungsstrategie und Unternehmensstrategie genau zu charakterisieren ist. Dominiert der erste Teil der Begründung (Strategieumsetzung)? Herrscht eher der zweite Aspekt (Strategiepotenziale entwickeln) vor? Oder existiert eine erweiterte Sichtweise? Gedanklich lassen sich drei mögliche Konstellationen von PE-Strategie und Unternehmensstrategie konstruieren:

1. Die Personalentwicklungsstrategie folgt der Unternehmensstrategie,
2. die Unternehmensstrategie folgt der Personalentwicklungsstrategie und
3. die Personalentwicklungsstrategie ist integrativer Teil der Entwicklung der Unternehmensstrategie.

1. Die PE-Strategie folgt der Unternehmensstrategie

Gemäß der obigen Argumentation zur Rolle der PE liegt diese Sichtweise nahe. Die PE-Strategie muss somit aus Motiven des strategic fit so gestaltet sein, dass sie die Umsetzung der Unternehmensstrategie ermöglicht. Damit nimmt die PE den Platz eines Erfüllungsgehilfen ein. So sachlogisch richtig diese Argumentation zu sein scheint, sie ist in der Praxis mit zwei erheblichen Problemen konfrontiert: Zum einen sind Interventionen beim Faktor Humankapital mittel- bis langfristig angelegte Prozesse. Sollte es zu kurzfristigen Änderungen der strategischen Planung kommen – und dies ist angesichts der Innovationsdynamik und Globalisierung durchaus möglich – dann mag der Strategieimplementierung ein nicht ausreichend qualifiziertes Personal im Wege stehen. Zum anderen besitzt die Ressource Mensch auch ein eigenes Wertschöpfungspotenzial wie bspw. das Hervorbringen von Innovationen und Generieren von Alleinstellungsmerkmalen in der Klientenbetreuung. Damit weist dieser Faktor eine Eigendynamik auf, die bei der Strategieentwicklung berücksichtigt werden sollte (vgl. Müller-Stewens & Lechner, 2005, S. 437). Somit ist es problematisch, die PE-Strategie lediglich auf die Rolle des Erfüllungsgehilfen zu reduzieren.

2. Die Unternehmensstrategie folgt der PE-Strategie

Die obige Argumentation aufgreifend kann gefordert werden, dass nur eine Strategie umgesetzt werden kann, wenn die Human Resources dazu in der Lage sind. Pointiert formuliert: Die Organisation kann nur das leisten, was die Mitarbeiter leisten können. Diese auch als ressourcenorientierter Ansatz bezeichnete Sichtweise geht davon aus, dass die Unternehmensstrategie durch den Faktor Personal limitiert wird. So nachvollziehbar diese Argumentation ist, sie ist zu einseitig und begrenzt die Unternehmensführung übermäßig. Im Zweifel muss in der betrieblichen Praxis bei der Implementierung einer Strategie, für die das Personal noch nicht ausreichend qualifiziert ist, nachhaltig mittels Bildungsinvestitionen oder externen Einstellungen nachgesteuert werden. Die Human Ressource darf nicht zu einem limitierende Faktor der Organisation werden.

3. Die PE-Strategie ist Teil der Entwicklung der Unternehmensstrategie

Angesichts von immer kürzeren Innovationszyklen, komplexen Marktgegebenheiten und globaler Verflechtung werden die Halbwertzeiten von Unternehmensstrategien immer kürzer. Einige Praktiker und Autoren behaupten bereits, dass sich daher die klassische langfristige Unternehmensplanung bereits überlebt hat. Auch wenn diese pessimistische Einschätzung etwas weit geht, fordern die objektiven Veränderungen der Rahmenbedingungen die Strategieentwicklung heraus. In der Perspektive geht es darum, dass eine robuste aber auch flexible Strategie entwickelt wird. Es müssen mit einem deutlichen zeitlichen Vorlauf geplant, gewisse Unschärfen in der Umsetzung eingeplant und die besonderen Fähigkeiten der Belegschaft in der Strategieentwicklung berücksichtigt werden. In der eigentlichen Umsetzung der Strategie werden die Mitarbeiter zum Dreh- und Angelpunkt: Es geht nicht *gegen sie* und auch nicht *ohne sie*.

Ein Strategieentwicklungsprozess versteht sich somit als Interaktionsprozess der verschiedenen Teildisziplinen eines Unternehmens. Die grundlegende Unternehmensstrategie wird durch Funktionsstrategien flankiert. Die PE-Strategie ist eine derartige Substrategie und ist wiederum Teil der Personalstrategie. Erstgenannter kommt die Rolle zu, die Aufgaben der PE zu konkretisieren und zu priorisieren sowie die Schnittstellen mit den anderen Funktionsbereichen zu definieren und zu koordinieren. In der Entwicklung der Funktionsstrategie sind zwei grundlegende Aspekte zu unterscheiden: Zum einen geht es um eine längerfristig angelegte, grundlegende Strategie und zum anderen um ein aktionsorientiertes strategisches Kampagnenmanagement. Während erstgenanntes als zentraler Masterplan für die weitere Entwicklung der PE angesehen werden kann, bezieht sich der zweite Aspekt auf die Umsetzung dieses Masterplans. Während für die Strategie eine Gültigkeitsspanne von mehreren Jahren unterstellt wird, sind die Kampagnen üblicherweise mit einer Perspektive von einem Jahr geplant. Sie ermöglichen so, dass leichte Veränderungen in der relevanten

Umwelt oder innerhalb des Unternehmens entsprechend berücksichtigt werden können.

Somit ist das inhaltliche Spektrum des Buches überblicksartig erläutert. Es geht darum, die Personalentwicklung in das strategische Management zu integrieren. Konkret heißt das, dass sie in enger inhaltlicher und zeitlicher Nähe zur unternehmensstrategischen Planung vorbereitet wird. Die Personalentwicklung versteht sich so als (Business-)Partner der anderen Organisationseinheiten und unterstützt sie bei der Erfüllung ihrer strategischen Vorgaben mit ihrem spezifischen Know-how. In diesem Verständnis entwickelt sich die ausschließlich Kosten produzierende Organisationseinheit PE zu einem vollwertigen Geschäftsbereich mit eigenem Leistungsspektrum und Beitrag zum Erfolg des Unternehmens. Die Frage nach der Daseinsberechtigung der PE stellt sich in dieser Interpretation nicht mehr, sondern erübrigt sich.

5. Struktur des Buches

Das Buch gliedert sich in vier Hauptkapitel. Im ersten Abschnitt werden die Grundlagen der strategischen PE behandelt. Es wird aufgezeigt, warum es lohnt, sich mit ihr zu beschäftigen. Nach diesem einführenden Beitrag umreißt Jochmann zuversichtlich den aktuellen Status Quo der PE. Er zeigt aber ebenso klar die Handlungsnotwendigkeit auf, indem er fordert: „Der Personalentwicklungsbereich als zentraler Teilbereich der Personalfunktion muss gemeinsam mit den anderen HR-Kollegen seine Arbeit noch konsequenter an den strategischen Erfolgsfaktoren, an Unternehmenszielen und Marktherausforderungen orientieren." (Seite 43; vgl. auch Ulrich, 2005). Döring zeigt im folgenden Beitrag pointiert auf, welche Schwächen der betrieblichen Personalentwicklung er in der Praxis sieht und was er zu ihrer Überwindung rät. Letztendlich liefern die ersten drei Beiträge die inhaltliche Legitimation dieses Buches. Sie begründen, warum eine grundlegende (Neu-)Ausrichtung der Personalentwicklung notwendig ist.

Das Herzstück dieser Schrift bildet das zweite Kapitel. In insgesamt neun Beiträgen werden die zentralen Handlungsfelder – die Etappen – der strategischen Personalentwicklung ausgebreitet. Nach einer kurzen Einführung in das Etappenkonzept durch Meifert bewegt sich die Diskussion im „Dachstuhl" des PE-Hauses (vgl. Abbildung 1).

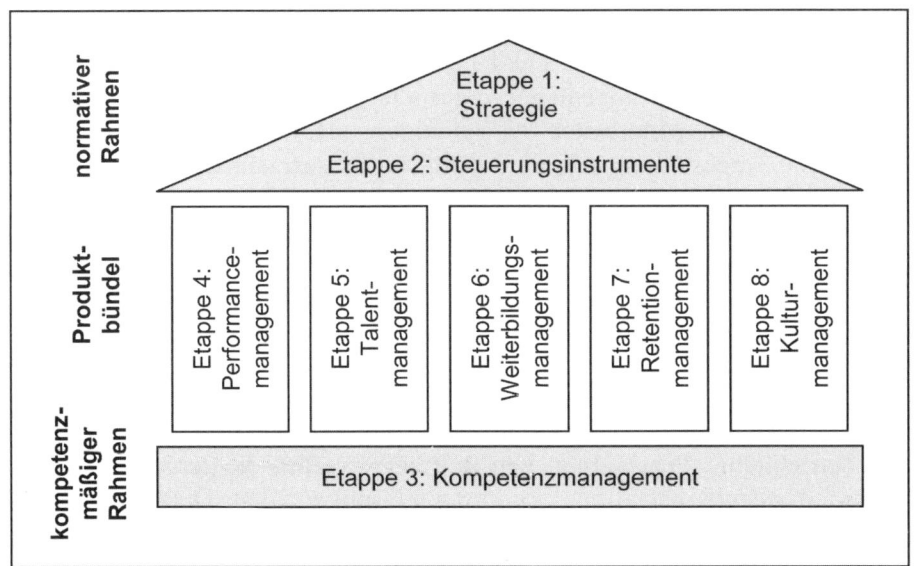

Abb. 1. Modell der strategischen PE als Acht-Etappen-Konzept

Hölzle zeigt mit seinem Artikel auf, wie eine Personalentwicklungsstrategie entwickelt wird und welche Faktoren dabei zu berücksichtigen sind. Girbig legt anschließend dar, wie die PE gesteuert werden kann, oder anders formuliert: Wie kann überprüft werden, ob der formulierte PE-Strategierahmen im Alltag tatsächlich umgesetzt wird? Diese beiden Handlungsfelder werden als normativer Rahmen der PE bezeichnet. Anschließend gehen Leinweber, Rütter und Honsel mit ihrem Beitrag das Fundament des PE-Hauses an und wenden sich dem Kompetenzmanagement zu. Sie zeigen, dass ohne eine übergreifende Vorstellung von Kompetenzen im Unternehmen die PE-Instrumente nicht sinnvoll auf die Unternehmensstrategie ausgerichtet werden können und geben pragmatische Hinweise, wie dies in der Praxis erfolgen kann. Die Produktbündel werden in den anschließenden Artikeln vorgestellt. Den Auftakt bilden von Preen, Blang, Costa und Kuhnert. Sie erläutern, welche Rolle die Personalentwicklung beim Performancemanagement spielt und zeigen auf, wie die Vergütung zur Steuerung der Mitarbeiterleistung eingesetzt werden kann. Anschließend widmen sich Bednarczuk und Wendenburg einem zunehmend bedeutsamer werdenden Themenfeld, dem Talentmanagement. Im Kern geht es um die Frage, wie Talente im Unternehmen identifiziert und sinnvoll eingesetzt werden können. Fredersdorf und Glasmacher nehmen sich einem Klassiker an, der angesichts der dramatisch gesunkenen

Halbwertzeit von Wissen und Kompetenzen wichtiger ist denn je, dem Weiterbildungsmanagement. Die beiden Autoren zeigen auf, wie betriebliche Lehr- und Lernarrangements so gestaltet werden können, dass sie ihren Zweck, nämlich Mitarbeiter zu befähigen, erfüllen. Die siebte Etappe greift eine Fragestellung auf, die bereits zur letzten Jahrtausendwende sehr aktuell war und darauf etwas in Vergessenheit geriet, das Retentionmanagement. Meifert diskutiert in seinem Beitrag Rahmenbedingungen und Möglichkeiten zur Bindung von Mitarbeitern. Den Abschluss findet das zweite Kapitel in Form des Textes von Weh und Meifert. Es geht darum, wie die PE eine strategieunterstützende Unternehmenskultur befördern kann.

Das dritte Kapitel widmet sich den erfolgskritischen Fragen der PE in der betrieblichen Praxis. In sieben Beiträgen werden die gerne so bezeichneten „frequently asked questions" der PE aufgegriffen. Diese stellen und beantworten folgende Fragen: Wie den Auftraggeber überzeugen? (Bittlingmaier), Wie reagieren im Change oder angesichts von gekürzten Budgets? (Teschner; Hartmann), PE-Leistungen selber erbringen oder zu kaufen? (Seigfried), Wie controllen und benchmarken? (Döring; Girbig & Meifert) sowie Was soll PE vermitteln? (Geithner, Krüger & Pawlowski).

Der letzte Teil des Buches wirft einen Blick in den betrieblichen Alltag. Zwei Praxisbeispiele aus Finanzdienstleistungsbrache (Schorp & Heuer) sowie der Industrie (Feninger & Bruhn) zeigen auf, wie eine strategische PE im Alltag pragmatisch umgesetzt werden kann, aber auch, welche Fallstricke auf dem Weg lauern.

Fazit

Dieser Artikel hat gezeigt, dass es Personalentwickler in deutschen Unternehmen nicht besonders leicht haben. Sie werden von ihren Kollegen kritisch beäugt und sehen sich häufig einer Rechtfertigungsdebatte ausgesetzt. Als Ursache für diese Zustandsbeschreibung wurden sieben hausgemachte Problemfelder herausgearbeitet. Diese lassen sich pointiert damit zusammenfassen, dass

- ein Mangel an Kommunikationsfähigkeit bei den Personalentwicklern besteht,
- sie Angst vor dem Controller haben,
- sie trendversessen sind,

- sie es zulassen, dass die Verantwortung für die Personalentwicklung vagabundiert,
- sie sich von der Eigendynamik fangen lassen,
- sie stillen Gehorsam praktizieren und
- zu wenig gegen die Strategievergessenheit tun.

Anschließend wurde aufgezeigt, was unter einer strategischen Personalentwicklung in diesem Buch verstanden wird. Dabei wurde das Konzept des Strategischen Managements als Bezugsrahmen gewählt. Aus Motiven des strategic fit ist die Personalentwicklung strategisch zu orientieren. Zum einen muss sie bei der Umsetzung der Unternhemensstrategie unterstützen zum anderen kann sie eigene Strategiepotenziale fördern. Konkret heißt dies, dass sie in enger inhaltlicher und zeitlicher Nähe zur unternehmensstrategischen Planung vorbereitet wird. Die Personalentwicklung versteht sich so als (Business-)Partner der anderen Organisationseinheiten und unterstützt sie bei der Erfüllung ihrer strategischen Vorgaben mit ihrem spezifischen Know-how. In diesem Verständnis entwickelt sich die ausschließlich Kosten produzierende Organisationseinheit PE zu einem vollwertigen Geschäftsbereich mit eigenem Leistungsspektrum und Beitrag zum Erfolg des Unternehmens. Die Frage nach der Daseinsberechtigung der PE stellt sich in dieser Interpretation nicht mehr, sondern erübrigt sich.

An dieser Stelle setzt dieses Buch an. Es versteht sich als ein Plädoyer für einen grundlegend anderen Zugang zur Personalentwicklung. Der Schlüssel liegt in einer konsequenten Orientierung der Personalentwicklung an der Unternehmensstrategie oder kurz der strategieorientierten Personalentwicklung. Wie dies erreicht werden kann, sollen die Kapitel 2, 3 und 4 dieses Buches näher erläutern.

Literatur

Bäumer, J. (1999): *Weiterbildungsmanagement – Eine empirische Analyse deutscher Unternehmen* (Diss.). München.

Bea, F. X. & Haas, J. (2005). *Strategisches Management*. 4., neubearb. Aufl., Stuttgart: Schäffer-Poeschel.

Becker, M. (1999). *Aufgaben und Organisation der betrieblichen Weiterbildung*. 2. Auflage, München: Hanser.

Becker, M. (2005). *Systematische Personalentwicklung – Planung, Steuerung und Kontrolle im Funktionszyklus.* Stuttgart: Schäffer-Poeschel.

Berthel, J. (1997): *Personal-Management – Grundzüge für Konzeptionen betrieblicher Personalarbeit.* Stuttgart: Schäffer-Poeschel.

Dohmen, C. (2006). Hunderttausend Bürojobs auf der Kippe. *Süddeutsche Zeitung, 21. August 2006,* 17.

Döring, K. W. (2008). Strategische Personalentwicklung – Vision und realistische Perspektive. In M. Meifert (Hrsg.): *Strategische Personalentwicklung – Ein Programm in acht Etappen.* Heidelberg, New York: Springer-Verlag.

Döring, K. W. & Ritter-Mamczek, B. (2000). *Weiterbildung im lernenden System.* Basel, Weinheim: Beltz.

Drucker, P. (1993): Manager in der nachkapitalistischen Ära. *Havard Business Manager, 4.*

Faulstich, S. (1998). *Strategien der betrieblichen Weiterbildung.* München: Vahlen.

Friedmann, B. S., Hatch, J. A. & Walker, D. M. (1999). *Mehr-Wert durch Mitarbeiter – Wie sich Human Capital gewinnen, steigern und halten lässt.* Neuwied: Luchterhand.

Gebert, D. & Steinkamp, T. (1990). *Innovativität und Produktivität durch betriebliche Weiterbildung – Eine empirische Analyse in mittelständischen Unternehmen.* Stuttgart: Schäffer-Poeschel.

Goltz, M. (1999). *Betriebliche Weiterbildung im Spannungsfeld von tradierten Strukturen und kulturellem Wandel* (Diss.). München.

Johnson, S. (2000). *Die Mäuse-Strategie für Manager. Veränderungen erfolgreich begegnen.* Aristion-Verlag.

Lung, M. (1996). *Betriebliche Weiterbildung – Grundlagen und Gestaltung* (Diss.). Leonberg.

Meifert, M. (2008). Grundzüge der strategischen Personalentwicklung. In M. Meifert (Hrsg.): *Prolog – Das Etappenkonzept im Überblick.* Heidelberg, New York: Springer-Verlag.

Merk, R. (1998). *Weiterbildungsmanagement – Bildung erfolgreich und innovativ managen.* 2. Auflage, Neuwied: Luchterhand.

Müller-Stewens, G. & Lechner, C. (2005). *Strategisches Management – Wie strategische Initiativen zum Wandel führen.* Stuttgart: Schäffer-Poeschel.

Niederrmair, G. (2005). *Patchwork(er) on Tour – Berufsbiografien von Personalentwicklern.* Habil.-Schr. Universität Linz, Münster, New York, München und Berlin.

Peters, T. & Watermann, R. H. (1982). *In search of excellence. Lessons from Americas best run companies.* New York: Grand Central Publishing.

Porter, M. E. (1999). *Wettbewerbsvorteile. Spitzenleistungen erreichen und behaupten* (5. Auflage). Frankfurt am Main: Campus Fachbuch.

Riekhof, H.-C. (1994). Einleitung: Personal- und Managemententwicklungsstrategie in der Praxis. In H.-C. Riekhof (Hrsg.): *Strategien der Personalentwicklung* (S. 3 – 12, 5. Auflage). Wiesbaden: Gabler.

Schanz, G. (2000). *Personalwirtschaftslehre - Lebendige Arbeit in verhaltenswissenschaftlicher Perspektive.* 3. Auflage. München: Vahlen.

Scholz, C. (2000). *Personalmanagement – Informationsorientierte und verhaltenstheoretische Grundlagen.* 5. Auflage, München: Vahlen.

Sorg-Barth, C. (2000). *Professionalität betrieblicher Weiterbildner - Eine Analyse der erforderlichen Kompetenzen.* (Diss.). Hamburg.

Staehle, W. H. (1999): *Management.* Überarbeitete 8. Auflage von Conrad, S. Sydow, J. München: Vahlen.

Ulrich, D. (2005). *The HR Value Proposition.* Boston: Harvard Business School Press.

von Landsberg, G. & Weiß, R. (1995). Was uns bewegt! In G. von Landsberg & R. Weiß (Hrsg.): *Bildungscontrolling.* Stuttgart: Schäffer-Poeschel.

Weiß, R. (2000). Ansätze und Schwierigkeiten einer Nutzenmessung in Betrieben. In C. Bötel & E. Krekel (Hrsg.): *Bedarfsanalyse, Nutzungsbewertung und Benchmarking – Zentrale Elemente des Bildungscontrollings*, 81 – 98, Bielefeld: Bertelsmann.

Status Quo der Personalentwicklung – eine Bestandsaufnahme

Walter Jochmann

Einleitung

Die Funktion der Personalentwicklung ist innerhalb der klassischen Personalfunktionen – Personalbetreuung, Personalstrategie und Personalcontrolling, Grundsatzfragen sowie Personalverwaltung/-abrechnung – seit mehr als 30 Jahren vertreten. Hierbei hat sie sich von der Potenzialanalyse und Förderung auf der Führungsnachwuchsebene sowie der Trainings-/Qualifizierungseinheit zu einem Entwickler und Umsetzer wesentlicher Förderkonzeptionen entwickelt, die sich längst nicht mehr nur an individuellen Bildungsbedarfsanalysen festmachen. Das steigende Bewusstsein darum, dass die Umsetzung von Unternehmensstrategien am häufigsten an der Qualifikation/Motivation der entscheidenden Mitarbeitergruppen scheitert – und das Betreiben komplexer kundennaher und dienstleistungsorientierter Geschäfte letztlich über die Kompetenzausprägungen ausgewählter Mitarbeitergruppen entschieden wird – ist die Personalentwicklung auch in den Fokus des Linienmanagements gerückt. Nicht nur aus der Sicht der Personalfunktionen selber sind ausgewählte Prozesse und Konzepte der Personalentwicklung heute mit erfolgsentscheidend für die Entwicklung der Unternehmen. So ist es auch kein Zufall, dass die häufigste pragmatische Operationalisierung des Humankapital-Begriffs die zukünftig notwendigen fachlichen und überfachlichen Kompetenzen auf allen Mitarbeiterebenen zum Inhalt hat (Jochmann, Kötter & Dievernich, 2006).

Dennoch bleibt ein wenig Unzufriedenheit, die sich festmacht an Effektivität und Effizienz von Qualifizierungsbausteinen, am Allgemeinheitsgrad und der Austauschbarkeit vieler Anforderungsmodelle sowie an der Fokussierung auf relativ wenige ausgewählte Potenzialträger. So liegt denn auch die Herausforderung für die Personalentwicklung im nächsten Jahrzehnt darin, die strategische Verankerung ihrer wesentlichen Konzepte und Instrumente zu optimieren, noch transferorientiertere Qualifizierungsmaßnahmen zu designen, sich stärker auf die strategischen und kundenorientierten Jobgruppen sowie auf die Rentabilität von Qualifizierungsinvestitionen zu konzentrieren (Jochmann, 2006).

1. Entwicklung des Stellenwertes der Funktion Personalentwicklung

Der gewählte Funktionsbegriff für die Personalentwicklung orientiert sich an häufig vorzufindenden Verantwortlichkeiten im Organigramm und somit an der Aufbauorganisation der Personalbereiche. Unter diesem Sammelbegriff finden sich häufig die folgenden Aufgabenstellungen:

- Ausbildungs-Konzepte und teilweise auch Umsetzung/Betreuung.
- Potenzialanalysen und Standortbestimmungen insbesondere auf der Nachwuchsebene, zunehmend im Bereich der Führungskräfteentwicklung auch in höheren Verantwortungsebenen.
- Durchführung von Bildungsbedarfsanalysen.
- Eigene Entwicklung oder Einkauf von fachlichen und überfachlichen Qualifizierungsbausteinen.
- Beratung des Managements in Fragen der Potenzialausschöpfung, Leistungsverbesserung und Laufbahnentwicklung.
- Unterstützung von Veränderungsprozessen durch maßgeschneiderte Workshops und Trainings.
- Aufbau von Lernplattformen – vom klassischen Trainingskatalog bis hin zu Internet-basierten Modulen oder interaktiven Lernformen/„blended learning".

Unserem aktuellen HR-Klima Index (Kienbaum, 2007) zufolge entwickeln sich die HR-Budgets aktuell stabil, insgesamt ist über die letzten Jahre natürlich durchaus eine Anpassung von PE-Investitionen anhand der wirtschaftlichen Situation der Unternehmen/Branchen zu beobachten. Bei Trainings- und Weiterbildungskosten handelt es sich um eine flexible Kostengröße, die zumindest kurzfristig ohne weiteres reduzierbar ist – auch wenn sich mittelfristig strategische Erfolgsfaktoren der Unternehmung verschlechtern. Die Infrastruktur von Personalentwicklungs-Bereichen und hier im Wesentlichen die Headcounts und die Anzahl von Schlüsselpositionen/Experten hat sich in den letzten Jahren kontinuierlich positiv entwickelt. Wir gehen heute davon aus, dass ein modern aufgestellter Personalbereich etwa 25% der beschäftigten HR-Professionals den Personalentwicklungs- und Ausbildungsfunktionen zuordnen sollte. Diese Größe entspricht dem Stellenwert dieser Funktion, ihrer Hebelwirkung für Strategieumsetzung, Unternehmensprofilierung, Innovationsabsicherung und ihrem Beitrag zum erfolgreichen Kundenmanagement. Dementsprechend bestätigt Abbildung 1 den in den letzten Jahren durchgängig entscheidenden Stellenwert von Personalentwicklung und Führungskräfteentwicklung innerhalb des Gesamtkanons von HR-Themen.

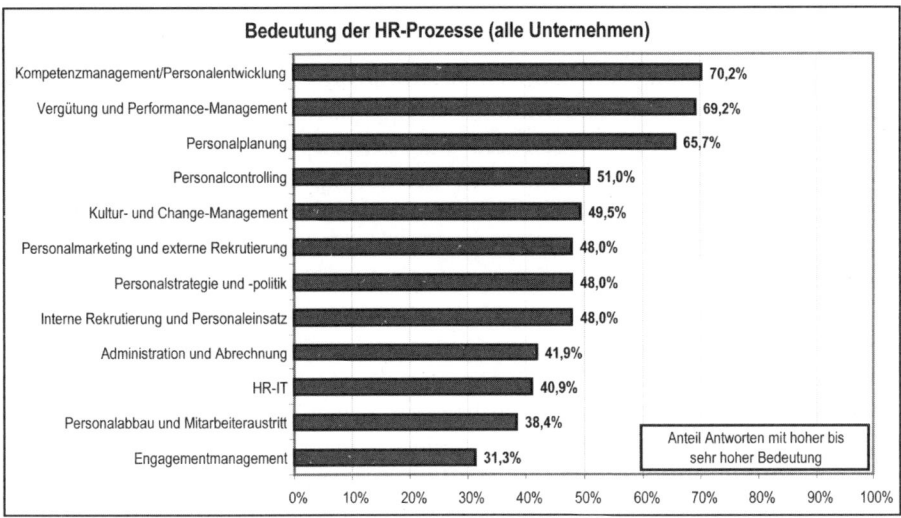

Abb. 1. Kompetenzmanagement und Personalentwicklung als Top-Themen der Personalarbeit

Diese Gewichtung durch die Leiter der Personalfunktionen bildet sich im Übrigen auch in der relativen Gehaltspositionierung der Personalentwicklungs-Funktionen gegenüber anderen HR-Funktionen ab, des Weiteren in der typischen Karrierenentwicklung in die Gesamtleitung des Personalbereiches. Hier dominierten in der Vergangenheit personalgrundsatz- und administrationsorientierte Kompetenzen. Zunehmend erweist sich die Leitung von Personalentwicklung/Führungskräfteentwicklung – bei entsprechender On-the-Job- und Off-the-Job-Qualifizierung – als gleichwertiger Karrierehebel neben Top-Betreuungsfunktionen (Business-Partner-Prinzip oder Job-Rotation aus anderen Bereichen). Ein alternativer Blickwinkel zur Bedeutung der Personalentwicklung orientiert sich an den strategischen Zielen der gesamten Personalarbeit, die sich u. a. in den Antworten auf folgende Fragen finden:

- Was sind die aktuellen Top 10-HR-Ziele in entsprechenden Strategiedokumenten?
- Was sind die wesentlichen Erwartungen des Top-Managements an die Personalfunktion?

Abbildung 2 zeigt die direkten und indirekten Deckungsgrade/Zusammenhänge mit Leistungsmöglichkeiten der Personalentwicklung auf und bestätigt ungefähr einen 40% bis 65%-Anteil von Personalentwicklungshebeln. Mit anderen Worten: Ausgewählte Aktivitäten der Personalentwicklung mit überzeugenden inhaltlichen Konzepten, mit umsetzungsorientierten Instrumenten und hoher Durchführungskompetenz auf der Ebene der Personalentwickler und Linienführungskräfte haben einen klaren Einfluss auf HR-Zielerreichungen und das vom Top-Management geforderte HR-Leistungsspektrum. Dabei wird der klassische Zweiklang zwischen Personalbeurteilung und Potenzialanalyse auf der einen Seite sowie Anpassungsqualifizierung bezüglich der jetzigen Position und Befähigung für weiterführende Aufgaben auf der anderen Seite ergänzt durch die Sicherstellung der Unternehmenskompetenzen in den strategischen Geschäftsfeldern. Unternehmenskompetenzen bilden sich in einem für alle Positionsziele relevanten Mix aus fachlichen und überfachlichen Kompetenzen ab und konzentrieren sich auf alle Jobgruppen im Unternehmen – wobei die Funktionen Produktentwicklung, Vertriebsmanagement und Konzernsteuerung Priorität erhalten. Erfolgreiche Unternehmen müssen zum einen die strategischen Erfolgsfaktoren ihrer Märkte überzeugend abbilden, zum anderen über zwei bis drei Kernkompetenzen Einzigartigkeit im Rahmen der sogenannten Unique Selling/Unique Competence Proposition herausbilden (Prahalad & Hamel, 1990). Wie stark bei diesen Einzigartigkeiten personelle Faktoren zu bewerten sind, wird in den neueren Ansätzen zum Intangible Asset Management herausgearbeitet. Tangible Assets können im Rahmen der klassischen Unternehmensbewertung vergangenheits- und gegenwartsbezogen bestimmt werden und umfassen alle bilanzierten Vermögensgegenstände, wie z. B. Gebäude, Produktionsanlagen, Grundstücke etc.

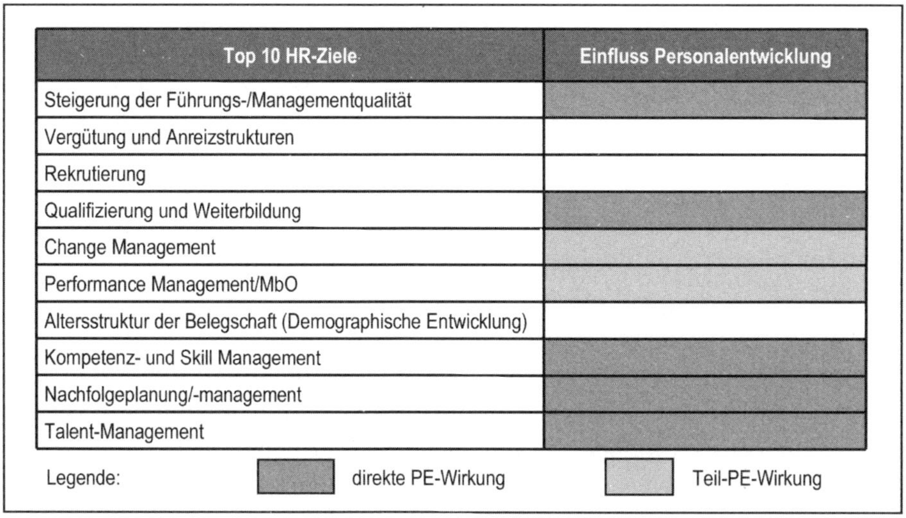

Top 10 HR-Ziele	Einfluss Personalentwicklung
Steigerung der Führungs-/Managementqualität	
Vergütung und Anreizstrukturen	
Rekrutierung	
Qualifizierung und Weiterbildung	direkte PE-Wirkung
Change Management	direkte PE-Wirkung
Performance Management/MbO	direkte PE-Wirkung
Altersstruktur der Belegschaft (Demographische Entwicklung)	
Kompetenz- und Skill Management	direkte PE-Wirkung
Nachfolgeplanung/-management	
Talent-Management	direkte PE-Wirkung

Legende: ■ direkte PE-Wirkung   ▨ Teil-PE-Wirkung

Abb. 2. Treiberwirkung Personalentwicklung

Demgegenüber erklären die Intangible Assets die Differenz zwischen dem an den Kapitalmärkten gehandelten Unternehmenswert (Marktkapitalisierung) und dem Buchwert (Kaplan & Norton, 2004). Analysen in vielen Branchen mit ihren häufig fünf bis acht strategischen Erfolgsfaktoren zeigen hierbei in der Regel einen Aufklärungsgrad der Intangible Assets von 40% bis 60% durch Humankapital-Faktoren, gefolgt von Strategie- und Strukturkapital, Kundenwert und Unternehmensimage. Unter der Maßgabe, dass zumindest ein beträchtlicher Anteil des Humankapitals durch die Qualität der richtigen Mitarbeitergruppen in entscheidenden Aufgabenstellungen bestimmt wird sowie dass unter Qualität zukunftsorientierte Kompetenzen sowie Arbeitszufriedenheit und Motivation/Commitment verstanden werden, ist die Personalentwicklungs-Funktion wesentlicher Treiber des entscheidenden Intangible Asset-Faktors.

2. Prozessbeschreibungen und wesentliche Personalentwicklungs-Instrumente

Gegenüber dem breiten Funktionsbegriff beschreiben Prozesse Abläufe mit definierter Anfangs- und Abschlussphase. Zwischen diesen Finalpunkten stehen in unterschiedlicher Körnung zwischen drei und acht Prozessstufen, in denen zusammengehörige Aktivitäten-Bündel (Zusammenhang durch Zeitpunkte, gemeinsame Verantwortung, vereinheitlichende Kompetenzen und Entscheidungspunkte) platziert sind. Abbildung 3 zeigt eine typische Prozesslandkarte, wobei hier zwischen strategischen, betreuenden und administrativen HR-Prozessen unterschieden wird. Einige der Prozessbezeichnungen finden sich in den Organigrammen von Personalbereichen als klassische Teilfunktionen wieder, andere – wie etwa die Nachfolgeplanung oder das Performance Management – integrieren Aktivitäten in sinnvoller Form. Die Sinnhaftigkeit ist dabei daran festzumachen, dass

- hinter jeden Prozess Leistungskriterien mit Zeiten, Kosten und Ergebnisqualitäten gestellt werden können;
- die Verantwortungsstufen mit Gesamtverantwortung, Aktivitätenträgern, Entscheidern und Informations-Empfängern verdeutlicht werden;
- abteilungsübergreifende Zusammenarbeitsnotwendigkeiten und gemeinsame Arbeitsformate in Form von Instrumenten, Ergebnisdokumentationen und IT-Systemen erarbeitet werden
- die Benchmark-Fähigkeit des Prozesses mit seinen Quantitäten und Qualitäten erzielt wird.

Es ergeben sich je Körnungstiefe drei bis fünf ausschließliche Personalentwicklungs-Prozesse sowie weitere funktionsübergreifende Prozesse mit Personalentwicklungs-Involvierung.

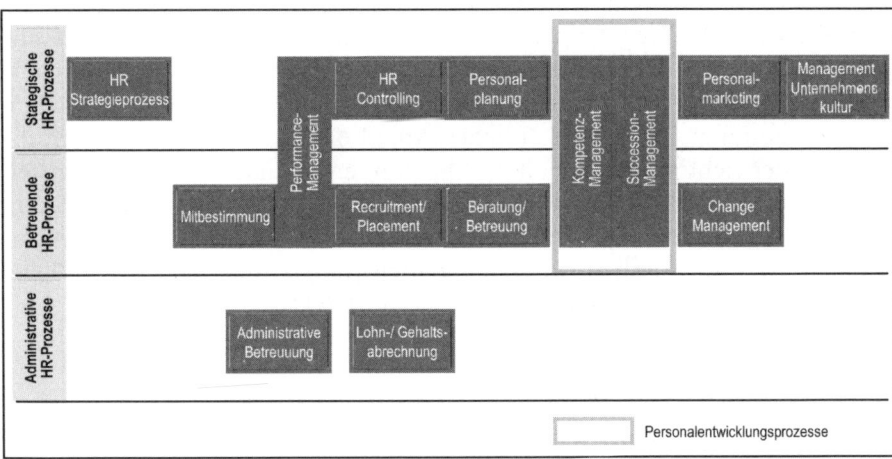

Abb. 3. HR-Prozesslandkarte

Als Beispiel für eine detaillierte Prozessbeschreibung wird in Abbildung 4 der Prozess „Strategisches Kompetenzmanagement" dargestellt. Um gemeinsame inhaltliche Kerne herum sollten Unternehmen mit Blick auf Anwendungsbreite und -komplexität sowie vorhandene Konzepte und Instrumente letztlich zu eigenen Prozessbeschreibungen gelangen. Ergänzend zu dieser Abbildung wären im Anwendungsformat alle einzusetzenden Instrumente zu jeder Prozessstufe zu benennen, des Weiteren die Verantwortungsmatrix mit Handlungsträgern und Schnittstellen. Der dargestellte Prozess des strategischen Kompetenzmanagements ist als relativ neu zu bezeichnen, da in der Vergangenheit operative Qualifizierungsprozesse dominierten. Ein besonderes Augenmerk gilt bei diesem ausgewählten Prozess der schon erwähnten Transformation von Unternehmenskompetenzen in personelle Kompetenzen, strukturiert über ein unternehmensübergreifendes Kompetenzmodell (Jochmann, 2006). In der dominierenden Anwendungsform umfassen diese Kompetenzmodelle heute 10 bis 20 überfachliche Kompetenzdimensionen und konzentrieren sich auf Top- und Schlüsselfunktionen. Sie vernachlässigen damit wesentliche Jobgruppen mit Kunden- und Operations-Bezug, konzentrieren sich einseitig auf Management- sowie Führungsqualität und lassen technologische Kernkompetenzen außer Acht. Gerade angesichts des demografischen Wandels und der sich abzeichnenden Engpässe in einer Reihe von fachnah geprägten, spezialisierten Ausbildungsgängen kommt der Sicherung von insbesondere technischen informations- und verfahrensablaufbezogenen Kompetenzen eine hohe Bedeutung zu. Integrierte Geschäftsmodelle mit Produktvertrieb, Service und anspruchsvoller Beratung erhöhen die Anforderungen an viele Mitarbeitergruppen und machen innerhalb des Personalplanungs-Prozesses neben dessen quantitativen Elementen die technologie- und kundenbezogenen Kompetenzen als wesentlichen Bezugspunkt aus. Hieraus abgeleitete Kompetenz-Handbücher beschreiben für alle Jobgruppen anhand von Beispielen oder verhaltensorientierten Performance-Indikatoren die notwendigen Abstufungen zwischen Normalleistung, Potenzialausprägung und Spitzenleistung. Aus dem strategischen Kompetenzprozess werden dementsprechend keine individuellen Weiterbildungsbedarfe abgeleitet, sondern Entwicklungsbedarfe an Jobgruppenspezifische oder übergreifend eingesetzte Qualifizierungsprogramme formuliert.

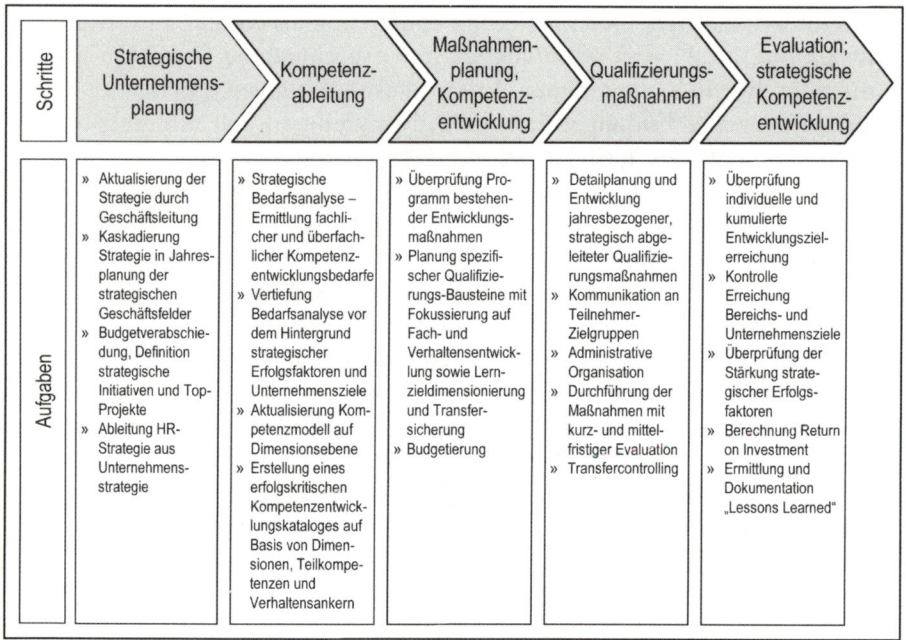

Abb. 4. Prozess des strategischen Kompetenzmanagement

Der operative Qualifizierungsprozess orientiert sich hingegen an den jährlichen Mitarbeitergesprächen und hier der Analyse von Zielabweichungen, der Kompetenzeinschätzung, somit des Verhaltensfeedbacks sowie seiner Potenzialaussagen. Für jeden Mitarbeiter resultieren hieraus Verhaltensentwicklungsziele und Vorschläge für individuelle Personalentwicklungsmaßnahmen. Diese sind auf den Erhalt der Leistungsfähigkeit in der jetzigen Funktion ausgerichtet (Schwächenkompensation oder Zukunftsanpassung) oder beziehen sich auf weiterführende Verantwortungsstufen oder neue Funktionsbilder. Die Summation der Qualifizierungsbausteine ergibt die jährliche Planung an unternehmensinternen oder externen Verhaltenstrainings, fachlichen Weiterbildungsveranstaltungen, Coachings, selbstlernbezogenen Inputs und Erfahrungsaustausch-Kreisen/ Netzwerktreffen. Eine bleibende Herausforderung ist die Umsetzung der Transfer- und Evaluationsschleifen von Kirkpatrick (Kirkpatrick & Kirkpatrick, 2006) mit folgenden Hauptanforderungen:

- Sicherstellung der Beherrschung vermittelter Inhalte mit angestrebten Wissens- und Methodenzugängen.
- Umsetzung vermittelter Inhalte in wichtigen Job-Situationen auf der Verhaltensebene.
- Erzielung besserer Job-Resultate.
- Erzielung eines positiven Return on Investments für die entstandenen Qualifizierungs-Investitionen.

Der Prozess der Nachfolgeplanung umfasst die jährliche Analyse aller wichtigen Positionen und Positionsträger mit Blick auf Neubesetzungen/ Rotationen, die Vorbereitung für potenzielle neue Aufgaben, die Identifikation von Schwachleistern sowie die bevorzugte Behandlung des Talente-Pools mit Blick auf Qualifizierungsmaßnahmen und Besetzungen. Hierbei gilt es im Wesentlichen, die quantitativen Personalbedarfe in wichtigen Jobgruppen zumindest mittelfristig abzubilden und sich dem gängigen Performance-Kriterium zu stellen, 60% bis 80% an Nachfolgern aus den eigenen Reihen bestellen zu können. Des Weiteren ist ein akuter Absicherungs-Quotient von 80% anzustreben. Wesentliche Elemente innerhalb dieses Prozesses sind die Umsetzung der Unternehmens- und Geschäftsfeldplanung in definierte Führungskräfte-Bedarfe, die dezentrale Erhebung von Leistungs- und Potenzialstufen, ihre Absicherung durch Quervergleiche und externe Benchmarks, das Matching von Positionen und Personen insbesondere in Transferphasen sowie abgeleitete Rotations- und Qualifizierungsmaßnahmen. Unter der Prämisse des internen Besetzungsmanagements werden des Weiteren Vorschläge für Nachfolger einschließlich ihrer nachgelagerten Potenzialträger fixiert. Ein besonderes Augenmerk gilt in der Regel dem High-Potential-Pool, dessen Mitglieder mit bevorzugter Platzierung oder Auslandsentsendung auf den Weg ins obere Management vorbereitet werden.

Im Performancemanagement-Prozess gilt das Augenmerk der Personalentwicklung der qualifizierten Vorbereitung und Durchführung turnusmäßiger Mitarbeitergespräche und hier der kompetenzbasierten Vorgesetzteneinschätzung, welche

- die Ursachen für Performance-Erfolge und -Defizite in Kompetenzeinschätzungen abbildet;
- mit Blick auf mögliche zukünftige Funktionsverantwortungsstufen und Funktionsbilder Entwicklungsbedarfe identifiziert;

- akzeptierte Defizite in Vorschläge für Personalentwicklungs-Maßnahmen überführt und mit PE-Aktionsplänen sowie gegebenenfalls Change Scorecards unterfüttert;
- Potenzialeinschätzungen für anstehende Aufgaben gegebenenfalls weiterführende Verantwortungsebenen durch die Beschreibung von Potenzialindikatoren unterstützt, um einen unternehmensweit möglichst ähnlichen Einschätzungsstandard zu gewährleisten.

Hinter diese Personalentwicklungs-Prozesse müssen Schlüsselkonzepte gestellt werden. Am häufigsten anzutreffen sind folgende Konzepte:

- Karriere- und Laufbahnmodell (Komponenten Karriereformel, Rolle Auslandsaufenthalt, Rotationspolitik etc.)
- Unternehmensspezifisches Kompetenzmodell
- Grundsätze der Weiterbildung mit Unternehmens-Commitments, der Beschreibung von Eigenverantwortlichkeiten, etc.
- Gewollte Unternehmenskultur mit Führungs- und Zusammenarbeits-Grundsätzen, der Beschreibung unternehmerischer und gesellschaftlicher Verantwortung, dem Commitment zu fairen Geschäftsprinzipien sowie Aussagen zu Gleichberechtigung/Diversity, etc.
- Unternehmensspezifisches Vergütungsmodell, u. U. mit Incentivierung von Personalentwicklungszielen über variable Gehaltskomponenten

Zur Umsetzung dieser Konzepte werden standardisierte Instrumente benötigt, die insbesondere durch die Vorgabe von IT-Programmen in ihrer Umsetzung forciert werden. Im mittelständischen Bereich sind fünf bis zehn derartiger Instrumente rund um die Personalentwicklungs-Funktion notwendig, in Großunternehmen/Konzernen eher 15 bis 20. Ausgewählte Schlüsselinstrumente sind dabei

- Beurteilungsbogen,
- Potenzialerhebungsbogen,
- Nachfolgeplanungsbogen,
- Formular zur Laufbahnplanung,
- Individuelle Personalentwicklungsplanung,
- Zielvereinbarungs-Bogen,
- Vorgesetzten-Einschätzung,
- Personal-Portfolio,
- Unmittelbares und mittelfristiges Bewertungsinstrument von Qualifizierungsmaßnahmen,

Die Träger der Personalentwicklung sind in ihren unterschiedlichen Rollen:

- Der Vorgesetzte – als Mentor und Coach sowie unmittelbarer Beobachter in wichtigen beruflichen Situationen.
- Die Personalfunktion/Personalentwicklungsfunktion – als Business-Partner und Spezialist, zudem als Berater und Coach.
- Der externe Trainer und Coach in seiner Rolle als neutraler Spezialist und Change Agent.

Nur wenn es gelingt, diese Handlungsträger in ihrem Prozessbeitrag zu qualifizieren und für die hiermit verbundene Mitarbeiterkommunikation zu sensibilisieren, können gute Konzepte und personalwirtschaftliche Strategiepapiere wirkungsvoll umgesetzt werden.

3. Personalentwicklung als Baustein von HR-Strategien

Personalarbeit vollzieht sich in Zyklen. Phasen der Reaktion auf deutliche Unternehmensveränderungen folgen eigeninitiierte, an Benchmarks oder internen Veränderungszielen orientierte Ausrichtungen. Neben den zitierten Kienbaum-Studien verdeutlicht Abbildung 5 ein über zahlreiche Workshops und Diskussionsforen entstandenes Bild aktueller Themen und Handlungsbedarfe von Personalbereichen. Es zeigen sich unternehmensinterne Projekte oder gar mehrjährige strategische Initiativen, etwa die erfolgreiche Positionierung als Business Partner oder die Neuausrichtung des Geschäftsmodells mit Betreuungsmodellen und Shared Services-Strukturen. Die Formulierung einer Strategie für den Personalbereich bündelt derartige Veränderungs- und Verbesserungsprojekte unter dem Dach einer Vision oder eines Langfristziels, einer formulierten Business Mission und einem Set von mittelfristigen und somit strategischen Zielen der Personalarbeit. Strategien beschreiben den Fokus des eigenen Handelns, die Spezialisierung sowie die Entwicklung von Einzigartigkeits-Merkmalen. Mit der Formulierung der Business Mission erfolgt die Beschreibung des Wertbeitrages für die anderen Unternehmensprozesse, für die wesentlichen Kundengruppen und die wesentlichen Geschäftsprozesse der Unternehmung. Interne Analysen von etwa 70 potenziell möglichen HR-Zielen lassen sich in folgende Zielfelder einordnen:

- Performancemanagement – Vergütungs- und Anreizsysteme, Mitarbeiterproduktivität und Personalkosten sowie Arbeitseffizienz.

- Kompetenzmanagement – Einstellung und Bindung, Sicherstellung des Qualifikationsniveaus und Steigerung der Führungs- und Management-Qualität.
- Kultur und Change Management – Positionierung als Arbeitgeber, Mitarbeiterzufriedenheit und Commitment, Unterstützung von Wachstums- und Veränderungsprozessen
- Interne Ziele des Personalbereiches – Effektivität und Effizienz der HR-Prozesse, Kundenmanagement und Messbarmachung des Wertschöpfungsbeitrags.

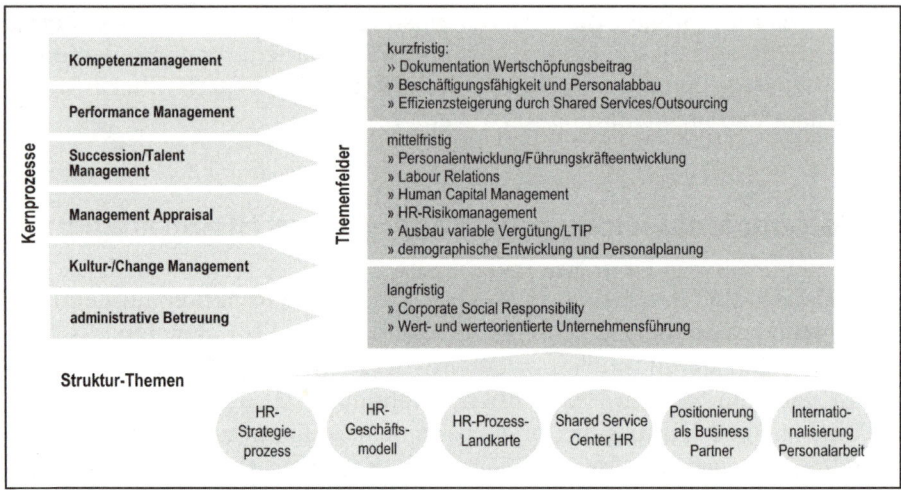

Abb. 5. HR Trends 2007: Prozesse, Strukturen und Themen

Der schon beschriebene Anteil von Personalentwicklungs- und im strategischen Sinne erweiterten Kompetenzentwicklungs-Zielen sowie resultierenden Projekten und Kernaktivitäten spiegelt sich ebenso in Messmodellen und hier insbesondere dem Anteil von PE-Messkriterien wider. Hervorgehoben seien an dieser Stelle Performance-Indikatoren wie:

- Passung der Kompetenzlevels für alle wichtigen Jobgruppen
- Prozentsatz abgesicherter Top- und Schlüsselpositionen – dies über Nachfolgeplanungssysteme und Talente-Pools
- Kostenbenchmarks und Rentabilitäten von Personalentwicklungs-Maßnahmen
- Grad der Transparenz über vorhandene Management- und Nachwuchspotenziale
- Lernbereitschaft und Lernfähigkeit wichtiger Mitarbeitergruppen

Fast noch stärker ist das Gewicht von Personalentwicklungs-Themenstellungen in auf alle Mitarbeiter ausgerichteten Kernaussagen zur Personalarbeit, häufig als Personal-Leitbild oder People Strategy bezeichnet. Zahlreiche Studien belegen, dass für zunehmend umworbene Hochschulabsolventen die Qualifizierungsangebote, idealerweise verbunden mit attraktiven Laufbahnmodellen, einen wesentlichen Beitrag zur Arbeitgeberwahl ausmachen. Unternehmen verknüpfen hiermit natürlich auch Erwartungen mit Blick auf Eigeninitiative, Offenheit für Feedback, Lernbereitschaft und Lerneffizienz.

Die wesentlichen inhaltlichen Konzepte und angewendeten Instrumente zu PE-Prozessen werden in den meisten Organisationsstrukturen durch das Kompetenz-Center Personalentwicklung bereitgestellt. Während noch vor zehn Jahren teilweise dezentrale, direkt mit den Mitarbeitern arbeitende Personalentwicklungsbereiche agierten, sind heute die Personalbetreuer/ -berater als dezentrale Business Partner und Coaches integrierter Anbieter aller HR-Leistungen. Sie unterstützen Führungskräfte und Mitarbeiter vor Ort/in den Business Units bei HR-Fragestellungen, in Entscheidungs- und Konfliktsituationen rund um Förderung, Potenzialanalyse, Laufbahnplanung und Veränderungsmanagement. Dies ändert jedoch nichts an der Rolle der Führungskraft als primärem Personalentwickler, als Mentor und Coach der zugeordneten Mitarbeiterstruktur. Die durchgängige Zusammenarbeit, das detaillierte Kennen der Arbeitssituation und der Leistungsergebnisse machen die Führungskraft zum wesentlichen Träger von Feedback und zum Veränderungsmanager, was sich in Kombination mit Zielvereinbarungen und Laufbahnperspektiven im jährlichen Mitarbeitergespräch abbildet. Das Corporate Center Personalentwicklung kann seinerseits die dezentralen Personalbetreuer und die Führungskräfte durch Schulungsmaßnahmen in ihrer Personalfunktion unterstützen, es plant und realisiert – teils mit eigenen Kräften, teils mit externen Beratern – Potenzialanalyse-Seminare und nachgelagerte Förderbausteine.

4. Veränderungschancen und Handlungsfelder

Die Positionierung von Personalbereichen innerhalb der klassischen unternehmerischen Querschnittsfunktionen weist über die letzten Jahre ein uneinheitliches Bild mit leicht positiver Tendenz auf. Die personelle und finanzielle Ausstattung von Personalbereichen ist stabil bis leicht steigend, im Gehaltsranking halten sich die HR-Funktionsträger knapp im ersten

Vergleichsdrittel (Jochmann, 2005). Dennoch gibt es klare Verbesserungssignale durch den Kunden Top- und Mittelmanagement, beispielsweise:

- Unterfütterung der eingeforderten Positionierung als Business Partner durch eine deutlich verbesserte personelle Qualität, gesamtunternehmerische Orientierung und Qualifizierung in Strategieinstrumenten,
- Dokumentation des Wertschöpfungsbeitrages der Personalarbeit insgesamt und der Rentabilität von Qualifizierungsinvestitionen im Einzelnen,
- Verbesserte Ausschöpfung IT-technischer Möglichkeiten,
- Entwicklung innovativer Konzepte als Antwort auf die demografische Entwicklung,
- Steigerung von Eigeninitiative und proaktiver Problemlösung gegenüber einer starken Verwaltungs- oder Spezialisten-Orientierung,
- Vorbildwirkung in der eigenen Kompetenzanalyse und Kompetenzentwicklung,
- Steigerung der Präsenz in Change-Projekten mit Kommunikations-, Moderations- und Qualifizierungsleistungen,
- Steigerung einer nachweisbaren strategischen Verankerung wichtiger Handlungsprogramme,
- Erhöhung des Anteils direkter Beratungstätigkeit,
- Verknüpfung und Vereinfachung der Instrumentenvielfalt,
- Steigerung der Wirkung von Trainings durch ihre Einbindung in zentrale Geschäftsprozesse und die Abbildung von kritischen Arbeitssituationen,

Als Grundmuster dieses Spektrums an Veränderungsbotschaften lassen sich herausarbeiten:

- die konsequente Anwendung eines fach-/verhaltensintegrierten Kompetenzmanagements für die HR-Professionals selbst – quasi als Vorbild und als Hebel für die steigenden Anforderungen in der HR-Funktion,
- die Weiterentwicklung eingesetzter Verfahren und Methoden unter den Prämissen von Effizienz, Effektivität und Innovation,
- die Erhöhung der unternehmens- und bereichsstrategischen Verankerung von Personalentwicklungs-Bausteinen, verbunden mit entsprechend geschäftsorientiertem Kundenbezug in Ergänzung zur in der Regel hochklassigen operativen Serviceorientierung,
- die Steigerung des Kennzahlenbezugs des eigenen Arbeitens mit Blick auf Zusatznutzen und Rentabilität sowie langfristig wirkende Leistungskennzahlen der Humankapital-Entwicklung,

Der Personalentwicklungs-Bereich als zentraler Teilbereich der Personalfunktion muss gemeinsam mit den anderen HR-Kollegen seine Arbeit noch konsequenter an den strategischen Erfolgsfaktoren, an Unternehmenszielen und Marktherausforderungen orientieren (Ulrich, 2005). Abbildung 6 skizziert beispielhaft personalwirtschaftliche Herausforderungen, welche aus unternehmerischen Herausforderungen resultieren, und verdeutlicht, dass die erfolgreiche Unternehmensentwicklung von morgen in globalen Märkten den Wettbewerb um Talente und Kompetenzen „zu bezahlbaren Rahmenbedingungen" ausmacht.

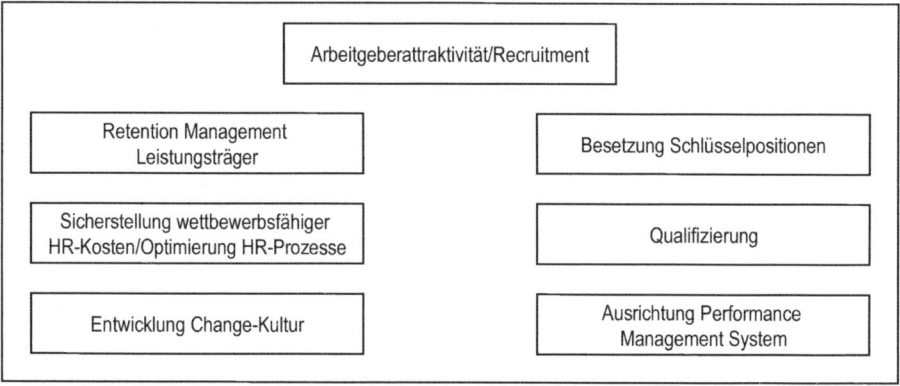

Abb. 6. Wesentliche HR Handlungsfelder zur Unterstützung des Erfolgs der Gesamtorganisation

Literatur:

Jochmann, W. (2005). Mythos der Nichtmessbarkeit. *Personal. 12.*

Jochmann, W. (2006). Transformation unternehmerischer Erfolgsfaktoren in personalwirtschaftliche Kompetenzmodelle. In W. Jochmann & S. Gechter (Hrsg.): *Strategisches Kompetenzmanagement.* Berlin: Springer.

Jochmann, W., Kötter, P. & Dievernich, F. (2006). Besser berichten. *Personal, 10.*

Kaplan, R.S. & Norton, D.P. (2004). *Strategy Maps. Converting Intangible Assets into Tangible Outcomes.* Boston: Harvard Business School Press.

Kienbaum (2006). *HR-Strategie-Studie.* Gummersbach: Kienbaum Management Consultants GmbH.

Kienbaum (2007). *HR-Klima-Index.* Gummersbach: Kienbaum Management Consultants GmbH.

Kirkpatrick, D.L. & Kirkpatrick, J.D. (2006). *Evaluating Training Programs. The Four Levels*. New York: McGraw-Hill Professional.

Prahalad, C.K., Hamel, G. (1990). The Core Competence of the Corporation. *Harvard Business Review,* May-June, 79 – 91.

Ulrich, D. (2005). *The HR Value Proposition*. Boston: Harvard Business School Press.

Strategische Personalentwicklung – Vision und realistische Perspektiven

Klaus W. Döring

Wohl in keinem betrieblichen Handlungsfeld klaffen Anspruch und Wirklichkeit derart weit auseinander wie auf dem Sektor der Personalentwicklung (PE). Zwar wird der betrieblichen Bildung – Ausbildung/Weiterbildung – von allen Seiten eine große Bedeutung verbal attestiert, vielfach folgen den schönen Worten aber kaum oder nur halbherzig Taten.

Unternehmensführungen, die gern den desolaten Zustand der eigenen Personalentwicklungsabteilung kritisch beklagen oder mit spitzer Zunge nach dem Wertschöpfungsbeitrag der betrieblichen Bildung fragen, gehen selbst mit denkbar schlechtem Beispiel voran: Da kümmern sich etwa die zumeist aus Betriebswirten, Juristen, Ingenieuren und Kaufleuten bestehenden Unternehmensführungen selbst recht wenig um den Faktor „Personal"(-qualifizierung), da trennt man sich z. B. mit einem Federstrich von ganzen Teilen der Belegschaft, ohne zu fragen, was dieser Aderlass das Unternehmen an Know-how, an Motivation der Belegschaft oder an betrieblicher Leistungsfähigkeit ganz allgemein kostet.

So werden die Ausgaben für betriebliche PE in den meisten deutschen Unternehmen noch immer als „Ausgaben" behandelt, nicht jedoch als „investive Kosten", wie sie für andere betriebliche Leistungen mit Selbstverständlichkeit angesetzt werden. Daher auch hat betriebliche PE – allen anderen Verlautbarungen zum Trotz – nach wie vor den „Hauch" des Nachgeordneten, des Zweitrangigen, des „Nicht-so-Wichtigen". Die Entwicklung der Weiterbildungsbudgets in den Unternehmen legen in den letzten Jahren davon jedenfalls eindrucksvoll Zeugnis ab. Sie wurden auf jeden Fall in Zeiten des Umbruchs und der Krise zuallererst und am nachhaltigsten gekürzt und zusammengestrichen. Nicht, dass sich dies überall so verhält. Aber Betriebe mit hoch entwickelter, professioneller – und somit systematischer PE sind in Deutschland eindeutig noch in der Minderheit. Aus Ermangelung verlässlicher empirischer Daten kann man derzeit daher nur davon sprechen, dass – geschätzt – mehr als zwei Drittel aller deutschen Unternehmen[7] mit einem „System" Personalentwicklung hier einen erheblichen Nachholbedarf haben. „Nachholbedarf" – wohlgemerkt nicht an PE an sich, sondern an Systematik, Professionalität und Strategie auf diesem Gebiet, vor allem aber an Integration der PE in die jeweilige Unternehmensphilosophie und die entsprechenden Geschäftsprozesse.

Dieser Beitrag soll aufzeigen, welche maßgeblichen Gründe für die schon als „notorisch" zu bezeichnende Misere der betrieblichen PE verantwortlich sind. Insgesamt werden acht wesentliche Faktoren herausgearbeitet sowie im Anschluss daran eine Perspektive aufgezeigt, wie hier wirkungsvoll entgegengesteuert werden kann.

1. Das Strategiedefizit im Allgemeinen ist unübersehbar

In vielen Unternehmen wird auf Strategiediskussionen weitgehend verzichtet. Eine 3-jährige oder gar 5-, 8- oder 10-jährige Planung wird angesichts der enormen weltwirtschaftlichen Verflechtungen (Globalisierung) und der sich ständig wechselnden Marktsituationen nämlich schlicht für unrealistisch angesehen.

So ist „Strategie" in vielen Unternehmen gleichbedeutend mit dem Geschäftsplan für das folgende Kalenderjahr und auch der wird möglichst spät im Jahr verabschiedet, um möglichst viel „Planungssicherheit" zu gewinnen. Damit rutschen echte strategische Planungen, Zielperspektiven und -entscheidungen, die über das folgende Geschäftsjahr hinausgehen, auf die Ebene mehr oder weniger verbindlicher „Überlegungen". So leicht traut sich in den Vorständen niemand, darüber hinauszugehen, denn das wäre viel zu riskant angesichts der sich ständig beschleunigenden Veränderungen in den geschäftlichen Rahmenbedingungen. Es stellt sich daher unabwendbar die folgende Frage: Wie soll betriebliche PE strategisch auf die Beine kommen, wenn die Kategorie des „Strategischen" selbst im Unternehmen keine solide Basis hat?

---

[7] Nur 4% aller deutschen Unternehmen haben überhaupt ein solches PE-System.

2. Das Qualitätsmanagement ist unzureichend

Es ist sicherlich ein zunehmendes Bewusstsein für schwerwiegende Versäumnisse und Mängel in der Praxis der Betriebspädagogik zu konstatieren. Vor allem im Kontext der unübersehbaren negativen Erscheinungen im Zusammenhang des West-Ost-Transfers von Fort- und Weiterbildung seit der Wiedervereinigung hat sich das Bewusstsein, etwas für die Qualitätssicherung der betrieblichen Bildung tun zu müssen, deutlich verstärkt.

Das zeigt sich seit etwa fünfzehn Jahren in dem zunehmenden Bemühen, die Zertifizierung nach DIN ISO 9000 ff. für Weiterbildungssysteme – freie Träger wie Betriebssysteme – zu erreichen. Viele Systeme sind inzwischen auch zertifiziert worden. Jedoch ist bei diesen Aktivitäten weitgehend übersehen worden, dass die Zertifizierung nach DIN ISO 9000 nicht unbedingt und automatisch zur Qualitätsverbesserung der Kernbereiche der betrieblichen Weiterbildung führt. In vielen Fällen ist sogar eher das Gegenteil eingetreten, wie sich auch an der zunehmenden Kritik deutlich zeigt.

Es ist zunächst weiterhin zu konstatieren, dass das Qualitätsdenken in der betrieblichen PE – trotz des sich in den letzten Jahren abzeichnenden allmählichen Sinneswandels – generell als unzureichend anzusehen ist. Dass Qualifizierung eine Dienstleistung wie viele andere ist, will immer noch vielen PE-Verantwortlichen schwer in den Kopf. Konsequenterweise hängt auch Qualifizierung von ihrer Qualität ab, und somit von der Frage, wie ihre Kunden – Mitarbeiter und Führungskräfte sowie das Unternehmen als Ganzes – mit ihren Leistungen zufrieden sind.

Der viel beschworene Wertschöpfungsbeitrag des betrieblichen Bildungssystems hängt naturgemäß sehr wesentlich von der Qualität der erbrachten Leistung ab. Aber gerade um diese Qualität haben sich PE-Verantwortliche und Führungskräfte unverständlicherweise nur sehr unzureichend bemüht. Standards, die in anderen Betriebsbereichen längst gang und gäbe sind, wurden auf die PE einfach nicht angewendet. Das führte sehr rasch dazu, dass sich das System, die Verantwortlichen und Mitarbeiter wie die Abnehmer an diesen speziellen Zustand des Unbeobachtet- und Nichtkontrolliertseins der betrieblichen Bildung gewöhnten. Vielfach dürfte sich gar der Gedanke etabliert haben, eine Qualitätskontrolle bzw. systematische Qualitätssicherung dieses Geschäftsfeldes sei generell nicht möglich.

Wie fatal sich ein solches Denken nun in Zeiten knapper Kassen auf den Status und das Ansehen der Bildungsabteilung auswirkt, erleben nicht wenige Systeme derzeit zu ihrem Entsetzen am eigenen Leibe. Es wird gekürzt und gestrichen, was das Zeug hält, obwohl doch in einer Zeit der Strukturkrise gerade umgekehrt in die Mitarbeiter des Unternehmens zu investieren wäre, um deren Motivation und fachliche wie überfachliche Leistungsfähigkeit entscheidend zu verbessern – so wie das etwa in Japan in der Krise geschehen ist.

Die Frage ist, was zu diesem Mangel an generellem Qualitätsbewusstsein in der betrieblichen Bildung beigetragen hat. Zunächst wirkte sich aus, dass vielfach Führungskräfte wie Mitarbeiter aus den verschiedenen Betriebsbereichen, die sich verändern wollten oder die "verändert" werden sollten, unbedenklich – ohne ein entsprechendes bildungsbezogenes Fachwissen zu haben – in die betriebliche Bildung versetzt wurden. Die mangelnde Fachkenntnis wirkte sich dann naturgemäß nicht gerade positiv auf deren Arbeit im Bildungswesen aus. Nachbessernde Fort- und Weiterbildung kann das Problem nur begrenzt lösen. Hinzu kommt, dass solche „betriebsfremden" Fachkräfte oft einfach nicht über das erforderliche Knowhow einer generellen Qualitätssicherung verfügen – wie etwa Qualitätsstandards, Evaluationsmethoden, Controlling-Fachwissen usw.

Eine zweite Erklärungsmöglichkeit für das Fehlen eines generellen Qualitätsdenkens in vielen Systemen der betrieblichen PE ist wohl in der verbreiteten Annahme zu suchen, die Qualität von Lehr-/Lern- und Bildungsprozessen lasse sich generell nur schwer oder gar nicht analytisch ermitteln. Auch sei es fraglich, ob Qualitätsbemühungen den Lehrkräften – Dozenten, Trainern, Ausbildern – nicht die Motivation für eine engagierte Bildungsarbeit nehme. Außerdem sei die Lehrtätigkeit eine so persönliche Sache, dass Bestrebungen zur Qualitätsverbesserung eher einem Eingriff in Persönlichkeitsrechte gleich komme als einer seriösen Betriebsstrategie. Und so feiern denn die ewigen „Folienschleudereien" sowie neuerdings die unendlichen „Power-Point-Präsentationen" fröhliche Urstände, obwohl sie mit Bildungsprozessen eigentlich herzlich wenig zu tun haben[8].

Dass eine generelle Qualitätsperspektive sich zwar zentral auf die Lehr-/ Lern- und Bildungsprozesse zu beziehen hat, darin aber keineswegs völlig aufgeht, konnte jedoch nicht verhindern, dass die Skepsis gegenüber Qua-

---

[8] Fragen an einen Trainer: „Setzen Sie Power-Point ein – oder haben Sie auch etwas zu sagen?"

litätssicherungsstrategien generalisiert und auf den gesamten Bildungsbereich der Betriebspädagogik ausgedehnt wurde.

Eine letzte Tendenz, die zur Vernachlässigung des Qualitätsdenkens in der betrieblichen Bildung geführt hat, ergibt sich aus dem menschlich vielleicht verständlichen, gleichwohl aber strategisch unklugen Gedanken, das Leben werde leichter, wenn man sich um die Qualität der eigenen Arbeit nicht so viele Gedanken mache. Die Tendenz, dieses Problem in den letzten Jahren geradezu notorisch vernachlässigt zu haben, ist sicherlich auch Ausdruck dieser Bequemlichkeit gewesen.

Eine allmählich sich abzeichnende Änderung dieser generellen Abstinenz gegenüber der Qualitätsproblematik zeigt sich in der Hinwendung auf die inzwischen revidierte Form von ISO 9000 ff.: Man möchte zertifiziert werden. Gegen die ISO 9000 Norm sprechen allerdings vor allem die folgenden beiden Argumente:

1. Die Qualitäts-Norm DIN ISO 9000 ff. ist für eine generelle Qualitätssicherung deshalb nur sehr begrenzt geeignet, weil sie die Kernprozesse des Lehrens und Lernens in ihren Kriterien letztlich nicht erreicht.
2. Es ist zu befürchten, dass eine Zertifizierung nach ISO ein Bildungssystem aufgrund der Handbücher und Normierungen aller Abläufe eher bürokratisch verformt, starr macht und die Mitarbeiter "von oben" vereinzelt und normiert, statt sie zu flexibilisieren und für Teamarbeit aufzuschließen.

Eine Zertifizierung nach DIN ISO 9000 ff. bietet sich demnach für betriebliche Bildungssysteme nur sehr begrenzt als eine geeignete Qualitätssicherungsstrategie an. Den einzigen Ausweg stellt hier als generelle Strategie nur das Total Quality Managementsystem (TQM) dar, weil in ihm der verantwortlich und ganzheitlich mitdenkende Mitarbeiter – bzw. das Mitarbeiterteam – steht, der bzw. das Qualität nicht „von oben" vorgeschrieben bekommt, sondern sie unter Berücksichtigung der jeweiligen Umstände verantwortlich „von unten" herbeiführt bzw. hervorbringt.

3. Bedarfsmanagement findet nicht statt

Das Elend der betrieblichen PE zeigt sich auch darin, dass einer systematischen betrieblichen Bildungsarbeit das Fundament eines einigermaßen professionellen Bedarfsmanagements fehlt. Betriebliche Bildung – so steht es in allen betriebs-wirtschaftlichen Lehrbüchern – ist ein Teil jenes Astes der Personalwirtschaft, den man Personalentwicklung nennt. Nur findet eine systematische Personalentwicklung auf der Grundlage spezifischer innerbetrieblicher Bildungsarbeit weit und breit kaum systematisch statt! Jedenfalls nicht in vermutlich zwei Dritteln der deutschen Unternehmen, die so etwas wie ein Bildungssystem unterhalten. Dazu fehlen in der Regel zwei Voraussetzungen:

1. In den Personal- und Fachabteilungen der Betriebe fehlen Bereitschaft, Kenntnisse und spezifische Fertigkeiten, um der Personalentwicklung des Unternehmens durch ein systematisches vorausschauendes Bildungsbedarfsmanagement auf die Beine zu helfen. Die Bildungsarbeit lebt von daher in aller Regel von der Hand in den Mund, reagiert permanent kurzfristig, nicht aber langfristig und zukunftsorientiert auf der Grundlage eines strategischen Konzeptes.
2. Den meisten Betrieben mangelt es aber nicht nur an einer strategischen Unternehmensführung, es fehlt auch eine explizite strategische Weiterbildungsphilosophie, die eine vernünftige Personalentwicklung und damit auch ein sorgfältiges Bedarfsmanagement ermöglicht. Zu denken ist hier an folgendes:
   - Skill-Analysen berufsrelevanter Tätigkeiten;
   - Befragungen von Mitarbeitern und Fachleuten;
   - Prozessanalysen durch Beobachtungen vor Ort;
   - betriebsspezifische Produktanalysen (Verkaufszahlen, Regresse, Fehleranalysen etc.);
   - Fachgespräche mit der Führung;
   - Fachliche Trendanalysen und Zukunftsperspektiven;
   - Außenkontakte zum Weiterbildungsmarkt;
   - Betriebliche Vorgaben an systematisch/strategisch ausgerichteter Innovationsarbeit.

Diese Techniken sind je nach Lernform – Einführungs-, Anpassungs- oder Projektfortbildung – zu variieren, und zwar je nachdem, ob es sich um Bereiche der fachlichen oder überfachlichen PE handelt. So ist zum Beispiel das dafür erforderliche Zusammenspiel von Bildungsabteilung, Fachabteilung und Unternehmensführung ohne die Schaffung eines Netzes von innerbetrieblichen Bildungsbeauftragten kaum zu gewährleisten. Es ist schwer zu glauben, aber wahr: Wenn Unternehmen im sonstigen Geschäftsprozess Dienstleistungen, Material, Ersatzteile, Geräte und Maschinen einkaufen, dann tun sie dies in aller Regel auf der Grundlage sorgfältiger kurz-, mittel- und langfristiger Bedarfsanalysen. Im kostspieligen investiven Bildungsbereich – mit seiner für klassische Betriebswirte spezifischen Fremdheit – werden die Standards eines ökonomisch vertretbaren und unternehmensspezifisch sinnvollen Bedarfsmanagements dagegen unverständlicherweise sträflich vernachlässigt.

4. Das Lehr-/Lernmanagement ist weitgehend unzureichend

Kein Zweifel: Im überaus heterogenen Spektrum der beruflichen PE gibt es fachlich und didaktisch herausragende und sehr professionelle Bildungsangebote. Vieles, was etwa in der Managementweiterbildung oder in Bildungsangeboten einzelner freier Träger veranstaltet wird, kann sich mehr als sehen lassen. Aber wie viel Prozent der gesamten Veranstaltungsangebote machen diese positiven Bildungsprozesse wirklich aus? Die Wissenschaft kann dies derzeit nicht schlüssig beantworten. Die vorliegenden Erfahrungswerte liegen bei unter 10 %!

Dazu nur ein Beispiel aus einem sich in den letzten 25 Jahren explosionsartig ausbreitenden Weiterbildungsbereich: der Computerdidaktik (= Lernfeld PC). Was hier von geschäftstüchtigen Firmen und sogenannten Fachleuten der Computertechnologie in den vergangenen Jahren im Lehr-/Lernbereich in der Mehrzahl der durchgeführten Kurse didaktisch angeboten wurde und wird(!), ist nur teilweise nach außen gedrungen: Ein dafür in keiner Weise oder höchst unzureichend didaktisch qualifiziertes Personal bot und bietet in oftmals überfüllten Kursen mit oft unzureichender technischer Ausstattung einen Gegenstandsbereich als *Unterricht* an, der sich für eine unterrichtliche Bewältigung überhaupt nicht eignet, sondern eindeutig ein Lerngegenstand ist, zu dessen Bewältigung die methodisch-didaktische Form der *Unterweisung* gewählt werden müsste (vgl. Döring, 1989).

Die bezeichnete didaktische Katastrophe eines Stranges der beruflichen Bildung zeigt sich jedoch nicht nur darin, dass hier – offensichtlich aus ökonomischen Gründen – Kurse geradezu „heruntergerissen" werden ohne jede Rücksicht auf Qualitätsstandards, sondern auch in dem Umstand, dass dagegen niemand protestiert, ja, dass dies weder den finanzierenden Auftraggebern noch einem Großteil der Lerner überhaupt auffällt oder bewusst wird. Der Grund: Es fehlen didaktische Kenntnisse und Standards, und selbst Lerner, die mit dem angebotenen „Lehr-/Lernmanagement" in keiner Weise zurechtkommen, scheinen ihre Lernprobleme eher sich selbst als ihren unprofessionellen Dozenten und deren defizitären Angeboten zuzuschreiben.

Doch die Computerdidaktik ist augenscheinlich nur die Spitze des berühmten Eisberges. Didaktisch-methodischer Schlendrian, Inkompetenz und Geldschneiderei sind möglicherweise geradezu ein Kennzeichen für den Gesamtbereich der beruflichen PE. Denn lernpsychologisch begründete didaktische Standards sind im Alltag des Lehr-/Lernmanagements vielfach ein Buch mit sieben Siegeln:

1. Anwendung effektiver Stoffreduktionstechniken: Exemplarisches Lernen mit Fachlandkarten, vertiefenden Inseln und Orientierung an Prototypen;
2. didaktische Strukturierung des Unterrichts mit Organisation vielfältiger Lerntätigkeiten: Mentales „Ein-" und „Ausatmen";
3. Wechsel der Lehr- und Sozialformen und Methodenmix;
4. Angebote synchroner Informationsverarbeitung (linke/rechte Gehirnhälfte) und eines adäquaten Medienrepertoires;
5. erwachsenengerechtes, teilnehmerzentriertes Lernklima mit partizipativer und kommunikativer Grundorientierung;
6. Handlungs- sowie grundlegende Fallorientierung des Lernens mit Teilnehmerzentrierung.

Die Frage nach pädagogischer Kompetenz und didaktischem Repertoire der Dozenten/Trainer/Ausbilder in der beruflichen PE mündet also letztlich in der Frage nach der Qualität der Bildungsangebote. Wiederum ist festzuhalten: Es kann nicht wahr sein, dass Betriebe, die ansonsten in allen Bereichen sorgfältig auf die Einhaltung von Qualitätsstandards achten, auf dem kostspieligen Gebiet der PE jegliches Qualitätsdenken vermissen lassen! Erneut muss man das Außerachtlassen eines normalen Preis-/Leistungsdenkens auf dem Bildungssektor feststellen. Dies dürfte letztlich seine Ursache darin haben, dass diesbezügliche Qualitäts- und Leistungskriterien den Verantwortlichen vor Ort offenbar nicht zur Hand sind, so dass auch Techniken der Evaluation und Qualitätssicherung keinen Stellenwert haben können.

In vielen Firmen ist es so, dass der PE-Sektor im Bereich Personal angesiedelt ist, wo oftmals Fachkräfte tätig sind, die keine grundständige pädagogische Ausbildung aufzuweisen haben. Hier wird in Zukunft zweifellos stärker auf sozialwissenschaftlich und grundständig pädagogisch-didaktisches Personal als Quereinsteiger zurückgegriffen werden müssen. Wir brauchen im betrieblichen Bildungswesen weniger den Fachmann, der sich nebenbei notdürftige pädagogische Kenntnisse angeeignet hat, als vielmehr den grundständigen Betriebspädagogen, der sich die erforderlichen betrieblichen Fachkenntnisse zusätzlich aneignet.

5. Transfermanagement – ein Buch mit sieben Siegeln

Obgleich es sich beim Transfermanagement schlechthin um *die* Gretchenfrage an die betriebliche Bildung handelt, ist sie selbst für Fachkräfte dieses Bildungsbereichs oftmals eine unbekannte Größe. Weder weiß man dann etwas über Terminus, Sachverhalt und dahinterstehende Philosophie, noch kennt oder verfügt man über Techniken eines konkreten, betriebsspezifischen Transfermanagements. Die ganze Sache findet schlicht nicht statt, fällt aus.

Und das, obgleich sich im Transfermanagement letztlich Erfolg oder Misserfolg der gesamten Lernanstrengungen entscheidet. Denn was nützt die schönste Bildungsarbeit, wenn der fortgebildete Teilnehmer davon nichts oder zu wenig in die Praxis herüber rettet? Wüsste man in den Chefetagen mehr über die Effekte einer Bildung ohne Transfermanagement, wer weiß, wie Ausbau und Entwicklung der betrieblichen Bildungssysteme – gerade auch in etatmäßiger Hinsicht – in den letzten Jahren gelaufen wären.

Was soll man beispielsweise davon halten, dass ein Mitarbeiter aus einer optimalen externen Weiterbildung an den Arbeitsplatz zurückkehrt, ohne durch ein entsprechendes Transfermanagement bei der praktischen Umsetzung des andernorts Gelernten unterstützt zu werden? Gelingt die Umsetzung nämlich nicht, oder ist etwa von vornherein gar nicht an eine praktische Umsetzung gedacht, so wirkt eine derartige Bildungsarbeit für den finanzierenden Betrieb im direkten Sinne kontrafaktisch: Der Mitarbeiter hat gelernt, was anderswo möglich ist und – wie ein junger Mann es kürzlich ausdrückte – „in was für einem Laden ich hier eigentlich arbeite".

Weiterbildung ohne Transfermanagement – das ist schierer pädagogischer und betriebswirtschaftlicher(!) Leichtsinn: Statt ihn zu motivieren und zu qualifizieren, wird der Mitarbeiter dem Betrieb möglicherweise gar abspenstig gemacht, wird entmutigt und vielleicht direkt oder indirekt abgeworben.

Transfermanagementlose Qualifizierung führt auf solche Weise leicht zum Phänomen der so genannten inneren Kündigung. Betriebe, die solches finanzieren, werfen ihr Geld zum Fenster hinaus. Wiederum muss man feststellen: Es kann doch nicht sein, dass ökonomisch wirtschaftende Unternehmen kontrafaktische Betriebsentwicklungen fördern und finanzieren. Das tun sie jedoch, solange sie es zulassen, dass ihre Bildungsabteilungen ohne ein dezidiertes Transfermanagement arbeiten. Dazu ist jedoch erforderlich, dass dem verantwortlichen Personal die notwendigen Kenntnisse und Fertigkeiten zum Lerntransfer zur Verfügung stehen, dass sie insbesondere die verfügbaren Techniken kennen und beherrschen.

Bekanntlich bezeichnet man mit „Transfermanagement" alle Maßnahmen, die sich darauf beziehen, das im *Lernfeld* Erworbene, nämlich

- Wissen und/oder
- Fähigkeiten und sozial-emotionale Einstellungen (= Werte, Haltungen) sowie
- Fertigkeiten (= Handlungskompetenzen)

erfolgreich auf das berufliche *Funktionsfeld* zu übertragen, also Gelerntes auch in die Praxis umzusetzen. Für den die PE finanzierenden Betrieb bündelt sich die Erfolgswahrscheinlichkeit der Lernprozesse letztlich in dieser einen Frage. Damit ist klar, dass sich professionelles Transfermanagement auf drei Ebenen abspielt:

Ebene A: Maßnahmen *vor* dem Lernprozess,

Ebene B: Maßnahmen *im* Lernfeld,

Ebene C: Maßnahmen *nach* dem Lernprozess.

Zwar siedelt sich Transfermanagement im engeren Sinne auf der Ebene C an, es beginnt jedoch bereits auf der Ebene A mit der bedarfsgerechten Bildungsplanung, setzt sich auf der Ebene B mit einer teilnehmerzentrierten, klar praxisorientierten und lernintensiven Didaktik fort und findet seinen Abschluss auf der Ebene C in folgenden Maßnahmentypen:

Typ 1: Folgegespräch und Folgebefragung,

Typ 2: Beobachtung von Arbeitsplanungen und Arbeitsprozessen,

Typ 3: Analyse von Arbeitsergebnissen (z. B. Verkaufszahlen, Regressen, Fehlerhäufigkeiten, Produktionsentwicklungen, etc.),

Typ 4: Sichernd-wiederholende und vertiefende Lernprozesse im Follow up-Verfahren.

Im Typ 1 sind besonders die vorbereitenden und nachsorgenden Vorgesetzten-Mitarbeiter-Gespräche sowie die Mitarbeiter-Mitarbeiter-Gespräche wichtig (wer an einer Bildungsmaßnahme teilnimmt, berichtet in der Abteilung anschließend über die zentralen Ergebnisse), weil sie zur Motivation des berufsbezogenen Lernens wesentlich beitragen. Auch Befragungen der Beteiligten und Betroffenen über die Umsetzbarkeit des Gelernten sind von enormer Bedeutung, da über sie eine entscheidende Kontrolle des Lernfeldes möglich wird.

Im Typ 2 ist die Beobachtung vor Ort das entscheidende Instrument, um die Lernwirksamkeit einer spezifischen Bildungsmaßnahme im direkten Verfahren aufnehmbar und analysierbar zu machen.

Im Typ 3 *und* 4 sind weitere Möglichkeiten eines professionellen Transfermanagements gegeben. Vor allem muss das Verfahren eines routinemäßigen Follow-up für alle Lernprozesse eingeführt werden, die mehr als nur Wissensvermittlung anstreben. Auf Veränderung von Einstellungen, Werthaltungen, Überzeugungen, soziale Standards und beruflichen Verhaltens gerichtete Lernprozesse sollten zur Transfersicherung nach einem Abstand von 3, 6 oder 12 Monaten mit einer halb- oder ganztägigen Follow-up-Veranstaltung ausgestattet und ergänzt werden. In ihr sollten im Erfahrungsaustausch Probleme bei der Umsetzung sowie Missverständnisse und Fehler ausgeräumt, ferner weiterführende Hilfen und Informationen angeboten werden.

Wer sich die hier aufgeführten Aspekte genauer ansieht und die Praxis der betrieblichen Weiterbildung kennt, der weiß, dass Transfermanagement für die Praxis der betrieblichen PE derzeit noch vielfach ein Fremdwort ist. PE findet – wie gesagt – derzeit (noch) überwiegend ohne Transfermanagement statt, und das heißt: Sie wird weitgehend unsystematisch und unprofessionell veranstaltet.

6. Ein übergreifendes Bildungscontrolling ist notwendig

Auf die Notwendigkeit, ein professionelles Bildungscontrolling in der Praxis der betrieblichen Bildungsarbeit fest zu verankern, wird später näher eingegangen. Dann wird auch genauer beschrieben, wie das Controlling den Geschäftsprozess der PE ausgestalten und steuern sollte. Für den vorliegenden Zusammenhang ist zunächst einmal wichtig, dass Bildungscontrolling entgegen manchen vorschnellen Urteilen durchaus möglich, wichtig, ja, notwendig ist. Es ist lediglich zu beachten, dass Bildungscontrolling nicht etwa identisch ist mit einem rigiden Kosten- und Wirtschaftlichkeitscontrolling, wie es für die anderen Geschäftsbereiche gefordert und betrieben wird (vgl. z. B. Rüegg-Stürm, 1997).

Vielmehr ist modernes Bildungscontrolling das sinnvolle Zusammenspiel der fünf Controlling-Teilprozesse und bedeutet im Kern „kriterienorientierte Steuerung" der betrieblichen PE:

1. Strategisches Controlling,
2. Bildungssystemevaluation,
3. Bildungsprozessevaluation,
4. Kosten- und Wirtschaftlichkeitscontrolling,
5. Reporting.

Überschaut man diese fünf Controllingbereiche, so erkennt man sogleich zweierlei:

1. Ein derartig differenziertes Controlling ist für jede professionell betriebene Bildungsabteilung eine zentrale, die (Bildungs-)Praxis des Systems beherrschende Aufgabe.
2. Die Realität der Betriebswirklichkeit wie der Praxis der PE hat die bezeichnete Controllingbreite und -tiefe bislang nur in Ausnahmefällen ereicht. Die Wirklichkeit sieht sehr entschieden anders aus.

7. Die Integration der Bildungsarbeit in die betriebliche Entwicklung ist mangelhaft

Die Praxis derzeitiger PE-Aktivitäten ist weitgehend durch die Tatsache gekennzeichnet, dass eine Integration der Bildungsplanung, der Bildungspraxis und der Bildungsergebnisse in die Geschäftsprozesse der Unternehmen noch weitgehend unterbleibt. Eine sorgfältige Strategie der Personalentwicklung (= PE), die sich mit der Organisations- und Unternehmensentwicklung (= OE) verzahnt und zudem kurz- und mittelfristige operative Ziele mit einbezieht, ist ein Stiefkind der unter-nehmerischen Aktivitäten. Auf diffuse Weise bleibt die praktische Betriebspädagogik so ein Fremdkörper im Unternehmen. Insbesondere die folgenden Schlüsselprobleme sind zu konstatieren:

- Generell ist die systemische Personalentwicklungsplanung mit der Weiterbildung noch zu schlecht verbunden. Weiterbildung als integrierten

Teil einer systematischen Personalentwicklung anzusehen und entsprechend praktisch zu handhaben fällt vielen noch schwer.
- Die PE der Unternehmen leitet sich nicht schlüssig genug aus den strategischen und operativen Unternehmenszielen ab. Unternehmensspezifische strategische Weiterbildung fällt daher weitgehend weg.
- Die Personalentwicklungsplanung funktioniert in der Feinabstimmung zwischen Unternehmensführung, Fachabteilungen und Weiterbildungsabteilung nicht.
- Die Weiterbildungsangebote sind überwiegend nur nachfrage- bzw. an kurzfristigem Bedarf orientiert und vernachlässigen entwicklungsbegünstigende innovative Entwicklungstrends.
- Die Finanzierung von Personalentwicklung und Weiterbildung ist noch immer ein „weicher" Faktor in der Unternehmensentwicklung. Der investive Charakter von Personalentwicklung und Weiterbildung wird noch immer zu wenig gesehen. Muss gespart werden, so geht man sehr schnell an das Bildungsbudget heran.
- Die Durchsetzung einer professionellen betrieblichen Bildungsstrategie wird durch folgende Faktoren beeinträchtigt:
  - mangelnde Qualifikation der „Weiterbildungsspezialisten",
  - mangelnde Qualifikation der Führungskräfte für Fragen der Personalentwicklung und Weiterbildung in den Fachabteilungen des Unternehmens,
  - mangelnde Qualifikation der Dozenten/Trainer/Ausbilder für die didatischpsychologischen Aspekte der Weiterbildung,
  - mangelnde Kommunikation und fehlende Informationsflüsse innerhalb der Unternehmen und zwischen Geschäftsleitung und PE-Abteilung einerseits und Fachabteilung und Bildungsabteilung andererseits,
  - mangelhaftes systematisches Bildungscontrolling,
  - aufgrund der letztjährigen Einsparungsrunden Mängel in der Budgetierung, Ausstattung und Personalbesetzung.

8. Die Unternehmensführungen verstehen zu wenig von Bildung und somit auch zu wenig von PE

„Der Fisch fängt immer vom Kopf an zu stinken", sagt der Volksmund. Für die Integration von innerbetrieblicher Bildung in den Geschäftsprozess benötigt das Management außer betriebswirtschaftlichen auch grundlegende sozialwissenschaftliche Kenntnisse. Diese liegen jedoch in aller Regel nicht vor. Das Management zeigt auch kaum Bereitschaft oder Interesse, sich in sozialpsychologischen, pädagogischen oder gar didaktischen Fragen schlau zu machen. So schickt es lieber das eigene Fachpersonal zu entsprechenden Fortbildungsveranstaltungen und zeigt im Übrigen ein – über weite Strecken in keiner Weise berechtigtes – Vertrauen, es werde schon alles seinen richtigen Gang gehen. Man baut Strukturen auf – oder wieder ab –, stellt Personal ab, organisiert innerbetriebliche Kurse, kauft Weiterbildung von außen ein, schickt Mitarbeiter zu fremden Anbietern und stellt Finanzmittel bereit. So weit – so gut!

Jedoch an den Kern einer professionell und systematisch betriebenen innerbetrieblichen Bildungsarbeit reicht all dies (noch) in keiner Weise heran: an die Frage nämlich, welche Effekte die so betriebene Bildung für den einzelnen sowie den Betrieb in der Praxis nun tatsächlich hat. Die jährlichen Bilanzierungen von Kurs- und Teilnehmerzahlen, das Registrieren der prozentualen Steigerungen gegenüber dem Vorjahr, das Auflisten der Steigerungsraten der verfügbaren Finanzmittel – alles schön und gut! Jedoch bleiben die bezeichneten Kardinalfragen an Qualität und Professionalität der betrieblichen Weiterbildung davon unberührt.

- Wird die betriebliche Bildung bedarfsgerecht organisiert?
- Haben die veranstalteten Lehr-/Lernprozesse eine ausreichende pädagogisch-didaktische und sozialpsychologische Qualität?
- Wird praxisbezogener Lerntransfer durchgehend sichergestellt?
- Ist das Management dazu qualifiziert, PE taktisch und strategisch richtig in den Geschäftsprozess zu integrieren?
- Wird ein professionelles Bildungscontrolling umgesetzt?
- Dient die betriebliche PE nachhaltig genug der betrieblichen OE?

Es ist die Katastrophe des aktuellen Weiterbildungsszenarios, dass man auf alle fünf Fragen für sicherlich mehr als 65% aller Betriebe mit einem durchgehenden „Nein" antworten muss. Diese These ist deshalb so erschreckend, weil das bestehende System hohe Kosten verursacht und derzeit ohne zureichende Qualitätskontrollen bisweilen sogar noch weiter ausgebaut wird. Würden dagegen die in anderen Geschäftsbereichen üblichen Standards der Qualitätssicherung, Wirtschaftlichkeit, Kontrollierbarkeit, Effizienz etc. auf den Bereich der betrieblichen Bildung angewendet, so müssten zweifellos die meisten betrieblichen Bildungssysteme ihre Arbeit einstellen oder zumindest stark einschränken. Doch davor schützt sie derzeit noch die bildungsspezifische Abstinenz der Unternehmensführungen. Diese wird Bestand haben, solange wie sich die „klassische" Managementfortbildung nicht um PE und die Bildungsfrage kümmert. In den Kanon der Kursangebote für Manager sind daher in Zukunft Themen wie die folgenden aufzunehmen:

- Personalentwicklung – Teil der betrieblichen OE
- Qualitätsstandards in der betrieblichen Bildungsarbeit
- Unternehmenskultur und betriebliches Lernen
- Bedarfs-/Lern-/Transfermanagement professioneller PE und ihre Konsequenzen
- Didaktik, Lernpsychologie und Grundlagen der Informationsvermittlung für Manager
- Das Fachpersonal der innerbetrieblichen Aus- und Weiterbildung
- Qualitäts- und Verbesserungszirkel und betriebliche Bildung
- PE und betriebliche Innovation

9. Ausblick

Betriebswirtschaftliche und arbeitsorganisatorische Neuerungen, globaler Wettbewerb und rasanter technologischer Wandel haben in Deutschland zu einer Strukturkrise in der Wirtschaft geführt, der sich auch das betriebliche Bildungswesen der Aus- und Weiterbildung nicht entziehen kann. Die (Weiter-)Bildungsabteilung kann sich den Veränderungen nicht verschließen, kann sich auch nicht neutral verhalten, sondern muss im Gegenteil mit gutem Beispiel vorangehen und ihre Betriebspraxis den neuen Bedingungen anpassen. Die „goldenen Zeiten" der betrieblichen Bildung gehören – vielleicht zum Glück – der Vergangenheit an, wo Wachstum auf allen Gebieten angesagt war, gleichgültig wie professionell oder wie erfolglos die Bildungsabteilung arbeitete.

Ein erster Schritt der Neubesinnung besteht zweifellos darin, die Betriebspraxis der betrieblichen Bildung unter dem Aspekt der „neuen" Aufgaben und Funktionen zu durchleuchten und eine professionelle Standortbestimmung vorzunehmen. Angesagt und aufgerufen ist eine systematische PE, die

- mit professionellem Personal,
- professioneller Ausstattung sowie
- professionellen Strategien und Methoden

ihren investiven Beitrag zum Unternehmenserfolg auch tatsächlich und qualitätsbezogen erbringt. Erst systematische PE sichert somit der betrieblichen Bildungsarbeit jenen strategischen Status, den sie zum Überleben im normalen Geschäftsprozess eines Unternehmens braucht.

„Strategische" PE – im hier verstandenen Sinne – bedeutet also, einerseits Abstand zu nehmen von überzogenen Vorstellungen weitgehender personalpolitischer Vorausplanung und andererseits die konsequente Hinwendung zu Professionalität und Systematik betriebsbezogener Bildungsarbeit. Dazu müssen die personellen – also qualifikatorischen – wie systemischen Voraussetzungen konsequent geschaffen werden. Angesichts enger werdender Budgets und sich immer rascher vollziehender betrieblicher Wandlungsprozesse wird das „strategische" Moment betrieblicher PE also eingelöst durch eine professionelle und systematische Bildungsarbeit, die folgende vier Gesichtspunkte zu Eckpfeilern der eigenen Arbeit macht:

1. Innerbetriebliche PE ist Motor und Träger aller notwendigen *Innovationsprozesse* eines Unternehmens, und zwar komplexer Veränderungsprojekte ebenso wie aller kleinschrittigen Verbesserungen; dient also der OE eines Hauses;
2. Innerbetriebliche PE ist Kern wie Triebkraft der *Lernkultur* eines Hauses und steuert die Entwicklung hin zu einem Lernunternehmen;
3. Innerbetriebliche PE ist aber auch Bühne/Schauplatz/Beratungsforum für individuelle – also *Mitarbeiter-bezogene Entwicklung*. Einerseits wird am Aufbau von Schlüsselkompetenzen – also an grundlegenden Bildungsaufgaben – gearbeitet, andererseits geht es um die Lösung spezifischer Lernaufgaben für ganz spezielle Anforderungen an Mitarbeiter;
4. Innerbetriebliche PE kann ihre systematischen Aufgaben nur erfüllen, wenn sie gezielt und kontinuierlich die Erhaltung und Entwicklung der eigenen *Professionalität* sicherstellt – und zwar
   - sowohl in systemischer wie tool-bezogener
   - als auch in qualifikatorischer, also auf die eigenen Funktionsträger (PE-Manager, Trainer, PE-Beauftragten) gerichteten, Hinsicht.

Betriebspädagogisch-psychologisch meint „Professionalisierung" die Aufgabe, in einem Beruf kriterienorientiert nach berufsrelevanten Standards zu arbeiten. Es stellt sich also die Frage nach der Wirtschaftlichkeit und Qualität des praktischen beruflichen Handelns und der Berufsergebnisse. Da diese Frage noch als Desiderat der betriebspädagogischen Forschung, also weitgehend als wissenschaftlich ungeklärt anzusehen ist, sind wir derzeit auf Erfahrungswissen und begründete Vermutungen angewiesen.

Danach dürfte es auch mit der betriebspädagogisch-psychologischen Professionalisierung – im Kernbereich der betrieblichen Weiterbildung – nicht zum Besten bestellt sein. Es ist nämlich davon auszugehen, dass in allen drei genannten Berufsbildern des Dozenten/Trainers/Ausbilders wie der Weiterbildungsmanager und der Weiterbildungsbeauftragten erhebliche Professionalisierungsrückstände schon allein aus dem Umstand heraus entstehen, dass sowohl als Dozenten/Trainer/Ausbilder wie als Weiterbildungsmanager und bildungsbeauftragte Personen tätig sind, die diese Berufstätigkeit nicht speziell erlernt und/oder sie zumeist auch nicht haupt-, sondern nur nebenberuflich ausüben.

Die Befürchtung eines mangelhaften pädagogischen Professionalisierungsgrades der betrieblichen Bildung wird auch gestützt durch eine Reihe weiterer Tatbestände:

- Ein umfassendes, systematisches Bildungscontrolling findet in den meisten Unternehmen nicht oder bestenfalls erst in Ansätzen statt.
- Die Qualität des Lehrens/Lernens in der betrieblichen PE lässt vielfach sehr zu wünschen übrig:
  - Mangelnde Teilnehmerbedarfsermittlungen
  - Folienschleuderei und Faktenhuberei (Stofffülle)
  - Fehlendes teilnehmerzentriertes Erarbeiten
  - Fehlende Fall- und Aufgabenorientierung (Praxisbezug)
  - Mängel in den Methoden: keine Methodenvielfalt (Methodenmix)
  - Zu wenig praktische Übungen
  - Kein oder ein unzureichendes Medienrepertoire
  - Keine durchgängige Teilnehmernachbefragung (Evaluation)

So bleibt denn festzuhalten, dass der Weiterbildungsbereich (sehr wahrscheinlich) sowohl berufssoziologisch wie betriebspädagogisch-psychologisch nur einen geringen Professionalisierungsgrad aufweist. Es wird daher in Zukunft verstärkt darum gehen müssen, an diesem Problem von allen Seiten zu arbeiten, sofern eine Statusverbesserung der PE (= Aus- und Weiterbildung) im Geschäftsprozess der Unternehmen erreicht werden soll.

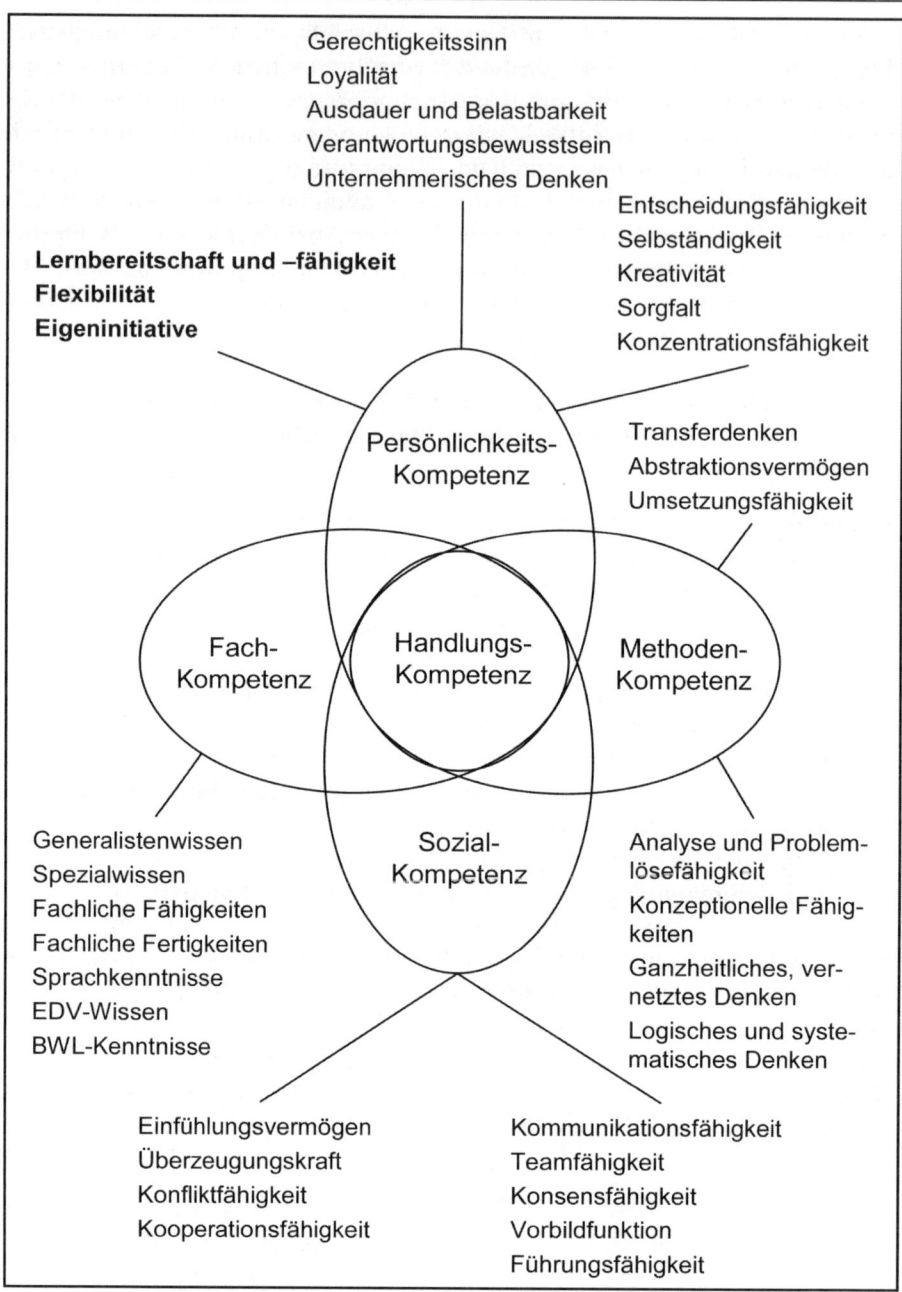

Abb. 1. Modell der Schlüsselkompetenzen (Wöltje & Egenberger, 1996, S. 16)

Das Problem muss daher von „außen" wie von „innen" angepackt werden. Von „außen" sind es besonders die Betriebspädagogik und Wirtschaftswissenschaften, die durch entsprechende Forschungen und Qualifizierungsbemühungen Abhilfe schaffen können. Von „innen" wäre es wichtig, dass Unternehmensleitungen und Führungskräfte die professionelle Ausstattung, die unbedingt zu einer professionellen Führung des Betriebssystems der betrieblichen Bildung erforderlich ist, zur Verfügung stellen. Entsprechend muss auch qualifiziertes Personal eingestellt und eingesetzt werden, um die Situation qualitativ durchgreifend zu verbessern.

Es ist wichtig festzuhalten, dass die betriebspädagogisch-psychologisch-managementmäßige Professionalisierung (s. o.) insgesamt vier Ebenen oder Dimensionen aufweist:

- Die System- und Ausstattungsebene
- Die Wissens- und Könnensebene
- Die Einstellungs- und Wertebene
- Die Verhaltens- oder Performanzebene

Zu beachten ist, dass einerseits natürlich von professionellen Mitarbeitern erwartet wird, dass sie auch selbst für eine professionelle Ausstattung und Systementwicklung mitsorgen. Denn eine gute Ausstattung erhöht die Berufsmotivation, verbessert die Einstellungen der Mitarbeiter und begünstigt darüber hinaus professionelles Verhalten. Andererseits aber gilt auch genau das Umgekehrte, so dass man sagen kann: Ein unprofessionelles System (Budget, Personal, Räume, Hilfsmittel, Umfeld) setzt auf Dauer einen „Deprofessionalisierungsprozess" in Gang, dem sich zum Schluss niemand entziehen kann.

10. Fazit

Die skizzierte achtfache Misere der betrieblichen PE – das dürfte deutlich geworden sein – ist in ihrem Kern nicht nur ein systematisches, organisatorisches oder finanzielles Problem, sondern besonders auch eine Frage professioneller Kompetenz, ein betriebliches Bildungssystem betriebsgerecht, systematisch und effektiv einzusetzen und zu betreiben. Diese Kompetenz und Qualifikationsproblematik – darauf wurde hingewiesen – bezieht sich auf:

- ein allgemeines betriebliches Strategiedefizit,

- ein mangelhaftes Qualitätsmanagement,
- das Fehlen eines systematischen Bedarfsmanagements,
- ein völlig unzureichendes Lehr-/Lernmanagement,
- die Ausklammerung eines konsequenten Transfermanagements,
- das Fehlen eines modernen Bildungscontrolling-Ansatzes,
- die mangelhafte Integration der PE in die Geschäfts- und Entwicklungsprozesse des Unternehmens und
- die fehlende Kompetenz der Unternehmensführungen für den Faktor „betriebliche Bildung".

Darüber hinaus gilt es festzuhalten, dass ein akademisch qualifiziertes Fachpersonal für betriebliche PE fehlt. Hinsichtlich des Bedarfs an Fachpersonal ist an dreierlei zu denken:

1. Leitung, Organisation und Betrieb innerbetrieblicher Bildungssysteme: Systemmanagement/Leitung; fachliche Gestaltung: *Weiterbildungsmanager*;
2. Planung, Organisation und Realisierung optimaler betrieblicher Lernprozesse: *Dozent/Trainer/Ausbilder*;
3. Beratung, Zusammenarbeit und Mitarbeit an zentralen Aufgaben des betrieblichen Bildungssystems als Mittler zwischen Betriebsführung einerseits und Belegschaft andererseits: *Bildungsberater/Bildungsbeauftragter*.

„Strategische" PE ist als systematische Aufgabenstellung im Betrieb verwiesen auf ein sowohl auf das Unternehmen wie auf sein Personal gerichtetes Erkenntnis- und Entwicklungsinteresse. Unter den obwaltenden Umständen bedarf es dazu allerdings eines hohen Professionalisierungsbewusstseins und spezieller Standards. Wie gezeigt, sind die vier Eckpunkte einer so verstandenen „strategischen" PE demnach:

- die „Innovationsperspektive",
- der Aspekt „Lernkultur",
- der Blickwinkel „Mitarbeiter" und
- die Herausforderung einer systemischen und professionellen „Professionalisierung".

Literatur

Berth, R. (o.J:). *Erfolg*. Düsseldorf, Wien , New York, Moskau: Econ.

Döring, K. W. (1999). *Weiterbildung im lernenden System*. Weinheim: Deutscher Studienverlag.

Neuberger, O. (1994). *Personalentwicklung*. Stuttgart: Klett.

Warnecke, H.-J. (1995). *Aufbruch zum fraktalen Unternehmen*. Berlin, Heidelberg, New York: Springer.

Woitje, J. & Egenberger, U. (1996). *Zukunftssicherung durch systematische Weiterbildung*. München: Lexika.

Kapitel 2

Die strategische Personalentwicklung in acht Etappen

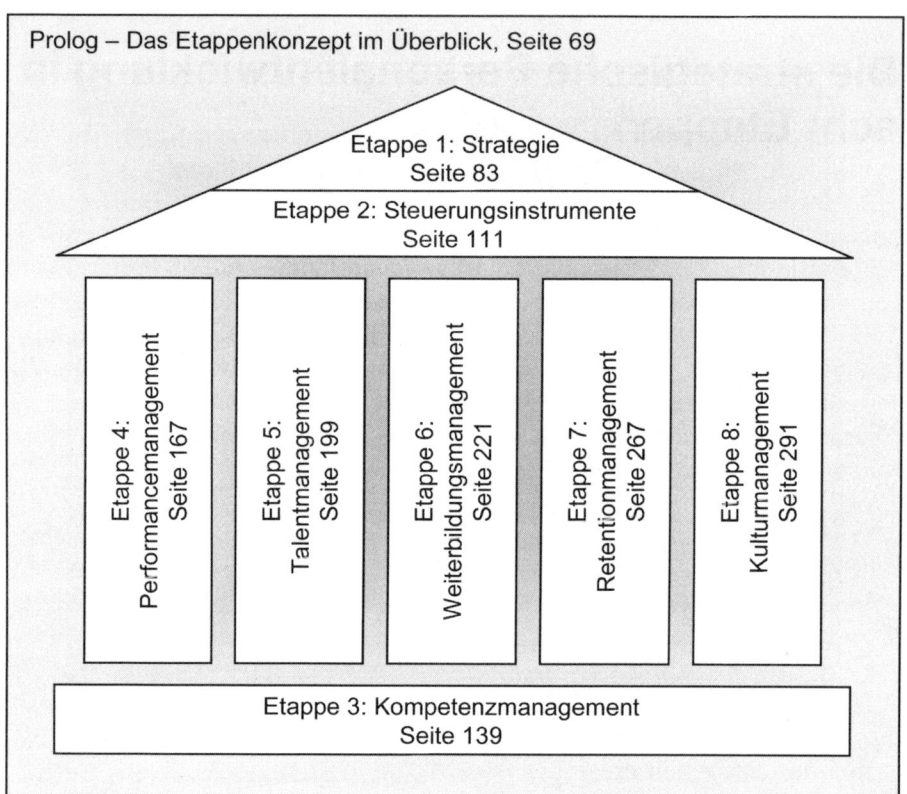

Prolog – Das Etappenkonzept im Überblick

Matthias T. Meifert

Das zweite Kapitel dieses Buches widmet sich der Frage, wie eine strategische PE in der Praxis gestaltet werden kann. Dass dieses kein einfaches Unterfangen ist, haben die ersten drei Beiträge im vorigen Kapitel bewiesen, in dem sie u. a. den Status Quo der PE umrissen haben. Als größte Hindernisse haben sich in der betrieblichen Praxis immer wieder folgende Aspekte erwiesen: Die eigentliche Komplexität des Themenfeldes (Was gehört alles zur PE? Was ist sinnvoll?), die mangelnde Konsequenz in der Umsetzung (Trauen wir uns das alles auch zu? Lässt man uns gewähren?), der Umstand, dass die PE in den Unternehmen meist organisch gewachsen ist (Warum setzen wir so heterogene Instrumente ein? Wo ist der rote Faden?) und nicht zuletzt die fehlende Kompetenz der Personalentwickler (Warum werden wir von den Linienführungskräften nicht akzeptiert? Sind wir so anders als sie?).

Wie ist angesichts dieser Schwierigkeiten das Ziel einer strategischen PE zu erreichen? Ähnlich einer längeren Reise kann es nicht in einem Zug erreicht werden. Es müssen mehrere Reiseabschnitte bewältigt, schlechtes Wetter überstanden und unwegsame Straßen passiert werden. Nur so wird das Projekt ein Erfolg und das Reiseziel erreicht. Dieses Sinnbild prägt auch das diesem Buch zu Grunde liegende Acht-Etappen-Modell. Acht Etappen bis zu einer strategischen PE. In Projekten mit vergleichbaren Fragestellungen hat sich diese inhaltlich-konzeptionelle Orientierung an diesem achtschrittigen Raster bewährt. Es bietet eine klare gedankliche Orientierung, um die Komplexität des Themenfeldes PE zu reduzieren und damit im besten Wortsinne handhabbar zu machen. Gleichzeitig ist es ein handlungsorientierter Leitfaden, um konsequent die notwendigen Felder der PE zu bearbeiten. Etwas abstrakter formuliert: es ist eine Wirklichkeitskonstruktion des Autors über die Arbeits- und Funktionsweise der PE innerhalb eines Unternehmens. Bei aller Klarheit und Struktur des Etappenkonzepts soll es nicht als reines Rezeptbuch verstanden werden. Wie die folgenden acht Artikel in diesem Kapitel dokumentieren, hält jedes

Teilstück vielfältige und tiefgründige Fragen bereit, die notwendigerweise vor der Umsetzung geklärt werden müssen. Mit anderen Worten: Das Programm versteht sich nicht als Kauf eines Kleidungsstücks von der Stange. Vielmehr geht es um modularisierte Maßanfertigungen. Schließlich ist die PE eines Unternehmens stark von ihren Umfeldbedingungen geprägt. „Jedes Unternehmen ist anders und muss im Vergleich zum Wettbewerb und aus der Sicht der Kunden deshalb anders sein, weil nur heterogene Unternehmen dem Kunden einen besonderen Nutzen bieten und so dem Wettbewerb einen Anteil am Marktvolumen streitig machen können. ... Um nun einschätzen zu können, was an spezifischen Maßnahmen der Personalentwicklung benötigt wird, muss der Reifegrad, der Entwicklungsstand des Unternehmens bekannt sein." (Becker 2005, S. 13 f.). In diesem Buch haben wir die Forderung von Becker aufgegriffen und weitergeführt. Wenn die PE strategisch ausgerichtet werden soll (zur Notwendigkeit der strategischen PE, vgl. Meifert, 2008), dann muss nicht allgemein der Reifegrad des Unternehmens bekannt sein, sondern es muss vielmehr die (explizite oder implizite) Unternehmensstrategie und der Grad ihrer Umsetzung im Unternehmen geklärt werden.

Einige Praktiker werden an dieser Stelle einwenden: „Gerade hier liegt ja das Problem. Wir bekommen keine klaren strategischen Vorgaben von der Geschäftführung." Auch können alltägliche Herausforderungen angeführt werden: „Eines der grundlegenden Probleme besteht für Unternehmen darin, die Zukunft nicht vorhersehen zu können. Veränderungen in seiner Umwelt wie sie durch neue Technologien, veränderte Kundenanforderungen, Aktionen von Konkurrenten, oder staatliche Eingriffe ausgelöst werden, sind kaum prognostizierbar." (Müller-Stewens & Lechner, 2005, S. 15). So berechtigt dieser Praxiseinwand sein mag, er ist keine Legitimation dafür, auf die strategische Akzentuierung der PE zu verzichten. Schließlich existiert auch in einem Unternehmen ohne eine niedergeschriebene Strategie eine faktische oder implizite Unternehmensstrategie. Sie wird durch das operative Managementhandeln gespeist und lässt sich mit etwas Geschick im betrieblichen Alltag gut erheben. Die folgenden Informationsquellen haben sich als nützlich erwiesen, um eine implizite Strategie zu erheben:

- Hintergrundgespräche mit der Geschäftsleitung zur weiteren Unternehmensentwicklung;
- Analyse von Dokumenten wie z. B. dem Marketing-, Produktions- und Innovationskonzept;
- Interviews mit Projektmanagern, die für das Unternehmen wichtige Projekte bearbeiten;

- Expertengespräche mit Branchenvertretern hinsichtlich der strategischen Handlungsoptionen der Konkurrenzunternehmen;
- Durchsicht von aktuellen und vergangenen Managemententscheidungen hinsichtlich ihres strategischen Pfades (Was ist der rote Faden?);
- etc.

Es ist naturgemäß einfacher, auf eine ausformulierte Unternehmensstrategie zurückzugreifen. Trotzdem mag es sinnvoll sein, einige der obigen Informationsquellen zu nutzen, auch wenn eine ausformulierte Unternehmensstrategie vorliegt. Anhand dieser ist es möglich, die vorliegenden Strategiedokumente noch zu detaillieren bzw. auch punktuell zu validieren.

1. Inhalt der acht Etappen

Bevor dieser Beitrag nun näher die Inhalte des Acht-Etappen-Programms vorstellt, lohnt es für den Praktiker kurz innezuhalten und anhand der folgenden Tabelle selbstkritisch den PE-Status zu ermitteln. Mit anderen Worten: zu überprüfen, inwieweit die Personalentwicklung im „eigenen" Unternehmen bereits strategisch ausgerichtet ist, d. h. tatsächlich die Unternehmensstrategie aufnimmt und unterstützt. Dieser Selbstcheck ist angelehnt an das Etappenkonzept und enthält für den besonders eiligen Leser Hinweise an welchen Stellen des Buches er vertiefende Informationen findet.

Tabelle 1. Situationsanalyse der betrieblichen Personalentwicklung

Indikator	Nein? Dann fehlt es …	Leseanregung
Es existiert eine mit der Unternehmensleitung abgestimmte PE-Strategie, die handlungsleitend für die PE-Arbeit ist.	…an einer explizierten PE-Strategie.	Etappe 1, Seite 83
Die Personalentwicklung wird mittels Kennzahlen gesteuert und macht seinen Beitrag zu Wertschöpfung und Unternehmenserfolg sichtbar.	…an einer klaren Steuerungssystematik für die PE.	Etappe 2, Seite 111

Indikator	Nein? Dann fehlt es ...	Leseanregung
Die Personalentwicklung stellt sicher, dass unternehmensweit vergleichbare Anforderungen an Mitarbeiter und Führungskräfte gestellt werden und diese an der Unternehmensstrategie orientiert sind.	...an einem durchgängigen Kompetenzmodell, welches als Basis für sämtliche PE-Instrumente dient.	Etappe 3, Seite 139
Die Personalentwicklung sorgt für eine leistungsfördernde, an den Unternehmenszielen ausgerichtete Steuerung der Mitarbeiter und Führungskräfte.	...an einer klaren Leistungssteuerung im Unternehmen.	Etappe 4, Seite 167
Die Personalentwicklung unterstützt den Prozess, dass der richtige Mitarbeiter mit den richtigen Fähigkeiten zum richtigen Zeitpunkt am richtigen Ort ist.	...an einem definierten und betriebenen Talentmanagementprozess.	Etappe 5, Seite 199
Die Personalentwicklung sorgt für eine bedarfs- und unternehmensstrategieorientierte Qualifikation der Mitarbeiter und Führungskräfte.	...an bedarfsgerechter Weiterbildung im Unternehmen.	Etappe 6, Seite 221
Die Personalentwicklung stellt sicher, dass Mitarbeiter bedarfsgerecht an das Unternehmen gebunden werden.	...an einem gezielten Prozess zur Mitarbeiterbindung.	Etappe 7, Seite 267
Die Personalentwicklung unterstützt eine leistungs- und motivationsfördernde Kultur im Unternehmen.	... an einer leistungs- und motivationsfördernden Kultur im Unternehmen?	Etappe 8, Seite 291

Für die gründlichen Leser – die besonders eiligen haben sich wahrscheinlich an dieser Stelle bereits in Richtung ihrer Handlungsfelder aus diesem Beitrag verabschiedet – wird nun das Etappenkonzept detaillierter vorgestellt. Einen ersten Überblick verschafft die Abbildung 1. Es wurde die Form eines Hauses gewählt. Es soll veranschaulichen, dass die einzelnen Bausteine der PE eng miteinander verzahnt sind, aufeinander aufbauen und in starker Abhängigkeit zueinander stehen. Alle Teile stehen in Interaktion miteinander. Wie ein Haus weder auf ein Fundament noch auf ein Dach verzichten kann, kommt keine PE, die den Anspruch „strategisch" für sich glaubhaft reklamiert, ohne eine PE-Strategie und ein Kompetenzmanagement aus. Dieses PE-Haus lässt sich gedanklich in drei „Baugruppen" zusammenfassen.

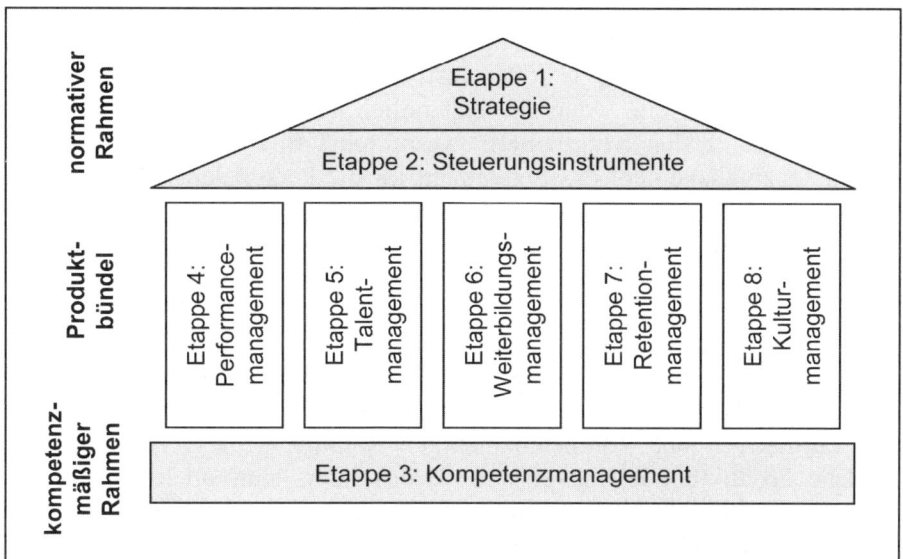

Abb. 1. Modell der strategischen PE als Acht-Etappen-Konzept

Da sind zum einen die strategischen Grundlagen und die dazu notwendigen Steuerungsinstrumente (Etappe 1 und 2). Diese werden zusammen als normativer Rahmen bezeichnet und bilden das Dach des Hauses. Das Dach überspannt das Haus und gibt ihm die „strategische Gestalt". Die Argumentation dazu ist schlicht: Wenn PE-Instrumente eingesetzt werden sollen, dann muss mittels des normativen Rahmens die Zielsetzung definiert sein. Ansonsten begibt sich der PE-Verantwortliche auf einen ausgesprochenen Blindflug. Ein Flug, der die glückliche Landung dem Zufall überlässt. Die PE kann zufällig den Unternehmenszielen dienlich sein, muss sie aber nicht. Dieses Buch ist ein Plädoyer dafür, vor dem Einsatz operativer PE-Instrumente die PE-Strategie zu klären und Kriterien dafür zu definieren, die darüber Auskunft geben, ob diese Strategie tatsächlich auch handlungsleitend im Alltag geworden ist (Steuerungsindikatoren).

Da ist zum anderen das Fundament des PE-Hauses in Form des strategischen Kompetenzmanagements (Etappe 3), entsprechend bezeichnet als kompetenzmäßiger Rahmen. Bei der Ist-Analyse in den Beratungsprojekten von Kienbaum wird immer wieder die Situation deutlich, dass in den Unternehmen vielfältige PE-Instrumente mit verschiedenen Qualitäten entwickelt werden. Sehr häufig unterscheiden sie sich in den zugrunde liegenden Kompetenzvorstellungen. So unterscheiden sich die Anforderungen im Auswahlassessment deutlich von denen bei einer Beförderungsbeurteilung; das Auszubildenden-Feedback vom Mitarbeitergespräch etc. Die Folge ist „Wildwuchs". Wie sollen Instrumente der PE der Unternehmensstrategie dienlich sein, wenn sie letztendlich unterschiedliche Sollvorstellungen von „idealen Mitarbeitern" vermitteln? In diesem Sinne ist das Kompetenzmanagement das Fundament für die Personalentwicklungsaktivitäten, weil es eine geschlossene kompetenzmäßige Basis für unterschiedliche Jobfamilien (siehe zum Begriff ausführlich Leinweber, Rütter & Honsel, 2008, S. 139) schafft.

Von dem normativen und kompetenzmäßigen Rahmen umgeben sind die eigentlichen instrumentellen Handlungsfelder der PE, kurz auch als Produktbündel benannt. Anders formuliert: Die Produktbündel sind durch den normativen und kompetenzmäßigen Rahmen geprägt und definiert. Welche Produktbündel haben sich als besonders sinnvoll herausgestellt, um von der PE aufgriffen zu werden? Die Abbildung 2 verdeutlicht, welche allgemeinen HR-Themen aktuell in der Praxis als besonders wichtig angesehen werden. Es fällt auf, dass es sich überwiegend um typische PE-Themen handelt.

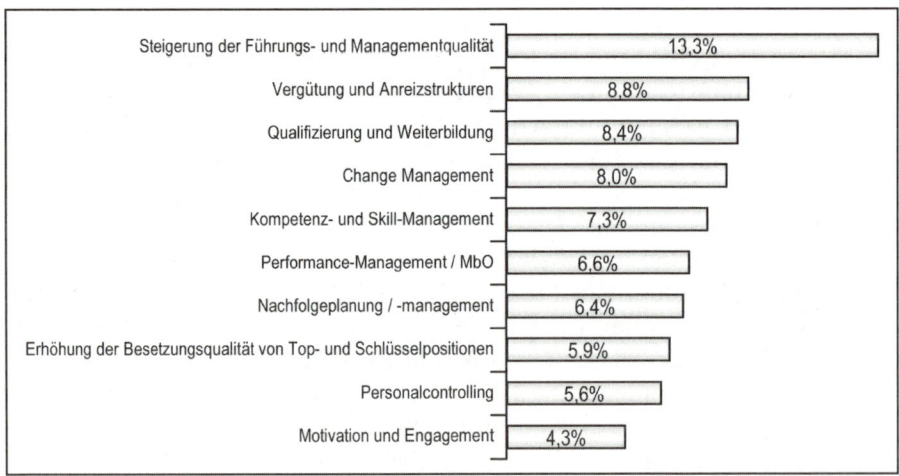

Abb. 2. Schwerpunkte der Personalarbeit (Kienbaum, 2006)

Vor diesem Hintergrund und den Beratungserfahrungen des Autors wird vorgeschlagen, die folgenden Produktgruppen als zentrale instrumentelle Handlungsfelder der PE zu hinterlegen:

Tabelle 2. Produktgruppen der PE im Überblick

Produktgruppe	Charakterisierung
Etappe 4: Performancemanagement	Die Steuerung der Leistung von Mitarbeitern meist in Form von Zielvereinbarungs- und Feedbackprozessen. PE ist Qualitätssicherer, Berater und Implementierungspartner.
Etappe 5: Talentmanagement	Absicherung der Besetzung von kritischen Jobs im Unternehmen. PE ist Prozesstreiber, Kompetenzzentrum und Berater der Führungskräfte bei der Einschätzung von Talenten.
Etappe 6: Weiterbildungsmanagement	Bedarfs- und strategiegerechte Förderung und Entwicklung der Kompetenzen der Mitarbeiter und Führungskräfte im Unternehmen. PE ist Manager des Prozesses, Kompetenzzentrum und interagiert mit den Führungskräften bei der Bedarfsklärung.
Etappe 7: Retentionmanagement	Bindung der erfolgskritischen Mitarbeiter an das Unternehmen. PE ist Prozesstreiber und Kompetenzzentrum.
Etappe 8: Kulturmanagement	Befördern einer gewünschten strategieunterstützenden Kultur im Unternehmen. PE ist Komppetenzzentrum und Treiber des Prozesses.

Damit ist das Acht-Etappen-Konzept dem Wesen nach vollständig erläutert. Die Struktur des zweiten Kapitels wird von ihm bestimmt. Die Argumentation arbeitet sich vom Dach des Hauses (Etappe 1 und 2) über das Fundament (Etappe 3) in die einzelnen Stockwerke (Etappe 4 bis 8).

Kritiker werden einwenden, dass dieses Etappenkonzept eine unzureichende Verkürzung der Realität ist. Schließlich ist der Alltag der PE nicht in acht Schritte zu pressen. Sie haben Recht damit, denn es ist eine prototypische Darstellung. Wie jede Modellbildung, die helfen soll die Komplexität zu reduzieren, können auch Unschärfen auftreten. Nur eine Landkarte im Maßstab 1:1 ist vor dieser Kritik gefeit. Ob diese dem Anwender Orientierung bietet, darf bezweifelt werden. Andere kritische Stimmen werden anmerken, dass dieses Konzept nur für Großunternehmen gilt. Wer hat in mittelständischen Unternehmen (KMU) schon die Zeit für ein ausgefeiltes PE-Konzept? Im Sinne von Peter Drucker geht es aber bei Managementaufgaben nicht darum, die Dinge richtig zu tun, sondern die richtigen Dinge zu tun. In diesem Verständnis gewährleisten die Etappen 1 bis 3 dieser Forderung gerecht zu werden.

Ob in KMU die Strategie und Steuerungsinstrumente derart elaboriert formuliert werden müssen wie in Großkonzernen, steht auf einem anderen Blatt. Eine prägnante PE-Strategie mit den dazugehörigen Messkriterien kann auch knapp auf wenigen DIN A4-Seiten formuliert werden. Besser eine knappe Konzeption als gar keine. Die Abbildung 3 verdeutlicht beispielhaft, wie in einem Unternehmen mit 450 Mitarbeitern eine strategische PE mit überschaubarem Umfang installiert wurde.

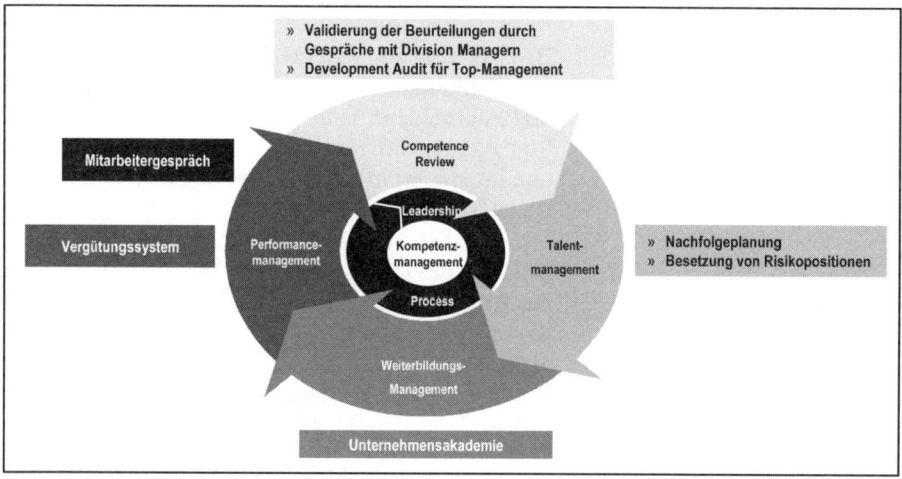

Abb. 3. Vorgehen bei der Installation einer strategischen PE mit überschaubarem Umfang

Es handelt sich hierbei um ein deutsches Unternehmen, welches Teil eines japanischen Konzerns ist. Die Unternehmensgruppe zählt zu den weltmarktführenden Produzenten von elektrischen und elektronischen Geräten. Die Schwerpunkte der Tätigkeiten konzentrieren sich auf die Bereiche: Informationsverarbeitung und Kommunikation, Weltraumentwicklung und Satellitenkommunikation, Haushaltselektronik, Industrietechnologie, Energie, Transport und Gebäudetechnik. Die deutsche 100%ige Tochter verantwortet das gesamte deutsche Vertriebs- und Marketinggeschäft. Nach Formulieren des normativen und kompetenzmäßigen Rahmens wurde das Mitarbeitergespräch als zentraler Prozess positioniert. An ihm „docken" das Performance-, Talent-, Weiterbildungs- und Retentionmanagement in einer sehr pragmatischen Form an.

2. Umsetzung einer Neuausrichtung

Fraglich ist, ob das vorgeschlagene Acht-Etappen-Konzept ausreichend ist, um ein Projekt zur Neuausrichtung der Personalentwicklung in einem Unternehmen zu gestalten. Die Antwort lautet: Ja und Nein. Ja, weil es inhaltlich die relevanten Handlungsfelder der PE strukturiert und damit handlungsleitend ist. Und nein, weil die inhaltliche Strukturierung nicht ausreicht, um ein derartiges Projekt im betrieblichen Alltag abzuarbeiten. Dazu ist eine andere Betrachtungs- und Herangehensweise nötig. Es versteht sich mehr als eine konzeptionell-inhaltliche Gliederung als ein operativer Projektplan. Üblicherweise sind drei Schritte eines derartigen Projektvorhabens zu unterscheiden: Die Analyse-, die Konzept- und die Umsetzungsphase (vgl. Abbildung 4).

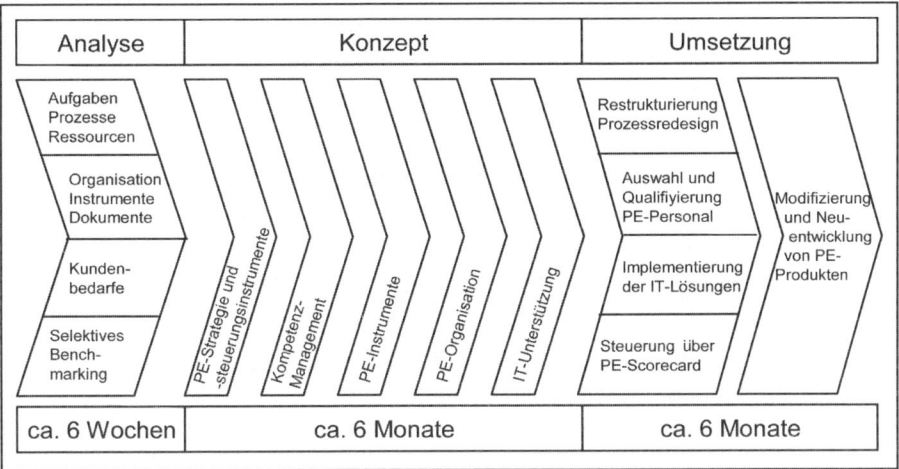

Abb. 4. Projektphasenmodell zur Neuausrichtung der Personalentwicklung

In der Analysephase geht es darum, die Ist-Situation der Personalentwicklung abzuklären. Dazu werden z. B. die Aufgaben, Prozesse und Ressourcen aufgenommen, die Organisation, Instrumente und Dokumente (insbesondere die Unternehmens- und Personalstrategie) analysiert und gegebenenfalls mit externen Informationen verglichen („Benchmarking"). Daneben können die Erwartungen und Bedürfnisse der unternehmensinternen Kunden erhoben werden. Zwar ist eine Kundenbefragung wichtig, um etwa die Zufriedenheit abzuklären, doch zeigt sich in der Beratungspraxis häufig, dass interne Klienten an die betriebliche Personalentwicklung wenig klare Erwartungen äußern können.

Basierend auf den Ergebnissen der Analysephase wird in der Konzeptphase eine Sollvorstellung für die betriebliche Personalentwicklung erarbeitet. Im Zentrum steht eine verbalisierte Personalentwicklungsstrategie. Sie sollte mindestens Antworten auf folgende Fragen liefern:

- Wofür wollen wir stehen?
- Welche Rollen und Werte sollen unser Handeln prägen?
- Welches Verhalten wollen wir fördern?
- Was soll uns auszeichnen?
- Welche Leistungen wollen wir anbieten, welche werden wir einfordern?
- Welchen Erfolgsmaßstab setzen wir uns?
- Wann haben wir Erfolg?

Neben diesen grundlegenden Fragen bieten die folgenden fünf Hinweise eine gute Orientierung zur praktische Formulierung einer PE-Strategie (in Anlehnung an Harrison, 2005, S. 232, Übersetzung aus dem Englischen durch den Autor):

1. **Einigen Sie sich auf ein Strategie-Entwicklungs-Team:** Wichtig ist eine breit aufgestellte Gruppe. Diese umfasst nicht nur Schlüsselfunktionen aus dem Unternehmen und der PE, sondern auch eine Reihe von kritischen Zeitgenossen. So kommt frischer Wind in die Diskussion einer PE-Strategie.

2. **Klären Sie die organisationale Mission des Unternehmens:** Identifizieren Sie Absichten des Unternehmens und langfristige Ziele, die die PE unterstützen muss.

3. **Überprüfen Sie die Kern-Werte:** Analyse Sie die Wahrnehmung von internen und externen Anspruchsgruppen bezüglich:
   - der Unternehmensidentität in der Innen- und Außenperspektive
   - Visionen und Werten. Werden diese innerhalb der Organisation geteilt? Werden Werte von der Unternehmensführung (oder anderer Stelle) unterstützt?

- dessen, was die PE Funktion von anderen im Unternehmen unterscheidet, in positiver wie in negativer Hinsicht.
4. **Nutzen Sie SWOT-Analysen[9], um strategische Aspekte zu identifizieren, mit der die Organisation konfrontiert ist:** Nutzen Sie professionelles und Unternehmenswissen zur Analyse der Daten. Priorisieren Sie die Ergebnisse nach den folgenden Kriterien:
   - Aspekte, die in der Zukunft beobachtet werden sollen, jetzt keinen sofortigen Handlungsbedarf haben. Jedoch ein Gefahren- bzw. Chancenpotenzial zu einem späteren Zeitpunkt besitzen.
   - Aspekte, die das Unternehmen innerhalb laufender Pläne und Aktivitäten bearbeiten kann und die daher keine neuen Strategien erfordern.
   - Aspekte, die in der PE-Strategie zu berücksichtigen sind.
5. **Verabschiedung einer PE-Strategie und eines strategischen Plans:** Einigen Sie sich auf PE-Ziele und eine Strategie.

Aufbauend auf dieser niedergelegten Strategie werden die weiteren konzeptionellen Arbeiten eingeleitet. Sie betreffen die zukünftigen Planungs- und Controllinginstrumente der PE (vgl. Etappe 2), das zentrale Kompetenzmodell (vgl. Etappe 3) sowie die PE-Instrumente und -kampagnen (vgl. Etappe 4 bis 8). Zusätzlich müssen in einem derart grundlegenden Veränderungsprozess die Ablauf- und Aufbauorganisation der PE definiert, die kompetenzmäßigen Anforderungen an die Personalentwickler formuliert und die gegebenenfalls benötigte IT-Unterstützung beschrieben werden.

Den Abschluss eines derartigen Projekts bildet die Umsetzungsphase. In diesem Schritt werden die in der Konzeptphase definierten Sollvorstellungen in die Tat umgesetzt. Diese Phase ist für das Projekt am erfolgskritischsten. Schließlich ist der gesamte Prozess wirkungslos, wenn er nicht mit Leben gefüllt wird. Mit einem derartigen Prozess lässt sich bei erfolg-

---

[9] Die **SWOT-Analyse** (aus dem Englischen für **S**trengths (Stärken), **W**eaknesses (Schwächen), **O**pportunities (Chancen) und **T**hreats (Gefahren)) ist ein Instrument des strategischen Managements. In ihrer Grundform werden sowohl innerbetriebliche Stärken und Schwächen (Strength-Weakness), als auch externe Chancen und Gefahren (Opportunities-Threats) betrachtet. Aus der Kombination der Stärken/Schwächen-Analyse und der Chancen/Gefahren-Analyse kann eine ganzheitliche Strategie für die weitere Ausrichtung der Organisationseinheit PE abgeleitet werden.

reicher Durchführung nachhaltig der Stellenwert der Personalentwicklung im Unternehmen steigern und damit das Standing insgesamt verbessern.

3. Fazit

Das zweite Kapitel dieses Buches wirbt für den Aufbau der Personalentwicklung in acht Etappen. Das Programm versteht sich als inhaltlich-konzeptionelle Strukturierung der Handlungsfelder der PE, nicht jedoch als operativer Projektplan. Dazu hat sich, wie oben dargestellt, ein klassisches Projektmanagement mit den Schritten Analyse-, Konzeptions- und Umsetzungsphase bewährt.

Die acht Etappen lassen sich gedanklich zusammenfassen in den normativen Rahmen (Etappe 1: Strategie, und Etappe 2: Steuerungsinstrumente), dem kompetenzmäßigen Rahmen (Etappe 3: Kompetenzmanagement) sowie den eigentlichen instrumentellen Handlungsfeldern (Etappe 4 bis 8). Nur wenn der normative und kompetenzmäßige Rahmen definiert und ausformuliert ist, lassen sich die PE-Aktivitäten zielgerichtet so akzentuieren, dass sie nachweislich mit der Unternehmensstrategie konform gehen und sie unterstützen.

Literatur

Becker, M. (2005). *Systematische Personalentwicklung. Planung, Steuerung und Kontrolle im Funktionszyklus*. Stuttgart: Schäffer-Poeschel.

Hözle, P. (2008). Etappe 1 – Strategien der Personalentwicklung. In: M. T. Meifert, (Hrsg.): *Strategische Personalentwicklung – Ein Programm in acht Etappen*. Heidelberg, New York: Springer-Verlag.

Kienbaum (2006). *HR-Klima-Index 2006*. Gummersbach.

Leinweber, S., Rütter, S. & Honsel, B. (2008). Etappe 3 – Kompetenzmanagement. In M. T. Meifert (Hrsg.): *Strategische Personalentwicklung – Ein Programm in acht Etappen*. Heidelberg, New York: Springer-Verlag.

Meifert, M. T. (2005). *Mitarbeiterbindung – Eine empirische Analyse betrieblicher Weiterbildner in deutschen Großunternehmen*. Dissertation, München, Mering.

Meifert, M. T. (2008). Was ist strategisch an der strategischen Personalentwicklung? In M. T. Meifert (Hrsg.): *Strategische Personalentwicklung – Ein Programm in acht Etappen.* Heidelberg, New York: Springer-Verlag.

Müller-Stewens, G. & Lechner, C. (2005). *Strategisches Management – Wie strategische Initiativen zum Wandel führen.* Stuttgart: Schäffer-Poeschel.

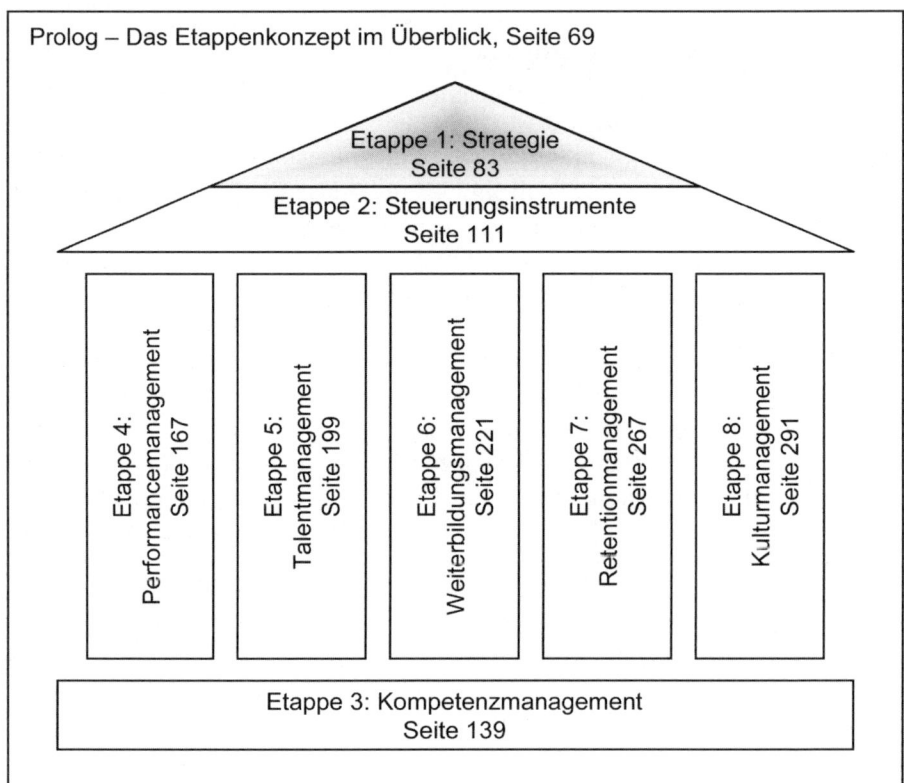

Etappe 1: Strategien der Personalentwicklung

Philipp Hölzle

Wofür Personalentwicklung im Unternehmen? Nach einer Studie messen 100% der befragten Unternehmensleiter dem Thema eine hohe bis sehr hohe Bedeutung zu. Auf der anderen Seite wird die Zufriedenheit mit der Ausgestaltung/Umsetzung schlecht bewertet, weniger als 60% der Maßnahmen seien effizient und effektiv (online abgerufen im Jahre 2003 von www.wirtschaftundweiterbildung.de).

„Strategieorientierte PE ist darauf ausgerichtet, systematisch *Schlüsselqualifikationen* zu entwickeln, die zur *Bewältigung unternehmensstrategisch begründeter Leistungsanforderungen* benötigt werden" (Solga et al., 2005, S. 18). Diese Aussage ist sicherlich richtig und die Entwicklung von strategiekonformen Schlüsselqualifikationen ist eine der Hauptaufgaben der PE, allerdings kann eine strategisch ausgerichtete Personalentwicklung auch in weiteren Themenfeldern einen wesentlichen Beitrag zum Unternehmenserfolg liefern, z. B. über die Beeinflussung der Unternehmenskultur, der Mitarbeitermotivation und des Unternehmensimage, den Betrieb eines HR-Risikomanagements und durch viele weitere Maßnahmen, die individuell für die Bedarfe der jeweiligen Organisation ausgewählt und angepasst werden müssen.

Die Personalentwicklungsstrategie dient dazu, die organisationsspezifischen Ziele der Personalentwicklung zu definieren und ihren Beitrag zum Unternehmenserfolg darzustellen. Viele Unternehmen haben erkannt, dass die Umsetzung von Wachstumsstrategien nur mit strategisch passenden, flankierenden PE-Maßnahmen zu erreichen ist. Insbesondere mangelnde Führungskompetenzen limitieren Wachstum (nach Möhrle, 2005).

Der vorliegende Beitrag widmet sich der Frage, wie eine handlungsrelevante Personalentwicklungsstrategie aufgestellt werden kann, die hilft, die unternehmerischen Ziele umzusetzen.

1. Bausteine einer Personalentwicklungsstrategie

In den letzten Jahren hat sich bei der Diskussion des Rollenverständnisses von Personalbereichen der business partner als meistgenanntes Bild durchgesetzt. HR-Bereiche wollen „auf gleicher Augenhöhe" mit ihren Partnern im Unternehmen diskutieren, nicht nur Dienstleistungen effizient erbringen, sondern Strategien mit entwickeln und umsetzen. Der empirische Beweis, dass „gute" HR-Strategien das Erreichen der Unternehmensziele fördern, konnte bislang nicht erbracht werden. Teilweise wird dies sogar von renommierten Vertretern explizit angezweifelt (vgl. Roheling et al., 2005, S. 209: „Most SHRM research focusing on „fit" has failed to find a positive effect for the fit between HR and firm strategy."), ergänzend Cascio, 2005; Lawler, 2005).

Die strategische Ausrichtung, manifestiert in der Ausgestaltung der Rolle des business partner, wird aktuell wieder zahlreich diskutiert. Dabei kristallisiert sich deutlich heraus, dass mit einer funktionalen Personal- und Personalentwicklungsstrategie die Komplexität des Themas nicht ausreichend berücksichtigt wird, da sich eine solche Strategie zu stark vom Unternehmenskontext löst und bei der Identifikation belastbarer, strategierelevanter Ursache-Wirkungsketten versagt.

Als Alternative wird die ergänzend vorgenommene Definition einer „people strategy" vorgestellt. Das „Komplettpaket" für einen strategisch ausgerichteten HR-Bereich bzw. eine Untereinheit wie z. B. die Personalentwicklung wird sinnvollerweise aus der „people strategy" (Welche Ziele hat meine Organisation in Bezug auf ihre Belegschaft?), der Funktionalstrategie HR/PE (Wie organisiere ich die HR/PE-Arbeit, um möglichst effizient die strategischen Ziele zu erreichen?) und dem Business Plan, der aussagt, welche Aktivitäten für welche Kundengruppe mit welchem Aufwand durchgeführt werden, zusammengestellt.

1.1. Was? - Die People Strategy/People Development Strategy

Die people strategy stellt eine ganzheitliche Strategie zur Weiterentwicklung des Humankapitals der Organisation dar, die sich an den strategischen Erfordernissen der Organisation ausrichtet. Somit orientiert sich die people strategy nicht an den Grenzen des Personalbereiches, es geht hierbei nicht um Effizienzgewinne bezüglich der Arbeit des HR-Bereiches. Im Fokus stehen zusätzlich die Führungskräfte als größter Wirkungshebel zur Beeinflussung der Humanressourcen, aber auch andere Unternehmensfunktionen, z. B. das Marketing, wenn es darum geht, die Attraktivität als Arbeitgeber zu steigern, Imagekampagnen ins Leben zu rufen oder Kundenzufriedenheitsmessungen zu konzipieren. Das Aufbrechen dieser traditionellen Grenzen des HR-Wirkungsbereichs wird mittlerweile als einer der wesentlichen Schlüssel zum Erfolg bzw. bei nicht Gelingen für das Versagen der HR-Funktion gesehen (vgl. z. B. Cascio, 2005, S. 160).

Die people strategy beantwortet die Frage, wo die Belegschaft der Organisation in drei bis fünf Jahren steht und welche längerfristigen Ziele (z. B. 10-Jahres-Perspektive) verfolgt werden müssen. Neben den quantitativen und qualitativen Anforderungen (wie viele Beschäftigte in welchen Job-Klassen mit welchen Skill- und Kompetenzprofilen) geht es dabei vor allem auch um die Frage, wie die unternehmerischen Rahmenbedingungen gestaltet werden müssen, damit diese Ziele erreicht werden können. Insbesondere von Bedeutung sind dabei die Betrachtung von Rekrutierungsstrategien und -instrumenten (vor dem Hintergrund der aktuellen und zukünftigen Situation der konkreten Organisation, demographischem Wandel, Wettbewerbssituation etc.), Bindungskonzepten („retention management"), Aus- und Weiterbildung der Beschäftigten und geeigneten Trennungskonzepten, deren Auswirkung auf die anderen Bausteine berücksichtigt werden müssen.

Aktuelle Konzepte versuchen im Rahmen der Diskussion der people strategy auch den Wert des Faktors Personal in der Organisation bewertbar zu machen. Die bisher vorgestellten Konzepte (einen guten Überblick bietet Scholz, 1995) entbehren allerdings einer praktikablen Anwendbarkeit. Der Autor bezweifelt auch, dass es in absehbarer Zeit gelingen wird, alle Faktoren, die den Wert des Humankapitals bestimmen, in geeignete Indices und schließlich zusammenfassende Formeln zu überführen. Selbst wenn dies gelingen sollte, stellt sich die Frage des tieferen Nutzens. Ist es (z. B. durch eine „gute" PE-Arbeit) gelungen, den monetären Wert der Belegschaft im Laufe eines Jahres um 5% zu steigern, mag dies zur Rechtfertigung der PE-Funktion eine schöne Zahl sein, als Controller oder gar Shareholder fragt man sich allerdings nach dem Aussagegehalt. Kann der Shareholder z. B. fordern, diese 5% Wert in liquide Mittel umzuwandeln und auszuschütten?

Solche Diskussionen haben dazu beigetragen, dass der Begriff „Humankapital" zum Unwort des Jahres 2005 gekürt wurde. Begründung war die Reduzierung des arbeitenden Menschen auf eine monetäre Größe. Die people strategy hat ein anderes Ziel. Sie betrachtet als Humankapital die intellektuelle, motivationale und integrative Leistung aller Mitarbeiter und sieht mit dieser an die Auffassung des Human Capital Clubs angelehnten Definition eine Aufwertung der Mitarbeiter, weg vom (negativen) Status als Kostenfaktor hin zum (positiven) Status als bedeutsamer Bestandteil des Unternehmens, auf den der strategische Fokus gelegt werden muss.

1.2 Wie? – Die Funktionalstrategie PE

Der Zielkanon für eine strategisch ausgerichtete PE-Arbeit ergibt sich überwiegend aus der people strategy. Dort ist formuliert, was als Output der HR- und schwerpunktmäßig der PE-Arbeit erreicht werden sollte. Ergänzt werden diese Punkte durch bereichsinterne Ziele der HR- bzw. PE-Funktion: Wie wollen wir uns in der PE-Funktion organisieren, was sind Optimierungsfelder der eigenen Arbeit, wie sieht das Produktportfolio aus und wie wird es den (internen) Kunden angeboten?

Die Funktionalstrategie beginnt mit dem Selbstverständnis der Funktion (welche Rolle wollen wir als PEler in der Organisation einnehmen, sind wir strategischer Partner oder ausführende Trainer?), führt über die einzelnen Zielfelder zum Produktkatalog (was bieten wir in welcher Form an) und den Kernprozessen der Einheit (wie machen wir unser Geschäft) zu standardisierten Regeln über die PE-Arbeit in der Gesamtorganisation. Letzteres kann insbesondere in Konzernen oder sehr dezentral organisierten Unternehmen eine hohe Bedeutung haben. So genannte Governance Regelungen oder strategische Guidelines legen fest, in welchen Prozessen wer welche Rolle einnimmt und welche Freiheitsgrade bewusst definiert werden. So sollte festgelegt werden, welche Stellen/Funktionen bei der Beförderung eines Mitarbeiters zur Führungskraft involviert sind und wer ggf. ein Veto einlegen kann. Ein weiteres Beispiel wäre die Betreuung der oberen Führungskräfte. Hier besteht häufig Regelungsbedarf, wer diesen Personenkreis in welchen Themen anspricht, welche Daten ausgetauscht werden und wie die Trennung zwischen administrativer Betreuung und Performance Beratung definiert wird. Alle in Abbildung 1 skizzierten Elemente sollten dann Grundlage für ein Steuerungsmodell sein, dass eine Überprüfbarkeit beider Strategien, der people strategy und der Funktionalstrategie ermöglicht.

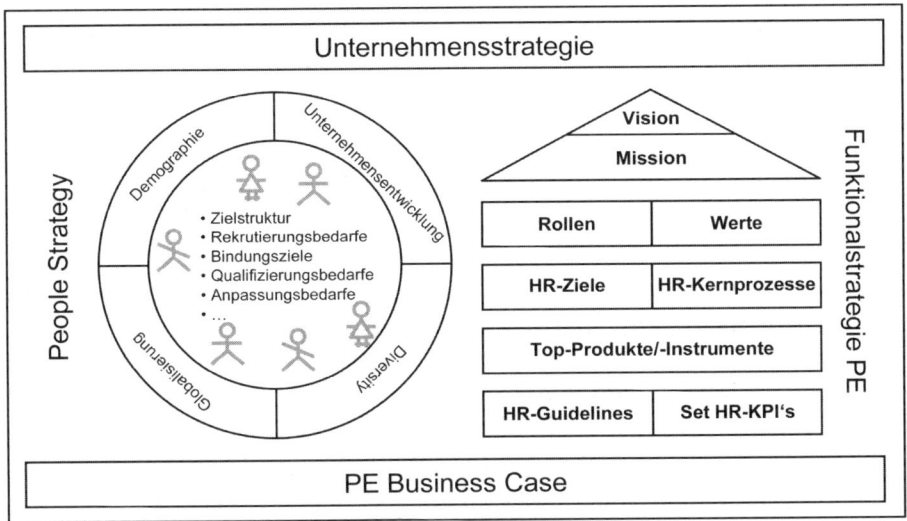

Abb. 1. PE-Strategie

1.3 Womit? – Der Businessplan PE

Mit dem Businessplan wird festgelegt, welche Leistungen für wen mit welcher Kapazität wann erbracht werden.

Der Businessplan hilft, die HR – und hier speziell die PE-Funktion – als wirtschaftliche Funktion zu verstehen. HR als „Business" zu verstehen und das Angebotsspektrum dementsprechend regelmäßig unter wirtschaftlichen Gesichtspunkten zu überprüfen, ist der wesentliche Schlüssel dazu, dass die HR-Funktion einen erkennbaren Beitrag zum Unternehmenserfolg liefert (vgl. z. B. Lawler, 2005) und es HR gelingt, an die aktuellen Nachhaltigkeitsdiskussionen Anschluss zu finden (vgl. Boudreau & Ramstad, 2005). Eben an diesem Punkt, dem wirtschaftlichen Blick auf die eigene Arbeit, scheitern die meisten HR-Organisationen[10]. Für die PE-Funktion ist dieser Schritt jedoch einfacher als für den gesamten HR-Bereich, da letzte-

---

[10] "It is nearly unanimous that HR can and should add more value to corporations. The best way to do this is by being a business partner – by directly improving the performance of the business. This can be accomplished by effective talent management, helping with change management, influencing strategy, and a host of other value-added activities that impact effectiveness. But HR does not seem able to position itself as a business partner in many cases. To analyze the problem HR has in transitioning to a new role, think of HR as a business and what products it should offer" (Lawler, 2005, S. 165).

rer insbesondere in Deutschland zu weitaus größeren Teilen mit „Pflichtgeschäft" belastet ist, das nicht aus strategischen Überlegungen heraus weggelassen werden kann.

In den folgenden Ausführungen wird der Begriff „PE-Strategie" als Klammer über die hier dargestellten Elemente „people strategy", Funktionalstrategie und Business Plan genutzt.

2. Einflussfaktoren auf die PE-Strategie

Die unternehmensspezifische Ausgestaltung der PE-Strategie ist ein Prozess, für den es erprobte Methodiken gibt, allerdings wenige allgemeingültige Inhalte. Die spezifische Ausgestaltung ist durch zahlreiche Einflussfaktoren determiniert. Die folgenden kurzen Unterkapitel widmen sich den wichtigsten Faktoren.

2.1 Rahmenbedingungen

Die externen und internen Rahmenbedingungen setzten die Leitplanken für eine PE-Strategieentwicklung. Vor allem folgende Rahmenbedingungen sollten in jedem Fall berücksichtigt werden:

1. Demographie und Arbeitsmarkt
2. Wirtschaftliche Situation der betrachteten Organisation
3. Bedarfe/Wünsche der (internen) Kunden

Zunächst relevant, insbesondere zur Ausgestaltung der Elemente der people strategy, sind der für die betrachtete Organisation relevante Arbeitsmarkt und dessen Beeinflussung durch Demographie und globale Entwicklungen. Für zahlreiche job families ist es heute schon schwierig, geeignetes Personal auf dem externen Arbeitsmarkt zu rekrutieren. Betrachtet man ergänzend die Szenarien, die sich aus der demographischen Entwicklung ergeben, zeigt sich, dass es in den kommenden Jahren so genannte „Mangelqualifikationen" geben wird, für die – zumindest in Deutschland – keine oder kaum Berufseinsteiger zur Verfügung stehen werden. Daneben ist zu beobachten, dass immer weniger Unternehmen ältere Arbeitnehmer beschäftigen, so sind nur noch in ca. 50% der deutschen Unternehmen Arbeitskräfte tätig, die älter als 50 Jahre sind. Jede Organisation wird individuelle Konzepte kreieren müssen, wie sie mit dieser Rahmenbedingung umgeht. Für die einen löst die demographische Entwicklung gegebenenfalls bestehende Probleme oder schafft Wachstum (z. B. im Pflegesektor), bei anderen werden Modelle wie die Sicherung der Beschäftigungsfähigkeit im Alter, „Lebenslanges Lernen" und alternative Rekrutierungskonzepte deutlich an Stellenwert gewinnen.

Nicht außer Acht gelassen werden darf selbstverständlich die wirtschaftliche Situation der Organisation. Gerade in den vergangenen Jahren, die für viele Unternehmen wirtschaftlich schwierig waren, zeigt sich, dass PE-Budgets oftmals deutlich reduziert wurden. Mittelknappheit wird oftmals eine wesentliche Rahmenbedingung sein und nur eine schlüssige Strategie mit einem hinterlegten Businessplan kann zur Argumentation dienen, die Budgets abzusichern oder gegebenenfalls sogar aufzustocken. Dies wird nur mit einer für das Management greifbaren, nachvollziehbaren Strategie funktionieren. Eine aus der wirtschaftlichen Situation resultierende Rahmenbedingung ist somit auch die Adressatenorientierung. Eine PE-Strategie schreibt man nicht (nur) für PE-Spezialisten, für zentrale Stäbe, die Kompetenzmanagement-Modelle entwickeln oder für operative Trainer um diesen Gruppen Orientierung zu geben, sondern vor allem auch für die Anspruchgruppen, Geldgeber und Kunden.

Eine PE-Strategie sollte, wie jede andere Strategie auch, nicht an dem Bedarf und den Wünschen der Kunden vorbei entwickelt werden. Die besten Konzepte werden kaum Nutzen, wenn diese von den Kunden nicht erkannt bzw. nicht gewünscht werden. Spezifische Kundenbedarfe können dazu führen, dass neue Leistungen in das PE-Produktportfolio aufgenommen werden, die aus der PE-Expertenbrille eventuell nicht im Fokus waren (z. B. einzelne Weiterbildungsmaßnahmen), oder dass gegebnenfalls sogar Tätigkeitsfelder entfallen, die strategisch im PE-Portfolio Sinn machen würden (z. B. Beteilung der PE bei der Besetzung von Führungspositionen, wenn dieses in der Organisation nicht durchsetzungsfähig ist). Neben der grundsätzlichen Beeinflussung des Dienstleistungsportfolios sollten die Kundenwünsche auch bei der Priorisierung bzw. Mittelzuteilung im Business Plan Berücksichtigung finden. Voraussetzungen für eine adäquate Berücksichtigung von Kundeninteressen ist zunächst die Kundensegmentierung (siehe Business Plan) und dann der Spagat zwischen kundenorientierter Umsetzung und strategischer Positionierung. Grundlage, diese Gradwanderung zu meistern, ist das mit der Funktionalstrategie definierte Rollenverständnis. Für eine PE-Funktion, die in der Organisation als kundenorientierter Dienstleister auftritt („Immer da, immer nah!") ist eine umfassende Berücksichtigung der Kundeninteressen deutlich wichtiger als für die PE-Funktion, die sich als verlängerter Arm der Unternehmensleitung versteht und als strategischer Gestalter sich auf den internen Kunden Vorstand bzw. Geschäftsführung fokussiert.

2.2 Business- und Geschäftsfeldstrategien

Zur Erarbeitung reicht die Berücksichtigung der zuvor beschriebenen Rahmenbedingungen allerdings nicht aus. Die PE-Strategie muss sich erkennbar an übergeordneten Strategien in der Organisation orientieren. Übergeordnet versteht sich dabei nicht im strengen hierarchischen Sinne, dass nur die Unternehmensstrategie als Quelle dient, übergeordnet sind alle Strategien der Organisation, die dem organisationalen Zweck dienen, also z. B. die Produktstrategie, Vertriebsstrategie, etc.

Ergänzend zu detailliert ausgearbeiteten Strategien sollten weitere Quellen – sofern verfügbar – zur Ableitung von PE-Zielsetzungen herangezogen werden, so z. B.

- Leitbilder,
- Führungsgrundsätze,
- Bereichsziele, Geschäftsfeldplanungen, mittel-/langfristige Absatzplanungen, Produktplanungen etc,
- Ziele des Top-Managements,
- Strategische Projekte/Initiativen.

Von besonderem Interesse sind häufig die beiden letztgenannten Quellen. Insbesondere wenn in der Organisation keine explizite Strategie in ausformulierter Form vorliegt, können diese gute Orientierung bieten. Management-Ziele, deren Bewertung zur Bemessung von Langzeit-Boni herangezogen werden (so genannte LTIP), beinhalten häufig die strategisch relevanten Ziele der Organisation (sollten sie zumindest, wenn das longterm incentive program zielführend ausgestaltet ist). Diese sollten auch daraufhin geprüft werden, welche Ableitungen für die Personalentwicklung relevant sind (s. Kap. 3). Ebenso verhält es sich mit den wesentlichen Projekten und Initiativen der Organisation. Stehen größere Internationalisierungsvorhaben an? Sind durch Merger oder Zukäufe vielleicht auch Standortverlagerungen oder -schließungen zu erwarten? Diese Themen sollten sich in einer PE-Strategie wieder finden.

Übergeordnete strategische Aussagen müssen zur Entwicklung einer HR- bzw. PE-Strategie unbedingt gesichtet und durch eine stringente Ableitung die Berücksichtigung in der PE-Strategie sichergestellt werden.

Das Fehlen einer übergeordneten Strategie entschuldigt allerdings nicht das Auslassen der Strategiedefinierung für die PE-Arbeit. Auch ohne eine verbriefte Unternehmensstrategie lässt sich eine auf die spezifische Situation der Organisation passende PE-Strategie definieren. Quellen für strategische Orientierung gibt es viele. Fehlen alle oben angegebenen Inputs, reichen auch intensive Gespräche mit den Top- und Schlüsselkräften der Organisation.

2.3 Geschäftsmodell/Governance Regelungen

Die PE-Strategie definiert Regeln (Guidelines/Governance), wie PE-Arbeit in der Organisation funktioniert. Insbesondere werden Verantwortlichkeiten, Ausführungskapazitäten und gegebenenfalls Verrechnungsregeln festgelegt. Um dies so tun zu können, dass diese Regeln auch Bestand haben werden und auf Akzeptanz stoßen (also keine Umgehungsstrategien generiert werden), ist es notwendig, die ansonsten im Unternehmen bestehenden Regelungen detaillierter zu analysieren. Wie funktioniert die betriebswirtschaftliche Steuerung in der Organisation? Wer hat Ergebnis- und Budgetverantwortung, wer wird an welchen Zielen gemessen?

Wenn eine Einheit die komplette Ergebnisverantwortung für ihr Handeln hat und selbstständig Budgets verwaltet, wird es schwer möglich sein, dem Management dieser Einheit aus einer PE-Funktion heraus vorzuschreiben, welche Weiterbildungsveranstaltungen verpflichtend zu belegen sind oder, noch weiter führend, wer in dieser Einheit zur Führungskraft ernannt werden darf und wer nicht. In einer Organisation mit starker zentraler Steuerung auch in anderen Themen (z. B. durch ein zentrales Controlling, einen zentralen Einkauf etc.) ist es durchaus vorstellbar, dass auch die PE-Funktion eine starke steuernde Funktion einnimmt und nicht nur beratend zur Seite steht. Solche Grundsatzregeln lassen sich jedoch nur in den wenigsten Organisation aus einer Personalfunktion heraus definieren oder umgestalten, hier ist zumeist eine Orientierung an bestehenden Systemen sinnvoll bzw. die Gewinnung des Top Management notwendig, wenn grundlegende Änderungen vorgenommen werden sollen.

Ähnlich verhält es sich mit der Diskussion um Zentralität oder Dezentralität. Wie sieht die kapazitive Verteilung, wie die Teilung von Verantwortung, Aufgabenspektrum und Kundenansprache aus? Auch zur Definition dieser Aspekte ist eine Orientierung an anderen Bereichen zumindest als weitere Quelle für die Ausgestaltung der PE-Strategie unbedingt empfehlenswert.

2.4 Personalbestand und Personalbedarf

Weiterer wesentlicher Einflussfaktor zur Ausarbeitung einer spezifischen PE-Strategie ist schließlich die Ist-Situation der Organisation und der daraus resultierende Personalbedarf in quantitativer und qualitativer Hinsicht.

Zunächst sollte ein exakter Überblick über die vorhandene Belegschaft hergestellt werden. Die meisten hierfür benötigten Daten enthalten klassische Personalberichte, also z. B. Daten zum Personalbestand (in „Köpfen" und Kapazitäten), zur Struktur (Altersstruktur, Betriebszugehörigkeit, Entgeltstufen), zur Bewegung (Zugänge, Abgänge, interne Wechsel, Fehlzeiten) oder den resultierenden Kosten (Fixgehälter, variable Gehälter, Abfindungen). Zu qualitativen Sachverhalten liegt häufig eine dünnere Datenbasis vor. Über die vorhandenen Qualifikationen haben die meisten Organisationen noch einen recht guten Überblick (zumindest über die höchste formale Qualifikation bei Einstellung). Über aktuell vorhandene Kompetenzen und fachliche Skills wissen allerdings viele Personalbereiche zu ungenügend Bescheid. Ebenso verhält es sich häufig mit Daten zur aktuellen Performance (Leistungsbeurteilung) und zum Potenzial. Alle vorhandenen Daten sollten auf Aktualität und Qualität gecheckt werden. Sind wesentliche Daten nicht vorhanden bzw. nicht ohne ungerechtfertigt hohen Aufwand zu generieren, ist dies gegebenenfalls ein wichtiger Hinweis für die Erarbeitung der Funktionalstrategie PE. Hier scheint ein Handlungsfeld vorzuliegen.

Die Ist-Daten haben im Strategieprozess zweierlei Funktion. Zum einen dienen sie als Basis für ein HR-Risikomanagement, das nicht selten durch PE-Funktionen betrieben wird, zum anderen sind die Daten Basis für den Personal-Planungsprozess, der im Rahmen des Strategieprozesses wesentliche Inputs liefert (z. B. Aufbau- und Abbauvorgaben).

Ein ganzheitliches HR-Risikomanagement betrachtet zunächst personelle Risiken wie etwa:

- Vakanzrisiko: Risiko, dass kritische Positionen unbesetzt sind,
- Portfoliorisiko: Risiko des suboptimalen Einsatzes der vorhanden Kapazitäten,
- Verfügbarkeitsrisiko: Risiko, dass nicht genügend entwickelte Nachfolger/Potenzialträger zur Verfügung stehen,
- Eingliederungsrisiko: Risiko, dass Nachfolgekandidaten/Potenzialträger nicht ihre Leistung entfalten,
- motivationale Risiken: Risiko zurückgehaltener Leistungen.

Ergänzt man diese personellen Risiken mit weiteren betriebswirtschaftlichen Risikogrößen mit HR-Bezug, entsteht ein ganzheitliches HR-Risikomanagement mit 4 Risikofeldern (s. Abbildung 2).

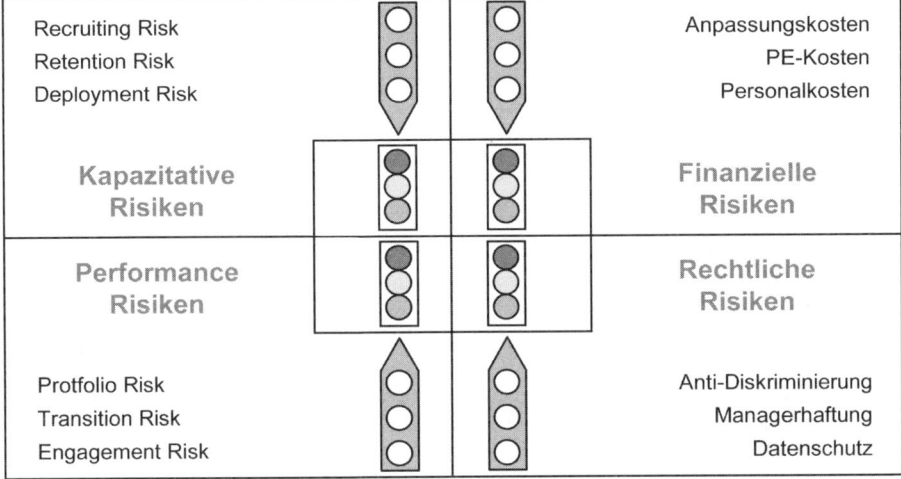

Abb. 2. Die 4 Risikofelder des ganzheitlichen HR-Risikomanagement

Unter Berücksichtigung dieser Rahmenbedingungen lässt sich eine Personalentwicklungsstrategie mit den Bestandteilen people strategy, Funktionalstrategie PE und Business Plan erstellen. Die folgenden Kapitel erläutern kurz, wie ein solcher Erstellungsprozess methodisch aufgebaut werden kann.

3. Vorgehensmodell zur Entwicklung einer integrierten PE-Strategie

Das im Folgenden skizzierte Vorgehensmodell zur Entwicklung einer individuellen PE-Strategie gliedert sich in fünf Phasen.

3.1 Erste Phase: Ist-Analyse

Die Ist-Analyse dient zur Aufnahme aller zu berücksichtigenden Faktoren, um eine PE-Strategie zu entwickeln, die maßgeschneidert auf die Situation und Zielsetzungen der betrachteten Organisation ist.

Erhoben werden vor allem die zuvor beschriebenen Rahmenbedingungen. Neben den dort beschriebenen externen Faktoren interessieren in der Ist-Analyse aber auch die internen Aspekte, der Blick auf die bestehende PE-Organisation, das Personal, die Infrastruktur, PE-Prozesse, etc. Eine Aufstellung, welche Aspekte Gegenstand der Ist-Analyse sein sollten, ist der Abbildung 3 zu entnehmen.

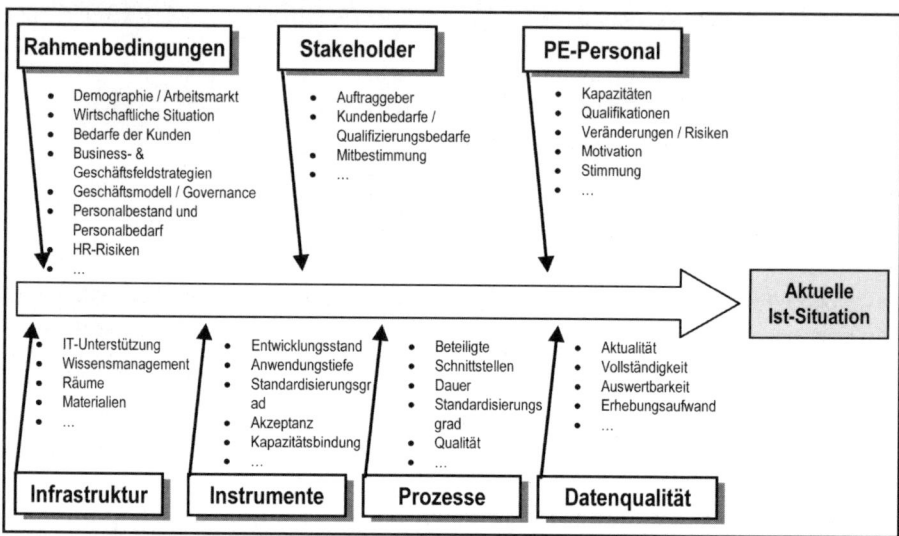

Abb. 3. Gegenstand der Ist-Analyse

Methodisch eignen sich für die Aufnahme der Ist-Analyse zum einen die Dokumentenanalyse, teilstrukturierte Interviews, Befragungen (online/papierbasiert) und die Auswertung mittels SWOT-Analyse. Vollerhebungen (z. B. Befragung aller Führungskräfte) sind zumeist nicht erforderlich, hilfreich ist es aber, die Ergebnisse einer Stichprobenerhebung in einem Validierungsworkshop auf breiterer Basis zu diskutieren und gegebenefalls ergänzende Fakten aufzunehmen bzw. Einzelmeinungen der Erhebung zu relativieren. Die SWOT-Analyse gliedert die Ergebnisse der Ist-Analyse in die 4 Felder:

- Stärken (**s**trength),
- Schwächen (**w**eaknesses),
- Chancen (**o**pportunities) und
- Risiken (**t**hreats).

Durch diese Art der Ergebnisdarstellung erhalten die Stärken eine gleichgewichtige Beachtung und man läuft nicht so schnell Gefahr, die Erfolgsfaktoren der heutigen Arbeit zu vernachlässigen. Zudem wird über die Betrachtung der Chancen und Risiken der externe Fokus (z. B. Rahmenbedingungen) explizit betrachtet und die zukunftsorientierte Beeinflussung der Arbeit beleuchtet. Alle vier Bereiche der SWOT-Analyse können Quellen für strategische Zielfelder sein.

3.2 Zweite Phase: Ableitungen aus übergeordneten Strategien

Übergeordnete Strategien, seien es die HR-, die Unternehmens-, oder Fachbereichsstrategien, sollten auf relevante Aspekte für die PE-Strategie geprüft werden.

Dies geschieht über eine Ableitung in drei Stufen: Zunächst werden die inhaltlichen Konzepte der vorliegenden Strategien gesammelt. Zu jedem für die PE relevanten Konzept werden die Hebel der PE-Arbeit gesammelt und in einem weiteren Schritt zu diesen Hebeln erste Zielsetzungen oder bereits konkrete Maßnahmen festgehalten. Tabelle 1 zeigt ein schematisches Beispiel.

Tabelle 1. Inhaltliche Ableitungen aus übergeordneten Strategien.

Strategisches Konzept	Hebel der PE-Arbeit	Ansätze für PE-Ziele/ -Maßnahmen
Unternehmensstrategie: Kostensenkung	Kapazität in PE	Automatisierung der administrativen Prozesse (Veranstaltungsmanagement, Buchung, Genehmigung, Verrechnung, Bescheinigungen etc.)
	Externe PE-Ausgaben	
	PE-Administrationskosten	
Unternehmensstrategie: Weitere Globalisierung, Standortaufbau	Sprachkompetenzen	Überarbeitung Kompetenzmodell
	Interkulturelle Kompetenzen	Internationale Job Rotation
	Anzahl „Pioniere"	Identifizierung „Pioniere"

Strategisches Konzept	Hebel der PE-Arbeit	Ansätze für PE-Ziele/-Maßnahmen
HR-Strategie: Sicherung der Rekrutierungsbedarfe	Attraktivität als Arbeitgeber	Marketing des PE-Angebotes, Laufbahnmodelle, Karrieremöglichkeiten etc.
HR-Strategie: Verzahnung des Personal-Controlling mit dem Unternehmenscontrolling	Human Capital Management	Aufbau HR-Risk-Management Aufbau Human Capital Measurement

Über diese inhaltliche Ableitung entsteht eine Vielzahl von möglichen PE-Zielen und Maßnahmen, die im Rahmen der weiteren Strategieentwicklung priorisiert und dann gegebenenfalls in den PE-Zielekanon aufgenommen werden.

3.3 Dritte Phase: Strategieentwicklung

3.3.1 Erarbeitung einer Vision und Mission:

Die Vision einer Organisation bzw. einer einzelnen Organisationseinheit stellt die Leitidee, das treibende Motiv dar. Sie soll prägnant darstellen, worauf das Handeln der Einheit ausgerichtet ist, wie der anzustrebende Idealzustand aussieht.

Für die Erarbeitung empfiehlt sich die Beteiligung möglichst aller Mitarbeiter der Einheit, die einen aktiven Gestaltungsanspruch haben. An einem zweitägigen Strategie-Workshop lassen sich in aller Regel für eine PE-Einheit Vision, Mission, Rollendefinition, strategische Zielsetzungen und die Definition der Kernprozesse zumindest in einer ersten groben Fassung erarbeiten.

Zur Bestimmung der Vision werden zunächst in Form von Brainstorming Aspekte gesammelt, die enthalten sein sollten. Diese werden dann in einen Formulierungsvorschlag gebracht. Die Abbildung 4 zeigt ein Praxisbeispiel.

> **Vision: Der Leitstern, die Beschreibung des angestrebten Idealzustands**
>
> **Inhalte:**
>
> - Anerkannt von Vorstand und Management
> - PE als strategischer Partner der Zukunftsgestaltung des Unternehmens
> - Benchmark der Branche in Sachen wertschöpfender Personalentwicklungsarbeit
> - Hervorragende Mitarbeiter sorgen für die Marktführerposition
> - Akzeptierter Innovationsführer
> - Attraktivster Arbeitgeber der Region
> - Erstklassige Besetzungsqualität auf allen Top- und Schlüsselpositionen
>
> **Formulierungsvorschlag:**
>
> - Als anerkannter strategischer Partner der Unternehmensleitung fördern wir durch innovative, wertschöpfende Personalentwicklungsinstrumente für eine erstklassige Besetzungsqualität der Top- und Schlüsselpositionen im Unternehmen und stärken somit sowohl Image als auch Wettbewerbsposition.

Abb. 4. Praxisbeispiel für die Erarbeitung einer Vision

Das Vorgehen zur Definition der Mission ist ähnlich. Allerdings sind die Anforderungen an die Prägnanz hier höher. Die Mission beschreibt das Leistungsversprechen der Einheit entweder durch Nennung des Auftrages, des Oberziels oder des Wertschöpfungsbeitrages. Tabelle 2 zeigt für diese verschiedenen Ausrichtungen klassische Einleitungen für das Mission Statement.

Tabelle 2. Formulierungsvorschläge für Mission Statements.

Grundidee der Mission	Typische Einleitungen für das Mission Statement
Auftrag/Lieferversprechen der Einheit	„Wir liefern …"/„Wir leisten …"
Oberziel/Gesamtziel	„Unser Oberziel ist es …" „Wir sorgen für …"
Definierter Wertschöpfungsbeitrag/„Value Proposition"	„Wir schaffen Wert, in dem wir …"; „Wir tragen zum Unternehmenserfolg

Grundidee der Mission	Typische Einleitungen für das Mission Statement
	beim, indem wir …"

Auch zur Generierung eines Mission Statements eignet sich zunächst das Brainstorming in gemeinsamer Runde. So empfiehlt es sich z. B., jeden Teilnehmer 2–3 Missions-Aussagen formulieren zu lassen und diese anschließend in gemeinsamer Runde zu diskutieren. Hierfür ist es eventuell sinnvoll, die einzelnen Aspekte über ein Portfolio zu klassifizieren, wie es Abbildung 5 veranschaulicht.

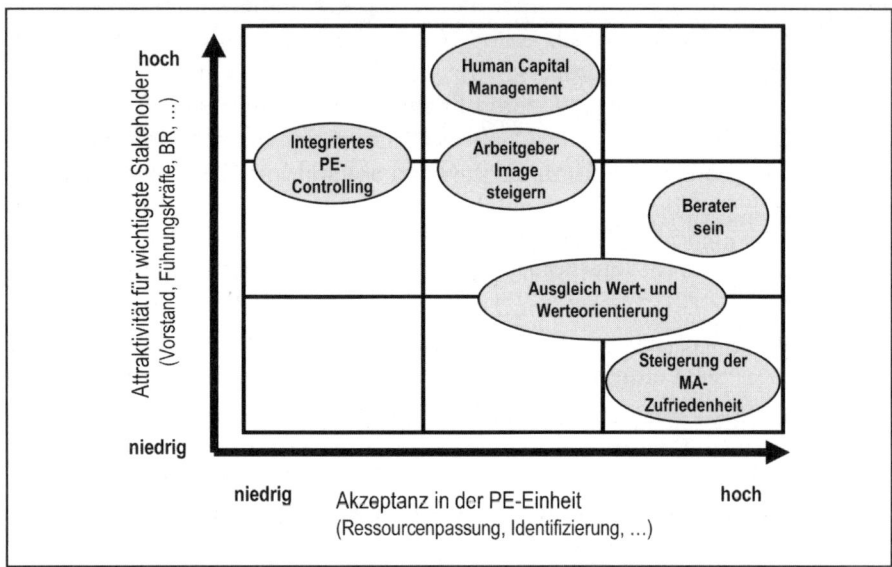

Abb. 5. Portfolio zur Klassifikation der Mission-Aussagen

Für dieses schematische Beispiel lautet ein Formulierungsvorschlag für das Mission Statement:

„Wir tragen zum Unternehmenserfolg bei, in dem wir unsere Mitarbeiterstruktur und die Qualifikationen unserer Mitarbeiter (Humankapital) vorausschauend an den strategischen Anforderungen des Unternehmens ausrichten".

3.3.2 Beschreibung des Selbstverständnisses durch Rollen und Werte

Tabelle 3. Rollendefinition für HR-Funktionen

Rolle	Kurzbeschreibung
Dienstleister	Servicefunktion für die internen Kunden, deren Belange/Bedarfe mit hoher Kundenorientierung schnell umgesetzt werden
Spezialist	Ausgewiesene Spezialisteneinheit zu verschiedenen fachlichen Fragestellungen. Eher nachfrage- denn angebotsorientiert
Experte	Spezialisten mit externer Reputation. Das Selbstverständnis des Bereiches ist geprägt durch den Anspruch, qualitative Benchmarks zu setzen und Vorreiter zu sein.
Berater	Proaktive Einheit, die Ihre Aufträge bei den (internen) Kunden akquiriert und mit ganzheitlichem Anspruch Problemlösungen generiert.
Moderator	„Neutrale Instanz" zur Vermittlung und effektiven Erreichung von Kompromissen im Spannungsfeld zwischen Wert- und Werteorientierung. Herbeiführung eines Interessensausgleiches zwischen allen Anspruchsgruppen.
Change Agent	Spezialist in Veränderungsprozessen, Begleiter zur Absicherung des nachhaltigen Umsetzungserfolges aller organisatorischer Veränderungen.
Business Partner	Strategischer Partner „auf Augenhöhe". Starke Nähe zum Geschäft, Key Acounter in allen HR-Fragen, beteiligt in den Meetings des Fachbereiches, Sparingspartner in allen strategischen Fragestellungen.

3.3.3 Definition der strategischen PE-Ziele

Die bisherigen Arbeiten im Strategieprozess bieten bereits zahlreiche Quellen für strategische PE-Ziele. Aus den inhaltlichen Ableitungen der übergeordneten Ziele sind bereits Ansätze generiert worden. Eine Operationalisierung von Vision und Mission wird weitere Ziele generieren. Bei dieser Operationalisierung sollte die Frage im Vordergrund stehen, woran sich für einen (internen) Kunden zeigt, dass das dort gegebene Leistungsversprechen eingehalten wird.

Auch die Rollen- und Werte-Diskussion kann Quelle für strategische Ziele sein. Hier zeigt die Operationalisierung der dort erstellten Aussagen ebenfalls, ob strategischer Handlungsbedarf besteht.

Neben diesen inhaltlichen Ableitungen gibt es weitere Methodiken zur Zielegenerierung. Die zurzeit am stärksten diskutierte ist die Aufstellung von Werthebelbäumen. Bei dieser Methodik wird versucht, die Steuerungssysteme des Unternehmens zu analysieren und die Leistungen der Personalentwicklung auf den Prüfstand zu stellen, an welcher Stelle sie die Wertgenerierung beeinflussen. Dort wo stärkere Wirkungszusammenhänge entdeckt werden, werden strategische Ziele definiert.

Eine weitere Methodik ist schließlich der „Blick über den Tellerrand", durch Trendscouting und Benchmarking. Experten der Personalentwicklung sollten regelmäßig analysieren, in welche Richtung sich die Themen weiterentwickeln und welche Ziele andere Organisationen verfolgen. Durch Adaption guter, auch für die eigene Organisation geeigneter Ansätze kann die strategische Weiterentwicklung der eigenen Arbeit gefördert werden, auch wenn der Bedarf intern bisher noch gar nicht erkannt wurde.

3.3.4 Anpassung des Leistungs-/Produktportfolios

Vor dem Hintergrund der formulierten Ziele der People- und Funktionalstrategie gilt es dann, das Produktportfolio der PE-Einheit zu überprüfen. Dabei werden

- vorhandene Produkte/Instrumente auf ihren Strategiebeitrag geprüft, gegebenenfalls werden sie ersatzlos gestrichen, wenn sie keinen nennenswerten Beitrag zur Erreichung der strategischen Ziele aufzeigen und kein „Pflichtgeschäft" darstellen;
- anpassungsbedarfe analysiert. Produkte/Instrumente, die einen wichtigen Beitrag zur Zielerreichung haben, bei denen in der Ist-Analyse aber festgestellt wurde, dass sie Optimierungspotenzial haben, werden gesondert ausgewiesen. Im Rahmen der Umsetzungsplanung gilt es, hier Aktivitäten zur Optimierung zu planen;
- Ergänzungsbedarfe analysiert. Ziele und Leistungsversprechen, zu denen im Status Quo keine Produkte/Instrumente angeboten werden, bedürfen einer Neukonzeption. Auch hier muss das Umsetzungskonzept besondere Schwerpunkte setzen.

3.3.5 Bestimmung der Kernprozesse der PE-Arbeit

Aus den strategischen Zielen und den zugeordneten Produkten lässt sich ableiten, welche Prozesse besondere Bedeutung für die Arbeit der Personalentwicklung haben.

Bei einem breiten Leistungsspektrum einer PE-Einheit macht die Aufstellung einer Prozesslandkarte Sinn, um Interdependenzen zwischen den Themen aufzuzeigen und die einzelnen Produkte und Instrumente sinnvoll miteinander zu verzahnen. Ratsam ist hier häufig der Perspektivenwechsel. Aus der Sicht von PE-Experten ist die Fülle der komplexen Themen häufig noch zu durchdringen, aus der Sicht einer betrieblichen Führungskraft ist aber oft nicht nachvollziehbar, warum zu den unterschiedlichsten Zeitpunkten im Jahr von verschiedenen HR-Funktionen mit unterschiedlichen Instrumenten und Methoden „Zeit gestohlen" wird. So ist es etwa denkbar, dass eine Führungskraft mindestens einmal jährlich ein Mitarbeitergespräch zu führen und dieses zu dokumentieren hat. Daneben gibt es vielleicht ein 360°-Feedback, in dem diese Führungskraft sowohl Feedback Empfänger als auch Geber für zahlreiche andere Kollegen ist. Zu anderer Zeit wird die Führungskraft als Beobachter zu einem Assessment-Center geladen und muss Kompetenzdimensionen ausfüllen. Diese unterscheiden sich eventuell von denen, die im sonst durch diese Führungskraft genutzten Interviewleitfaden für Einstellungsgespräche genutzt werden. Im Rahmen der Gehaltsüberprüfung der Mitarbeiter gibt es Formblätter, ebenso zur Zeugniserstellung, bei der Umgruppierung/Umstufung und so weiter. Diese Liste ließe sich beliebig fortsetzten. Für eine nicht HR-affine Führungskraft sind keine durchgängigen Prozesse oder verzahnten Instrumente erkennbar.

3.3.6 Definition des Geschäftsmodells

Über die weitere Ausgestaltung der Prozesse ergibt sich das Geschäftsmodell der Personalentwicklung. Dieses regelt, wer für welche Arbeiten verantwortlich ist, wer ausführt und wer informiert werden muss. Größere Diskussionsbedarfe bestehen hier häufig in dezentral aufgestellten Organisationen. Es macht zumeist wenig Sinn, dass an jedem Standort jedes Thema sowohl konzeptionell als auch in der Durchführung und Administration bearbeitet wird.

Für jeden Prozess gilt es daher festzulegen, in welchem Ausmaß er standardisiert wird und damit verbindlich für alle Beteiligten, egal wo angesiedelt, anzuwenden ist. In der Regel werden die Prozesse in vier Stufen einsortiert:

1. Zentrale Durchführung: für alle Standorte/Divisionen etc. finden alle Stufen der Bearbeitung zentral einheitlich statt. Beispiel: Kompetenzmodellentwicklung;
2. Zentrale Standards: Der Prozess wird dezentral durchgeführt, allerdings nach einheitlichen, zentral definierten Standards. Beispiel: Potenzialerkennungsverfahren;
3. Zentrale Rahmenbedingungen: Der Prozess wird dezentral durchgeführt, wobei auch individuelle Instrumente zum Einsatz kommen können, Rahmenbedingungen und Prozesskomponenten sind aber festgelegt. Beispiel: Einmal jährlich ist ein Mitarbeiterfeedback an Vorgesetzte durchzuführen. Die Methodik ist freigestellt, das Ergebnis ist aber in aggregierter Form an die Zentrale zurückzumelden;
4. Lokaler Prozess ohne Beteiligung der Zentrale, ohne vorgegebene Standards. Beispiel: unterjähriges Feedback des Vorgesetzten zu Entwicklungserfolgen des Mitarbeiters.

Neben dem Standardisierungsgrad werden im Geschäftsmodell auch die wichtigsten Schnittstellen definiert. Für die Personalentwicklung sind dies zumeist die Abgrenzungen zur Personalbetreuung (Kundenansprache, Informationsaustausch etc.) und zu den Führungskräften der Organisation (Betreuung der Mitarbeiter, Verantwortung, Rückmeldung etc.).

3.4 Vierte Phase: Aufstellung Businessplan

In den Themenfelder der PE stehen dabei nicht nur die Prognosen für Einnahmen- und Ausgabenrechnungen im Vordergrund, sondern vor allem die Prioritätensetzung für die Vielzahl der Themen und damit verbunden die Verteilung der vorhandenen Kapazitäten und Budgets. Die Methodik des Businessplans für die PE unterscheidet sich aber nicht grundlegend von der für am freien Markt wirtschaftenden Bereiche. Die Kostenseite erscheint zunächst relativ leicht abbildbar. Aus den in der Strategie formulierten Zielen lässt sich ableiten, welche Maßnahmen ergriffen werden müssen. Interne Verrechnungskosten für eigene Kapazitäten bzw. Erfahrungswerte für externe Kräfte, ergänzt um notwendige Sach- und sonstige Kosten lassen sich schnell summieren. Allerdings bedarf es hierfür entweder bereits sehr gut operationalisierter Ziele oder aber das Herunterbrechen auf die Maßnahmenebene geschieht im Rahmen der Erstellung des Businessplans. Schwierigkeiten bereitet zumeist die Abschätzung der Mengengerüste. Unter Umständen sind Szenarien anzusetzen, um mit verschiedenen Mengengerüsten kalkulieren zu können. Um nicht lediglich eine Fortschreibung vergangener Jahre vorzunehmen, sonder wirklich strategisch zu arbeiten, ist eine Kundensegmentierung notwendig. Wenn nicht bereits im Rahmen der Strategiedefinition erfolgt, muss spätestens jetzt die Frage beantwortet werden, wer die A-Kunden der Personalentwicklung sind, die mit einer besonderen, individuellen Betreuung rechnen können, wer eher B- oder auch C-Kunde ist und eventuell lediglich Standardangebote erhält.

Noch schwieriger gestaltet sich zumeist die Definition der Einnahmenseite. Einige Organisationen arbeiten mit einer internen Leistungsverrechnung und verrechnen die Dienstleistungen der Personalentwicklung an den internen Kunden. Zumeist beschränkt sich dies aber auf Teilnahmegebühren an Seminaren und sonstigen Weiterbildungsangeboten. Wie aber berechnet man die Erstellung eines strategischen Kompetenzmodells?

Neuere Ansätze versuchen allgemeiner den Nutzen der in der Strategie beschriebenen PE-Funktion darzustellen. Dieser wird sodann differenziert in den monetär bewertbaren Teil und den rein qualitativen Teil, zu dem keine monetären Aussagen getroffen werden können. Zu letzterem werden stattdessen Wirkungsbeziehungen aufgezeigt, der Nutzen liegt in der positiven Beeinflussung von Erfolgsfaktoren der internen Kunden.

Ist beispielsweise die Einführung von eLearning geplant, können verschiedene Modelle zur Bewertung der Einspareffekte angenommen werden. Für die Kompensationsrate von Präsenztrainings durch online-Kurse können Zielvorgaben definiert werden, die exakte Kalkulation aller resultierenden Einsparpotenziale wie z. B. Reisekosten, Hotelkosten, Trainerkosten etc. wird eine Abschätzung bleiben.

Schwieriger gestaltet sich das Thema bei weniger technisch gelagerten Themen. Als Beispiel sei exemplarisch das strategische Ziel „Steigerung der Besetzungsqualität der Top- und Schlüsselpositionen" genommen. Eine Umsetzunginitiative könnte lauten: Durchführung eines Management Audits für die oberen Führungsebenen zur Schaffung von Transparenz über die aktuelle Besetzungsqualität. Summarische Auswertung zur Identifikation der größten Kompetenzdefizite und Entwicklung eines unternehmensspezifischen Management Development Programms.

Die Kosten für das Management Audit lassen sich relativ leicht kalkulieren, schwierig wird es jedoch, im Vorfeld abzuschätzen, wie umfangreich das Management Development Programm werden wird, welche Entwicklungsmaßnahmen erforderlich werden und wie diese dann zu Buche schlagen. Noch weitaus schwieriger ist es, die Nutzenaspekte dieses Vorhabens zu bewerten. Letzteres ist auch nicht zwangsläufig Ziel des Businessplans. Wenn das Topmanagement nicht von der Hebelwirkung dieser Initiative auf den Unternehmenserfolg überzeugt werden kann, wird diese nicht durchgeführt werden. Der Businessplan dient zur Priorisierung der Maßnahmen und zeigt auf, welche Anteile des Budgets für welche Themen verwendet werden. Für dieses Beispiel bietet sich für die Bewertung des Development Programms die Methodik des Target Pricing an. Nicht die Summe aller notwenigen Maßnahmen multipliziert mit deren Marktpreis ergibt das Budget, sondern aus der Gesamtsicht der geplanten strategischen Initiativen wird der zur Verfügung gestellte Budgetanteil für ein Management Development Program definiert. Aus strategischer Sicht heraus werden dann die Ergebnisdaten des Management Audits interpretiert und Prioritäten aus unternehmerischer Sicht gesetzt.

3.5 Fünfte Phase: Umsetzungsplanung

Der Businessplan zeigt auf, welche Themen mit welcher Kapazität angegangen werden. Insbesondere für die strategischen Initiativen zur Umsetzung der definierten Ziele ist neben der kapazitativen und monetären aber auch die zeitliche Dimension entscheidend.

Zunächst werden alle für die Umsetzung der Strategie notwendigen Themen, Initiativen und Projekte nach Schwierigkeit der Umsetzung und dem mit der erfolgreichen Umsetzung verbundenen Nutzen (diese Information sollte für die Aufstellung des Business Plans diskutiert worden sein) klassifiziert. Abbildung 6 zeigt schematisch ein solches Portfolio, aus dem sich schnell so genannte „Quick wins" ableiten lassen, Lösungen, die ohne großen Aufwand deutlich spürbaren Mehrwert liefern. Eine detailliert vorgenommene Ist-Analyse generiert häufig mehrere solcher schnellen Umsetzungserfolge.

Etappe 1: Strategien der Personalentwicklung 105

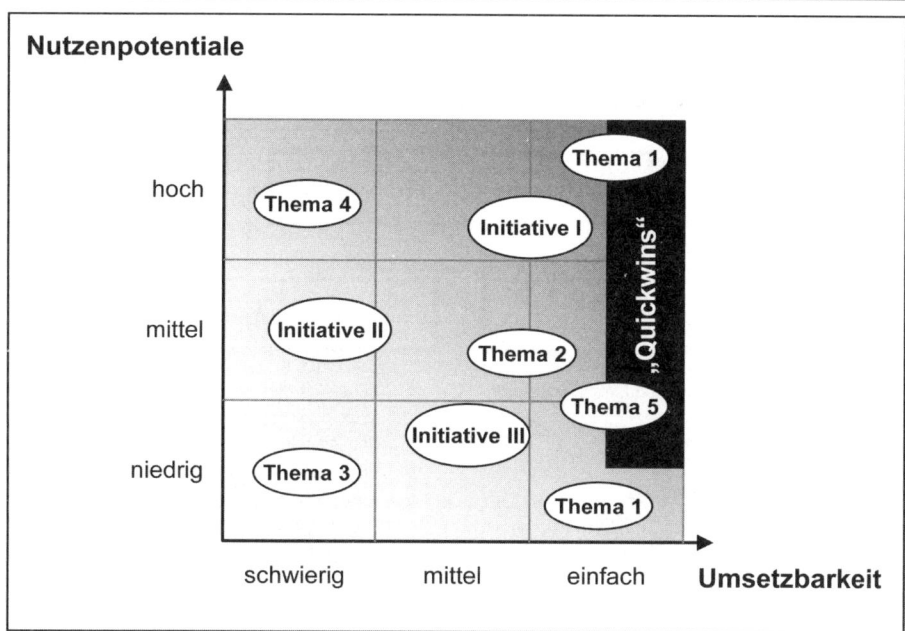

Abb. 6. Priorisierung von Initiativen und Themen

Für die Planung der Umsetzung aller weiteren Initiativen und Maßnahmen sollten die klassischen Instrumente des Projektmanagements genutzt werden. Zunächst wird über einen Projektstrukturplan (PSP) gesammelt, welche Arbeitspakete in Summe anzugehen sind. Hierbei wird noch nicht auf zeitliche Aspekte geachtet, sondern die Vollständigkeit wird in den Vordergrund gestellt. Ist der PSP erarbeitet, wird dieser in einen Phasenplan überführt und dadurch auch auf einer Zeitleiste abbildbar.

Geachtet werden sollte dabei darauf, dass möglichst frühzeitig „Leuchtturm-Projekte" angegangen und zu einem erfolgreichen Ergebnis geführt werden. Hierunter versteht man Projekte, die relativ zeitnah größere Veränderungen hervorbringen und sichtbar zeigen, dass die neue Strategie Auswirkungen hat. Sowohl für die Mitarbeiter der PE als auch für die (internen) Kunden kann so demonstriert werden, dass die Strategie ernst genommen wird und mehr darstellt als ein kommuniziertes Papier.

Gerade die Kommunikation sollte in der Umsetzungsplanung groß geschrieben werden. Diskutiert werden muss, wer wann in welcher Form über die PE-Strategie informiert wird. Sowohl alle Mitarbeitenden in PE-Funktionen als auch alle anderen unmittelbar oder mittelbar Beteiligte sollten in angemessener Form erfahren, welche Leistungsversprechen aus der PE-Strategie resultieren und welche Veränderungen in gegebenenfalls eingespielten Prozessen und Instrumenten geplant sind.

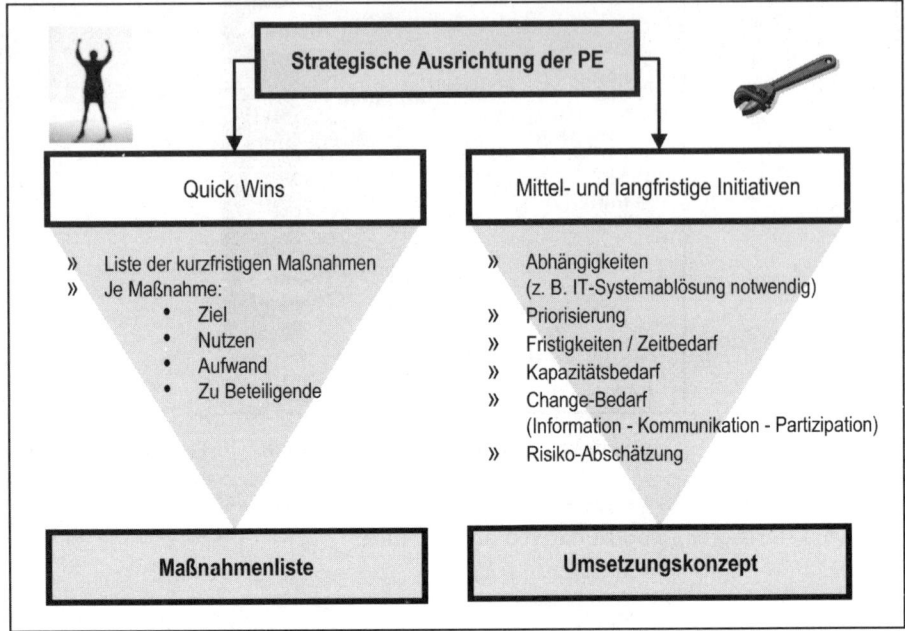

Abb. 7. Kurzfristig vs. langfristig orientierte Maßnahmen

4. Erfolgsfaktoren und Stolpersteine in Strategieprozessen

Die Inhalte und das Vorgehen für eine individuelle PE-Strategie lassen sich schnell skizzieren, die Probleme entstehen zumeist erst in der Entwicklung bzw. systematischen Umsetzung. Tabelle 3 zeigt die häufigsten Stolpersteine sowie Möglichkeiten zur Umgehung und mündet in der Benennung der wichtigsten Erfolgsfaktoren.

Tabelle 3. Stolpersteine und Gegenmaßnahmen in der Entwicklung und Umsetzung von Strategieprozessen

Stolpersteine	Gegenmaßnahmen
Der Start des Strategieprozesses wird „verschleppt", es wird keine Zeit und Kapazität für das Thema eingeräumt, schließlich dominiert das Tagesgeschäft das Handeln.	Frühzeitige Planung eines „Strategie-Kick-Off"-Termins. Gesondertes Meeting hierzu, nicht Tagesordnungspunkt auf sonstiger Veranstaltung. Bestimmung eines Kernteams, dass federführend die Strategiearbeit übernimmt, die Teilnahme sollte eine Auszeichnung sein.
Der Strategie mangelt es an Transparenz, die Ausarbeitungen sind für die Mitarbeiter nicht spürbar	Überführung in individuelle Zielvereinbarungen. Erstellung Projektkalender und Transparentmachung, wer in welchem Projekt/in welcher Initiative involviert ist.
Kunden, die laut genug rufen, erhalten weiterhin die gleichen Dienstleistungen, auch wenn diese nicht strategiekonform sind	Kundensegmentierung und Vereinbarung von Service Level Agreements mit den (internen) Kunden. Keine pauschale Ablehnung des nicht strategischen Kundenwunsches, aber Sensibilisierung für Kapazitätseinsatz und dadurch entstehende Kosten, für Maßnahmen, die für das Gesamtunternehmen nicht zielführend sind.
Eine Überprüfung der Strategie findet nicht statt	Überführung des Stategieprozesses in einen jährlichen Ablauf, wenn vorhanden, in Verzahnung mit dem Prozess der Überarbeitung der Unternehmensstrategie. Daneben Aufbau eines strategischen Controlling/Reportings, das auch unterjährig Überprüfung bietet.
Die Geschäftsführung/der Vorstand zeigt kein Interesse an einer PE-Strategie	„Guerilla Taktik", dennoch machen und mit positiven Effekten für Akzeptanz werben.

Stolpersteine	Gegenmaßnahmen
Die Aussagen der befragten Führungskräfte der Ist-Analyse erweisen sich als nicht belastbar, im täglichen Geschäft weichen die Wünsche deutlich von den Aussagen in der Befragung ab	Befragte Personen der Ist-Analyse erhalten nach der Erfassung ein Protokoll. In der Strategie wird auf die Aussagen der Ist-Analyse referenziert. Starke Abweichungen im operativen Geschäft werden dokumentiert und im Rahmen der jährlichen Strategieüberarbeitung berücksichtigt.
Der Businessplan erweist sich als nicht tragfähig, die Mittel reichen nicht aus	Ursachenanalyse: Bei unterjähriger Budgetkürzung müssen neue Prioritäten gesetzt und ggf. weniger strategische Leistungen eingestellt werden. Bei Fehlplanung Nutzung der neuen Erfahrungswerte im Folgejahr.
Es fehlen die personellen Ressourcen zur Umsetzung	Häufig liegt der Fehler in zu ambitionierten Zielen im Rahmen der Strategieerarbeitung. Zumeist mangelt es an qualitativen, gar nicht an den quantitativen Ressourcen, daher eher etwas zurückhaltender planen mit erreichbaren Zielen. Berücksichtigung der PE für die PE.
Die Motivation sinkt, da die Wirkungszeiträume zu langfristig sind	Bewusste Definition von „Leuchtturm-Projekten" mit schnellen Umsetzungserfolgen. Würdigung erreichter Ziele (auch unterjährig), Feiern von Erfolgen.

Positiv formuliert zeigen sich in Strategieprojekten folgende Haupterfolgsfaktoren:

- **Machen**
  Loslegen anstatt Ausreden in ungünstigen Rahmenbedingungen, fehlenden Informationen, Zeitknappheit und Ressourcenengpässen zu suchen.
- **Zeit & Kapazität**
  Bereitstellung der notwendigen Kapazitäten zur Erarbeitung und regelmäßigen Steuerung der strategischen Zielsetzungen.
- **Mut zu üben**
  Zumeist wird nicht gleich im ersten Jahr eine ausgefeilte Businessstra-

tegie PE mit allen hier beschriebenen Elementen erwartet. Der Prozess kann jährlich erweitert werden.

- **Klein beginnen**
  Zunächst Starten mit wenigen Zielen und Maßnahmen, Fokussierung auf das Wesentliche. Ausgestaltung eines lernenden Prozesses, jährliche Erweiterung um neue Aspekte.

- **Validieren und Konsequenzen ziehen**
  Alle Beteiligte spüren lassen, dass die Strategie ernst genommen wird und die dort definierten Themen relevant sind, sowie dass Umsetzung bzw. Verfehlung der Ziele Konsequenzen hat.

- **Nicht nur im eigenen Saft kochen**
  Gezieltes Einholen externer Anregungen und Unterstützung (z. B. Kollegen aus anderen Bereichen mit mehr Erfahrung in Strategieprozessen oder externe Berater).

Literatur

Boudreau, J. W. & Ramstad, P. M. (2005). Talentship, Talent Segmentation, and Sustainability. A new HR Decision Science Paradigm for a new Strategy Definition. *Human Resouce Management 44,* 2, 129 – 136.

Cascio, W. F. (2005). From business partner to driving business success. The next step in the evolution of HR Management. *Human Resource Management, 44,* 2, 159 – 163.

Lawler, E. E. III (2005). From Human Resource Management to Organizational Effectiveness. *Human Resource Management, 44,* 2, 165 – 169.

Möhrle, M. (2005). Qualifikation und Weiterbildung von Führungskräften aus Unternehmenssicht. *Zeitschrift für betriebswirtschaftliche Forschung, 57,* 752 ff.

Roehling, M. V., Boswll, W. R., Caligiuri, P., Feldman, D., Graham, M. E., Guthrie, J. P., Morishima, M. & Tansky, J. W. (2005). The Future of HR Management. Research Needs and Directions. *Human Resource Management, 44,* 2, 207 – 216.

Scholz, C. (1995). *Innovative Personal-Organisation. Center-Modelle für Wertschöpfung, Strategie, Intelligenz und Virtualisierung.* Neuwied: Luchterhand.

Solga, M., Ryschka, J. & Mattenklott, A. (2005). Ein Prozessmodell der Personalentwicklung. In J. Ryschka, M. Solga & A. Mattenklott (Hrsg.): *Praxishandbuch Personalentwicklung. Instrumente, Konzepte, Beispiele, 17 – 30.* Wiesbaden: Gabler.

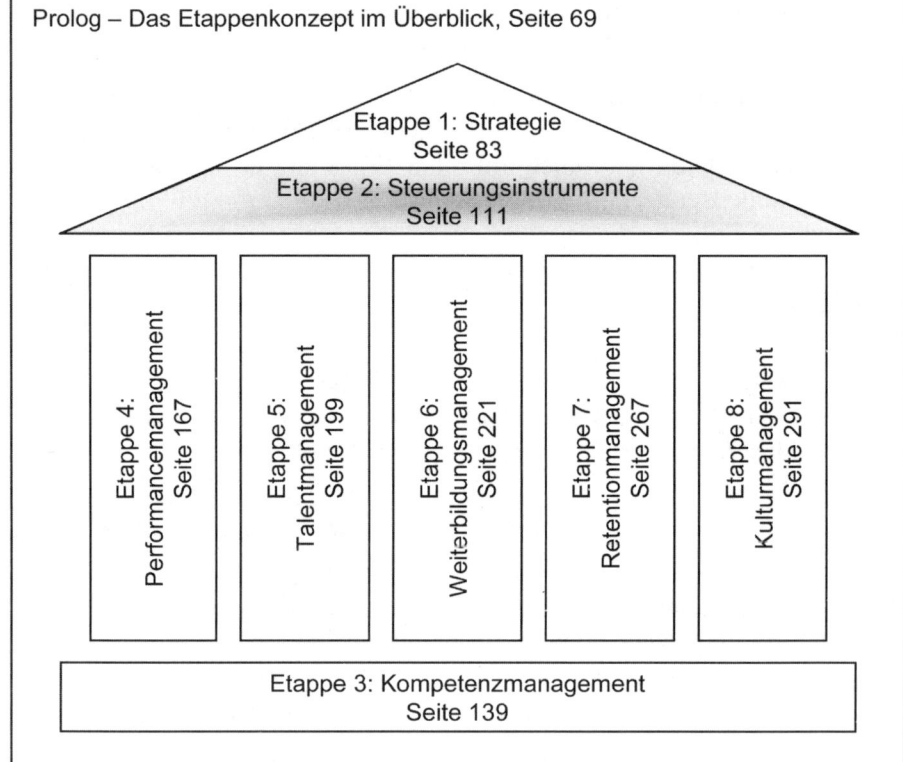

Etappe 2: Steuerung der Personalentwicklung

Robert Girbig

Das folgende Kapitel beantwortet die Fragen: Wie kann eine strategiebasierte Steuerung der Personalentwicklung praktisch aussehen? Was macht deren Erfolg aus? Das Verständnis von Steuerungssystematik begrenzt sich in Personalbereichen häufig auf das einfache Reporting von Kennzahlen. Es wird ein Set von Kenngrößen definiert, das sich vergleichbar in zahlreichen anderen Unternehmen findet. Die Prüfung auf Steuerungsrelevanz entfällt. Die PE-Kennzahlen dienen aber nicht zum Selbstzweck, sondern sie begleiten eine Strategie in ihrer Umsetzung, messen regelmäßige Zielerreichungen und zeigen Abweichungen an.

Bevor man sich dem PE-Controlling nähert, ist die im vorangegangenen Kapitel beschriebene PE-Strategie ein absolutes Muss. So wie ein Reporting mit einzelnen, voneinander unabhängigen Kennzahlen wenig sinnvoll ist, ist auch eine Strategie ohne ein aufsetzendes Steuerungssystem wirkungslos und birgt darüber hinaus die Gefahr eines „Blindfluges". Bei der folgenden Erörterung der Kennzahlen wird offensichtlich, das diese der Strategiediskussion erst ihren Feinschliff geben. Nach Wunderer und Jaritz (1999) wird Personalcontrolling definiert als planungs- und kontrollgestütztes, integratives Evaluationsdenken und -rechnen zur Abschätzung von Entscheidungen des Personalmanagement, insbesondere zu deren ökonomischen und sozialen Folgen (Wunderer & Jaritz, 1999). Neue Ansätze verfolgen vielfältige Ziele und richten sich differenzierter an unternehmensspezifischen Reifegraden und Zielgruppen aus.

Dem Leser wird zunächst ein Grundmodell zur Systematisierung von Steuerungsinstrumenten der Personalentwicklung vorgestellt. Das Modell besteht aus drei Gruppen, die näher beschrieben werden. Ausgewählte Ansätze werden anschließend detailliert erklärt und mit Beispielen belebt.

1. Grundmodelle von Steuerungsinstrumenten der Personalentwicklung

In unseren Beratungsprojekten ergeben sich vielfältige Handlungsbedarfe zur Entwicklung eines systematischen PE-Controlling-Ansatzes. Immer wieder kommt aus dem Top-Management die Frage: Wie kann der Wertbeitrag der Personalentwicklung gemessen und dargestellt werden? Auch Personalentwickler bemängeln häufig die unzureichende Steuerung des Bereiches und seiner Aktivitäten über Kennzahlen. Eine Erfolgsmessung von Maßnahmen findet selten statt. Bei IT-Systemen zeigt sich aufgrund von Insellösungen oft die Problematik einer unzureichenden Datenbasis. Eine Kienbaum-Studie (Girbig & Kötter, 2005) bestätigt: Im Bereich des Personalcontrollings besteht teilweise noch erheblicher Handlungsbedarf.

Der Standard-Personalbericht ist noch immer das vorherrschende Personalcontrollinginstrument im deutschsprachigen Raum. 98% aller Unternehmen setzen dieses Instrumentarium zur Steuerung der Personalarbeit ein. Die strategische Steuerung der Personalarbeit gewinnt jedoch an Bedeutung. Bereits 86% der Personaler richten sich bei ihrer Arbeit an operationalisierten Zielen aus (Girbig & Kötter, 2005). Dies ist auch ein Ausdruck der aktuellen Entwicklung des noch relativ jungen Feldes Personalcontrollings. Den Entwicklungspfad visualisiert ein zweidimensionales Diagramm in Abbildung 1. Die Perspektiven sind der Umfang der Daten, die zur Verfügung stehende Datenbasis und der Grad der Fokussierung auf die Wertschöpfung.

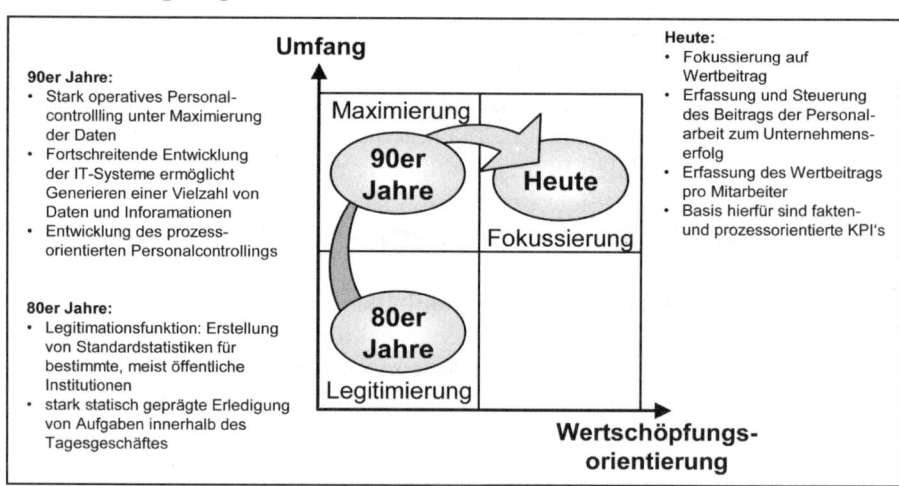

Abb. 1. Zeitliche Entwicklung des Personalcontrollings

In den 80er Jahren umfasste das Personalcontrolling vor allem die Erstellung von Standardstatistiken. Diese waren hauptsächlich für öffentliche Institutionen bestimmt und wurden kaum unternehmensintern genutzt. Im Vordergrund stand die Legitimationsfunktion. Durch die fortschreitende Entwicklung der IT-Systeme war es möglich, auf eine Vielzahl von Daten und Informationen zurückzugreifen. Dies führte in den 90er Jahren zum Durchbruch des Personalcontrollings. Gleichzeitig kam es zu einer Maximierung der Berichte und einer entsprechenden Datenflut. Inzwischen besinnt man sich auf einen fokussierteren Dateneinsatz. Die Steuerungsrelevanz ist als Auswahlkriterium in den Vordergrund gerückt.

Zunehmende Bedeutung gewinnen der Wertbeitrag des Personalbereiches und die maßgeblichen Wert- und Leistungstreiber. Es existiert eine Vielzahl unterschiedlicher Steuerungssysteme für diesen Bereich. Das in Abbildung 2 dargestellte Modell zeigt eine Systematisierung dieser Methoden.

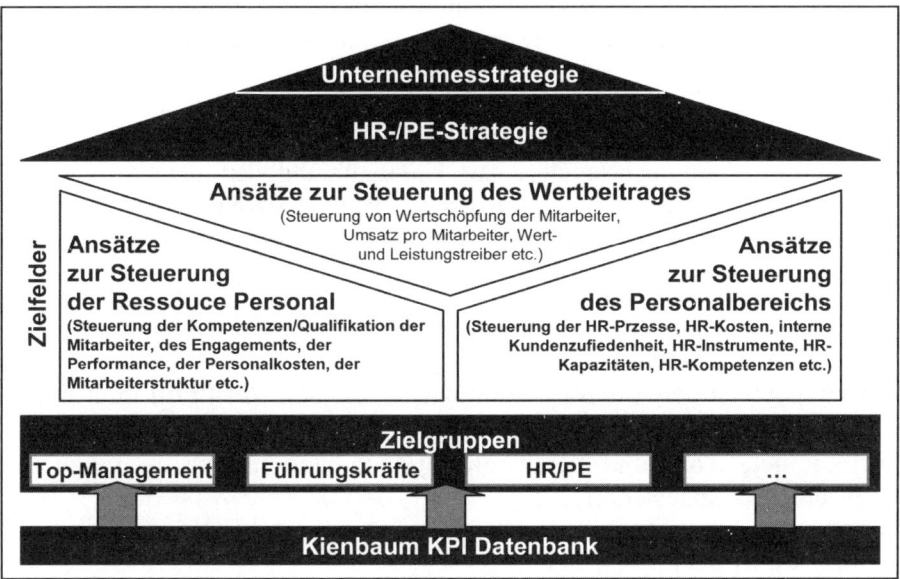

Abb. 2. Systematisierung der HR-/PE-Steuerungsinstrumente

Die Basis für ein wertschöpfendes Personalcontrolling muss immer die Unternehmensstrategie und die abgeleitete HR- bzw. PE-Strategie sein. Die Ansätze zur Steuerung der Strategie lassen sich drei Zielfeldern zuordnen.

Das erste Zielfeld fokussiert die Instrumente zur Steuerung der Organisationseinheiten. Es handelt sich hierbei um die Bereiche Personal und Personalentwicklung. Sie erlauben Aussagen über die Effizienz und Effektivität des Bereiches. Diese Gruppe wird oft auch als prozessorientiertes Personal-Controlling bezeichnet (Gmür & Peterhoff, 2005). Betrachtet werden personalwirtschaftliche Prozesse wie Qualifizierung, Mitarbeitergespräche etc. Dies dient vor allem den Personalentwicklern zur Steuerung ihrer eigenen Einheit. Das erste Zielfeld beinhaltet beispielsweise folgende Fragen:

- Wie hoch ist die Betreuungsquote von Personalentwicklern zu Mitarbeitern des Unternehmens?
- Wurden alle geplanten PE-Maßnahmen umgesetzt?
- Wie hoch ist der Auslastungsgrad der Seminare?
- Was kostet ein Seminartag durchschnittlich?
- Wie viele Absolventen des Führungsnachwuchsprogramms sind innerhalb von 12 Monaten in die erste Führungsposition gekommen?
- Wie zufrieden sind die internen Kunden mit der Personalentwicklung?

Demgegenüber steht das zweite Zielfeld. Dieses konzentriert sich auf die Steuerung der Ressource Personal. Das faktororientierte Personal-Controlling dient insbesondere zur Unterstützung der quantitativen und qualitativen Personalplanung (Deutscher Wirtschaftsdienst, 1999). Diese Kennzahlen sind vor allem für die Linienverantwortlichen interessant und beantworten Fragen wie z. B.:

- Wie viele Mitarbeiter verlassen in den nächsten drei Jahren altersbedingt das Unternehmen?
- Wie hoch ist der Anteil an Mitarbeitern, die das Soll-Profil ihrer Position erfüllen?
- Wie viele Top- und Schlüsselpositionen sind mit einem möglichen Nachfolger abgesichert?
- Wie hoch ist das Mitarbeiterengagement?
- Wie gut ist die Führungsqualität?
- Wie hoch ist der durchschnittliche Zielerreichungsgrad der Mitarbeiter?

Die aktuelle Diskussion der Controllingansätze fokussiert das dritte Zielfeld: die Steuerung des Wertbeitrages der Personalabteilung zum Unternehmenserfolg. Dafür stehen Human-Capital- oder Werttreiber-Ansätze. Erfasst wird der Wertbeitrag pro Mitarbeiter. Dieser dient zur Steuerung der Personalarbeit. Warum werden solche Ansätze entwickelt? Hintergrund ist häufig, die durch die Geschäftsleitung geäußerte Unzufriedenheit bezüglich der Wertschöpfung des Personalbereiches. Dies belegt auch die schon angesprochene Kienbaum-HR-Strategie-Studie. Demnach sind nur 47% der Unternehmen mit dieser Kenngröße zufrieden. Diese Ansätze des Personalcontrollings sind noch sehr jung, müssen ihre Praxistauglichkeit also noch unter Beweis stellen. Immerhin ein Fünftel der befragten Unternehmen steuert bereits über Wertansätze (Girbig & Kötter, 2005).

Im Folgenden werden für diese drei Zielfelder beispielhafte Ansätze vorgestellt. Beim Aufbau eines Personal- bzw. Personalentwicklungscontrollings ist zunächst der Fokus auf die ersten beiden Felder zu setzen. Darüber hinaus ist die Personalentwicklung natürlich auch mit Fragen des Bildungscontrollings konfrontiert, die im fünften Abschnitt diskutiert werden.

2. Ansätze zur Steuerung der PE-Funktion

Die folgenden Ansätze dienen Personalentwicklern vor allem zur Steuerung ihrer Arbeit. Erfasst werden sowohl der Input, z. B. Kapazitäten und Kosten, als auch der Output, z. B. Qualität und Dauer. In der Praxis ist oft noch ein reines Kostencontrolling anzutreffen, auch wenn dies kaum steuerungsrelevant ist. Die Kosten der Personalentwicklung stellen jedoch im Vergleich zu den Personalkosten einen deutlich geringeren Wert dar. Im Folgenden sind vier Beispiele für ein strategisch angelegtes PE-Controlling detaillierter dargestellt, die sich auch in der Praxis etabliert haben.

2.1 Steuerung von PE-Zielen über Kennzahlen

In diesem Ansatz geht es darum, geeignete Messkriterien zu finden, an Hand derer die Erreichung des formulierten Zieles festgestellt werden kann. In den Diskussionen mit unseren Klienten kommen wir hier immer wieder zum gleichen Ergebnis: Ein Ziel ist nur durch die Definition eines Messkriteriums vollständig. Erst dann wird der Blick für die wirklich fokussierte Stoßrichtung geschärft. In einem unserer Projekte in einem Stadtwerk ergab die erste Sammlung möglicher Key Performance Indicators (KPI) zum Ziel ‚Steigerung der Führungsqualität' folgendes Ergebnis:

Tabelle 1. Operationalisierung des Zieles ‚Steigerung der Führungsqualität'

Kennzahl/Messkriterium	Einheit	Messinstrument	Erhebungsrhythmus
Kompetenzfit Führungskräfte (Abweichung Soll- und Ist-Profil)	Punkte	Einschätzung Vorgesetzter	Jährlich
Teilnahmequote Führungskräfteentwicklungs-Programm	%	Qualifizierungsdatenbank	Quartalsweise
PE-Investitionen je Führungskraft	€	Qualifizierungsdatenbank	Quartalsweise
Mitarbeiterfeedback	Punkte	360°-Feedback	Jährlich
Fluktuationsquote	%	SAP	Quartalsweise
Anzahl Potenzialträger, die durch die Führungskräfte hervorgebracht wurden	Anzahl	Potenzialmeldungen	Jährlich
Durchschnittliche Zielerreichungsgrade in den Geschäftsbereichen	%	Zielvereinbarungsformulare	Jährlich

Es wird schnell ersichtlich, dass die Messkriterien teilweise völlig unterschiedliche Interpretationen der Zielsetzung beinhalten. Während die Teilnahmequote und die Investitionen input-orientiert sind und eher auf die Prozesse abzielen, sind die anderen Kriterien output-orientiert und haben einen jeweils anderen Fokus. Neben der Benennung der Kennzahl empfiehlt es sich, auch Einheit, Messinstrument und Erhebungsrhythmus festzulegen. Bei den oben genannten Beispielen ist der Erhebungsrhythmus relativ selten, da es sich um ein strategisches Steuerungsinstrument handelt, das im Rahmen der Strategieentwicklung und -umsetzung angewendet wird. Die Kennzahlen sind noch bezüglich ihrer Güte zu diskutieren und zu priorisieren, worauf später noch eingegangen wird.

Dieser Ansatz ist im deutschsprachigen Raum sehr verbreitet: 86 % der Personaler steuern ihre Arbeit bereits über die Operationalisierung von Zielen anhand geeigneter Kennzahlen (Girbig & Kötter, 2005). Gründe hierfür liegen in der Praxisnähe und der hohen Akzeptanz dieses Ansatzes bei Vorstand und Geschäftsleitung. Nicht zuletzt können die Ziele im Rahmen des MbO-Prozesses bis auf die Mitarbeiterebene herunter gebrochen werden kann.

2.2 Steuerung von PE-Prozessen über Kennzahlen

Der zweite Ansatz ist Ausdruck der zunehmenden Prozessorientierung in Personalbereichen. Bereiche mit einer guten Aufbau- und Ablauforganisation unterscheiden sich insbesondere bei den Personalprozessen, d. h. bei der Beschreibung und Dokumentation aller Personalprozesse sowie der unternehmensweiten Standardisierung der HR-Kernprozesse.

Der Weg der Verbesserung der Organisation geht vor allem über die stärkere Prozessorientierung. Wie kann das aussehen? Zunächst muss eine Prozesslandkarte mit den wesentlichen PE-Abläufen entwickelt werden. Diese sollten – idealerweise – einem regelmäßigen Controlling unterzogen werden. Typische PE-Prozesse sind z. B. Mitarbeiterbeurteilungen, Veranstaltungsmanagement, Qualifizierung und Nachfolgeplanung. Die darauf folgende Beschreibung der PE-Prozesse kann in einer unterschiedlichen Detailtiefe und Darstellungsform erfolgen, sollte aber als Minimum neben den Prozessschritten und dazugehörigen Kernaufgaben auch eingesetzte Instrumente, wesentliche Meilensteine und Verantwortlichkeiten enthalten. Des Weiteren ist es wichtig, dass man sich der Erfolgsfaktoren der PE-Prozesse bewusst ist, um geeignete Gütekriterien für die Steuerung zu definieren. Dies können Zeit-, Kosten- oder Qualitätsindikatoren sein. In einem deutschen Energiekonzern haben wir für die Beratung und Betreuung des Top-Managements (ca. 0,2 Prozent der Gesamtbelegschaft) die in Tabelle 2 dargestellten Kernprozesse und zugehörige KPI definiert.

Tabelle 2. Prozesse und KPI für die Beratung und Betreuung des Top-Management

Prozess	Key Performance Indicators (KPI)
Nachfolgeplanung	Prozentsatz abgesicherter Top- und Schlüsselpositionen
	Anteil Besetzungen auf Basis Nachfolgeplanungs-Prozess
	Anteil Besetzungen aus Pool
	Anteil in der Datenbank erfasster Führungskräfte
Kompetenzentwicklung	Profilvergleich Kompetenzmodell
	PE-Kosten je Mitarbeiter
Recruitment	Interne Besetzungsquote
	Evaluation Besetzungsentscheidung nach 1 Jahr
Performance Management	Durchschnittlicher Grad der Zielerreichungen

Die steigende Prozessorientierung dokumentiert sich auch im angewandten Steuerungssystcm. Fast in jedem zweiten Personalbereich werden HR-Prozesse über diesen Ansatz gesteuert (Girbig & Kötter, 2005). Für Unternehmen, die Optimierungspotenziale in ihrer Arbeit sehen und diese konsequent über Effizienz- und Effektivitätskriterien heben und steuern wollen, ist dieser Ansatz besonders gut geeignet.

2.3 Steuerung über die PE-Scorecard

Die PE-Scorecard integriert die Ansätze. Die theoretische Basis liegt in der von Kaplan und Norton (1996) entwickelten Balanced Scorecard und diente zunächst als Steuerungsinstrument für Unternehmen (Kaplan & Norton, 1996). Die Scorecard kann aber auch auf den Personalbereich und die Personalentwicklung herunter gebrochen werden. Dieser Schritt ist abhängig von der Größe der Organisationseinheit.

Für die Übertragung des Transformationsbegriffs auf den Personalbereich sind zunächst die Perspektiven neu zu definieren. Die *Finanzperspektive* beinhaltet die finanziellen Auswirkungen der Personalentwicklung. Dazu zählen beispielsweise: Kosten der Personalentwicklung, Wertbeitrag pro Mitarbeiter, externe Erlöse eigener Seminare oder Programme. Die *Kundenperspektive* fokussiert die internen Kunden (Geschäftsleitung, Führungskräfte, Mitarbeiter etc.). Sie sagt etwas über Akzeptanz, Qualitätseinschätzung und Bedarfsdeckung aus. Die *Prozessperspektive* deckt sich zum großen Teil mit dem vorher beschriebenen Ansatz der Prozesssteuerung. Die vierte Perspektive führt in der Transformation zur *Perspektive Mitarbeiter der Personalentwickler*. Diese gibt beispielsweise Auskunft über Engagement, Kompetenzen/Qualifikation etc. Für den Fortbildungsbereich eines Versicherers wurde die in Abbildung 3 dargestellte Scorecard entwickelt.

	Strategische Ziele	Key Performance Indicators
Finanzen	• Senkung der Seminarkosten	• Administrationskosten in % der Gesamtfortbildungskosten • Stornoquote
	• Steigerung der externen Erlöse	• Deckungsbeitrag für externe Kunden
Interne Kunden	• Erhöhung der Kundenzufriedenheit	• Kundenzufriedenheitsindex • PE-Tage pro Mitarbeiter
	• Ausbau der Bedarfsorientierung	• Index Transfercontrolling • Anteil umgesetzten Maßnahmen aus den Mitarbeitergesprächen • Besetzungsquote aus den Nachwuchsprogrammen
PE-Prozesse	• Effizienzsteigerung der Fortbildungsprozesse	• Auslastungsgrad der Seminare • Qualifizierungsdauer (Bedarfsmeldung bis zur Teilnahme)
Mitarbeiter der Personalentwicklung	• Nutzung der Mitarbeiterpotenziale	• Kompetenzfit (Gap zwischen Soll- und Ist-Profil) • Mitarbeiterengagement-Index

Abb. 3. Beispiel einer Scorecard für den Fortbildungsbereich einer Versicherung

Unsere Projekterfahrungen zeigen drei wesentliche Stärken dieses Konzeptes.

1. Die BSC ist ausgewogen, da sie „balancierend" vier Perspektiven gewichtet und bewertet. Dominiert auf Unternehmensebene oftmals

der Blick auf die Finanzen, fokussieren Personalentwickler in der Praxis vor allem den internen Kunden. Bei der kritischen Analyse von PE-Strategien ist immer wieder auffällig, dass insbesondere die Finanzperspektive kaum berücksichtigt wird. Hier ist das Instrument wertvoll, da es durch die Erfassung der verschiedenen Blickwinkel eine Perspektiverweiterung erzeugt.
2. Indem die Scorecard zeitlich vorgelagerte Perspektiven integriert, übernimmt sie die Funktion eines Frühwarnsystems. Finanzkennzahlen stellen eine reine Nachbetrachtung dar und geben somit lediglich Auskunft über abgelaufene Perioden. Die anderen Felder hingegen deuten auf einen finanziellen Erfolg in der Zukunft hin. So können beispielsweise schlechte Werte in den Prozesskennzahlen wie der Qualifizierungsdauer zu einer Umsatzreduktion in den Folgejahren führen.
3. Die KPI's sind über Ursache-Wirkungs-Beziehungen miteinander verknüpft. Dies ist ein Qualitätsindikator für eine gute Balanced Scorecard. So sollten in den unteren drei Perspektiven nur Indikatoren erscheinen, die in einem direkten Ursache-Wirkungs-Zusammenhang zu den KPI's stehen. Im Beispiel in Abbildung 3 wirkt ein hohes Mitarbeiterengagement auf einen hohen Kundenzufriedenheitsindex. Dieser wiederum beeinflusst die Stornoquote positiv. Zu klären ist noch die Wirkungsstärke.

Knapp 40% der teilnehmenden Unternehmen der Kienbaum-HR-Strategie-Studie nutzen dieses Werkzeug aktiv (Girbig & Kötter, 2005). Ein Grund dafür ist einerseits, dass dieses Instrument den Prozess der Strategieentwicklung stark unterstützt. Andererseits ist die Balanced Scorecard ein geeignetes Tool für die interne Kommunikation, da auf ihrer Basis sowohl die strategische Ausrichtung als auch die Zielerreichung der Personalarbeit transparenter gestaltet werden kann.

Bei der Entwicklung einer PE-Scorecard gehen wir wie in Abbildung 4 dargestellt vor. Die Basis ist eine entwickelte PE-Strategie und eine eindeutige Definition und Abgrenzung der vier Perspektiven. Die Zuordnung der definierten PE-Ziele zu den Feldern verdeutlicht, dass das Zielsystem noch nicht wirklich ‚balanced' ist. Eine Nachjustierung ist oftmals notwendig und sinnvoll. In Ausnahmefällen ist aber auch das bewusste Fokussieren auf eine Perspektive sinnvoll. Die Sammlung von möglichen KPI erfolgt wie beim Ansatz ‚Steuerung von PE-Zielen über Kennzahlen'. Als Ergebnis stehen oftmals mehr als 50 Messkriterien zur Verfügung. Die Kunst besteht nun darin, die wesentlichen KPI zu fokussieren. Bei der Scorecard gilt: Weniger ist mehr. Um die Steuerbarkeit gewährleisten zu können, sollten nicht mehr als 15 bis 20 Kennzahlen verwendet werden.

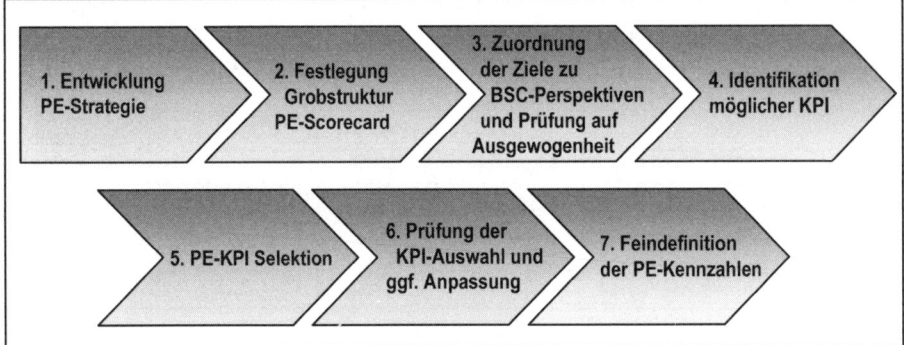

Abb. 4. Vorgehensmodell zur Entwicklung einer PE-Scorecard

Die abschließenden Schritte stellen die Qualität des Instrumentes sicher. Dies erfordert sorgfältige Arbeit, um die Gefahr der Fehlsteuerung durch nicht aussagekräftige Kennzahlen und Wirkungszusammenhänge zu vermeiden.

2.4 Steuerung von PE-Projekten

Die Steuerung von PE-Projekten betrifft das Projektmanagement komplexer, bereichsübergreifender Projekte und hilft die PE-Strategie erfolgreich umzusetzen. Bei einem Krankenversicherer haben wir ein Intranetbasiertes Tool installiert, das den Führungskräften des Personalbereiches einen schnellen Überblick über Projektfortschritt, Termin- und Budgeteinhaltung gibt. Damit haben diese die Möglichkeit, zeitnah steuernd einzugreifen.

3. Ansätze zur Steuerung der Ressource Personal

Die zweite Gruppe von Controllinginstrumenten hat sich zum Ziel gesetzt, die Human Assets über Kennzahlen zu steuern. Für die quantitativen Größen (Kapazitäten, Kosten, Trainingstage etc.) existieren eine Reihe von Lösungen in der Praxis. Herausforderungen bestehen hier vor allem darin, Qualität, Aktualität und Vollständigkeit der Daten sicherzustellen. Noch anspruchsvoller ist die Abbildung qualitativer Größen, z. B. Skills und

Kompetenzen, Nachfolgemanagement, Performance Management (Hölzle, 2005). Wir unterscheiden im Folgenden zwischen den drei, in Abbildung 5 dargestellten Ansätzen des Linien-Reporting, die auch einen steigenden Reifegrad widerspiegeln.

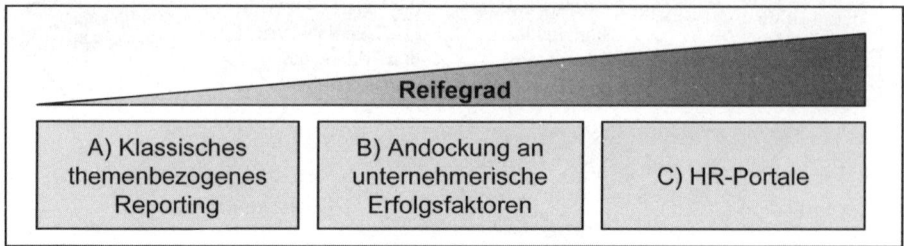

Abb. 5: Ansätze zur Steuerung der Ressource Personal

Häufig findet sich in Personalbereichen der Ansatz des klassischen themenbezogenen Reportings. Dieser wird überwiegend in kleineren Unternehmen und in Unternehmen, in denen sich das Personalcontrolling noch im Aufbau befindet, eingesetzt. Eher strategisch ist der zweite Ansatz: die Anknüpfung an den unternehmerischen Erfolgsfaktoren. Die zu berichtenden KPI's werden hierbei aus den Anforderungen des Unternehmens bzw. des Bereiches abgeleitet. Im dritten Ansatz – dem sogenannten Linien-Reporting – spielen HR-Portale eine tragende Rolle. Die Führungskräfte erhalten durch den Einsatz IT-gestützter Systeme Berichte, die im Sinne eines Manager's Desktop flexibel gestaltet werden können. Diese drei Ansätze werden im Folgenden detaillierter erläutert

3.1 Klassisches themenbezogenes Reporting

Diese Form des Reporting stellt die einfachste Entwicklungsstufe dar. Bei dem Bericht für die Linienverantwortlichen werden relevante Kennzahlen zu typischen Themenfeldern wie Personalkosten, Kapazitäten, Altersstruktur, Kompetenzen, Engagement bereitgestellt. In Tabelle 3, ist am Beispiel eines mittelständischen Kosmetikartikel-Herstellers der für die Personalentwicklung relevante Ausschnitt dieses Berichtswesen abgebildet.

Tabelle 3. Klassisches themenbezogenes Reporting

Tabelle	KPI	Einheit	Instrumente
Kompetenzen/ Qualifikationen	Durchschnittlicher Kompetenzfit (Differenz aus Soll- und Ist-Profil)	Punkte	Kompetenzdatenbank
	Anteil Französisch-sprechender Mitarbeiter	%	SAP
	Durchschnittlicher Führungskompetenzindex (Differenz aus Soll und Ist in den Führungsdimensionen)	Punkte	Kompetenzdatenbank
	Anteil Mitarbeiter mit Zusatzausbildungen (IHK-Ausbildungsschein)	%	SAP
Motivation/ Engagement	Engagementindex	Punkte	Mitarbeiterbefragung
	Betriebszugehörigkeitsdauer	Jahre	SAP
	Fluktuationsquote (Kündigungen durch Mitarbeiter)	%	SAP
Nachfolgemanagement	Anteil der ausscheidenden Führungskräfte in den nächsten 5 Jahren	%	SAP
	Anteil der durch Nachfolger abgedeckten Top-Positionen	%	Nachfolgeplanung
	Durchschnittsalter der Führungskräfte nach Ebene	Jahre	SAP
Performance Management	Leistungseinschätzung der Mitarbeiter (Potenzialanalyse)	Punkte	Leistungsfeedback
	Zielerreichungsrad der Mitarbeiter	%	Zielvereinbarung

Einige der oben genannten Kennzahlen sind durchaus kritisch zu hinterfragen, z. B. der Anteil von Mitarbeitern mit Zusatzausbildungen. Ursachen sind die sich aufgrund der Wettbewerbssituation sehr dynamisch ändernden Jobprofile und die resultierende Flexibilität der Belegschaft. Die Auswahl der geeigneten Messkriterien ist stets im unternehmensspezifischen Kontext zu treffen.

Wie mehrfach betont, stellt die Auswahl der relevanten Kennzahlen oftmals die entscheidende Hürde in Personalcontrolling-Projekten dar. Die meisten Ansätze scheitern an einem Zuviel von Messgrößen. Viele Kennzahlen, die für eine einzelne Analyse interessant sein können, sollten dennoch nicht in eine Reportingsystematik übernommen werden. Eine klare Selektion auf Basis einer Bewertung der Kennzahlen ist erforderlich. Ein mögliches Beurteilungsraster ist in Abbildung 6 dargestellt.

	sehr niedrig	niedrig	hoch	sehr hoch
Akzeptanz der Kennzahl				
• ... durch Führungskräfte und Personal				
• ... durch Top-Management				
Relevanz der Kennzahl = strategische Bedeutung				
• Wirkung auf HR-Strategie und HR-Ziele				
• Beeinflussbarkeit				
Messbarkeit der Kennzahl				
• Validität (Messe ich das, was ich messen möchte?)				
• Höhe des Messaufwands				

Abb. 6: Quellen und Beurteilung der Qualität von Kennzahlen

3.2 Andockung an unternehmerische Erfolgsfaktoren

Beim Aufbau eines Reportings für die Linienverantwortlichen stehen Personalbereiche oftmals in Konkurrenz mit dem Controlling. In einem Unternehmen der Immobilienbranche existierten bereits drei Steuerungsinstrumente des Finanzbereichs: eine Deckungsbeitragsrechnung, eine Balanced Scorecard, die auch bis auf Teamebene herunter gebrochen wurde, und ein sogenannter KPI-Quality-Report. Letzterer lieferte für die Kernprozesse des Unternehmens jeweils sechs bis acht Kriterien für die Prozessgüte. Diese wurden in gemeinsamer Arbeit mit den Führungskräften entwickelt. Abbildung 7 zeigt die Berichte in der Übersicht.

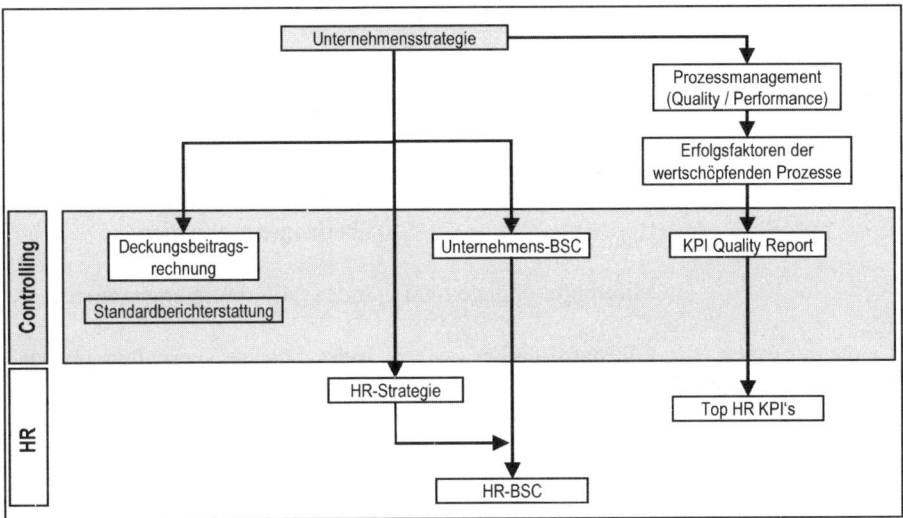

Abb. 7. Übersicht des Berichtswesens eines Immobilienunternehmens

Es ergaben sich zwei Ansätze für Steuerungsinstrumente des Personalbereiches. Zunächst wurde aus der Unternehmensstrategie die Personalstrategie abgeleitet, die über eine HR-Balanced Scorecard gesteuert wurde. Zum Teil wurden in diese Scorecard auch Kriterien direkt oder indirekt aus der Unternehmens-BSC integriert.

Um auch den Führungskräften geeignete HR-Kennzahlen zur Verfügung zu stellen, hat sich das Projektteam für die Integration in den KPI-Quality-Report entschlossen. Dazu wurden mit den Linienverantwortlichen Workshops durchgeführt, in denen die Prozesse und deren Erfolgsfaktoren beschrieben wurden. Die Fragestellungen folgten einem Dreiklang:

1. Was sind die Gütekriterien für einen erfolgreich ablaufenden Prozess?
2. Was sind die abgeleiteten HR-Erfolgsfaktoren?
3. Mit welchen KPI's können die HR-Faktoren quantitativ transparent gemacht werden?

Beispiele für diese Ableitungsmethodik sind in Tabelle 4 zu finden.

Tabelle 4. Ableitung von HR-Erfolgsfaktoren und HR-KPI für das Linienreporting. Prozess: Auftragsannahme

Prozess-KPI	Abgeleiteter HR-Erfolgsfaktor	HR-KPI
Durchlaufzeit der Aufträge	Verfügbarkeit Personalkapazitäten	Rekrutierungsqualität: Austritt neuer Mitarbeiter innerhalb von 12 Monaten
		Arbeitsbelastung: Arbeitszeitüberhänge in Stunden
	Mitarbeiterengagement	Index Mitarbeiterengagement
Quote der durch Kunden veranlassten Stornos	Führungsqualität	Index Führungsverhalten aus der Mitarbeiterbefragung
		Nutzungsgrad Zielvereinbarungsinstrument
	Kompetenzentwicklung	Schulungsergebnisse (Ergebnisse des obligatorischen Lerntests)
		Kompetenzgap (Führungskräfteeinschätzung)
	Kundenorientierung	Serviceindex aus Mitarbeiterbefragung

Dieses Vorgehen erfordert, dass die Personalentwickler das Geschäft der Bereichsleiter verstehen und somit als Business Partner agieren können. Empfehlenswert ist, sich zunächst nur auf wenige, relevante Kennzahlen für die Führungskräfte zu konzentrieren.

3.3 HR-Portale

Den höchsten Reifegrad eines HR-Controllings für die Führungskräfte besitzen die HR-Portale oder auch Manager Desktop. Kennzeichnend für diesen Ansatz ist die flexible Gestaltung der Controlling-Berichte, die durch den Einsatz IT-gestützter Work-Flow-Systeme möglich ist. Den Führungskräften stehen nicht nur standardisierte Berichte zur Verfügung, sondern diese sind je nach Anwendergruppe, Art der gewünschten Informationen und Zweck der KPI flexibel gestaltbar. Für die Konzeption eines solchen Tools wurde bei einem Automobilunternehmen der in Abbildung 8 dargestellte „Datenwürfel" entwickelt.

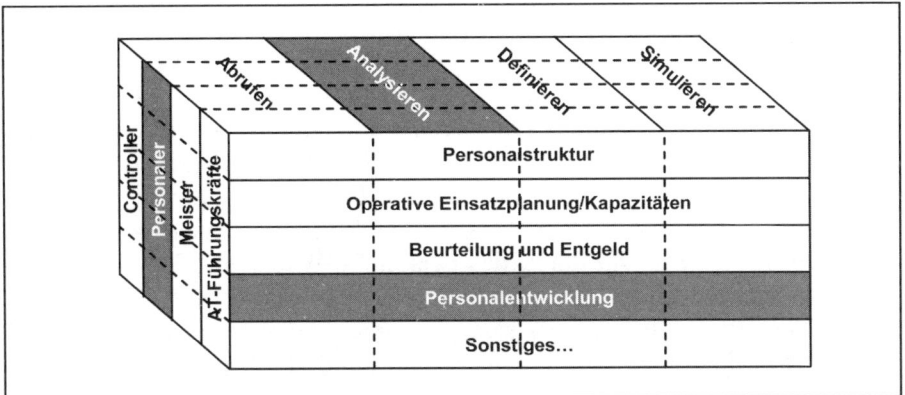

Abb. 8. Systematisierung der Daten für einen Manager Desktop

Als erstes ist zu klären, an welche Zielgruppen HR-KPI geliefert werden sollen. In diesem Beispiel sind es vor allem die AT-Führungskräfte und die Meister, aber auch die Controller und die Personaler selbst. Es ist leicht vorstellbar, dass diese Zielgruppen unterschiedliche Anforderungen an die Möglichkeiten haben, in welcher Form sie mit den Informationen weiter verfahren können. Die folgenden Optionen sind als zweites zu klären und beinhalten:

- Abrufen vordefinierter Berichte,
- Analysieren vordefinierter Berichte inkl. Filterfunktion, grafischer Aufbereitung oder die Übergabe in eine dezentrale Anwendung wie Excel,
- Definieren eigener Berichte/Abfragen mit der Möglichkeit, auf spezielle Zeiträume, Gruppen oder Kriterien einzugrenzen,
- Durchführung von Simulationen, d. h. Hochrechnungen auf Basis von Ist-Daten, Wirkungsanalysen von Maßnahmen, etc.

Als drittes sind noch die Themenfelder zu definieren, in denen Informationen zur Verfügung stehen sollen. Zum Beispiel analysieren Personaler die Informationen der Personalentwicklung bei folgender Abfrage: Filtern der Mitarbeiter in Führungspositionen des eigenen Betreuungsbereiches, die noch kein Moderations- und Präsentationstraining erhalten haben.

4. Ansätze zur Steuerung des Wertbeitrages der Personalentwicklung

Bei der Steuerung des Wertbeitrages handelt es sich um eine sehr neue, im Aufbau befindliche Entwicklung des Personalcontrollings. Während sich das Controlling auf Unternehmensebene bisher vor allem auf kapitalbasierte Ansätze konzentrierte, wird inzwischen erkannt, dass dem Faktor Personal zu wenig Bedeutung beigemessen wird. Auffällig ist dies vor allem dann, wenn man die kapital- und personalinduzierten Kosten von Unternehmen gegenüberstellt. Insbesondere in Dienstleistungsunternehmen sind letztere vielmehr von Bedeutung. So sind der Erfolg und das Wachstum von Unternehmen wie SAP nicht durch zusätzlichen Einsatz von Kapital zu erklären, sondern rein durch das personelle Wachstum. Heutige Kennzahlensysteme bauen i. d. R. auf Spitzenkennzahlen wie ROI, ROCE oder EVA, deren Basis die Kapitalkosten sind und im Falle von personalintensiven Unternehmen zu einer Fehlinterpretation und -steuerung führen können.

Der oben beschriebene Personalaufbau muss natürlich produktiv sein, d. h. die zusätzlich eingestellten Mitarbeiter erzielen mehr Wertschöpfung als sie Kosten verursachen. Diese Perspektive bedeutet, dass die Mitarbeiter nicht als Kostenfaktor, sondern als Produktivfaktor gesehen werden. Dass dies heute leider oftmals noch nicht so ist, zeigen die Börsenkurse, die meist dann steigen, wenn Personalabbaumaßnahmen verkündet werden. Personalabbau per se führt aber nicht unbedingt zu einer Verbesserung der Ertragssituation.

In diesem Zusammenhang fällt immer wieder das Unwort des Jahres 2005 – Humankapital. Damit werden Leistungsbereitschaft und Knowhow der Mitarbeiter sowie alle Mittel und Bemühungen, diese zu erhalten und zu stärken, mehr als bisher in den Mittelpunkt unternehmens- und personalpolitischer Zielsetzungen gerückt (Dürndorfer & Friedrichs, 2004). Der Wunsch, der sich mit der Forschung um das Humankapital verbindet, ist, die Differenz zwischen Markt- und Buchwert von Unternehmen nicht nur mit Markenwert, Kundenstamm, Positionierung gegenüber den Wettbewerbern etc. zu erklären, sondern auch mit dem Potenzial der Mitarbeiter. Dieses so genannte „Market-to-Book-Ratio" ist in den letzten Jahren dramatisch angestiegen und hebt damit auch die Bedeutung, u. a. für Investmentgesellschaften. Der Human Capital Club fokussiert in seiner Definition vor allem drei Kerngrößen (online abgerufen im Jahre 2006 von www.humancapitalclub.de):

- das intellektuelle Potenzial, z. B. Wissen, Fähigkeiten, Erfahrungen und Kreativität,
- das motivationale Potenzial, z. B. Engagement/Commitment und Loyalität/Integrität und
- das integrative Potenzial, z. B. Führungskompetenz, Kooperationsbereitschaft, Kommunikationsfähigkeit und Wertorientierung.

Daraus resultieren neue Anforderungen an das Human Capital Management: Messung, Steuerung, Sicherung und Ausbau der HC-Potenziale zur Erzielung dauerhafter Wettbewerbsvorteile, sowie ein effizienter und produktiver Einsatz der HC-Potenziale. Um das Humankapital zu bewerten gibt es eine Vielzahl von konkreten Steuerungsansätzen, die fünf Gruppen zugeordnet werden können. Diese werden im Einzelnen in Tabelle 5 dargestellt.

Tabelle 5. Ansätze zur Steuerung des Humankapitals (in Anlehnung an Scholz & Bechtel, 2004)

Gruppe	Basisformel	Beispiele
Marktwertorientierte Ansätze	$HC := f(Marktwert, Buchwert, Mitarbeiterzahl)$	Markt-/Buchwert-Relation
Accountingorientierte Ansätze	$HC := f(Personalaufwandsgrößen, Abschreibungen$	Lernzeitbasierte Wissensbilanz
Indikatorenbasierte Ansätze	$HC := \sum Indikatoren$	BSC / Humantics
Value Added-Ansätze	$HC := Output - Input$	Market Value Added (MVA)
Ertragsorientierte Ansätze	$HC := \dfrac{Ertragsgröße}{Kapitalkostensatz}$	ICM Model / Knowledge Capital Scoreboard

Bei den marktwertorientierten Ansätzen errechnet sich das Humankapital auf der Basis des Wertes des Unternehmens am Kapitalmarkt – als Funktion aus Marktwert, Buchwert und gegebenenfalls der Mitarbeiterzahl des Unternehmens. Die Daten sind vor allem für die externe Unternehmensbewertung interessant. Die Accounting-orientierten Ansätze bedienen sich der Daten aus dem Rechnungswesen, insbesondere dem Personalaufwand und der Abschreibungen. Ziel ist eine Bilanzierung der investierten Werte (z. B. Beschaffungs-, Einarbeitungs- und Fortbildungskosten) und der Abschreibung über einen definierten Zeitraum. Dies führt zu Korrekturen sowohl in der Bilanz, als auch in der Gewinn- und Verlustrechnung. Die indikatorenbasierten Ansätze haben nicht zum Ziel, tatsächlich einen Wert zu errechnen. Vielmehr steht im Fokus die Steuerung über Indikatoren – z. B. bei der Balanced Scorecard die Key Performance Indicators. Dies schließt aber auch weitestgehend einen Vergleich von Unternehmen bezüglich des Humankapitals aus. Bei den Value Added-Ansätzen ist das Humankapital die Resultierende aus Output- und Inputgrößen. Ein bekannter Vertreter ist die Darstellung des EVA als das Geschäftsergebnis abzüglich der Kapitalkosten. Der verbleibende Mehrwert wird hauptsächlich als personeninduziert betrachtet. Dabei wird generell der Frage nachgegangen, ob die Mitarbeiter des Unternehmens im Durchschnitt eine Wertschöpfung erwirtschaften, welche alle im Zusammenhang mit der Pflege und Erhaltung der Human Resources entstehenden Kosten mindestens deckt und somit eine Wertsteigerung stattfindet. In den ertragsorientierten Ansätzen errechnet sich das Humankapital aus den Erträgen zukünftiger Perioden, diskontiert um einen Kapitalkostensatz. Auch diese Methodik weist als Ergebnis einen finanziellen Betrag aus (Scholz et al., 2004).

All diesen oben beschriebenen Ansätzen und auch der von Scholz und Bechtel als Schlussfolgerung vorgestellten Saarbrücker Formel ist gemein, dass sie ihre Praxistauglichkeit noch beweisen müssen. Diese Formel bedient sich bei Ansatzpunkten aus allen genannten Gruppen und führt zu folgender Rechnung (Scholz et al., 2004):

$$HC := \sum_{i=1}^{g} \left[\left(FTE_i * 1_i * \frac{W_i}{b_i} + PE_i \right) * M_i \right]$$

HC-Wertbasis	HC-Wertverlust	HC-Wertkompensation	HC-Wertveränderung
$FTE_i * 1_i$	$\dfrac{W_i}{b_i}$	PE_i	M_i

Legende der Saarbrücker Formel

i	Beschäftigtengruppen, hier nach den Kriterien „höchster erreichbarer Ausbildungsabschluss" mit i=9; nämlich Beschäftigte mit Hauptschulabschluss, Mittlerer Reife, Abitur, Lehre, Berufsakademieabschluss, FH-Abschluss, Universitätsabschluss, MBA oder Promotion
FTE_i	Full-Time-Equivalent: in Vollzeitkräfte umgerechnete Beschäftigte des Unternehmens der Beschäftigungsgruppe i
I_i	Branchenübliche Durchschnittsvergütungen als Arbeitmarktpreise der Beschäftigtengruppe i
W_i	Durchschnittliche Wissensrelevanzzeit für die Beschäftigungsgruppe i
b_i	Durchschnittliche Betriebszugehörigkeit der Beschäftigtengruppe i
PE_i	Im letzten Einjahreszeitraum für die Beschäftigtengruppe i aufgewendete Personalentwicklungskosten
M_i	Motivationsindex der Beschäftigtengruppe i

Die Überlegungen sind in sich schlüssig und nachvollziehbar. Setzt man jedoch Kennzahlen aus der Unternehmenspraxis ein, so offenbaren sich die Schwächen schnell. So wird z. B. die Erfahrung von Mitarbeitern nicht berücksichtigt. Ein Berufseinsteiger, für den zunächst hohe PE-Investitionen aufgewendet werden, erhält demnach eine höhere Bewertung als der selbe Mitarbeiter nach zwei Jahren auf gleicher Position, der deutlich geringere PE-Kosten haben sollte, sofern dessen Gehalt nicht deutlich überproportional gestiegen ist. Ebenso wird nicht hinterfragt, ob die eingesetzten PE-Investitionen sinnvoll eingesetzt wurden und ihren angestrebten Wirkungshebel entfalten. Zielsetzung der Personalentwicklung sollte ja gerade sein, das Humankapital stärker zu steigern als die Maßnahme Kosten verursacht hat. Genauso können nicht zielgerichtete Maßnahmen erfolgen, die über ihre Kosten aber in vollem Maße zu Buche schlagen. Ein typisches Beispiel aus der Unternehmenspraxis sind Seminarteilnehmer von EDV-Schulungen, die in der Erwartungsrunde äußern, dass ihr Chef sie hierher geschickt hätte, sie aber wohl nie mit dem System in Verbindung kommen werden. Solchen Fragestellungen widmet sich der folgende Abschnitt.

5. Bildungscontrolling

Im Zuge der Forderung nach Wertschöpfung der Personalarbeit stehen auch immer wieder Kosten-Nutzen-Betrachtungen von PE-Maßnahmen im Fokus. Gerade wenn Unternehmen Kostensenkungsprogramme durchführen, stehen Personalentwickler unter Beweisnot. Wer ein effektives und strategisches Bildungscontrolling betreibt, investiert zielgerichtet in das Humankapital. Neben der einfachen Mitarbeiterqualifizierung ist ein langfristiges, bedarfsorientiertes Bildungskonzept zu implementieren, d. h. die Auswahl der Seminare orientiert sich an unternehmerischen bzw. strategischen Zielen des Unternehmens. Mit Hilfe des Kirkpatrick-Modells (Abbildung 9) lässt sich der Erfolg von Personalentwicklungsmaßnahmen stufenweise evaluieren (Kirkpatrick, 1998).

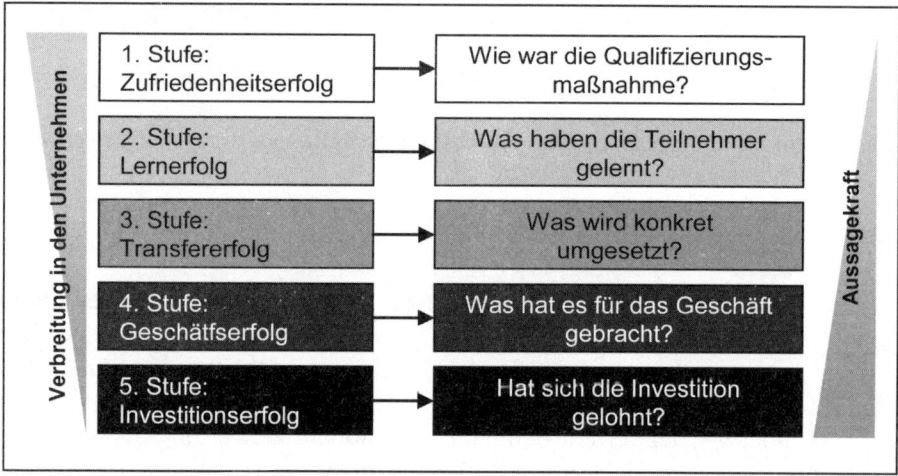

Abb. 9. Kirkpatrick-Modell zur Evaluation von Qualifizierungsmaßnahmen

Dieses mehrstufige Modell der Erfolgs- bzw. Nutzenmessung gibt auch den Reifegrad des Bildungscontrollings wieder. Die erste Stufe mit den so genannten Happiness-Sheets findet in fast allen Unternehmen Anwendung. Die zweite Stufe, die Überprüfung des Lernerfolgs, hat oftmals mit Akzeptanzproblemen seitens der Teilnehmer zu kämpfen und erfolgt üblicherweise nur dort, wo dies auch gesetzlich vorgeschrieben ist, z. B. bei einer Beratungshaftpflicht in Banken oder aus Sicherheitsgründen wie in Kraftwerken. Die dritte Stufe ist das Transfercontrolling und beinhaltet eine Kaltabfrage, d. h. nach ca. sechs Monaten wird noch einmal geprüft, ob die zuvor gesetzten Ziele tatsächlich durch Veränderungen im Arbeitsalltag erreicht wurden. Diese Stufe ist in gut aufgestellten Personalentwicklungsbereichen noch häufig zu finden. Auf der vierten Stufe wird hinterfragt, was die einzelne PE-Maßnahme für das Geschäft gebracht hat. In welchem Maße hat die Maßnahme zum Geschäftserfolg beigetragen? Ein typisches Beispiel hierfür ist die Umsatzsteigerung in einer Produktgruppe, für die Vertriebsmitarbeiter vorher geschult wurden. Die größten Schwierigkeiten bestehen auf der fünften Stufe – der Ermittlung des Investitionserfolgs. Die Kosten einer Maßnahme sind meist noch klar berechenbar, aber bei der Bestimmung des Nutzens in Euro-Werten scheitern die meisten. Dies wird jedoch von der Geschäftsleitung zunehmend gefordert. Der Schlüssel hierfür liegt in der genauen Zieldefinition, der Hinterlegung mit klaren Messkriterien und die Abschätzung der Wirkung auf finanzwirtschaftliche Kennziffern.

Vor einer solchen Aufgabenstellung standen wir in einem Projekt der Immobilienbranche. Für die Gebäudebewirtschaftung waren bisher Teams mit bis zu 40 Mitarbeitern aktiv. In ausgewählten Pilotbereichen wurden als neue Arbeitsform teilautonome Arbeitsgruppen (TAG) eingeführt. Die Gruppen von bis zu zehn Mitarbeitern steuerten sich eigenständig in Fragen der Urlaubs- und Einsatzplanung, Auftragssteuerung, der Prozessverbesserung sowie in Teamkonflikten. Wesentlicher Schritt für die finanzwirtschaftliche Abschätzung des Nutzens war die Formulierung der Ziele und die Ermittlung geeigneter Messkriterien:

- Qualitätssicherung und Steigerung der Produktivität (Messkriterien: Auslastung, Planzeitquote, Strukturzeiten, Dokumentationslücken, Fahrzeit, Termintreue),
- Steigerung der Eigenverantwortung und Selbstständigkeit (Messkriterien: Kompetenzeinschätzung in den Dimensionen),
- Ein Miteinander, kein Gegeneinander (Messkriterien: Dimensionen in der Mitarbeiterbefragung, Gesundheitsquote, Zeitnutzungsgrad [Prod.-zeit/Anwesenheit]),
- Identifizierung mit dem eigenen Unternehmen forcieren (Messkriterien: Dimensionen in der Mitarbeiterbefragung, Fluktuationsquote).

Zur Berechnung des Wertbeitrags ist dieser in Einzelkomponenten zerlegt worden (Abbildung 10). Die Kosten der Maßnahme waren relativ leicht erhebbar und wurden in Einmalkosten (Schulungskosten der Projektleitung, Ausfallzeiten, Einarbeitung, Laptop etc.) und laufende Kosten (Büro- und Sachkosten für die Teambesprechungen, Fahrtkosten etc.) unterteilt.

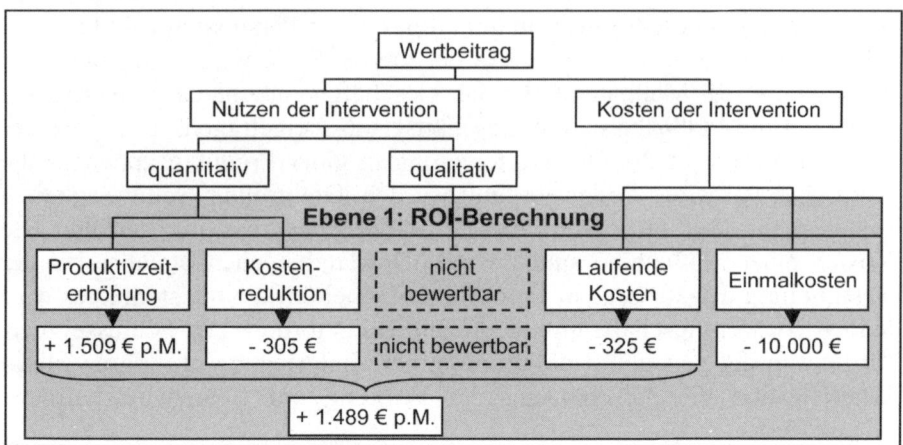

Abb. 10. Vergleich einer teilautonomen Arbeitsgruppe und einer Kontrollgruppe

Der Nutzen wurde in drei Kategorien unterteilt. Quantitativ erfassbar waren die Produktivzeiterhöhung (Steigerung aufgrund von verbesserter Gesundheitsquote, Fahrzeitquote) und die Kostenreduktion (Senkung durch optimierten Materialeinsatz, Fahrtroutenplanung etc.). Die Differenz dieser bewertbaren Nutzen- und Kosteneffekte führte zu einem monatlichen positiven Saldo, der die Anfangsinvestitionen in weniger als einem Jahr amortisierte. Für den Ausschluss von Nebeneffekten sind die Daten einer TAG mit denen einer vergleichbaren Kontrollgruppe bereinigt worden. Neben diesem finanziellen Ergebnis ist aber auch ein möglicher nicht-bewertbarer Effekt nicht zu vernachlässigen. Denn auch wenn in diesem Projekt eine Näherung an den ROI gelungen ist, so wird nicht immer alles so ausdrückbar sein. Die Effekte der deutlich besseren Mitarbeiterbefragungsergebnisse, insbesondere bei Items zur Erfüllung in der Tätigkeit sind nicht vernachlässigbar. Es ist also abzuwägen, wie weit der Forderung nach Quantifizierung nachgekommen werden soll, ohne dabei aber die gesamte Betrachtung darauf zu reduzieren.

Ansatzpunkte für dieses Vorgehen ist einerseits die Berechnung eines Business Case für Investitionsentscheidungen, wie es auch in unseren Projekten zunehmend gefordert wird. Andererseits kann darüber auch eine Evaluation im Nachhinein erfolgen, um entweder den flächendeckenden Roll-Out eines Pilotprojekts wie in dem vorgestellten Fall zu entscheiden oder Erkenntnisse für zukünftige Investition zu gewinnen.

6. Fazit

Der Handlungsbedarf im HR- und PE-Controlling ist offensichtlich geworden. Personalentwickler haben erkannt, dass die bisherigen Standard-Personalberichte als alleiniges Controllinginstrument nicht dem Anspruch einer wertorientierten Steuerung gerecht werden. Obwohl diese Disziplin noch relativ jung ist, hat sich eine Reihe von Ansätzen herausgebildet. Insbesondere die Verfahren für die Personalorganisation haben schon einen hohen Verbreitungsgrad gefunden. Hingegen haben die Methoden zur Messung des Humankapitals zwar eine hilfreiche Diskussion für das Selbstverständnis von Personalentwicklern ausgelöst, aber deren Praxistauglichkeit muss sich noch beweisen. Beim Neuaufbau einer Steuerungssystematik ist daher eine Fokussierung im ersten Schritt auf die Ansätze zur Steuerung der Organisationseinheit sowie der Ressource Personal zu empfehlen. Dabei sollten folgende Punkte besondere Berücksichtigung finden:

- **Fokussierung auf die wichtigsten Kennzahlen:** Nur die KPI's, die eine klare strategische Relevanz haben und auch nicht zu unverhältnismäßig hohem Messaufwand führen, sollten ins Reporting übernommen werden.

- **Integration von Ergebniskomponenten:** Viele Kennzahlen sind ausschließlich inputorientiert, deshalb sollten, wenn möglich, Ergebniskomponenten enthalten sein – z. B. nicht nur die Erfassung der Anzahl von Verbesserungsvorschlägen, sondern des daraus erzielten Nutzens in Euro.

- **Kombination von inputorientierten Daten:** Bestimmte inputorientierte Kennzahlen scheinen auf dem ersten Blick nicht relevant zu sein. Allerdings können inputorientierte Kennzahlen durch Kombination mit outputorientierten Kennzahlen durchaus eine hohe Aussagekraft besitzen, z. B. Trainingsstunden pro Mitarbeiter in Kombination mit der durchschnittlichen Leistungsbeurteilung nach der Durchführung von Schulungen.

- **Eindeutige Definition von Kennzahlen:** Zur Sicherstellung der Transparenz und der Validität ist eine exakte Definition bis auf die operative Ebene notwendig. So können Fehlentscheidungen, die auf Basis fehlerhaft erhobener Daten gefasst wurden, vermieden werden, z. B. soll die Fluktuationsquote alle Austritte messen oder nur die arbeitnehmerinitiierten?

- **Benchmarking durch Übernahme von standardisierten Kennzahlen:** Hat das Personalcontrolling Benchmarking zum Ziel, kann es sinnvoll sein, die Erhebungsweise an die übliche Definition von Benchmarkinganbietern zu übernehmen.

Für eine kurze Selbsteinschätzung des Reifegrades des Personal- bzw. Personalentwicklungscontrollings dient die Checkliste, die in Abbildung 11 dargestellt ist.

		Stimme gar nicht zu	Stimme nicht zu	Stimme eher nicht zu	Stimme eher zu	Stimme zu	Stimme voll und ganz zu
1.	Existiert eine dokumentierte PE-Strategie mit klar formulierten PE-Zielen?	①	②	③	④	⑤	⑥
2.	Sind die PE-Ziele mit klaren KPI und Soll-Werten hinterlegt?	①	②	③	④	⑤	⑥
3.	Sind die PE-Kernprozesse mit KPI und Soll-Werten hinterlegt?	①	②	③	④	⑤	⑥
4.	Werden PE-Ziele über Zielvereinbarungen bis auf Mitarbeiterebene herunter gebrochen?	①	②	③	④	⑤	⑥
5.	Sind die Kennzahlen des Linien-Reportings direkt aus den Erfolgsfaktoren der Bereiche abgeleitet?	①	②	③	④	⑤	⑥
6.	Wird über Zufriedenheitsbefragungen und PE-Maßnahmen-controlling hinaus auch Transfercontrolling durchgeführt?	①	②	③	④	⑤	⑥
7.	Wird zumindest näherungsweise der ROI von PE-Investitionen berechnet?	①	②	③	④	⑤	⑥
8.	Erfolgen größere Investitionsentscheidungen der Personalentwicklung auf Basis eines Business Case?	①	②	③	④	⑤	⑥

Abb. 11: Checkliste zur eigenen Standortbestimmung PE-Controlling

Literatur

Deutscher Wirtschaftsdienst (1999). *Human Resource Management. Neue Formen betrieblicher Arbeitsorganisation und Mitarbeiterführung.*

Dürndorfer, M. & Friedrichs, P. (2004). *Human Capital Leadership. Wettbewerbsvorteile für den Erfolg von morgen.* Hamburg: Murmann.

Girbig, R. & Kötter, P. (2005). *Kienbaum-HR-Strategie-Studie 2005.* Berlin: Kienbaum Management Consultants GmbH.

Gmür, M. & Peterhoff, D. (2005). Überblick über das Personalcontrolling. In U. Schäffer & J. Weber (Hrsg.): *Bereichscontrolling: Funktionsspezifische Anwendungsfelder. Methoden und Instrumente,* 235 – 258. Stuttgart: Schäffer-Poeschel.

Hölzle, P. (2005). Die Praxis des Personalcontrollings aus Consultant-Sicht. In U. Schäffner & J. Weber (Hrsg.): *Bereichscontrolling: Funktionsspezifische Anwendungsfelder. Methoden und Instrumente,* 259 – 270. Stuttgart: Schäffer-Poeschel.

Kaplan, R. S. & Norton, D. P. (1996). *The Balanced Scorecard. Translating Strategy Into Action.* Harvard: Harvard Business School Press.

Kirkpatrick, D. L. (1998). *Evaluating Training Programs.* San Francisco: Berrett-Koehler.

Scholz, S. & Bechtel, R. (2004). *Human Capital Management. Wege aus der Unverbindlichkeit.* München: Luchterhand.

Wunderer, R. & Jaritz, A. (1999). *Unternehmerisches Personalcontrolling: Evaluation der Wertschöpfung im Personalmanagement.* Neuwied: Luchterhand.

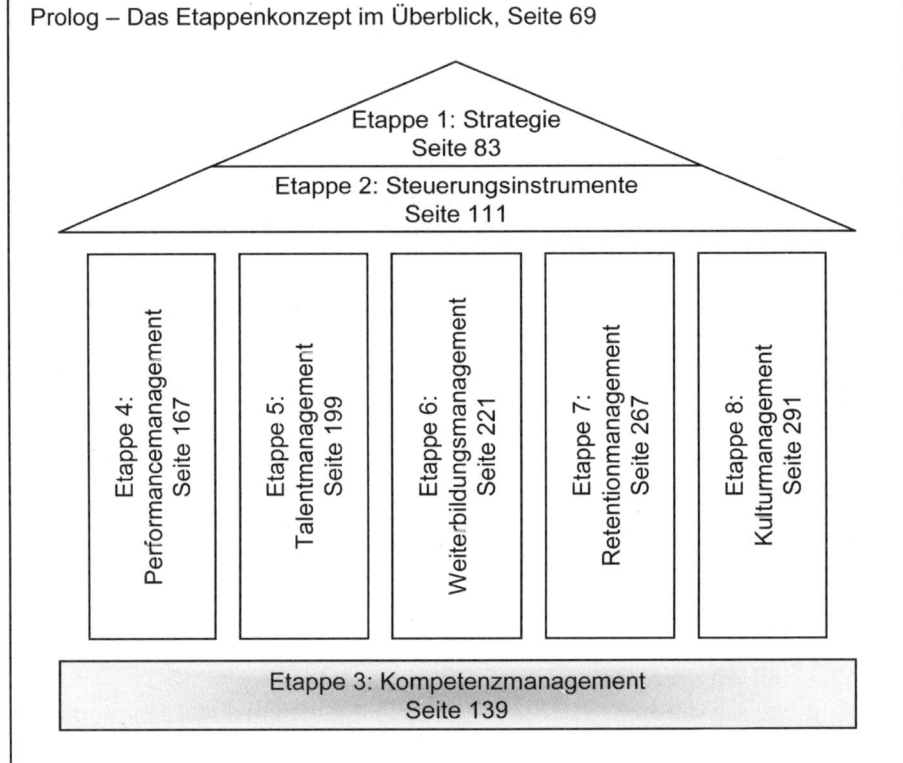

Etappe 3: Kompetenzmanagement

Stefan Leinweber, Sebastian Rütter & Barbara Honsel

Dieser Beitrag verfolgt das Ziel, eine Möglichkeit aufzuzeigen, wie die PE zum Strategie-Treiber werden kann. Denn eine echte Veränderung in Unternehmen wird nicht dadurch bewirkt, dass das Management eine Strategie entwickelt, dass Standorte gegründet oder aufgelöst werden, Prozesse verändert oder Abteilungen umstrukturiert werden. Vielmehr muss die Unternehmensstrategie in tatsächliches tägliches Handeln umgesetzt werden. Eine Veränderung ist also nur möglich, wenn das Verhalten der Mitarbeiter auf die Strategie des Unternehmens ausgerichtet ist. Genau dies kann die PE durch strategisches Kompetenzmanagement leisten. Indem die Vision und die strategischen Ziele in beobachtbare, beeinflussbare Verhaltensweisen herunter gebrochen werden, wird es möglich, das Ist-Verhalten der Mitarbeiter dem Soll-Verhalten, wie es aus der Unternehmensstrategie abgeleitet wird, anzunähern. Dadurch kann strategiekonformes Verhalten erzeugt und die Umsetzung der Unternehmensstrategie gefördert werden. Voraussetzung ist allerdings, dass ein Kompetenzmodell entwickelt und konsequent in allen PE-Instrumenten eingesetzt wird.

Zunächst wird direkt aus der Unternehmensstrategie ein Kompetenzmodell abgeleitet, das für die Gesamtorganisation darstellt, durch welche Mitarbeiterkompetenzen und durch welches Verhalten die strategischen Ziele erreicht werden können. Es wird also durch das Kompetenzmodell ein Unternehmenshandeln (im Sinne des Organisationshandelns auf Basis der individuellen Handlungen) beschrieben und darüber hinaus messbar und entwickelbar gemacht. Denn die Kultur und Werte eines Unternehmens sind das von den Personen im Unternehmen täglich gezeigte Verhalten, sei es intern oder extern, sei es im Rahmen von Führung oder Verkauf.

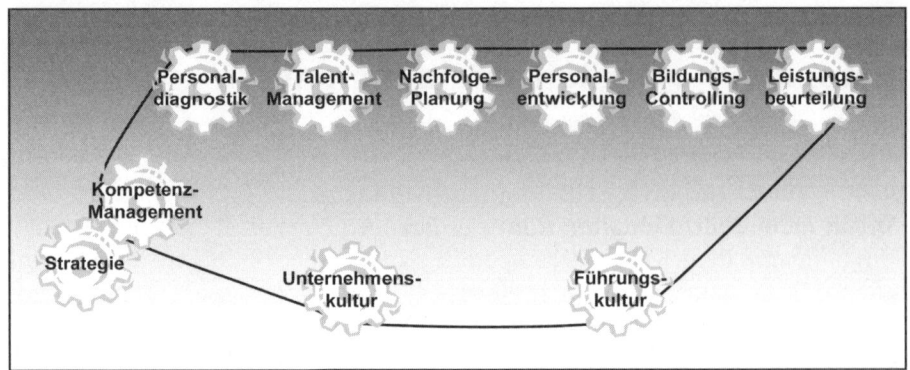

Abb. 1. Verzahnung der Strategie mit Kompetenzmanagement und weiteren HR-Prozessen

Entsprechend werden aufbauend auf dem Kompetenzmodell und der darin abgeleiteten Unternehmensstrategie die genauen überfachlichen Anforderungen für die Tätigkeitsfelder im Unternehmen definiert. Das strategische Kompetenzmanagement befasst sich dabei nicht nur mit dem vorhandenen Kompetenzportfolio, sondern vielmehr mit der Veränderung des Verhaltens der Mitarbeiter hin zum strategischen Zielkompetenzportfolio. Dies ermöglicht wiederum die kompetenzbasierte Besetzung von Stellen durch HR-Instrumente im Zuge der Personaldiagnostik und Personalentwicklung. So kann strategisches Kompetenzmanagement zum Motor der Strategieumsetzung und zum Motor von Veränderung werden.

Soll – wie voranstehend dargestellt – das Verhalten von Menschen in eine bestimmte Richtung verändert werden, so ist es hilfreich, sich neben den strukturgebenden und zuweilen statisch anmutenden Maßnahmen zur Herleitung und Implementierung eines Kompetenzmodells auch mit der grundsätzlichen Veränderbarkeit oder auch Entwickelbarkeit von Kompetenzen zu beschäftigen. Im Folgenden soll von daher zunächst eine Begriffsdefinition zur Kompetenz gegeben werden, um anschließend die besagte Veränderbarkeit von Kompetenzen zu diskutieren. Daraufhin wird dargestellt, wie man ein Kompetenzmodell entwickelt und schließlich die Nutzung des Kompetenzmanagements als Strategieträger im Unternehmen beschrieben.

1. Begriff des Kompetenzmanagement

Kompetenz (v. lat. competere – zusammentreffen) bezeichnet die Fähigkeit (psychologisch)[11] und ist juristisch gleichbedeutend mit der Zuständigkeit eines Menschen (oder eines Organs), bestimmte Aufgaben selbstständig durchzuführen. Die Unterscheidung der psychologischen und juristischen Bedeutung des Wortes Kompetenz ist entscheidend für den Umgang mit dem Thema Kompetenzmanagement. Denn in diesem Zusammenhang ist ausschließlich die psychologische Bedeutung gemeint, also die Fähigkeit eines Menschen, nicht seine Zuständigkeit. Kompetenz ist zu verstehen als allgemeine Disposition von Menschen zur Bewältigung bestimmter lebensweltlicher Anforderungen, die im Rahmen des betrieblichen Kompetenzmanagements auf die berufsbezogenen Anforderungen beschränkt werden können. Hilfreich ist darüber hinaus eine Unterscheidung fachlicher und überfachlicher Kompetenzen. In Kompetenzmodellen werden häufig nur die überfachlichen Kompetenzen abgebildet, die häufig auch als „soft skills" oder „social skills" bezeichnet werden.

Für gewöhnlich wird **Kompetenzmanagement** wie folgt definiert: „Kompetenzmanagement ist eine Managementdisziplin mit der Aufgabe, Kompetenzen zu beschreiben, transparent zu machen sowie den Transfer, die Nutzung und die Entwicklung der Kompetenzen, orientiert an den persönlichen Zielen des Mitarbeiters sowie den Zielen der Unternehmung, sicherzustellen" (North & Reinhardt, 2005).

Für ein tieferes Verständnis von Kompetenzmanagement sind jedoch weitere Erläuterungen nötig. So unterscheidet man grundsätzlich den ressourcenorientierten und den lernorientierten Ansatz:

- Der **ressourcenorientierte Ansatz** beschäftigt sich mit der Potenzialnutzung einer Organisation, mit dem Ziel, die Überlebensfähigkeit eines Unternehmens durch die richtige Ressourcenakkumulation langfristig zu sichern und sich dadurch vom Marktumfeld abzuheben. Hierbei werden die Kompetenzen direkt aus der Unternehmensstrategie abgeleitet (topdown). Dies entspricht dem Prozess der Bildung eines Kompetenzmodells abgeleitet aus der Unternehmensstrategie, das als Soll-Vorgabe für die Verhaltensweisen der Mitarbeiter dient.

---

[11] Als Fähigkeit ist die Gesamtheit dessen bezeichnet, die ein Mensch, Tier oder Maschine beherrscht oder vollbringen kann.

- Der **lernorientierte Kompetenzansatz** fokussiert im Gegensatz dazu das Individuum als Kompetenzträger und beschäftigt sich mit der Messung, Evaluierung, Transparentmachung und dem Transfer von Individualkompetenzen (bottom-up). Der Ansatz beschreibt also die Nutzung des Kompetenzmodells durch Messung, Allokation und Entwicklung der bei den Mitarbeitern vorgefundenen Kompetenzen. Hierdurch wird gezielt der vorgefundene Ist-Zustand im Unternehmen beschrieben und an den durch das Kompetenzmodell vorgegebenen Soll-Zustand angepasst.

Die zwei unterschiedlichen Ansätze greifen in der betrieblichen Praxis ineinander und ermöglichen erst im Zusammenwirken die strategieumsetzende Wirkung des Kompetenzmanagements. Diese wird ermöglicht, indem zunächst ressourcenorientiert definiert wird, welche Kompetenzen die Mitarbeiter benötigen, um die Unternehmensstrategie zu verwirklichen. Daraufhin werden die im Unternehmen vorhandenen Kompetenzen analysiert und Lücken zwischen Soll- und Ist-Zustand festgestellt. Diese Lücken werden entsprechend des lernorientierten Ansatzes durch Stellenbesetzungen, -umbesetzungen oder gezielte Personalentwicklungsmaßnahmen geschlossen. Schließlich müssen regelmäßig die Ressourcen entsprechend der veränderten Anforderungen an das Unternehmen und veränderter strategischer Ausrichtung neu definiert werden. Das Zusammenwirken des ressourcen- und des lernorientierten Ansatzes ist somit zyklischer Natur und steht in einem regelmäßigen Abstimmungsprozess.

Um die strategische Kraft des Kompetenzmanagements für das Unternehmen nutzbar zu machen, muss also aus der Unternehmensstrategie ressourcenorientiert ein Kompetenzmodell abgeleitet werden. Weiterhin muss lernorientiert die Anforderungen des Kompetenzmodells an die Mitarbeiter durch strategische Personalarbeit umgesetzt werden. Wie aus der Praxis bekannt, ergibt sich die Notwendigkeit derartiger Personalarbeit aus dem Grund heraus, dass oftmals nicht jeder Mitarbeiter von Grund auf über die notwendigen Kompetenzen verfügt, die er zur anforderungsgerechten Erfüllung seines Verantwortungsbereiches benötigt. Möchte man also mit entsprechender Entwicklungsarbeit darauf aufbauen, so empfiehlt sich mit Blick auf unterschiedliche Kompetenzdimensionen eine Einschätzung, inwieweit die dahinter liegenden Kompetenzen überhaupt entwickelbar sind. Dies bringt eine Definition von Potenzialfaktoren mit sich, zumal es sich bei diesen oftmals um schwer entwickelbare Kompetenzen handelt.

2. Entwickelbarkeit von Kompetenzen

Es gibt zum einen Kompetenzen, die durch verschiedene Entwicklungsmodule problemlos aufgebaut werden können, wohingegen andere Kompetenzen durch Veranlagung oder auch Sozialisation stark in der Person verankert sind. Letztere Kompetenzen resultieren von daher in nur langsam bzw. gar nicht zu entwickelnden Fähigkeiten. So lässt sich sicherlich eine Fähigkeit wie das Überzeugungsvermögen, das Verhandlungsgeschick oder auch Techniken zur Motivation im Rahmen verschiedener Trainings verhältnismäßig einfach und mit schnell sichtbarem Erfolg stärken. Die grundlegende analytische Kompetenz ist jedoch beispielsweise weit schwerer zu entwickeln, da sie ein Teil des jeder Person eigenen und unveränderbaren Intellekts ist. Methoden zur Aufbereitung komplexen Materials können erlernt, hierdurch allerdings nicht die einer Komplexitätsreduktion zu Grunde liegende Auffassungsgabe gesteigert werden. Der Intellekt kann und sollte natürlich immer wieder durch neuartige Aufgaben und „Denksport" fit gehalten werden, doch wird man einen grundlegenden Aufbau nicht erzielen können.

Zu den schwer entwickelbaren Kompetenzen gehört somit die **analytische Kompetenz** als Teilkonzept von Intelligenz. Im eignungsdiagnostischen Kontext ist hiermit die Qualität und Geschwindigkeit der Lösung neuartiger (also nicht routinebestimmter) Aufgaben gemeint. Im Allgemeinen gilt: Je höher die Position, desto neuartiger, komplexer und weniger strukturiert werden die Aufgaben. Aus diesem Grund gilt die analytische Kompetenz als eine der besten Prädiktoren für den Berufserfolg – vor allem in Führungspositionen – und sollte von daher auch als Potenzialfaktor definiert werden.

Ebenso wenig trainierbar erscheint die Motivationsstruktur eines Menschen. Hierzu gehört zum einen die **Leistungsmotivation** im Sinne persönlicher Zielsetzungen und dem Willen, sich überdurchschnittlich – auch bei steigendem Arbeitsanfall – zu engagieren. Zum anderen gehört hierzu sicherlich der Wille, ständig an sich arbeiten zu wollen und vor allem eine hohe Begeisterung für seine Tätigkeit – auch verstanden als hohe Aufgabenorientierung oder intrinsische Motivation – mitzubringen. Fehlt diese grundsätzliche Einstellung, so kann das Potenzial als geringer bezeichnet werden. Um – überspitzt formuliert – aus dem klassischen Beamtentum, das sich im Volksmund nicht gerade durch einen übergroßen Eigenantrieb auszeichnet, ein hohes Leistungsdenken bei einem Menschen zu machen, bedarf es eines längeren kulturellen Prozesses, so dass die Frage nach der

Kurzfristigkeit einer möglichen Entwicklung mit nein beantwortet ist. Leistungsmotivation sollte von daher ebenfalls als Potenzialfaktor gelten.

Weiterhin wird die **Belastbarkeit** oftmals als Potenzialfaktor herangezogen, zumal es sich bei dieser um einen Ableger eines fundierten psychologischen Konzepts handelt – den Neurotizismus – wodurch wiederum die emotionale Belastbarkeit eines Menschen beschrieben wird. Die eine Person – jeder wird sie aus seinem erweiterten Umfeld kennen – hat das berühmte „dicke Fell", lässt nichts an sich heran, wirkt oftmals souverän und kann auch in unterschiedlichen Druck- und Belastungssituationen den Überblick bewahren. Andere Menschen hingegen sind emotional labiler, oftmals konflikt- und problemvermeidend und zeigen bei länger anhaltenden Belastungen schneller Zeichen von geistiger oder körperlicher Übermüdung. Möchte man einen Mitarbeiter in eine weiterführende Position bringen, die u.a. mit Führungsverantwortung verbunden ist, so erscheint in Bezug auf eine Potenzialeinschätzung die stärker belastbare Person als geeigneter. Dies nicht zuletzt deshalb, weil die Belastbarkeit eines Menschen stark durch Persönlichkeitsausprägung und Erfahrungen aus der Vergangenheit (sei es beruflich oder auch privat) bestimmt ist. Explizit sei hier betont, dass durch das „dickere Fell", das zuweilen in Verbindung mit geringerer Empathie steht, die so genannten soft-skills nicht vernachlässigt werden dürfen, zumal diese unabdingbar für eine emotionale Steuerung von Menschen ist. Ohne emotionale Intelligenz ist man in seiner Verhaltensvarianz hinsichtlich Motivation oder Entwicklung von Mitarbeitern deutlich limitiert, so dass unterdurchschnittliche Ausprägungen dieser Kompetenzen auch nicht durch eine höhere Belastbarkeit kompensiert werden können.

Darüber hinaus erweist sich die **Lern- und Veränderungsfähigkeit oder auch -bereitschaft** als ein guter Potenzialindikator, zumal es sich bei diesem ebenfalls um einen bestimmenden Faktor der Persönlichkeitspsychologie handelt, mit dem sich – neben weiteren Faktoren – die Persönlichkeitsausprägung eines Menschen gut charakterisieren lässt. Menschen unterscheiden sich vielfach in der Art und Weise, in der sie nach neuen Herausforderungen suchen, offen für Neuartiges sind, nicht gern lange an einer Stelle verbleiben, ständig neue Anregungen suchen und dazu lernen möchten. Andere Menschen hingegen belassen Dinge gerne wie sie sind, mögen lieber ein ruhigeres, gefestigtes Arbeitsumfeld und orientieren sich bevorzugt an bewährten Methoden und traditionellen Vorgehensweisen. Mit Hinblick auf eine höhere Position darf der erstgenannten Person wertfrei sicherlich mehr Potenzial bescheinigt werden. Die Eigenschaften der anderen Person sind alles andere als negativ, befähigen jedoch weniger zu einer weiterführenden Aufgabe und sind aufgrund der grundlegenden Verankerung in der Person auch schwerer entwickelbar.

Derartige Kompetenzdimensionen dürfen als gute Potenzialfaktoren gelten, doch sollten bei der Konzeption eines Kompetenzmodells auch immer kulturspezifische Rahmenbedingungen berücksichtigt und diskutiert werden. Aus diesen können sich möglicherweise noch ganz andere unternehmensspezifische Potenzialfaktoren ergeben.

Diese eben dargestellten und aufgrund von Intellekt- oder Persönlichkeitsdispositionen nur schwer entwickelbaren Kompetenzdimensionen sollten von daher bereits bei einer Person vorhanden sein oder spätestens bei Neubesetzungen oder auch Development-Centern (oder auch Orientierungscentern, Potenzialanalysen, Standortbestimmungen, etc.) explizit berücksichtigt und als eine Art k.o.-Kriterium definiert werden (auf die Formulierung von Anforderungs- und Stellenprofilen und der damit einhergehenden Festlegung von k.o.-Krtierien wird unter 3.4 nochmals vertiefend eingegangen).

Nachdem nun verschiedene Anforderungen an ein Kompetenzmodell definiert wurden, wird im Folgenden zunächst die Entwicklung eines Kompetenzmodells beschrieben und im Anschluss daran seine strategische Nutzung verdeutlicht.

3. Entwicklung eines Kompetenzmodells

Ein strategisches Kompetenzmodell wird durch das Verdichten der Unternehmensstrategie zu konkreten Schlüsselaufgaben im Unternehmen erreicht. Diese werden in Bezug auf die positionsspezifischen Situationen in förderliche und hinderliche Verhaltensweisen übersetzt. Das wiederum dient entsprechend des lernorientierten Ansatzes der Auswahl und Entwicklung von Mitarbeitern. Das Kompetenzmodell stellt also dar, welches Verhalten von den Mitarbeitern erwartet wird. Erfüllen die Mitarbeiter ihre Schlüsselaufgaben mit den im Kompetenzmodell beschriebenen Verhaltensweisen, fördern sie dadurch die Umsetzung der Strategie.

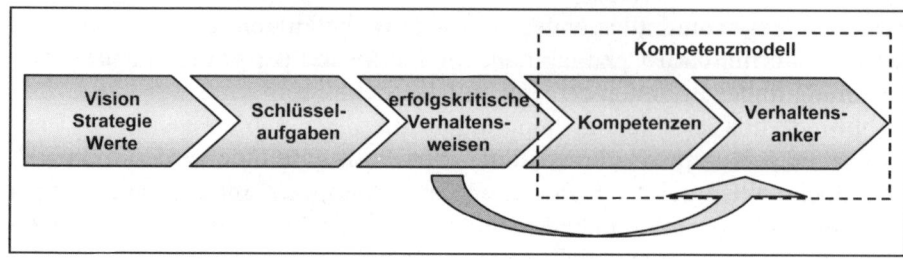

Abb. 2. Von der Vision zum Kompetenzmodell

Schritt 1: Erfolgskritische Verhaltensweisen

Die Frage nach der Entwicklung eines Kompetenzmodells ist also die Frage nach den Verhaltensweisen, die die Unternehmensstrategie umsetzen. Entsprechend müssen die ersten Überlegungen von der Vision, der Strategie und den Leitwerten des Unternehmens ausgehen: Was möchte ich mit meinem Unternehmen erreichen (Vision, Ziele)? Wie möchte ich diese Ziele erreichen (Werte, Leitbild, Corporate Governance)?

Aus den aus der Strategie abgeleiteten Zielen ergeben sich kritische Handlungsfelder und Aufgabenbereiche. Diese sind die Schlüsselaufgaben, also Aufgabenstellungen, die – aus den Unternehmenszielen herunter gebrochen – für die einzelnen Tätigkeitsfelder entscheidend für die Erreichung der gesteckten Ziele sind. Die Leitfrage lautet also: Welche Kernaufgaben leiten sich aus den Zielen ab?

Nun bleibt die Überlegung, wie diese Aufgaben erfolgreich bewältigt werden können und so zur Erreichung der Unternehmensziele führen: Welche Verhaltensweisen stellen die besonders erfolgreiche Bewältigung dieser Aufgaben sicher? Über diese Kaskadierung der Fragen bricht das Management die Strategie über die Ziele und Aufgaben bis zu den Verhaltensweisen der Mitarbeiter gedanklich herunter.

Ergänzend zu dieser Innensicht lohnt auch ein Blick über den Tellerrand: Was macht meinen Mitbewerber erfolgreich und wie tragen die Mitarbeiter dazu bei? Aus diesem Vergleich lassen sich gegebenenfalls auch strategische Positionsabweichungen erkennen.

Die Rolle der PE ist es hierbei, das Management durch die richtigen Fragen zu leiten. In diesem Zusammenhang geht es vor allem darum, die strategisch erwarteten Handlungsfelder zu konkreten Aufgaben bzw. Situationen herunter zu brechen. Im Anschluss werden die Verhaltensweisen herausgearbeitet, die für die Bewältigung der Aufgaben eher förderlich oder hinderlich erscheinen. Eine Methode, die sich hierbei aus der Wissenschaft stammend in der Praxis bewährt hat, ist die **„Critical Incident Technique"**, die Methode der kritischen Ereignisse oder Schlüsselereignisse. Bei dieser Methode werden für den Unternehmenserfolg kritische Ereignisse gesammelt und die jeweiligen Verhaltensweisen analysiert, die in besonderem Maße zu Erfolg oder Misserfolg führen.

Erläuterung zur Formulierung Kritischer Ereignisse (Verfahrensbeispiel)
Denken Sie an ein Beispiel für das Arbeitsverhalten eines Mitarbeiters, das eine besonders effektive oder besonders ineffektive Arbeitsweise veranschaulicht. Beschreiben Sie die Situation und das fragliche Verhalten möglichst konkret. Stellen Sie sich dazu die folgenden Fragen: • Was waren die Umstände oder Hintergrundbedingungen, die zu diesem Verhalten führten? • Beschreiben Sie das konkrete Verhalten des Mitarbeiters. Was war besonders effektiv oder ineffektiv an diesem Verhalten? • Was waren die Konsequenzen dieses Verhaltens?

[Quelle: Schuler, Lehrbuch der Personalpsychologie, 2001]

Durch diese Beleuchtung von Schlüsselereignissen ergibt sich eine mitunter lange Liste erfolgskritischer Verhaltensweisen, also genau der Verhaltensweisen, die die Unternehmensstrategie in Handlung umsetzen.

In diesen Prozess sollten neben dem Management auch die Mitarbeiter durch Erstinterviews einbezogen werden. In den Interviews beginnt schon das Nachdenken über Ziele, Kernaufgaben und förderliches Verhalten. So wird das momentane Handeln reflektiert und in Bezug auf die wahrgenommenen strategischen Ziele bewusst gemacht.

Schritt 2: Verdichtung der Verhaltensweisen zu Kompetenzen

Im nächsten Schritt müssen die ermittelten Verhaltensweisen reduziert, verdichtet und sinnvoll gruppiert werden. Dies kann auf verschiedene Arten geschehen, die sich in ihrer Genauigkeit und Umsetzbarkeit unterscheiden. Zum einen ist eine statistische Gruppierung möglich. Hierfür werden die Verhaltensweisen in einen Fragebogen übersetzt, der von einer ausreichend großen Stichprobe (>100) ausgefüllt werden sollte. Die so gewonnenen Daten werden nun mittels statistischer Analysen so gruppiert, dass Verhaltensweisen, die häufig miteinander auftreten und eng zusammenhängen, zu einer Dimension zusammengefasst werden. Das Ergebnis ist eine bestimmte Anzahl von verhältnismäßig unabhängigen Dimensionen, die jeweils eine bestimmte Kompetenz beschreiben. Das Verfahren ist methodisch sauber, jedoch fehlt es ihm an Pragmatik und ist nur selten umsetzbar. Geeigneter für die Praxis ist ein Expertenkonsens in der Gruppierung der Verhaltensweisen. Die Analyse erfolgt hierbei erfahrungsgeleitet-intuitiv entlang der Frage „Welche Kompetenz steckt hinter dieser Verhaltensweise?".

Schritt 3: Strukturierung eines Kompetenzmodells durch Kompetenzfelder und Kompetenzdimensionen

Sind die relevanten Kompetenzdimensionen durch dieses Vorgehen definiert worden, kann ein Kompetenzmodell strukturiert und entsprechend inhaltlich hinterlegt werden. Den entsprechenden Prozess zeigt Abbildung 3:

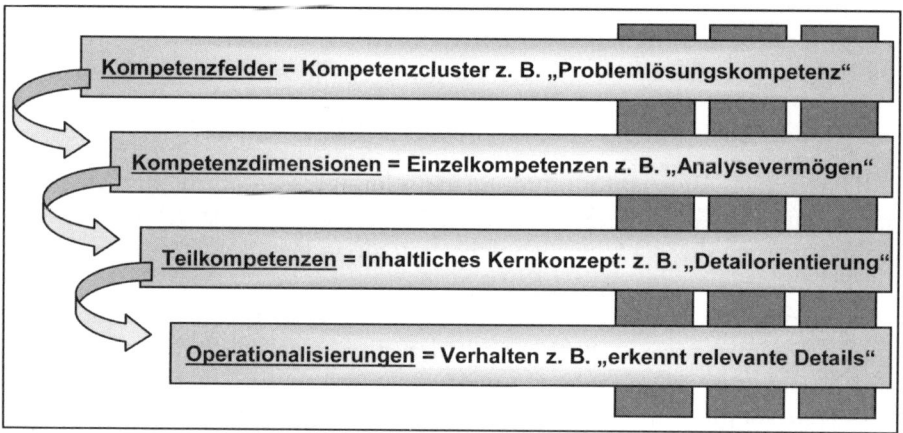

Abb. 3. Vom Kompetenzfeld zum Verhaltensanker

Üblicherweise werden bei der Entwicklung von Kompetenzmodellen und somit bei der Zusammenstellung von Kompetenzen zunächst so genannte *Kompetenzfelder* gebildet, d.h. übergeordnete Kategorien, die eine bestimmte Art von Kompetenzen in sich vereinen (s. Abbildung 4).

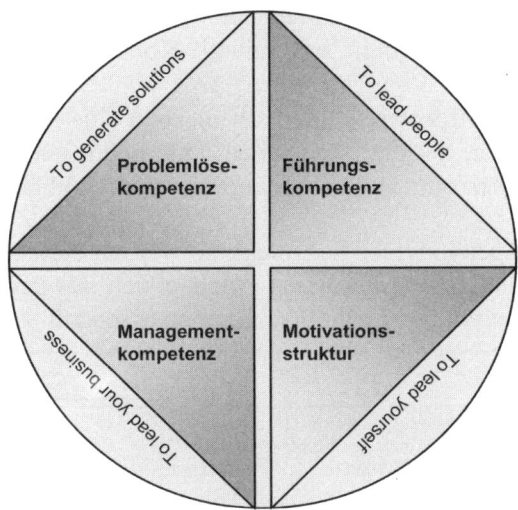

Abb. 4. Bündelung von Kompetenzfeldern

Die Festlegung der Kompetenzfelder basiert zum einen auf logisch klar abgrenzbaren Themenfeldern – so z. B. Führungskompetenz (Umgang mit anderen Menschen, Einsatz von Führungsinstrumentarien) oder Motivationsstruktur (auf die eigene Person bezogen) – zum anderen sollten sich in ihnen aber auch kulturelle Besonderheiten des jeweiligen Unternehmens widerspiegeln. Um das gesamte Modell noch handlungsleitender, kulturspezifischer und auch für Mitarbeiter inspirierender zu gestalten, resultieren schöne Ergebnisse immer dann, wenn Unternehmensgrundsätze oder -werte als Leitsprüche die Kompetenzfelder begleiten oder auch ihrer Namensgebung dienen (z.B. „wir eröffnen Freiräume" statt Führungskompetenz oder „wir sind bereit" für Motivationsstruktur). Oftmals ergeben sich folgende Kompetenzfelder:

- **Problemlösekompetenz** (Fasst die Fähigkeit eines Menschen zusammen, Probleme zu analysieren, Komplexität zu reduzieren, neuartige Ansätze zu finden und konsequent in der Entscheidung und Umsetzung zu sein.)
- **Führungskompetenz** (Hierunter fallen die klassischen Führungsthemen wie Motivation und Entwicklung von Mitarbeitern, Delegation, aber auch die eigene Wirkung und Überzeugungsfähigkeit als Führungskraft.)

- **Motivationsstruktur** (Hierunter fallen Dimensionen, die sich stärker auf Persönlichkeitsfaktoren, individuelle Konstitution oder auch Einstellungen beziehen.)
- **Managementkompetenz** (Innerhalb dieses Feldes findet man Kompetenzdimensionen, die die klassischen Unternehmerfähigkeiten wie strategisches Denken oder auch Kundenorientierung abbilden.)

Sind die Kompetenzfelder festgelegt, so werden die einzelnen Dimensionen entsprechend zugeordnet bzw. ergeben sich aus der besagten Logik. Abbildung 5 zeigt ein beispielhaftes Kompetenzmodell.

		1 2 3 4 5
Problemlöse-kompetenz	Analysevermögen	○○○○○
	Konzept- und Entscheidungsqualität	○○○○○
	Innovation und Change	○○○○○
	Handlungs- und Resultatorientierung	○○○○○
Führungs-kompetenz	Mitarbeiterführung und -motivation	○○○○○
	Performance Management	○○○○○
	Überzeugungskraft	○○○○○
	Souveränität	○○○○○
	Kooperation und Einfühlungsvermögen	○○○○○
Motivations-struktur	Leistungsmotivation	○○○○○
	Dynamik/Belastbarkeit	○○○○○
	Lern- und Veränderungsbereitschaft	○○○○○
	Integrität/Commitment	○○○○○
Management-kompetenz	Fachkompetenz/Erfahrungsspektrum	○○○○○
	Unternehmerisches Denken	○○○○○
	Strategiekompetenz	○○○○○
	Kundenorientierung/Business Partnership	○○○○○
	Internationalität	○○○○○

Skala: Kompetenz ist...
1 = nicht vorhanden
2 = ansatzweise vorhanden
3 = ausreichend vorhanden
4 = gut ausgeprägt
5 = herausragend ausgeprägt

Abb. 5. Beispielhaftes Kompetenzmodell

Wie bereits unter Punkt 1 „Begriffsdefinition" angedeutet, finden sich in den meisten Kompetenzmodellen überwiegend überfachliche und kaum fachliche Dimensionen. Dies macht aus unserer Perspektive heraus Sinn, zumal das Kompetenzmodell mit einer stärkeren Ausdifferenzierung verschiedener fachlicher Kompetenzen keine allgemeingültige Basis für alle Mitarbeitergruppen mehr darstellt, sondern als Resultat vielmehr in einer Fülle von Einzelfällen ausarten würde. Es wird kaum gelingen, alle in einem Unternehmen in den unterschiedlichen Tätigkeitsfeldern notwendigen fachlichen Kompetenzen in ein Kompetenzmodell aufzunehmen, und dieses dabei doch übersichtlich und praktikabel zu belassen. Dennoch bewährt sich beispielsweise mit Hinblick auf eine Einschätzung des weiteren Potenzials eines Kandidaten die Einschätzung der fachlichen Kompetenz, die sich für diese Zwecke jedoch mehr auf die fachspezifische Erfahrungsbreite und -tiefe beziehen sollte. Unter Berücksichtigung des Lebensalters und Werdeganges lässt sich eine gute Einschätzung darüber abgeben, wie das vertikale Potenzial eines Kandidaten gelagert ist.

Immer wieder taucht die Frage nach der optimalen Kompetenzanzahl innerhalb eines Kompetenzmodells auf. Sollten es 10, 20 oder gar 40 sein? Eine derart hohe Zahl ist nicht übertrieben, denn bei Durchsicht unternehmensinterner, aber noch nicht systematisch zur Gestaltung verschiedener Prozesse zusammengeführter Kompetenzen ergeben sich oftmals Unmengen von Kompetenzen, die dann am besten alle in ein strukturiertes Kompetenzmodell überführt werden sollen. Neben der schnell einsehbaren Unübersichtlichkeit birgt eine solch hohe Zahl an Kompetenzen jedoch auch noch einen weiteren Nachteil: Sie bietet im Vergleich zu weniger Kompetenzen keine wirkliche Zusatzinformation. Die Intelligenzforschung hat sich unter anderem mit der Identifikation von Grundprozessen oder auch -dimensionen beschäftigt, die unsere Intelligenz maßgeblich determinieren. Letztendlich lassen sich verschiedenste verbale, numerische oder auch figurale Fähigkeiten auf einige wenige Grunddimensionen zurückführen. Ähnlich verhält es sich bei der Konstruktion eines Kompetenzmodells. Macht man sich den Spaß und unterzieht die Kompetenzdimensionen eines Kompetenzmodells einer Faktorenanalyse, d. h. einem statistischen Verfahren, das eine Vielfalt von Variablen aufgrund ihrer korrelativen Beziehung auf gemeinsame Grunddimensionen zurückzuführen in der Lage ist, so würden auch hier nur einige wenige wirklich trennscharfe Dimensionen übrig bleiben. Ein Kompetenzmodell sollte von daher aus so wenigen Kompetenzen wie möglich bestehen. Innerhalb der Kompetenzdimensionen lassen sich dann nochmals Teilkompetenzen hinzuziehen (s. Abbildung 3), die der Formulierung der in einer Dimension enthaltenen Kernkonzepte in Form der Verhaltensanker dienen. Diese Teilkompetenzen sollten jedoch im finalen Kompetenzmodell nicht mehr mit auftauchen.

Im Zuge der Festlegung von Kompetenzdimensionen sollte man sich neben der Berücksichtigung einer angemessenen Trennschärfe und der hinter den einzelnen Kompetenzen liegenden Grunddimensionen die Frage stellen, ob sich zu fein differenzierte Kompetenzdimensionen überhaupt noch valide durch Instrumente abbilden und messen lassen. Gelingt es beispielsweise, Entscheidungsfähigkeit, Ergebnisorientierung, Handlungsorientierung, Umsetzungsorientierung, Innovationsfähigkeit und Kreativität sauber und trennscharf voneinander zu formulieren und sie differenziert beobachtbar zu machen? Ein eignungsdiagnostisches Instrument wie das

Rollenspiel dient dazu, ein bestimmtes Verhalten „zu provozieren", d. h. aufgrund der gegebenen Situationsbeschreibung herbeizuführen. Man muss sich dann fragen, ob überhaupt derartig viele Reaktionen und Verhaltensweisen in dem erforderlichen Differenzierungsgrad beobachtbar werden. Die Antwort erübrigt sich. Natürlich lassen sich durch den Einsatz verschiedener Instrumente unterschiedliche Situationen erstellen, die unterschiedliche Facetten einer Person ansprechen (s. auch mutli-trait multimethod-Ansatz) und somit eine breitere Anzahl von Verhaltensweisen der Beobachtung zugeführt wird, doch bleibt das Plädoyer für wenig Kompetenzdimensionen. Auch hier geht also Qualität vor Quantität.

Schritt 4: Bildung von Jobfamilien

Ausgehend von unserer Ausgangsfrage, wie man mit Kompetenzmanagement das Verhalten der Mitarbeiter verändern kann, haben wir im vorhergehenden Abschnitt die Antwort gegeben, dass die Unternehmensstrategie und -werte konsequent auf das Kompetenzmodell heruntergebrochen werden müssen. Dazu ist es erforderlich, kritische Situationen des jeweiligen Tagesgeschäftes zu untersuchen und auf der Basis von Werten und Einstellungen die gewünschten oder nicht gewünschten Verhaltensweisen zu formulieren, wie Schritt 5 noch weiter ausführen wird.

Nachdem ein Kompetenzmodell entwickelt wurde, muss die nächste Überlegung sein: Welche Anforderungen stellen sich an die Mitarbeiter auf den verschiedenen Stellen? Der nächste Schritt des Kompetenzmanagements liegt somit in der Bildung von **Jobfamilien**, worauf aufbauend Stellen- und Anforderungsprofile erstellt werden können. Mit Jobfamilien sind die unterschiedlichen Bereiche eines Unternehmens (Vertrieb, Produktion, Technik, etc.) gemeint, innerhalb derer anschließend optional noch eine levelspezifische Ausformulierung der Verhaltensanker erfolgen kann.

Zur Bildung von Jobfamilien gilt es, verschiedene Fragen zu klären: Was sind die Schlüsselaufgaben für die jeweilige Stelle? Was die erfolgskritischen Verhaltensweisen? Welche der Kompetenzen aus dem Kompetenzmodell stecken hinter diesen Verhaltensweisen? So kann für jede Stelle eine Gruppe an benötigten Kompetenzen zusammengestellt werden. Diese bilden gemeinsam mit den fachlichen Anforderungskriterien das Anforderungsprofil für eine Stelle. Bei Betrachtung aller Stellen im Unternehmen wird auffallen, dass sich bestimmte Stellen hinsichtlich ihrer Tätigkeits- und Kompetenzanforderungen ähneln. Diese Stellen können zu Jobfamilien zusammengefasst werden.

Bevor man jedoch zu einem solchen Anforderungsprofil gelangt, ist es notwendig festzulegen, welche Kompetenzen in den unterschiedlichen Jobfamilien von größter Relevanz sind. So mag beispielsweise die analytische Kompetenz für den Bereich Technik von maßgeblicherer Bedeutung sein, als dies für den Vertrieb der Fall ist. Umgekehrt ist für einen Vertriebsmitarbeiter die Überzeugungsfähigkeit oder das Kommunikationsvermögen entscheidender für seinen Erfolg, als es für einen Techniker der Fall ist. Durch Befragungen im Unternehmen sollte zunächst eine derartige Relevanzeinschätzung der Kompetenzen durch Experten erfolgen. Das gleiche Vorgehen ist angezeigt, wenn man innerhalb der Jobfamilien die Kompetenzmodelle levelspezifisch auslegen möchte, d. h. beispielsweise die Anforderungen an eine Führungskraft von denen eines Sachbearbeiters explizit unterscheiden möchte.

Wenn man sich mit Fragen der levelspezifischen Formulierung oder auch Ausgestaltung von Verhaltensankern nach Jobfamilien beschäftigt, so wird man schnell mit der Frage konfrontiert, in Relation zu welchem Bezugspunkt die Ausprägung der Kompetenzen eingeschätzt werden sollen: Sollte man mit den jeweiligen Verhaltensankern eine allgemeingültige „Optimal-Ausprägung" einer Dimension formulieren, anhand derer dann die Anforderungen an eine bestimmte Position eingestuft werden (z. B. braucht der Sachbearbeiter bei Konfliktfähigkeit nur eine „2" auf der Skala, während die Führungskraft eine „4" benötigt?) oder erscheint es sinnvoll, pro Level einen eigenen Bezugspunkt zu bilden, um dann die gesamte Bandbreite der Skala pro Position ausnutzen zu können? Die Frage ist also: Bedient man sich einer Absolut- oder einer Relativskala?

Um diese Frage zu beantworten, sei zunächst noch einmal zu den Relevanzeinschätzungen zurückgekehrt. Es empfiehlt sich, alle Kompetenzdimensionen des Kompetenzmodells aufzulisten, sie jeweils zum einheitlichen Verständnis mit einer kurzen Erläuterung zu versehen und dann im Hinblick auf eine bestimmte Position einschätzen zu lassen. Hierbei hat sich eine 5er-Skala mit folgendem Wording bewährt:

Beispiel einer Skala zur Relevanzeinschätzung der Kompetenzdimensionen für unterschiedliche Positionen				
☐	☐	☐	☐	☐
1 ansatzweise relevant	2 eingeschränkt relevant	3 relevant	4 hoch relevant	5 höchst relevant

Auf Basis dieser Einschätzungen können die einzelnen Dimensionen mit levelspezifischen Formulierungen hinterlegt werden. Möchte man anschließend beispielsweise einschätzen, inwieweit ein Kandidat die formulierten Anforderungen an eine Position erfüllt, so kann zu diesem Zweck ein weiterer Bogen erstellt werden, der auf den Relevanzeinschätzungen aufbaut. So lassen sich aus den vorangegangenen Einschätzungen der Relevanz der Kompetenzen „Top-Boxen" (Werte 4 und 5) identifizieren, die die entsprechende Kompetenz als höchst bzw. hoch relevant identifiziert haben. Diese Kompetenzen können in dem nachfolgenden Bogen nun als k.o.-Kriterium dienen. Innerhalb dieses Bogens eignet sich die Verwendung einer 4er-Skala (s. nachfolgende Abbildung).

Beispiel einer Skala zur Relevanzeinschätzung der Kompetenzdimensionen für unterschiedliche Positionen			
Die Anforderungen werden:			
☐	☐	☐	☐
1 ansatzweise erfüllt	2 eingeschränkt erfüllt	3 erfüllt	4 übererfüllt

Erreicht ein Kandidat in diesen „Top-Kompetenzen" nicht mindestens eine 3 auf der Skala, so ist er für die entsprechende Position nicht geeignet. Die Einschätzung wiederum, inwieweit die Anforderungen erfüllt sind, erfolgt somit auf Basis einer Relativskala, zumal der „Erfüllungsgrad" entlang der jeweils levelspezifischen Operationalisierung erfolgt. Somit wäre eine „2" zum Thema Konfliktmanagement bei einer Führungskraft nicht zwangsläufig schlechter als eine „4" bei einem Sachbearbeiter, da entsprechend unterschiedliche Anforderungen definiert wurden. Der Bezugspunkt der Einschätzung sollte somit die level- und positionsspezifische Formulierung der jeweiligen Kompetenzdimension sein.

Schritt 5: Hinterlegung der Kompetenzen mit Verhaltensankern

Um die Kompetenzen für das Unternehmen handhabbar und einheitlich nutzbar zu machen, müssen die Kompetenzen jeweils mit mehreren Verhaltensankern hinterlegt werden. Sie sollen beschreiben, in welchem Verhalten sich eine Kompetenz wie z. B. Konfliktbereitschaft ausdrücken kann. Wie wohl intuitiv einsichtig ist, führt nicht jede Verhaltensweise auf unterschiedlichen Ebenen zum gleichen Erfolg bzw. zu den gleichen Ergebnissen. Dies hängt – wie unter Schritt 4 schon eingeführt – damit zusammen, dass die Komplexität der Aufgabenstellungen mit aufsteigenden Hierarchie- oder auch Funktionsebenen ansteigt, d.h. dass sich erfolgskritische Verhaltensweisen der jeweiligen Kompetenzdimensionen levelspezifisch unterscheiden. Greifen wir als Beispiel die Kompetenzdimension *Konfliktfähigkeit* erneut auf. Die Anforderung an einen Sachbearbeiter wäre in der Formulierung eines Verhaltensankers beispielsweise: „Erfragt in Konfliktsituationen aktiv die Absichten anderer." Die Anforderungen an eine Führungskraft sind unter dieser Dimension sicherlich höher, als das alleinige Erfragen von Absichten in einer konfliktreichen Situation. Von ihr fordert man z. B. vielmehr: *Steuert aktiv den Prozess einer konstruktiven Lösungsfindung.* Von daher ist zuvor unbedingt Schritt 4 erforderlich und hiermit die Überlegung, für welche Zielgruppen das Kompetenzmodell gelten soll, so dass die Verhaltensanker entsprechend levelspezifisch ausformuliert werden können.

Im Zuge der Formulierung von Verhaltensankern fällt in nahezu allen Unternehmen immer wieder auf, dass mehrere Aspekte einer Kompetenzdimension in einen einzelnen Anker überführt werden. So findet man beispielsweise Verhaltensanker der Marke: *Hört aktiv zu, bindet andere mit ein und kann durch rhetorische Vielseitigkeit überzeugen.* Dies trägt sicherlich der Notwendigkeit Rechnung, möglichst alle Werte und Zielsetzungen des Unternehmens und hiermit verbunden unterschiedlicher Interessengruppen in das Kompetenzmodell zu überführen oder auch Facetten eines zusammenhängenden Vorgangs in einer Formulierung abzubilden, hat aber zum Nachteil, dass oftmals unscharfe und in Folge dessen schwer bewertbare Formulierungen resultieren. Wenn nun Beobachter in einem Assessment Center oder auch Kollegen, Mitarbeiter oder Vorgesetzte im

Rahmen eines 360°-Feedbacks das Kommunikationsvermögen eines Teilnehmers durch diesen Verhaltensanker einschätzen möchten, so geraten sie zwangsläufig vor ein Problem: Wie wird bewertet, wenn ein Teilnehmer zwar insgesamt durch rhetorische Vielseitigkeit überzeugt, aber andere Personen nicht mit einbindet? Oder wenn er zwar aktiv zuhört, dabei aber eher unsicher und nicht überzeugend wirkt? Es wird also klar, dass Verhaltensanker mit *und-Formulierungen* möglichst zu vermeiden und zu Gunsten eindeutig bewertbarer Anker zu ersetzen/zu splitten sind.

Schritt 6: Einbindung von Beteiligten

Nichtsdestotrotz erleben wir die Einbindung der besagten unterschiedlichen Interessen- und Personengruppen in die Entwicklung eines Kompetenzmodells als erfolgsentscheidend und von daher als unabdingbar. Wenn zwei konträre Ansichten in Form eines Kompromisses in ein Modell überführt werden, führt dies zwar zuweilen zwangsläufig zu Konzessionsentscheidungen, die jedoch durch den Nutzen einer solchen Maßnahme mehr als egalisiert werden. So empfiehlt es sich neben Dokumentenanalysen und Interviews mit Wissensträgern auch unbedingt, Workshops mit Führungskräften unterschiedlicher Ebenen und Bereiche des Unternehmens durchzuführen, um diese aktiv in den Konstruktionsprozess mit einzubinden. Schließlich sind sie es, die im Anschluss mit dem Modell arbeiten sollen. Die Einbindung sollte zu verschiedenen Phasen der Entwicklung erfolgen: Zur Festlegung der Kompetenzdimensionen, von Jobfamilien und Anforderungsprofilen oder auch zur eigentlichen Formulierung der Verhaltensanker. Natürlich ist immer abzuwägen, welche Teilschritte man in derartigen Workshops gemeinsam diskutieren lässt, ohne zu viele zeitliche, finanzielle und personelle Ressourcen unnötig zu investieren oder auch ohne den gesamten Prozess zu verschleppen und möglicherweise eine Orientierungslosigkeit aller Beteiligten zu erzeugen. Bestenfalls geht der Projektverantwortliche mit eigenen strukturierten Vorschlägen zu den einzelnen Projektschritten als Diskussionsgrundlage in derartige Abstimmungsrunden, um diese dann systematisch unter einem gegebenen Handlungsrahmen bearbeiten zu lassen und mit einem weiterführenden und von allen verabschiedeten Ergebnis die Runde zu verlassen. Diesbezüglich gelten sicherlich die Maximen einer guten Steuerung und Moderation im Zuge von Teamsitzungen.

Festzuhalten bleibt, dass der Wille, das erarbeitete Kompetenzmodell und die daraus resultierenden Instrumente nicht nur zu akzeptieren, sondern sie auch zu unterstützen, sie im Unternehmen zu promoten, ja: sie zu leben, umso größer wird, je stärker der Einzelne im Zuge der Entstehung die Möglichkeit hatte, seine Ansichten und Bedenken zu äußern. Ziel soll es sein, das viel zitierte Commitment bei allen Beteiligten einzuholen. Das Commitment eines Menschen wiederum hängt – wie uns die Sozialpsychologie lehrt – u.a. von der Freiwilligkeit einer Entscheidung, aber auch von sozialen Normen und entstehendem Gruppendruck ab. Hat man in der Gruppe gemeinsam eine Entscheidung herbeigeführt, jeden Wortbeitrag aufgefangen und diesen in irgendeiner Form berücksichtigt (und sei es nur durch Verständnis oder Wertschätzung), so werden unter den teilnehmenden Personen explizit oder auch implizit gemeingültige Normen gebildet, die eine Bindung an das erarbeitete Ergebnis erzeugen.

Unsere Erfahrung zeigt, dass ein Projekt mit hoher Wahrscheinlichkeit zum Scheitern verurteilt ist, wenn eine solche Einbindung wichtiger Personen im Unternehmen unterbleibt/zu spät erfolgt. Bei einem derart kulturrelevanten und alle aufsetzenden HR-Prozesse beeinflussenden Instrument gehört hierzu insbesondere auch der Vorstand/die Geschäftsleitung. Wird der Prozess nicht von oberster Stelle getragen, so hat er kaum eine nachhaltige Überlebenschance. Dies klingt plausibel und nahezu banal, wird aber in zu vielen Unternehmen vernachlässigt, so dass die Arbeit von mitunter vielen Monaten zu Nichte gemacht wird und sich viele Personalverantwortliche bei Zurückweisung ihrer Konzepte die Augen ob soviel Ungerechtigkeit reiben.

Im Folgenden ist aufgeführt, wie die Agenda eines solchen Workshops aussehen könnte:

Beispielhafte Agenda eines Workshops mit Führungskräften zur Erarbeitung eines Kompetenzmodells

1. Einführung in den Workshop

2. Festlegen der Kompetenzfelder und -dimensionen
   - Vorstellung eines Vorschlages zum Kompetenzmodell
   - Diskussion typischer Potenzialfaktoren
     - Diskussion unternehmensspezifischer Kernkompetenzen
     - Verabschiedung eines vorläufigen übergreifenden Kompetenzmodells

3. Abstimmung eines Job-Familien-Gitters
   - Diskussion eines Job-Familien-Gitters anhand der zuvor durchgeführten Experteninterviews

- Überprüfen der Zuordnung von Rollen/Jobs zu den Leveln
- Festlegen des vorläufigen Job-Familien-Gitters

4. Priorisierung der Kompetenzdimensionen für die Job-Familien
   - Diskussion einer sinnvollen Skala zur Einschätzung der Kompetenzen
   - Sichtung der zuvor durchgeführten Relevanzeinschätzungen für die Kompetenzdimensionen der jeweiligen Jobfamilien und Level
   - Festlegen von Kick-Out-Kriterien je Job-Familie bzw. Level

5. Level- und jobspezifische Operationalisierung
   - Vorstellung der Anforderungen an Operationalisierungen
   - Diskussion von unternehmensspezifischen Key-Words
   - Charakterisierung der Jobs und Rollen
   - Festlegen der vorläufigen Operationalisierungen (arbeitsteilig in Kleingruppen)

6. Definition der weiteren Schritte
   - optional: Klären möglicher Einsatzzwecke der Operationalisierungen (Auswahl, Entwicklung, Talentmanagement, Performancemanagement,…)

Unter 5. erscheint der Agendapunkt „Diskussion von unternehmensspezifischen Key-Words" aus einem unbedingt zu berücksichtigenden Grund: Aus gleicher Motivation wie die Einbindung relevanter Personengruppen/Führungskräfte sollten in die Verhaltensanker kulturspezifische Key-Words eingearbeitet werden. Je mehr sich die Mitarbeiter der unterschiedlichen Jobgruppen mit den Operationalisierungen identifizieren können und sich und ihre Arbeitswelt durch bekannte Begriffe und Bezeichnungen wieder finden, desto stärker wirken diese handlungsleitend. Auch hierdurch steigt das Commitment der einzelnen Mitarbeiter.

Der hier beschriebene Prozess für die Entwicklung eines Kompetenzmodells ist sicherlich aufwendig. Alternativ kann auf bereits entwickelte Modelle zurückgegriffen werden. Es gibt Studien und Vergleiche von Kompetenzmanagement-Modellen für unterschiedliche Firmengrößen und Branchen. Diese Modelle können an das eigene Unternehmen angepasst und das Modell mit den zugrunde liegenden Standardinstrumenten wie zum Beispiel Interviewleitfäden genutzt werden.

Schritt 7: Qualitätssicherung

Wichtig für die Qualität von Kompetenzmodellen ist zum einen die gewissenhafte Ableitung des Modells aus der Unternehmensstrategie. Irgendein auf dem Markt befindliches Kompetenzmodell einzusetzen, das nicht auf die Bedürfnisse des Unternehmens angepasst ist, macht wenig Sinn. Zum anderen ist die saubere Verdichtung der erfolgskritischen Verhaltensweisen zu Kompetenzdimensionen entscheidend. Häufig sind mehrere Kompetenzen hinter einer Verhaltensweise zu vermuten. Daher sollte man sich nicht mit alltagspsychologischen Erklärungen von Verhalten zufrieden geben, sondern die eigenen Deutungen immer wieder kritisch hinterfragen. Um das Kompetenzmodell schließlich sinnvoll zu nutzen, müssen die hinterlegten Verhaltensanker trennscharf sein, das heißt, die Verhaltensweisen sollten möglichst nur die zugeordnete Kompetenz, nicht aber eine andere messen. Neben der Trennschärfe ist darauf zu achten, dass es sich bei den Verhaltensankern tatsächlich um Verhalten handelt und nicht Eigenschafts- oder Persönlichkeitsbeschreibungen wie „ist durchsetzungsstark" aufgenommen werden. Zur Qualitätssicherung kann folgende Checkliste hilfreich sein:

- Ableitung aus der Unternehmensstrategie, geleitet von Werten und Einstellungen
- Gültigkeit des Modells für das Gesamtunternehmen
- Einheitlichkeit des Modells sowohl für Führungs- als auch für Nicht-Führungskräfte, Differenzierung nur auf Ebene der Jobfamilien
- Aufteilung des Modells nach Job-Familien und Job-Level
- Trennschärfe der Kompetenzen
- Verhaltensnahe Ausdifferenzierung der Kompetenzen in Verhaltensankern
- Keine „und-Formulierungen" innerhalb der Verhaltensanker
- Stringenz in der Implementierung aller Personalinstrumente von der Rekrutierung bis zur Freisetzung
- Skalierung sollte der strategischen Zielsetzung angepasst sein (gerade oder ungerade Skala, Leistungsdifferenzierung in den Verhaltensankern oder im Rahmen der Skalierung, Relative oder fixe Einstufung)

Um die nötige Qualität sicherzustellen, empfiehlt sich ein Benchmark des eigenen Modells an anderen bestehenden Kompetenzmodellen.

4. Nutzung des strategischen Kompetenzmanagements

Sind Kompetenzmodell und Jobfamilien einmal aus der Unternehmensstrategie abgeleitet, bestimmen sie sämtliche Personalprozesse, wie Stellenbeschreibungen, Stellenausschreibungen, Vorauswahl, Auswahl (zum Beispiel durch ein kompetenzbasiertes Interview), Feedback-Systeme, Selbsteinschätzungen, Mitarbeitergespräche, Potenzialbewertungen, Talentmanagement, Risikopositionsvorsorge, Beförderungen, Rückstufungen, und Freisetzungen. So ist das strategische Kompetenzmanagement Grundlage für die Organisation des Personaleinsatzes, für die Systematisierung der Personalentwicklung und für die Objektivierung der Human-Capital-Bewertung.

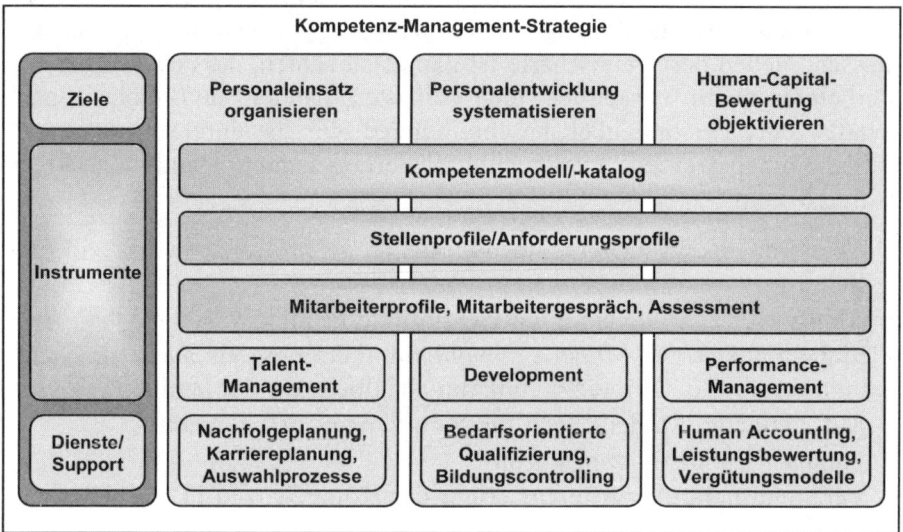

Abb. 6. Kompetenzmanagement-Strategie

4.1 Personaleinsatz organisieren

In den Bereich des Personaleinsatzes fallen Auswahlprozesse sowie Nachfolge- und Karriereplanung, was das Thema Talent Management mit einschließt. Grundlage für all diese Instrumente ist eine kompetenzbasierte Personaldiagnostik, sei es am Bewerber durch Personalauswahl oder am Mitarbeiter im Unternehmen durch Potenzialanalysen oder ähnliches.

Das Ziel kompetenzbasierter Personaldiagnostik ist die Optimierung der Passung zwischen individuellen Kompetenzen und unternehmensspezifischen Positionsanforderungen. Die jeweiligen Positionsanforderungen sind den Jobfamilien zu entnehmen. Neben den fachlichen Qualifikationen und Anforderungen sind durch die Jobfamilien die überfachlichen Anforderungen, sprich Kompetenzen, identifizierbar. Nun gilt es, durch gezielte Personaldiagnostik diese Kompetenzen beobachtbar zu machen. Hierfür steht das gesamte Portfolio der Personaldiagnostik zur Verfügung, von psychometrischen Tests über Interviews, Rollenspiele oder Präsentationen bis hin zum Assessment Center. Um die *richtige* Auswahlmethodik zu wählen, ist die Überlegung nötig, welche Kompetenzen durch welches Verfahren am besten erfasst werden können. So ließe sich beispielsweise eine Kompetenz wie Analytisches Denken besonders gut in einem Business Case beobachten, Teamorientierung eher in einer Gruppenaufgabe und Ergebnisorientierung im Interview.

Entscheidend ist zusätzlich, wie die Kompetenzen des Anforderungsprofils in Situationen übersetzt werden, in denen sie konkret und verhaltensbezogen beobachtbar werden. Diese Übersetzung geht den umgekehrten Weg der bei der Entwicklung des Kompetenzmodells kennen gelernten Critical Incident Technique, indem die Kompetenz in Verhaltensanker und die Verhaltensanker in Situationen umgesetzt werden, die die Kompetenz im Auswahlverfahren beobachtbar machen.

Ergebnis der kompetenzbasierten Personaldiagnostik ist das Ist-Profil der individuellen Kompetenzen des Bewerbers/Mitarbeiters, das mit den unternehmensspezifischen Positionsanforderungen abgeglichen werden kann. Eine Gap-Analyse zeigt hierbei, wo die Stärken des Bewerbers/Mitarbeiters liegen und welches seine Entwicklungsfelder sind. Hieraus können unterschiedliche Aussagen getroffen werden. Zum einen ist die **Trainierbarkeit** der einzelnen Kompetenzen zu berücksichtigen. Zeigt sich bei einem Bewerber/Mitarbeiter eine Lücke zwischen geforderten und gezeigten Kompetenzen, so ist dies nicht immer gleich schwerwiegend. Zeigt sich beispielsweise eine Dis-Performance auf der Kompetenz Entscheidungsfindung, wird dies leichter durch Training auszugleichen sein als eine Dis-Performance auf der Kompetenz Lern- und Veränderungsbereitschaft. Zum anderen stellt sich die Frage nach dem **Potenzial** des Bewerbers/Mitarbeiters. So können schon bei der Einstellung Talente identifiziert und im weiteren Verlauf ein gezieltes Talentmanagement und eine sinnvolle Nachfolgeplanung sichergestellt werden. Potenzialindikatoren sind – wie voran stehend erörtert – häufig Kompetenzen, die stabil und schlecht trainierbar sind und darüber hinaus die Grundlage für eine Weiterentwicklung der Person bieten.

Somit stellt kompetenzbasierte Personalauswahl neben der Überprüfung der Passung zwischen individuellen Kompetenzen und unternehmensspezifischen Positionsanforderungen auch den ersten Schritt der Personalentwicklung dar, in dem aus der Gap-Analyse Bedarfe für Personalentwicklung aufgedeckt werden.

4.2 Personalentwicklung systematisieren

Stellt man sich ein ganzheitliches Kompetenzmanagement vor, so zeichnet sich ein Bild, in dem sämtliche Stellen im Unternehmen mit den für die Stelle benötigten Kompetenzprofilen hinterlegt sind. Auf der anderen Seite stehen die tatsächlichen und potenziellen Mitarbeiter mit ihren individuellen Kompetenzprofilen, die durch personaldiagnostische Verfahren erhoben wurden. Im Sinne einer Organisationsdiagnose ist auf dieser Basis eine Aussage darüber möglich, inwieweit das Personal des Unternehmens die Kompetenzen zur Verfügung stellt, die für die Erreichung des strategischen Unternehmenszicls nötig sind. Die Analyse dieser Abweichung entspricht einer strategischen Bildungsbedarfsanalyse. Ergänzend kann auf individueller Ebene das Kompetenzprofil eines Mitarbeiters mit den Anforderungen seiner Stelle abgeglichen und somit eine individuelle Bildungsbedarfsanalyse durchgeführt werden.

Aufbauend auf diesen Analysen und den oben erläuterten Überlegungen zur Trainierbarkeit von Kompetenzen lassen sich gezielte PE-Maßnahmen ableiten. So könnte sich beispielsweise im Vertrieb eine große strategische Bedeutung der Kompetenz Kundenorientierung ergeben, die jedoch bei den Vertriebsmitarbeitern nicht ausreichend ausgeprägt ist. Daraufhin könnte für die gesamte Abteilung oder Teile der Abteilung ein Kundenorientierungs-Training angesetzt werden. Ein anderes Beispiel wäre ein Mangel an Strategiekompetenz im Management, das durch gezieltes Coaching einzelner Personen kompensiert werden könnte. So bestimmen sich Inhalte, Methoden, Zielgruppen und Budget der PE-Maßnahmen direkt aus dem Kompetenzmanagement.

Auch das Bildungscontrolling lässt sich durch strategisches Kompetenzmanagement systematisieren und transparenter abbilden. Zum einen leitet sich aus der Kompetenzanalyse ein konkreter Bildungsbedarf ab, der einen klar darstellbaren Bezug zur Unternehmensstrategie hat. Und ist das

Bildungsangebot an der Entwicklung von Kompetenzen ausgerichtet, so lässt sich eben diese Entwicklung der Kompetenzen im Sinne einer Vorher- und Nachher-Messung erheben. Dadurch ist der Nutzen der PE-Maßnahmen klar argumentierbar und kalkulierbar. Zusätzlich können über diese Evaluationen Veränderungen im Bereich der Mitarbeiterkompetenzen zurückgemeldet werden.

4.3 Human-Capital-Bewertung objektivieren

Sind durch das strategische Kompetenzmanagement die Anforderungen an die Mitarbeiter klar festgelegt, so kann auch die Leistungsbewertung und Vergütung darauf abgestimmt werden. In Kombination mit Zielvereinbarungen stellt die Kompetenzbeurteilung der Mitarbeiter eine Grundlage für das Mitarbeitergespräch dar. So kann die Führungskraft klar darstellen, wie sie ihren Mitarbeiter wahrnimmt und was sie von ihm erwartet, sowohl auf fachlicher als auch auf überfachlicher Ebene. Rückmeldungen zwischen Führungskraft und Mitarbeiter sind anhand des Kompetenzmodells besser steuer- und kommunizierbar, da eine Beurteilung nicht mehr „aus dem Bauch heraus" getroffen wird, sondern sich klar an den vorher definierten Kompetenzen und ihren Verhaltensankern orientiert. Vor allem die Rückmeldung anhand von Situationen und konkreten Verhaltensweisen erhöht die Transparenz der Beurteilung und die Akzeptanz der Beurteilungsergebnisse durch den Mitarbeiter. Wie bereits oben beschrieben fällt auch die Ableitung eines Bildungsbedarfs aus dem Mitarbeitergespräch auf Basis des Kompetenzmodells erheblich leichter.

Parallel zu der Beurteilung des Mitarbeiters durch die Führungskraft wird selbstverständlich auch die Beurteilung der Führungskraft durch seine Mitarbeiter objektiviert. So können mit Hilfe des Kompetenzmanagements Führungsfeedbackprozesse, etwa im Sinne eines 360°-Feedbacks, aufgesetzt werden.

5. Fazit

Der vorliegende Beitrag hat gezeigt, dass ein strategisches Kompetenzmanagement der Motor eines jeden unternehmerischen Veränderungsprozesses sein kann. Somit ist es im Change Management Prozess unverzichtbar. Veränderungen im Unternehmen werden nur getragen durch Verhaltensänderungen der Mitarbeiter.

- Das strategische Kompetenzmanagement gibt die Richtung dieser Veränderung vor, indem es die Kompetenzen beschreibt, die für die Erreichung der Unternehmensstrategie notwendig sind. Dies wird zum einen für das gesamte Unternehmen im Sinne einer Unternehmens- und Führungskultur getan und zum anderen für den individuellen Mitarbeiter durch die Anforderungsprofile der Jobfamilien.
- Das strategische Kompetenzmanagement dient der Steuerung des Kompetenzeinsatzes heute und in der Zukunft, indem es die Kompetenzen von Mitarbeitern und Bewerbern misst und so Grundlage für Stellenbesetzungen, Talentmanagement und Nachfolgeplanung ist.
- Das strategische Kompetenzmanagement stellt die zielgerichtete Entwicklung von Kompetenzen und damit die Organisationsentwicklung hin auf die strategischen Unternehmensziele sicher. Jegliche Personalentwicklung dient somit nicht nur der individuellen Weiterentwicklung der Mitarbeiter, sondern auch der Entwicklung des Unternehmens. Durch diese Entwicklung wird gezielt eine die Unternehmensstrategie unterstützende Unternehmens- und Führungskultur begründet und gelebt.

Immer wieder sollte das Kompetenzmodell in Bezug zur Zukunft gesetzt werden. Wie schnell und wie häufig werden sich die Anforderungen an Mitarbeiter ändern? Wie wird das Unternehmen in 3, 5 oder 10 Jahren positioniert sein und mit welchen Konsequenzen für die Kernaufgaben? Was müssen Mitarbeiter in der Zukunft an Fähigkeiten und Fertigkeiten mitbringen? In dieser Diskussion ist das Management gefragt. Hier wird auch die persönliche Visionsfähigkeit des Managements gefordert, die entscheidend für ein erfolgreiches strategisches Kompetenzmanagement ist.

Literatur

North, K. & Reinhardt, K. (2005). Kompetenzmanagement in der Praxis - Mitarbeiterkompetenzen systematisch identifizieren, nutzen und entwickeln. Mit vielen Fallbeispielen. Wiesbaden: Gabler.

Schuler, H. (2001). *Lehrbuch der Personalpsychologie*. Göttingen: Hogrefe.

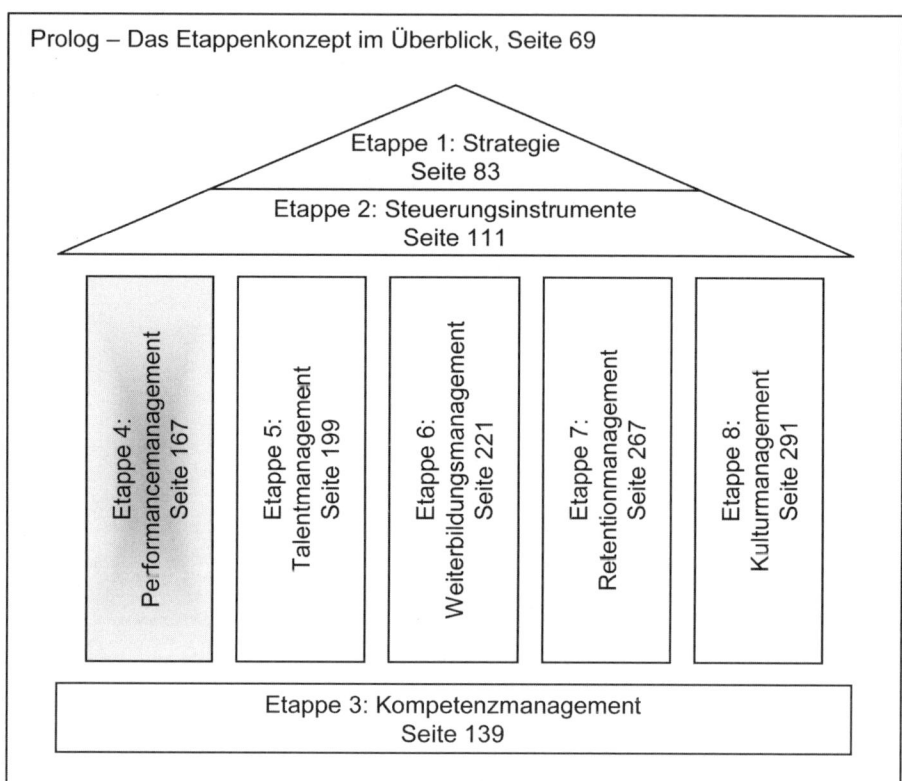

Etappe 4: Performancemanagement

Alexander von Preen, Hans-Georg Blang, Giuseppe Costa & Bernd Kuhnert

Das Performancemanagement der meisten Unternehmen zeichnet sich durch eine starke Orientierung an den Unternehmenszielen aus. Diese Ausrichtung unterstützt zum einen die Strategieumsetzung durch die Weitergabe der Unternehmensziele und davon abgeleiteter Ziele. Zum anderen wird die Erreichung des Unternehmensergebnisses dadurch unterstützt.

Ein wesentlicher Erfolgsfaktor für die Umsetzung des Performancemanagements und die Nachhaltigkeit als Führungs- und Steuerungsinstrument ist ein gut funktionierender Zielvereinbarungsprozess und die Verknüpfung der Zielvereinbarungen mit dem Steuerungssystem des Unternehmens. Die Performanceziele sollen sich idealerweise aus den Unternehmenskennzahlen ableiten und bei Zielerreichung auch den entsprechenden Wertbeitrag für das Unternehmen sicherstellen.

Der Zielvereinbarungsprozess muss strukturiert erfolgen und unternehmensweit einheitlich angewandt werden. Aufgrund seiner Rolle ist das Performancemanagement ein idealer Prozess, mit dem sich die Organisationseinheit PE hervortun kann. Es dürfte außer Frage stehen, dass ein von der PE gut begleiteter Zielvereinbarungsprozess ihr eine hohe Reputation als unternehmerisch agierender Bereich einbringen wird.

Ziel dieses Beitrages ist es, aufzuzeigen, wie eine nachhaltige Performanceorientierung einer Organisation erreicht werden kann.

1. Strategische Herausforderungen an ein Performancemanagement

In den meisten Unternehmen sind Schritte zu einem Performancemanagement weitestgehend erfolgt oder die Einführung solcher Maßnahmen sind eingeleitet. Aus unserer Erfahrung besteht bei vielen Unternehmen, die ein

Performancemanagement praktizieren, allerdings noch Optimierungsbedarf, vor allem:

- In der Einhaltung der vorgegeben Zeitachse.
  Oftmals werden die Zielvereinbarungen nicht im vorgesehenen Zeitrahmen verabschiedet;
- In der Steuerung/dem Monitoring des Zielvereinbarungsprozesses. Oft hat die Unternehmensführung keinen Überblick über den Stand des Zielvereinbarungsprozesses und der Zielerreichung;
- Welche Führungskraft hat die Zielvereinbarungsgespräch schon geführt?
  - Wie wurden die übergeordneten Ziele in den Zielvereinbarungen kaskadiert?
  - Wurden die Review-Gespräche unterjährig geführt?
  - Wie hoch ist der aktuell zu erwartende Zielerreichungsgrad?
- In einer administrativen IT-Unterstützung des Performance Management Prozesses, die zum einen den Pflegeaufwand minimiert und zum anderen durch Monitoring-Elemente den reibungslosen Ablauf sicherstellt.

Neben dieser – an definierte Abläufe gebundenen – Form des Performancemanagements gibt es auch eine „Gegenbewegung", die eher auf die Deregulierung des Performance Managements setzt und die eine Stärkung der Führungsverantwortung fordert. Der Grundgedanke ist der, die Führungskräfte nicht durch ein Regelwerk zu „ent-antwortlichen", sondern die Verantwortung für das Performancemanagement und somit die Performance der Mitarbeiter in die Linie zu transportieren.

Es zeichnen sich auch neue Herausforderungen ab. In einigen Märkten genügt die pure Erreichung der budgetierten Ziele nicht mehr, um in einem kompetitiven Umfeld mithalten zu können. Der „Break Through" wird hier nur durch eine Out Performance erreicht werden können.

Bei börsennotierten Unternehmen ist die Plan-Performance im Aktienkurs bereits eingepriced. Es sind Überraschungen gefordert, um als Top Player hervorzugehen. Neue zusätzliche innovative Instrumente sind hier gefragt, um die Performance der Mitarbeiter zu steigern und die richtigen Anreize zu setzen. Der im Abschnitt „Fokussierung der Steuerung durch spezielle STI- Komponenten" vorgestellte Top Performance Bonus-Ansatz (s.u.) ist eines dieser Instrumente.

Zunehmend gewinnen neben den kurzfristigen auch mittel- und langfristige Formen der Performanceorientierung an Bedeutung. Anders als bei den Short Term Incentives, die sich meist auf das Geschäftsjahr beziehen, rückt hier die direkte Partizipation des Mitarbeiters am mittel- bis langfristigen Erfolg des Unternehmens verbunden mit unternehmerischem Handeln, stärker in den Vordergrund.

Auch mittlere und kleine Unternehmen sehen zunehmend den Bedarf, mit derartigen Instrumenten die Bindung und die nachhaltige Motivation ihrer Top Leister zu fördern. Bei der Umsetzung der Long Term Incentives werden Aktienoptionen verstärkt durch alternative Modelle der Beteiligung abgelöst. So werden beispielsweise Short Term Incentives und Long Term Incentives in Mid Term Bonus-Modellen verknüpft. Auch die Partnerschaftsmodelle erfahren eine Wiederbelebung. Diese Modelle fördern langfristig orientiertes unternehmerisches Handeln und die Bindung an das Unternehmen.

Zusammenfassend kann festgehalten werden, dass das Performancemanagement zunehmend einer ganzheitlichen systemübergreifenden Betrachtungsweise folgt. Vorhandene Einzelsysteme werden intelligent miteinander zu einem integrierten Performance Management verknüpft. Als Beispiel kann hier eine Stellenbewertung anhand des Beitrags der Position zur Wertschöpfung des Unternehmens angeführt werden, welche dann mit dem strategischen Kompetenz- und Nachfolgemanagement verknüpft wird. Gleichzeitig bildet das Grading die Grundlage für die Gestaltung der Vergütungsstrategie.

Ein integriertes Performance Management umfasst also eine ganzheitliche Steuerung der erfolgsrelevanten Instrumente und Systeme, was eine enge Vernetzung mit einer geschäftsorientierten Steuerung voraussetzt. Der zentrale Erfolgsfaktor jedoch ist die ganzheitliche Führung und die damit verbundene Stärkung der Führungsverantwortung. Damit ist die PE als Partner der Führungskräfte herausgefordert.

2. Performanceorientierung von Organisation und Positionen

Die Wahrnehmung und der Wert eines Unternehmens hängen neben den finanziellen Größen auch maßgeblich von der Qualität des Managements und der Transparenz der Organisation ab. Da sich die Wertschöpfung des

Unternehmens entlang der Prozesskette vollzieht und die darin eingebundenen Funktionen ihren Beitrag in unterschiedlichsten Ausprägungen leisten, zeichnet eine Einstufung der Funktionen anhand des Beitrages zum Unternehmenserfolg und eine konsequente, performanceorientierte Führung und Steuerung der Humanressourcen die Qualität des Managements ab. Die Organisationsstruktur muss einer Kultur des kontinuierlichen Wandels zunehmend gewachsen sein und alle Veränderungen mittragen können. Hierbei sollte die Organisationsstruktur die Performancekultur des Unternehmens widerspiegeln. Dadurch werden auch die Anforderungen an ein optimiertes Zusammenspiel zwischen den Geschäftsprozessen und der Aufbau- und Ablauforganisation verdeutlicht bzw. dargestellt. Betrachtet man die Unternehmenslandschaft kritisch, so fällt auf, dass die Zugehörigkeiten von Funktionen zu verschiedenen Gruppen jedoch oftmals Hierarchien und Berichtswege abbilden. Folgt die Eingruppierung hingegen einer Positionsbewertung, die sich nicht an den vorhandenen Berichtswegen orientiert, so spiegeln die angewandten Einstufungskriterien vorwiegend Input-orientierte Faktoren wie Ausbildung und Betriebszugehörigkeit wider.

Unter dem Gesichtspunkt der Performanceorientierung sollten hingegen bei der Neuordnung der Organisation vor allem Output-orientierte Faktoren im Vordergrund stehen. Kernfragen, die es hierbei zu beantworten gilt, sind:

- Welches sind die erfolgskritischen Geschäftsprozesse und wer gestaltet und steuert die Performance in diesen Prozessen?
- Welche Funktionen liefern maßgebliche Beiträge im Wertschöpfungsprozess?

Dies sind die Hebel, die maßgeblich zum Unternehmenserfolg beitragen und langfristig die Wettbewerbsfähigkeit der Organisation sicherstellen. Moderne, wertorientierte Stellenbewertungsansätze, wie das „Value Based Job Grading" folgen genau dieser Philosophie.

Der Gesamtbeitrag der Position zum Geschäftserfolg und zur Wertschaffung wird im Einzelnen anhand folgender Fragestellungen gemessen:

- Welchen Beitrag leistet die Position zur Entscheidung und Entwicklung der Konzern-/Unternehmens-Strategie?
- Welchen Beitrag leistet die Position zur Steuerung und Optimierung der Werttreiber?
- Welchen Beitrag leistet die Position zur Gestaltung und Steuerung der Geschäftsfelder und Geschäftsprozesse?

- Welche Dimension besitzt die Führungs- und Steuerungsaufgabe der Position in der Organisation?
- Welche besondere Kommunikationswirkung besitzt die Position?

Der wesentliche Vorteil eines solchen Ansatzes in Bezug auf die Performanceorientierung ist der hohe Business-Bezug durch Unterstützung des Wert- und Prozessmanagements:

- Identifizierung des Einflusses der Funktionen auf die Werttreiber des Unternehmens,
- Identifizierung der Rolle von Funktionen im Prozesszusammenhang,
- Identifizierung von Redundanzen in der Aufgabenwahrnehmung, gegebnenfalls vorhandener Steuerungsdefizite und fehlender Rollen bei erfolgskritischen Prozessen.

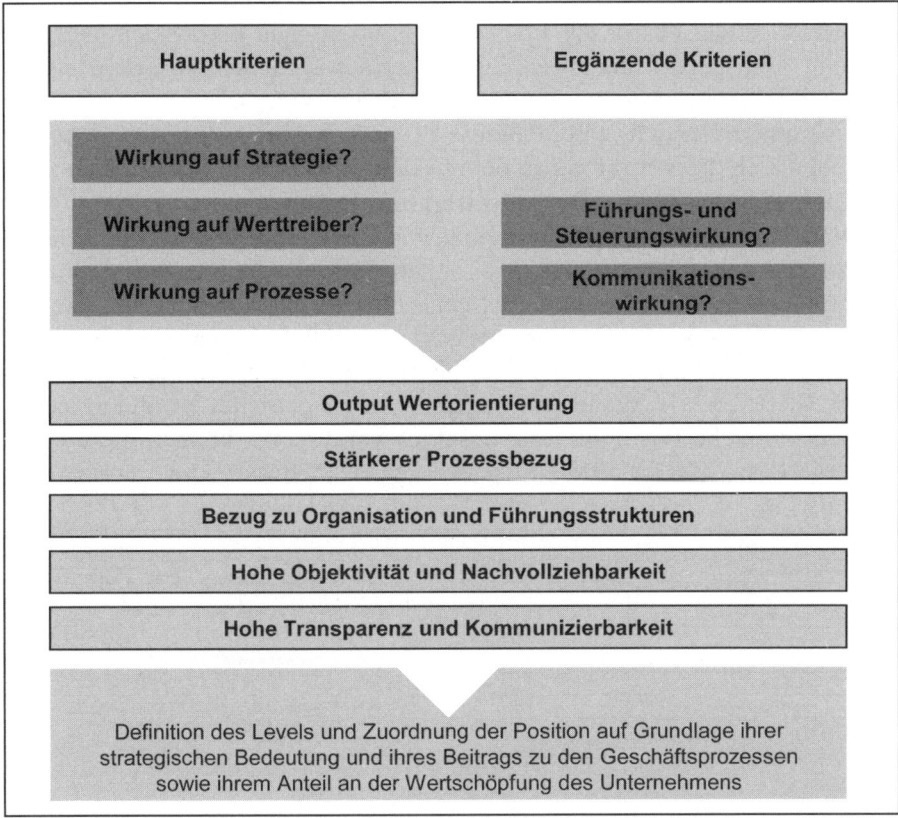

Abb. 1. Positionsbewertung nach Value-Based Job Grading

Im Ergebnis bildet das Value-Based Job Grading die Grundlage und das Rückgrat für die Gestaltung des Performancemanagement:

- **Job Grading grenzt die Führungskreise ab:**
  Die Grading-Ergebnisse zeigen unmittelbar die tatsächliche dispositive Funktion einer Position auf und vermeiden die Orientierung an traditionellen hierarchieorientierten Kriterien (wie Anzahl unterstellter Mitarbeiter, Berufserfahrung, Ausbildungshintergrund, etc.)
- **Die Transparenz und Einfachheit des Ansatzes erleichtern die Kommunikation der Gründe für die Eingruppierung.**
- **Job Grading ist die Basis zur Definition von Gehaltsbändern:**
  Durch unternehmerische und Business-bezogene Kriterien wird das Wertschöpfungspotenzial der Position im jeweiligen Marktumfeld und in der jeweiligen Geschäftssituation berücksichtigt. Dadurch wird das Matching mit Marktdaten verbessert. Zusätzlich kann die Gestaltung der Gehaltsbänder besser die finanzielle Tragfähigkeit berücksichtigen. Die hohe Transparenz und Nachvollziehbarkeit erleichtert die Begründung der Positionszuordnung zu Gehaltsbändern. Die Zuordnungskriterien sind ausschließlich unternehmerisch und Business-bezogen. Dadurch richtet sich die Vergütung an dem Performancebeitrag der Position aus.
- **Harmonisierung von Organisation und Prozessen:**
  Die Eingruppierung ist unmittelbar von Rolle und Reichweite der Position im Wertschöpfungsprozess abhängig und somit stark an die Performance der Position gerichtet (z. B. Bedeutung für Kundenbeziehungen, Rolle in den Geschäftsprozessen, geschäftsbezogene Führungs- und Steuerungsaufgabe). Da die Gruppierung der Positionen nicht an formalen Kriterien wie Verantwortungsrahmen ausgerichtet ist und keine organisatorische Positionierung des Jobs voraussetzt, können die Gradingergebnisse für die Gestaltung der Organisationsstruktur genutzt werden.

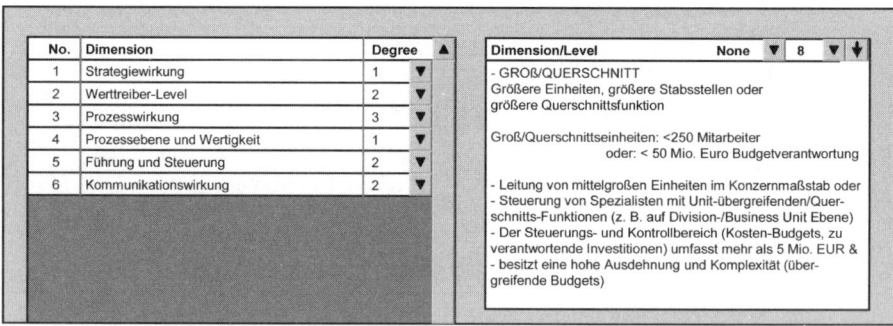

Abb. 2. People Management Center: IT-Unterstützung bei Value-Based Job Grading

3. Verknüpfung des Vergütungssystems mit dem Steuerungssystem des Unternehmens

Das Steuerungssystem eines Unternehmens erzielt seine größte Wirkung, wenn es im Unternehmen kommuniziert und von den Mitarbeitern als solches wahrgenommen wird. Die Verankerung des Wertmanagements im Vergütungssystem für Führungskräfte und Mitarbeiter wird daher berechtigterweise zunehmend als zentrales Element wertorientierter Führung angesehen.

Die Unterstreichung der Performanceausrichtung des Unternehmens durch die Kopplung an die Vergütungsbestandteile wirkt als zusätzlicher Hebel in der operativen Umsetzung der Unternehmensziele (vgl. Abbildung 3).

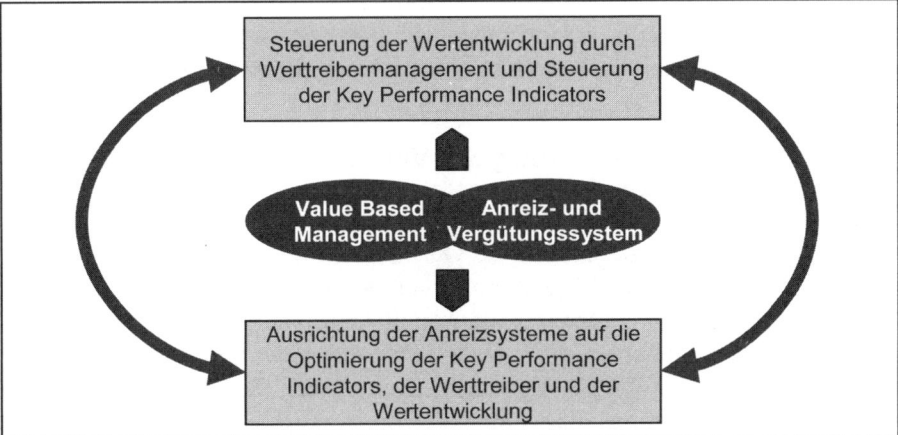

Abb. 3. Performance Management als integrativer Management Prozess

Das Value-Based Management beinhaltet die Steuerung der Wertentwicklung durch das Werttreibermanagement und die Steuerung der Key Performance Indicators. Unterstützt wird diese Steuerung durch die Verknüpfung mit dem Vergütungssystem und der Ausrichtung der Anreizsysteme auf die Optimierung dieser Größen. Wesentliche Bestandteile und Zielsetzungen des Steuerungsprozesses sind:

- Transfer des Wertmanagement-Ansatzes auf das operative Geschäft. Aus dem Ansatz zum Performancemanagement werden geschäftsorientierte Zielgrößen schrittweise abgeleitet und übersichtlich dargestellt;

- Zuordnung der zentralen Steuerungsgrößen zu den verantwortlichen Einheiten, Führungskräften und Mitarbeitern: Wer beeinflusst welche Größe, ist verantwortlich für die Erreichung der jeweiligen Zielgrößen?
- Kopplung des Anreizsystems (Short- und Long-Term-Incentives) an das Erreichen der jeweiligen Steuerungsgrößen/Geschäftsspezifischen KPI; dabei sollte eine Kombination individueller und unternehmens- bzw. konzernbezogener Erfolgsgrößen berücksichtigt werden;
- Design eines transparenten, nachvollziehbaren Zusammenhangs zwischen Zielerreichung und erfolgsabhängiger variabler Vergütung;
- Umfassende Kommunikations- und Trainingsmaßnahmen zur Einführung des Performance Managements;
- Quality Check und Monitoring der Umsetzung des Prozesses im Unternehmen.

Um das Performancemanagement optimal zu unterstützen, sollten alle Vergütungsbestandteile performanceorientiert gestaltet sein. Der Total Compensation Ansatz unterstreicht diese Herangehensweise.

3.1 Performanceorientierung der Vergütungsbestandteile: Der Total Compensation Ansatz

Die Vergütung wird zunehmend als Gesamtleistung verschiedener monetärer und nicht monetärer Vergütungsbestandteile gesehen und als Gesamtpaket wahrgenommen. Daher sollten sich Unternehmen nicht darauf beschränken, nur einen Teil dieses Paketes, nämlich vorrangig die kurzfristige variable Vergütung, als Instrument zur Steuerung und Umsetzung der Unternehmensziele einzusetzen, sondern das gesamte Vergütungspaket performanceorientiert auszurichten.

Denn nicht nur klare, auf die Unternehmensstrategie abgestimmte Ziele im Rahmen eines Zielvereinbarungssystems, sondern auch performancebezogene Gesamtvergütungssysteme führen zu mehr Effizienz und Motivation der Mitarbeiter. Eine individuelle Vergütung hat zudem den Vorteil, dass sie das Unternehmen als Arbeitgeber attraktiv macht und Impulse für Produktivität und Wertschöpfung gibt.

Der Total Compensation Ansatz umfasst alle Komponenten der Vergütung, vom Grundgehalt über die variable Vergütung, die Altersversorgung bis hin zu Dienstwagen und weiteren Benefits. Ziel ist es, den Gesamtwert der gewährten Leistungen in den Vordergrund zu stellen und sich von der isolierten Betrachtung einzelner Entgeltkomponenten zu lösen (vgl. Abbildung 4).

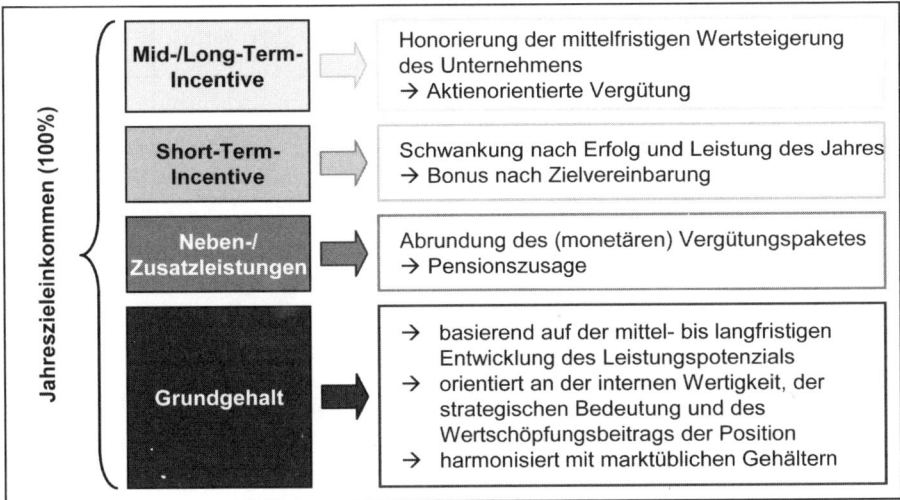

Abb. 4. Der Total Compensation Ansatz

Die Bestandteile der Vergütung

Das Grundgehalt bildet die Basis der Vergütung und wird durch die Gewährung verschiedener Zusatzleistungen abgerundet. Short-Term-Incentives honorieren die Leistung in einzelnen Geschäftsjahren und tragen wesentlich zur Steuerung und Motivation der Mitarbeiter bei. Mid- und Long-Term-Incentives honorieren die langfristige Performance der Mitarbeiter und fungieren zudem als Instrument zur Mitarbeiterbindung.

In einem performanceorientierten Vergütungsansatz sind alle Elemente der Gesamtvergütung an Performanceindikatoren ausgerichtet (vgl. Abbildung 5).

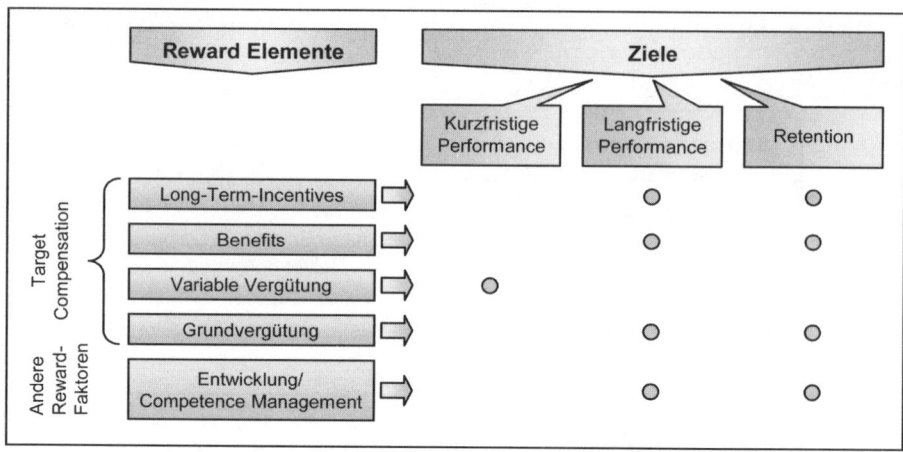

Abb. 5. Vergütungssystem als integrativer Bestandteil des Performance Managements

3.2 Grundvergütung

Die Grundvergütung bildet die Basis des Vergütungspaketes und wird als konstanter Faktor in der Vergütung auch oftmals als wichtigster Bestandteil wahrgenommen. Gerade deshalb ist es wichtig, diesen Bestandteil der Vergütung performanceorientiert zu gestalten.

Ein ausgewogenes und in sich schlüssiges Grundgehaltssystem bildet das Rückgrat, auf welchem die anderen Vergütungselemente weitere HR-Instrumente, wie z. B. ein strategisches Kompetenzmanagement, aufsetzen können. Die Performanceorientierung der Grundvergütung kann im Wesentlichen durch zwei Maßnahmen maßgeblich unterstützt werden.

1. Einstufung der Funktionen in Vergütungsbänder
2. Performanceorientierte Gehaltsentwicklung innerhalb der Vergütungsbänder.

1. Einstufung der Funktionen in Vergütungsbänder

Die Definition verschiedener Bänder sollte anhand wert- und performanceorientierter Kriterien erfolgen. Wie weiter oben beschrieben, bildet das Value-Based Job Grading eine solide Grundlage zur Bewertung der Funktionen und somit zur Zuordnung der Funktionen in Bänder/Levels.

Tabelle 1 zeigt eine mögliche Einreihung von Funktionen in Bänder. Hierbei wird deutlich, wie sich die angewandten Kriterien stark an der nötigen Performance und dem Wertbeitrag orientieren.

Tabelle 1. Bewertung mit Value Based Job Grading

Level		Typische Funktionen	Typische Ausprägungen
L1	Vorstand/ Geschäftsführung	CEO, Vorstandsmitglied, Vorsitzender/ Mitglied der Geschäftsführung …	entscheidet über Geschäftsstrategie, verantwortet und optimiert die übergreifenden Werttreiber
L2	Top Executive/ Obere Führungskräfte	Spartenleiter, Divisionsleiter, Leiter Zentralbereich, z. B. Leiter Finanzen & Controlling, Leiter Produktion, Leiter Vertrieb …	wirkt z. T. bei der Strategieentscheidung mit, gestaltet wichtige Geschäftsprozesse oder wichtige Führungs- und Steuerungsprozesse, verantwortet und steuert bedeutende Werttreiber
L3	Senior Management	Leiter operativer Einheiten, Leiter von Querschnittsfunktionen, bedeutende Projektleiter, z. B. Werksleiter, Leiter Vertrieb Region/Land, Leiter Einkauf, Key Account Manager (groß) …	verantwortet die Performance übergreifender Prozesse (Process Ownership), steuert Werttreiber, verantwortet die Prozessleistung (KPI's), leitet wichtige Projekte
L4	Mittleres Management/ Top Experten	z. B. Leiter Personalgrundsatzfragen, Key Account Manager, Gebietsleiter Vertrieb, Werksleiter …	verantwortet Teilprozesse, nimmt zum Teil Führungs- und Steuerungsaufgaben wahr (Mittel bis große Einheiten), steuert die operative Performance der Prozesse/ der Projekte, trägt konzeptionelle Lösungen bei
L5	AT/oberer Tarifbereich	z. B. Personalreferent, Leiter Kreditorenbuchhaltung, Teamleiter Vertriebssupport, Leiter Arbeitsvorbereitung, Leiter Materialmanagement …	optimiert die Performance in Teilprozessen, reagiert auf Störungen in den Prozessen/Projekten, überwacht operative Aufgaben, wirkt in bedeutenden Projekten mit

Den so definierten Levels werden Vergütungsbänder zugeordnet, die den Rahmen für die Grundvergütung der jeweiligen Funktionen definieren. Diese Vergütungsbänder spiegeln zum einen die interne Wertigkeit der Funktionen zueinander wieder, basieren andererseits auch auf der Marktüblichkeit der Grundvergütung vergleichbarer Funktionen in vergleichbaren Unternehmen (s. Abbildung 6).

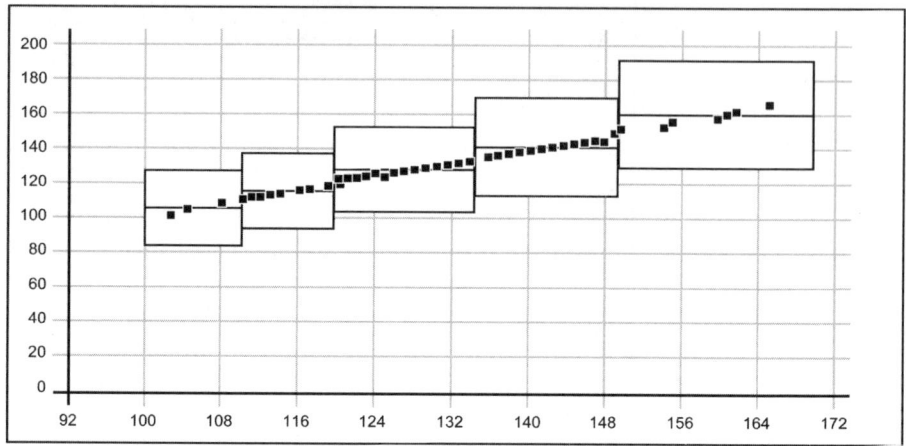

Abb. 6. Grundvergütungssystem

Zur Unterstützung der Performanceorientierung richtet sich die Positionierung einzelner Personen innerhalb des für ihre Funktion vorgesehenen Vergütungsrahmens ebenfalls an erfolgsrelevanten Kriterien aus. So spielen die erreichte Leistung, die Performanceausrichtung, die Kompetenzausprägung, das Potenzial etc. eine wesentliche Rolle bei der Festlegung der Vergütung innerhalb des Vergütungsbandes.

Somit hat die Performancewirkung hier einen doppelten Hebel in der Festsetzung der Grundvergütung: Zum einen werden die Zugehörigkeiten zu Vergütungsbändern schon an Wert- und performancerelevanten Kriterien definiert. Zum anderen richtet sich die Positionierung innerhalb dieser Bänder wiederum an performance-relevanten Kriterien aus.

2. Performanceorientierte Gehaltsentwicklung innerhalb der Vergütungsbänder

Der zweite wesentliche Hebel für die Performanceorientierung der Grundvergütung sind die jährlichen Gehaltsanpassungen. Das am häufigsten gewählte Kriterium für die Bemessung der Gehaltserhöhung ist die individuelle Leistung des Mitarbeiters, gefolgt von der wirtschaftlichen Situation des Unternehmens.

Der wesentliche Punkt bei der Gehaltsanpassung ist, dass die eventuelle Gehaltserhöhung sich an der Erreichung von Ergebnissen orientiert. Diese Ergebnisse sollen die Performance der Person widerspiegeln, müssen sich aber nicht ausschließlich an finanziellen Größen ausrichten. Neben Kriterien, die die persönliche Leistung und die Gesamtleistung des Unternehmens berücksichtigen, können hier Kriterien wie Kompetenzerweiterung und persönliche Entwicklung zur Definition der Gehaltsentwicklung beisteuern. Auch Kombinationen aus individueller Leistung und Kompetenzausprägung/Entwicklung des letzen Jahres, vereint mit der Betrachtung der bisherigen Lage im Gehaltsband, sind als Grundlage der Gehaltsanpassungen sinnvolle Lösungen. Sie spiegeln so das Potenzial in der Funktion wider (vgl. Abbildung 7).

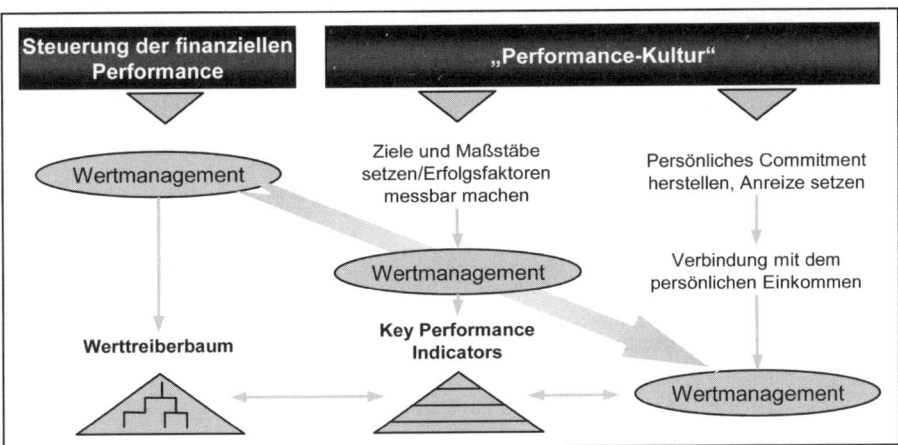

Abb. 7. People Management Centre: IT-Unterstützung bei der Festsetzung der Gehaltsanpassungen

3.3 Short Term Incentive (STI) -Anpassung der Vergütung an das Steuerungsmodell

3.3.1 STI – Orientierung am periodenbezogenen Steuerungsmodell

Die variable Vergütung ist wahrscheinlich der größte Wirkungshebel zur Umsetzung und Steuerung von periodenbezogenen Unternehmenszielen.

Die Kopplung der Zielerreichung mit der Höhe der variablen Vergütung dient als hohes Anreizinstrument und wird, sowohl bei positiver als auch bei negativer Ausprägung, deutlich von den involvierten Führungskräften und Mitarbeitern wahrgenommen.

Zielvereinbarungssysteme dienen der Unternehmensführung und dem HR-Management als Anreizinstrument für Führungskräfte und Mitarbeiter, um strategische Vorgaben umzusetzen. Die für das Geschäftsjahr relevanten Vorgaben werden in den Zielvereinbarungen der Führungskräfte und Mitarbeiter in Form von quantitativen und qualitativen Zielen operationalisiert, indem Zielinhalte und Meilensteine definiert werden. Diese Führung von Mitarbeitern mit Hilfe von Zielvereinbarungen kann sich für den Unternehmenserfolg als eine sehr wirkungsvolle Unterstützung erweisen, wenn die praktische Umsetzung effizient gelöst wird und sich die Ziele konsequent am Wertmanagement des Unternehmens orientieren. Um eine konsequente und an der Gesamtstrategie orientierte Umsetzung zu ermöglichen, müssen Zielvereinbarungen hinsichtlich ihrer Wirkung abgestimmt sein, so dass abgeleitete Ziele letztlich zum angestrebten Gesamtergebnis führen (vgl. Abbildung 8).

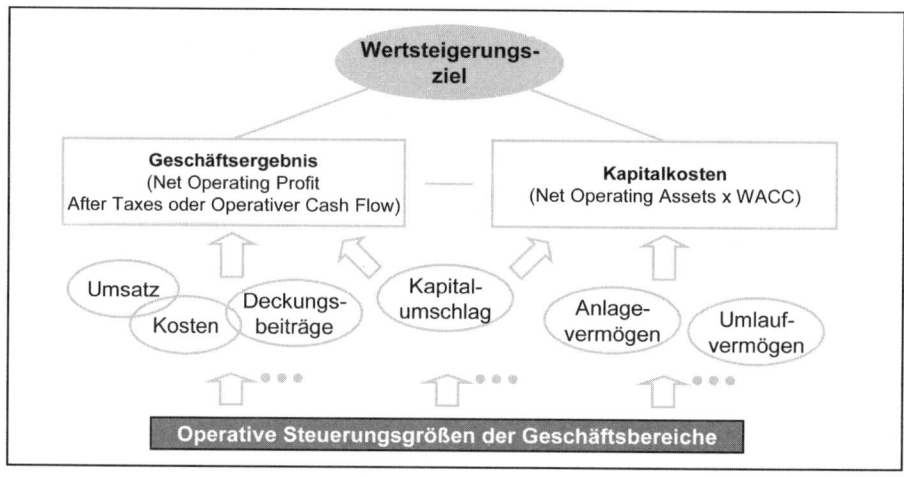

Abb. 8. Zielvereinbarungen als Instrument der Performance-Steuerung

Verknüpfung der Wertsteuerung mit Führungs- und Anreizsystemen zur Ableitung der Ziele

Die wertorientierte Steuerung des Unternehmens orientiert sich an übergreifenden Vorgaben entsprechend dem Value-Based Management Konzept. Diese übergreifenden Vorgaben definieren das Wachstums- oder Ergebnisziel des Unternehmens und sind je nach Steuerungspolitik an Spitzenkennzahlen festgemacht.

Auf Geschäftsbereichsebene werden die Werttreiber gesteuert, die für die Erreichung des übergreifenden Wertsteigerungsziel verantwortlich sind. Die relevanten Werttreiber beziehen sich hierbei je nach Geschäftsbereich auf Ergebnis-, Wachstums-, Kosten- und weiteren Größen.

Von diesen geschäftsbereichsspezifischen übergeordneten Größen leiten sich die geschäftsspezifischen Steuerungsgrößen für einzelne Abteilungen oder Mitarbeiter ab. Die so definierten Key Performance Indicators (KPI's) bilden die Grundlage für Zielvereinbarungen und die variable Vergütung (vgl. Abbildung 9).

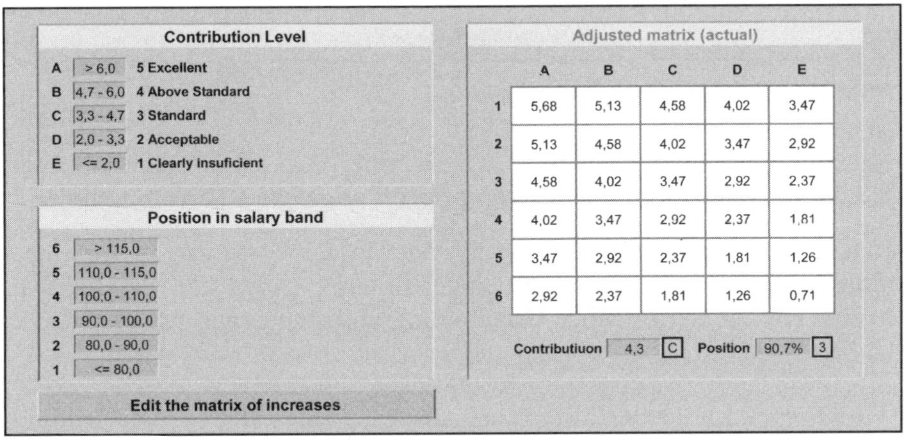

Contribution Level		
A	> 6,0	5 Excellent
B	4,7 - 6,0	4 Above Standard
C	3,3 - 4,7	3 Standard
D	2,0 - 3,3	2 Acceptable
E	<= 2,0	1 Clearly insufficient

Position in salary band	
6	> 115,0
5	110,0 - 115,0
4	100,0 - 110,0
3	90,0 - 100,0
2	80,0 - 90,0
1	<= 80,0

Edit the matrix of increases

Adjusted matrix (actual)				
A	B	C	D	E
5,68	5,13	4,58	4,02	3,47
5,13	4,58	4,02	3,47	2,92
4,58	4,02	3,47	2,92	2,37
4,02	3,47	2,92	2,37	1,81
3,47	2,92	2,37	1,81	1,26
2,92	2,37	1,81	1,26	0,71

Contributiuon 4,3 [C] Position 90,7% [3]

Abb. 9. Ableitung operativer Steuerungsgrößen

Zur Umsetzung eines effizienten, perfomanceorientierten variablen Vergütungssystems ist es notwendig, klare Regeln für den Inhalt und den Prozess der Zielfindung zu definieren. So bildet die übergreifende Zielkaskade das zwingende Grundraster für den weiteren Zielableitungsprozess in den Bereichen. Alle Zieldefinitionen beziehen sich auf klare und übergreifend konsistente Vorgaben für finanzielle Steuerungsgrößen. Alle nicht finanziellen Ziele werden zwingend am Beitrag zu den Werttreibern oder Ertrags- und Kostenzielen gemessen. Die Zielvereinbarungsprozesse der einzelnen Bereiche fußen somit auf klaren Vorgaben und erweitern die Zielkaskade für ihre jeweiligen Bereiche. Das Herunterbrechen der Ziele bis zur persönlichen Ebene muss sich im vorgegebenen Rahmen bewegen (s. Abbildung 10).

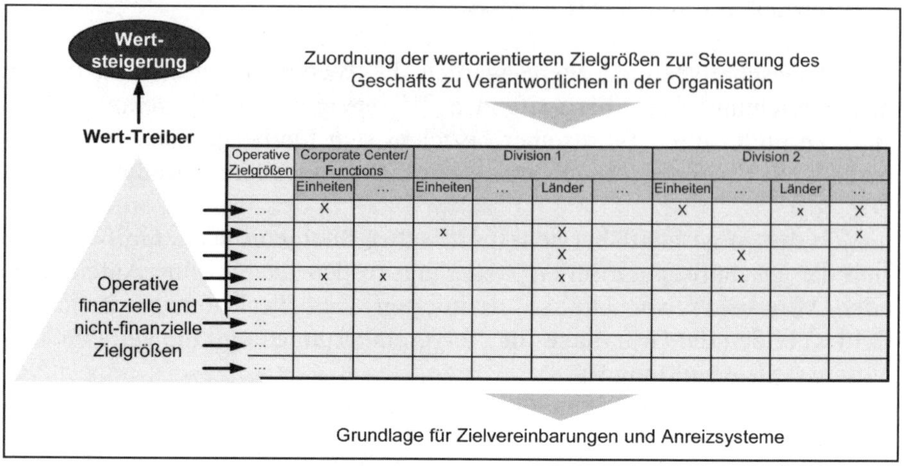

	Operative Zielgrößen	Corporate Center/ Functions		Division 1				Division 2			
		Einheiten	...	Einheiten	...	Länder	...	Einheiten	...	Länder	...
	...	X						X		x	X
	...			x		X					x
	...					X		X			
	...	x	x			x		x			
	...										
	...										

Abb. 10. Entwicklung der Zielkaskade

3.3.2 Fokussierung der Steuerung durch spezielle STI-Komponente

Klassische Short-Term-Incentive Systeme in der Form von Zielvereinbarungssystemen – verbunden mit einem Bonus – haben sich als effektives Instrument zur Performance-Orientierung und -Steuerung bewährt und etabliert.

Im Folgenden werden zwei Systemansätze vorgestellt, die eine deutliche Performance-Orientierung verfolgen. Der Top Performance Bonus-Ansatz verfolgt dabei eine klare Ausrichtung auf die Erhöhung der Wertsteigerung im Unternehmen, während das Performancemanagement in Marktbearbeitungsprozessen eine integrierte Betrachtung von Steuerung, Führung und Vergütung der Vertriebsaktivitäten vorsieht.

Top Performance Bonus – Honorierung der Overperformance in erfolgsrelevanten Zielen

Die Top Performance Bonus-Honorierung ist ein Instrument, um kurzfristig den Fokus der Leistungserbringung auf die Erreichung bzw. Übererreichung eines bestimmten, ergebnisrelevanten Ziels zu setzen. Es soll daher nicht bereits vorhandene Bonus-Systeme ersetzen oder verdrängen, sondern lediglich ergänzen.

Das Ziel eines Top Performance Bonus-Systems ist es, eine signifikante Wertsteigerung im Unternehmen durch einen individuellen Erfolgsbeitrag zu einem ergebnisrelevanten Ziel zu erreichen. Zusätzlich kann durch die Ausschüttung eines Extra-Bonus eine unter dem Marktniveau liegende Mitarbeitervergütung ausgeglichen oder aufgehoben werden.

Der Unterschied zu klassischen Zielvereinbarungssystemen liegt vor allem in der Betonung der Übererfüllung. Erst bei Überschreitung des vorgegebenen Ziels beginnt die monetäre Wirkung des Top Performance Bonus. Der Einsatz des Top Performance Bonus richtet sich somit in erster Linie an die Top Leister der oberen Führungsebenen im Unternehmen, die einen direkten Werthebel auf Umsatz-, Ertrags- oder kostenrelevante Ziele besitzen. Wesentliches inhaltliches Ausgestaltungselement des Top Performance Bonus ist dabei die Wahl der aus Steuerungsgesichtspunkten richtigen ergebnisrelevanten Zielgröße und ein Zielwert, dessen Höhe direkt durch die steuerungsverantwortlichen Bereiche festgelegt wird.

Performance Management in Marktbearbeitungsprozessen

Im Rahmen der Marktbearbeitung werden bedingt durch stetigen Wettbewerbsdruck, anspruchsvolle Kundenanforderungen in Bezug auf Dienstleistungs- und Servicequalität, sowie einen ständigen Wandel der Marktstrukturen die Anpassungszyklen der Marktbearbeitungsstrategie zunehmend kürzer. Auch die Anpassung der daraus abgeleiteten Prozesse, der neu entstehenden Aufgaben und der Organisationsstruktur unterliegt einer starken Beschleunigung. Diese zunehmend dynamische Entwicklung stellt ein Performancemanagement-System in Unternehmen vor große Herausforderungen im Hinblick auf die Flexibilität und Anreizkompatibilität der Steuerungs-, Führungs- und Vergütungssysteme.

Die Praxis zeigt, dass es in Unternehmen zwischen den definierten Zielsetzungen von Seiten der Unternehmensleitung und der Umsetzung durch die Mitarbeiter zu erheblichen Abweichungen hinsichtlich der Vorgehensweise und Vorstellungen bei der Zielerreichung kommen kann. Ein integriertes Performancemanagement-System kann diese Differenzen aufdecken und beheben.

In diesem Zusammenhang treten dabei vier zentrale Anforderungen von Unternehmensseite an ein Performancemanagement-System zutage:

- Prozessorientierung: Betrachtung des gesamten Marktbearbeitungsprozesses;

- Wertschöpfungsorientierung: Fokussierung auf relevante Kernaufgaben;
- Commitment: Klare Zuordnung von Verantwortung für Kernaufgaben;
- Ganzheitlichkeit: Integrierte Betrachtung von Steuerung, Führung und Vergütung.

Die angesprochenen Abweichungen werden durch die eindeutige Zuordnung von Kernaufgaben, verbunden mit einer klaren Festlegung der Verantwortung für die Marktbearbeitungsprozesse, behoben. Im Rahmen des Performancemanagements gilt es, für eben diese definierten Kernaufgaben eindeutige Erfolgsfaktoren sowie passende Messgrößen, sogenannten Key Performance Indicators (KPI's), herauszuarbeiten bzw. zu entwickeln. Dabei ist das Konzept des Managements der Kernaufgaben nicht auf die kurzfristige Maximierung des Unternehmenserfolges, sondern auf die Sicherung und Steuerung des langfristigen Unternehmenserfolgs und der langfristigen Unternehmensentwicklung ausgerichtet.

Zusätzlich unterstützt ein solches System auch die Entwicklung und Ausrichtung der Unternehmen hin zu einer wertschöpfungsorientierten Organisation (Schnittstelle zur Organisationsentwicklung). Diese Art von Systemen schaffen auch Transparenz und Klarheit hinsichtlich der Schlüsselfunktionen in Unternehmen und ermöglichen eine frühzeitige Identifizierung von Potenzialträgern, die anhand der definierten Leistungsanforderungen gemessen und im Rahmen des Nachfolgemanagements gezielt gefördert werden können (Schnittstelle zum People Management). Dabei müssen die spezifischen Bedürfnisse, die aus der Unternehmenskultur und der mittel- bzw. langfristigen Strategie des Unternehmens hervorgehen, ebenfalls bei der Entwicklung eines Performancemanagement-Systems Berücksichtigung finden.

Aus Unternehmensperspektive ist es von entscheidender Bedeutung, dass den marktseitig bedingten Anforderungen Rechnung getragen wird und dass das Performancemanagement-System mit der jeweiligen Unternehmenskultur harmoniert. Zudem sollte den individuellen Vorgehensweisen der Mitarbeiter genügend Spielraum für Entfaltungsmöglichkeiten im Rahmen der Marktbearbeitung zuteil werden.

3.3.3 Qualitätsmanagement des Zielvereinbarungsprozesses

Erfolgreiche Zielvereinbarungssysteme müssen die Fokussierung der Ressourcen auf strategiekonforme und wertschöpfende Aktivitäten im Sinne des Gesamtunternehmens ermöglichen (vgl. Abbildung 11). Ressourcen und Energien müssen hierbei zur Verbesserung und Weiterentwicklung auf wenige, besonders wichtige Prioritäten ausgerichtet werden.

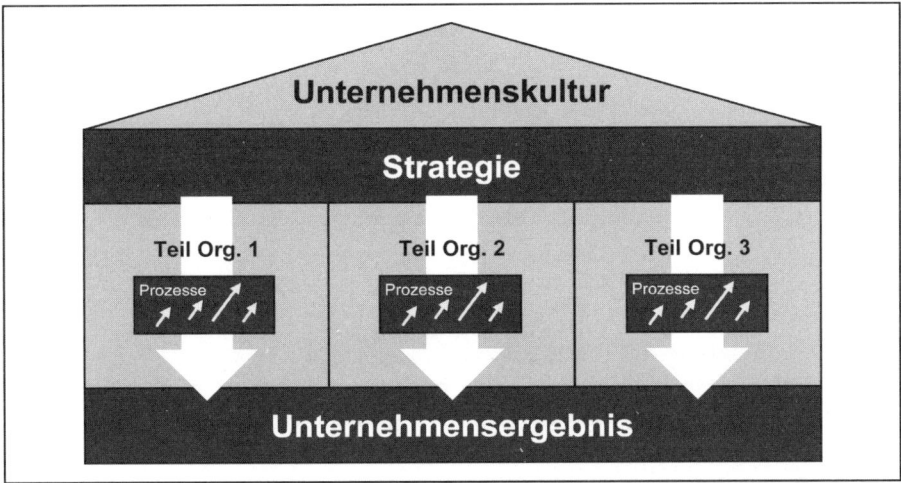

Abb. 11. Fokussierung des Zielvereinbarungssystems auf Strategiekonformität

Die mit dem Zielvereinbarungsprozess verbundene notwendige und gewünschte Kommunikation führt zu einer verstärkten Koordination der Verbesserungsaktivitäten in der Organisation. Unbedingte Voraussetzung hierfür ist Klarheit über die Strategie und die wesentlichen unternehmerischen Zielsetzungen bei Führungskräften und Mitarbeitern. Der Erfolg eines Zielvereinbarungssystems sowie dessen Akzeptanz und die Anreizwirkung hängen wesentlich von der Qualität, Professionalität und Prozesssicherheit ab, mit der es gehandhabt wird. Dabei kommt der PE eine neutrale Rolle zu. Sie sollte sich als Berater und Dienstleister des Zielvereinbarungsprozesses verstehen. Um langfristig aus Steuerungssicht das Zielvereinbarungssystem als wesentliches Instrument im Unternehmen zu etablieren, sollten die elementaren Einflussgrößen des Systems in regelmäßigen Abständen überprüft werden. Abbildung 12 verdeutlicht diese Einflussgrößen.

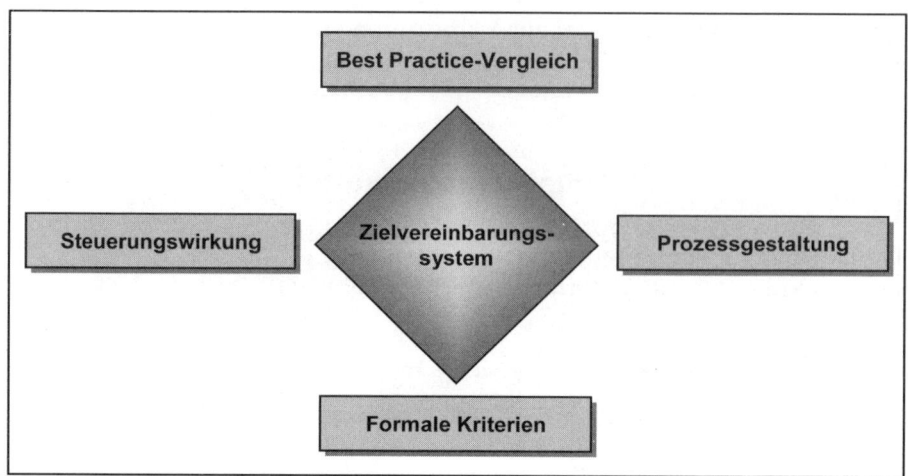

Abb. 12. Einflussgrößen von Zielvereinbarungssystemen

Steuerungswirkung

Im Rahmen der Steuerungswirkung steht die Kaskadierung der operativen Steuerungsgrößen aus zentralen Wertsteigerungszielen im Vordergrund. Der Prozess der Ableitung von operativen finanziellen und nichtfinanziellen Zielgrößen für das Geschäftsjahr steht dabei am Anfang. Diese Steuerungsgrößen dienen als Grundlage bzw. sind Bestandteil für die Zielvereinbarung der Mitarbeiter. Um die Verankerung der operativen Zielgrößen in den Zielvereinbarungen zu gewährleisten, müssen Prozess- und Fachverantwortliche die Zuordnung zu den Verantwortlichen in der Organisation sicherstellen. Von besonderer Bedeutung sind hierbei die Messbarkeit, die operativen Zielgrößen, eine inhaltliche Konsistenz-Prüfung sowie das Aufdecken von konkurrierenden Zielbeziehungen.

Prozessgestaltung

Die wesentlichen Ziele und Zielgrößen der Zielvereinbarungen für das aktuelle Geschäftsjahr müssen das Resultat der Unternehmensplanung des aktuellen Geschäftsjahres sein. Die daraus abgeleiteten Ergebnisse und Zielgrößen bilden die Grundlage für die Zielvereinbarungen der obersten Management-Ebenen. Deren Aufgabe ist es wiederum, die eigenen Bestandteile der Zielvereinbarung systematisch und abgestimmt auf die jeweiligen Teilbereiche herunter zu brechen und mit neuen Zielen zu ergänzen. Die Prozess-Verantwortlichen des Zielvereinbarungssystems müssen die Führungsebenen mit geeigneten Instrumenten und Informationen (Guidelines) unterstützen. Bei einer größeren Anzahl von Mitarbeitern empfiehlt sich eine geeignete IT-Unterstützung, die sowohl steuernd als auch administrativ unterstützen kann.

Formale Kriterien

Die Beachtung und Einhaltung formaler Kriterien dient vor allem der Durchführung eines einheitlichen und transparenten Prozesses, der Vergleichbarkeit von Zielvereinbarungen und der Bewertung von Zielerreichungen.

Neben der Erfüllung von grundsätzlichen System-Anforderungen, wie Anzahl der Ziele, Mindestgewichtung und Definition von Zielerreichungsstufen, kommt der Klarheit der Zieldefinition zentrale Bedeutung zu. Um ein zielorientiertes Arbeiten der Mitarbeiter zu unterstützen, müssen durch Führungskräfte klare und ergebnisbezogene Zielformulierungen festgeschrieben werden. Vor allem aber auch die inhaltliche Definition von Über- und Untererfüllung von Zielen dienen bei der Feststellung der Zielerreichung für beide Seiten zur eindeutigen Ergebnisfeststellung. Zusätzlich ist die Konformität mit den wesentlichen Unternehmenszielen oder den bereichsübergreifenden Projektzielen zu beachten. Auch hier kann eine geeignete IT-Unterstützung den Arbeitsaufwand reduzieren.

Best Practice-Vergleich

Zur Überprüfung und Anpassung des eigenen Zielvereinbarungssystems eignet sich ein regelmäßiger Best Practice-Vergleich mit entsprechenden Vergleichsgruppen. Sie dienen vor allem der Überprüfung der Marktkonformität des eignen Systems, um z. B. auf Veränderungen im Hinblick auf die Steuerungsfunktion und Mitarbeiterbindung reagieren zu können.

3.4 Long Term Incentives (LTI) – Orientierung der Vergütung an der langfristigen Wertsteigerung des Unternehmens

Short Term Incentive-Systemen wird vielfach eine Schwäche im Hinblick auf das unternehmerische Handeln von Management und Mitarbeitern unterstellt. Hauptkritikpunkt der in der Regel auf Ein-Jahres-Zeiträume ausgerichteten Systeme ist dabei vor allem die unzureichende Orientierung an der langfristigen Wertentwicklung des Unternehmens.

Einführung

Die Bedeutung von Long Term Invcentives (LTIs) nimmt weiter zu. Dies zeigt sich bereits darin, dass sich der finanzielle Vergütungsrahmen von Vorstandsmitgliedern zu einer weiteren Erhöhung der Zielgesamtbezüge bei gleichzeitiger Stagnation der Festbezüge entwickelt, was zu einer Steigerung der variablen Bezüge führt. Der Trend bei Großunternehmen geht sogar zu einer Drittelung der Zielgesamtbezüge in Festbezüge, kurz- und langfristiger variabler Vergütung.

Oberste Maßgabe jeglicher LTI-Pläne ist, dass diese die Unternehmensstrategie unterstützen und zugleich die Führungskräfte-Vergütung an die nachhaltige Wertsteigerung des Unternehmens koppeln. Damit soll erreicht werden, dass die Vorstandsmitglieder am langfristigen Unternehmenserfolg sowie an der Wertschöpfung partizipieren. Vom Manager zum Unternehmer ist hier das Stichwort. Des Weiteren soll die Performance- und Ergebnisorientierung verstärkt und die Motivation und Loyalität gefördert werden.

LTI-Modelle

Eingangs ist darauf hinzuweisen, dass eine zunehmende Konvergenz der LTI-Modelle zu beobachten ist. Die Grenzen sind nicht trennscharf und oftmals ist eine eindeutige Zuordnung eines Anreizsystems zu einem der Modelle nicht ohne weiteres möglich.

Während die bis zum Jahre 2000 aufgelegten Optionspläne ganz überwiegend die Zuteilung echter Aktienoptionen vorsahen, mehren sich seitdem Pläne, in denen den Managern andere Formen langfristiger Vergütung gewährt werden. Abbildung 13 (siehe S. 191) zeigt auf, welche unterschiedlichen Formen aktienbasierter (Langfrist-) Vergütung mittlerweile üblich sind und anhand welcher Fragestellung zu erkennen ist, um welches Modell es sich handelt. Die unterschiedlichen Modelle werden im Folgenden kurz dargestellt.

Trends

Parameter von LTI-Plänen

Da Aktienoptionspläne und sonstige Long Term Incentives im Rahmen der deutschen Vorstandsvergütung noch eine relativ junge Vergütungskomponenten darstellen, liegen angesichts der vielfältigen Erscheinungsformen bislang nur verhältnismäßig wenige fundierte Erfahrungen vor. Insofern erscheint zusätzlich der Blick auf den Stand und die Entwicklung im Ausland auch für die eigenen betrieblichen Erwägungen sinnvoll. Dies gilt insbesondere für den angelsächsischen Raum, in dem Long-Term-Incentives schon länger als in Deutschland zum Vergütungsstandard im Top-Management zählen.

Begünstigtenkreis

Der Begünstigtenkreis umfasst in der Praxis neben den Vorständen durchweg den oberen Führungskreis, also die Leitungskräfte der 1. und 2. Ebene sowie die Geschäftsführer wichtiger Tochterunternehmen. Die Ausdehnung auf weitere Führungsebenen, auf Key-Performer oder gar die Gesamtbelegschaft ist bei Großunternehmen bislang die Ausnahme; bei Start-Up-Unternehmen mit einer überschaubaren Belegschaft erfolgt sie hingegen häufiger. Die in der Vergangenheit verschiedentlich zu beobachtende Tendenz zur Ausweitung des Berechtigtenkreises auf die obersten vier bis fünf Ebenen ist in jüngster Zeit nicht mehr zu beobachten, vielmehr stellen wir eine zunehmende Konzentration auf die oben genannten Mitarbeiterkreise fest.

International werden Long Term Incentives in den meisten Ländern üblicherweise auf den oberen drei oder vier Führungsebenen gewährt. Dabei geht der Trend wie in Deutschland zu einer Reduktion des Teilnehmerkreises auf die oberen ein bis drei Führungsebenen mit deutlicher Konzentration auf die Top-Ebene.

Laufzeit

Die Laufzeit der LTI-Pläne beträgt üblicherweise fünf Jahre und entspricht damit zugleich der aktienrechtlichen Höchstdauer der Vorstandsmandate. In selteneren Fällen werden Laufzeiten von sieben oder zehn Jahren gewählt. Als Warte- oder Haltefrist für die Ausübung von Optionen gilt zumeist ein Zeitraum von drei Jahren oder es wird die gesetzliche Mindestfrist von zwei Jahren gemäß § 193 AktG Abs. 2 Nr. 4 angesetzt.

Performanceziele/Erfolgsziele

Der DCGK fordert in Ziffer 4.2.3 Abs. 3 Satz 2 für die Erfolgsziele von LTI-Plänen (Aktienoptionen und vergleichbare Gestaltungen), dass diese sich auf anspruchsvolle, relevante Vergleichsparameter bezogen sein sollen, wobei eine nachträgliche Änderung der Erfolgsziele oder der Vergleichsparameter ausgeschlossen sein soll (Satz 3).

Es gibt unterschiedliche Arten von Performancezielen. Es kann eine Unterteilung sowohl in absolute und relative Performanceziele als auch in interne und externe vorgenommen werden. Absolute Performanceziele sind dabei z. B. EBIT oder EBITDA (gleichzeitig internes Ziel) oder der Aktienkurs (gleichzeitig externes Ziel). Typisches relatives Performanceziel ist ein Index, dessen Entwicklung zu übertreffen ist. Als Index eignet sich entweder ein bestehender Aktienindex (DAX, SDAX o.ä.) oder eine speziell zu definierende Peer Group direkter Konkurrenten.

Die Vorteile absoluter Performanceziele liegen in deren Transparenz und Nachvollziehbarkeit, sowie darin, dass interne Kennzahlen jederzeit im Unternehmen vorliegen. Außerdem sind maßgeschneiderte Kennzahlen ableitbar. Nachteilig jedoch ist, dass unter Umständen eine relative Underperformance honoriert wird, wenn direkte Konkurrenzunternehmen verhältnismäßig stärker und/oder profitabler wachsen als das eigene.

Für relative Performanceziele spricht, dass diese gerne von externen Beobachtern und Analysten gesehen wird, um die eben genannte Problematik der eventuellen Honorierung einer Underperformance auszugleichen. Gegen relative Ziele wiederum spricht, dass unter Umständen absolute Verluste honoriert werden, wenn zwar die Peer Group „outperformed" wird, es sich jedoch um eine lediglich „weniger negative" Entwicklung handelt, aber eben doch nicht um eine positive. Problematisch ist außerdem, dass die Vergleichbarkeit mit der Peer Group von der Güte der von den betreffenden Unternehmen extern kommunizierten Unternehmensdaten abhängig ist. Darüber hinaus ist es oftmals nicht ohne weiteres möglich, eine sinnvolle Peer Group zu definieren, die eine zweckmäßige Vergleichbarkeit gewährleistet.

Da weder absolute noch relative Performanceziele für sich genommen hinreichend sind, geht der Trend eindeutig zur Verknüpfung absoluter und relativer Performanceziele. So wird beispielsweise die Kurssteigerung der eigenen Aktie mit ihrem relativen Anstieg gegenüber einem Referenzindex verknüpft.

Die LTI-Pläne der DAX-Gesellschaften kombinieren üblicherweise absolute und relative Performanceziele. Das am weitesten verbreitete relative Erfolgsziel ist in Bezug auf den Total Shareholder Return (TSR) die Outperformance eines Index oder einer Vergleichsgruppe. In diesem Fall ist meistens eine teilweise Ausübung in Abhängigkeit von der Höhe der Outperformance möglich. Einige Unternehmen benutzen interne Ziele, insbesondere EBITDA, EBIT, RoNA, Ros oder den Jahresüberschuss.

International überwiegen bei den Erfolgszielen in der Regel relative Performance-Ziele die absoluten Ziele. Besonders anspruchsvoll sind diese in Großbritannien. In den USA werden Erfolgsziele kaum gesetzt. Wenn aber ausnahmsweise die Zuteilung von Optionen oder Aktien an Erfolgsziele gebunden ist, so wird meistens als Zielgröße der Total Shareholder Return im Vergleich mit einem Börsenindex oder einer Vergleichsgruppe benutzt.

Aktienbasierte Vergütung

Zur Einordnung der Folgenden Begrifflichkeiten dient Abbildung 13.

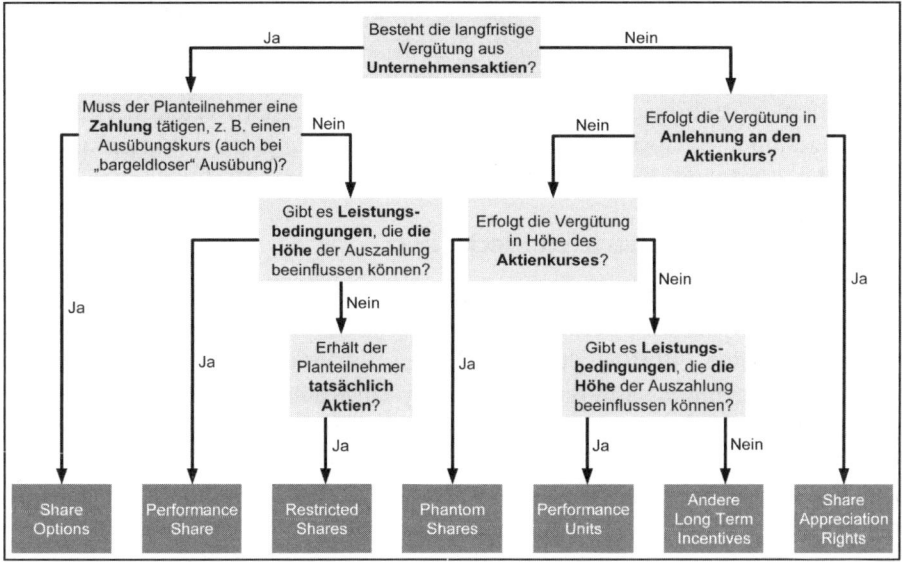

Abb. 13. Aktienbasierte Vergütung

Share Options/Stock Options

Hierbei handelt es sich um die Einräumung von Optionsrechten und das Recht zum späteren Erwerb einer bestimmten Anzahl von Aktien während eines bestimmten Zeitraumes zu einem vorab festgelegten Bezugspreis; dabei kann der Basispreis entweder von vornherein feststehen oder sich erst zu einem späteren Zeitpunkt aus einem Abschlag zum aktuellen Börsenkurs errechnen. Es können als Ausübungshürden absolute Erfolgsziele in Form der Kurssteigerung oder aber auch relative Erfolgsziele, wie etwa die Outperfomance der Aktie oder auch interne Kennzahlen fungieren.

Share/Stock Appreciation Rights (SAR)

Bei Stock Appreciation Rights erfolgt die Vergütung nicht in Unternehmensaktien an sich, sondern in Anlehnung an den Aktienkurs und zwar in Form einer Beteiligung am Wertzuwachs einer bestimmten Anzahl von Aktien ab einem bestimmten Zeitpunkt für einen bestimmten Zeitpunkt; hier besteht die Möglichkeit der Verknüpfung mit absoluten oder relativen Hürden und/oder mit der Festlegung einer Haltefrist.

Performance Shares

Bei den Performance Shares erfolgt i. d. R. keine Zahlung durch den Planteilnehmer, vielmehr beinhalten diese das bedingte Versprechen, bei der Erreichung bestimmter vorab definierter bzw. vereinbarter Performanceziele wie z. B. EBIT oder Gewinn vor Steuern Aktien zuzuteilen; es handelt sich also um eine erfolgsabhängige Aktienüberlassung. Hier kann auch eine virtuelle Ausgestaltung erfolgen: dann steht am Ende ein Cash Settlement, sprich es erfolgt eine Auszahlung des Geldwertes in Höhe zuvor zugeteilter Performance Shares multipliziert mit dem Aktienkurs am Ende der Wartezeit; hier heißt das LTI- Modell dann „Performance Units".

Restricted Shares/Restricted Stock Units

Bei den Restricted Shares unterliegt die Aktienverwendung bestimmten Restriktionen wie etwa zeitlichen Verfügungsbeschränkungen (z. B. Sperr- und Haltefristen, Verlust der Anteile bei Verlassen des Unternehmens); dem Planteilnehmer kann dabei entweder ein Recht zum Erwerb einer bestimmten Anzahl von Aktien zu günstigen Konditionen gewährt werden oder es erfolgt eine Zuteilung der Aktien. Auch hier besteht die Möglichkeit der virtuellen Ausgestaltung in Form eines Cash Settlements am Ende der Laufzeit (Restricted Stock Units).

Phantoms Shares

Bei Phantom Shares erfolgt eine Zuweisung einer bestimmten Anzahl von Bucheinheiten, deren Wert sich nicht am Börsenkurs, sondern an internen Kennzahlen (z. B. EVA, CFROI, etc.) orientiert.

Andere Long Term Incentives

Ein rein cash-basierender Long Term Bonus honoriert die Erreichung von strategischen Zielen, die i.d.R. auf drei bis fünf Jahre ausgelegt sind. Bei einem Continuity Bonus müssen neben dem („Fern-") Ziel von i.d.R ebenfalls drei bis fünf Jahren zusätzlich jedes Jahr ein bestimmtes („Etappen-")

Ziel erreicht werden (z. B. eine jährliche EBIT-Steigerung um 5% o. ä.).Des Weiteren ist die Implementierung einer Bonus Bank möglich; hierbei erfolgt die Auszahlung nach einem definierten Zeitraum, die Auszahlung der Variablen wird also über einen gewissen Zeitraum gestreckt. Malusregelungen und/oder unternehmensspezifische Regelungen hinsichtlich der Verzinsung sind bei diesem LTI möglich. Üblicherweise orientieren sich LTI-Modelle am Aktienkurs. Doch insbesondere für Unternehmen, die keine Aktien an ihre Mitarbeiter ausgeben können oder wollen, bieten sich virtuelle Systeme an. Mittels solcher kann eine Unternehmenswertentwicklung simuliert werden, so dass mittelständischen Unternehmen genauso wie börsennotierten die Möglichkeit offen steht, einen (rein finanziellen) Vergütungsbestandteil direkt mit dem Unternehmenswert zu verknüpfen. Der Wert der an die Mitarbeiter ausgegebenen virtuellen Firmenanteile kann sich an Standardkennzahlen orientieren, die ohnehin im Unternehmen erfasst werden. Es bietet sich zum Beispiel die Formel „X mal EBIT" oder „X mal Gewinn vor Steuern" an, wobei eine einmal gefundene Formel über einen längeren Zeitraum gleichzuhalten ist.

Trends Plandesigns/LTI-Modelle

Allgemein kann festgehalten werden, dass aktiengestützte LTI-Pläne eine Renaissance erleben, allerdings in modifizierter, performance-abhängiger Form. Optionspläne sind im DAX-Bereich noch die häufigste Form von langfristigen Anreizsystemen, gefolgt von SARs und Performance Shares. Ebenfalls verbreitet sind Phantom Shares und Restricted Stocks. Die Gewährung von Performance Shares nimmt jedoch stark an Bedeutung zu, während die Attraktivität von Stock Options bei neuen Plänen im Rückgang begriffen ist. In vielen Fällen werden mehrere LTI-Modelle gleichzeitig aufgelegt, einige DAX-Unternehmen benutzen bis zu drei verschiedene Plandesigns parallel.

Auch international (z. B. USA, Großbritannien, Frankreich, Schweiz) sind Aktienoptionspläne die am weitesten verbreitete LTI-Variante. Performance Shares sowie Restricted Stock Units werden jedoch für die beiden Top-Ebenen immer beliebter, während Optionspläne zunehmend „aus der Mode" kommen.

Kombinationen verschiedener Plan-Typen, auch parallel eingesetzt, haben sich mittlerweile insbesondere in den USA und Großbritannien weitgehend durchgesetzt. In den USA haben immerhin rund drei Viertel der Unternehmen mehr als einen Plan – in der Regel Aktienoptionen und

Restricted Stocks. Je größer die Unternehmen, umso mehr Pläne sind vorhanden.

Im Folgenden sollen zwei innovative Modelle zu klassischen LTI-Systemen vorgestellt werden, die eine Alternative darstellen können.

Bonus Bank als eine mögliche Ausgestaltungsform eines LTI-Systems

Das Modell der Bonus Bank sieht vor, dass ein auf jährlicher Basis erzielter Bonus nicht direkt an den Empfänger ausgezahlt wird, sondern stattdessen auf einem virtuellen Konto im Unternehmen einbezahlt wird. Der dort angesammelte Betrag wird mit den erzielten Boni der Folgejahre verrechnet. Um einen wirksamen Steuerungseffekt zu erzielen, müssen auch negative Boni auf dem Konto berücksichtigt werden. Hierdurch wird sichergestellt, dass der Begünstigte auch bei negativer Entwicklung des Geschäftsverlaufs an der negativen Performance partizipiert. Weist das Konto zu einem definierten Zeitpunkt in der Zukunft einen Guthaben-Stand aus, wird der Gesamtbetrag oder Teile daraus an den Kontoinhaber ausgezahlt. Ein verbleibender Restbetrag wird in den Folgeperioden verrechnet (vgl. Tabelle 2).

Tabelle 2. Grundmodell einer Bonus Bank

	Jahr 1	**Jahr 2**	**Jahr 3**	**Jahr 4**	**Jahr 5**
Guthaben	0	600	720	240	360
Bonus	750	300	-420	210	240
Zwischensaldo	750	900	300	450	600
Auszahlung	150	180	60	90	120
Saldo	600	720	240	360	480

Das wesentliche Element der Bonus Bank besteht in der realen Beteiligung an negativen Ergebnissen. Während in der Regel bei anderen Systemen die negative Partizipation lediglich durch den Wegfall eines Bonus erfolgt, wird hier ein negativer Beitrag angerechnet, der sogar zu einem monetären Verlust führen kann. Das Management wird somit zu einem langfristigen, wertorientierten Handeln angehalten. Kurzfrist-Handeln auf Kosten zukünftiger Perioden hat somit deutliche Auswirkungen. Die in Abbildung 14 dargestellten Parameter haben dabei Einfluss auf die Art und Ausgestaltung einer Bonus Bank.

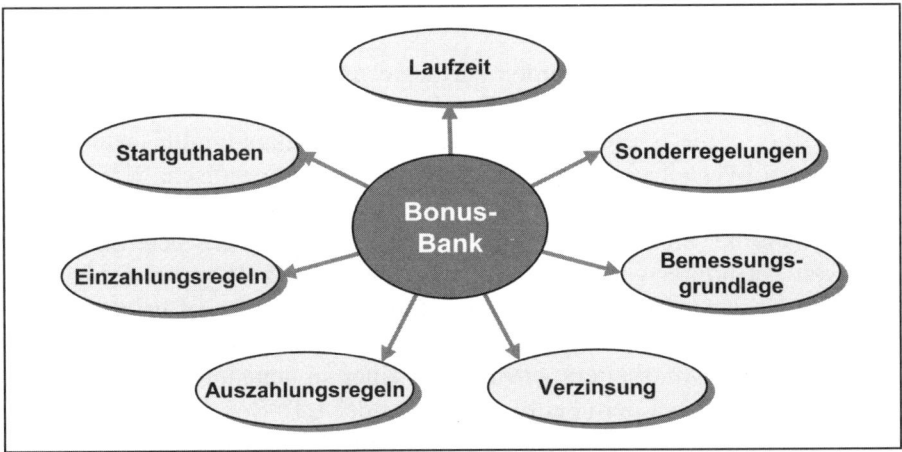

Abb. 14. Wesentliche Parameter einer Bonus Bank

Neue LTI für nicht börsennotierte Unternehmen

Auch so genannte Partnerschaftsmodelle zählen zu den LTI-Systemen und entwickeln sich in der jüngsten Vergangenheit als wichtiger Bestandteil eines innovativen Performancemanagements. Im Gegensatz zu vielen anderen Formen der LTI wird den berechtigten Mitarbeitern durch die Einräumung einer Partnerschaft aber nicht nur die Teilhabe am Unternehmenserfolg ermöglicht, sondern die Beteiligung am Unternehmen selbst. Der Mitarbeiter wird hier in einem noch stärkeren Maße in die Rolle eines Mitunternehmers versetzt.

Anders als z. B. bei Belegschaftsaktienprogrammen, die zumeist der Gesamtbelegschaft offen stehen, ist die Ernennung zum Partner regelmäßig an bestimmte Erfolgskriterien gebunden: So muss der potentielle Partner grundsätzlich über einen längeren Zeitraum eine bestimmte Performance erbracht haben. Insofern stehen Partnerschaftsmodelle häufig in einem unmittelbaren Kontext mit anderen LTI-Varianten.

Die Stellung als Partner hat – nicht zuletzt im Hinblick auf die vorgeschalteten Performancehürden – eine statuserhöhende Wirkung: Sowohl unternehmensintern (Kollegenkreis) wie -extern (Geschäftskunden) assoziiert man mit dem Partnertitel Erfolg und Leistungsfähigkeit der betreffenden Person. Hieraus folgt eine große motivatorische Anreizwirkung, die durch die mit der Partnerschaft verbundene Dividendenberechtigung noch zusätzlich erhöht wird.

In rechtlicher Hinsicht werden Partnerschaftsmodelle häufig in Form einer so genannten „indirekten stillen Beteiligung" konstruiert. Dabei sind die Partner stille Gesellschafter einer Beteiligungs-GmbH oder -GbR (Partnerpool-Gesellschaft), die ihrerseits als stille Gesellschafterin am arbeitgebenden Unternehmen beteiligt ist. Über die Partnerpool-Gesellschaft sind die Partner an der Wertschöpfung des Unternehmens beteiligt, wobei insoweit ein breiter Gestaltungsspielraum besteht (z. B. gewinnabhängige Verzinsung der stillen Gesellschaftsanteile). In aller Regel erfolgt die Übertragung des stillen Gesellschafts- bzw. Partneranteils gegen ein Eigeninvestment des Mitarbeiters, oft in Form einer so genannten investiven Erfolgsbeteiligung, bei der (Teile) von STI- oder LTI-Boni zur Finanzierung des Anteils dienen. Hierdurch wird die Identifikation mit dem Unternehmen zusätzlich gesteigert bzw. die Rententionwirkung erhöht. Ein Beispiel für ein Partnerschaftsmodell stellt Abbildung 15 dar.

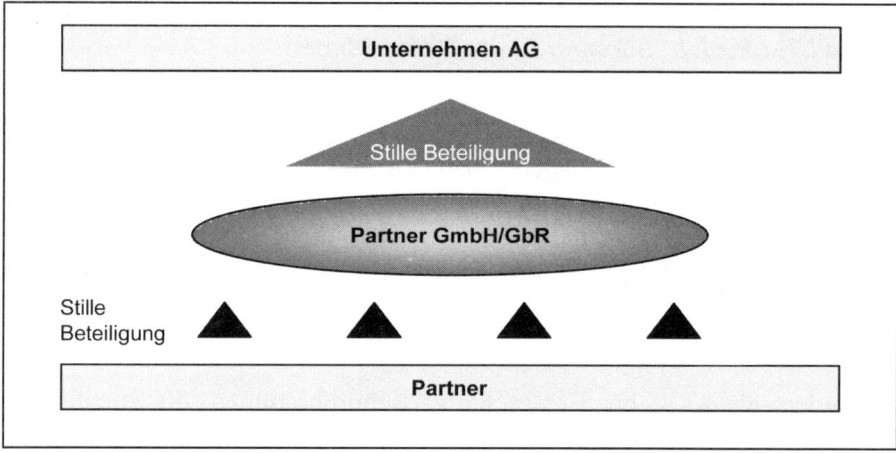

Abb. 15. Beispiel für ein Partnerschaftsmodell

4. Fazit

Der vorliegende Beitrag hat aufgezeigt, wie eine nachhaltige Performanceorientierung in der Organisation erreicht werden kann. Dabei spielt nicht zuletzt die Steuerung von verschiedenen Vergütungsbestandteilen eine zentrale Rolle. Auch wenn die Grundfragen der Entlohnung nicht in der Personalentwicklung verantwortet werden, muss die PE das Performancemanagement durch geeignete Instrumente – wie z. B. dem Mitarbeitergespräch – aktiv unterstützen. Daneben kommt ihr in der Implementierung dieser Konzepte und im Monitoing (z. B. Qualität der Zielvereinbarung) eine gewichtige Rolle zu.

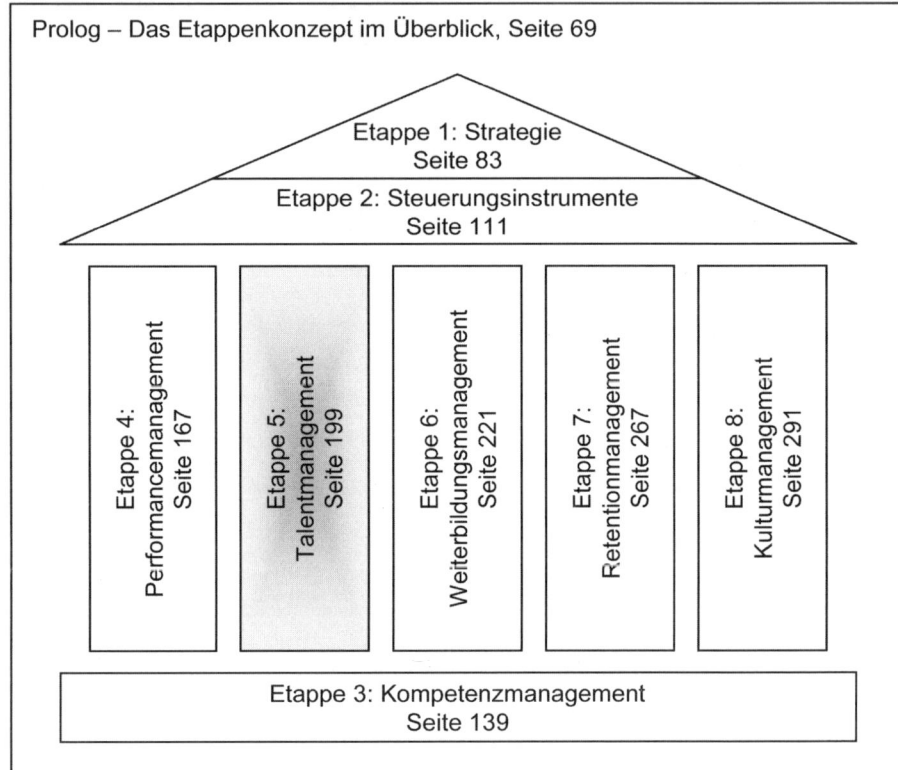

Etappe 5: Talentmanagement

Piotr Bednarczuk & Nadja Wendenburg

Talentmanagement zählt zu den strategischen Kernprozessen im Unternehmen. Nur wer Top Talente und Führungskompetenzen sichert, kann dauerhaft Wettbewerbsvorteile erzielen und so auch den finanziellen Erfolg des Unternehmens sichern. Somit ist es eine zentrale Herausforderung für die strategische Personalentwicklung.

Diese Erkenntnis mutet nicht gerade überraschend an, führt jedoch bei vertiefender Betrachtung zur Auseinandersetzung mit sehr großen Herausforderungen, die den Prozess des Talentmanagements in der Zukunft nachhaltig verändern werden. Die auslösenden Faktoren sind sowohl in der globalen sozioökonomischen Lage als auch innerhalb der Unternehmen selbst zu finden. Hinzu kommen Trends auf der individuellen Mitarbeiterebene, die ebenfalls einen starken Einfluss ausüben. Wir werden nachfolgend einige dieser Entwicklungen exemplarisch vorstellen (vgl. dazu auch Hewitt, "Top Companies for Leaders"[12] und "HR Landscapes"[13]).

---

[12] Erstmalig im Jahr 2003 von Hewitt Associates durchgeführt, analysiert die Studie „Top Companies for Leaders" spezifische Rahmenbedingungen, die die Entwicklung von Führungskräften und einer „passenden" Führungskultur maßgeblich erfolgreich beeinflussen. 2005 wurden speziell größere internationaltätige Unternehmen in Europa und den USA angesprochen mit dem Ergebnis, dass sich „Führung" als ein noch kritischerer Erfolgsfaktor erweist. Die Studie identifiziert Unternehmen, die sich bei der Suche, der Entwicklung und der Bindung von Führungskräften als besonders erfolgreich erwiesen. Insbesondere zeigt sie auch signifikante Unterschiede zwischen den Unternehmen auf, die auf Basis entsprechend effizient designter Prozesse und Programme kontinuierlich Top-Führungskräfte hervorbringen und jenen, denen dies weniger gut gelingt.

[13] 136 europäische Unternehmen wurden in 2005 gefragt, welche Angebote des Talent Managements in der Zukunft an Bedeutung gewinnen werden. Die Studie zeigt die Investment-Priorität der Unternehmen im Bereich Talent Management.

Die meisten Trends lassen sich nicht genau prognostizieren, jedoch eine Entwicklung gilt als sicher: Das Tempo von Veränderungen nimmt in der Zukunft weiter zu. Gesellschaftliche Veränderungen sowie die mit der Globalisierung einhergehenden stärkeren Interdependenzen zwischen den Volkswirtschaften sowie zwischen den Unternehmen stellen höhere Anforderungen an die Führungsmannschaften der Unternehmen. Generell müssen „flexible Strukturen" oder Arbeitsweisen in Unternehmen gegeben sein, um dieses Tempo zu beherrschen bzw. „mitgehen" zu können.

Dies wiederum erfordert einen noch stärkeren Fokus auf das Talentmanagement, das dabei direkt an die Unternehmensstrategie angebunden sein muss. Die Kernfrage dabei lautet:

1. Definition von Kompetenzprofilen als Voraussetzung

Nach empirischen Untersuchungen (vgl. bspw. Hewitt, 2003) ist der Erfolg von Unternehmen davon abhängig, inwieweit die zukünftige Strategie von den Führungskräften erfasst und umgesetzt werden kann. Demzufolge müssen die Kompetenzen der Führungskräfte sehr genau auf die zukünftigen Anforderungen des Betriebes ausgerichtet sein. Diese Aufgabe mutet banal an, erweist sich in der Praxis komplexer Unternehmensstrukturen jedoch als schwierig (vgl. dazu ausführlich Etappe 3: Kompetenzmanagement, S. 139). Als erste Voraussetzung muss die Strategie des Unternehmens durchgängig definiert und bekannt sein. Als „Hilfsmittel zur Übersetzung" der Strategie bietet sich eine so genannte „Matrix des strategischen Führungsstils" an.

Die Matrix wird aus zwei Dimensionen gebildet:
- **Strategischer Fokus des Unternehmens:** Diese Dimension erfasst, ob sich Unternehmen eher auf Wachstum oder auf die Steigerung von Produktivität und Effizienz konzentrieren.
- **Geschwindigkeit der Veränderungen:** Diese Dimension zeigt auf, ob Unternehmen eher graduelle, evolutionäre Entwicklungen oder gravierende, revolutionäre Transformationen durchlaufen.

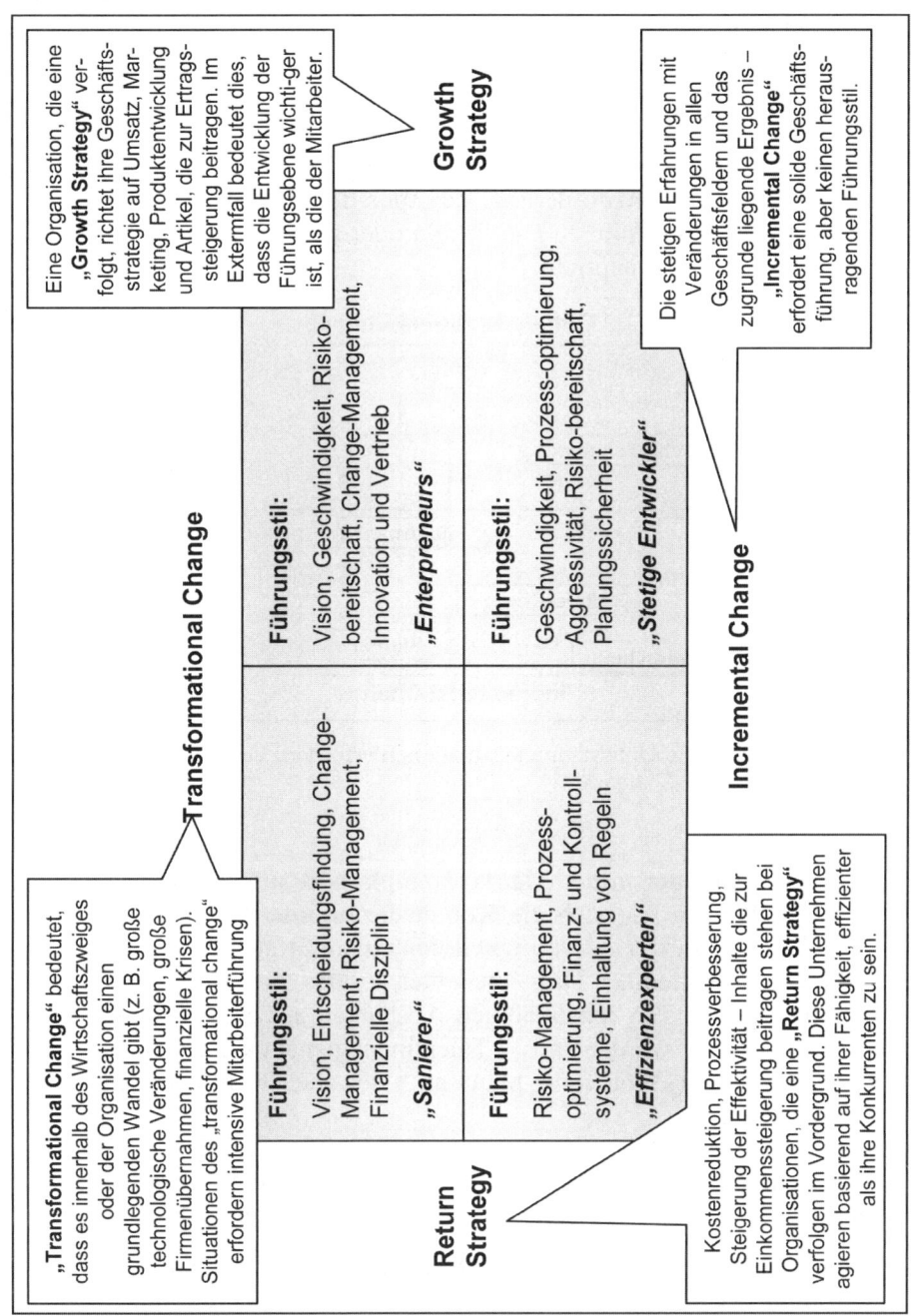

Abb. 1. Strategischer Fokus × Geschwindigkeit der Veränderung – Matrix (Quelle: Hewitt Associates)

Sowohl empirische Untersuchungen als auch Erkenntnisse aus der Beratungspraxis der Autoren belegen, dass für den Erfolg in den jeweiligen „Zellen der Matrix" unterschiedliche Kompetenzen bzw. Führungsfähigkeiten erforderlich sind.

Dies führt zu der Anforderung, ein spezifisches unternehmensspezifisches Kompetenzportfolio zu entwickeln oder zu besitzen, das dem jeweiligen Strategieprofil entspricht.

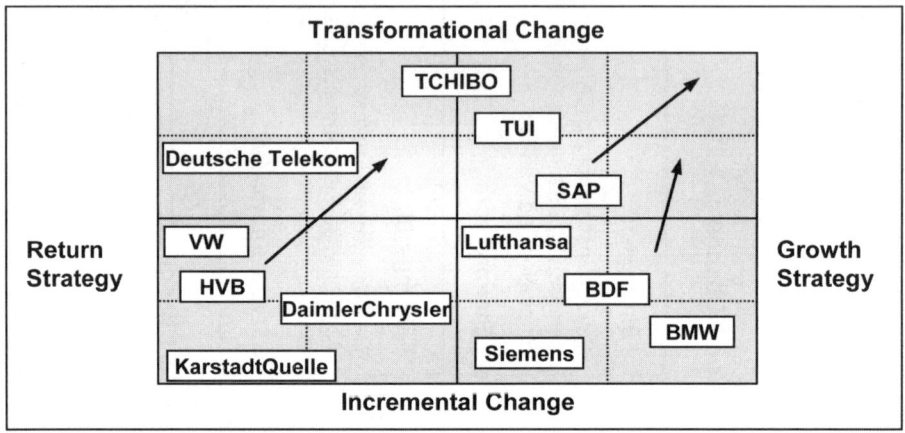

Abb. 2. Verschiedene Unternehmenssituationen erfordern verschiedene Führungsstile

Die Positionen der in der Matrix exemplarisch aufgeführten Unternehmen verdeutlichen, wie sich die Kompetenzanforderungen an das Managementteam in direkter Abhängigkeit von einem Strategiewechsel des Unternehmens verändern. Dies bedeutet, dass die Ausrichtung des Talentmanagements in regelmäßigen Abständen auf seine Zukunftsfähigkeit hin überprüft werden muss. Talentmanagement ist ein dynamischer Geschäftsprozess („Workforce planning") der auch Kontingenzpläne[14] erfordert.

Wir gehen davon aus, dass tendenziell „Transformational Change" die Unternehmen stärker betreffen wird. Die Konsequenzen sind:

- Unternehmen benötigen Instrumente, um „Workforce planning" durchzuführen. Zentraler Bestandteil hierbei ist die systematische Planung

---

[14] Personalersatzplanung für das Auftreten von unvorhergesehenen Vakanzen

und Kontrolle der „Talent Pipeline". Die "HR Landscapes" Studie (Hewitt Associates, 2005) hat jedoch ergeben, dass nur ca. 25% der befragten Unternehmen über proaktives „Workforce planning" verfügen.
- Die „Mannschaft" muss differenzierter betrachtet werden, d. h. Unternehmen müssen Mitarbeiter und Führungskräfte stärker dahingehend segmentieren, um entsprechend gezielter auf die relevanten, strategischen Anforderungen reagieren zu können. In der gleichen "HR Landscapes" Studie (ebenda) haben jedoch nur 15% der Unternehmen eine entsprechende Differenzierung vollzogen.

2. Zukünftige Personalbedarfe in Unternehmen

Ein weiter Trend, der in zahlreichen Untersuchungen intensiv beschrieben wurde, ist die demographische Entwicklung der Gesellschaft.

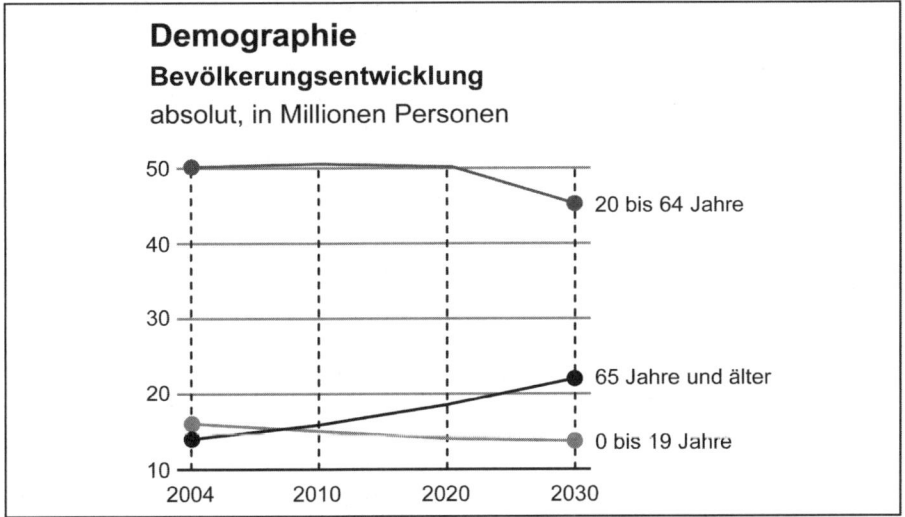

Abb. 3a. Demographische Entwicklung in Deutschland (Handelsblatt, 3. April 2006)

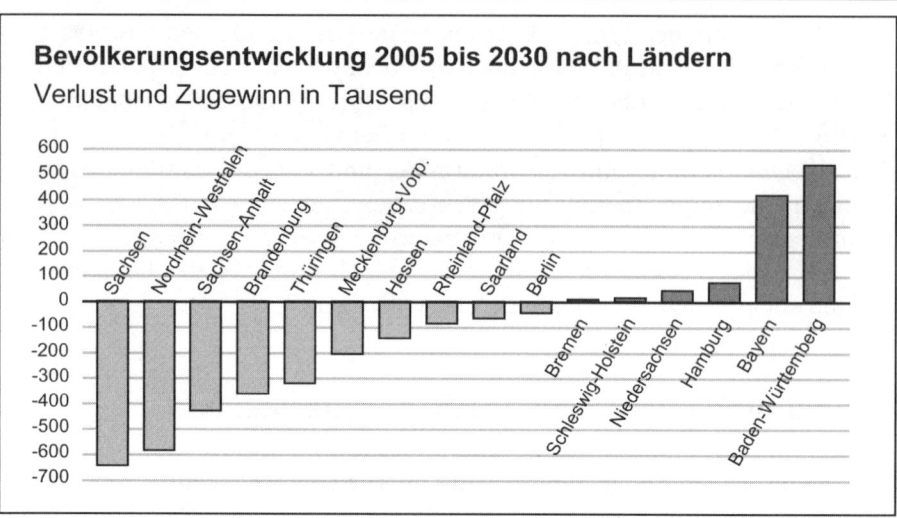

Abb. 3b. Demographische Entwicklung in den Bundesländern (Handelsblatt, 3. April 2006)

Im Jahr 2030 wird nahezu jeder zweite Deutsche über 50 Jahre alt sein, bis 2050 prognostiziert das Statistische Bundesamt einen Bevölkerungsrückgang von 82 Mio. auf ca. 70 Mio. Einwohner. Während die Anzahl der Personen im erwerbsfähigen Alter um rund 150.000 jährlich sinkt, leben Menschen in Europa, den USA und anderen Industrienationen heute deutlich länger. Gleichzeitig beschleunigt der Rückgang der Geburtenrate (1,4 Kinder pro Frau in Deutschland) in vielen Ländern die rasche und spürbare Überalterung der Gesellschaft. Die Balance zwischen Erwerbstätigen und Rentnern sowie in den sozialen Sicherungssystemen ist nicht länger gegeben.

Eine rapide alternde Bevölkerung und längere Lebensarbeitszeiten erfordern neue Lebensarbeitszeitmodelle, die die effektive Beschäftigung von Individuen auch im höheren Lebensalter kreativ für Arbeitnehmer und Arbeitgeber gestalten. Für Mitarbeiter bedeutet dies eine persönliche Gestaltung ihres Berufsweges über verschiedene Unternehmen, Rollen und Projekte hinweg. Dieser Trend erfordert von Unternehmen wiederum den Aufbau von Systemen und Methoden, die ein gesteuertes und geplantes Management ihrer Top-Human Ressourcen (Talente) ermöglicht.

Die alternden Gesellschaften, insbesondere in Europa und in Japan, bilden neue Herausforderungen für das Sourcing von Talenten. Da das „Talent-Angebot" in den nächsten Jahren knapper wird, müssen Unternehmen die externen und internen Talentmärkte intensiver analysieren und bearbeiten, um potentielle „Lücken" zu vermeiden und frühzeitig gegenzusteuern.

Dabei sind folgende Faktoren zu berücksichtigen:

- Globales Sourcing von Talenten:
  International tätige Unternehmen müssen ihre globalen Talente stärker nutzen, um künftig notwendige Kompetenzen zu sichern. Es ist immer noch eine weit verbreitete Praxis, dass die Führung von Unternehmen in der Regel mehrheitlich aus dem Land stammt, in dem ihre Hauptverwaltung liegt. Resultierender Effekt: Die Unternehmen erschließen nicht vollständig die Potenziale, die im eigenen „Haus" vorhanden sind. Voraussetzungen einer vollständigeren Transparenz über existierende Potenziale im Gesamtunternehmen sowie deren Nutzung ist jedoch zunächst die Kenntnis der globalen Top-Talente sowie darauf aufbauend effiziente Systeme, die die Durchlässigkeit und Mobilität der Talente innerhalb und zwischen den Organisationseinheiten ermöglichen. Dies ist in der Praxis oft nicht einfach umzusetzen.
- „Portfolio"-Karrieren:
  Aufgrund der demographischen Entwicklung planen Mitarbeiter ihre Lebensläufe immer stärker wie Portfoliomanager. Sie entwickeln ihren eigenen Karriereweg durch gezielte Tätigkeiten bei mehreren Arbeitgebern sowie durch die Mitarbeit an unterschiedlichen Projekten in differenzierten Rollen. Klassische Karrierewege, in denen Talente für eine lange Zeitspanne oder gar ihr gesamtes Berufsleben bei einem Arbeitgeber verbleiben, sind entsprechend seltener geworden. Zusätzlich ergibt sich für Führungskräfte und auch Mitarbeiter die Notwendigkeit, tendenziell eine längere Zeit ihres Lebens zu arbeiten – daraus resultieren u. a. erhöhte Anforderungen an die Flexibilität des Arbeitsplatzes, flexiblere Arbeitszeitmodelle (beispielsweise über Lebensarbeitszeitkonten) sowie Arbeitsverträge und auch Möglichkeit des „Freelancings".
- Um Unternehmen auf diese Veränderungen vorzubereiten, wird es immer wichtiger, interne virtuelle Netzwerke und „Communities" zu etablieren. Klassische hierarchische Strukturen sind in der Regel zu bürokratisch, unflexibel und reagieren somit nicht schnell genug. In den Netzwerken fließen die Information zügig und frei von Hierarchie, wodurch die Reaktionsfähigkeit bzw. Reaktionsgeschwindigkeit des Unternehmens insgesamt gestärkt wird. Die ergänzende Einführung virtueller Arbeitsplätze sowie unterstützender Prozesse und Systeme fördert das Ausschöpfen der Vorteile dieser Netzwerke.

3. Konsequenzen aus den zukünftigen Personalbedarfen

Die strategische Kompetenzlandschaft in Unternehmen wird neben dem adäquaten Sourcing von Talenten auch durch gezielte Entwicklungsmaßnahmen gesichert. Vor diesem Hintergrund stellen viele Unternehmen die Effizienz und Effektivität ihrer existierenden Entwicklungsmaßnahmen immer stärker in Frage. So haben fast alle Top-Unternehmen ihre Development-Programme in den letzten zwei Jahren vollkommen neu gestaltet. (Hewitt Associates, 2007) Primär sind folgende Trends erkennbar:

- Die stärkere Mitarbeiter- und Führungskräftesegmentierung erfordert einen modularen Aufbau der Entwicklungsprogramme. Diese können individueller auf die Bedürfnisse zugeschnitten werden. Dabei wird eine breite Palette von Maßnahmen eingesetzt, die deutlich über die klassischen Trainings hinausgehen. Hier sind insbesondere Coaching- und Mentoring-Programme zu nennen.
- Neben den oben genannten Maßnahmen setzen Unternehmen immer stärker auf aktionsorientiertes Lernen, d. h. auf die konkrete Vorbereitung von Talenten auf zukünftige Job-Anforderungen durch globale Entwicklungs-, Rotations- und Projekteinsätze.

Diese Entwicklungseinsätze werden systematisch geplant (meistens über das Nachfolgemanagementsystem) und auch systematisch bewertet. Es ergibt sich ein weiterer Zusatznutzen: Mit diesen Einsätzen gewinnen Unternehmen wertvolle Informationen über die „Praxisrelevanz" potenziell vorhandener Kompetenzen. Dieses Vorgehen bedeutet sicherlich einige Investitionen, führt aber zu deutlich höherer Planungssicherheit bei der Besetzung anstehender kritischer Positionen.

- Die Individualisierung der Entwicklungsmaßnahmen und die Planung von Entwicklungseinsätzen tragen damit ebenfalls dazu bei, das Risiko des Übergangs in eine neue Position sowohl für das Individuum und die Organisation zu minimieren. Unternehmen setzen Development-Maßnahmen gezielt dazu ein, um den „Next Move" von Talenten „maßgeschneidert" vorzubereiten und zu begleiten – und dies auf allen Betriebsebenen. So verfügen 60% der europäischen Top-Unternehmen sowie 90% der amerikanischen Top-Companies über spezielle Programme zur Vorbereitung ihrer Talente auf den nächsten „Übergang".
- Starre und komplexe Kompetenzmodelle eignen sich nicht für dynamische Geschäftsumfelder mit hohen Veränderungsraten. Die Unternehmen fokussieren daher ihre Modelle auf diejenigen strategisch wichtigsten Kompetenzen und Werte, welche auch eine hinreichende zeitliche

Stabilität aufweisen. Hierbei ist u. a. darauf zu achten, dass die präferierten Kompetenzen auch solche beinhalten, die die Zusammenarbeit in Netzwerken fördern.

Insgesamt gesehen finden klassische Karriere- und Entwicklungswege in den Unternehmen zunehmend weniger Berücksichtigung. Das Ziel, möglichst schnell Talente auf der Karriereleiter nach oben zu entwickeln, wird vor dem Hintergrund der demographischen Entwicklung und der Notwendigkeit längerer Lebensarbeitszeiten entsprechend relativiert. Zukünftig wird die Herausforderung der Aufgabe vor dem Erreichen einer „Hierarchieebene" stehen. Diese neue Orientierung wird allerdings von den meisten Performance- und Entlohnungssystemen (noch) nicht, beziehungsweise zu wenig gestützt.

Steigende qualitative Anforderungen machen auch den Einsatz spezieller Messsysteme erforderlich. Diese ermöglichen die Beurteilung der Effizienz und Effektivität des Talentmanagements. In den letzten zwei Jahren haben Top Unternehmen deshalb verstärkt in solche Messsysteme investiert. Ca. 80% der Unternehmen geben an, dass sie über entsprechende Tracking-Mechanismen verfügen, die den Wertschöpfungsbeitrag der eingesetzten Maßnahmen erfassen und auch kontrollieren.

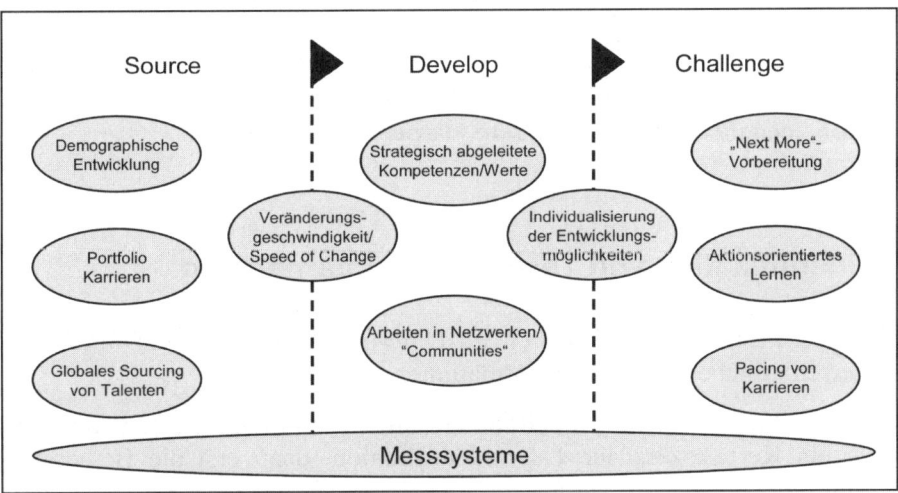

Abb. 4. Messsystem zur Feststellung der Effizienz und Effektivität von Talentmanagement müssen auf verschiedenen Ebenen ansetzen

In Anbetracht all dieser Herausforderungen und Entwicklungen überrascht es nicht, dass das Talentmanagement für Unternehmen zukünftig noch stärker an Bedeutung gewinnen wird.

Als besonders kritisch für den Erfolg des Talentmanagements sind dabei einzustufen:

- die richtige und rechtzeitige Identifikation von Talenten, die den zukünftigen Erfolg des Unternehmens sichern und
- die strategische Platzierung von Talenten auf „Stretch-Jobs"[15] bzw. in anderen „maßgeschneiderten" Entwicklungseinsätzen, um die notwendigen Kompetenzen auch in der beruflichen Praxis möglichst vollständig auszubilden.

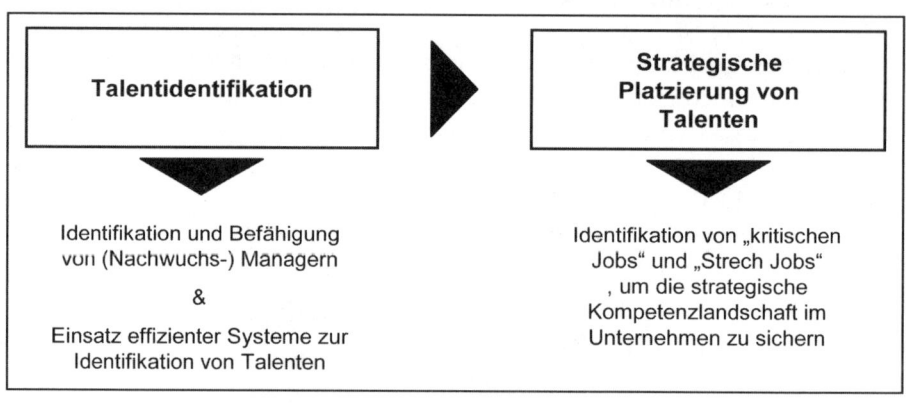

Abb. 5. Identifikation und strategische Platzierung von Talenten

4. Identifikation von Talenten im Unternehmen

Zur Identifikation von Talenten im Unternehmen werden vor allem drei unterschiedliche Arten von Informationen genutzt:

1. Leistungsbewertung im Rahmen eines Performancemanagements ist ein Kernprozess der Talentidentifikation, denn erst die Bemessung

---

[15] Tätigkeit, die den Mitarbeiter besonders herausfordert und seine Kompetenz nachhaltig entwickelt.

der Leistung des Einzelnen ermöglicht die Identifikation der Leistungsträger, deren Belohnung und Förderung.[16]

2. Eine Potenzialbewertung kann im Rahmen eines Performancemanagementsystems erfolgen oder als gesonderter Potenzialerhebungsprozess (beispielsweise im Rahmen von Potenzialentdeckungen, ACs, Peer-Reviews, Panelentscheidung etc.) stattfinden. Bei der Potenzialerkennung muss eine Gewichtung von Potenzialindikatoren aufgrund der strategischen Kompetenzanforderungen erfolgen. Zusätzlich zu den klassischen Potenzialindikatoren (z. B. Lernfähigkeit, Flexibilität etc.) werden diejenigen Kompetenzen als Potenzialindikatoren definiert, welche die zukünftige strategische Unternehmensausrichtung maßgeblich abbilden. Prognostiziert ein Unternehmen beispielsweise eine strategisch relevante Nutzung virtueller Netzwerke in der Zukunft, so könnten Influencing Capabilities als Potenzialindikatoren herangezogen werden.

Sowohl Leistungs- als auch Potenzialbewertungen stellen hohe Anforderungen an das Management, weil sie als direkte Führungsverantwortliche die Verantwortung für die „Initialerkennung" der Talente tragen und unter vielen fähigen Mitarbeitern und Leistungsträgern diejenigen mit Potenzial für „mehr" herausfiltern sollen. In diesem Zusammenhang ist es deshalb wichtig, dass die Organisationseinheit PE transparent macht, was unter „Talenten" verstanden werden soll und diese Definition konsistent anwendet.

3. Die dritte, meist ergänzende Einschätzung bezieht sich darauf, in welchem zeitlichen Rahmen ein Kandidat, der sich durch entsprechende Performance- und Potenzialwerte auszeichnet, in den Fokus von Talententwicklungsmaßnahmen kommen kann bzw. soll. So genannte Ready-to-Move-Bewertungen ziehen Faktoren wie die bisherige Verweildauer im derzeitigen Job, den Grad, in welchem dort gestellte Anforderungen bewältigt werden, Karrierewünsche des Kandidaten oder den Umfang des „Stretchs" zur nächsten Stelle bzw. (Hierarchie-) Ebene ein. Die resultierende Einschätzung spiegelt wider, in welcher Zeitspanne der nächste Karriereschritt vollzogen wer-

---

[16] Performance Management ist eine systematische Leistungssteuerung und Verfolgung verschiedener Leistungsebenen (Mitarbeiter, Prozesse) mit dem Ziel der kontinuierlichen Verbesserungen und der Steuerung von Organisationen. Als Datenbasis dient ein Performance Management System darüber hinaus zur ausgewogenen Leistungserfassung (vgl. dazu ausführlich Etappe 4: Performancemanagement, S. 167)

den kann (z. B. sofort, innerhalb eines Jahres, innerhalb der nächsten 2 – 3 Jahre). Ein klassisches Tool zur Abbildung der Talentlandschaft ist die Potenzial- und Performance-Matrix:

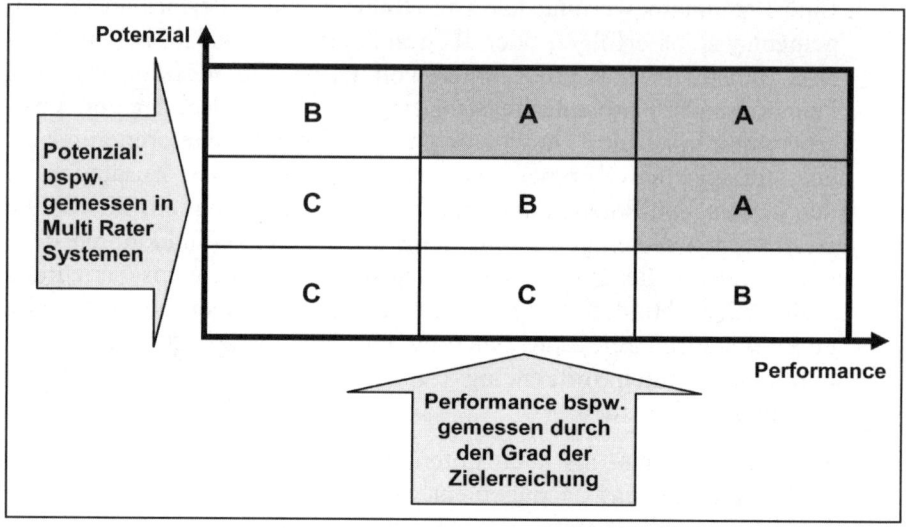

Abb. 6. Klassisches Tool: Potenzial- und Performance-Matrix

Diese Matrix gibt einen Überblick über die Talentsituation im Unternehmen. Um diese Talentsituation zu verbessern, ist sowohl eine Segmentierung als auch Differenzierung der Talente notwendig. Das heißt Unternehmen müssen sich sowohl um die High- als auch Low-Performance in ihren eignen Reihen kümmern und diese mit entsprechenden Maßnahmen fördern oder Konsequenzen (z. B. Versetzung) ziehen. Häufig vernachlässigen Unternehmen sowohl die Beschäftigung mit Low-Perfomern, als auch die ausreichende Förderung von High-Performern, der wirkliche Nutzen eines Talentmanagements bleibt damit unerschlossen.

Die Auswahl der Instrumente, die für die Identifikation von Talenten genutzt werden, orientiert sich immer sowohl an der strategischen Ausrichtung des Unternehmens als auch an der Unternehmenskultur und reflektiert die Talentstrategie der Organisation.

So arbeitet beispielsweise das amerikanische Vorzeigeunternehmen General Electrics mit einer Performance-Werte-Matrix, die konsistent über alle Ebenen und Unternehmensbereiche hinweg misst, wie gut ein Talent seine Leistungen unter Befolgung der GE-Werte erreicht. Die Dimensionen „WHAT" und „HOW" bemessen dabei sowohl das Erreichte, als auch die Art, auf die es erreicht wurde.

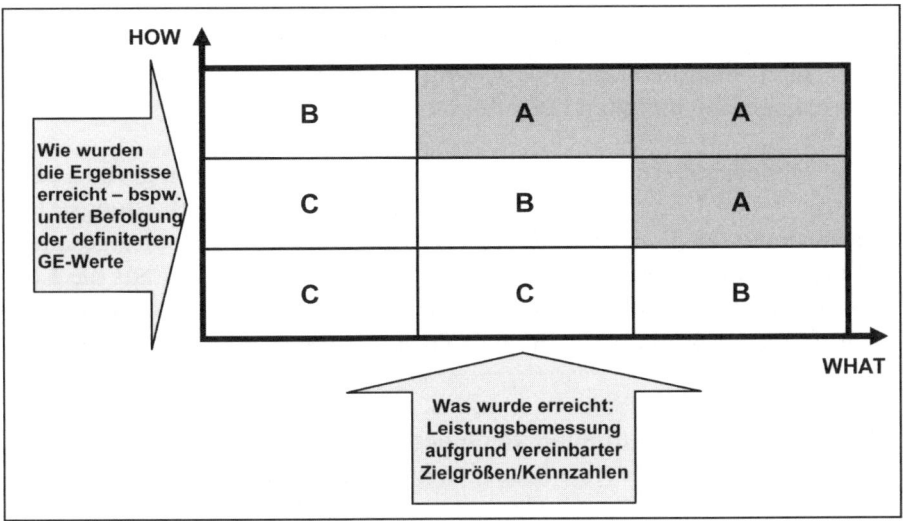

Abb. 7. Neueres Tool: Persormance-Werte-Matrix

5. Absichern der „Talentpipeline"

Talente werden nach den beschriebenen Kriterien „entdeckt" und als Potenzialträger verifiziert. Um jedoch eine strategische Sicherung der Talentpipeline mit den zukünftig prognostizierten (unterschiedlichen) Talentprofilen zu erhalten, müssen Talente entsprechend ihrer unterschiedlichen Fähigkeiten und Entwicklungsbedarfe segmentiert werden.

Durch die Segmentierung der Talente in strategisch relevante Talentpools, die z. B. nach geographischen, organisatorischen oder kompetenzbasierten Kriterien differenziert sind, können Entwicklungsmaßnahmen für Talentpools besser und effizienter adressiert werden.

Häufig finden sich organisatorische Poolbildungskriterien in solchen Unternehmen, die aus vielen unterschiedlichen Organisationseinheiten bestehen. So existieren beispielsweise ein konzernweiter Talentpool und weitere, davon häufig relativ unabhängige Talentpools innerhalb der einzelnen Business Units. Andere Unternehmen hingegen bilden laufbahnbezogene Pools die entsprechend der unterschiedlichen Funktionalitäten und Qualifikationsvoraussetzungen gebildet werden, um Talente entlang bestimmter Karrierepfade zu entwickeln.

Unabhängig davon, wie die Pools gebildet werden, wird die Größe der Pools durch Faktoren wie Fluktuation, Unternehmenswachstum und Veränderungsgeschwindigkeit beeinflusst.

Die Dimensionierung der Pools soll vor allem das Sourcing von Talenten im eigenen Unternehmen ermöglichen. Nach unseren Beratungserfahrungen umfassen TopTalentpools in der Regel ca.10 – 15% der gesamten Kandidatenpopulation und erlauben somit eine Fokussierung auf die Leistungsträger mit Potenzial einerseits, andererseits bieten sie jedoch auch eine ausreichend große Auswahl an Talenten für unterschiedliche Aufgaben und Stellenprofile.

Eine wichtige Funktion innerhalb des Talentmanagements ist die aktive Bewirtschaftung, das stetige Management von Talentpools. So erfordert es ein dynamisches Talentpool-Management beispielsweise, den Zugang zum Pool nur über bestimmte und beschriebene Kriterien zu ermöglichen. Genauso wichtig ist es jedoch häufig, bestehende Poolkandidaten in regelmäßigen Abständen auf ihre fortbestehende Pooleignung hin zu überprüfen und im Negativfall ein Ausscheiden des Kandidaten aus dem Pool zu veranlassen. Somit erfolgt ein Exit aus dem Pool entweder durch Beförderung auf eine (Schlüssel-) Position oder aber durch Ausscheiden.

Weitere Aufgabe des aktiven Poolmanagements durch die PE ist die Steuerung und Messung des Pools mit Hilfe von KPI's, wie Fluktuationsraten, Zusammensetzung des Pools, Dauer des durchschnittliche Verbleibs von Kandidaten im Pool etc., welche in regelmäßigen Abständen an das Top-Management berichtet werden.

Viele deutsche Unternehmen wie beispielsweise Lufthansa, RWE oder Degussa bedienen sich klassischer Talentpools auf Konzernebene sowie weiterer, kleinerer Talentpools auf der Ebene der Business Units (Hewitt Associates, 2007).

6. Analyse kritischer Positionen im Unternehmen

Der Zweck des Talentmanagements ist es, Schlüsselpositionen zum richtigen Zeitpunkt mit geeigneten Top-Talenten zu besetzen. Aus diesem

Grund benötigt das Unternehmen Informationen darüber, wo so genannte Schlüsselpositionen, oder auch *kritische Positionen* existieren. Diese werden aus der Unternehmensstrategie abgeleitet und können anhand einiger wichtiger Faktoren identifiziert werden:

- Hohe Kompetenzanforderungen oder benötigte Erfahrung
- Umfang in dem direkter Mehrwert durch eine Stelle für das Unternehmen geschaffen wird
- Grad, in welchem durch eine Nichtbesetzung dieser Stelle die Geschäftsprozesse beeinträchtigt würden
- Eintrittshindernisse in die Position, beispielsweise resultierend durch hohe Spezialisierung oder besondere Ausbildungsanforderungen
- Mögliche Retentionrisiken des Stelleninhalbers
- Direkter Einfluss der Position auf Kunden, Umsatz, Ertrag und Produktivität

Eine weitere Art von kritischen Positionen entsteht dort, wo Stellen beispielsweise durch Restrukturierungen oder Unternehmens-(teil)verkäufe verloren gehen. Wenn die derzeitigen Stelleninhaber aufgrund gezeigter Leistung und Potenzial an das Unternehmen gebunden werden sollen kommen sie deshalb in den Fokus des Prozesses.

Dabei sollte darauf geachtet werden, dass nicht zu viele solcher kritischen Positionen identifiziert werden.

Denn erst durch die Fokussierung auf kritische Positionen in Abhängigkeit von deren Relevanz für den Unternehmenserfolg entsteht zum einen ein effizienzorientierter Nachfolge- und Talentmanagementprozess, zum anderen erzeugt dies einen strategie-getriebenen Talent-Pull[17] in die Organisation. Genau solche Talente werden herangezogen, die für die Realisierung der mittel- bis langfristige Unternehmensstrategie benötigt werden.

---

[17] Durch das Recruiting und Befördern bestimmter Kompetenzträger entsteht eine unternehmensinterne Nachfrage nach bestimmten Kompetenzen. Dies wiederum übt strategischen Einfluss auf die Personalentwicklung (welche Kompetenzen werden fokussiert) aus.

7. Prozess zur Besetzung von Vakanzen

Nachfolgemanagement ist ein strategischer Geschäftsprozess (wie Budgetierung etc). Wie alle anderen solchen Prozesse auch ist deshalb eine KPI-gestützte Bewertung dieses Prozesses unverzichtbar und dient der mittel- und langfristigen Qualitätssicherung.

Dieser strategische Geschäftsprozess folgt einem regelmäßigen Turnus. Er beginnt typischerweise mit der Evaluation von Potenzial und Performance in den möglichen Zielgruppen. Die dort identifizierten Talente werden dann, wie beschrieben, weiter evaluiert und segmentiert um anschließend, meist im Rahmen von (durch PE moderierten) Managementkonferenzen, ein Matching von möglichen Kandidaten und Positionen zu durchlaufen. Diese Konferenzen dienen dazu, konkrete Besetzungsentscheidungen zu treffen, dem Top-Management einen transparenten Überblick über die Talentpipeline des Unternehmens zu verschaffen und die strategische Ausrichtung des Prozesses zu validieren.

1. Nachfolgemanagement ist keine Ersatzplanung, sondern es umfasst:
   - die Identifikation von Kandidaten aufgrund von definierten Kriterien wie Performance, Potenzial, Werten etc.
   - das Tracking von Maßnahmen zur Sicherung der Nachhaltigkeit des Erfolgs eingeleiteter Schritte und
   - die kritische Überprüfung zu strategischen Kompetenzanforderungen.

2. Der Prozess ist ein periodischer und fortlaufender Geschäftsprozess, der in die Abläufe des Geschäftsjahres fest integriert und mit anderen Prozessen (wie beispielsweise Performancemanagement) eng verzahnt ist.

Durch die entstehende Transparenz über die Beiträge einzelner Unternehmensbereiche, Abteilungen oder Teams zur Talentpipeline werden Führungskräfte motiviert, fähige Talente nicht im eigenen Bereich „zu horten" sondern in den unternehmensweiten Talentmanagementprozess einzugliedern. Gleichzeitig dient diese Transparenz auch als mögliches Korrektiv um eine einheitliche Qualität von Talenten im Unternehmen zu sichern und das „Wegloben" weniger geeigneter Kandidaten aus dem eigenen Bereich zu verhindern.

Vorraussetzung für ein (häufig elektronisch unterstütztes) „Matching" ist eine Abbildung von Kandidaten und Positionen in standardisierten Profilen, welche die Eigenschaften eines Kandidaten mit den Anforderungen einer Stelle vergleichbar machen. Wie diese Profile gestaltet werden, darüber informiert der Beitrag Etappe 3: Kompetenzmanagement.

Der Nachfolgemanagementprozess besteht somit nicht aus lose zusammengesetzten Einzelinitiativen und Prozessen sondern besteht als integriertes, formales System, welches periodisch einem definierten Zeitrahmen folgt.

Viele der Top-Unternehmen besitzen einen formalen Talentmanagementprozess. Die Prozesse unterscheiden sich dabei nach zentralen und dezentralen Strukturen sowie nach unterschiedlichen Philosophien bzw. nach den Hauptrisiken, die durch den Talentmanagementprozess kontrolliert werden sollen.

Starbucks Coffee International (weltweit 72.000 Mitarbeiter, Umsatz in 2005 1,6 Mrd. US Dollar) hatte zu Beginn des Mileniums beispielsweise, bedingt durch sein rasantes internationales Wachstum (mehr als Verzehnfachung der Standorte in 5 Jahren) lange Zeit große Probleme frei werdende, oder neue Managementpositionen mit ausreichend qualifizierten und erfahrenen Kandidaten zu besetzen. Die Ausrichtung des neu geschaffenen Talentmanagement Systems orientierte sich deshalb daran, durch ein integriertes System die Entwicklung von Führungskräften durch speziell auf die Individuen abgestimmte Maßnahmen zu sichern und dabei die Starbuckseigene Unternehmenskultur mit speziellen Leadershipkultur-Mentoring-Programmen zu unterstützen. Ziel des Prozesses war es, möglichst viele Talente intern zu befähigen Managementpositionen auszufüllen.

Eine Neuausrichtung des Unternehmens RWE, bedingt durch starke Internationalisierung und den Strukturwandel in den Energiemärkten ergab für das Unternehmen die Notwendigkeit, neue Führungstypologien heranzubilden und die langfristige Sicherung von Potenzialträgern für Schlüsselpositionen zu gewährleisten. Der neu geschaffene Successionmanagementprozess fokussierte deshalb die Sicherung der Nachfolge für bestimmte definierte (Management-) Schlüsselpositionen.

In Unternehmen, in denen die Bindung von Kandidaten mit kritischen Fähigkeiten hohe Bedeutung findet, sind die Talent- und Nachfolgemanagementinstrumente häufig darauf ausgerichtet, die Retention der Kandidaten zu gewährleisten. So verwenden Unternehmen mit hoher (ungewollter) Mitarbeiter- und/oder Führungskräftefluktuation Instrumente, die das Risiko eines solchen ungeplanten Ausscheidens einer Person aus dem Unternehmen einschätzen.

Eine Retention Risiko Analyse beispielsweise, schätzt das unmittelbare Retention Risikos über den Verbleib einer Person in ihrer derzeitigen Position ein.

Dabei kann die Dringlichkeit der Gefährdung, dass ein Kandidat ungewollt das Unternehmen verlässt in Relation zu der Wichtigkeit der Position gesetzt werden. Kandidaten mit einem besonders hohen Retentionrisiko kommen so in den Fokus des Nachfolgeprozesses. (Vgl. dazu ausführlich den Beitrag Etappe 7: Retentionmanagement.)

8. Beteiligte im Talentmanagementprozess

Die Prozessverantwortung für den Prozess der Talentidentifikation sollte, wie auch die für den Performancemanagementprozess, in der Hand der Fachvorgesetzten und Führungskräfte der Linie liegen. PE tritt dabei als Berater, Unterstützer und Abwickler auf, der die Talententwicklungsentscheidungen des Senior Managements umsetzt.

Dies unterstützen etliche Unternehmen, indem sie die Verantwortung für die Entwicklung von Talenten nicht nur direkt bei den Führungskräften in der Linie ansiedeln, sondern indem sie eine erfolgreiche Talententwicklung in dessen Performanceeinschätzung oder Zielvereinbarung integrieren.

Dabei ist besonders in Großkonzernen eine wachsende Tendenz dazu zu beobachten, die Talentmanagementverantwortung als gesonderte Funktion, außerhalb von PE anzusiedeln. Es entstehen neue Jobs für so genannte interne Talentscouts oder Head Hunter, die das Vermitteln zwischen freien Stellen und möglichen Kandidaten (außerhalb der Konferenzen) intern leisten.

Darüber hinausgehend sind sie häufig verantwortlich für die Schaffung, Pflege und Umsetzung von Kontingenzplänen für ausgewählte, besonders kritische Top-Jobs in einer Organisation, um bei plötzlichen und unerwarteten personellen Veränderungen (Exits) oder Strategiewechseln schnell reagieren zu können. Organisationen ohne solch funktionierende Kontingenzpläne laufen Risiko bei einem plötzlichen Abgang von Top-Führungskräften einen qualifizierten Ersatz (ob extern oder intern) nicht schnell genug bereitstellen zu können. Wird solch eine Führungslosigkeit nach außen hin sichtbar, so kann dies äußerst schmerzhafte und kostspielige Folgen für die Organisation haben und diese (zumindest zeitweise) sogar handlungsunfähig machen.

Die Rolle der Unternehmensführung oder des Vorstandes in einem funktionierenden Talent- und Nachfolgemanagementprozess ist es, als Promoter über den Talentmanagementprozess zu wachen, die strategische Ausrichtung der Talentpipeline zu steuern und wichtige Impulse zu setzen. Damit wird das Commitment zum Prozess deutlich signalisiert. So kontrolliert beispielsweise der Vorstand von Starbucks den formellen Talentmanagementprozess für eine Managementpopulation von 2.500 Positionen und zielt dabei darauf ab, die richtigen Führungskräfte mit den richtigen Werten am richtigen Ort zur richtigen Zeit zu haben, denn, so der CEO: „die Werte und Verhaltensweisen der Individuen die (im Talentmanagementprozess) ausgewählt und befördert werden durchdringen die Organisation [...] und kommen innerhalb weniger Monate in der Line an. Wir können es uns nicht leisten Individuen einzustellen oder zu befördern, die die falschen Werte besitzen, das wäre der Weg ins Mittelmaß." (Cohn, Khurana & Reeves, 2005, S. 62 – 70).

Ein weiterer Erfolgsgarant für funktionierende Talentmanagementprozesse sind Reviewmechanismen und Instrumente, über die sichergestellt wird, dass die Vorstandsebene regelmäßig über den Erfolg des Talentmanagements informiert ist. Über definierte Key Performance Indicators (KPI's) kann er nachvollziehbar die Güte des Prozessablaufes bemessen, um so Verbesserungsmöglichkeiten für den Ablauf zu erarbeiten. Mögliche KPI's hierfür ist die Anzahl der Besetzungen definierter Schlüsselpositionen durch interne Kandidaten oder die Verweildauer identifizierter High Potenzials im Unternehmen. Diese KPI sollten zentrale Bestandteile der Steuerungsinstrumente der PE sein (vgl. Etappe 2, S. 111)

9. Fazit

Zusammenfassend lässt sich feststellen, das Talentmanagement einer der acht strategischen PE Prozesse ist und dabei die Zukunftsfähigkeit einer HR Strategie und Talentpipeline des Unternehmens maßgeblich bestimmt. Ein effizienter und effektiver Talentmanagementprozess sollte (be)messbare Resultate bringen und dabei auf folgende Fragen Antworten geben können:

1. Wie sollen die Kompetenzen meiner Mitarbeiterschaft und Führungsmannschaft in der Zukunft aussehen?
2. Wie kann das Unternehmen potentielle Kompetenzlücken schließen?
3. Welche Schwerpunkte sind bei der Entwicklung von Mitarbeitern und Führungskräften zu setzen?
4. Wie werden Talente im Unternehmen erkannt?
5. Wie kann die zukünftige Talentpipeline gesichert werden?
6. Strategische Platzierung von Talenten:
7. Was sind die kritischen Positionen im Unternehmen?
8. Wie erfolgt die Besetzung von Talenten auf bestimmte Positionen?
9. Die Platzierung von Talenten heißt, die Talente und Positionen in Einklang bringen.
10. Wer ist für das Talentmanagement zuständig?
11. Wer ist für den Talentmanagementprozess verantwortlich?
12. Warum kann es zusammenbrechen?

Literatur

Cohn, J. M., Khurana, R. & Reeves, L. (2005). Growing Talent as if your Business Depended on it. *Harvard Business Review*, 62 – 70.

Hewitt Associates (2005). *HR landscapes. Defining the future path of talent management.* Online abgerufen am 09.07.2007 von: http://www.bildungsspiegel.de/Service/Docs/Hewitt_HR_DEC2005.pdf?PHPSESSID=903a8e8fcc27b8312da23b5a852c3ba8

Hewitt Associates (2007). Hewitt lanciert „Top Companies for Leaders"-Studie 2007. Online abgerufen am 09.07.2007 von http://www.hewittassociates.com/Intl/EU/de-CH/AboutHewitt/Newsroom/PressReleases/2007/february-01-2007.aspx

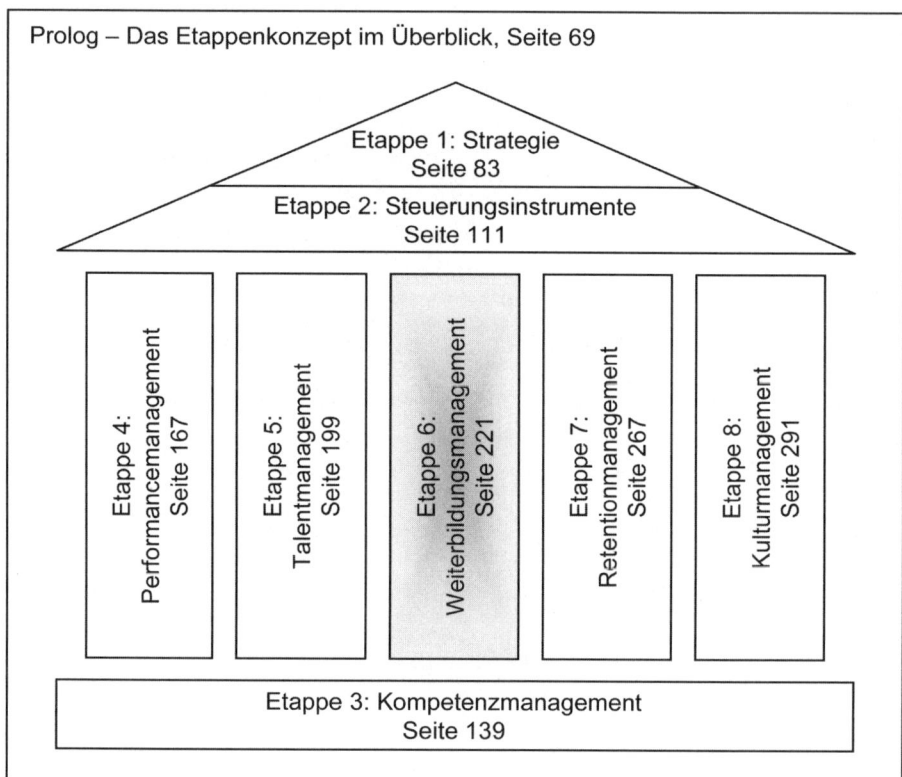

Etappe 6: Weiterbildungsmanagement

Frederic Fredersdorf & Beate Glasmacher

Betriebliche Weiterbildung professionell zu steuern ist eine fundamentale unternehmerische Aufgabe, bei der es darum geht, Humanressourcen auf strategische Ziele auszurichten und zu entwickeln. Besonders in Zeiten von Krisen und Rezession gilt es, drohenden Wettbewerbsnachteilen vorzubeugen indem man Wissen und Sozialkapital optimal fördert. Als Modul strategieorientierter Personalentwicklung ist somit ein bedarfsorientiertes, effizientes wie effektives Weiterbildungsmanagement unverzichtbar. Seine Aufgabe besteht darin, den unternehmerischen Wertschöpfungsbeitrag zu sichern, die eigenen Anteile an diesem Prozess transparent zu machen und sinnvoll zu kommunizieren. Modernes Weiterbildungsmanagement entwickelt sich geradezu zum Katalysator betrieblicher Innovation und trägt damit direkt zum Unternehmenserfolg bei.

Welche Aufträge hierfür erfüllt werden müssen und anhand welcher Modelle dies geschieht, umreißen die nachstehenden Ausführungen. Das System Weiterbildungsmanagement wird dabei in sechs Abschnitten skizziert. Vorab sind die konzeptionellen Hintergründe von Weiterbildungsmanagement einführend erläutert. Abschnitt eins über den Stand der betrieblichen Weiterbildung in Deutschland belegt den Nachholbedarf an professionellem Weiterbildungsmanagement in deutschen Unternehmen. Abschnitt zwei stellt die Ziele und das System strategieorientierter Weiterbildung im betrieblichen Kontext dar. Abschnitt drei umreißt die Schnittstelle zwischen Bildungsbedarfsanalyse und Intervention. Abschnitt vier diskutiert die Bedeutung des pädagogischen bzw. andragogischen Fachpersonals. Abschnitt fünf beschreibt den Methodenaspekt und plädiert für eine teilnehmerorientierte, handlungs- und problemzentrierte Didaktik. Abschnitt sechs diskutiert Maßnahmen der Bildungsevaluation bzw. des Bildungscontrollings. Abschnitt sieben stellt abschließend Tools des Weiterbildungsmanagements exemplarisch vor. Als zentrales Fallbeispiel fungiert dabei die Akademie Deutscher Genossenschaften (ADG, Montabaur), die zentrale Aus- und Weiterbildungseinrichtung deutscher Genossenschafts- und Raiffeisenbanken (vgl. www.adgonline.de, 2005).

1. Begriff des Weiterbildungsmanagements

Unter dem Terminus „Weiterbildungsmanagement" wird seit den 90er Jahren des vergangenen Jahrhunderts ein Steuerungssystem diskutiert, das betriebliche Weiterbildung wie außerbetriebliche Erwachsenenbildung umfassend plant, organisiert, verwaltet und ressourcenorientiert umsetzt. Die Diskussion um tragfähige Managementkonzepte in der Weiterbildung weist dabei bis in die 70er Jahre zurück (Meisel, 1994, S. 384 – 387). Wurde anfänglich vor allem das Planen und Betreuen von Kursen fokussiert (ebd.), weitete sich die Funktion von Weiterbildungsmanagement mit der aufkommenden Debatte auf unternehmens-, zielgruppen- oder branchenbezogene Perspektiven und Aufgabenfelder aus. Im Kern richtet sich Weiterbildungsmanagement ganzheitlich auf am Arbeitsplatz benötigte Fähig- und Fertigkeiten der Mitarbeiter aus: „Das Bildungsmanagement sorgt dafür, den Mitarbeitern das für ihre Arbeitstätigkeit notwendige Wissen und Können zu vermitteln." (Herter, 1998, S. 28).

Der dynamische technologische und gesellschaftliche Wandel übt einen verstärkten Anpassungsdruck auf Unternehmen und einen Bildungs- wie Qualifizierungsdruck auf deren Mitarbeiter aus (Arnold & Krämer-Stürzl, 1999, S. 28 – 32). Konzepte des lebenslangen Lernens und der lernenden Organisation – neuerdings der lernenden Region – veranschaulichen dabei die gewachsene Bedeutung von Weiterbildungsmanagement in der modernen Wissensgesellschaft (Witthaus & Wittwer, 1997; Matthiesen & Reutter, 2003; Freitag, 2004).

Heutzutage können wir darum ein systemisches Verständnis von Weiterbildungsmanagement zugrundelegen, das nicht nur abteilungsinterne Kategorien berücksichtigt sondern seine Aufgaben von übergeordneten Zielen der Organisation und/oder der Stakeholder ableitet und alle seine Tätigkeiten zu diesen in Beziehung setzt (vgl. Abschnitt 2; Bäumer, 1999, S. 21). Weiterbildungsmanagement verortet sich demnach im Unternehmenssystem und leitet seine zentrale Mission davon ab. Es analysiert betriebsinterne und gesellschaftliche Zustände und identifiziert den betrieblichen und individuellen Bildungs- und Entwicklungsbedarf. Es erstellt bedarfsorientierte Bildungsveranstaltungen, hinterfragt deren Erfolg und stellt den Nutzen für das Unternehmen wie für dessen Mitarbeiter dar. Es setzt aktuelle andragogische und wissenschaftliche Standards in Planung, Durchführung und Controlling um. Insgesamt gesehen kommt dem Weiterbildungsmanagement eine flexibel agierende Innovationsfunktion zu: „Weiterbildung muß [sic] in Zukunft stärker vorausschauend geschehen und ihren Inhalt auf Schlüsselqualifikationen verlagern ... Lernen wird zum situativen Ereignis und Bildungsmanagement zum situativen Führungsvorgang." (Decker, 1995, S. 30 f.).

2. Betriebliche Weiterbildung in Deutschland

Am deutschen Weiterbildungsmarkt zeigt sich die wachsende Bedeutung, ein professionelles und vor allem strategieorientiertes Weiterbildungsmanagement in Unternehmen gezielt zu implementieren. Gemäß einer Studie des Instituts der Deutschen Wirtschaft an 1.450 Unternehmen findet zwar Mitte der 90er Jahre in 97 Prozent aller Unternehmen regelmäßig Weiterbildung statt (Weiß, 1994, S. 51). Auch steigt die Teilnahme an beruflicher Weiterbildung laut dem neunten „Berichtssystem Weiterbildung" zwischen 1973 und 2003 deutlich an: „Bundesweit liegt die Teilnahmequote an beruflicher Weiterbildung im Jahr 2003 mehr als doppelt so hoch wie im Jahre 1979." (bmbf, 2005, S. 23).[18] Dennoch dürfen wir vermuten, dass die theoretische Debatte um Bildungsmanagement und Bildungscontrolling der Weiterbildungspraxis in deutschen Unternehmen weit voraus ist. Darauf verweisen Ergebnisse der zweiten europäischen Weiterbildungserhebung „CVTS II". Diese europaweit einmalige und umfassende Repräsentativstudie zur betrieblichen Weiterbildung in Wirtschaftsunternehmen aus 25 europäischen Ländern wird vom Statistischen Amt der Europäischen Union koordiniert und umgesetzt.

Nach dieser Studie liegt Deutschland mit 75 Prozent an Unternehmen, die gezielt Maßnahmen der betrieblichen Weiterbildung anbieten, im europäischen Mittelfeld. Ein deutscher Arbeitnehmer hat nur zu 39 Prozent Chancen, an einer betrieblichen Weiterbildungsveranstaltung teilzunehmen – in diesem Aspekt liegt Deutschland auf dem 16. und drittletzten Platz in Europa. Gemessen an der Dauer betrieblicher Weiterbildung in Lehrstunden liegt Deutschland mit durchschnittlich 27 Stunden pro Teilnehmer auf

---

[18] Das „Berichtssystem Weiterbildung" ist eine im Dreijahresrhythmus vom Bundesministerium für Bildung und Forschung durchgeführte nationale Erhebung zum Stand der Weiterbildung in Deutschland. Die aktuelle neunte Fassung wurde im Frühjahr 2005 publiziert und bezieht sich auf das Jahr 2003.

Platz 22 und damit sogar unterhalb eines Teils der Bewerberländer. Bei den direkten Kosten liegt Deutschland dagegen auf dem fünften Platz in Europa. „Zusammengefasst bedeutet dies, dass Deutschland die ehemals führende Position bei der Zahl der Unternehmen, die Maßnahmen der betrieblichen Weiterbildung anbieten, verloren hat." (Grünewald et al., 2003, S. 10). Diese Ergebnisse bedeuten zudem, dass betriebliche Weiterbildung in Deutschland besonders kostenintensiv ist, ohne dabei einen Verbreitungsgrad zu erreichen, der Unternehmen nachhaltig wettbewerbsfähig hält – oder sind deutsche Mitarbeiter bereits so hoch qualifiziert, dass sie weniger Weiterbildung benötigen als ihre europäischen Nachbarn?

Strategiebasiertes, kosten- und effizienzorientiertes Weiterbildungsmanagement tut Not. Doch ein weiteres empirisches Ergebnis stützt die These, dass die so dringend benötigte strategieorientierte betriebliche Weiterbildung in Deutschland rar ist. Von vier identifizierten Realtypen des Weiterbildungsmanagements in deutschen Unternehmen konnte Ende der 90er Jahre in einer Untersuchung an über 300 Mittel- und Großbetrieben nur einer als „strategieunterstützend" identifiziert werden. Dieser zukunftsorientierte Typus kennzeichnet sich durch fünf zentrale Merkmale: Er ist im Unternehmen hoch angesehen und meist in Form einer gut ausgebauten zentralen Weiterbildungsabteilung strukturell verankert. Weiterbildung wird in ihm inhaltlich und zeitlich eng zu den unternehmerischen Zielen geplant. Die zentrale Weiterbildungsabteilung versteht sich als Dienstleister gegenüber dem Unternehmen und seinen Fachabteilungen, die sie mit ihrem spezifischen Know-how unterstützt, die strategischen Unternehmensziele umzusetzen (Bäumer, 1999, S 170 f.). Dieser optimale Ansatz findet sich vor allem in Großunternehmen mit einer Mitarbeiterzahl zwischen 2.800 bis ca. 7.800, im Banken- und Versicherungswesen und bei Unternehmen, die in hohem Maße neue Produkte und Dienstleistungen auf den Markt bringen. Dies sind Sektoren, die einem höheren Innovationsdruck ausgesetzt sind beziehungsweise sich ihm stellen (ebenda, S. 232 – 242). Es ist bezeichnend, dass Kleinunternehmen mit weniger als 50 Mitarbeiter von der genannten Studie ausgeschlossen waren. Denn nur wenige von ihnen sind als „weiterbildungsaktiv" im Sinne eines institutionalisierten Bildungsmanagements zu bezeichnen, obzwar sie über 80 Prozent der Deutschen Unternehmen ausmachen (ebenda, S. 152).

Wer denkt, dass die augenblickliche Misere des strategieorientierten betrieblichen Weiterbildungsmanagements in Deutschland kaum deutlicher ausgedrückt werden kann als durch die letztgenannte Kennzahl, irrt: In der europäischen Vergleichsstudie „CVTS II" wurden die Unternehmen unter anderem danach befragt, inwiefern sie ihre betriebliche Weiterbildung auf der Grundlage einer betrieblichen Bildungsplanung initiieren – von der man ohnehin nur vermuten darf, dass sie auch strategisch angelegt ist. In Deutschland realisieren nur 22 Prozent der Unternehmen ihre Weiterbildung anhand einer systematischen Planung. Damit liegt Deutschland auf dem vierzehnten von 25 Rängen in Europa (Großbritannien, Irland und Frankreich sind diesbezüglich führend). Die Hälfte der deutschen Unternehmen befindet einen Bildungsplan schlichtweg als unnötig (Grünewald et al., 2003, S. 62).

Laut „Berichtssystem Weiterbildung IX" planen zwar 34 Prozent der Unternehmen regelmäßig ihre Weiterbildung. „In der differenzierten Betrachtung zeigt sich als einer der Hauptunterschiede erwartungsgemäß, dass Institutionalisierung und Planung von Weiterbildung vor allem in Großbetrieben mit 1.000 oder mehr Beschäftigten stattfindet." (bmbf, 2005, S. 69). Umgekehrt interpretiert, wird aber betriebliche Weiterbildung in zwei Dritteln der deutschen Unternehmen nicht gezielt geplant, somit kann sie auch nicht strategisch ausgerichtet werden. Das Berichtssystem belegt an anderer Stelle, inwiefern den deutschen Unternehmen dadurch Entwicklungschancen entgehen. Ein institutionalisiertes Weiterbildungsmanagement und eine regelmäßige betriebliche Bildungsplanung wirken sich nämlich motivierend für die Mitarbeiter und damit katalysatorisch für das Unternehmen aus. So verdoppelt institutionalisiertes Weiterbildungsmanagement die Teilnahmequote an Lehrgängen und Kursen und erhöht die informelle berufliche Bildungsmotivation. Mitarbeiter, deren Unternehmen eine regelmäßige Bildungsplanung vorweisen, nehmen zu 52 Prozent an offizieller und zu 70 Prozent an informeller betrieblicher Bildung teil. Mitarbeiter in Unternehmen ohne betriebliche Bildungsplanung kommen dagegen nur auf Teilnahmequoten von 26 und 58 Prozent (ebenda, S. 70).

„Auch wenn diese Ergebnisse nur im Sinne einer ersten Annäherung an die Ausgangsfrage verstanden werden können, sprechen sie dafür, dass den betrieblichen Rahmenbedingungen große Bedeutung für das berufliche Lernen zukommt. ... Insgesamt scheint die Institutionalisierung und Planung von Weiterbildung einen positiven Einfluss auf die Teilnahme Erwerbstätiger an beruflicher Weiterbildung zu haben." (ebenda, S. 71). Weiterbildung strategiebasiert und zugleich professionell zu steuern ist damit eine grundsätzliche unternehmerische Aufgabe, erst recht in Krisen- und Rezessionszeiten. Deutsche Wirtschaftsunternehmen, speziell Klein- und Mittelbetriebe, haben daran indessen einen gewaltigen Nachholbedarf.

3. Ziele und Systemvarianten strategieorientierten Bildungsmanagements

Woran wäre nun ein strategieorientiertes Weiterbildungsmanagement in deutschen Unternehmen auszurichten? Wie wäre es zu positionieren? Beiträge aus der andragogischen Debatte liefern hierfür verschieden weit reichende Modellvorstellungen.

Seit Mitte der 90er Jahre verweist der Diskurs um den quartären Bildungssektor auf zentrale Aufgaben des strategieorientierten Bildungsmanagements. Zukünftige Herausforderungen für die Organisation, den Betrieb oder den Träger sollten antizipiert werden, um Bildungsmaßnahmen darauf aufzusetzen, sie zu planen, durchzuführen und zu evaluieren. Hierfür ist es notwendig, die Ziele und Zwecke der eigenen Organisation zu analysieren:

- die Umwelt-, Markt- und Konkurrenzsituation,
- die ökonomischen, personellen und räumlichen Ressourcen,
- die Bildungsphilosophie der Organisation und
- die Ziele der Weiterbildungsteilnehmer.

Bildungsmanagement hat also eine vorausschauende Funktion. Es untersucht Gegenwart und Zukunft und leitet davon Ziele und Konsequenzen für das eigene Handeln ab. Der weitreichende innovative Anspruch strategieorientierten Bildungsmanagements für das Unternehmen drückt sich in mehreren Funktionen aus: Strategieorientiertes Bildungsmanagement agiert in sich verändernden Umweltbedingungen. Es identifiziert neue Ziele der Organisation und setzt Maßnahmen zur Zielerreichung in Gang. Es leitet neue Investitionen und Organisationsziele ein, richtet sich an neuen Belastungen und zukünftig erforderlichen Fähigkeiten der Mitarbeiter aus und generiert – alles in allem – neue Problemlösungen (Decker, 1995, S. 85 f.).

Eine zusätzliche, verstärkt mitarbeiterorientierte, Funktion bringt Herter in die Debatte ein. Weiterbildungsmanagement hat seines Erachtens ebenfalls auf den notwendigen betrieblichen Wandel zu reagieren, es gestaltet seine Tätigkeit aber bewusst aus einer doppelten Perspektive: „In Zusammenarbeit mit der Unternehmensleitung und in Absprache mit dem Betriebsrat muß es helfen, die Anforderungen des betrieblichen Wandels zu lösen. Damit wird das Weiterbildungsmanagement sowohl zum Anwalt der gegenwarts- und zukunftsorientierten Interessen des Betriebes als auch zugleich zum Anwalt qualifikationsbezogener Interessen des einzelnen Mitarbeiters." (Herter, 1998, S. 12). Strategieorientiertes Weiterbildungsmanagement verfolgt nach dieser Interpretation zusätzlich Ziele innerbetrieblicher Konfliktmoderation. Es fungiert geradezu als interne Beratungs- und Moderationsinstanz im Change Management. Dieses Ziel wird zunehmend bedeutsam, weil sich so genannte „nicht-standardisierte" Arbeitssituationen häufen und eine wachsende Nachfrage nach diversen Beratungsformen, z. B. Einzel-, Gruppen- und Organisationsberatung, Coaching, generieren (Geißler & Orthey, 1998, S. 81 f.).

In der am weitesten gefassten Interpretation fungiert betriebliches Bildungsmanagement als tragende Kraft für Veränderungsprozesse in lernenden Organisationen. Einige Konzepte verbinden zwar im betrieblichen Bildungsmanagement bereits Perspektiven der Personal- und Organisationsentwicklung (z. B. Wöltje & Egenberger, 1996, S. 24 – 28). Sie sind aber nur dann strategisch relevant, wenn sie Bildungsmanagement, Personal- und Organisationsentwicklung mit dem Ziel verbinden, Unternehmenskultur zu reformieren. Kontexte des Unternehmens sind dabei ebenso innovativ zu hinterfragen und neu einzurichten wie hierarchische Organisationsstrukturen, festgelegte Routinen, organisationale Wissensbestände, informelle Interaktionsstrukturen, prägende Symbole, dominante Werte und materielle Rahmenbedingungen. Strategische Ansätze betrieblicher Weiterbildung arbeiten an diesen „weichen" und „harten" Faktoren und tragen damit direkt zur Neugestaltung der Unternehmenskultur bei (vgl. Faulstich, 1998, S. 172 f.).

Weiterbildungsmanagement lässt sich in sechs Varianten strukturell-systemisch verankern (vgl. Wöltje & Egenberger, 1996, S. 229 f.). Unabhängig von der gewählten Variante ist es immer Teil eines unternehmerischen Gesamtsystems, weswegen es sich in diesem zu legitimieren hat. Weiterbildungsmanagement besteht selbst aus mehreren Subsystemen, von denen zumindest drei eine übergreifende Bedeutung haben, da sie eng mit der Strategie des Unternehmens verknüpft sind. Gemeint sind die „Teilsysteme" a) Betriebsführung, Organisationsklima, Weiterbildungsphilosophie, b) Personalwirtschaft als Grundlage betrieblicher Weiterbildung und c) betriebliche bedarfsorientierte Bildungsplanung (Döring et al., 1999, S. 103 – 112). Folgende Strukturen kann strategieorientiertes Weiterbildungsmanagement für und in Unternehmen vorweisen:

1. In der Minimalvariante nehmen Vorgesetzte Weiterbildung als Teil ihrer Führungsaufgabe wahr, wenn im Unternehmen keine weitere Instanz hierfür verantwortlich ist. Da Vorgesetzte Mitarbeiterpotenziale

erkennen und fördern sollen, kommt ihnen auf jeden Fall bei der Bedarfsanalyse und Transfersicherung eine Schlüsselrolle zu. Strategieorientiertes Weiterbildungsmanagement bezieht sich in dieser Variante jedoch nur auf die Abteilung, für die der Vorgesetzte verantwortlich ist. Der Vorteil besteht darin, dass auch Klein- und Mittelunternehmen diese Möglichkeit praktikabel umsetzen können.

2. Weiterbildungsmanagement wird etwas übergeordneter strukturell gesichert, wenn Bildungsarbeit nebenamtlich bei einer Schlüsselperson im Unternehmen angesiedelt ist. Bildungsmanagement ist dann Teil der Arbeitsplatzbeschreibung etwa eines Mitarbeiters aus dem Personalwesen. Der Mitarbeiter oder die Mitarbeiterin koordiniert allfällige Maßnahmen über Abteilungsstrukturen hinweg. Aufgrund der nur anteiligen Verantwortlichkeit sind allerdings umfassenden strategischen Arbeiten enge Grenzen gesetzt. Dennoch wäre diese Variante ebenfalls für Klein- und Mittelunternehmen geeignet.

3. Durch Institutionalisierung eines Weiterbildungsbeauftragten oder Weiterbildungsreferenten kann strategieorientiertes Bildungsmanagement explizit systemisch verankert werden. Weiterbildungsreferenten bauen Netzwerke zwischen Unternehmensleitung, Fachabteilungen und internen oder externen Bildungsinstitutionen auf und koordinieren darin die benötigten Bildungsmaßnahmen. Wenn diese hauptverantwortliche Person eine Stabsstelle im Unternehmen einnimmt – zum Beispiel als Assistent der Geschäftsführung oder des Vorstands – kann sie von dort aus strategische Aspekte in ihre Arbeit einfließen lassen.

4. Wesentlich mehr Gewicht bekommt strategieorientiertes Weiterbildungsmanagement im Rahmen einer Weiterbildungsabteilung. Diese vierte Variante bewährt sich vor allem in mittelgroßen bis großen Unternehmen. Die Abteilung Weiterbildung übt Steuer- und Koordinationsfunktion für das gesamte Unternehmen aus und verknüpft ihre Tätigkeit eng mit den strategischen Unternehmenszielen. Ihre strategischen und operativen Aufgaben sind wie oben beschrieben; als betriebswirtschaftlich wie pädagogisch legitimierte Instanz kommt ihr zudem die Auswahl und Schulung geeigneter Trainerinnen und Trainer zu. Eine unternehmenseigene Weiterbildungsabteilung kann und muss stets den innovativen Anspruch einlösen, der an strategieorientiertes betriebliches Bildungsmanagement gestellt wird. Diese Variante kann beispielsweise in Form einer unternehmensinternen Akademie implementiert werden. Diese entwickelt sich meist rasch zu einem Profit-Center, wie etwa die 1993 gegründete Audi-Akademie

GmbH. Deren ursprüngliche Aufgabe bestand darin, Kompetenzen der Audi AG zu entwickeln; heute bedient sie etliche Kunden externer Branchen (siehe: www.audi-akademie.de, 2005).

5. Auf einer höheren Systemebene wird die Weiterbildungs- oder Personalabteilung eines Unternehmens also zum Profit-Center, was meist in Konzernen der Fall ist. Als weitere Beispiele können hier die 1995 gegründete VW Coaching GmbH und die DEKRA-Akademie GmbH genannt werden. Profit-Center stellen sich dem Wettbewerb und bedienen als einer von vielen Anbietern die Abteilungen eines Konzerns. Ihr Vorteil besteht aus der intimen Kenntnis der Branche und des Unternehmens und aus den vielseitigen Netzwerken, die sie noch aus der Zeit vor der Auslagerung mitbringen. Hinzu kommt ein Marketing-Vorteil, da der Name des Mutterunternehmens meist positiv mit dem Profit-Center assoziiert ist. Profit-Center bieten ihre Angebote zusätzlich auf dem freien Markt an. Die DEKRA-Akademie bedient beispielsweise kleine und mittelständische Unternehmen aus Industrie, Handwerk und Dienstleistung ebenso wie Großunternehmen (z. B. Bosch, Debis, Daimler Chrysler, IBM, Lufthansa, Metro, Microsoft, Oracle, Siemens) und Behörden wie die Bundesagentur für Arbeit oder den Berufsförderungsdienst der Bundeswehr (siehe: www.dekra-akademie.de, 2005).

6. Letztlich sind auch unternehmensübergreifende Strukturen realisierbar. Nationale oder regionale Akademien übernehmen für eine bestimmte Branche oder Kleinunternehmer einer Branche die Aufgabe des strategieorientierten Bildungsmanagements. Exemplarisch hierfür steht das gewählte Fallbeispiel, die Akademie Deutscher Genossenschaften in Montabaur (Rheinland-Pfalz) (siehe: www.adgonline.de, 2005). Die Akademie Deutscher Genossenschaften (ADG) vermittelt als eines der größten Personaldienstleistungsinstitute in Deutschland umfangreiches Managementwissen für Vorstände, Führungskräfte und Spezialisten in Genossenschaftsbanken, Genossenschaftsverbänden, Warengenossenschaften und im Mittelstand.

Um den Herausforderungen im Bankgewerbe mittels Weiterbildung gerecht zu werden, bietet die ADG über 800 verschiedene Seminare, Workshops, Tagungen, berufsbegleitende Studiengänge, Inhouse-Angebote und Personal-Consulting an. Diese stehen unter dem Motto „Kompetenz für morgen". Für die unterschiedlichen Bildungsaufgaben aus Finanzwelt, Vertrieb, Training und Consulting stehen ein Pool von 600 Top-Referenten aus Europa zur Verfügung sowie zahlreiche Kooperationspartner wie zum Beispiel die Steinbeis Hochschule Berlin. Mit der Einrichtung eines Studienzentrums und der Besetzung eines Stiftungslehrstuhls wird in der ADG nicht nur gelehrt sondern auch geforscht. Als Corporate University bietet die ADG vollwertige Universitätsstudiengänge mit den Abschlüssen Bachelor, Finanz-MBA bis hin zur Promotion an. Für Genossenschafts- und Raiffeisenbanken realisiert die ADG Fort- und Weiterbildungsangebote, etwa Vertriebstrainings, Vorstandsschulungen, das ADG-Train-the-Trainer-Seminar („ADG-Basistrainer/in"), bedarfsorientierte In-House-Seminare und Blended-Learning-Tools.

Eine ähnliche Instanz stellt die Xental® Akademie dar. Sie wurde 1990 auf Initiative der CCI Consulting AG Schweiz, der Depita Holding AG und einer Reihe von Zahnärzten und Zahntechnikern gegründet, um diese Zielgruppen strategisch zu entwickeln. Der Xental® Akademie können Zahntechniker und Zahnärzte beitreten. Sie erhalten dadurch nicht nur günstigere Schulungs- und Seminarkonditionen sondern über einen gemeinsamen Wareneinkauf zusätzlich attraktive Angebote für den Einkauf von Waren, Material und Gerätschaften, wie sie sonst nur Großunternehmen realisieren können. Eine derartige branchenspezifische Bildungsinstitution bietet damit ihrer Klientel zusätzliche materielle Vorteile (siehe: www.xental-akademie.de, 2005).

4. Vom Weiterbildungsbedarf zur Intervention

Eine der vordringlichen Aufgaben strategieorientierten Weiterbildungsmanagements ist es, den Bildungsbedarf der Zielgruppen systematisch und regelmäßig zu erheben um daraus bedarfsorientierte Angebote abzuleiten. Bedarfsorientierte Weiterbildung ist notwendige Voraussetzung für einen späteren Transfererfolg und Nutzeffekt der Bildungsmaßnahme. Wenn quartäre Bildung bereits im Stadium der Maßnahmenplanung Bedarfe der Stakeholder unberücksichtigt lässt, verliert sie ihre Legitimation. In phasenorientierten Ansätzen steht darum die Bildungsbedarfsanalyse an erster Position im Regelkreis Bildungscontrolling (Fredersdorf & Lehner, 2004, S. 32).

Der PE kommt dabei die Aufgabe zu, den mittelfristigen hausinternen Bedarf an Bildungsinhalten abzufragen. Bei dieser Gelegenheit können gleichzeitig bisherige Angebote kritisch überprüft werden. Zielgruppe der betrieblichen Bedarfsanalyse sind Mitarbeiter und Führungskräfte aus Fachabteilungen, Betriebsrat sowie die Unternehmensleitung (Hummel,

1999, S. 59). Bildungsbedarfe lassen sich mit mehreren Methoden und von mehreren Perspektiven her erheben:

1. als unternehmensinterne Bewertung bisheriger Bildungsangebote („must have", „nice to have", „not necessary") a) von Schlüsselpersonen, b) von der Fachbelegschaft einer Abteilung oder Unternehmenssparte. Dieser Ansatz stellt das bisherige Bildungsangebot auf den Prüfstand (angebotsbezogene Bedarfsanalyse);
2. als offene unternehmensinterne Befragung nach gewünschten, benötigten neuen Lehrinhalten. Dieser Ansatz erforscht verborgene interne Nachfragen nach Weiterbildung (nachfragebezogene Bedarfsanalyse);
3. als individueller Soll-Ist-Vergleich einzelner Mitarbeiterprofile in Bezug auf Kompetenzanforderungen. Dieser Ansatz bringt die Bildungsinhalte gemäß der Arbeitsplatzerfordernisse und Arbeitsplatzbeschreibungen aus Sicht der Führungskräfte zum Ausdruck. Aus der Summe individueller Bedarfe filtert dann die Weiterbildungsabteilung Themen-Cluster heraus, die für das Unternehmen bedeutsam sind (arbeitsplatzbezogene Bedarfsanalyse); (vgl. dazu ausführlich Etappe 3: Kompetenzmanagement, S. 139)
4. als Stakeholder-Befragung, Trend-, Quellen- oder Marktanalyse bezogen auf relevante Marktentwicklungen, Kundenkreise und Mitbewerber. Dieser Ansatz bringt den zukünftig zu erwartenden Bildungsbedarf ein und damit eine zusätzliche Innovationsperspektive (marktbezogene Bedarfsanalyse).

Laut einer 1997 realisierten Referenzstudie an rund 1.000 deutschen Betrieben werden in der betrieblichen Praxis folgende Verfahren mehrheitlich eingesetzt: Anforderungsanalysen aufgrund technischer Entwicklungen, Soll-Ist-Vergleiche von Mitarbeiterqualifikationen, Anforderungsanalysen aufgrund betrieblicher Reorganisationen, Schwachstellen- und Trendanalysen. Die ersten drei Verfahren kommen am häufigsten vor, dies um so mehr, je größer die Unternehmen sind (Seusing & Bötel, 2000, S. 28 f.). Gemäß dieser Studie ist „… die Bedarfsanalyse in der Regel die verfahrensmäßig und instrumentell am umfassendsten institutionalisierte Ebene der betrieblichen Weiterbildungsplanung …" (ebenda, S. 23). Sie ist insofern sehr gut strategisch fundiert, als zumindest 50 Prozent der Betriebe unter 500 Mitarbeitern und 71 Prozent der Betriebe über 500 Mitarbeitern ihre Weiterbildung an den Unternehmenszielen ausrichten (ebenda, S. 24).

Ist der Bedarf erhoben, wird er in einem Maßnahmeplan curricular verankert. Wenn der Maßnahmeplan strategisch ausgerichtet sein soll, verweist er mindestens auf das nächste Geschäftsjahr, besser aber darüber hinaus. Bildungsplanung richtet sich dabei nach den Innovationszyklen der Branche. Bei immer kürzer werdenden „Halbwertzeiten" von Innovation, Wissen und Markt macht es keinen Sinn, mehrjährige Maßnahmenkataloge zu entwerfen und anzubieten. Der Bildungscontrolling-Zyklus wird in der Regel auch in nichttechnischen Bereichen alle ein bis zwei Jahre durchlaufen. In der operativen Planung lässt sich das Weiterbildungsmanagement dabei von Prioritäten leiten, die sich aus den strategischen Unternehmenszielen ableiten:

- Welche Maßnahmen sind kurzfristig am wichtigsten (um sich auf einen erwartbaren technischen Wandel einzustellen, um Probleme oder Fehler zu beheben, um die Performance oder Kundenorientierung zu erhöhen etc.)?
- Welche Maßnahmen lassen den größten finanziellen Nutzeffekt erwarten (um auf neuen Märkten zu bestehen oder bestehende Märkte auszubauen etc.)?
- Welche Maßnahmen sprechen die bedeutendsten Zielgruppen des Unternehmens an (um die Schlüsselpersonen fachlich fit zu machen und auf zukünftige Entwicklungen einzustellen)?
- Welche Inhalte werden von den internen Kunden am häufigsten nachgefragt (um die wesentlichen Aufgabengebiete abzudecken)?

Eine strategieorientierte Weiterbildung erfüllt zunächst eindeutig eine bedarfsdeckende Funktion, sie sollte sich aber nicht darauf beschränken. Wenn der Innovationsanspruch ernst genommen wird, hat strategieorientierte Weiterbildung auch immer eine bedarfsweckende Komponente. „In der Weiterbildung sucht das Produktmanagement genauso nach neuen und bedarfsgerechten Themen, wie das bei Büchern oder Filmen der Fall ist. ... Insofern muß sich ein professionelles Weiterbildungsmanagement den Markterfordernissen anpassen. Es reagiert nicht nur auf Nachfrage, es erzeugt durch sein Angebot die Nachfrage mit." (Merk, 1998, S. 209). Über Markt- und Trendanalysen erhält das Weiterbildungsmanagement strategisch bedeutsame Informationen, die es an die internen Kunden oder Auftraggeber weiterleitet. Aus Qualitätszirkeln können daraufhin innovative Weiterbildungsangebote entstehen, deren Nutzen bislang von den Zielgruppen vielleicht nicht im notwendigen Maße wahrgenommen wurde. Beispielsweise sind sich innovative Hochschulen dieser Bildungsdialektik bewusst, weswegen sie ihre Angebote stets zu einem guten Teil auf Zukunftsfelder ausrichten (Fredersdorf & Lehner, 2004, S. 34 ff.).

Wie geschildert, werden aus der Bedarfsanalyse curriculare Inhalte bzw. thematische Schwerpunkte generiert. Sind diese allerdings zu abstrakt formuliert, bleibt das Curriculum in Allgemeinplätzen stecken. Das ist im strategischen Sinn nicht zielführend, denn aus Seminartiteln oder allgemein formulierten Anforderungen lassen sich noch keine Module ableiten, die später tatsächlich für die Anwendung in der Arbeitssituation relevant sind. Ein bedarfsorientiertes Curriculum weist daher Lernziele aus, die auf der Ebene von Grobzielen definiert sind und sich auf avisierte Kompetenz- oder Handlungskategorien beziehen; Feinziele einzelner Veranstaltungen sollten sich daraus ableiten lassen. Unter Grobzielen sind zu verstehen: „Besondere Fachlernziele, die einen näher bestimmten Bereich betreffen; sie geben z.B. das Ziel eines Kurstages (oder mehrerer Kursstunden) wieder. ‚Der Auszubildende soll statistische Verfahren im Zusammenhang mit der Prognose von Absatzmöglichkeiten kennen lernen'" (Arnold & Krämer-Stürzl, 1999, S. 248). Die didaktische Debatte um Lernzieltaxonomien weist in diesem Zusammenhang darauf hin, dass Bildungsprozesse, und vor allem deren Ergebnisse, nicht vollends in einem technologischen Sinn steuerbar sind. Denn Bildung – auch die betriebliche – hat stets einen autopoietischen und nicht-rationalen Anteil, der sich aus der Kommunikation der Akteure selbst ergibt (Kron, 2004, S. 105 – 110; Jank & Meyer, 1994, S. 306 – 310).

Ist der Bedarf erhoben und sind Bildungsinhalte wie Grobziele fixiert, gilt es, die Form des Bildungsprodukts der jeweiligen Thematik, Zielgruppe und Aufgabenstellung anzupassen. Hierfür stehen mehrere makrodidaktische Varianten zur Verfügung. Interventionsformen betrieblicher Bildung weisen heutzutage weit über das klassische Seminar hinaus. Lernformen und Lernorte nähern sich dem Arbeitsplatz, dies zeigt bereits eine Studie des Instituts der deutschen Wirtschaft aus dem Jahr 1996. Demnach fanden bereits Mitte der 90er Jahre ca. 45 Prozent aller betrieblichen Bildungsmaßnahmen in der Arbeitsplatzsituation statt, ca. 17 Prozent in Form externer ca. 16 Prozent in Form interner Seminarveranstaltungen, ca. 11 Prozent in Form selbstgesteuerten Lernens und 2 Prozent als Umschulungsmaßnahme (Klein, 1996, zit. bei Faulstich, 1998, S. 177 f.). Dieses Ergebnis wird durch die deutsche Zusatzerhebung „CVTS II" zum Stand der betrieblichen Weiterbildung im Jahr 1999 gestützt: 71 Prozent der deutschen Unternehmen bestätigen, dass arbeitsplatznahe neue Lernformen bei ihnen an Bedeutung zunehmen. Die Unterweisung (92%) und die Einarbeitung mit normalen Arbeitsmitteln (92%) sind als arbeitsplatznahe Lernformen am meisten und annähernd überall verbreitet. Selbstgesteuerte Lernformen werden in knapp der Hälfte der deutschen Unternehmen eingesetzt (48%), Lern- und Qualitätszirkel (38%) sowie Weiterbildung durch Job-Rotation (31%) dagegen nur in knapp einem Drittel (Grünewald et al., 2003, S. 188 – 194). Derartige Interventionsformen setzen sich in der betrieblichen Weiterbildung aus lerntheoretischen und betriebswirtschaftlichen Gründen verstärkt durch: Sie können eng am tatsächlichen Bedarf ausgerichtet und umgesetzt werden. Je enger sie an der realen Tätigkeit angelehnt sind, um so sinnhafter werden sie von Teilnehmern wahrgenommen und um so eher sichern sie den Lerntransfer. Arbeitsplatznahe betriebliche Weiterbildung kann kostengünstig sein, wenn sie mit Selbst- und Gruppenlernanteilen sowie Coaching-Prozessen kombiniert wird.

Innovative betriebliche Weiterbildung wird zum Beispiel im Bankgewerbe realisiert. Die Stadtsparkasse Hemer stellte Anfang des Jahrtausends ihre Filiale – die sich nun „Bankshop" nennt – räumlich und inhaltlich auf stärkere Kundenorientierung um. In Folge dessen hatten Mitarbeiter ein modular aufgebautes Verkaufstraining zu absolvieren, dessen Ziele sich eng an der neuen Strategie der Sparkasse anlehnten. Interne und externe Interventionsmodule wechselten sich ab: Interner Kick-off-Workshop, eintägiges Praxistraining im geschlossenen Bankshop, einwöchiges On-the-Job-Training, eintägiger externer Check-up-Workshop, eintägiges Coaching in und während der Realsituation (Thomsen, 2001). Dieses Beispiel zeigt, dass berufliche Professionalität durch regelmäßiges, angeleitetes und reflektiertes Üben/Ausführen möglichst nahe der Praxis generiert werden kann bzw. generiert werden sollte.

Die Akademie Deutscher Genossenschaften setzt ihre Aufgabe, strategieorientierte Weiterbildung zu initiieren, konsequent kompetenzorientiert um. Dabei verfolgt die ADG die Anforderung ihrer Kunden, bedarfsgerechtes Wissen und Kompetenzen in immer kürzer werdenden Zyklen zur Verfügung zu haben, indem sie flexible und innovative „Time-to-Market-Angebote" erstellt. Grundlage hierfür ist die Erkenntnis, dass Qualifikationen nicht ausreichen, um kompetent zu handeln; Kompetenzen werden benötigt. Diese bauen zwar auf Qualifikationen auf beschreiben aber die ganze Person unter dem Aspekt des beruflichen Handelns und der daraus resultierenden Ergebnisse (Performancemanagement).[19] Die ADG richtet sich mit ihren kompetenzorientierten Bildungsangeboten konsequent auf

---

[19] Im Kompetenzbegriff richtet sich die ADG nach Erpenbeck, Leiter der Grundlagenforschung Kompetenzentwicklung in der Arbeitsgemeinschaft Betriebliche Weiterbildungsforschung. Kompetenz wird demgemäß als Fähigkeit zum selbstorganisierten Handeln verstanden.

einen problemzentrierten Ansatz aus, der Lernen und Arbeiten zusammenführt. In ADG-Kursen wachsen bisher getrennte Welten der Qualifizierung mittels E-Learning, handlungsorientierter Seminare und Wissensmanagement auf Unternehmensebene zusammen. Dieser Ansatz von „Blended Learning" beinhaltet ganzheitliche Arrangements der Kompetenzentwicklung, bei denen die Möglichkeiten neuer Technologien konsequent genutzt werden. Wie die ADG zu schulende Kompetenzen bedarfsorientiert von Strategien der Gesamtbank, den Teilbanken und Bereichseinheiten ableitet, zeigt Abbildung 1.

In einem zugleich Top-Down und Bottom-Up realisierten Verfahren werden Kompetenzanforderungen aus übergreifenden Bankstrategien abgeleitet und mit vorhandenen Mitarbeiterkompetenzen in regionalen Banken verglichen. In Anlehnung an die strategischen Herausforderungen der Genossenschaftsbanken und die Abbildung von Aufbauorganisation und Prozessen in den Primärbanken richtet die ADG dabei ihr Managementprogramm für angehende Vorstände und Führungskräfte (das Genossenschaftliche Bankführungsseminar) auf die drei Teilbanken Vertrieb, Produktion und Steuerung aus. Aufbauend auf einem General-Management-Wissen vermittelt die ADG auf diese Weise vertiefendes und praxisorientiertes Know-how gezielt bedarfsorientiert. Abbildung 2 zeigt nachstehend den Verlauf zur Entwicklung und Implementierung strategieorientierter Kompetenzmodelle. Das Verlaufsschema bringt deutlich zum Ausdruck, dass strategieorientiertes Weiterbildungsmanagement sukzessive in die unternehmerische Organisationsentwicklung übergeht bzw. deren integraler Bestandteil ist. Einzelne Trainingseinheiten oder Weiterbildungsmaßnahmen werden dabei nicht isoliert vom Gesamtsystem konzipiert. Vielmehr sind sie Teil eines übergreifenden Prozesses zur Kompetenzentwicklung, mit dem die strategischen Unternehmensziele bewusst und systematisch verfolgt werden.

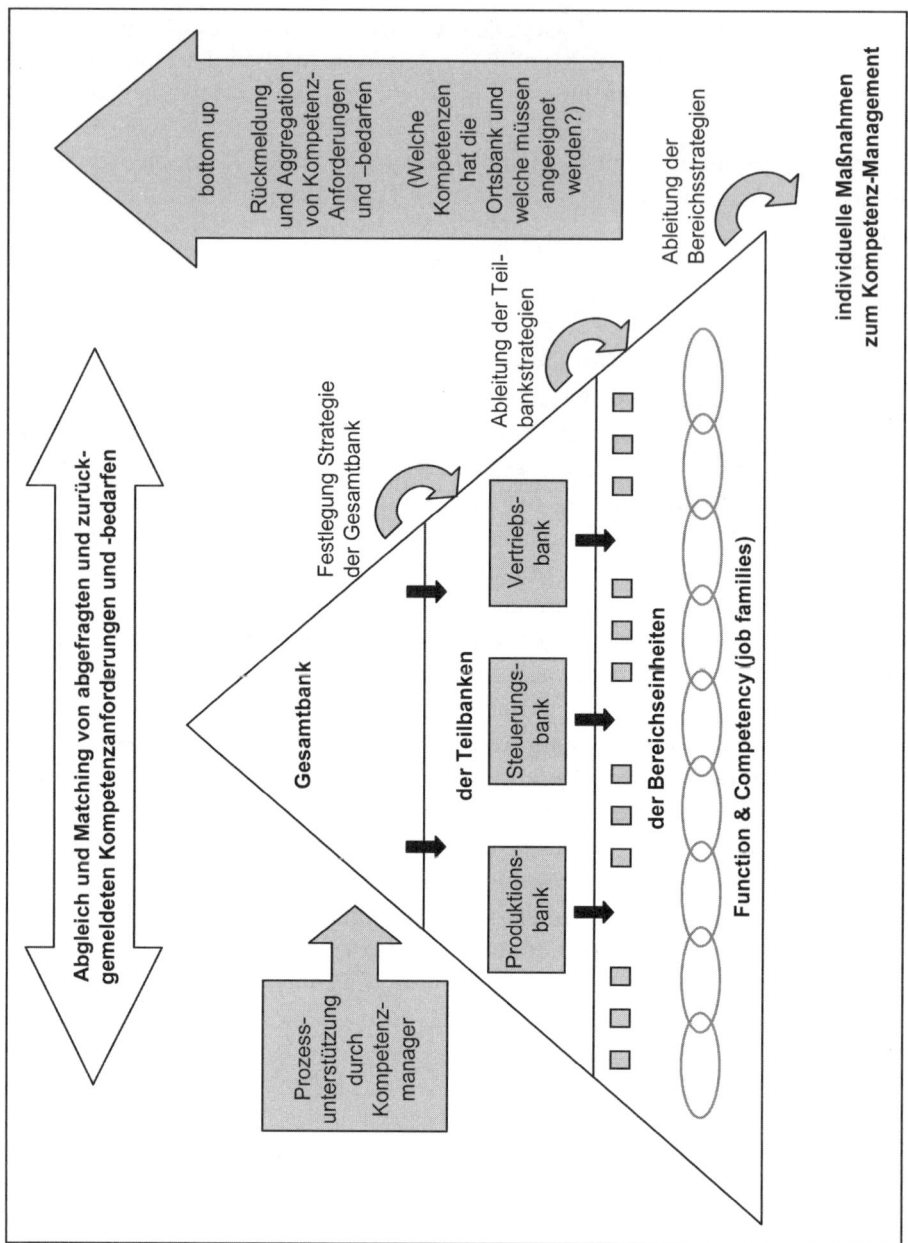

Abb. 1. Strategieorientierter Ansatz zur Entwicklung von Kompetenzmodellen im genossenschaftlichen Bankgewerbe

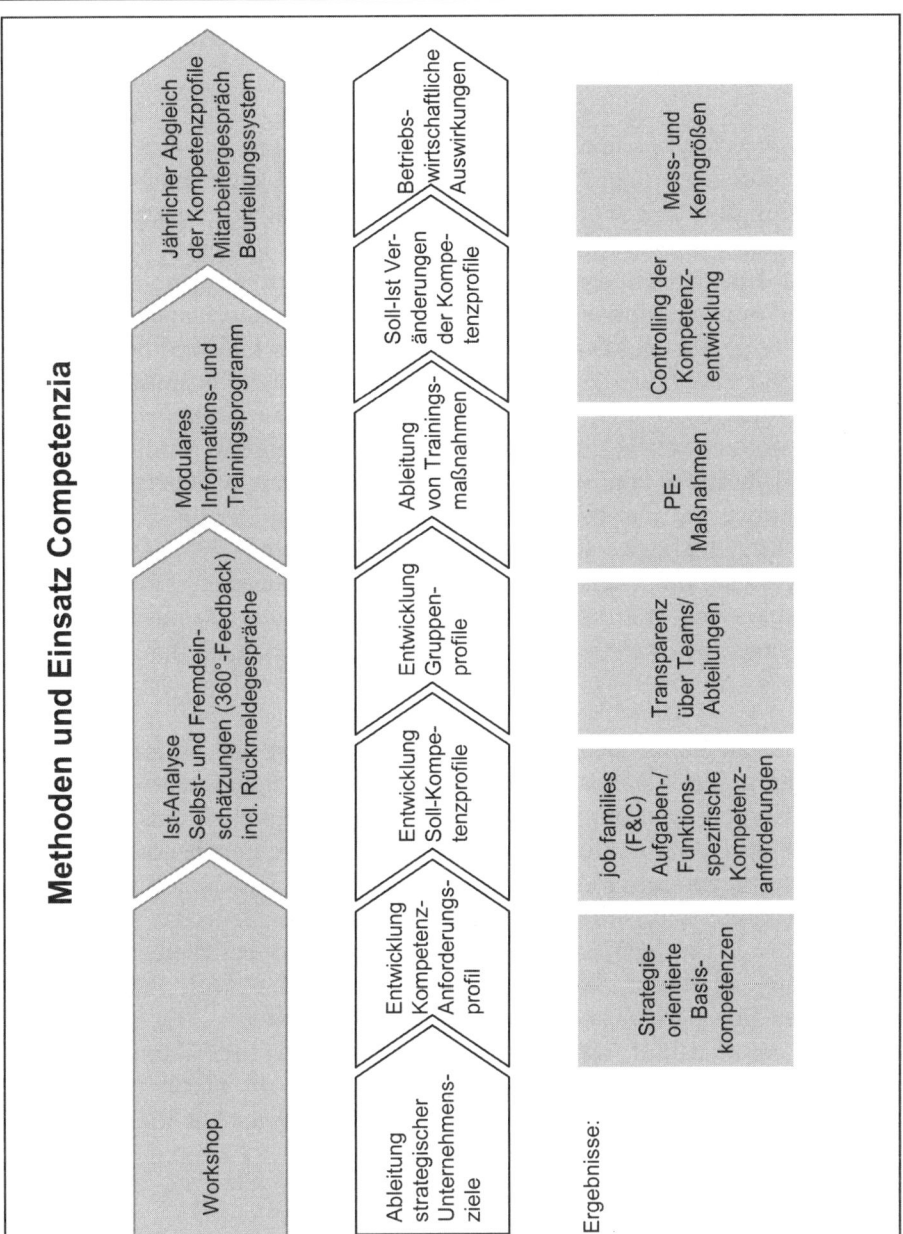

Abb. 2. Entwicklung und Implementierung strategieorientierter Kompetenzmodelle im genossenschaftlichen Bankgewerbe

5. Strategische Auswahl, Qualifikation und Bindung von Trainerinnen und Trainern

Ebenso wie erfolgreiches Weiterbildungsmanagement nur mit qualifiziertem und professionellem Personal realisiert werden kann, lässt sich berufliche Bildung nur mit andragogisch bzw. betriebspädagogisch ausgewiesenen Trainern, Ausbildern, Fachkräften oder Dozenten erfolgreich umsetzen. Eine Studie des Bundesinstituts für Berufsbildung (BIBB) bei Anbietern und Verantwortlichen der Weiterbildung, Trainern und Teilnehmern zeigt, dass Experten die Qualifikation der Lehrkräfte als Hauptindikator für eine hohe Durchführungsqualität der Bildungsmaßnahme ansehen (Krekel & Beicht, 1995, S. 137). Für Weiterbildungsmanager ist dieses Axiom ebenfalls gültig, worauf die bereits zitierte Studie von Bäumer zur Typologie von Weiterbildungsmanagement in deutschen Unternehmen hinweist: „Die Kompetenzen der Weiterbildner und Personalentwickler kristallisieren sich als eine bedeutsame Komponente der Funktionsweise von Weiterbildung/PE heraus." (Bäumer, 1999, S. 195). Ein qualifikations- und kompetenzorientierter Ansatz scheint demzufolge bei der Frage nach der Güte des Weiterbildungspersonals durchaus angemessen.

Über welche Fähig- und Fertigkeiten Trainerinnen und Trainer im Idealfall verfügen, leitet sich dabei – wie bei anderen Tätigkeiten auch – von deren Arbeitsanforderungen ab. In einer zunehmend komplexen und anspruchsvollen betrieblichen Bildungsarbeit erweitert sich deren benötigtes Profil von Vermittlungs- auf Moderations-, Mediations-, Beratungs- und Managementkompetenzen. Auf die Historie der Professionalisierung in der Weiterbildung und die langjährige Debatte um Professionalität ihrer Protagonisten kann an dieser Stelle nur verwiesen werden (vgl. Peters, 1998; Döring & Ritter-Mamczek, 1998, S. 23 – 126; Nittel, 2000). Vielmehr liegt der Fokus darauf, welche Möglichkeiten das Weiterbildungsmanagement besitzt, geeignete Lehrende zu akquirieren, zu professionalisieren und an die eigene Institution zu binden. An den folgenden fünf Zielgruppen wird dieser Vorgang knapp erläutert.

5.1 Hauseigene Führungs- und Fachkräfte

Seit der „Fünften Disziplin" von Peter Senge verbreitet sich die Erkenntnis, dass Wissensmanagement und Organisationsentwicklung eng damit verknüpft sind, das Know-how von Führungs- und Fachkräften einem breiten Mitarbeiterkreis zugänglich zu machen. Hierfür reicht es nicht, Datenbanksysteme aufzubauen. Vielmehr geht es aus betriebspädagogischer Sicht immer auch darum, Führungs- und Fachkräfte pädagogisch zu befähigen, damit sie ihr Wissen in Lehr-Lern-Prozessen ihres Unternehmens verbreiten können. Der Vorteil liegt auf der Hand: Kaum eine andere Zielgruppe ist so eng mit dem Unternehmen verbunden als das eigene Personal. Radikal formuliert, bedeutet darum Führen immer zu einem Teil pädagogisch tätig zu sein, oder wie Lehner es ausdrückt: „Es ist eine wesentliche Aufgabenstellung der Führungskraft, die personale Entwicklung der Mitarbeiter zu unterstützen und voranzutreiben. ... Die Führungskraft übernimmt – abhängig von der jeweiligen Arbeitsbeziehung – die Rolle des Coaches, Mentors oder Trainers." (Lehner, 2001, S. 149). Betriebliches Weiterbildungsmanagement macht daher zunächst geeignete interne Wissensträger ausfindig, motiviert sie zur Mitwirkung und professionalisiert sie in Bezug auf pädagogische Standards. Letzteres geschieht am besten in hausinternen Train-the-Trainer-Maßnahmen. Hiermit kann eine hohe Bindung dieser Zielgruppe an die Philosophie und Praxis der Weiterbildung erreicht werden. Da jedoch Fach- und Führungskräfte ohne pädagogische Vorkenntnis in diesem Aspekt maximal „semiprofessionelles Niveau" erreichen, wird empfohlen, das entstehende Delta durch „betriebspädagogische Vollprofessionals" auszugleichen (Geißler, 1998, S. 85). Damit kommen die vier nächsten Zielgruppen in Betracht.

5.2 Hauseigene Trainerinnen und Trainer

Je nach Unternehmensgröße und Aufgabenspektrum ist es sinnvoll, eine bestimmte Anzahl betriebspädagogischer Vollzeitkräfte anzustellen und einzusetzen. Die konkrete Zahl hängt dabei vom Umfang der aktuellen wie geplanten Aufgaben ab, das Profil der Vollzeittrainer oder Ausbilder vom meistbenötigten Bildungsbedarf. Ausgelagerte Profit-Center von Großunternehmen arbeiten i. d. R. mit mehreren Dutzend internen Trainern und Beratern. Die bereits zitierte Xental® Akademie beschäftigt 20 Referenten, die Audi-Akademie 150 Trainer und Berater und die VW Coaching GmbH über 800 Mitarbeiter. Freie externe Seminaranbieter beschäftigen in der Regel weniger Festangestellte: Über 60 Prozent arbeiten mit bis zu fünf Personen, 10 Prozent mit sechs bis zehn Personen und ca. 20 Prozent mit mehr als zehn festen Mitarbeitern (Merk, 1998, S. 207). Vermutlich entsprechen Weiterbildungsabteilungen „kleinerer" Großunternehmen den ersten beiden Kategorien.

Aus bereits genannten Gründen macht es Sinn, hauseigene Trainerinnen und Trainer in erster Linie aus internen Fachkräften zu rekrutieren und sie durch eine unternehmensspezifische Anpassungs- oder Aufstiegsqualifizierung zu leiten. Andererseits kommen ebenso externe Personen in Frage, die entweder dem nachstehend beschriebenen Pool, den fachlichen Netzwerken oder dem freien Markt entnommen werden können. Bei Vollzeittrainern kann das Weiterbildungsmanagement den fachlichen und überfachlichen Kompetenzbereich des Personals durch Mittel der strategischen Auswahl, Qualifizierung und Beurteilung zielgerichtet steuern, wenn die Trainer der Abteilung Weiterbildung unterstellt sind.

5.3 Externe Trainerinnen und Trainer

Weiterbildungsorganisationen und -abteilungen verfügen neben internen Kräften in der Regel über einen Pool an externen Lehrenden – freien Mitarbeitern, die entweder bereits über andere Projekte mit dem Unternehmen assoziiert sind oder sich durch Initiativbewerbungen anbieten. Aus diesem Reservoir werden jene Bereiche bedient, die das interne Personal nicht abdecken kann. Ein Trainerpool ist damit mehrfach nutzbringend: Er dient als notwendige und sinnvolle fachliche wie pädagogische Ergänzung des Stammpersonals. Er bringt externe innovative Perspektiven in das Weiterbildungsprogramm ein. Er fungiert als Reserve für Ausfall- und Krankheitszeiten des Stammpersonals und dient damit einem flexibel operierenden Bildungsmanagement. Bringen die externen Lehrenden ein gewisses Renommee ein, dient er letztlich auch dem Unternehmensmarketing.

Externe Trainerinnen und Trainer sollten über das Vertragswerk und die darin festgelegten Module an die Weiterbildungsphilosophie des Hauses angebunden werden. Da ihre Anstellung stets auf Verträgen beruht, macht es Sinn, darin alle notwendigen Tools des Qualitätsmanagements und der Anbindungsstrategie vertraglich festzulegen. Das bezieht sich etwa auf verpflichtende Vor- und Nachbereitungsmeetings, eingeforderte Seminarkonzepte, nötige Lehrmaterialien oder verpflichtende Maßnahmen zur Seminarevaluation.

5.4 Hochschullehrerinnen und Hochschullehrer

Betriebliches Bildungsmanagement kooperiert oft mit Hochschulen, deren Professoren in den benötigten Fachgebieten und/oder in der benötigten Weiterbildungskompetenz bestens ausgewiesen sind. Das bringt mehrere strategische Vorteile mit sich: Die betriebliche Weiterbildungspraxis kann eng mit dem aktuellen wissenschaftlichen Know-how verknüpft werden. Hochschullehrer verfügen oft über ein umfangreiches Sozialkapital, das heißt über weiterführende soziale Netzwerke, die bei Bedarf eingebracht werden können. Die Beratungskompetenz von Hochschullehrern kann genutzt werden, um die innerbetriebliche Weiterbildung zu entwickeln und an die Unternehmensstrategie anzupassen. Der Ruf von Hochschullehrern dient dem Ruf des Unternehmens – und umgekehrt; aus diesem Grund sind langfristige nutzbringende Allianzen möglich. Last but not least werden Hochschullehrer selbstverständlich als Trainer für das Unternehmen aktiv, womit sie Fachwissen und andragogische Kompetenz in die betriebliche Bildung einbringen.

Bei der Bindung von Hochschullehrern an die betriebliche Weiterbildung sollte strategieorientiertes Weiterbildungsmanagement auf „Anwendungsbezug" achten. Es gelten daher ähnliche Auswahlkriterien wie bei der Einstellung von Führungskräften: Berufsbiographie, Budget- und Projekterfahrung, personelle Performance, Referenzen, Managementkompetenz, anwendungsorientierte Forschungs- und Entwicklungskompetenz, didaktische Kompetenz – um nur einige vordergründige Kriterien zu nennen.

5.5 Nachwuchskräfte aus Studiengängen des Weiterbildungsmanagements

An deutschen Universitäten und Hochschulen haben sich in den 90er Jahren einige (wenige) Studiengänge aus dem Bereich der Weiterbildung, Erwachsenenbildung etabliert, deren Ziel es ist, potentielle Bildungsreferenten, Weiterbildungsbeauftragte oder Weiterbildungsmanagerinnen und -manager zu qualifizieren. Zu nennen ist etwa der „Aufbau- und Kontaktstudiengang Weiterbildungsmanagement" der Technischen Universität Berlin (Döring & Ritter-Mamczek, 1998, S. 321), das „Fernstudium Erwachsenenbildung" der Universität Kaiserslautern (Sievers, 1998, S. 149-156), der „Weiterbildungskurs Erwachsenenbildung" der Universität Bremen (www.weiterbildung.uni-bremen.de, 2005) und das „Kontaktstudium Erwachsenenbildung" der Pädagogischen Hochschule Weingarten in Kooperation mit der Allianz Versicherung (Reck, 2004, S. 121).

Deren Pool an Nachwuchskräften kann vom Weiterbildungsmanagement aktiv genutzt werden, etwa als Praktikanten, Trainees, externe Trainer oder potentielle Mitarbeiter. Der Vorteil dieser Zielgruppe liegt darin, dass sie in der Regel über gute beruflich-fachliche Erfahrung verfügt und in den Studiengängen zusätzlich das benötigte Kompetenzspektrum für betriebliches Bildungsmanagement und betriebspädagogische Praxis erwirbt. Ein spezielles Train-the-Trainer-Programm wird daher nicht mehr benötigt. Nachwuchskräfte aus Studiengängen des Weiterbildungsmanagements sind sowohl im pädagogischen als auch im Managementbereich vielseitig einsetzbar.

6. Methoden der Weiterbildung

Die Grenze zwischen Methodik und Didaktik ist schwer zu ziehen. Als *Theorie des Lehrens und Lernens* integriert Didaktik auf der Mikro- und Makroebene stets methodische Elemente, die je nach Position der erziehungswissenschaftlichen Theorie unterschiedlich akzentuiert werden (Meyer, 1987, S. 22 f.). Wenn im Folgenden von Methoden der Weiterbildung gesprochen wird, sind im engeren Sinn jene Verfahren gemeint, die

- auf der makrodidaktischen Ebene „methodische Großformen" betrieblichen Lehrens und Lernens begründen (z. B. Seminar, Lehrgang, Blended-Learning-Kurs, Workshop, On-the-Job-Training, Unterweisung, Qualitätszirkel, Projekt, Coaching, Lernwerkstatt, Video-Konferenz),
- auf der mikrodidaktischen Ebene als unterrichtlich-kommunikative Lehr- und Sozialformen sowie andragogische „Handlungsmuster" eingesetzt werden (z. B. Lehrvortrag, Lehrgespräch, Partnerarbeit, Gruppenarbeit, Rollenspiel, Simulation, Präsentation; ebenda, S. 236 f.).

Wie oben ausgeführt, nähern sich betriebliche Bildungsprozesse der realen Arbeitssituation an, um den Lerntransfer eher zu sichern. Strategieorientiertes Weiterbildungsmanagement hat dies zu berücksichtigen und optimale Großformen bedarfsgerecht zu inszenieren. Welche methodische Großform jedoch für welche Zielgruppe und welches Thema als angemessen zu bewerten ist, sollte das betriebliche Bildungsmanagement aufgrund seiner Fach-, Methoden- und Managementkompetenz definieren und mit den internen Kunden abstimmen. Eine makrodidaktische Rezeptologie ist dabei unangebracht, da sie empirisch nicht zu begründen ist. Vielmehr kommt es darauf an, Stärken und Schwächen sowie Risiken und Chancen jeder Großform zu kennen und diese während ihres Einsatzes kritisch zu hinterfragen und anzupassen (Stichwort „Formative Evaluation"), nur so lassen sich Fehlentwicklungen vermeiden. Dies sei am Beispiel des E-Learning kurz erläutert.

In den 90er Jahren setzte der „E-Learning-Hype" ein. Mit wachsender Leistungsfähigkeit von PCs wuchsen die Erwartungen an effektivere und preisgünstigere, da computergesteuerte, Lehr-Lern-Formen. Diese hohen Erwartungen wurden in der ersten Einsatzphase revidiert, die empirischen Fakten führten Anfang des neuen Jahrtausends zu adaptierten makrodidaktischen Modellen. „Kaum hat sich – nach mehreren Jahren Verzug – das Schlagwort und damit (zum Teil) auch die Idee des E-Learning in den Hochschulen eine gewisse Position erobert, ist der ‚E-Learning-Hype' in den Unternehmen auch schon wieder verschwunden ... ‚Zurückrudern heißt jetzt das Motto' ... " (Reinmann-Rothmeier, 2003, S. 28). E-Learning unterscheidet sich in der Praxis so fundamental von den Settings anderer makrodidaktischer Großformen, dass es derzeit eher vorsichtig eingesetzt wird. Abgesehen von der mangelnden (lern)theoretischen Fundierung zeigten sich konkrete Schwierigkeiten beim computergestützten Lernen, die zu ineffektivem Lernverhalten führten. Die erwartete Kostenreduktion stellt sich nicht im erwarteten Umfang ein – schon gar nicht, wenn tatsächlich eine Kosten-Nutzen-Rechnung aufgemacht wird. Der heutige State-of-the-Art besagt, dass Modelle des „Blended-Learning" und der „Kooperativen Lernumgebung", also Mischformen zwischen Präsenz- und Selbstlernphasen, in begrenzten Bereichen und unter gewissen Rahmenbedingungen sinnvoll einsetzbar sind (Lehner & Fredersdorf, 2004, S. 17-22). „Gemischte Erfahrungen" mit dem Einsatz von Blended-Learning-Konzepten nötigen die betriebliche Bildungspraxis zur permanenten Reflexion. So wurde etwa das Kontaktstudium Erwachsenenbildung bei der Allianz Versicherung moderat reformiert und durch netzbasierte Lernmodule auf freiwilliger Basis angereichert (Reck, 2004, S. 122 und 142).

Die Akademie Deutscher Genossenschaften setzt seit einigen Jahren ebenfalls erfolgreich gewisse Formen des Blended-Learning makrodidaktisch ein. Hiermit reagiert sie auf den Anspruch ihrer Kunden, betriebliche Abwesenheitszeiten zu kürzen und Lernen zunehmend eigenverantwortlich zu gestalten. Fachliches Basiswissen wird in verschiedenen ADG-Programmen über Selbstlernmaterialien bzw. E-Learning-Module vermittelt. Um den Lernerfolg zu sichern, flankieren Tutoren und Lernpartnerschaften den autonomen Bildungsprozess. Die ADG konzipiert darüber hinaus individuelle Blended-Learning-Arrangements für Unternehmen und begleitet diese in der Umsetzung. Über projektbezogene Transferaufgaben forciert die Akademie den praxisorientierten Erfahrungsaustausch der Teilnehmer und sichert damit deren Lerntransfer. Neben dem kollegialen Austausch in Präsenzmodulen erhalten die Teilnehmer auch ein begleitendes Projektcoaching durch den jeweiligen Trainer bzw. Referenten. Um die personale, sozial-kommunikative und aktivitätsbezogene Kompetenz ihrer Teilnehmer zu entwickeln, realisiert die ADG zudem individuelle Kompetenz- und Potenzialanalysen einschließlich persönlicher Coachinggespräche. Diese Methode wird sowohl in Management- und Führungsseminaren umgesetzt als auch in den Unternehmen vor Ort. Insgesamt entwickelt die ADG die Lerninhalte ihrer Schulungen zunehmend in Kombination mit der beruflichen Praxis.

Im Rahmen dieser Arbeit kann aus Aufwandsgründen nicht jede didaktische Großform im Detail dekliniert werden. Ein Fazit lässt sich dennoch auf der Meta-Ebene festhalten: Eine optimale methodische Großform existiert nicht![20] Jede in der betrieblichen Bildung eingesetzte methodische Großform ist darum einzeln zu hinterfragen. Wenn darin Lernziele begründet sind, kann die Methode an deren Erreichungsgrad und am Lerntransfer, aber auch an der Akzeptanz bei Teilnehmern und Stakeholdern gemessen werden. So weit es möglich ist, sollte außerdem das Verhältnis von Aufwand und Ertrag bewertet werden, um den Einsatz der methodischen Großform betriebswirtschaftlich zu rechtfertigen.

Die Schnittstelle zwischen makro- und mikrodidaktischen Methoden bildet der Trainerleitfaden. Hierunter ist die Feinplanung einer einzelnen Weiterbildungsmaßnahme, zum Beispiel eines Seminars, zu verstehen. In der ADG-Trainerausbildung weist der Trainerleitfaden Lernziele, Medien- und Methodeneinsatz, Trainer- und Teilnehmeraktivitäten sowie die Zeitplanung eines jeden Bildungstages aus. Für Trainer ist er mehrfach bedeutsam: In der Vorbereitung nutzt er ihn, um den Ablauf fachlich und methodisch sinnvoll zu strukturieren, sich der Zielvorgaben bewusst zu werden, Inhalte bedarfsorientiert zu konzipieren und um Wesentliches von Unwesentlichem zu trennen. In der Umsetzung kann er sich aufgrund der guten Vorbereitung sicher fühlen, das Pensum absolvieren und die Kommunikation mittels Lehr-Lern-Aktivitäten in jeder Sequenz steuern. In der Nachbereitung reflektiert und optimiert er das Seminar.

Doch Vorsicht: Der Trainerleitfaden darf nicht die trügerische Hoffnung erwecken, didaktische Abläufe seien stets voll und ganz im geplanten Sinn steuerbar. Ein Seminar kann aufgrund der Dynamik zwischen den Akteuren, aufgrund es Deltas zwischen Bedarf und Angebot oder aufgrund anderer „Friktionen" stets anders als geplant verlaufen – zumindest teilweise.

---

[20] Einen Überblick über arbeitsplatznahe makrodidaktische Konzepte bieten Döring & Ritter-Mamczek, 1998, S. 165 – 176.

Das liegt in der Natur komplexer Systeme und sollte vom Bildungsmanagement und seinen Referenten bedacht werden. Der Militärstratege Clausewitz, dessen Erkenntnisse von der Boston Consulting Group auf den Wirtschaftsbereich übertragen wurden, sagte hierzu: „Diese entsetzliche Friktion, die sich nicht wie in der Mechanik auf wenig Punkte konzentrieren läßt, ist deswegen überall im Kontakt mit dem Zufall und bringt dann Erscheinungen hervor, die sich gar nicht berechnen lassen, eben weil sie zum großen Teil dem Zufall angehören." (vgl. Oetinger et al., 2005, S. 95). Dieselbe Erkenntnis setzte sich in der schulbezogenen Erziehungswissenschaft durch: „Es ist nicht möglich, aber auch nicht wünschenswert, die Lehrer-Schüler-Interaktion im Unterricht vollständig zu verplanen. LehrerInnen und SchülerInnen lassen sich ihre Subjektivität und das Recht zu spontanen Handlungen nicht völlig rauben." (Jank & Meyer, 1994, S. 309).

Was bedeutet diese Erkenntnis für das strategieorientierte Weiterbildungsmanagement? Primär gilt es, Lehrkräfte auszuwählen, die über ein breites fachliches, methodisches und kommunikatives Repertoire verfügen, um flexibel auf das Seminargeschehen eingehen zu können. Kompetente Lehrende können Schwerpunkte verschieben, wenn Teilnehmer ihren Bedarf anders als erwartet formulieren. Sie sind in der Lage Meta-Kommunikation bei Konflikten oder Störungen zu führen. Sie können Methoden außerplanmäßig wechseln, wenn an der Teilnehmerreaktion erkennbar ist, dass eine bestimmte Lehrform nicht angemessen ist. In zweiter Linie wird ein multiperspektivischer Einblick in die Veranstaltung erlangt, um aus den Rückmeldungen Ansätze für das Re-Design herauszuarbeiten. In einem fundamentalen Sinn geht es um einen Einstellungswandel bezüglich der Effektivität geplanter Handlung: Von einem hundertprozentigen Perfektionismus ist abzuraten, da er ein bedeutend höheres Maß an Aufwand erfordert als eine annähernd perfekte Leistung. Der Lehr-Lern-Prozess enthält immer ein gutes Stück Improvisation – vielleicht macht ihn das gerade für Lehrende und Lernende attraktiv und für Unternehmen erfolgreich.

Auf der Ebene der Mikrodidaktik[21] geht es um das konkrete Lehr-Lern-Verhalten von Trainern und Teilnehmern. Trainer verfügen im Idealfall

---

[21] Einen Überblick über mikrodidaktische Lehr-Lern-Formen bieten Pätzold, 1996 sowie Arnold, Krämer-Stürzl & Siebert, 1999, S. 102 – 108). In der quadratisch-grünen Reihe „Weiterbildung" des Beltz-Verlages finden sich zahlreiche Monographien zu spezifischen Seminarmethoden, auf die hier wegen ihrer Fülle nur allgemein verwiesen werden kann.

über einen vielseitigen Methodenkanon, den sie laut Plan und – wie gesagt – flexibel und stets professionell einsetzen können. Eine optimale mikrodidaktische Lehr- und Sozialform existiert ebenfalls nicht! Umfassende Sekundäranalysen von Studien der empirischen Lehr-Lern-Forschung verweisen darauf, dass die Suche nach der „besten Methode" zwecklos ist: „Die beste Methode gibt es nicht - sofern man die gemessene Lernleistung der Schüler als Effektivitätskriterium zugrunde legt. Mit schöner Regelmäßigkeit zeigen sich entweder keine Differenzen, oder aber die Resultate fielen nicht eindeutig genug zugunsten dieser oder jener Lehrmethode aus ... Dieser Sachverhalt ist seit mehr als 20 Jahren bekannt und gehört zu den wenigen Erkenntnissen der Lehrmethodenforschung, die als gesichert gelten dürfen." (Terhart, 1997, S. 79 und 122 ff.). Aus dieser Erkenntnis leitet sich eine zentrale mikrodidaktische Strategie ab. Sie besteht darin, Medien und Methoden abwechslungsreich einzusetzen, um das Unterrichtsgeschehen anregend und aktivierend zugleich zu gestalten. Diese Strategie wird etwa bei der didaktischen Entwicklung von Fachhochschul-Studiengängen angewandt (Fredersdorf & Lehner, 2004, S. 137 ff.).

Eine weitere grundsätzliche mikrodidaktische Strategie betrieblicher Bildung besteht darin, jegliche Maßnahme handlungs-, problem- bzw. fallbezogen zu konzipieren und durchzuführen. Handlungsorientierte Lehr-Lern-Formen sichern die Motivation in der betrieblichen Bildung, da sie am Erfahrungswissen der Teilnehmer aufsetzen und es in das Seminargeschehen einbinden. Sie erhöhen insbesondere dann den Lerntransfer, wenn sie an den beruflichen Aufgaben der Teilnehmer ausgerichtet sind. Zum professionellen mikrodidaktischen Kanon gehören darum Fallbeispiele, Übungen in Simulationen und Realsituationen ebenso wie Planspiele, Problem-Based-Trainings und Feedbacks in und über Arbeitssituationen. Eine Studie des BIBB an Personalverantwortlichen in deutschen Weiterbildungseinrichtungen brachte diesbezüglich einen gravierenden Nachholbedarf zu Tage: Die praxis- und handlungsorientierten Vermittlungsmethoden „Projektarbeit" und „Rollenspiel" werden im Rahmen von Seminaren am seltensten eingesetzt. Sie kommen in 48 Prozent der Anpassungs- und nur in 4 Prozent der Aufstiegsmaßnahmen vor, der klassische Einbahn-Frontalunterricht dagegen in 74 Prozent der Anpassungs- und 78 Prozent der Aufstiegsmaßnahmen (Krekel & Beicht, 1995, S. 145).

Das Fazit in der Methodendebatte kann wie folgt gezogen werden: Strategieorientiertes Weiterbildungsmanagement nutzt Erkenntnisse der empirischen Unterrichtsforschung und überträgt vier empirisch erwiesene Erfolg versprechende Strukturmerkmale auf die Praxis betrieblicher Bildung:

„[...] Klarheit und Strukturierung des Unterrichts, [...] Effektivität in der Klassenführung, [...] Förderung aufgabenbezogener Schüleraktivitäten, [...] Adaptivität und Variabilität von Unterrichtsformen [...]" (Terhart, 1997, S. 96).

7. Evaluation der Weiterbildung – Qualitätsmanagement – Bildungscontrolling

Wie mehrfach angedeutet, operiert strategieorientiertes Weiterbildungsmanagement nur dann erfolgreich, wenn es sich permanent kritisch hinterfragt, um seine Leistungen, Prozesse, Produkte und Effekte zu erkennen und zu optimieren. Diese bedeutsame Aufgabe wird mit den Begriffen Evaluation, Qualitätsmanagement und Bildungscontrolling bezeichnet. Die Termini benennen zugleich drei zentrale Konzepte, die für das Weiterbildungsmanagement seit den 90er Jahren bedeutsam sind. Wie Beywl und Geiter (1997) zeigen, stammen diese Ansätze aus drei verschiedenen Bezugswissenschaften – Pädagogik, Betriebspädagogik und Betriebswirtschaft. Da sie sich auf denselben Gegenstand und damit auf dasselbe operative Geschäft beziehen, sind sie nicht eindeutig trennscharf. Gemäß ihrer unterschiedlichen Herkunftsdisziplinen stecken hinter diesen drei strategischen Ansätzen zwar voneinander abweichende Ziel- und Modellvorstellungen, Methoden und Handlungsformen. Der einzelne Begriff wird dabei unterschiedlich weit interpretiert – etwa das „Bildungscontrolling". In einer engen Variante meint Bildungscontrolling ausschließlich eine „harte" betriebswirtschaftliche Kosten-Nutzen-Rechnung, weiter gefasst fällt darunter auch das „weiche" Steuern pädagogischer und kommunikativer Aufgaben (vgl. Landsberg, 1995, S. 24; Gerlich, 1999, S. 33 – 72). Aufgrund seiner Paradoxie eignet sich der Terminus „Bildungscontrolling" – in der zusammengeschriebenen Variante – sehr gut als Gattungsbegriff. Denn er bringt die Trennung von pädagogischem und betrieblichem Anspruch zum Ausdruck und verweist damit auf das transdisziplinäre Aufgabenspektrum im Bildungsmanagement. Bildungscontrolling wird hier in diesem Sinn als Oberbegriff für wissenschaftlich-strategische Steuerungsmaßnahmen in der betrieblichen Bildung verwendet.

Mit exemplarischem Bezug auf die jüngere Debatte werden nun verschiedene Ansätze des Bildungscontrollings exkursiv vorgestellt. Drei zentrale Controlling-Module wurden bereits gesondert diskutiert:

- die Analyse des Bildungsbedarfs,
- die Konstruktion eines bedarfsorientierten Curriculums und
- die Einbindung und Entwicklung professioneller Trainerinnen und Trainer.

Diese andragogischen Basisaufgaben stehen erziehungswissenschaftlichen Ansätzen von Evaluation nahe. Unter Evaluation ist eine Entwicklungsstrategie zu verstehen, pädagogische Projekte oder Programme wissenschaftlich zu begleiten und während des Prozesses zu optimieren. Als Königsweg gilt hier die formative Evaluation – ein Verfahren, das die „Form" betrieblicher Bildung in enger Zusammenarbeit von Forschern, Praktikern und weiteren Stakeholdern im Verlauf einer Maßnahme partizipativ gestaltet. Diese Entwicklungsphilosophie basiert auf emanzipatorischen, wissenschaftstheoretischen Prämissen der Handlungsforschung: Evaluation wird dabei bewusst als Teil der Intervention angesehen; Evaluatoren sind nicht von der Praxis abgehoben, sondern Teil ihrer selbst (Gerlich, 1999, S. 47 f.). Sie sind sich dessen bewusst und tragen darum sowohl zur operativen wie zur normativen Entwicklung der betrieblichen Bildung – und damit zur Entwicklung der Unternehmenskultur – bei. Konzepte und Kompetenzen der Kommunikation und Interaktion sind darum für evaluative Aufgaben im Bildungsmanagement besonders bedeutsam.

(Formative) Evaluation im Bildungsmanagement kann sich auf den In- und Output von Bildungsmaßnahmen ebenso beziehen wie auf mikrodidaktische Verfahren oder Zielbestimmungen. Fragestellungen formativer Bildungsevaluation lauten etwa: Sind die curricularen Inhalte angemessen? Ist das Unterrichtsmaterial angemessen; lässt es sich optimal einsetzen? Sind Lernzielkontrollen teilnehmeradäquat und valide? Welche Seminarbedingungen fördern oder behindern den Lernprozess? Setzen unsere Trainer die Inhalte des Curriculums zielorientiert um; verfügen sie über die benötigten Kompetenzen? (Wottawa & Thierau, 1998, S. 32 und 78). Die Antworten hierzu lassen sich mittels mehrerer qualitativer und quantitativer Methoden der Sozialforschung gewinnen: Dozentenrunde als Qualitätszirkel zur Curriculumentwicklung, Experteninterview mit Stakeholdern zur Bewertung des Curriculums, Teilnehmerbefragung als Seminar-Feedback, individuelle Feedback-Gespräche mit Lehrenden, Analyse der Methoden zur Kontrolle von Lernzielen, Befragung von Teilnehmern und Führungskräften zur Einschätzung des Lerntransfers, etc.

Eine zentrale evaluative Aufgabe im Bildungscontrolling besteht darin, Führungskräfte des Unternehmens in das Bildungsmanagement einzubinden, um den Lerntransfer nachhaltig zu sichern. In diesem Punkt geht Weiterbildungsmanagement in strategische Organisationsentwicklung über. US-amerikanische Performance-Ansätze belegen die besondere Bedeutung von Führungskräften für den Erfolg oder Misserfolg einer Bildungsmaßnahme: Sie haben Vorbildfunktion und tragen als Coach wesentlich zur Mitarbeiterentwicklung bei. Durch vor- und nachbereitende, zielorientierte Gespräche unterstützen sie im Zuge einer Bildungsmaßnahme den arbeitsplatzbezogenen Lerntransfer ihrer Mitarbeiter. Indem sie organisationale Voraussetzungen schaffen, das Gelernte am Arbeitsplatz anzuwenden, bauen Vorgesetzte strukturelle Transferhemmnisse ab (Lemke, 1995, S. 47 – 53). „Die Realisierung der Idee, den Vorgesetzten (Manager) von der Effektivität der Unterstützung zu überzeugen und ihn in den Unterstützungsprozeß zu involvieren, kann mittel- oder langfristig dazu führen, ein alle Teilnehmer unterstützendes Organisationsklima zu erreichen und damit den Lerntransfer zu optimieren. Die Kombination der Unterstützung mit der Involvierung muß daher als effektive Maßnahme angesehen werden." (ebenda, S. 52).

Die Bertelsmann AG setzt beispielsweise in ihrem Bildungscontrolling-System verstärkt auf den führungsspezifischen Ansatz. So definiert sie für Mitarbeiter und Vorgesetzte Fragenkataloge, die sich darauf beziehen, eine Bildungsmaßnahme gemeinsam zu planen und nachzubereiten. Fragestellung lauten etwa: „Wie kann ich mich auf das Seminar optimal vorbereiten? [...] Wer vertritt mich während meiner Abwesenheit? [...] Wo benötige ich Unterstützung von Kollegen/Vorgesetzten/Mitarbeitern, um Veränderungen durchführen zu können? [...] Welche Ziele, die ich mir vor Seminarbeginn gesetzt habe, habe ich bislang erreicht?" (Gruhl, 2000, S. 177 ff.). In ihrem Subsystem regt die Abteilung Weiterbildung das Unternehmen an, zielorientierte Mitarbeitergespräche, auf Stellenbeschreibungen bezogene Ist-Soll-Analysen und/oder Methoden der Transferbeurteilung einzuführen und umzusetzen. Wenn sie diesen Veränderungsprozess bei Vorgesetzten anstößt, übt sie auch in diesem Punkt eine strategische organisationsentwickelnde Funktion aus.

Qualitätssicherungskonzepte im Bildungscontrolling orientieren sich weniger an den kommunikativen Aspekten von Management als an Konzepten des Qualitätsmanagements wie ISO, TQM, EFQM, Benchmarking (Gritz, 1998) oder die Balanced Scorecard (Kirkpatrick, 1998). Qualitätsorientiertes Bildungscontrolling führt etwa standardisierte Prozesse, Strukturen und darauf bezogene Verfahren ein, mit denen sich ein Gütesiegel erwerben lässt (vgl. Bräuer et al., 1995; Czepluch, 1995; Beywl & Geiter,

1997, S. 58 f.). Doch Bildungscontrolling ausschließlich auf eine ISO-Zertifizierung auszurichten, birgt Vorteile wie Risiken zugleich.

Vorteile:
- Interne Abläufe werden transparent und bilden die Grundlage für Schwachstellenanalysen.
- Standardisierte Verfahren verringern Fehler und Durchlaufzeiten. Zuständigkeiten werden definiert, dies minimiert Reibungsverluste u.a. (Vogt, 1995, S. 213).

Risiken:
- Die Normenreihe ISO 9000 ff gibt keine Qualitätsstandards vor, sondern überlässt diese Aufgabe den Produzenten – zertifizierte Träger können demnach Bildung auf unterschiedlichem Niveau anbieten.
- Eine Überschreitung von Mindeststandards wird nirgends gefordert (Gritz, 1998, S. 9; Beywl & Geiter, 1997, S. 61).

Die hohen Kosten können für kleine Bildungsträger das „Aus" bedeuten, wenn sich Kunden bei der Produktwahl ausschließlich an der Zertifizierung orientieren. Wenn es darum geht, Prozesse detailliert zu standardisieren, besteht die Gefahr, überflüssige Verfahren einzuführen, Bewährtes zu ignorieren und die Bürokratie insgesamt auf ein nicht mehr zu rechtfertigendes Maß anzuheben (Vogt, 1995, S. 213 f.). Letztlich richtet sich eine ISO-Zertifizierung der betrieblichen Weiterbildung nicht zwingend auf die Unternehmensstrategie und performance-orientierte Kriterien aus.

Ansätze des Total Quality Managements (TQM) und der European Foundation for Quality Management (EFQM) sind hierfür eher geeignet. Das EFQM-Modell bietet den Vorteil, In- und Output-Kriterien gleichermaßen zu messen (Gritz, 1998, S. 11). In das Modell gehen qualitative „weiche" Faktoren (etwa Mitarbeiter- und Kundenzufriedenheit, Unternehmensimage) ebenso ein wie quantitative „harte" (etwa Geschäftsergebnisse, Ressourcen). Aufgrund seiner Komplexität und der damit verknüpften umfangreichen Erhebungen eignet es sich jedoch eher für größere Bildungsabteilungen oder -unternehmen.

Kennzahlenorientierte Ansätze im Bildungscontrolling können Teil von TQM- oder EFQM-Modellen sein oder einzeln implementiert werden. Letztere Eigenschaft macht sie sowohl für Weiterbildungsabteilungen mittlerer Unternehmen und kleinere Träger praktikabel und interessant. Der Vier-Ebenen-Ansatz von Kirkpatrick übte in diesem Kontext großen Einfluss auf die deutsche Praxis aus. In Adaption des Basismodells von Kaplan und Norton transferiert Kirkpatrick auf der vierten Ebene die Balanced Scorecard auf den Bereich betrieblicher Bildung. Seines Erachtens gleicht sie wesentliche Nachteile eines ausschließlich auf den Return-on-Investment (ROI) fokussierten Bildungscontrollings aus. ROI-Messungen greifen zu kurz, weil sie sich nicht an der „Performance" betrieblicher Bildung und nicht vollends an der Unternehmensstrategie ausrichten: „First, they usually do not capture all of a company's strategic objectives. Second, ROI is a snapshot in time that tells you where you've been; it has no ability to predict where you'll go. Finally, since ROI is a lagging indicator, it is not a good diagnostic tool. [...] Training is often an investment in the long-term performance of people. So measuring results with financial tools that look backward is misleading at best. We need to use performance indicators that look to the future." (Kirkpatrick, 1998, S. 888 f.).

In Adaption des englischen Terminus wird *Performance* in der deutschen PE-Debatte als eine Gesamtleistung verstanden, die auf den Nutzen oder die Konsequenzen einer Maßnahme für die Zielgruppen des Unternehmens ausgerichtet ist (vgl. Lorenz & Oppitz, 2001). *Performance Improvement*, also die Förderung einer leistungsorientierten Organisation, berücksichtig acht zentrale Dimensionen; hierzu gehört auch die Erfolgsmessung auf operativer Ebene mittels Kennzahlen (Robinson & Robinson, 2001, S. 29). Bildungscontrolling mittels Kennzahlen[22] trägt direkt zur Unternehmens-Performance bei, wenn einige Grundregeln beachtet werden:

- Die Kennzahlen müssen valide definiert sein, also den gewünschten Performance-Effekt möglichst treffsicher abbilden. Dabei sollen sie sich trennscharf voneinander abgrenzen.
- Von einem Übermaß an Kennzahlen ist abzuraten, um die Bürokratie gering zu halten und Redundanzen zu vermeiden, getreu der Regel „So viel wie nötig, so wenig wie möglich" (vgl. Landsberg, 1995, S. 31).
- Kennzahlen, die im Unternehmen bereits vorliegen, sind aus Kostengründen zu bevorzugen.

Sollte die letzte Bedingung nicht zu realisieren sein, die erstgenannten dagegen schon, sind Kennzahlen zu bevorzugen, die sich kostengünstig implementieren lassen. Einige leicht „unscharfe" Kennzahlen zu einem relevanten Aspekt, die bereits kostengünstig im System vorliegen, sind einer

---

[22] Einen Überblick über Kennzahlen aus dem Bereich des Personalwesens bietet Fredersdorf, 2001.

einzelnen „scharfen" Kennzahl zu bevorzugen, wenn letztgenannte erst implementiert werden muss. Selbstverständlich richten sich Bildungskennzahlen an der Unternehmensstrategie aus. Wenn sie hierzu keinen Beitrag liefern, sind sie überflüssig.

Eine derartige systemische Einbettung des Kennzahlensystems in Leitbild und Strategie der Organisation realisierte die Fachhochschule Vorarlberg (Österreich) in den Jahren 2002 bis 2004. Als privatwirtschaftlich geführte Hochschule positionierte sie sich schon frühzeitig auf dem europäischen Bildungsmarkt. Ihre Balanced Scorecard bildet direkt die strategischen Ziele des Hauses ab. Diese beinhalten z. B., hervorragend qualifizierte Absolventen herauszubringen, kompetenter Anbieter im europäischen Hochschulraum zu sein, flexible Studienangebote zu liefern, eine bedeutende Anlaufstelle für Forschung und Entwicklung in der Region darzustellen und hervorragende Mitarbeiter an sich zu binden (Fredersdorf & Lehner, 2004, S. 87 – 91). Der Unternehmensberater Peter Horváth spricht der Balanced Scorecard im betrieblichen Bildungs- und Personalwesen enorme Innovationskraft zu: „Die Balanced Scorecard fördert und fordert das Wissensmanagement in vielerlei Hinsicht: Allein der Prozess, strategische Ziele in operative Handlungen zu übersetzen und Messinstrumente festzulegen, verlangt einen Transfer von Wissen: zwischen Abteilungen, Mitarbeitern und verschiedenen Hierarchieebenen. […] Die BSC unterstützt das Zusammenführen und Handling verschiedener Wissensgebiete. […] Die Balanced Scorecard initiiert Wissensmanagement und -transfer." (Horváth, 2001, S. 179).

An der Schnittstelle zwischen Betriebspädagogik und Ökonomie ist der Benchmark-Ansatz angesiedelt. Er ist nicht nur für allgemeine strategische Konzepte und Entscheidungen des Unternehmens bedeutsam sondern kann ebenfalls im Bildungscontrolling erfolgreich eingesetzt werden. *Benchmarks* sind Kennzahlen von – beziehungsweise über – (führende) Mitbewerber am Markt. Die Philosophie dieses Ansatzes besteht darin, eigene Leistungsmerkmale mit denen der Mitbewerber zu vergleichen, um daraus Rückschlüsse für Qualitätsverbesserungen zu ziehen. Im Bildungsbereich bieten externe und unabhängige Consulting-Firmen bspw. an, Datenbanken aufzubauen und zu pflegen, in denen sich Mitgliedsorganisationen unter Wahrung ihrer Anonymität erfassen lassen. Nachdem die Daten von der Consulting-Firma aufbereitet wurden, können die Kunden ihren Rang bezüglich der erhobenen Leistungsmerkmale abrufen; die Mitbewerber bleiben dabei anonym (Gritz, 1998, S. 13 f.). Horváth & Partners bieten bspw. derartige Leistungen für Unternehmen im Bereich Controlling, Accounting und Finance Management an (www.horvath-partners.com, 2005). Einige Technische Universitäten Deutschlands haben sich im Centrum für Hochschulentwicklung zum „Benchmarking Club Technischer Universitäten" zusammengeschlossen. Ziel ist es, den Präsidenten und Rektoren Ansatzpunkte zu liefern, in welchen Bereichen sich die Hochschule verbessern kann. Dies bezieht sich auf Mittelverteilungsverfahren, Lehreinheiten, strategische Zielsetzungen, Kennzahlen für Leistungsvergleiche und andere hochschulspezifische Größen[23]. Benchmarking beschränkt sich nicht auf Datenbankanalysen sondern bietet weitere methodische Zugangsmöglichkeiten wie etwa den informellen Erfahrungsaustausch in Expertenzirkeln, den Branchenvergleich über Verbandsdaten, den branchenübergreifenden Vergleich anhand von Geschäfts- und Sozialberichten oder die systematische Analyse empirischer Studien zu diesem Sujet (Weiß, 1995, S. 164 f.). Am betriebswirtschaftlichen Pol des Bildungscontrolling-Spektrums finden sich drei ökonomisch fundierte Ansätze (vgl. Bardeleben & Herget, 2000, S. 81):

- Das Kosten-Controlling betrachtet Weiterbildung als Kostenfaktor, der nach seinen Bestandteilen analysiert und optimiert wird (Art der Weiterbildung, Umfang, Struktur, Zielgruppen, Funktionsbereiche). Im Kosten-Controlling geht es hauptsächlich darum, das Budget zu überwachen und die Weiterbildungsdimensionen mittels Benchmarking und Kennzahlen zu steuern.
- Das Wirtschaftlichkeits-Controlling legt seinen Schwerpunkt auf die Preisgestaltung. Es vergleicht interne und externe Maßnahmen sowie arbeitsplatznahe und -ferne Weiterbildung aus ökonomischer Perspektive. Weiterbildung wird dabei nach dem ökonomischen Minimum-Maximum-Prinzip bewertet.
- Das Erfolgs- oder Nutzen-Controlling betrachtet Weiterbildung als Investition in das Humankapital und sucht den Beitrag der betrieblichen Weiterbildung zum Unternehmenserfolg zu bestimmen. Analyseziele sind die unternehmensspezifischen Wirkungen der Weiterbildung beziehungsweise deren betriebliche Rentabilität.

Die Bedeutung ökonomisch fundierter Ansätze soll im Folgenden kurz diskutiert werden.

---

[23] RWTH Aachen, TU Berlin, TU Darmstadt, TU Dresden, TU Hamburg-Harburg, TU Kaiserslautern, Uni Dortmund, Uni Stuttgart. Vgl.: http://www.che.de, 2007.

Das Kosten-Controlling analysiert Ausgaben und Einnahmen von Weiterbildungsprozessen. Auf der Ausgabenseite werden direkte Kosten (z. B. für externe Raummiete, Materialien, Reise- und Fahrspesen der Teilnehmer, Kursgebühren, Referentenhonorare etc.) und indirekte Kosten (z. B. für Ausfallzeiten, anteilige interne Raummiete, interne Referenten, Kommunikation etc.) summiert (zu den Kostenarten vgl. Decker, 1995, S. 155 – 169; Ebert, 1995). Ziel ist es, alle Kostenarten für Weiterbildung zu bedenken und in der Weiterbildung möglichst geringe Kosten zu verursachen. Weiterbildungskosten nach dieser Variante rein operativ zu steuern greift jedoch zu kurz, weil der Nutzwert betrieblicher Bildung dabei nicht einbezogen wird. In Krisen- und Rezessionszeiten führt ein rein operativ-ökonomisches Bildungscontrolling meist zu Einsparvorgaben in der Weiterbildung. Dies ist insofern für die Wirtschaft fatal, als damit ein unternehmerischer Entwicklungsbereich beschränkt wird, von dem zentrale Impulse für Innovation und Rentabilität ausgehen. Aus Unternehmenssicht ist darum zu fordern, dass der Beitrag der Weiterbildung für den betrieblichen Nutzen aufgezeigt wird und betriebliche Ausgaben für Forschung, Entwicklung und Weiterbildung in Krisenzeiten eher angehoben denn gesenkt werden.

Laut einer Studie des BIBB und des Instituts für Entwicklungsplanung und Strukturforschung an 1.700 deutschen Betrieben wird eine reine Kostenerfassung der betrieblichen Weiterbildung noch am ehesten durchgeführt. In Unternehmen mit über 500 Beschäftigten (92%) und mit 50 bis 499 Beschäftigten (82%) ist sie annähernd selbstverständlich. In Unternehmen mit bis zu 50 Beschäftigten dagegen nicht; nur 55 Prozent dieser Unternehmen erfassen regelmäßig ihre Weiterbildungskosten (vgl. Bardeleben & Herget, 2000, S. 86). Wirtschaftlichkeits- oder Kosten-Nutzen-Controlling wird allerdings kaum realisiert: „Seltener berichtet wurden zusätzliche Maßnahmen, um das Gelernte in das Arbeitsfeld umzusetzen, noch seltener waren bisher Versuche, diesen Transfererfolg differenziert zu erfassen oder gar in Geldgrößen zu bewerten. Nur wenige Unternehmen bemühen sich darüber hinaus, Nutzen und Wirksamkeit der Weiterbildung im Hinblick auf ihren Beitrag für das Betriebsergebnis in monetären Größen oder anhand anderer, objektiver Kennzahlen konkret zu bestimmen. Kosten-Nutzen-Analysen für einzelne Veranstaltungen oder das gesamte Weiterbildungsprogramm führt keines der Unternehmen durch" (ebenda, S. 84 f.). Diese reservierte Haltung ist mehrfach begründet: Personal- und Bildungsverantwortliche sind skeptisch, ob sich der Nutzen tatsächlich bestimmen und berechnen lässt. Teilweise fehlt ihnen hierzu das nötige Know-how. Andererseits hält der hohe zeitliche und finanzielle Aufwand von der Einführung derartiger Verfahren ab. Hinzu kommt ein genereller Personalmangel im Bildungsbereich und die kritische Sicht, ob sich der Wirkungsgrad betrieblicher Bildung tatsächlich durch verfeinerte Erfolgskontrollen nennenswert steigern lässt (ebenda, S. 92).

Weitere Schwachstellen der Kosten-Nutzen-Rechnung sind in der Literatur ausführlich beschrieben. Sie liegen etwa darin, dass eine exakte Quantifizier- und Messbarkeit nur suggeriert wird, da die zugrundeliegenden Annahmen auf Schätzwerten beruhen, deren Gewichtung relativ willkürlich erscheint, da objektive Null- und Optimalpunkte fehlen (Gerlich, 1999, S. 66 f.). Kosten-Nutzen-Relationen arbeitsplatzbezogener Lernformen sind aufgrund der betrieblichen Bedingungskomplexität noch schwieriger zu berechnen als bei herkömmlichen Seminaren (vgl. Bardeleben & Herget, 2000, S. 94). Im Unternehmen mangelt es an geeigneten oder geeignet zubereiteten Daten – der relativ geringe Erkenntnisgewinn rechtfertigt keine aufwendige Implementierung. Bildungsinvestitionen sind stets Investitionen im Kompetenzaufbau von Mitarbeitern und rechnen sich darum erst nach längerer Zeit. Ein kurzfristiger ROI ist darum kaum nachweisbar, unmittelbare Wirkungszusammenhänge sind nicht darstellbar. Des weiteren werden für eine wissenschaftlich seriöse Kosten-Nutzen-Rechnung neben der Experimentalgruppe – das ist die Gruppe, welche eine bestimmte Bildungsmaßnahme absolviert – *echte* Kontrollgruppen benötigt; diese sind in der Unternehmensrealität meist nicht vorhanden. Quasi-experimentelle Untersuchungsdesigns erfüllen dagegen nicht die strengen methodischen Voraussetzungen. Letztlich bewegen sich die von betrieblicher Weiterbildung für das Unternehmen zu erwartenden ökonomischen Effekte nur im Promillebereich und sind daher für das Top-Management von eher geringerer Bedeutung (Weiß, 2000, S. 82 – 84). Aus den genannten Gründen legen laut der BIBB/IES-Studie Geschäftsführungen keine weitergehenden Ansprüche an betriebliche Weiterbildungsabteilungen und geben sich mit Dokumentationen von Kennzahlen zufrieden (vgl. Bardeleben & Herget, 2000, S. 92).

Weniger problembehaftet als die Kosten-Nutzen-Analyse ist es dagegen, den Nutzen einer Maßnahme gesondert zu bestimmen und zu berechnen. Am Nutzen des Unternehmens orientierte Dimensionen und darauf bezogene Kennzahlen sind relativ eindeutig und valide zu identifizieren. Bei der Nutzwertbestimmung im Bildungscontrolling können wirtschaftliche und pädagogische Erfolgskennzahlen voneinander unterschieden werden (Seeber, 2000, S. 141 f.; Weiß, 2000, S. 87 f.). Der materielle wie immaterielle Nutzen liegt zum Beispiel in der Einnahme von Teilnehmerbeiträgen, im Einwerben von Fördermitteln und Spenden, geringeren Fehlerraten und Ausfallkosten, kürzeren Arbeitszeiten und damit höherer Produktivität, in qualitativen Ertragssteigerungen (höhere Motivation und Zufriedenheit der Mitarbeiter, stärkere Kundenbindung), niederen Krankenständen, schnelleren Problemlösungen, Erhaltung von Fach- und Führungskräften, größerer Mitarbeiterbindung, Pflege der Unternehmenskultur u.v.a.m. (vgl. hierzu auch Gerlich, 1999, S. 69). Ende der 90er Jahre belegte zum Beispiel das Recycling-Unternehmen ALBA AG den materiellen Nutzwert einer einjährigen Fortbildung für Nachwuchsführungskräfte an einem Quotienten von in der Fortbildung erwirtschafteten Finanzen gegenüber den Kosten der Fortbildung. Verpflichtender Teil für jeden Projektteilnehmer war es nämlich, während der Fortbildung ein internes Recycling-Projekt bis zur Marktreife zu bringen und während des Fortbildungsjahrs einen möglichst großen Gewinn zu erwirtschaften. Die Einnahmen der ausbildungsbezogenen Projekte wurden den Kosten der Ausbildung entgegengehalten[24]. Wie an der Balanced Scorecard bereits ausgeführt, geht es beim Aufbau derartiger nutzwertorientierter Kennzahlen stets darum, diese aus den strategischen Unternehmenszielen abzuleiten und sie aufeinander sowie mit den Organisationseinheiten des Unternehmens abzustimmen (Weiß, 2000, S. 87). In der ALBA AG war das Vorhaben als gelungen anzusehen.

Das Bundesinstitut für Berufsbildung bringt die aktuelle Debatte um Bildungscontrolling in wenigen zentralen Thesen auf den Punkt. Demnach ist es sinnvoll und notwendig, ökonomische und andragogische Perspektiven im Bildungscontrolling miteinander zu verknüpfen[25]. Ein Ansatz nach dem Motto „Entweder-Oder" greift in beiden Fällen zu kurz. Er ist mit Defiziten behaftet, lässt relevante Prozesse unberücksichtigt, spiegelt falsche Tatsachen wider und bringt den wahren Wert betrieblicher Bildung nicht zum Ausdruck. Das BIBB empfiehlt daher fünf erfolgversprechende Strategien:

1. den Controlling-Kreislauf zwischen Bedarfsanalyse, Kostenanalyse, Curriculumentwicklung, Seminarsteuerung, Transferkontrolle und Nutzwertbestimmung einzuhalten;

---

[24] Der Autor evaluierte seinerzeit Elemente dieser Fortbildung; Ergebnisse wurden intern behandelt.

[25] Diese Perspektive wird von Gerlich als „monoteleologisch verknüpfter Ansatz" bezeichnet (Gerlich, 1999, S. 71).

2. sowohl den materiellen als auch den immateriellen Nutzwert zu definieren,
3. den Nutzen zu quantifizieren und monetär zu bewerten,
4. Vorgesetzte und Mitarbeiter in die Verantwortung für erfolgreiche betriebliche Bildungsprozesse einzubinden und
5. Lernerfolge zu Anwendungserfolgen zu führen (vgl. Bardeleben & Herget, 2000, S. 96 – 99).

Hinzuzufügen wäre ein weiterer, selten explizit erwähnter Erfolgsfaktor: Aus allen Analysen im Bildungscontrolling resultieren stets auch handlungsrelevante Konsequenzen für die betriebliche Weiterbildung. Bedarfe werden nicht erhoben, um in unbrauchbaren Hochglanzbroschüren zu enden, Seminare nicht evaluiert, um Statusberichte zu schreiben, Kennzahlen nicht erhoben, um das Gewissen zu beruhigen. Aus allen beispielhaft genannten Fällen leitet das strategieorientierte Weiterbildungsmanagement umsetzbare Maßnahmen der Qualitätsverbesserung ab: bedarfsgerecht konzipierte Bildungsmaßnahmen, optimierte Seminarabläufe oder verbesserte Transfermaßnahmen. Dass ein derartig an die Wurzel gehender TQM-Prozess nicht immer konfliktfrei verläuft, sollte von Beginn an kalkuliert werden. Mit Widerständen im Unternehmen, schmerzhaften Trennungen von bisherigen Lehrenden oder erhöhtem Aufwand für die Implementierung neuer Arbeitsformen ist zu rechnen.

8. Exemplarische Tools für das strategieorientierte Weiterbildungsmanagement

Strategieorientiertes Weiterbildungsmanagement besitzt eine komplementäre operative Seite, diese wird durch Tools und Techniken repräsentiert. Werkzeuge des operativen Weiterbildungsmanagements dienen dazu, übergreifende Ziele zu verfolgen. Sie entfalten ihren systemischen Nutzen, wenn man sie professionell konzipiert, denn nur dann spiegeln sie auch das real wieder, was sie zu messen vorgeben. Diese Forderung sei am Beispiel von Fragebögen zur Seminarbeurteilung kurz erläutert. In der Literatur finden sich viele derartige Beispiele, dabei wird jedoch kaum dargestellt, wie die erforderlichen wissenschaftlichen Testvoraussetzungen geprüft und berücksichtigt wurden. Es ist zu vermuten, dass die wenigsten in der Praxis eingesetzten Bögen testtheoretisch auf zentrale sozialwissenschaftliche Kriterien wie Objektivität, Reliabilität und Validität überprüft werden. Hierbei handelt es sich aber um eine Grundforderung, die für jegliche Art von Befragung gilt, und in der empirischen Soziologie, Psychologie oder Marktforschung zum State-of-the-Art zu zählen ist (Diekmann, 1998, S. 216 – 227). Weiterbildungsmanagement muss diese und andere prinzipielle wissenschaftliche Standards erfüllen, wenn es sich als Profession etablieren möchte.

Wenn sich strategieorientiertes Weiterbildungsmanagement für bestimmte Schwerpunkte in der betrieblichen Bildungsarbeit entscheidet, kann es über die Fachliteratur ohne hohe Investitionen auf umfassende Vorleistungen im operativen Sektor zurückgreifen. Beispiele können den spezifischen Bedingungen eines Unternehmens oder einer Branche angepasst werden, die operative Arbeit lässt sich aber auch auslagern. Im Internet leicht auffindbare Bildungsberater bieten hier diverse Serviceleistungen zwischen Entwicklung und Analyse an. In diesem Zusammenhang darf der Hoffnung Ausdruck gegeben werden, dass betriebliche Weiterbildungsmanagerinnen und -manager zukünftig auch die operativen Entwicklungskompetenzen vermehrt eigenständig vorweisen. Nur so wird das benötigte Wissen eng am Bedarf des Unternehmens aufgebaut und nachhaltig darin verankert.

Welche Werkzeuge finden sich nun in der Tool-Box für Weiterbildungsmanager? Zum Portfolio professioneller beruflicher Bildungsarbeit gehören etwa (ohne Anspruch auf Vollständigkeit):

- Anleitungen, um ein Qualitätshandbuch zu erstellen,
- Prozessbeschreibungen, um ein Qualitätsmanagement einzuführen,
- Flussdiagramme, um begleitende Qualitätskontrollen darzustellen,
- Checklisten, um externe Bildungsanbieter zu bewerten,
- Beurteilungsraster, um Veranstaltungsverzeichnisse zu bewerten,
- Musterbögen, um den betrieblichen Bildungsbedarf zu erfassen (z. B. in Form individueller Ist-Soll-Analysen),
- Gesprächsleitfäden für Führungskräfte, um Bildungsteilnahmen vor- und nachzubereiten,
- standardisierte Auswertungs- und Reporting-Prozesse, um die Bildungsmaßnahme vor- und nachzubereiten,
- Kriterienlisten zur Trainerauswahl,
- Standardverträge für externe Trainerinnen und Trainer,
- didaktische Leitlinien für externe und interne Trainerinnen und Trainer, um die pädagogischen Standards zu sichern,
- didaktische Formblätter, um Seminare zu planen,
- Checklisten zur operativen Seminarvorbereitung,

- Kalkulationsschemata, um direkte und indirekte Bildungskosten zu berechnen,
- Auslastungsschemata für Zimmerbelegungen,
- Leitlinien und Lerntagebücher für Teilnehmerinnen und Teilnehmer, um die Lernvorbereitung und den Lerntransfer zu sichern,
- standardisierte Fragebögen, um Seminare zu evaluieren,
- standardisierte Auswertungs- und Reporting-Prozesse für die Seminarevaluation,
- standardisierte Fragebögen, um den Lerntransfer zu evaluieren,
- standardisierte Auswertungs- und Reporting-Prozesse für die Transferevaluation,
- Kennzahlen aus dem Personal- und Bildungswesen, um den Nutzen für das Unternehmen darzustellen.

9. Zusammenfassung

Der vorliegende Aufsatz umreißt Ziele, Konzepte und Inhalte eines strategieorientierten Weiterbildungsmanagements. Hierunter ist ein Ansatz zu verstehen, der seine immanenten Bildungsaufgaben an übergeordneten Strategien und Zielen eines Unternehmens oder einer Branche ausrichtet, um die Wettbewerbsfähigkeit des Systems zu erhöhen.

Aktuelle empirische Ergebnisse über den Status Quo betrieblicher Weiterbildung in Deutschland belegen einen enormen Nachholbedarf an professionellem Weiterbildungsmanagement in deutschen Unternehmen. Vermutlich findet strategieorientierte Weiterbildung nur in Großunternehmen und Branchen statt, die einem besonderen Wettbewerbs- und Innovationsdruck ausgesetzt sind. Klein- und Mittelunternehmen, aber auch etliche Großunternehmen ohne größeren Innovationsdruck, verzichten häufig auf systematische, zielgerichtete Bildungsplanung. Dadurch vergeben sie die Chance, Mitarbeiter strategisch zu entwickeln und Innovation gezielt zu fördern.

Strategieorientierte Weiterbildung hat vorausschauende Funktion. Sie bildet fachliche und überfachliche Kompetenzen, Fähig- und Fertigkeiten von Mitarbeitern, damit die Klientel den benötigten aktuellen und zukünftigen Arbeitsanforderungen genügen kann. Dabei kommt dem Weiterbildungsmanagement ebenfalls beratende, persönlichkeitsentwickelnde, moderierende und konfliktlösende Funktion im Prozess des betrieblichen

Qualitätsmanagements zu. Nach der am weitesten gefassten Interpretation fungiert betriebliches Bildungsmanagement als tragende Kraft von Veränderungsprozessen in lernenden Organisationen.

Notwendige Voraussetzung für eine strategieorientierte Weiterbildung ist es, den Bildungsbedarf systematisch zu erheben. Bedarfsanalysen können sich auf Bildungsangebote, Bildungsnachfragen, Arbeitsplatzanforderungen oder Branchenerfordernisse beziehen. Aus ihnen leiten sich bedarfsorientierte Curricula und Seminare ab, deren Inhalte auf mittlerem Abstraktionsniveau fixiert werden. Je enger betriebliche Bildungsangebote den realen oder bald benötigten Tätigkeiten entsprechen, desto eher stützen sie die Unternehmensstrategie, desto eher werden sie von den Stakeholdern als bedeutsam angesehen.

Trainerinnen und Trainer fungieren dabei als zentrale Vermittler des benötigten Know-hows. Strategieorientiertes Weiterbildungsmanagement hat dafür zu sorgen, die passenden Personen für diese Aufgabe auszuwählen und sie an die Weiterbildungsphilosophie des Hauses zu binden. Hierfür kommen hauseigene Führungs- und Fachkräfte ebenso in Frage wie hauseigene und externe Trainer, Hochschullehrer sowie Nachwuchskräfte aus Studiengängen des Weiterbildungsmanagements. Eine zentrale Aufgabe des strategieorientierten Weiterbildungsmanagements besteht darin, makro- und mikrodidaktische Bildungsprozesse so zu gestalten, dass ein hoher Lern- und Transfereffekt erzielt wird. Hierbei geht es nicht nur darum, übergreifende Vermittlungskonzepte einzusetzen wie etwa Blended-Learning oder Problem-Based-Training. Strategieorientiertes Weiterbildungsmanagement hat auch das konkrete Lehr-Lern-Verhalten von Trainern und Teilnehmern mikrodidaktisch zu steuern.

Bildungscontrolling verfolgt stets betriebswirtschaftliche und (betriebs)pädagogische Perspektiven, um der Realität gerecht zu werden. Konzepte des Qualitätsmanagements, der Evaluation und des Controllings greifen ineinander und führen zu einem ganzheitlichen Ansatz von Bildungscontrolling. Einer elaborierten Kosten-Nutzen-Rechnung sind dabei aufgrund etlicher immanenter Erhebungs- und Erkenntnisschwierigkeiten gewisse Grenzen gesetzt. Sinnvoller erscheint es, Kosten- und Nutzenfaktoren getrennt voneinander auszuweisen und über kennzahlenorientierte Verfahren zu integrieren. Für den betrieblichen Bildungsbereich eignet sich die Balanced Scorecard, weil sie strategisch ausgerichtet werden kann und qualitative wie quantitative bzw. pädagogische und finanzielle Aspekte integrierend berücksichtigt.

Für operative Tätigkeiten stehen dem strategieorientierten Weiterbildungsmanagement etliche erprobte Tools und Techniken zur Verfügung. Diese sind jedoch elaboriert zu handhaben und ebenfalls auf die spezifische Unternehmensstrategie und -realität auszurichten. Nur so wird das benötigte Wissen eng am Bedarf des Unternehmens aufgebaut und nachhaltig darin verankert. Die skizzierten Wissenskompetenzen müssen zukünftig vermehrt von professionellen Weiterbildungsmanagern beherrscht und ausgeübt werden.

10. Checkliste

Strategieorientiertes Weiterbildungsmanagement

- leitet seine Aufgaben von Strategien und Zielen des Unternehmens ab,
- setzt hierfür einen umfassenden Regelkreis des Bildungscontrollings wissenschaftlich professionell um (Bedarfsanalyse, Curriculumentwicklung, Trainereinbindung, Kostenkalkulation, Seminargestaltung, Lernerfolgskontrolle, Transferkontrolle, Nutzenbestimmung),
- verknüpft dabei ökonomische und andragogische Perspektiven,
- optimiert permanent seine Prozesse, Standards und Qualitätsmerkmale,
- bindet Führungskräfte des Unternehmens ein,
- passt Tools und Techniken dem internen Bedarf an und
- kommuniziert den internen Kunden regelmäßig seinen strategischen Beitrag für das Unternehmen.

Literatur

Arnold, R. & Krämer-Stürzl, A. (1999). *Berufs- und Arbeitspädagogik. Leitfaden der Ausbildungspraxis in Produktions- und Dienstleistungsberufen.* Berlin: Cornelsen Girardet.

Arnold, R., Krämer-Stürzl, A. & Siebert, H. (1999). *Dozentenleitfaden. Planung und Unterrichtsvorbereitung in Fortbildung und Erwachsenenbildung.* Berlin: Cornelsen.

von Bardeleben, R. & Herget, H. (2000). Nutzen und Erfolg betrieblicher Weiterbildung messen. Herausforderungen für das Weiterbildungs-Controlling. In E. Krekel & B. Seusing (Hrsg.): *Bildungscontrolling. Ein Konzept zur Optimierung der betrieblichen Weiterbildung*, 79 – 112. Bielefeld: Bertelsmann.

Bäumer, J. (1999). *Weiterbildungsmanagement. Eine empirische Analyse deutscher Unternehmen.* Mering: Hampp.

Beywl, W. & Geiter, C. (1997). *Evaluation. Controlling. Qualitätsmanagement in der betrieblichen Weiterbildung.* Bielefeld: Bertelsmann.

bmbf – Bundesministerium für Bildung und Forschung (Hrsg) (2005). *Berichtssystem Weiterbildung IX.* Berlin: BMBF.

Bräuer, P., Hentschel, D. & Müller, C. (1995). Neue Wege der Qualitätssicherung in der Weiterbildung. Zertifizierung nach DIN EN ISO 9000 ff. am Beispiel des Bildungswerkes Ost-West e.V. In R. von Bardeleben, D. Gnahs, E. Krekel & B. Seusing. (Hrsg.): *Weiterbildungsqualität,* 176 – 190. Bielefeld: Bertelsmann.

Czepluch; H. (1995). Erfahrungen bei der Einführung und Umsetzung eines Qualitätsmanagement-Systems. In G. von Landsberg & R. Weiß (Hrsg): *Bildungs-Controlling,* 217 – 230. Stuttgart: Schäffer-Poeschel.

Decker, F. (1995). *Bildungsmanagement für eine neue Praxis.* München: AOL-Verlag.

Diekmann, A. (1998). *Empirische Sozialforschung. Grundlagen, Methoden, Anwendungen.* Reinbek: Rowohlt.

Döring K, Ritter-Mamczek B (1998) Die Praxis der Weiterbildung. Weinheim: Dt. Studien-Verlag.

Döring, K. & Ritter-Mamczek, B. (1999). *Weiterbildung im lernenden System.* Weinheim: Dt. Studien-Verlag.

Ebert, G. (1995). Kostenrechnerische Steuerung des Bildungsbereichs. In G. von Landsberg & R. Weiß (Hrsg): *Bildungs-Controlling,* 147 – 154. Stuttgart: Schäffer-Poeschel.

Faulstich, P. (1998). *Strategien der betrieblichen Weiterbildung.* München: Vahlen.

Fredersdorf, F. & Lehner, M. (2004). *Hochschuldidaktik und Lerntransfer. Bildungscontrolling von FH-Studiengängen.* Bielefeld: Bertelsmann.

Fredersdorf, F. (2001). Sind menschliche Qualitäten meßbar? In M. Bernhard & S. Hoffschröer (Hrsg): *Report Balanced Scorecard. Strategien umsetzen, Prozesse steuern, Kennzahlensysteme entwickeln,* 189 – 204. Düsseldorf: Symposion.

Freitag, M. & Schöne, R. (2004). *Lebenslanges Lernen, Unternehmensentwicklung, Lernende Region.* Chemnitz-Zwickau: Technische Universität.

Geißler, H. (1998). Betriebspädagogische (Semi-)Professionalität. In S. Peters (Hrsg): *Professionalität und betriebliche Handlungslogik. Pädagogische Pro-*

fessionalisierung in der betrieblichen Weiterbildung als Motor der Organisationsentwicklung, 83 – 104. Bielefeld: Bertelsmann.

Geißler, K. & Orthey, M. (1998). Betriebliche Bildungspolitik. In G. Drees & F. Ilse (Hrsg): *Arbeit und Lernen 2000. Band 2: Bildungstheorie und Bildungspolitik,* 75 – 92. Bielefeld: Bertelsmann.

Gerlich, P. (1999). *Controlling von Bildung. Evaluation oder Bildungscontrolling?* München: Hampp.

Gritz, W. (1998). *Qualitätssicherung in Bildungsstätten. Anleitung zur Erstellung eines Qualitätshandbuchs.* Neuwied: Luchterhand.

Gruhl, P. (2000). Bildungscontrolling am Beispiel der Bertelsmann AG in Gütersloh. In C. Bötel & E. Krekel (Hrsg): *Bedarfsanalyse, Nutzungsbewertung und Benchmarking. Zentrale Elemente des Bildungscontrollings,* 175 – 180. Bielefeld: Bertelsmann.

Grünewald, U., Moraal, D. & Schönfeld, G. (Hrsg) (2003). *Betriebliche Weiterbildung in Deutschland und Europa.* Bertelsmann, Bielefeld.

Herter, J. (1998). *Weiterbildungsmanagement im Produktionsbetrieb. Didaktische Grundlagen zur Bedingungsanalyse und Entscheidungsfindung.* Weinheim: Dt. Studien-Verlag.

Horváth, P. (2001). Wissensmanagement steuern. Die Balanced Scorecard als innovatives Controllinginstrument. In M. Bernhard & S. Hoffschröer (Hrsg): *Report Balanced Scorecard. Strategien umsetzen, Prozesse steuern, Kennzahlensysteme entwickeln,* 177 – 187. Düsseldorf: Symposion.

Hummel, T. (1999). *Erfolgreiches Bildungscontrolling. Praxis und Perspektiven.* Heidelberg: Sauer.

Jank, W. & Meyer, H. (1994). *Didaktische Modelle.* Frankfurt am Main: Cornelsen Scriptor.

Klein, H. (1996). Mehr Markt. Mehr Chancen für Bildungsanbieter und Unternehmen. In C. Flüter-Hoffmann & A. Pieper (Hrsg): 16 – 40. Köln: Dt. Inst.-Verlag.

Kirkpatrick, D. (1998). *Evaluation Training Programs. The four Levels.* San Francisco: Berrett-Koehler.

Krekel, E. & Beicht, U. (1995). Lehrkräfte als Schlüsselfaktor der Weiterbildungsqualität. In R. von Bardeleben, D. Gnahs, E. Krekel & B. Seusing (Hrsg): *Weiterbildungsqualität,* 137 – 149. Bielefeld: Bertelsmann.

Kron, F. (2004). *Grundwissen Didaktik.* München: Reinhardt.

von Landsberg, G. (1995). Bildungs-Controlling. What is likely to go wrong? In G. von Landsberg & R. Weiß (Hrsg): *Bildungs-Controlling,* 11 – 34. Stuttgart: Schäffer-Poeschel.

Lehner, M. & Fredersdorf, F. (2004). Risiken und Chancen multimedialen Lernens. In F. Lehner & F. Fredersdorf F (Hrsg.): *E-Learning und Didaktik. Perspektiven für die betriebliche Bildung,* 15 – 30. Düsseldorf: Symposion, Düsseldorf.

Lehner, M. (2001). *Pädagogik der Mitarbeiterführung.* Hohengehren: Schneider.

Lemke, S. (1995). *Transfermanagement.* Göttingen: Hogrefe.

Lorenz, T. & Oppitz, S. (2001). Zunehmender Performancedruck als Herausforderung. In T. Lorenz & S. Oppitz (Hrsg): *Vom Training zur Performance,* 11 – 22. Offenbach: Gabal, Offenbach.

Matthiesen, U. & Reutter, G. (2003). *Die Lernende Region. Mythos oder lebendige Praxis?* Bielefeld: WBV.

Meisel, K. (1994). Weiterbildungsmanagement. In R. Tippelt (Hrsg): *Handbuch Erwachsenenbildung/Weiterbildung,* 384 – 394. Opladen: Leske + Budrich.

Merk, R. (1998). Profit- und Non-Profit-Center zwischen Zweckorientierung und Bildungsverpflichtung. In S. Peters (Hrsg): *Professionalität und betriebliche Handlungslogik. Pädagogische Professionalisierung in der betrieblichen Weiterbildung als Motor der Organisationsentwicklung,* 199 – 223. Bielefeld: Bertelsmann.

Meyer, H. (1987). *Unterrichtsmethoden – I: Theorieband.* Frankfurt am Main: Scriptor.

Nittel, D. (2000). *Von der Mission zu Profession?* Bielefeld: Bertelsmann.

von Oetinger, B., Ghyzy, T. & Bassford, C. (2005) (Hrsg): *Clausewitz – Strategie denken.* München: Hanser.

Pätzold, G. (1996). *Lehrmethoden in der beruflichen Bildung.* Heidelberg: Sauer.

Peters, S. (1998). *Professionalität und betriebliche Handlungslogik. Pädagogische Professionalisierung in der betrieblichen Weiterbildung als Motor der Organisationsentwicklung.* Bielefeld: Bertelsmann.

Reck, R. (2004). Netzbasierte Lernwegbegleitung. In M. Lehner & F. Fredersdorf (2004): *E-Learning und Didaktik. Perspektiven für die betriebliche Bildung,* 121 – 144. Düsseldorf: Symposium.

Reinmann-Rothmeier, G. (2003). *Didaktische Innovation durch Blended Learning.* Bern: Huber.

Robinson, D. G. & Robinson, J. C. (2001). Fokussierung auf Performance. Wie sieht das aus? In T. Lorenz & S. Oppitz (Hrsg): *Vom Training zur Performance,* 23 – 34. Offenbach: Gabal.

Seeber, S. (2000). Benchmarking – ein Ansatz zur Steigerung von Effektivität und Effizienz beruflicher Bildung? In C. Bötel & E. Krekel (Hrsg): *Bedarfsanaly-*

se, Nutzungsbewertung und Benchmarking. Zentrale Elemente des Bildungscontrollings, 125 – 148. Bielefeld: Bertelsmann.

Seusing, B. & Bötel, C. (2000). Bedarfsanalyse. Die betriebliche Praxis der Planung von Weiterbildungsbedarfen. In C. Bötel & E. Krekel (Hrsg): *Bedarfsanalyse, Nutzungsbewertung und Benchmarking – Zentrale Elemente des Bildungscontrollings*, 21 – 34. Bielefeld: Bertelsmann.

Sievers, C. (1998). Erwachsenenpädagogische Zusatzstudiengänge als Zukunftsmodell? Erfahrungen mit dem Fernstudium Erwachsenenbildung der Universität Kaiserslautern im Vergleich zu anderen erwachsenenpädagogischen Qualifikationsangeboten. In S. Peters (Hrsg): *Professionalität und betriebliche Handlungslogik. Pädagogische Professionalisierung in der betrieblichen Weiterbildung als Motor der Organisationsentwicklung, 143 – 160.* Bielefeld: Bertelsmann.

Terhart, E. (1997). *Lehr-Lern-Methoden. Eine Einführung in Probleme der methodischen Organisation von Lehren und Lernen.* Weinheim: Juventa.

Thomsen, S. (2001). Der Bankmitarbeiter als Verkaufsprofi. *Bankmagazin, 5,* 64 ff.

Vogt, U. (1995). Die Normenreihe DIN EN ISO 9000 ff. Elemente, Umsetzung, Zertifizierung. In G. von Landsberg & R. Weiß (Hrsg): *Bildungs-Controlling,* 197 – 216. Stuttgart: Schäffer-Poeschel.

Weiß, R. (1994). Betriebliche Weiterbildung. Ergebnisse der Weiterbildungserhebung der Wirtschaft. *Kölner Texte & Thesen, 21.*

Weiß, R. (1995). Betriebliche Weiterbildung im Leistungs- und Kostenvergleich. In G. von Landsberg & R. Weiß (Hrsg): *Bildungs-Controlling,* 163 – 177. Stuttgart: Schäffer-Poeschel.

Witthaus, U. & Wittwer, W. (1997). *Vision einer lernenden Organisation. Herausforderung für die betriebliche Bildung.* Bielefeld: Bertelsmann.

Wöltje, J. & Egenberger, U. (1996). *Zukunftssicherung durch systematische Weiterbildung.* München: Lexika.

Wottawa, H. & Thierau, H. (1998). *Lehrbuch Evaluation.* Bern: Huber.

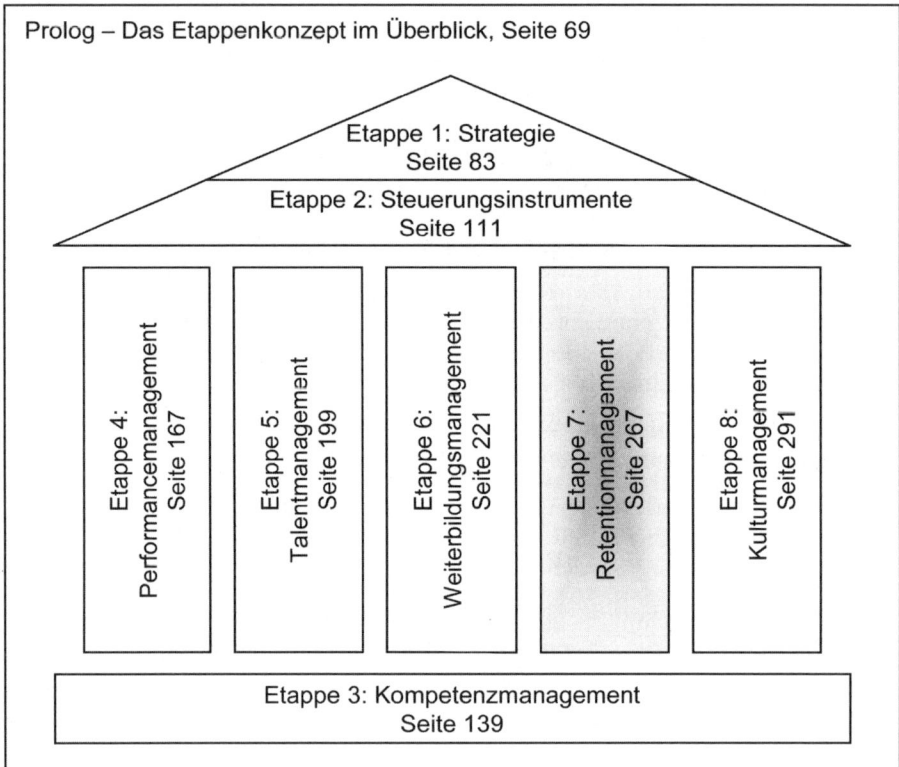

Etappe 7: Retentionmanagement

Matthias T. Meifert

Ende der neunziger Jahre des letzten Jahrhunderts machte ein markiger Ausspruch die Runde, der die Arbeitsmarktlage dieser Zeit verdeutlicht. Die Rede ist vom 'War for Talents'. Diese drei Worte verdeutlichen den Umstand, dass Mitarbeiterressourcen knapper wurden, die grundlegende Bereitschaft von Mitarbeitern, sich länger an ein Unternehmen zu binden abnahm und ein Kampf um die knappen Talente entbrannte. Mittlerweile hat sich die Arbeitsmarktlage gründlich verändert. Angesichts einer hohen Erwerbslosigkeit und einem erheblichen Arbeitsplatzabbau in deutschen Unternehmen trotz einer positiven Binnenkonjunktur ist zu fragen, ob dieses Thema überhaupt Raum in diesem Buch beanspruchen darf. Sind nicht vielmehr die Schlagworte Arbeitsmarktmobilität und Stellenabbau besser geeignet, die aktuelle Situation zu beschreiben? Warum ist Retentionmanagement oder entsprechend Mitarbeiterbindung eine zentrale Aufgabe der strategischen Personalentwicklung?

Zwei gewichtige Argumente sprechen dafür: Zum einen zeigen empirische Studien, dass auch in wirtschaftlich schwierigen Zeiten Arbeitsplätze gewechselt werden und somit die Unternehmen mit den Folgen der ungewollten Fluktuation konfrontiert werden. Zum anderen spricht die Demografie eine klare Sprache: So wird für die Bundesrepublik Deutschland ein Rückgang der Zahl der Erwerbstätigen im Alter von 30 bis 39 Jahren von 12,55 Millionen in 1999 auf 9,03 Millionen bis 2010 prognostiziert. Ein ähnlicher Trend wird für den europäischen Arbeitsmarkt in der Gänze vorhergesagt, so dass eine Kompensation durch Zuwanderung mehr als fraglich ist (Prognos World Report 2005). Während Europa vergreist und jedes Jahr 900.000 Menschen verliert, wächst die Bevölkerung in den Entwicklungsländern immer noch rasant (DSW 2006). Aufgrund von mangelnder Qualifikation und geringer räumlicher Mobilität dieser Arbeitskräfte dürfte diese Entwicklung kein nennenswertes Arbeitskräfteangebot generieren. Daraus kann geschlossen werden, dass es zukünftig deutlich schwieriger wird, qualifizierte Arbeitskräfte zu finden und diese zu binden (vgl. Wunderer & Dick, 2001, S.118). Auch wenn aktuell konjunkturbedingt die Arbeitsnachfrage schwankt, so dürften die geschilderten demografischen Effekte mittelfristig zu einer deutlichen Verknappung des Faktors Arbeit führen. Mittlerweile sind die ersten Stimmen zu hören, die behaupten, dass das Ringen um die Talente bereits schon wieder begonnen hat. Insbesondere scheint ein nicht deckbarer Bedarf an Ingenieuren in deutschen Unternehmen zu bestehen. Mit Sonderaktionen versuchen einige Unternehmen diesen Mangel zu beheben. So zahlt die Kraftwerkssparte von Siemens beispielsweise ihren Mitarbeitern eine Kopfprämie von 3.000 Euro für die erfolgreiche Vermittlung von hoch qualifiziertem Personal (Süddeutsche Zeitung vom 2.6.2007).

Vorliegender Beitrag widmet sich der Mitarbeiterbindung als Aufgabe der strategischen Personalentwicklung. Konkret: Was kann die Personalentwicklung beitragen, um wichtige Mitarbeiter an das Unternehmen zu binden. Dass dies kein einfaches Unterfangen ist, haben Meyer und Allen, die beiden Vorreiter der Forschung zur Mitarbeiterbindung (vgl. dazu ausführlich den Abschnitt 2) bereits verdeutlicht. Sie gehen davon aus, dass die Bindung von Mitarbeitern komplex ist und nicht durch eine einzelne Maßnahme oder Aktion direkt zu erreichen ist (Meyer & Allen, 1997, S.25). Aber auch wenn nur eine mittelbare Beeinflussung möglich ist, lohnt es zu fragen, inwieweit diese geschehen kann. Dem Thema wird in vier Schritte nachgegangen. Zunächst wird näher analysiert, welche Folgen von ungewollter Fluktuation für das Unternehmen ausgehen. Nur wenn herleitbar ist, dass der überbetriebliche Arbeitgeberwechsel dysfunktionale Folgen für das Unternehmen hat, kann damit auch eine strategische Relevanz des Themas begründet werden. Anschließend wird aufgezeigt, wie in einer modernen Interpretation das Phänomen Mitarbeiterbindung erklärt wird. Darauf aufbauend werden die typischen Faktoren herausgearbeitet, die für die Bindung von Mitarbeitern verantwortlich gemacht werden. Diese Argumentationslinie mündet in einen Abschnitt, der praktische und konkrete Handreichungen zur Gestaltung der Mitarbeiterbindung im betrieblichen Alltag liefert. Ein kurzes Fazit fasst die zentralen Gedanken des Beitrages zusammen.

1. Auswirkungen von ungewollter Fluktuation

Bevor es lohnt, sich intensiver mit dem Wesen der Mitarbeiterbindung zu beschäftigen ist zu fragen, worin die Auswirkungen von *ungewollter* Fluktuation liegen. Anders formuliert: Was ist schädlich an einer regelmäßigen

Durchmischung der Mannschaft? Ist damit nicht erst sichergestellt, dass regelmäßig frischer Wind in das Unternehmen einzieht und so Innovationen ermöglicht werden? Fluktuation hat zweifellos auch ihre konstruktive Seite. Der Umstand an sich ist nicht wirklich problematisch. Strategisch bedeutsam wird er dann, wenn die Fluktuation erhebliche Transaktions- und Opportunitätskosten produziert und darüber hinaus den Verlust von (Spezialisten-)Wissen verursacht.

Grundsätzlich ist Fluktuation für das Unternehmen mit Konsequenzen verbunden. Bereits in den 70er Jahren des vergangenen Jahrhunderts wurde über die Folgen der Fluktuation gesagt, dass sie das teuerste Personalproblem darstellt (vgl. z. B. Pigors & Meyers, 1973, S. 216). „It is the most costly and least understood of all phenomena working against productivity, efficiency and ultimately profits" (Peskin, 1973, S. 68). In der Vergangenheit wurden zahlreiche Versuche unternommen, um das Phänomen Fluktuation in seiner Breite betriebswirtschaftlich zu erfassen. Die Erklärungsansätze lassen sich in Anlehnung an Kaufhold (1985, S. 29 ff.) systematisieren nach ihrem Rechenumfang und ihrem Bezugsrahmen in kostenorientierte Phasenmodelle, Modelle unter Berücksichtigung des entgangenen Gewinns und Modelle des Human Resource Accounting. Der Systematik des internen Rechnungswesens folgend, lassen sich die Konsequenzen von Fluktuation gedanklich in drei Kategorien unterteilen:

1. die direkten Kosten (= Einzelkosten[26]) der Fluktuation;
2. die indirekten Kosten (= Gemeinkosten[27]) der Fluktuation und
3. die Opportunitätskosten[28] der Fluktuation.

Direkte Kosten der Fluktuation

Scheidet ein Mitarbeiter aus, so verursacht das zunächst keine direkten Kosten. Die notwendigen administrativen Prozesse, wie Zeugniserstellung,

---

[26] Unter Einzelkosten soll in diesem Zusammenhang die von der Leistungseinheit verursachten und der einzelnen Leistungseinheit aufgrund genauer Berechnung unmittelbar zurechenbaren Kosten verstanden werden.

[27] Gemeinkosten sind in dem hier zugrunde liegenden Begriffsverständnis Kosten, die der einzelnen Leistungseinheit nicht unmittelbar zurechenbar sind.

[28] Opportunitätskostenüberlegungen prägen stark das Interne Rechnungswesen. Sie fragen danach, was der Wert des entgangenen Nutzens einer nicht gewählten Alternative wäre.

Kontrolle und Rücknahme von betrieblichen Sachmitteln etc., sind zwar direkt anfallende Kosten, doch werden sie in praxi meist als Gemeinkosten behandelt. Im strengen Begriffssinn handelt es sich dabei um unechte Gemeinkosten, weil eine verursachungsgerechte Erfassung zwar möglich wäre, aber aus Vereinfachungsgründen unterbleibt (vgl. Plinke & Rese, 2002, S. 36). Wird das Ausscheiden eines Mitarbeiters und die folgenden Schritte in dem oben skizzierten Verständnis als Prozess beschrieben, dann ändert sich dieser Eindruck. Im Zuge der Neubesetzung der verwaisten Stelle entsteht eine Vielzahl von direkten Kosten. Diese sind in ihrer Höhe und ihrem Anfall abhängig davon, ob eine Besetzung aus dem Unternehmen (interner Arbeitsmarkt) oder von außen (externer Arbeitsmarkt) erfolgt. Die Tabelle 1 verdeutlicht die möglichen direkten Kostenpositionen.

Tabelle 1. Direkte Kosten der Fluktuation (in Anlehnung an Ahlrichs, 2000, S. 12; Branham, 2000, S. 7; Ott, 1975, S. 25 ff.)

Besetzung vom internen Arbeitsmarkt	Besetzung vom externen Arbeitsmarkt
Ggf. Unterstützung beim Umzug	Kosten für Stellenanzeige
Kosten für Seminarbesuche zur Einarbeitung	Ggf. Personalberaterhonorare
	Bewerberauslagen
	Ggf. Beraterhonorare für Auswahl- bzw. Testverfahren, Interviews etc.
	Ggf. Kosten zum Einholen von Referenzen
	Ggf. Unterstützung beim Umzug
	Kosten für arbeitsmedizinische Untersuchung
	Kosten für Seminarbesuche zur Einarbeitung
	Ggf. notwendiger „Gehaltsaufschlag"

In der praxisorientierten Literatur wird davon ausgegangen, dass die direkten Kosten der Fluktuation bei der Besetzung vom externen Arbeitsmarkt rund 50 % des Jahreseinkommens des Stelleninhabers ausmachen (Jochmann, 2001; Meifert, 2002). Insbesondere wenn ein Personalberatungsunternehmen eingeschaltet wird, laufen Honorare in Höhe von ca. 30 % des Jahresgehaltes zuzüglich Anzeigen- und Nebenkosten auf. Je nach Funktion des ausscheidenden Mitarbeiters ergeben sich unterschiedlich hohe Kostenbelastungen.

Indirekte Kosten der Fluktuation

Werden die indirekten Kosten betrachtet, so dürfte es unerheblich sein, inwieweit die Stellenbesetzung am internen oder externen Arbeitsmarkt erfolgt. Die anfallenden personaladministrativen Prozesse der Versetzung sind ähnlich der Neueinstellung. Lediglich die Ausfertigung des Arbeitsvertrages und die betriebsärztliche Untersuchung sind bei einer externen Einstellung zusätzlich zu berücksichtigen. Im Regelfall handelt es sich dabei um Kostenblöcke, die nach einem Schlüssel auf die einzelnen leistungserstellenden Geschäftseinheiten aufgeteilt werden. Diese sind im strengen Sinne nicht verursachungsgerecht, sondern nur eine Annäherung. Als gebräuchliche Kostenschlüssel werden nach Erfahrung des Autors die Anzahl der Mitarbeiter bzw. Mitarbeiterkapazitäten (MAK) in der Geschäftseinheit eingesetzt. Zwar könnte eine starke Inanspruchnahme der Personalabteilung durch einen besonders von Fluktuation betroffenen Geschäftsbereich den Verteilungsschlüssel mittelfristig ändern, doch herrschen die starren Verteilverfahren im Alltag vor. Im Wesentlichen beziehen sich die indirekten Kosten der Fluktuation auf folgende Positionen:

Phase Austritt
Kosten für die Auflösung des Arbeitsverhältnisses (bspw. Austrittsinterviews, Verwaltung etc.)

Phase Suche und Auswahl
Administrative Kosten der Personalabteilung

Phase Einstellung und Einarbeitung
Ausbildung am Arbeitsplatz (bspw. Gehaltskosten für Ausbilder/Mentor, Material- und Ausrüstungskosten zu Trainingszwecken etc.)

Opportunitätskosten der Fluktuation

Im Vergleich zu den indirekten Kosten der Fluktuation sind die Opportunitätskosten neben den direkten Kosten von höherer Relevanz. Im Sinne einer Opportunitätsbetrachtung ist zu fragen, welcher Nutzen im Allgemeinen dem Unternehmen und im Speziellen dem System *betriebliche*

Weiterbildung durch das Ausscheiden und die Neubesetzung entgeht. Insbesondere für marktbezogene Tätigkeiten weisen einige empirische Befunde darauf hin, dass der Wechsel des Kundenbetreuers zu einer Erosion und teilweise auch zum Abbruch der Geschäftsbeziehung führen kann (vgl. Süchting & Paul, 1998, S. 628 ff.). Diese nachhaltigen Konsequenzen lassen sich nicht unbedingt für das System *betriebliche Weiterbildung* unterstellen. Schließlich ist die direkte Marktwirkung nur dann gegeben, wenn der Betriebszweck des Unternehmens Weiterbildungsleistungen wären oder auch am externen Markt Weiterbildungsleitungen offeriert würden. Trotzdem ist dieser Effekt nicht zu vernachlässigen. Schließlich kann das Ausscheiden eines Spezialisten bspw. für Führungscoachings dazu führen, dass diese Leistungen nicht mehr angeboten werden können oder sie zukünftig extern zugekauft werden müssen. Auch muss in Rechnung gestellt werden, dass der ausscheidende sowie der sich einarbeitende Mitarbeiter eine geringere Arbeitsleistung erbringt. In Anlehnung an Herbert (1991) lassen sich beide Sachverhalte in Form einer Lernkurve darstellen (vgl. Abbildung 1).

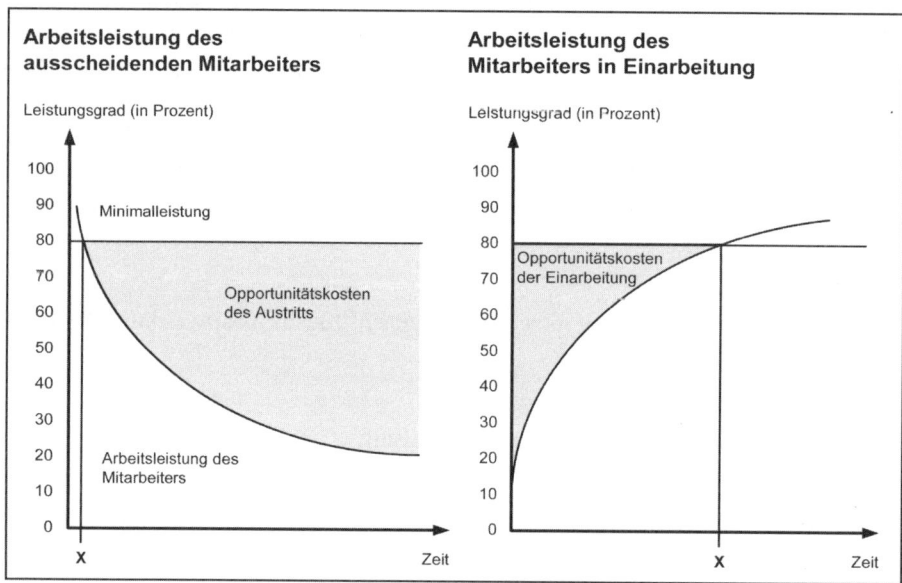

Abb. 1. Individuelle Arbeitsleistung und verursachte Opportunitätskosten im Ausscheiden und der Einarbeitung (vgl. Herbert, 1991; Meifert, 2002)

Ein Mitarbeiter, der aus dem Unternehmen ausscheidet, dürfte eine abnehmende Arbeitsleistung zeigen. Auch wenn der Kurvenverlauf in der linken Grafik einen gleichmäßigeren Rückgang suggeriert, sind in praxi eher sprungfixe Leistungsveränderungen zu beobachten. Schließlich führt noch abzugeltender Resturlaub sowie ein geringes Engagement des ausscheidenden Mitarbeiters zu einem nachhaltigen Leistungsrückgang. Der mit (x) angegebene Punkt dokumentiert, ab welchem Zeitpunkt der ausscheidende Mitarbeiter im Unternehmen mehr Kosten als Wertschöpfung produziert. Im rechten Kurvenverlauf steht der herausgehobene Schnittpunkt für die Schwelle, an der der Mitarbeiter wertschöpfend tätig ist, d. h., die Kosten durch die Leistungen überkompensiert werden. Dieser Schnittpunkt lässt sich analytisch leicht bestimmen, in realiter dürfte dies für Mitarbeiter aufgrund des Quantifizierungsproblems von Weiterbildungsleistungen nicht ohne Schwierigkeiten möglich sein. Der Kurvenverlauf ist abhängig von der Lernrate des neuen Mitarbeiters (= Steilheit der Kurve) sowie seinen Vorkenntnissen (= Kurvenniveau).

Bei einer Opportunitätskostenbetrachtung ist weiter zu berücksichtigen, dass nicht alle Konsequenzen von Fluktuation sich exakt in Kosten auszudrücken lassen. Bereits 1959 resümierte das British Institute of Management „Labour turnover has certain long-term effects which are not measurable in financial terms." (British Institute of Management (BIM), 1959, S. 10). Von den britischen Forschern wurden besonders die Aspekte Wirkung auf das Betriebsklima, Belastung des Managements und Beeinträchtigung des Goodwills[29] hervorgehoben. Da betriebliche Mitarbeiter über breite Netzwerke in das Unternehmen verfügen, dürften sich ähnliche fluktuationsbedingte Risiken ergeben. In neuerer Zeit müssen neben diesen eher „weichen" Effekten erhebliche Auswirkungen in Form von Wissensverlust berücksichtigt werden. In einem Zeitalter, in dem immer mehr die Kopfarbeit die Arbeitssituation prägt, wird Wissen als zentrale Voraussetzung für langfristigen Unternehmenserfolg angesehen (vgl. Heidenreich, 2002, S. 12; Schanz, 2000, S. 139). Während das explizite Wissen als semantisches Wissen bspw. im Intranet, in Seminarleitfäden und Handbüchern festgehalten werden kann, entzieht sich das implizite Wissen diesem Prozess. Es ist höchst personengebunden und teilweise dem Betroffenen selber nicht bekannt. Für Polanyi gilt, „dass wir mehr wissen, als wir zu sagen wissen" oder „dass wir von Dingen wissen, und zwar von wichtigen Dingen wissen, ohne dass wir dieses Wissen in Worte fassen können" (Polanyi, 1985, S. 14 und S. 19). Deutlich wird dieser Umstand, wenn z. B.

---

[29] Unter „Goodwill-Verlusten" wird in diesem Zusammenhang die fluktuationsbedingte Nichteinhaltung von Lieferterminen oder der Imageverlust durch negative Mund-zu-Mund-Kommunikation verstanden (vgl. Ott, 1975, S. 29).

Top-Leister in Interviews nach ihren Erfolgsgeheimnissen gefragt werden. Die wenigsten wissen darauf eine umfassende Antwort. Die besondere Problematik des impliziten Wissens ist, dass es zum einen höchst personengebunden und zum anderen aufgrund seines Charakters nur unzureichend übertragbar ist. Zwar existieren Ansätze wie Story Telling und Mentorship, doch sind diese Verfahren in ihrer Wirksamkeit umstritten (Bäumer & Meifert, 2000, S. 259 f.).

Das implizite Wissen ist somit besonders bedeutsam, um die Wirkung einer drohenden Fluktuation abzuschätzen. Schanz berichtet bspw. davon, dass das implizite Wissen auch eine hohe Bedeutung für die Zusammenarbeit im Arbeitsteam hat. „Wie wertvoll die Nutzung derartigen impliziten Wissens der Teammitglieder wirklich ist, wird häufig erst dann deutlich, wenn eines davon aus irgendwelchen Gründen ersetzt werden muss." Er schließt daraus: „Daher hat das Management von Absentismus und Fluktuation [...] auch etwas mit Wissensmanagement bzw. mit der Frage zu tun, wie dem Unternehmen wertvolles Wissen erhalten werden kann." (Schanz, 2000, S. 142).

Zusammenfassend lässt sich festhalten, dass die Fluktuation in einer Unternehmenssituation mit gleich bleibendem oder steigendem Personalbedarf starke Kosteneffekte hervorruft. Je nach Art der vakanten Stelle und der Art der Personalbeschaffung sind mit direkten Mehrkosten von bis zu 50 % des Jahresgehaltes zu rechnen. Hinzu kommen die indirekten Kosten wie bspw. Umzugskosten, die in ihrer Höhe jedoch zu vernachlässigen sind. Relevanter sind die Effekte, die schwerer zu quantifizieren sind. Insbesondere der drohende Abfluss erfolgskritischen Wissens kann die Funktionsfähigkeit von Teilsystemen des Unternehmens ganz oder partiell in Frage stellen.

2. Erklärungsmuster der Mitarbeiterbindung

Grundsätzlich kann das Phänomen Mitarbeiterbindung aus unterschiedlichen Perspektiven betrachtet werden. Zunächst ist zwischen der juristischen Bindung mittels des Arbeitsvertrages und einer vom Individuum empfundenen Bindung an das Unternehmen zu unterscheiden. Während erstere eindeutig ist, weil die Rechtsnormen des individuellen und kollektiven Arbeitsrechts präzise die Rechte und Pflichten des Arbeitnehmers regeln, liegen die Dinge im zweiten Fall komplizierter. Die empfundene Bindung ist ein „psychologischer Zustand" und hat „motivationale Komponenten" (Moser, 1996, S. VII). Einen weiteren Zugang liefert die Sichtweise des Personalmanagements (vgl. z. B. Schanz, 2000, S. 334 ff.). In diesem Verständnis ist Mitarbeiterbindung das Resultat von Fluktuationsbeeinflussung. Unter fluktuationsbeeinflussenden Maßnahmen werden Aktivitäten gefasst, die darauf zielen, die Zahl der Fluktuationsereignisse in zukünftigen Perioden zu steuern (vgl. Kaufhold, 1985, S. 242). Dabei wird der Begriff der Fluktuation hinsichtlich seines Umfanges und Inhaltes in der Literatur höchst unterschiedlich benutzt. Je nachdem, welcher Aspekt des Phänomens der personellen Bewegungsvorgänge thematisiert wird, finden die Ausdrücke Arbeitnehmermobilität, Fluktuation, Personalumschichtung, Arbeiterwechsel oder Personalrotation Verwendung (vgl. Frey, 1970, S. 12 f.). In diesem Beitrag findet der Begriff der (Personal-)Fluktuation im engeren Sinn Anwendung (vgl. Adebahr, 1971, S. 15; Dincher, 1992, S. 875; Kaufhold, 1985, S. 13 ff.; Ott, 1975, S. 17 f.). Unter Fluktuation im engeren Sinn – oder im Folgenden kurz Fluktuation – soll der zwischenbetriebliche Arbeitsplatzwechsel personeller Art verstanden werden, der nicht aufgrund von naturbedingten Anlässen (Erreichen der Altersgrenze, gesundheitliche Gründe, Invalidität und Tod) eintritt, der nicht auf betriebsbedingten Entlassungen beruht, der nicht aus einer verhaltensbedingten Kündigung aufgrund des Verschuldens des Mitarbeiters resultiert und der einen tatsächlich zwischenbetrieblichen Charakter aufweist (Ausscheiden aus dem Betrieb zur Aufnahme eines neuen Arbeitsplatzes) (vgl. Ott, 1975, S. 17).

Fluktuationsbeeinflussende Maßnahmen sind mit der Schwierigkeit konfrontiert, dass sie nicht unmittelbar an dem Fluktuationsereignis selber ansetzen können. Schließlich beginnt der Fluktuationsprozess mit der Aussprache der Kündigung bzw. des Versetzungswunsches und dürfte in den überwiegenden Fällen nicht reversibel sein. Vielmehr müssen sie zeitlich früher auf das Individuum einwirken. Wird die Fluktuation als das Ergebnis eines vorangegangenen Abwägungsprozesses des Individuums interpretiert (Jochmann, 1989, S. 5 und S. 44 ff.), so ist das Ziel der Fluktuationsbeeinflussung, auf diesen einzuwirken. Gedanklich lässt sich der Prozess untergliedern in das

a) von außen nicht beobachtbaren Überdenken des Individuums der ursprünglichen Beitrittsentscheidung mit den Alternativen: Verbleib im Unternehmen oder Wunsch, das Unternehmen zu verlassen, sowie

b) tatsächlichen Verhalten in Form der Handlung: Verbleib bzw. Kündigung.

Mitarbeiterbindung wird in diesem Verständnis gleichgesetzt mit dem Verbleib des Mitarbeiters im Unternehmen. Die Schwäche dieser engen Begriffsfassung liegt darin, dass sie ausschließlich eine finale Aussage liefert. Im Sinne einer binären Rationalität tritt das Fluktuationsereignis ein (non Mitarbeiterbindung) oder nicht (Mitarbeiterbindung). Diese Begriffsfassung gestattet jedoch keine Aussage darüber, inwieweit ein Mitarbeiter eine Fluktuationsabsicht hegt. Idealtypisch ist vielmehr zu fragen:

- Verbleibt der Mitarbeiter im Unternehmen oder kündigt er den geschlossenen Arbeitsvertrag mit dem Unternehmen auf?
- Verbleibt der Mitarbeiter nicht nur, sondern ist er auch tatsächlich im Betrieb anwesend?
- Verbleibt der Mitarbeiter, ist er anwesend und liefert er auch seinen Beitrag für die Organisation?

Auch auf die Gefahr hin, dass diese Leitfragen als Forderung interpretiert werden könnten, die typischen Konstrukte der Organisationspsychologie Fluktuation, Absentismus und Motivation miteinander zu vermengen, so erscheint eine weiter gefasste Begriffsdefinition, die in der Mitarbeiterbindung auch als Einstellung des Mitarbeiters zum Unternehmen interpretiert wird, notwendig (vgl. Barth, 1998, S. 39). Diese Auffassung steht in der Tradition des organisationspsychologischen Bindungsbegriffs. Einige Anzeichen sprechen dafür, dass sich in der Fluktuationsforschung ein neues Paradigma durchsetzt. Insbesondere in der anglo-amerikanischen Forschung wird unter der Überschrift des „Organizational Commitment"[30] (Porter et al., 1974; Allen & Meyer, 1990) stärker die Identifikation des Individuums mit dem Unternehmen beachtet und damit dem oben aufgeworfenen Aspekt von Mitarbeiterbindung – als Einstellung – Rechnung getragen. Dabei wird unter Commitment „a psychological state or mind-set that increases the likelihood that an employee will maintain membership in

---

[30] In der Literatur findet sich keine eigenständige deutschsprachige Übersetzung des Terminus „organizational commitment". Die meisten Autoren behelfen sich damit, den Anglizismus „commitment" zu verwenden und die deutsche Entsprechung von „organizational" dem voranzustellen. Etymologisch betrachtet, stammt das Wort „commitment" von der transitiven Form des lateinischen Verbs „committere" ab. Es bedeutet soviel wie etwas „zusammenfügen" oder „vereinigen". Die intransitive Form „se committere" steht für „sich getrauen" oder „sich wagen" (Gauger, 2000, S. 6). Die englische Entsprechung „to commit to" meint sich „verpflichten (zu), binden (an) oder festlegen (auf)" (Langenscheidt, 2001).

an Organization" (Herscovitch & Meyer, 2002, S. 475) verstanden. Somit wird angenommen, dass es sich bei diesem Konstrukt um eine zentrale Determinante und Moderatorvariable zur Erklärung des Phänomens Verbleibeabsicht handelt (vgl. Haase, 1997, S. 145; Moser, 1996, S. 34). Daneben scheint es auch einen Beitrag zu liefern, um zu erfahren, wie Menschen mit ihrer Umgebung zurechtkommen und wie sie sich mit Objekten in ihrem Umfeld identifizieren (Moser ebenda mit Hinweis auf Mowday, Steers & Porter, 1982).

Mittlerweile hat es sich durchgesetzt, ein integratives Modell zu verwenden, das drei Commitment-Komponenten unterscheidet: das affektive, das normative und das kalkulative Commitment[31]. Dabei wird angenommen, dass ein Individuum die verschiedenen Commitment-Komponenten in variierenden Ausprägungen gleichzeitig erleben kann (vgl. Schmidt, Hollmann & Sodenkamp, 1998, S. 95). Diese Einsicht ist auf John S. Meyer und Natalie J. Allen (1991) zurückzuführen. Die Anzahl der Veröffentlichungen, die auf dieses Modell zurückgreifen, ist ständig zunehmend (Felfe, 2003; Felfe, Six, Schmook & Knorz, 2002, S. 2; Herscovitch & Meyer, 2002, S. 475) und die angenommene Dreidimensionalität des Modells konnte empirisch mehrfach belegt werden (Coleman, Irving & Cooper, 1997; Hackett, Bycio & Hausdorf, 1994). Bei ihrem Versuch, den Stand der Commitmentforschung in den späten achtziger Jahren des letzten Jahrhunderts zusammenzufassen, stießen Meyer und Allen auf das Phänomen, dass in der Literatur die drei Arten von Commitment voneinander isoliert konzeptualisiert werden. Sie gehen vielmehr davon aus, dass ein Organisationsmitglied alle drei Formen des Commitments in unterschiedlicher Stärke gleichzeitig besitzt. Für die Autoren gilt: „that it was more appropriate to consider affective, continuance, and normative components, rather than types of commitment, because an employee's relationship with an Organization might reflect varying degrees of all three." (Meyer & Allen, 1997, S. 13). Eine Betrachtung aller drei Komponenten soll damit dem

---

[31] Im Original bezeichnen die Autoren die drei Komponenten mit: affective, continuance und normative commitment (Meyer & Allen, 1997, S. 11 ff.). Hinsichtlich der zweiten Komponente finden sich unterschiedliche Übersetzungen in der deutschen Literatur. Einige heben das Wesen des Konstrukts hervor und verwenden die Bezeichnung kalkulatorisches (Felfe et al., 2002) oder kalkuliertes Commitment (Gauger, 2000, S. 96). Andere halten sich an die englische Semantik und benutzen fortsetzungsbezogenes Commitment (Moser, 1996, S. 44) bzw. Austausch-Commitment (Haase, 1997, S. 144).

Forscher helfen, die Beziehung eines Mitarbeiters mit seiner Organisation besser zu verstehen.

Mit dem affektiven Commitment bezeichnen Meyer und Allen: „the employee´s emotional attachement to, identification with, and involvement in the Organization." (Meyer & Allen, 1991, S. 67). Die Mitglieder verbleiben in der Organisation, weil sie es wünschen und für sie die Mitgliedschaft positiv besetzt ist. Das kalkulative Commitment kann auch als rationales Motiv bezeichnet werden und ist inspiriert von dem weiter oben skizzierten Nebenwettenansatz. „Continuance commitment refers to an awareness of the costs associated with leaving the Organization." (ebenda). Das Individuum wägt die Kosten und Nutzen des Verbleibs ab. Beim normativen Commitment empfindet das Individuum ein Gefühl der Verpflichtung aufgrund eines Drucks von Werten und Normen. Es existiert eine Quasiverpflichtung in der Organisation zu verbleiben, weil dies moralisch richtig ist. Zusammengefasst gilt für die Urheber des dreidimensionalen Commitmentkonzeptes: „Employees with a strong affective commitment remain within the Organization because they want to, those with a strong continuance commitment remain because they need to, and those with a strong normative commitment remain a member of Organization because they feel they ought to do so." (Meyer, Allen & Smith, 1993, S. 539).

Das Modell von Meyer und Allen wird in den aktuellen Veröffentlichungen häufig als Referenzrahmen herangezogen (vgl. z. B. Felfe, 2003; Felfe et al., 2002; Herscovitch & Meyer; 2002) und gilt als ein zentrales Konzept der Commitmentforschung (ebenda; Jaros, 1997, S. 320).

3. Grundprinzipien der Bindung von Mitarbeitern

Die Frage ist, wie eine oben beschriebene Commitmentwirkung erzeugt werden kann. In der empirischen Forschung sind mittlerweile knapp sechzig Einflussgrößen herausgearbeitet worden, die die Einstellung des Mitarbeiters zum Unternehmen beeinflussen. Abbildung 2 veranschaulicht beispielhaft die Ergebnisse einer derartigen Studie. Es findet ein dem organisationalen Commiment ähnliches Konstrukt Verwendung: das „Engagement"[32].

---

[32] Das dieser Studie zu Grunde liegende Konzept stammt von der Unternehmensberatung Hewitt Assossiates (online abgerufen am 09.07.2007 von:

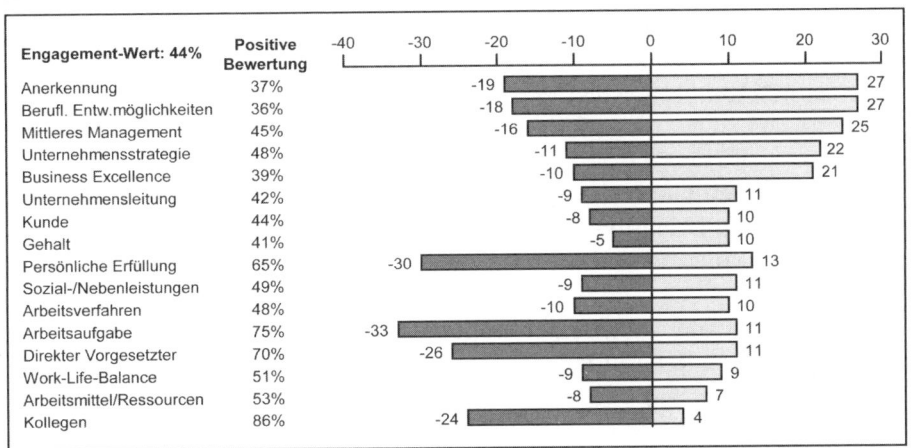

Abb. 2. Beispielhafte Darstellung der Einflussfaktoren des Engagements

Danach haben in dieser Befragung die Anerkennung, die beruflichen Entwicklungsmöglichkeiten, das Verhalten des mittleren Managements sowie die Unternehmensstrategie den stärksten positiven Einfluss auf das Engagement. Deutlich negativer Einfluss geht von der Unzufriedenheit mit der Arbeitsaufgabe und einem geringen Grad an persönlicher Erfüllung aus. Gefolgt von dem Verhalten des direkten Vorgesetzten und der Kollegen. Bei Durchsicht aller oben aufgeführten Faktoren wird deutlich, dass eine Vielzahl dieser Einflussgrößen durch ein zentrales Retentionmanagement der Personalentwicklung wenig direkt steuerbar ist. Vielmehr handelt es sich um mittelbar beeinflussbare Größen. Dabei spielt das Thema Führungshandeln als Transmissionsriemen eine gewichtige Aufgabe.

Welche überreifenden Grundprinzipien der Mitarbeiterbindung lassen sich vor diesem Hintergrund formulieren?

Erster Leitgedanke: Individualisierung

Wie viele empirische Studien zeigen, ist Mitarbeiterbindung ein individuelles Phänomen. Vielfältige Variablen nehmen, wie gezeigt, Einfluss auf

---

http://www.hewitt.gr/en/services/toc/engagement.htm). Mit Engagement ist in diesem Kontext gemeint die Bereitschaft im Unternehmen zu verbleiben (STAY), über das Unternehmen positiv zu sprechen (SAY) und einen Beitrag zum Unternehemenserfolg zu leisten (STRIVE).

die Verbleibeabsicht. Somit setzen Maßnahmen zur Mitarbeiterbindung eine starke Individualisierung voraus. Konkret: Die eingeleiteten Maßnahmen müssen immer den Personenkreis ansprechen, für den sie gedacht sind.

Das Personalmanagement sieht sich durch diese Anforderung anscheinend mit einem Dilemma konfrontiert: Zum einen müssen die individualistischen Bedürfnissen des Mitarbeiters berücksichtigt werden, um die gewünschte Bindungswirkung zu erreichen. Zum anderen sind die unternehmerischen Ziele einer allgemeingültigen Personalpolitik zu berücksichtigen. In der Vergangenheit stand die letztgenannte Perspektive im Vordergrund. So war einen starke Dominanz der kollektiven Regelungen in Bezug auf Arbeitszeit, Vergütung und Personalentwicklung zu verzeichnen. Erst seit den achtziger Jahren des 20. Jahrhunderts zeichnet sich eine Tendenz zu einer stärkeren Individualisierung ab (vgl. Drumm, 2000, S. 24 ff.). Nach Marr ist das Ziel einer differentiellen Personalwirtschaft[33], mitarbeiterseitige Leistungs- und unternehmensbezogene Situationsbedingungen in Deckung zu bringen und dadurch positive betriebswirtschaftliche Effekte wie bspw. die Senkung der Fluktuation zu generieren (vgl. Marr, 1989; Morick, 2002). Somit handelt es sich weniger um ein Dilemma als um eine integrative Sicht dieser Anforderung.

Zweiter Leitgedanke: Prävention

Dem ersten Leitgedanken folgend ist die Bereitschaft, auf Maßnahmen zur Mitarbeiterbindung zu reagieren, individuell. Maßnahmen zur Bindung sind damit konfrontiert, dass sie nicht unmittelbar an dem Fluktuationsereignis selber ansetzen können. Schließlich beginnt der Fluktuationsprozess mit der Aussprache der Kündigung bzw. des Versetzungswunsches und dürfte in den überwiegenden Fällen nicht reversibel sein. Vielmehr müssen sie zeitlich früher auf das Individuum und seine Einstellung einwirken. Damit müssen diese Maßnahmen präventiv sein.

Diese Forderung ergibt sich nicht nur aus dem hier zu behandelnden Phänomen: Das gesamte personalwirtschaftliche Handeln benötigt einen längeren zeitlichen Vorlauf. Dieser „time lag" beruht zum einen auf den rechtlichen Rahmenbedingungen des Personalmanagements, wie bspw.

---

[33] Der von Marr geprägte Begriff der „differentiellen Personalwirtschaft" stellt eine Anleihe aus der Psychologie, genauer der differentiellen Psychologie, dar (vgl. Marr, 1989).

Regelungen zum Kündigungsschutz und Mitbestimmungsverfahren, zum anderen auf der Langfristigkeit der Prozesse an sich. So dürfte bspw. die Neubesetzung einer Vakanz mindestens 12 Wochen benötigen. Angesichts dieser Wirkverzögerungen, aber auch der deutlichen Umfeldveränderungen, denen deutsche Unternehmen im Allgemeinen und ihre Personalabteilungen im Speziellen ausgesetzt sind, wird der Ruf nach einem konzeptionell, strategisch ausgerichteten Personalmanagement laut, welches in mittelfristigen Zeitdimensionen handelt (Döring & Ritter-Mamczek, 1999; Wunderer & Dick, 2001). Diese Grundforderung mündet für die Frage der Mitarbeiterbindung in ein präventives Bindungsmanagement.

Dritter Leitgedanke: Effektivität

Jedwede personalwirtschaftliche Maßnahme ist mit Ressourcenverbrauch verbunden. Dies gilt auch für Aktivitäten zur Mitarbeiterbindung. Somit muss vorher der erwartete Nutzen klar definiert werden. Nur wenn mittelfristig betrachtet die Kosten für die Maßnahmen geringer sind als der bewertete Nutzen, sind sie betriebswirtschaftlich zu rechtfertigen. Dies setzt voraus, dass die Maßnahmen tatsächlich ihre beabsichtigte Wirkung erzielen. Dazu ist es notwendig, dass die bindungsstiftenden Aktivitäten die beiden oben genannten Leitgedanken (Individualität und Prävention) berücksichtigen. Daneben ist eine geeignete Evaluation notwendig, um zu ermitteln, ob die angestrebten Ziele erreicht wurden. In diesem Verständnis wäre es unsinnig, pauschal Maßnahmen zur Bindung von allen Mitarbeitern zu ergreifen. Vielmehr ist abzuwägen, welche Mitarbeiter-Zielgruppen für das Unternehmen besonders bedeutsam und dabei einem hohen (Fluktuations-)Gefährdungspotenzial ausgesetzt sind.

Somit lässt sich festhalten, dass eine nachhaltige Mitarbeiterbindung nur erreicht wird, wenn alle drei Grundprinzipien berücksichtigt werden. Jedes Grundprinzip kann als notwendige, aber alleine betrachtet nicht hinreichende Bedingung der Mitarbeiterbindung interpretiert werden. Jedes für sich betrachtet ist unzureichend. Zwar lässt sich bspw. eine hohe Mitarbeiterbindung erreichen durch große Investitionsbeträge, doch ist dann zu fragen, inwieweit diese Aktivitäten betriebswirtschaftlich sinnvoll (effektiv) sind. Ebenfalls sind pauschale Maßnahmen zwar möglicherweise präventiv, aber nicht wirkungsvoll aufgrund der fehlenden Individualität. Somit gilt, dass eine nachhaltige Mitarbeiterbindung als eine individuelle, präventive und effektive Bindungsarbeit zu verstehen ist.

Nachdem die Grundprinzipien der Mitarbeiterbindung vorgestellt sind, werden nun konkrete Ansatzpunkte zur Bindung von Mitarbeitern herausgestellt.

4. Wege zur praktischen Umsetzung des Retentionmanagements

Wie lassen sich die vorstehenden, eher grundsätzlichen Gedanken in praktisches Handeln im betrieblichen Alltag überführen? Konkret: Wie kann ein für das Unternehmen relevantes Fluktuationsrisiko praktisch bestimmt werden und entsprechende Gegenmaßnahmen ergriffen werden? Im Beratungsalltag der Kienbaum Management Consultants hat sich ein mehrschrittiges Vorgehen bewährt. Es handelt sich dabei um:

1. Die Funktionsbewertung,
2. die Leistungs- und Potenzialeinschätzung,
3. die Risikoanalyse und
4. die Commitmentbewertung.

Im Folgenden werden diese Schritte näher erläutert.

1. Funktionsbewertung

Um das relevante Fluktuationsrisiko für ein Unternehmen zu bestimmen, ist es zunächst notwendig, die besonders erfolgskritischen Funktionen herauszuarbeiten. Diese Betrachtung ist losgelöst vom jeweiligen Stelleninhaber und bezieht sich lediglich auf die Bedeutung der Stelle für den Unternehmenserfolg. Im Kern stehen die Fragen: Welche Stellen sind an den zentralen Wertschöpfungsprozessen des Unternehmens besonders beteiligt? Welche Funktionen entscheiden nachhaltig über den Erfolg des Unternehmens? Welche Stellen sind für die zukünftige Marktstellung des Unternehmens höchst relevant? Auf welche Stellen würden wir im Falle von deutlichem Personalabbau nicht verzichten können?

Besonders wichtig ist es, diese Fragen rein analytisch-sachlich und losgelöst von persönlichen Befindlichkeiten zu führen. Im betrieblichen Alltag ist diese Forderung nicht trivial umzusetzen. Schließlich hängt mit der Bedeutung der nachgeordneten Stellen auch die Wertigkeit der entsprechenden Führungsfunktion ab. Aus diesem Grunde sollte diese Analyse durch die Organisationseinheit Personalentwicklung mit den Führungskräften des Unternehmens betrieben werden und von einem hochrangigen

Managementgremium validiert werden. So lässt sich ein klares Bild der Wertigkeit der Funktionen erhalten und entsprechend die funktionsmäßigen Archillesfersen des Unternehmens herausarbeiten. Das Ergebnis dieses ersten Schrittes ist ein Organigramm, was die Bedeutung der Funktionen ausweist.

2. Leistungs- und Potenzialeinschätzung

Während der vorherige Schritt losgelöst vom Stelleninhaber erfolgt, geht es anschließend um die Analyse der Personen. Welche Verfahrensvariante[34] auch gewählt wird, im Zentrum steht die Frage, wie erfolgreich der Stelleninhaber seine Funktion ausfüllt. Diese Frage ist vor der Analyse des eigentlichen Fluktuationsrisikos zu beantworten, weil bspw. die Fluktuation eines Stelleninhabers mit unterdurchschnittlicher Performance durchaus willkommen sein kann.

3. Risikoanalyse

Da Personaler und Führungskräfte den Mitarbeitern nur *vor die Stirn aber nicht in den Kopf* schauen können, ist eine Prognose der Fluktuationswahrscheinlichkeit immer mit einem Maß an Unsicherheit verbunden. Zwei Vorgehensweisen sind möglich: Zum einen können die als besonders bedeutsam herausgearbeiteten Mitarbeiter regelmäßig befragt werden, um so frühzeitig negative Veränderung der Commitmentwerte aufzuspüren und Unzufriedenheiten abzustellen. Meist erfolgt dies in einer Kombination von einem kurzen elektronischen Fragebogen sowie einem persönlichen Gespräch der Führungskraft. Zum anderen ist eine analytische Risikobestimmung möglich. Dabei wird auf Erfahrungswerte, die aus empirischen Studien abgeleitet worden sind, zurückgegriffen. Im Beratungsalltag hat sich das in Abbildung 3 dargestellte Schema bewährt.

---

[34] Zur Einschätzung kann eine Vielzahl an möglichen Verfahrensvarianten in Frage kommen. Von der Vorgesetzteneinschätzung im Rahmen des Mitarbeitergesprächs über ein Management Audit bis zu integrierten Verfahren, die umfängliche Informationsquellen berücksichtigen.

Projektbeispiel: Schema zur Berechnung des individuellen Fluktuationsrisikos eines Stelleninhabers

Kriterium	Bandbreite	Punktwert	
Individuelle Faktoren	Geringe Mobilität, hohes Commitment, unkritisches Alter	10 Punkte	
	Mobil, persönliche Wünsche zur Laufbahnplanung hinterlegt, Vita drückt Flexibilität aus	20 Punkte	
	Kritisches Alter (> 60 Jahre bzw. High Potential < 40 Jahre), hohe Mobilität und Flexibilität	30 Punkte	
Letzter Positionswechsel	... vor weniger als 2 Jahren	10 Punkte	
	... länger als 2 aber weniger als 5 Jahre her	20 Punkte	
	... vor mehr als 5 Jahren	30 Punkte	
Alleinstellungsmerkmale	Wenige Alleinstellungsmerkmale, Kompetenzprofil ist auch bei mehreren anderen MA anzutreffen oder auf dem externen Markt sind relativ einfach Kandidaten zu rekrutieren	10 Punkte	
	Einige spezielle Kompetenzen/Erfahrungen, die schwer zu ersetzen sind	20 Punkte	
	Sehr viele spezielle Kompetenzen/Erfahrungen, die auch auf dem externen Markt sehr gefragt sind	30 Punkte	
		Summe der Punktwerte:	
	Niedrig	Mittel	Hoch	Sehr hoch
Ergebnis:	< 41 Punkte	41 bis 55 Punkte	56 bis 75 Punkte	76 bis 90 Punkte

Abb. 3. Beispielhafte Berechnung des individuellen Fluktuationsrisikos

4. Commitmentbeeinflussung

Angesichts der oben zitierten pessimistischen Einschätzung von Meyer und Allen hinsichtlich der direkten Veränderbarkeit vom Organisationalen Commitment könnte dieser Abschnitt sehr knapp gehalten werden. Trotzdem wurde oben argumentiert, dass die Beeinflussung des Commitment mittelbar möglich ist. Welche Möglichkeiten bestehen hat das Unternehmen, um das Commitment und damit die Verbleibeabsicht beeinflussen?

Weiter oben wurden bereits etliche Faktoren beleuchtet von denen angenommen wird, dass sie im Zusammenhang mit diesen Variablen stehen. Angesichts der Vielzahl ist es jedoch schwierig, sämtliche im betrieblichen Alltag zu adressieren bzw. zu berücksichtigen. In den gängigen Praktikerschriften werden daher einige wenige Faktoren benannt (vgl. bspw. Kötter, Hunziger & Dasch, 2002). Es sind dies:

- Ein Unternehmensimage und eine Unternehmenskultur, die die Mitarbeiter Stolz auf ihren Arbeitgeber machen (bspw. herausragende Produkte, Alleinstellungsmerkmale, ausgeprägter Teamgeist, etc.).
- Vorhandene Aufstiegsperspektiven und Karrierewege, die nach transparenten Kriterien beschritten werden können.

- Eine existierende, aktive Personalentwicklung, die auch die eigene Employability erhöht.
- Ein als angemessen und förderlich erlebtes persönliches Arbeitsumfeld (bspw. Austattung des Arbeitsplatzes, Führung durch den Vorgesetzten, Umgang mit den Kollegen, etc.).

Diese Aufzählung dient der groben Orientierung zur Commitmentbeeinflussung. Es bleibt jedoch ein Punkt, der bereits weiter oben aufgeführt wurde: Commitment ist ein höchst individuelles Phänomen und bedarf daher auch einer individuelle Behandlung (vgl. Seite 279 dieses Beitrags).

Fazit

Die aktive Steuerung der Mitarbeiterbindung hat sich als eine Aufgabe mit einigen Unwägbarkeiten herausgestellt. Zum einen ist Mitarbeiterbindung individuell und damit ohnehin schwerer kalkulierbar. Zum anderen lässt sie sich eher mittelbar über das Commitment steuern. Dies wiederum gilt als direkt schwer beeinflussbar. Es wurde gezeigt, wie trotz dieser Unwägbarkeiten Mitarbeiterbindung betrieben werden kann. Allen voran sind Grundprinzipien zu berücksichtigen, wenn eine nachhaltige Bindung erreicht werden soll. Es sind dies die Individualisierung von Bindungsmaßnahmen, die Prävention im Sinne eines vorausschauenden Agierens und die Betrachtung der Effektivität der Maßnahmen.

Fraglich ist abschließend, wer Akteur der Mitarbeiterbindung ist. Aufgrund der Vielschichtigkeit der Ansatzpunkte lässt sich ein einzelner Verantwortlicher schwer ausmachen. Vielmehr ist es sinnvoll, Mitarbeiterbindung als Querschnittsaufgabe zu betrachten. Dabei ist der Prozessowner die Organisationseinheit Personalentwicklung. Trotzdem bleibt die Verantwortung geteilt: Das Topmanagement muss vom Personalressort Instrumente zur Mitarbeiterbindung einfordern und durch commitmentförderliches Verhalten diese unterstützen. Insbesondere fallen unter das Zweitgenannte kulturelle Symbolhandlungen, Umgang mit Arbeitsplatzabbau, Anerkennung des Stellenwerts der Weiterbildung etc. Die unmittelbaren Vorgesetzten müssen sich ihrer Rolle bewusst sein und ihr Führungsverhalten zufriedenheits- und commitmentstiftend akzentuieren. Und nicht zuletzt sind auch die Mitarbeiter selber gefordert, durch eigenes Verhalten eine *bindende* Unternehmenskultur zu befördern.

Literatur

Adebahr, H. (1971). *Die Fluktuation der Arbeitskräfte – Voraussetzung und wirtschaftliche Wirkungen eines sozialen Prozesses.* Berlin: Duncker & Humblot.

Ahlrichs, N. (2000), *Competing for talent: Key recruitment and retention strategies for becoming an employer of choice.* Palo Alto, CA: Davies-Black Publishing.

Allen, N. J. & Meyer, J. S. (1990). The Measurement and Antecedents of Affective, Continuance, and Normative Commitment to the Organization. *Journal of Occupational Psychology, 63,* 1–18.

Barth, M. (1998). Unternehmen im Wertewandel - Zur Bindung der Mitarbeiter durch die Unternehmenskultur. In H. Baier & E. R. Wiehn (Hrsg.): *Konstanzer Schriften zur Sozialwissenschaft, Band 44.* Konstanz: Hartung-Gorre.

Bäumer, J. & Meifert, M. (2000). Personalmanagement und Wissensmanagement – Added Value für das Unternehmen? In J. Kienbaum (Hrsg.): *Visionäres Personalmanagement, 3. Auflage,* 253–272. Stuttgart: Schäffer-Poeschel.

British Institute of Management (BMI) (1959). The Cost of Labour Turnover. *Personnel Management, Series 9.*

Branham, L. (2000). *Keeping the People who keep you in Business: 24 Ways to hang on to your most Valuable Talent.* New York (NY): Amacom.

Coleman, D. F., Irving, P. G. & Cooper, C. L. (1997). Work Locus of Control and the Three-Component Model of Organization Commitment. *Administrative Sciences Association of Canada Conferences, 17,* 30 – 38.

Dincher, R. (1992). Fluktuation. In W. Gaugler & W. Weber (Hrsg.): *Handwörterbuch des Personalwesens,* 873 – 883. Stuttgart: Schäffer-Poeschel.

Döring, K. W. & Ritter-Mamczek, B. (1999). *Weiterbildung im lernenden System, 2. Auflage.* Weinheim: Beltz.

Drumm, H. J. (2000). *Personalwirtschaftslehre.* Berlin: Springer-Verlag.

DSW (2006). Datenreport 2006 der Deutschen Stiftung Weltwirtschaft.

Felfe, J. (2003). *Transformationale und charismatische Führung und Commitment im Organisationalen Wandel,* unveröffentlichte Habilitationsschrift. Halle: Martin-Luther-Universität.

Felfe, J., Six, B., Schmook, R. & Knorz, C. (2002). Fragebogen zur Erfassung von affektivem, kalkulatorischen und normativen Commitment gegenüber Organisation, dem Beruf/der Tätigkeit und der Beschäftigungsform (COBB). In A. Glöckner-Rist (Hrsg.): *ZUMA-Informationssystem, Elektronisches Handbuch sozialwissenschaftlicher Erhebungsinstrumente, Version 6.00, Zentrum für Umfragen, Methoden und Analysen.* Mannheim.

Frey, J. (1970). *Arbeitsplatzwechsel, insbesondere seine Auswirkungen auf den Betriebserfolg (Diss.)*. St. Gallen.

Gauger, J. (2000). *Commitment-Management in Unternehmen – Am Beispiel des mittleren Managements (Diss.)*. Wiesbaden.

Haase, D. (1997). *Organisationsstruktur und Mitarbeiterbindung – Eine empirische Analyse in Kreditinstituten (Diss.)*. Köln.

Hackett, R. D. & Bycio, S. & Hausdorf, S. A. (1994). Further Assessments of Meyer and Allen's (1991) Three-Component Model of Organizational Commitment. *Journal of Applied Psychology, 79*, 15 – 23.

Heidenreich, M. (2002). *Merkmale der Wissensgesellschaft, Papier für die Bund-Länder-Kommission für Bildungsplanung*. Abgerufen am 28.08.2006 von http://www.uni-bamberg.de/sowi/europastudien/dokumente/blk.pdf).

Herbert, K.-J. (1991). *Arbeitsgestaltung*. Berlin: Duncker & Humblot.

Herscovitch, L. & Meyer, J. S. (2002). Commitment to Organizational Change - Extension of a Three-Component Model. *Journal of Applied Psychology, 87*, 474 – 487.

Jaros, S. J. (1997). An Assessment of Meyer and Allen's (1991) Three-Component Model of Organizational Commitment and Turnover Intentions. *Journal of Vocational Behavior, 51*, 319 – 337.

Jochmann, W. (1989). *Analyse der Entscheidungsprozesse zur beruflichen Veränderung von Führungskräften (Diss.)*. Bochum.

Jochmann, W. (2001). Retentionmanagement – Die Leistungsträger der Unternehmung binden. In H. Riekhof (Hrsg.): *Strategien der Personalentwicklung, 5. Auflage*, 191 – 208. Wiesbaden: Gabler.

Kaufhold, K (1985). *Die wirtschaftlichen Wirkungen der Fluktuation in der Einzelwirtschaft (Diss.)*. Frankfurt am Main.

Kötter, P. M., Hunziger, A. & Dasch, P. (2002). *Strategien gegen den Fachkräftemangel*. Gütersloh: Bertelsmann Stiftung Verlag.

Marr, R. (1989). Überlegungen zu einem Konzept einer „Differentiellen Personalwirtschaft". In H. J. Drumm (Hrsg.): *Individualisierung der Personalwirtschaft – Grundlagen, Lösungsansätze und Grenzen*, 37 – 47. Bern: Paul Haupt.

Meifert, M. (2002). Überlebensstrategie im War for Talents, In: F. Breidenstein et al. (Hrsg.): *Consulting 2002 – Jahrbuch für Unternehmensberatung und Management*, 73 – 79. Frankfurt am Main: Frankfurter Allgemeine Buch.

Meyer, J. S. & Allen, N. J. (1991). A Three-Component Conceptualiziation of Organizational Commitment. *Human Ressource Management Review, 1*, 61 – 89.

Meyer, J. S. & Allen, N. J. (1997). *Commitment in the Workplace: Theory, Research, and Application (Advanced Topics in Organizational Behavior).* Thousand Oaks, CA: SAGE Publications.

Meyer, J. S., Allen, N. J. & Smith, C. A. (1993). Commitment to Organizations and Occupations: Extension and Test of a Three-Component Conceptualisation. *Journal of Applied Psychology, 78,* 538 – 551.

Morick, H. (2002). *Differentielle Personalwirtschaft - Theoretisches Fundament und praktische Konsequenzen, (Diss.).* Neubiberg.

Moser, K. (1996). *Commitment in Organisationen.* Bern: Huber.

Mowday, R. T., Steers, R. & Porter, L. W. (1982). Employee-Organization Linkages – The Psychology of Commitment, Absenteeism and Turnover. *The American Journal of Sociology, 88*(6), 1315 – 1317.

Ott, E. (1975). *Methodisches Konzept zur Diagnose der Personalfluktuation (Diss.).* Weinheim.

Peskin, D. B. (1973). *The Doomsday Job – The Behavioural Anatomy of Turnover.* New York: American Management Association.

Pigors, S. & Meyers, Ch. A. (1973). *Personnel Administration - a Point of View and a Method.* New York: McGraw-Hill.

Plinke, W. & Rese, M. (2002). *Industrielle Kostenrechnung.* Berlin: Springer.

Polanyi, M. (1985). *Implizites Wissen.* Suhrkamp Verlag: Frankfurt am Main.

Porter, L. W. & Steers, R. M., Mowday, R. T. & Boulian, S. V. (1974). Organizational Commitment, Job Satisfaction, and Turnover among Psychiatric Technicians. *Journal of Applied Psychology, 59,* 603 – 609.

Prognos World Report (2003). *GENIOS Wirtschaftsdatenbanken.* Düsseldorf: Verlagsgruppe Handelsblatt GmbH.

Schanz, G. (2000). *Personalwirtschaftslehre - Lebendige Arbeit in verhaltenswissenschaftlicher Perspektive, 3. Auflage.* München: Vahlen.

Schmidt, K.-H., Hollmann, S. & Sodenkamp, D. (1998). Psychometrische Eigenschaften und Validität einer deutschen Fassung des Commitment-Fragebogens von Allen und Meyer (1990). *Zeitschrift für Differentielle und Diagnostische Psychologie, 19,* 93 –106.

Süchting, J. & Paul, S. (1998). *Bankmanagement.* Stuttgart: Schäffer-Peoschel.

Süddeutsche Zeitung vom 02.06.2007. *Beilage Beruf und Karriere,* 13.

Wunderer, R. & Dick, P. (2001). *Personalmanagement – Quo vadis?, 2. Auflage.* Neuwied: Luchterhand.

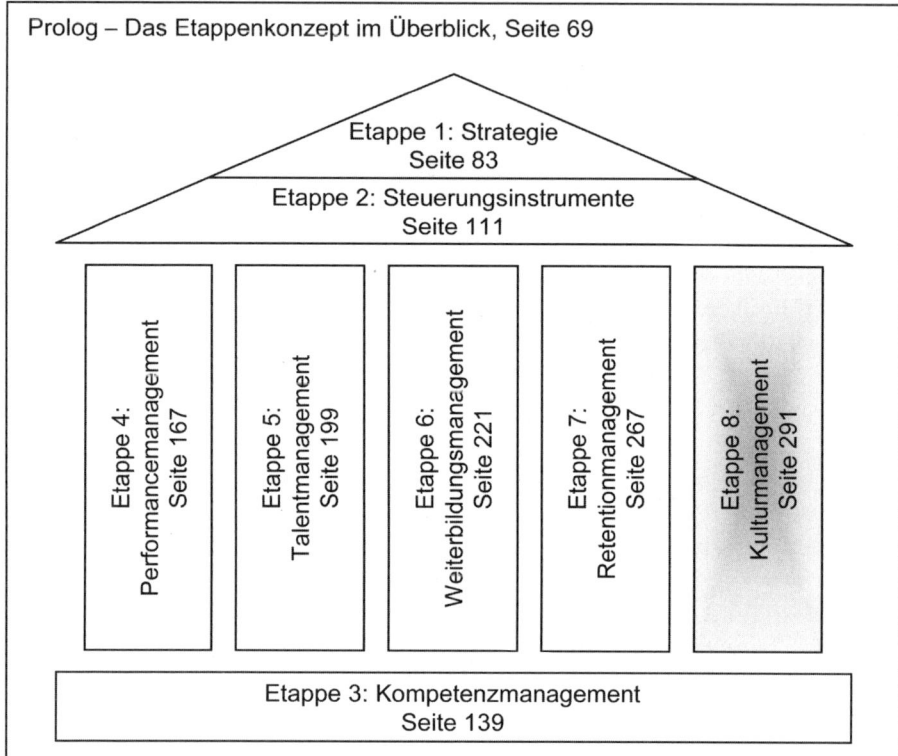

Etappe 8: Kulturmanagement

Saskia-Maria Weh & Matthias T. Meifert

> „Wenn über das Grundsätzliche
> keine Einigkeit besteht,
> ist es sinnlos,
> miteinander Pläne zu schmieden."
>
> Konfuzius

Steigert die Beschäftigung mit der Unternehmenskultur wirklich die Wettbewerbsfähigkeit des Unternehmens? Stellt die Unternehmenskultur tatsächlich einen Erfolgsfaktor für Unternehmen dar? In den vergangenen Jahren wurden vermehrt empirische Studien durchgeführt, um diese Fragen beantworten zu können (z. B. Denison & Mishra, 1995; Van der Post, de Coning, & Smit, 1998; Fey & Denison, 2003; Denison, Haaland, & Goelzer, 2004). Zwar erschwert die Vielfalt an Operationalisierungen der einzelnen Konstrukte sowie die Betrachtung unterschiedlichster Fragestellungen die Vergleichbarkeit der Studien, die Ergebnisse verdeutlichen jedoch, dass die Unternehmenskultur, richtig gelebt, das tägliche Miteinander im Arbeitsalltag sowie die organisationale Effektivität und den Unternehmenserfolg positiv beeinflussen kann. So haben die Ergebnisse verschiedener empirischer Studien den Zusammenhang zwischen Unternehmenskultur und einzelnen Indikatoren, wie z. B. Innovationserfolg, Umsatzwachstum, Adaptionsfähigkeit oder Partizipation belegt (Sackmann, 2006).

Weitere Untersuchungen verdeutlichen, dass Unternehmenskultur indirekt sowohl über die Kommunikation als auch über das jeweilige Führungsverhalten auf die Identifikation der Mitarbeiter wirkt, welche wiederum zu höherer oder geringerer Leistung bzw. Unternehmenserfolg führt (Sackmann, 2006). Dies lässt den Schluss zu, dass den Führungskräften bei der inhaltlichen Ausgestaltung der Unternehmenskultur eine besondere Rolle zukommt.

Viele Unternehmen sind daran interessiert, dass in der Unternehmenskultur steckende Leistungspotenzial für sich zu nutzen. Doch häufig ergeben sich bei der intensiven Beschäftigung mit der eigenen Kultur ungeahnte Schwierigkeiten, welche den Prozess beschwerlich gestalten oder sogar zum Scheitern bringen. Vor diesem Hintergrund ist es die Aufgabe des folgenden Kapitels Möglichkeiten aufzuzeigen, wie Unternehmenskultur als Erfolgsfaktor genutzt werden und welche Rolle dabei die Personalentwicklung spielen kann.

1. Warum ist Unternehmenskultur so wichtig?

Unternehmenskultur ist in den letzten Jahren zu einem relevanten Konzept geworden, welches mit Aspekten der Leistungs- und Qualitätssicherung verbunden worden ist. Doch was verbirgt sich hinter diesem Konzept? In der Literatur existieren eine Reihe unterschiedlicher Zugänge (vgl. Sackmann, 2006). Unternehmenskultur besteht aus jenen grundlegenden kollektiven Überzeugungen, die das Denken, Handeln und Empfinden der Führungskräfte und Mitarbeiter maßgeblich beeinflussen und die insgesamt typisch für das Unternehmen bzw. eine Gruppe im Unternehmen sind. Sie bilden die Grundlage für das verbale/nonverbale Verhalten, welches im täglichen Umgang miteinander gezeigt wird und stellen die Basis für die Auswahl des „richtigen" Verhaltens dar. Damit geben sie die „impliziten" Spielregeln in einer gegebenen Situation vor. Allerdings sind sich die Mitarbeiter dieser grundlegenden Überzeugungen nicht mehr bewusst, sondern betrachten diese als selbstverständlich und handeln entsprechend (Sackmann, 2004).

Bei Herbst (2003) wird die Zusammenfassung von Werten, Normen und Grundannahmen als Unternehmenskultur bezeichnet. Kiessling und Spannagl (2000) verstehen unter Unternehmenskultur die von den Mitarbeitern aller Ebenen in ihren Arbeitszusammenhängen aktuell gelebte Unternehmenswirklichkeit. Sie halten fest, dass jede Organisation als soziales System eine Kultur entwickelt und dass diese Kultur wandlungsfähig ist. Sie ist für jedes einzelne Mitglied der Organisation erfahrbar; jedes einzelne Mitglied wird als Teil des Ganzen von der Kultur geprägt und gestaltet zugleich die Kultur mit, indem es sie akzeptiert und mit trägt oder sie ablehnt und sich ihr entzieht.

Die Unternehmenskultur wird häufig in Form von Leitbildern und Leitlinien schriftlich fixiert. Das Unternehmensleitbild ist nach außen gerichtet und beinhaltet das strategische Selbstverständnis des Unternehmens (z. B. „Wir wollen ein dauerhaft erfolgreiches kundenorientiertes Dienstleistungsunternehmen sein"). Inhaltliche Cluster des Leitbildes können sich z. B. auf die Kundenorientierung, Gesellschaft und Öffentlichkeit, Strukturgrundsätze oder die strategische Ausrichtung des Unternehmens beziehen. Leitlinien sind nach innen gerichtet und definieren die Kultur in Hinblick auf Führungs- und Verhaltensaspekte im Unternehmen. Sie ergänzen das Leitbild um die eher weichen Facetten. Hierbei konzentrieren sie sich auf Fragen, die das Verhältnis zwischen Mitarbeitern und Vorgesetzten betreffen (z. B. „Unsere Führungskräfte fördern jederzeit offene Meinungsäußerungen."). Diese können sich z. B. auf Themen wie Führungsstil, Kommunikation/Information, Motivation, Delegation, Kritikfähigkeit, Beurteilung, Personalentwicklung oder Konfliktmanagement beziehen.

Unternehmensleitbilder/Leitlinien tragen zur Wertschöpfung des Unternehmens bei. Sie bringen u. a. folgenden Nutzen:

- Orientierungsrahmen für die zukünftige Entwicklung des Unternehmens
- Prägung der Werte/Grundsätze im Umgang miteinander
- Förderung der Identifikation mit dem Unternehmen
- Entwicklung eines „Wir-Gefühls"
- Basis einer strukturierten Personalentwicklungsplanung
- Unterstützung der Imagebildung des Unternehmens nach außen (Öffentlichkeitsarbeit)

Darüber hinaus bieten Leitlinien eine Reihe weiterer Vorteile:

- Schaffung eines einheitlichen Führungsverständnisses
- Unterstützung einer einheitlichen Fehlerkultur
- Steigerung der Effektivität durch Verbesserung der Personalführung und der Zusammenarbeit
- Liefert Entscheidungskriterien und unterstützt die Lösungsfindung in unklaren und mehrdeutigen Situationen
- Führung wird thematisiert und führt zur Entwicklung eines kritischen Bewusstseins bei allen Beteiligten
- Bekanntgabe von Maßstäben zur Überprüfung des Führungsverhaltens und damit Unterstützung der Vorgesetztenbeurteilung

Die Vielzahl und Vielfalt verdeutlicht das Potenzial des Leitbildes/der Leitlinien. Sowohl das Leitbild als auch die Leitlinien können dazu beitragen, die bestehende Kultur eines Unternehmens in Richtung einer intendierten Soll-Kultur zu entwickeln und somit als Rahmen für Veränderungsprozesse genutzt werden.

2. Klassische Ausgangssituationen für die Beschäftigung mit der Unternehmenskultur

Wann und aus welchen Gründen fangen Unternehmen an sich näher mit ihrer Unternehmenskultur zu beschäftigen? Hierzu lassen sich verschiedene Gründe anführen. Eine häufige Ausgangssituation stellt die Fusion zweier Unternehmen dar. In diesem Kontext treffen die Kulturen von zwei verschiedenen Organisationen aufeinander. In jedem der beiden Unternehmen herrschen unterschiedliche Denk- und Handlungsweisen vor. So stellen kulturelle Differenzen mit den häufigsten Grund für das Scheitern von Fusionen dar. Vor diesem Hintergrund kommt der Definition und Implementierung neuer gemeinsamer Werte, um den Mitarbeitern Orientierung zu geben, eine besondere Bedeutung zu. So hat sich gezeigt, dass die kulturelle Integration für den Erfolg einer Fusion von entscheidender Bedeutung ist.

Im Unternehmensalltag sind es häufig offenkundig gewordene Probleme (z. B. negatives Image, negative Positionierung am Markt, Kommunikationsprobleme, Demotivation), welche die Dringlichkeit einer Veränderung nahe legen. Im Beratungskontext ergibt sich die Beschäftigung mit der Unternehmenskultur auch häufig als Folgeprozess nach einer Reihe von Management Audits, in welchem problematische Kulturfacetten deutlich geworden sind. Durch die bewusste Beschäftigung mit der eigenen Kultur können bestehende Aspekte der aktuellen Kultur angepasst, verändert oder aber auch neu fokussiert werden. Im Folgenden stellt sich die Frage, wie ein Unternehmen zu einer Kultur kommt, welche seine Zukunftsfähigkeit unterstützt und dazu beiträgt, die Wettbewerbsfähigkeit des Unternehmens zu erhalten.

3. Konzeption und Implementierung von Leitbildern/ Leitlinien

Die Kultur eines Unternehmens wird häufig in Leitbildern/Leitlinien schriftlich fixiert. Diese werden dann in das Internet gestellt oder als Broschüre an die Mitarbeiter verteilt. Allerdings besteht die Gefahr, dass Leitbilder, welche kurz definiert werden, in der Regel eine intensive Beschäftigung mit der Unternehmenskultur verhindern. Dies ist vor allem dann der Fall, wenn sie als gegeben hingestellt werden („Das sind unsere Ziele, sie müssen nun nur noch umgesetzt werden") oder wenn keine Maßnahmen folgen, welche die Umsetzung gezielt unterstützen. Vor diesem Hintergrund kommt dem Prozess der Erarbeitung und Implementierung eine besondere Bedeutung zu.

Insgesamt sind fünf Prozessstufen notwendig, um ein Leitbild/Leitlinien im Unternehmen erfolgreich zu konzipieren (Stufe 1 – 3) und anschließend zu implementieren (Stufe 4 – 5).

Stufe 1: Kulturanalyse

Bei der Auseinandersetzung mit der eigenen Kultur steht zu Beginn eine Kulturanalyse. Diese beinhaltet die intensive Beschäftigung mit der gewünschten Zielkultur, welche abschließend im Leitbild/den Leitlinien schriftlich festgehalten werden soll.

Zu diesem Zweck werden optimalerweise mehrere Methoden zur Datensammlung hinzugezogen. Zunächst sollten aus der Unternehmensstrategie die Anforderungen an eine Zielkultur abgeleitet werden. Anschließend werden häufig mit Hilfe von strukturierten Interviews und/oder standardisierten Fragebogenaktionen mit den unterschiedlichen Hierarchieebenen weitere wichtige Aspekte für die Inhalte des Leitbildes (z. B. Welche Strukturen und Prozesse werden als geeignet betrachtet? Wic eignet man sich Wissen an?)/der Leitlinien (z. B. Welches Führungsverständnis haben wir in unserem Unternehmen? Wie wollen wir zusammenarbeiten?) erfasst.

Ergänzend eignen sich bereichs- und standortübergreifende Workshops mit den obersten Führungskräften, um die gesammelten Eindrücke und Erwartungen weiter zu differenzieren bzw. zu ergänzen. Firmeninterne Dokumente sowie informelle Gespräche oder Beobachtungen im Arbeitsalltag können unterstützend hinzugezogen werden. Abschließend ist es möglich, die Benchmarks und Kernpunkte der Wettbewerber zu analysieren, um weitere wichtige erfolgsrelevante Aspekte ebenfalls mit in das Leitbild/die Leitlinien einfließen lassen zu können.

Bei der anschließenden Auswertung der Interviews/der Fragebögen ist darauf zu achten, dass Cluster (z. B. zu den Themen Kundenorientierung, Selbstverständnis) gebildet werden. Auf der Basis der herausgearbeiteten

Werte wird in der nächsten Stufe des Prozesses ein Leitbild definiert und implementiert. Dieses Leitbild spiegelt nicht die Unternehmensrealität wider, sondern es repräsentiert einen Soll-Zustand. Dieser stellt ein langfristig zu erreichendes Ziel dar.

Stufe 2: Leitbild-/Leitlinienformulierung

Viele Leitbilder/Leitlinien sind in der Praxis häufig zu abstrakt und theoretisch, d. h. sowohl der Praxisbezug als auch die konkrete Umsetzung der Werte fehlen. Ein Fehler, welcher in diesem Rahmen häufig gemacht wird, ist, dass Leitbilder/Leitlinien „von oben" vorgegeben werden oder lediglich an die Führungskräfte des Unternehmens gerichtet sind. Für den Prozess der Leitbild-/Leitlinienformulierung stellt aus diesem Grund die partizipative Erarbeitung im Rahmen einer Projektgruppe die Methode der Wahl dar. In dieser sollten Mitarbeiter aus unterschiedlichen Funktionsbereichen sowie verschiedenen Hierarchieebenen vertreten sein. Die Gruppe erarbeitet einen ersten Vorschlag, welcher mit dem Top-Management abgestimmt werden sollte.

Grundvoraussetzung für die erfolgreiche Kulturimplementierung ist allerdings die klare und verständliche Formulierung des Leitbildes und der Leitlinien. Es hat sich gezeigt, dass Leitbilder/Leitlinien häufig nicht gelebt werden, da bereits bei deren Einführung wichtige Aspekte keine Beachtung fanden. Es wurde immer wieder festgestellt, dass Leitbilder/Leitlinien häufig zu abstrakt/zu theoretisch und zu allgemein formuliert sowie lediglich von oben vorgegeben sind. Dies impliziert, dass die Mitarbeiter in den Prozess zu wenig eingebunden und das Leitbild/die Leitlinien nicht auf eine spezifische Organisation angepasst wurde, so dass die Identifikation von Seiten der Mitarbeiter nur bedingt gegeben ist. Die folgenden Regeln sollen eine erste Orientierung für die erfolgreiche Formulierung geben.

Regeln für die erfolgreiche Leitbildformulierung

Das Leitbild sollte ...

... eine Richtschnur in allen Bereichen des Unternehmens sein und für die unterschiedlichen Funktionsbereiche im Unternehmen gut anwendbar sein (Allgemeingültigkeit).

... sich auf das beziehen, was die Organisation ausmacht, d. h. auf ihre grundsätzlichen Belange (Wesentlichkeit).

... für alle klar verständlich sein und Möglichkeiten der Identifikation bieten (Klarheit).

... für alle glaubhaft sein, d. h. wahre Absichten und Ziele beschreiben. Es dient nicht der Image-Pflege (Wahrheit).

... anspruchsvoll, aber nicht unrealistisch sein. Idealistische Wunschvorstellungen sollten sich im Leitbild nicht wieder finden (Realisierbarkeit).

... in sich stimmig sein und nicht zu Missverständnissen und Unstimmigkeiten durch mangelnde Eindeutigkeit führen (Konsistenz).

... in dem Sinne vollständig sein, dass nicht nur Ziele formuliert werden, sondern auch einzuschlagende Strategien (Vollständigkeit).

... das Unternehmen langfristig leiten und nicht aktuelle Herausforderungen bzw. Projekte berücksichtigen (langfristige Gültigkeit).

nach Bleicher (1992)

Regeln für die erfolgreiche Leitlinienformulierung:

Leitlinien sollten ...

... Aussagen für die zielgerichtete Zusammenarbeit zwischen Vorgesetzten und Mitarbeitern beinhalten (Zusammenarbeit).

... den präferierten Führungsstil im Unternehmen beschreiben (Führungsstil).

... beschreiben, wie die Kommunikation zwischen Vorgesetzten und Mitarbeitern geschehen soll (Kommunikation).

... so genau formuliert sein, dass ihre Einhaltung überprüft werden kann (normative Präzision).

... sollten so verbindlich sein, dass beim Verstoß Sanktionen zu erwarten sind (normative Schärfe).

In der Praxis sollte das Leitbild/die Leitlinie nicht zu starr gehandhabt werden, so dass dieses als Orientierungshilfe dient, welche aber trotzdem noch Freiräume lässt.

Stufe 3: Kommunikation des Leitbildes/der Leitlinien

Veränderungsbereitschaft sollte von ganz oben vorgelebt werden. Wichtig ist, dass das fertige Leitbild/die Leitlinien den Mitarbeitern abschließend durch die Geschäftsführung in Form eines Kick-off-Meetings präsentiert werden. Dies unterstreicht die Bedeutung für den Unternehmensalltag und fördert die Identifikation mit diesen. Grundsätzlich ist zu beachten, dass es sich bei jeder Messung bereits um eine Intervention handelt, welche Erwartungen bei den Mitarbeitern hervorruft. Vor diesem Hintergrund ist eine offene Kommunikationspolitik für den Erfolg sehr wichtig. Zum einen sollte während des Prozesses der Entwicklung und Implementierung stets über den Stand und Fortlauf des Projektes berichtet werden, zum anderen sollte das Leitbild/die Leitlinien auch im Nachhinein in den Köpfen der Mitarbeiter präsent sein.

Hierzu ist es unterstützend sinnvoll, Leitbilder mit Symbolen (z. B. Bildschirmschoner, Plakate, Beiträge in der Mitarbeiterzeitung, Intranet etc.) innerhalb des Unternehmensalltages in Erinnerung zu rufen.

Prozess der Leitbild-/Leitlinienkonzeption (Stufen 1 – 3)

Stufe 1: Kulturanalyse

a) Analyse vorhandener Inhalte, Instrumente und Unterlagen

b) Durchführung von Interviews/Fragebogenaktionen zur Erfassung der Kernpunkte mit unterschiedlichen Hierarchieebenen

c) Workshops mit der obersten Führungskräfteebene zur Differenzierung

d) Benchmarkanalyse

Stufe 2: Leitbild-/Leitlinienformulierung

a) Bildung einer Projektgruppe aus unterschiedlichen Hierarchieebenen für die Konzeption

b) Formulierung von Leitbild/Leitlinien (unternehmensspezifisch/ präzise)

> **Stufe 3: Kommunikation des Leitbildes/der Leitlinien**
>
> a) Präsentation durch die Geschäftsführung
>
> b) Einführung von Symbolen (z. B. Plakate, Bildschirmschoner, etc.)

Stufe 4: Kulturmodifikation leben

Der Erfolg von Leitbildern bzw. Leitlinien ist vor allem von einer erfolgreichen Implementierung abhängig (Gabele & Kretchmar, 1986; Wunderer & Klimecki, 1990). Vor diesem Hintergrund ist die Definition gemeinsamer Werte ohne eine systematische Implementierung nicht zielführend. Nur durch die Ableitung konkreter Maßnahmen sowie durch die anschließende Verzahnung mit einzelnen Instrumenten werden Leitbilder/Leitlinien zum Leben erweckt.

Eine erfolgreiche Implementierung beginnt mit der Durchführung von Workshops. Es gilt das Leitbild/die Leitlinien und die dahinter liegenden Werte, zunächst mit den obersten Führungsebenen, näher zu beleuchten. Dieser Prozess funktioniert erfahrungsgemäß von den oberen zu den unteren Hierarchieebenen am Besten (top-down-Prozess). Das zentrale Ziel ist es, gemeinsam konkrete Maßnahmen zu erarbeiten mit deren Hilfe die definierten Werte zum Leben erweckt werden können.

Analyse der Ist-Situation

Zu Beginn des Workshops wird zunächst eine Analyse der Ist-Situation vorgenommen. Hierbei wird reflektiert, inwieweit die definierten Leitsätze bereits gelebt werden. Zu diesem Zweck wird für jeden einzelnen Leitsatz gemeinsam in der Gruppe reflektiert:

- Was wird davon bereits gelebt? (Stärken)
- Welche Aspekte werden noch nicht gelebt? (Handlungsfelder)

An dieser Stelle wird in der Praxis häufig deutlich, dass nicht alle Aspekte des Leitbildes/der Leitlinien für alle Funktionsbereiche gleichermaßen Relevanz besitzen. Hierbei gilt es, die Inhalte auf den eigenen Arbeitsbereich zu beziehen. Im Anschluss werden gezielt die Ursachen herausgearbeitet, warum die definierten Aspekte noch nicht gelebt werden.

Ableitung konkreter Maßnahmen

Basierend auf den Ergebnissen der definierten Handlungsfelder werden in einem zweiten Schritt nun konkrete Maßnahmen für die bereits erarbeiteten Punkte definiert. Dies stellt einen wichtigen Schritt im Implementierungsprozess dar. Bei der Formulierung der Maßnahmen ist es wichtig, diese möglichst konkret zu beschreiben sowie diese bereits (wenn möglich) mit Verantwortlichkeiten und Terminen zu hinterlegen (Wer macht was bis wann?). Des Weiteren ist es von Vorteil die erarbeiteten Maßnahmen gemeinsam in der Gruppe in eine Aufwand-Nutzen-Matrix einzuordnen. Dies bietet den Vorteil, dass sofort ersichtlich ist, welche Maßnahmen besonders zielführend zum Leben der einzelnen Werte beitragen können.

Unterstützung durch die Führungskraft

In einem dritten Schritt ist es sinnvoll, gemeinsam mit den Führungskräften Absichtserklärungen zu formulieren (Was kann ich als Führungskraft aktiv dazu beitragen, dass die definierten Werte zukünftig im Unternehmen gelebt werden?). Führungskräfte stellen aufgrund ihrer Position Repräsentanten des Unternehmens dar. Bedingt durch ihre Position sowie die damit verbundene Multiplikatorwirkung auf ihre Mitarbeiter haben Führungskräfte eine zentrale Bedeutung bei der Vermittlung und Veränderung der Unternehmenswerte.

Workshopkaskaden mit allen Mitarbeitern

Im Anschluss an die Führungskräfteworkshops ist es empfehlenswert das Leitbild/die Leitlinien durch Workshopkaskaden anhand der oben beschriebenen zwei Schritte (1. Analyse der Ist-Situation, 2. Ableitung konkreter Maßnahmen) im gesamten Unternehmen zu implementieren. Dies verfolgt das Ziel, dass jeder Mitarbeiter sowie unterschiedliche Funktionsbereiche das Leitbild/die Leitlinien reflektieren, die aktuelle Situation bestimmen und daraus abgeleitet entsprechende Maßnahmen zu definieren. Im Anschluss dieser Workshops ist es möglich, die Ergebnisse bzw. die Maßnahmen in einem Bottom-up-Prozess wieder nach oben zurückzuspiegeln. Dies wird in Abbildung 1 verdeutlicht.

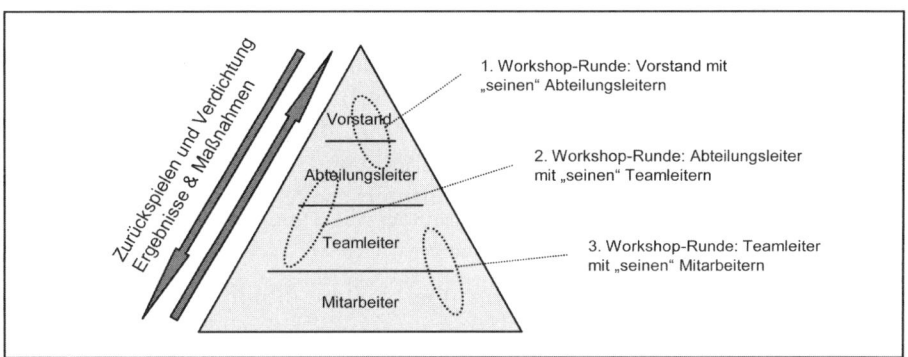

Abb. 1. Implementierung durch Workshopkaskade (Kienbaum, 2006)

Im Anschluss an die durchgeführten Workshops gilt es in einem vierten Schritt die erarbeiteten Maßnahmen aller Workshops in einzelne Handlungsfelder entsprechend der Balanced Scorecard einzuordnen (z. B. Kunde/Markt, Prozesse), Redundanzen zu streichen sowie zu entscheiden, welche Maßnahmen in welchen Bereichen wann umgesetzt werden sollen.

Wichtig ist, den aktuellen Stand der Maßnahmenumsetzung innerhalb des Unternehmens zu kommunizieren (z. B. in einer Mitarbeiterzeitung). Durch die Durchführung der Workshops wurden auf jeder Ebene Erwartungen geweckt und es wäre nicht zielführend, wenn im Anschluss die Umsetzung bzw. der aktuelle Stand der Umsetzung nicht kommuniziert werden würde.

Stufe 5: Verzahnung mit Personalentwicklungs-Instrumenten

Im fünften Schritt der Implementierung erfolgt die Verzahnung mit dem Zielvereinbarungssystem. Auf Grund des definierten Leitbildes/der Leitlinien werden Key Performance Indicator's (KPI's), Messkriterien und die Art der Messinstrumente definiert, um diese eher „weichen Faktoren" im Zielvereinbarungssystem abbilden zu können.

Das kann zu einer Verbesserung der Mitarbeiterzufriedenheit in erfolgskritischen Bereichen beitragen. Zu nennen seien hier beispielsweise Führung, Kommunikation oder die Verbesserung der Zusammenarbeit zwischen einzelnen Abteilungen. Langfristig führt dies zu einer Erhöhung der Mitarbeiterbindung und wirkt sich somit positiv auf die Fluktuationsrate im Unternehmen aus.

Die weitere Verzahnung mit zusätzlichen Instrumenten dient dazu, die Unternehmenskultur langfristig im Unternehmen zu implementieren. Beispielsweise ist es möglich, bedeutende Werte in das Mitarbeiterbeurteilungssystem zu integrieren. Spiegelt sich z. B. die Kultur in den Anforderungsprofilen einzelner Positionen im Kompetenzmodell wider, so werden gezielt die Personen befördert bzw. rekrutiert, welche die zugrunde gelegten Werte erfüllen.

Abbildung 2 gibt einen Überblick über weitere mögliche Verzahnungen mit verschiedenen Instrumenten.

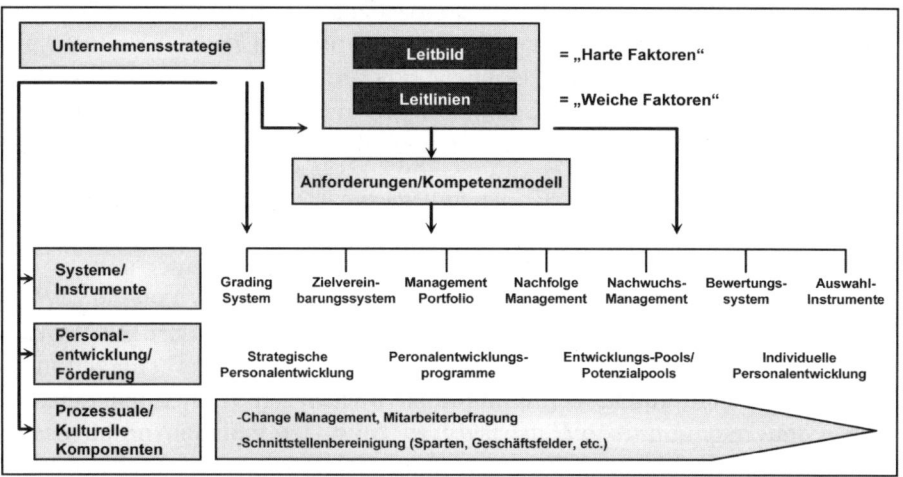

Abb. 2. Verzahnung der Unternehmenskultur mit PE-Instrumenten (Kienbaum, 2006)

Je stärker die Werte des Leitbildes/der Leitlinien mit den einzelnen Instrumenten verzahnt werden, umso stärker wird die Unternehmenskultur zum Leben erweckt. Eine Möglichkeit der Überprüfung stellt auch die Mitarbeiterbefragung dar, in welcher gezielte Fragen zum Leben der definierten Werte aufgenommen werden können. So ist es auch im Folgeprozess möglich weiter korrigierend einzugreifen sowie die Effektivität des durchgeführten Prozesses festzustellen. Es empfiehlt sich alle 5 bis 8 Jahre eine Überprüfung der Inhalte vorzunehmen.

> **Prozess der Leitbild/Leitlinienimplementierung (Stufen 4 – 5)**
>
> **Stufe 4: Kulturmodifikation**
>
> a) Kaskadenförmige Workshops für alle Hierarchieebenen
>
> b) Erfassung der Ist-Situation (Was wird bereits gelebt? Was noch nicht?
>
> c) Ableitung von konkreten Maßnahmen in den jeweiligen Workshops, um die Leitlinien zum Leben zu erwecken
>
> d) Einbettung der Maßnahmen in eine Balanced Scorecard
>
> e) Kommunikation der bereits umgesetzten Maßnahmen an alle Mitarbeiter
>
> **Stufe 5: Verzahnung mit Personalentwicklungsinstrumenten**
>
> a) Verknüpfung des Leitbildes/der Leitlinien mit Führungsinstrumenten (z. B. Zielvereinbarungssystem)
>
> b) Integration des Leitbildes/der Leitlinien in verschiedene Personalenwicklungsinstrumente
>
> c) Regelmäßige Aktualisierung aller 5 bis 8 Jahre

2. Fazit

Es lässt sich festhalten, dass eine produktiv akzentuierte Unternehmenskultur, vorausgesetzt sie ist wirkungsvoll im Unternehmen verankert und wird tatsächlich gelebt, zum Erfolg eines Unternehmens beitragen kann. Bedeutend ist hierbei vor allem eine möglichst weitgehende Einbeziehung der Betroffenen bei der Formulierung und Erarbeitung des Leitbildes/der Leitlinien, die Formulierung und Umsetzung konkreter Maßnahmen sowie die Verzahnung mit einzelnen Personalentwicklungsinstrumenten. Darüber hinaus kommt den jeweiligen Führungskräften des Unternehmens eine besondere Rolle zu. Diese fördern die konkrete Ausgestaltung der Unternehmenskultur, in dem sie das Leitbild/die Leitlinien vorleben sowie ihre Mitarbeiter beim Erwecken der definierten Kulturwerte unterstützen. Die PE versteht sich als Kompetenzzentrum und Treiber eines derartigen Prozesses. Schließlich ist eins unabdingbar: Das Leitbild/die Leitlinien werden nur dann gelebt, wenn die Mitarbeiter sich mit diesen identifizieren können und sie akzeptieren.

Falls die Implementierung nicht oder nur sporadisch erfolgen kann, raten wir eher davon ab, ein derartiges Projekt aufzusetzen. Rein konzeptionell definierte und nicht implementierte Leitbilder/Leitlinien entwickeln sich schnell zur Farce, werden nicht ernst genommen und nicht gelebt.

Literatur

Bleicher, K. (1992). *Orientierungsrahmen für eine integrative Management-Philosophie.* Stuttgart: Schaefer-Poeschel.

Denison, D. R. & Mishra, A. K. (1995). Toward a theory of organizational culture and effectiveness. *Organization Science, 6,* 204–223.

Denison, D. R., Haaland, S. & Goelzer, P. (2004). Corporate culture and organizational effectiveness: Is Asia different from the world? *Organizational Dynamics, 33*(1), 98–109.

Fey, C. F. & Denison, D. R. (2003). Organizational culture and effectiveness: Can American theory be applied in russia? *Organization Science, 14*(6), 686–706.

Gabele, E. & Kretchmar, H. (1986). *Unternehmensgrundsätze: Empirische Erhebungen und praktische Erfahrungsberichte zur Konzeption, Einrichtung und Wirkungsweise eines modernen Führungsinstrumentes.* Zürich: Verlag Industrielle Organisation.

Herbst, D. (2003). *Corporate Identity.* Berlin: Cornelsen.

Kienbaum (2006). *Leitbild und Leitlinien – Eine Informationsunterlage.* Gummersbach.

Kiessling, W. F. & Spannagl, P. (2000). *Corporate Identity: Unternehmensleitbild – Organisationskultur.* Augsburg: ZIEL.

Sackmann, S. (2004). *Erfolgsfaktor Unternehmenskultur.* Gütersloh: Bertelsmann Stiftung.

Sackmann, S. (2006). *Assessment, Evaluation, Improvement: Sucess through corporate culture.* Gütersloh: Bertelsmann Stiftung.

van der Post, W. Z., de Coning, T. J. & Smit, E. (1998). The Relationship between Organizational Culture and Financial Performance: Some South African Evidence. *South African Journal of Business Management, 29*(1), 30–41.

Wunderer, R. & Klimecki, R. (1990). *Führungsleitbilder: Grundsätze für Führung und Zusammenarbeit in deutschen Unternehmen.* Stuttgart: Metzler.

Kapitel 3

Erfolgskritische Fragen der Personalentwicklung

Wie überzeugen? Zum Umgang mit Auftraggebern von PE-Projekten

Torsten Bittlingmaier

Keine Statistik der Welt gibt Auskunft darüber, wie viele inhaltlich durchdachte PE-Konzepte nicht umgesetzt werden konnten, weil es an einflussreichen Auftraggebern und Unterstützern mangelte. Andererseits lässt sich erahnen, dass eine Vielzahl von PE-Projekten zweifelhafter Güte von entsprechend mächtigen Personen durchgesetzt werden konnte. Es scheint also, als sei der Umgang mit Auftraggebern nicht nur Erfolgsfaktor, sondern sogar Vorraussetzung für ein erfolgreiches PE-Projekt. Diesem Thema ist das folgende Kapitel gewidmet. Grundsätzlich sind zwei Ausgangssituationen in der Praxis relevant:

- Fertiges Konzept sucht Auftraggeber oder
- Ein Auftraggeber kommt – und der Personalentwickler muss mit seinen Ideen klarkommen.

1. Erfolgsfaktoren von PE-Projekten

Verwalten oder Gestalten? Den meisten Personalentwicklern fällt die Antwort auf diese Frage sicherlich leicht. Natürlich werden konzeptionelle und strategische Arbeiten präferiert – und fast immer kommt der Punkt, an dem zwar ein Konzept vorliegt, dessen Umsetzung jedoch ohne hochkarätigen Auftraggeber unmöglich erscheint. Die strukturierte Suche nach Auftraggebern, Sponsoren und Prozesstreibern in Verbindung mit den zu erwartenden Widerständen erscheint zunächst aufwändig, doch macht sich dieser Aufwand im Laufe eines jeden PE-Projektes bezahlt.

Als Auftraggeber wird nachfolgend eine Person bezeichnet, die mit dem PEler konkret Zielsetzungen für das Projekt bespricht. Sponsoren in diesem Verständnis sind diejenigen, die zu einer aktiven Unterstützung materieller oder ideeller Natur bereit sind. Unter Prozesstreibern sollen Personen verstanden werden, die sich operativ für das Vorankommen des Projektes engagieren.

Die Landkarte der Interessen

Angenommen, das Grobkonzept für ein PE-Thema steht. Welche Auswirkungen auf Organisation, Interessengruppen oder Einzelpersonen sind durch dessen Umsetzung zu erwarten? Wie werden diese Organisationen, Gruppen bzw. Personen reagieren? Die Analyse der Beteiligten und der im Projektumfeld zu erwartenden Reaktionen – d. h. das Erstellen einer „Landkarte der Interessenslagen" – ist in der Phase vor Erlangung eines konkreten Auftrages von großer Bedeutung. Und trotzdem wird eine entsprechende Analyse nur bei einem Bruchteil aller Projekte durchgeführt. PE Projekte sind Veränderungsprojekte, nehmen Einfluss auf bestehende Strukturen und Hierarchien, formelle wie informelle; sie werden zu Chance oder Bedrohung. Eine gründliche Analyse ist für eine seriöse Abschätzung der Projektergebnisse und ihrer Nachwirkungen unabdingbar, und jeder Auftraggeber sollte sie einfordern.

Aus dieser Analyse lassen sich Schlüsse ziehen über zu erwartende Widerstände einerseits und über mögliche Sponsoren, Treiber oder gar Auftraggeber andererseits. Hierbei sind Bedeutung bzw. Einfluss der Personen/Organisationen natürlich zu berücksichtigen und entsprechend zu gewichten. Die nachfolgend dargestellte Matrix liefert eine grobe Strukturierung (vgl. Abbildung 1). Sie clustert die verschiedenen Personen/Organisationen einerseits nach Ihrer – durch den Projektleiter einzuschätzenden – Bereitschaft, das Projekt zu unterstützen, andererseits nach Ihrem Einfluss im Projektumfeld bzw. Unternehmen.

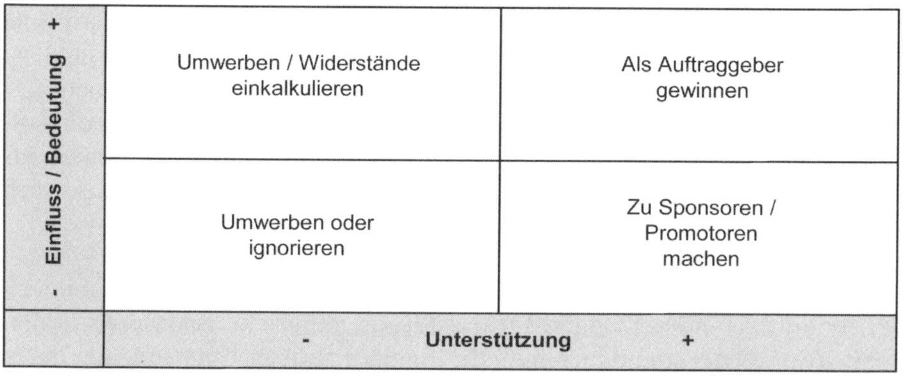

Einfluss / Bedeutung		
+	Umwerben / Widerstände einkalkulieren	Als Auftraggeber gewinnen
-	Umwerben oder ignorieren	Zu Sponsoren / Promotoren machen
	- Unterstützung +	

Abb. 1. Clusterung der PE-relevanten Personen/Organisationen

Verankerung in der Strategie

Im Idealfall – und eigentlich sollte dies zum Normalfall werden – leiten sich aus der Unternehmens- bzw. Personalstrategie Handlungsfelder für PE-Projekte ab. Die entstehenden Projekte legitimieren sich daher aus der Strategie und ihr Beitrag zum Unternehmenserfolg ist offensichtlich. Oftmals erübrigt sich dabei die Suche nach einem Auftraggeber, da den Strategiefeldern ein Verantwortlicher aus dem Top Management zugeordnet ist. Sofern dieser idealtypische Zustand nicht gegeben ist, sollte es in vielen Fällen trotzdem gelingen, die Projektideen bereits vorhandenen Strategiefeldern zuzuordnen und sie auf diesem Wege bei Personen zu platzieren, die für diese Strategiefelder Verantwortung tragen. Jedem Auftraggeber wird der Nutzen eines strategischen Projektportfolios schnell ersichtlich – und der Projektverantwortliche kann erkennen, welcher Stellenwert im Sinne eines Beitrages zur Umsetzung der Unternehmensstrategie seinem Projekt beigemessen wird.

Den Nutzen sichtbar machen

Eine gründliche Analyse der zu erwartenden Auswirkungen eines Projektes führt zu den Profiteuren von PE-Projekten. Unter ihnen müssen Sponsoren gefunden werden, die das Projekt unterstützen: mit Ressourcen oder aber, indem Sie als Meinungsbildner das Vorhaben positiv begleiten. Die gleiche Aufmerksamkeit sollte von Beginn an aber auch denen geschenkt werden, die nicht in hohem Maße davon profitieren – und sich daher möglicherweise dadurch benachteiligt fühlen.

Attraktivität durch Exklusivität

Die Attraktivität eines Projektes lässt sich in vielen Fällen durch eine gewisse Exklusivität steigern. So finden sich in den Qualifizierungsprogrammen vieler DAX-Unternehmen immer wieder Bausteine, die ausschließlich bestimmten Personengruppen offen stehen. Und je seltener sie stattfinden, desto begehrter sind naturgemäß die Plätze. So steigt die Bereitschaft, sich einem Assessment Center, einem Audit oder einer Potenzialeinschätzung zu unterziehen mit der Aussicht, bei erfolgreicher Teilnahme bestimmte Vergünstigungen, Bevorzugungen oder Statussymbole zu erhalten. Beispielhaft seien Beförderungen oder die Teilnahme an besonders hochwertigen Seminaren genannt.

Das Zeitfenster nutzen

Viele Projekte haben ein Zeitfenster, in dessen Rahmen die Umsetzung möglich ist. Dieses Zeitfenster gilt es zu erkennen und zu nutzen, bevor es sich wieder schließt. Die Durchführung einer strukturierten und wissenschaftlich fundierten Mitarbeiterbefragung bei der MAN Nutzfahrzeuge AG im Jahre 2004 am Standort München für etwa 7.500 gewerbliche und angestellte Arbeitnehmer war nur deshalb möglich, weil der Vorstandsvorsitzende forderte, das Commitment der Mitarbeiter „zu messen wie die Qualität unserer Fahrzeuge". Nur durch ihn als Treiber und nur für einen kurzen Zeitraum war das Einführen einer derart umfangreichen Befragung möglich. Durch schnelles und unkompliziertes Handeln aller Beteiligten, d. h. der Personalabteilung, des Betriebsrates sowie der wissenschaftlichen Begleiter, konnte das Projekt sehr schnell und erfolgreich durchgeführt werden. Bereits wenige Monate später wäre dies wahrscheinlich nicht mehr möglich gewesen, da andere Themen die Aufmerksamkeit des Vorstandes stärker in Anspruch nahmen. Durch die professionelle Durchführung zum richtigen Zeitpunkt und die – für alle Beteiligten erkennbar im Zusammenhang damit – eingeleiteten Verbesserungsmaßnahmen ist die Mitarbeiterbefragung mittlerweile als Führungsinstrument und fester Bestandteil eines kontinuierlichen Verbesserungsprozesses etabliert.

2. Umgang mit Auftraggebern und ihren Vorstellungen

Nicht immer erfordert ein PE-Projekt die Suche nach einem Auftraggeber – manchmal kommt ein Mitglied des Top-Managements mit sehr konkreten Vorstellungen und erwartet deren Umsetzung. Es gilt dann, schnell ein Gefühl für die tatsächliche Realisierbarkeit zu entwickeln, da sonst Enttäuschungen vorprogrammiert sind. Insbesondere bei Aufträgen von Mitgliedern des Vorstandes ist ein klares „Nein" nicht leicht – gerade wenn das Thema eigentlich ein fruchtbares ist. Die Gefahr, als „Bedenkenträger" oder „Blockierer" eingestuft zu werden und somit künftig bei anspruchsvollen Themen nicht einbezogen zu werden, darf nicht unterschätzt werden. Trotzdem ist es sinnvoll, den Auftraggeber mit der nötigen Klarheit auf Risiken und zu erwartende Folgewirkungen hinzuweisen, diese gegebenenfalls zu dokumentieren und die eigenen Bedingungen für ein Engagement deutlich zu machen.

Zielsetzungen klären

Für jedes PE-Projekt sollten eine Zielvereinbarung geschlossen und Meilensteine festgelegt werden. Die Erfahrung zeigt: Auch für scheinbar „weiche" Themen lassen sich zumeist messbare Ziele vereinbaren. Sehr leicht lässt man sich allerdings verleiten, seine Ziele zu hoch zu stecken: PE-Themen sind oft kulturelle Themen und daher von mittel- bis langfristiger Wirkung. Dies verlangt eine aktive und systematische Ermittlung der Anforderungen des Auftraggebers und die Ableitung entsprechender Meilensteine für den Projektverlauf. Bei längerfristigen Projekten hilft die Frage: „Was soll sich in einem Jahr verändert haben?", um Klarheit über tatsächlich erreichbare und erstrebenswerte Veränderungen zu bekommen.

Die Strukturierung eines Themas sollte nach dem Grundsatz „Design follows Function" erfolgen. Häufig ist es jedoch so, dass PE-Instrumente wie Mitarbeiterbefragung oder 360°-Feedback eingeführt werden, ohne dass vorher Klarheit über die damit verbundenen Zielsetzungen hergestellt wird, getreu dem Motto „Gute Werkzeuge schaden nicht". Tun Sie aber doch! Wenn nämlich nicht Ziele definiert und erst anschließend die zu ihrer Erreichung notwendigen Instrumente und Prozesse definiert werden, dann verpufft ein Großteil der möglichen positiven Wirkung. Erinnert sei an das Pareto-Prinzip: Wenn mit einem kleinen Teil des Aufwandes ein großer Teil der Wirkung erzielt werden kann, kann von einem guten Ergebnis gesprochen werden. Der Grenznutzen für jeden Mehraufwand wird ab einem bestimmten Punkt immer geringer. Beispielhaft sei die Einführung einer Mitarbeiterbefragung genannt und insbesondere der Umgang mit den Ergebnissen. Wer erwartet, dass bei einer ersten Durchführung alle Mitarbeiter teilnehmen, alle Vorgesetzten ihre Ergebnisse perfekt kommunizieren und Veränderungen initiieren, alle Ergebnisse auch in Verbesserungen münden – der irrt. Es kommt vielmehr darauf an, den ersten Schritt in die richtige Richtung zu tun. Dies dem Auftraggeber zu vermitteln, ist nicht immer einfach.

Quick Win statt quick and dirty

Im vorherigen Abschnitt waren Zielsetzungen und Meilensteine das Thema. PE-Projekte verlangen nach einer sorgfältigen Betrachtung ihrer möglichen Auswirkungen und eventuell nach einer schrittweisen Etablierung einzelner Bausteine. So genannte Quick Wins versprechen kurzfristig erzielbare Erfolge mit relativ geringem Aufwand. Sofern sich solche Quick Wins für ein Projekt definieren lassen und gleichzeitig das Risiko, sich zu verzetteln, ausgeschlossen werden kann, dann helfen diese Quick Wins dabei, dem Auftraggeber „ein gutes Gefühl" für sein Projekt zu vermitteln. Auch hier ist das Abschätzen der Folgewirkungen wichtig: Dient ein kurzfristig zu realisierendes Ergebnis der Vorbereitung und Einleitung weiterer Schritte, oder werden durch schnelles, aber wenig durchdachtes Vorgehen unter Umständen Fakten geschaffen, die dem PEler im Sinne des Gesamterfolges eher Schwierigkeiten bereiten werden („quick and dirty"). Gute Quick Wins verbinden den kurzfristigen Nutzen für den möglicherweise ungeduldigen Auftraggeber mit der Sicherung des langfristigen Projekterfolges.

Bei MAN sollten beispielsweise zur Verbesserung der Führungsqualität Assessment Center einer jeden Beförderung vorgeschaltet werden. Die Einführung eines AC „aus dem Stand" hätte jedoch erhebliche Widerstände bei den Führungskräften ausgelöst; eine entsprechende Kultur, interne Kandidaten für bestimmte Positionen über ein AC zu selektieren, war kulturell nicht akzeptiert. Es wurde daher ein Konzept erarbeitet, das eine schrittweise Einführung eines Assessment Centers als mittelfristige Zielsetzung vorsah. Als Quick Win wurde ein Orientierungscenter (Development Center) für Nachwuchskräfte aufgebaut. Auf diese Weise wurde die AC-Methodik „sanft" eingeführt, und Führungskräfte, die als Beobachter ausgebildet wurden, konnten – ebenso wie die Teilnehmer – positive Erfahrungen mit dem Instrument sammeln. Bereits ein Jahr später konnten nun auch die gewünschten Assessment Center durchgeführt werden, da sowohl mit der Methodik als auch mit dem durchführenden Institut positive Erfahrungen bei Entscheidungsträgern und Meinungsbildnern vorlagen.

Den Auftraggeber erfolgreich machen

Bei allen Aktivitäten rund um das PE-Projekt muss das Interesse des Auftraggebers im Vordergrund stehen; Personalentwicklung darf nicht zum Selbstzweck betrieben werden oder gar zur Rechtfertigung der Daseinsberechtigung der PE-Abteilung verkommen. Sie dient wirtschaftlichen und sozialen Interessen, denen Priorität einzuräumen ist. Erfolge sind in erster Linie als Erfolge des Auftraggebers darzustellen; dies außer Acht zu lassen, kann zu gefährlichen Spannungen zwischen Auftraggeber und Projektteam führen. Vorraussetzung ist, dass der Projektverantwortliche ein klares Verständnis dafür entwickelt, was dem Auftraggeber wichtig ist, und dass er das Vorgehen im Projekt an den Prioritäten des Auftraggebers orientiert.

Unabdingbar für den Erfolg eines PE-Projektes ist das gezielte Marketing in Abstimmung mit dem Auftraggeber. Frei nach Platon: „Nicht Taten bewegen Menschen, sondern die Worte über Taten". Eine Kommunikationsstrategie nutzt die vorhandenen firmeninternen Medien wie Intranet, Mitarbeiterzeitschrift, Business TV oder ähnliches; je nach Bedeutung des Projektes empfiehlt sich ein regelmäßiger Newsletter. Es kommt darauf an, eine gute Balance zu finden: einerseits den Nutzen aus dem Standing des Auftraggeber zu ziehen, andererseits dem Auftraggeber selbst zu nutzen. Dies gelingt sehr häufig mittels gut formulierter Anschreiben, Vorwörter oder Interviews mit dem Auftraggeber. Um es auf den Punkt zu bringen: Die Bereitschaft des Auftraggebers, sich persönlich für ein Projekt zu engagieren, korreliert in hohem Maße mit seiner Zufriedenheit mit dem Projektverlauf. Und das persönliche Engagement einer bedeutenden Führungskraft erhöht die Aufmerksamkeit für das Projekt und seine Erfolgswahrscheinlichkeit gleichermaßen.

Die MAN Nutzfahrzeuge AG verfügt über ein Kommunikationsmedium, das diese Erkenntnisse in hohem Maße nutzt. Auf so genannten „Infomessen", die etwa drei bis vier Mal pro Jahr stattfinden, berichten Mitglieder des Vorstandes über die Lage des Unternehmens sowie wichtige strategische Projekte. Im Anschluss erläutern Projektleiter ihre Arbeit, geben Auskunft zu Zielsetzungen und Status Ihrer Projekte. Diese Infomessen bieten somit eine Gelegenheit für Auftraggeber und Projektleiter, sich zu präsentieren und darüber hinaus eine gute Plattform, um ein ungeschminktes Feedback der Mitarbeiter und Führungskräfte abzufragen.

Mit Transparenz einen Markt schaffen

PE Projekte betreffen meist eine größere Anzahl von Personen: Beispielhaft kann man sich hier die Einführung von Mitarbeitergesprächen, Potenzialanalysen oder neuer Qualifizierungsmaßnahmen vorstellen. Es lohnt sich, die Gruppe der vom Thema Betroffenen zu nutzen und den Auftraggeber davon zu überzeugen, dass das Schaffen von Transparenz bezüglich der geplanten Aktivitäten und der zu erwartenden Entwicklungen eine breite Basis schafft, die das Vorhaben trägt. Mehrere positive Effekte sind hierdurch zu erwarten:

- Mitarbeiter, die von der Maßnahme profitieren, fordern Sie ein,
- es entsteht „positiver Druck von unten",
- die Führungskräfte werden professioneller,

- das „Verstecken" oder „Deckeln" guter Mitarbeiter funktioniert nicht mehr.

Entscheidend für das reibungslose Zusammenspiel mit dem Auftraggeber ist das Antizipieren der möglichen „Nebenwirkungen". Als bei der MAN Nutzfahrzeuge AG ein neuer Prozess zur Potenzialanalyse eingeführt werden sollte, wurden zunächst die bisher geheimen Namenslisten besonders förderungswürdiger Potenzialkandidaten transparent gemacht, indem die dort genannten Mitarbeiter sowie ihre Führungskräfte anschrieben wurden. Darin teilte man ihnen mit, dass sie als Potenzialkandidaten das Recht auf einen individuellen Entwicklungsplan sowie Zugang zu bestimmten Fördermaßnahmen haben. Die Aufraggeber waren zuvor bereits auf die heftigen Rückmeldungen hingewiesen worden, die sich auch prompt wie hier beispielhaft dargestellt zeigten:

> *Führungskraft*: „Sie werden doch nicht wirklich Herrn XY auf dieser Liste belassen wollen!".
> *Personalentwickler*: „Warum? Den haben Sie doch benannt".
> *Führungskraft*: „Aber so war das doch nicht gemeint".
> *Personalentwickler*: „Wie war es denn gemeint?".
> *Führungskraft*: „Ja nur so, wir mussten doch einen benennen."

Als Fazit dieser Begebenheit lässt sich heute feststellen, dass mehr Klarheit und Ehrlichkeit in der Thematik entstand. Während einerseits Führungskräfte ihre Mitarbeiter von der Liste nahmen, weil sie ihnen in Wirklichkeit keine weiterführenden Potenziale zubilligten, kamen andere und nannten zusätzliche Namen, weil sie merkten, dass nun tatsächlich etwas für die Nachwuchskräfte getan werden sollte. Gleichzeitig entstand Druck auf die Führungskräfte: Mitarbeiter forderten das Erarbeiten eines persönlichen Entwicklungsplanes ein. Andere, die nicht als Potenzialkandidaten eingestuft wurden, verlangten von ihren Führungskräften eine Begründung für die Nicht-Berücksichtigung. Beides führte dazu, dass sich die Führungskräfte viel intensiver mit ihren Mitarbeitern auseinander setzen mussten, als sie es bisher getan hatten. Als in einem weiteren Schritt eine neue Systematik zur strukturierten Potenzialanalyse erarbeitet wurde, lag der Nutzen für die Führungskräfte eindeutig auf der Hand: Die neue Vorgehensweise konnte fast ohne Widerstände eingeführt werden. Der Auftraggeber ist bis zum heutigen Tag sehr zufrieden mit dem Prozess und seinen Ergebnissen.

Regelmäßiges Reporting

Gleich zu Beginn des Projektes empfiehlt es sich, in Abhängigkeit von vereinbarten Meilensteinen und Projektzielen ein regelmäßiges Reporting sowie dessen wesentliche Inhalte und die passenden Zeitpunkte zu verabreden. Gute Erfahrungen wurden bislang mit so genannten Projektgesprächen gemacht, in denen dem Auftraggeber in strukturierter Form der Stand des Projektes erläutert und das weitere Vorgehen abgestimmt wird. In diesen Gesprächen wurde darüber hinaus regelmäßig beraten, bei welchen Gelegenheiten Präsentationen zum Projektstatus stattfinden sollten. So wurden Vorstandssitzungen, Abteilungsbesprechungen oder besondere Gelegenheiten wie die bereits beschriebenen Infomessen benutzt, um Meinungsbildung bezüglich des Projektes zu betreiben und die Aufmerksamkeit dafür hoch zu halten. Wie strukturiert auch immer der Prozess gestaltet ist: Das Erreichen verabredeter Meilensteine kann das informelle Gespräch, die aktive Beziehungspflege und den Aufbau eines Vertrauensverhältnisses mit dem Auftraggeber nicht ersetzen.

Klares Projektende vereinbaren

Viele PE-Projekte leben nach ihrem Ende weiter: Sie werden zur Linienaufgabe. Der Punkt der Übergabe sollte genau definiert sein, um „Reklamationen" oder endlose Nacharbeiten auszuschließen und Verantwortlichkeiten eindeutig festzulegen. Sofern – wie zuvor bereits empfohlen – für das Projekt Meilensteine und klare Zielsetzungen vereinbart wurden, sollte sich auch das Erreichen dieser Zeile eindeutig feststellen lassen. Für den Projektverantwortlichen ist dann der Zeitpunkt erreicht, die Entlastung durch den Auftraggeber feststellen zu lassen. Oft wird die Wertigkeit eines Projekt-Reviews gemeinsam mit dem Auftraggeber unterschätzt. Der Aufwand, den Projektverlauf insgesamt zu analysieren und zu dokumentieren, ist vielfach geringer als zunächst erwartet. Erfahrungsgemäß können gute Projektdokumentationen noch vielfach zum Einsatz kommen: als Nachweis erfolgreich abgeschlossener Projekte, bei der Gewinnung neuer Aufträge oder als Fundus für Präsentationen und Vorträge zu PE-Themen. Es ist übrigens ein gutes Gefühl, dem Auftraggeber zum Abschluss sein Werk als gebundenes Dokument auch physisch zu übergeben.

3. Neue Auftraggeber gewinnen

Bei vielen mittel- oder langfristigen Projekten besteht die Chance, im Verlauf neue Auftraggeber für Anschlussprojekte zu gewinnen. Dabei kann man sich natürlich auf Zufälle verlassen, oder aber entsprechende Gelegenheiten geplant schaffen. Beispielhaft kann hier die Einführung von Development Centern (DC) und Assessment Centern (AC) zur internen Besetzung von Führungspositionen bei der MAN Nutzfahrzeuge AG genannt werden. Die Entwicklung des DC ist auf eine Initiative der PE-Abteilung zurückzuführen. Ihm liegt die klassische AC-Methodik zu Grunde, Zielsetzung ist jedoch nicht Selektion, sondern Feedback und Entwicklungsplanung. Ein internes Auswahl-AC einzuführen, wäre zu diesem Zeitpunkt mit Hinblick auf die Unternehmenskultur nicht durchsetzbar gewesen. Durch Einbindung von hochkarätigen Führungskräften bis zur Vorstandsebene bei der Entwicklung des DC konnten Auftraggeber und Sponsoren gewonnen werden. Als Beobachter wurden Führungskräfte ausgewählt und ausgebildet, die – wenn auch nach anfänglicher Skepsis – den Wert des Instruments zu schätzen lernten. Es dauerte nicht lange, bis diese Führungskräfte darum baten, ihre eigenen Mitarbeiter in ein DC hinein zu nehmen. Sie waren zu neuen Auftraggebern geworden. Die positiven Rückmeldungen der Teilnehmer sowie der als Beobachter eingesetzten Führungskräfte führten bereits ein Jahr später zu der Forderung von Seiten des Vorstandes, eine entsprechende Methodik auch bei der Besetzung von Führungspositionen anzuwenden. Was ein Jahr zuvor noch als undenkbar war, wurde so Realität: ein Auftrag des Vorstandes zur Entwicklung und Durchführung von ACs sowie eine breite Akzeptanz hierfür bei den Führungskräften.

4. Fazit

Nachfolgend sind prägnant die wichtigsten Fragen zusammengefasst, die beim Umgang mit dem Auftraggeber von PE-Projekten beachtet werden sollten.

- Wer profitiert/wer verliert bei diesem Projekt?
- Welche kurz-/mittel-/langfristigen Wirkungen erzielt das Projekt?
- Wer kommt als Auftraggeber in Frage?
- Wer unterstützt das Projekt aktiv?
- Mit welchen Widerständen ist zu rechnen?

- Besteht Einigkeit und Klarheit mit dem Auftraggeber bezüglich der Ziele? Sind Meilensteine des Projekts sowie eindeutig messbare Kennzahlen/Ziele vereinbart?
- Wurde eine Kommunikationsstrategie erarbeitet?
- Welche Medien lassen sich für das Projekt nutzen
- Wer kommt als Auftraggeber für künftige Projekte in Frage?
- Wird eine Entlastung am Projektende erteilt?
- Wird ein Projekt-Review mit dem Auftraggeber durchgeführt?
- Wird eine Projektdokumentation inklusive „Lessons Learned" erstellt?

Literatur

Neuberger, O. (1995). *Mikropolitik. Der alltägliche Aufbau und Einsatz von Macht in Organisationen.* Stuttgart: Enke.

Malik, F. (2005). *Führen, Leisten, Leben. Wirksames Management für eine neue Zeit.* München: Heyne.

Wie verhalten? PE unter veränderten Rahmenbedingungen

Carsten Teschner & Antje Eidel

In Zeiten von drastischen Veränderungsprozessen der Unternehmen ist die – teilweise auch umfangreiche – Beschneidung von Personalentwicklungsbudgets eine einfache und schnell umsetzbare Maßnahme. Insbesondere Controller bzw. die kaufmännischen Bereiche, die die Weiterbildungs- und Entwicklungsmaßnahmen eher als Incentive einstufen, kommen schnell auf die Idee, diese – vermeintlich ohne direkte Auswirkungen auf das operative Geschäft – zu kürzen oder gar zu streichen. Dabei werden oftmals die Angebotsbreite von Entwicklungs- und Schulungsmaßnahmen sowie die mittel- bis längerfristige Wirkung mangelnder Personalentwicklung unterschätzt bzw. gar nicht wahrgenommen. „Human Resources" als wichtiges Kapital des Unternehmens bleibt ein Lippenbekenntnis. So schätzen laut Studie „Best Practice in Management Development" von USP Consulting z. B. mehr als die Hälfte der deutschen Manager die Entwicklung von Managementnachwuchs als wesentlich ein – tatsächlich verfügen aber weniger als 12% der Unternehmen über eine effiziente Nachfolgeplanung.

In diesem Zusammenhang ist auch zu fragen, wie bei abnehmender Qualität der Bildungssysteme und geburtenschwachen Jahrgängen der Nachwuchs zukünftig noch zu sichern ist. Airbus rekrutiert seine Ingenieure bereits heute weltweit – ob diese Vorgehensweise sich jedoch für alle Aufgabenbereiche eignet, ist fraglich. Ferner entstehen erhebliche zusätzliche Gewinnungskosten. Unternehmen werden also verstärkt aufgefordert sein, vorhandene Mitarbeiter weiterzubilden und durch gezielte Personalentwicklung an das Unternehmen zu binden, um beim „War of Talents" nicht zu horrenden Kosten rekrutieren zu müssen.

Allerdings sind nicht nur die mittel- bis langfristigen Möglichkeiten der Personalentwicklung zu betrachten. In schwierigen Unternehmenssituationen können insbesondere auch kurzfristig angelegte Maßnahmen helfen, die erfolgskritischen Aufgaben schnell und kostengünstig zu meistern. Gerade in Krisen werden erhöhte Anforderungen an Management und Mitarbeiter gestellt. In diesen Situationen sollen Perspektiven, Notwendigkeiten und erfolgskritische Pfade offen und mit Einfühlungsvermögen kommuniziert werden. Die Stimmung im Unternehmen ist entscheidend für die erfolgreiche Vermittlung von Changeprozessen.

Die Personalentwicklung kann hier entscheidende Impulse und Ansätze liefern, um solche Anforderungen zentral und zeitnah zu steuern. Neue und kreative Ansätze stehen hier insbesondere auch dann im Fokus, wenn kaum PE-Budget vorhanden ist. Letztlich sollte sich auch die Frage gestellt werden, welche Kosten sich vermeiden lassen, wenn neue und alte Herausforderungen aktiv von der Personalentwicklung begleitet werden.

Nicht zuletzt ist es auch in schwierigen Zeiten notwendig, die Glaubwürdigkeit einer Unternehmenskultur zu bewahren, um langfristigen Schaden vom Unternehmen fern zu halten. Messbare Folgen einer pauschalen und unüberlegten bzw. unprofessionellen Budgetkürzung sind hinreichend bekannt. So werden z. B. Unruhen im Markt als eine mögliche Folge der Kürzungen diskutiert. Es gäbe Verunsicherungen am Markt über die Positionierung und Schlagkraft des Unternehmens, die klare Positionierung weiche auf und Wettbewerbsvorteile schwänden. Gleichfalls entstehe eine Unruhe im Haus selbst, mit der Folge, dass die Produktivität des einzelnen Mitarbeiters sinke und Motivation, Engagement und Moral leiden können. Schlimmstenfalls könne es sogar zu einem unbeabsichtigten Abgang von Leistungsträgern kommen: „Die Guten gehen zuerst" durch Verluste an Vertrauen und Perspektive ins eigene Unternehmen. Schlussendlich würde die Personal-Akquisition schwieriger werden, da HighPotenzials sehr genau auf die Personalentwicklungsmöglichkeiten und das Image eines Unternehmens schauen würden. Somit beinhaltet die unreflektierte Kürzung von Entwicklungsmaßnahmen Glaubwürdigkeitsrisiken, die das Commitment und die Bindung von Mitarbeitern ans Unternehmen beschädigen kann.

In Zeiten, in denen kaum ein Unternehmen Arbeitsplätze garantieren kann, ist es umso wichtiger, die eigenen Mitarbeiter wettbewerbs- und marktfähig zu halten. Dies kommt sowohl der Leistungsfähigkeit des Unternehmens entgegen als auch den Handlungsoptionen des Mitarbeiters. Das Risiko mit einer solchen Policy auch den ein oder anderen Knowhow-Träger an den Markt zu verlieren, erscheint bei den im Übrigen entstehenden kurz-, mittel- und langfristigen Vorteilen vergleichsweise gering. Insgesamt werden die Vorteile für beide Seiten die Nachteile deutlich übersteigen.

Die Personalentwicklung in Zeiten großer unternehmerischer Veränderungen mit äußerst geringen Spielräumen und großem Erfolgsdruck – von Fusion und Restrukturierungen über Insolvenz bis zum Börsengang – soll im Folgendem anhand des Beispiels der Premiere AG dargestellt werden.

1. Personalentwicklung am Beispiel von Premiere

Premiere ist Anfang 2006 mit rund 3,5 Millionen Abonnenten das führende Unternehmen für Abonnenten-Fernsehen in Deutschland. Es ist insbesondere im Bereich Digitales Fernsehen innovativer Vorreiter und hat mit 28 Programmkanälen die neuesten Filme und den besten Sport sowie verschiedene Themenkanäle. Premiere finanziert sich überwiegend aus Abonnenteneinnahmen, so dass neben dem Programm und den Programmrechten insbesondere die Kundenbeziehung (Customer Relationship Management) sowie Marketing und Vertrieb besondere Bedeutung für das Unternehmen haben.

Premiere hat Anfang 2006 rund 1200 Mitarbeiter (vormals bis zu 2600), das durchschnittliche Alter beträgt ca. 35 Jahre, die durchschnittliche Betriebszugehörigkeit 4,5 Jahre. Der Männer- und Frauenanteil ist nahezu gleich, wobei Führungspositionen von Männern dominiert werden. Die Akademikerquote liegt bei ca. 50%. Fluktuation und Krankenquote sind mit ca. 5% bzw. ca. 2,2% sehr niedrig.

Der deutsche Fernsehmarkt ist sehr wettbewerbsintensiv, zahlreiche öffentlich rechtliche Programme sowie das reichhaltige Angebot an verschiedenen Privatsendern machen die Entwicklung des Pay TVs in Deutschland zu einer Herausforderung, die sehr schnelles Agieren unter sich ständig wechselnden Rahmenbedingungen erfordert.

Premiere hat durch mehrere Eigentümerwechsel seit 1999 viele Veränderungsprozesse durchlaufen, welche unter anderem große Anforderungen an die Personalentwicklung des Unternehmens gestellt haben. Insbesondere die zeitweise dramatische Budgetsituation sowie die sich in kurzen Zeiträumen stark veränderten Rahmenbedingungen forderten kreative, schnelle und flexible Lösungen.

Tabelle 1 zeigt die Veränderungen von Premiere in den letzten Jahren einschließlich Maßnahmen der Personalentwicklung.

Tabelle 1. Unternehmensgeschichte der Premiere AG

Zeit	Aktivität	Folgen für das Unternehmen	Maßnahmen der Personalentwicklung	PE-Budget
1999 bis 2001	Fusion DF1 & Premiere, Übernahme von Premiere durch die Kirch Gruppe	Zusammenführen zweier bis dahin konkurrierender Unternehmen, Standortwechsel, Verlust vieler Mitarbeiter, neue Organisationsstruktur	Einführung des Mitarbeiterjahresgesprächs (F&Z), Einführung vom Nachwuchsprogramm (Move) und Führungsprogrammen (Step, Lead)	Größeres Budget
2002	Insolvenz der Kirch Gruppe und der Kirch Pay TV	Wechsel der Geschäftsführung, neue Inhaber, kompletter Organisationsumbau, extrem hohe Fluktuation, kein finanzieller Spielraum, Massenentlassungen	Alle Personalentwicklungsmaßnahmen und Programme gestoppt, Entwicklungsangebote und Outplacementberatung in kompletter Eigenregie	Kein Budget
2003 bis 2004	Übernahme von Premiere durch Permira, Banken und Management	Sanierung und Restrukturierung des Unternehmens, selektiver Abbau durch Outsourcing und Konzentration auf das Kerngeschäft, Vorbereitung auf den Börsengang mit transparenter Aufbauorganisation und Prozessen	Entwicklungsoffensive für Führungskräfte und Mitarbeiter und Organisationsprojekt „Shape", Weiterentwicklung des Mitarbeiterjahresgesprächs	Mittleres Budget
2005 bis heute	Börsengang der Premiere AG	Weiterentwicklung des Unternehmens, Versuch der Schaffung einer Unternehmenskultur, Ausbau der Wettbewerbsfähigkeit	Neuentwicklung von Nachwuchs- und Führungsprogrammen mit Blick auf geänderte Markt- und Unternehmenssituation	Mittleres Budget

1.1 Personalentwicklung während und nach der Fusion von Premiere und DF1

Die Ankündigung des Managements, dass die Kirch Gruppe die Mehrheit an Premiere übernommen hat und nunmehr die Fusion der zwei deutschen Abonnenten-Fernsehsender DF1 (DF = Digitales Fernsehen, ca. 500 Mitarbeiter, Sitz München) und Premiere (ca. 1000 Mitarbeiter, Sitz Hamburg) anstehen würde, kam für die Mitarbeiter und die Personalentwicklung bei Premiere überraschend. Weder war im Vorwege die Personalentwicklung langfristig eingebunden noch war ein Fusionsszenario entwickelt worden.

Bei DF1 gab es keine eigene Personalentwicklung. Vielmehr organisierte die Personalabteilung in geringem Umfang Weiterbildung, also das Buchen von fachlich notwendigen Seminaren für einzelne Mitarbeiter. Premiere war personalentwicklungsseitig in die Aktivitäten von Bertelsmann integriert und hat in diesem Rahmen mit der zentralen Managemententwicklung von Bertelsmann in Gütersloh zusammengearbeitet. Mit der Loslösung von Bertelsmann war diese Zusammenarbeit nicht mehr praktikabel. Ferner gab es keine definierte Unternehmenskultur und damit verbunden Führungs- und Entwicklungsinstrumente bei DF1 oder der Kirch Gruppe auf die hätte zurückgegriffen werden können.

Ziel der Personalentwicklung von Premiere während der Fusion war es somit, ein neues gemeinsames Verständnis von Personalentwicklung und gemeinsame Instrumente für das neu geschaffene Unternehmen – Premiere World – zu entwickeln. Ebenfalls sehr wichtig war die schnelle Organisation von gezielten und intensiven Fachtrainings für neue Mitarbeiter und Nachwuchskräfte, um die großen Know-how-Verluste, die bei der Standortverlagerung durch Abgänge von vielen Leistungsträgern entstanden, aufzufangen. Es wurden somit verstärkt fachliche Trainings angeboten und die ersten Nachwuchsförderprogramme konzeptioniert. Das jährliche Mitarbeitergespräch wurde ebenso entwickelt, wie der eigene Intranetauftritt der Personalentwicklung zur direkten Kommunikation.

Trotz der schwierigen Umstände konnte mit diesen ersten Maßnahmen die Personalentwicklung als ein wichtiges Instrument der Personalabteilung etabliert werden. Seminare und die Unterstützung der Nachwuchskräfte waren ein deutliches Zeichen an die Mitarbeiter, dass sie trotz und gerade wegen der Fusion ein wichtiger Teil von Premiere waren. Das Mitarbeitergespräch wurde als erstes Führungsinstrument von einem großen Teil der Führungskräfte genutzt. Dennoch wurde deutlich, dass eine klare

Personalentwicklungsstrategie fehlte. Die Geschäftsführung bezog die Personalentwicklung zu wenig in Strategie und Ziele ein, so dass die Vorgehensweise der Geschäftsführung wenig mit den Maßnahmen der Personalentwicklung abgestimmt war und ein schlüssiges Gesamtkonzept, welches auch nachhaltig die Geschäftsentwicklung von Premiere unterstützen konnte, fehlte. Kaum genug zu betonen sind die kritischen Auswirkungen aufgrund der mangelnden Einbindung der Personalentwicklung während der Fusion. So gab es weder eine offene Diskussion zum Thema *Neue Kultur* noch wurden die Führungskräfte dabei unterstützt, unterschiedliche Mitarbeiter und Abteilung in neue einheitliche Bereiche zu überführen und zu integrieren. Folgen waren u. a. Überforderungen, schlechte Stimmungen, unterschiedliche Vorgehensweisen, uneinheitliche Regelungen, weiterer Know-how-Verlust und länger anhaltende hohe Fluktuation, die das kulturelle Zusammenwachsen von Premiere und DF1 behinderte.

Ziel war es daher, vor allem interne Netzwerke und die Führungskompetenz der Führungskräfte zu steigern sowie die Nachwuchskräfte zu binden, um so die Fluktuation – die zeitweise bis zu 25% betrug – zu senken. Aus diesem Grund wurden erste Mitarbeiterprogramme, angepasst auf die jeweilige Rolle, initiiert. Es wurde ein einjähriges Nachwuchsprogramm „Move" eingeführt, welches Persönlichkeits-, Projektmanagement- und Präsentationstrainings beinhaltete (vgl. Abbildung 1).

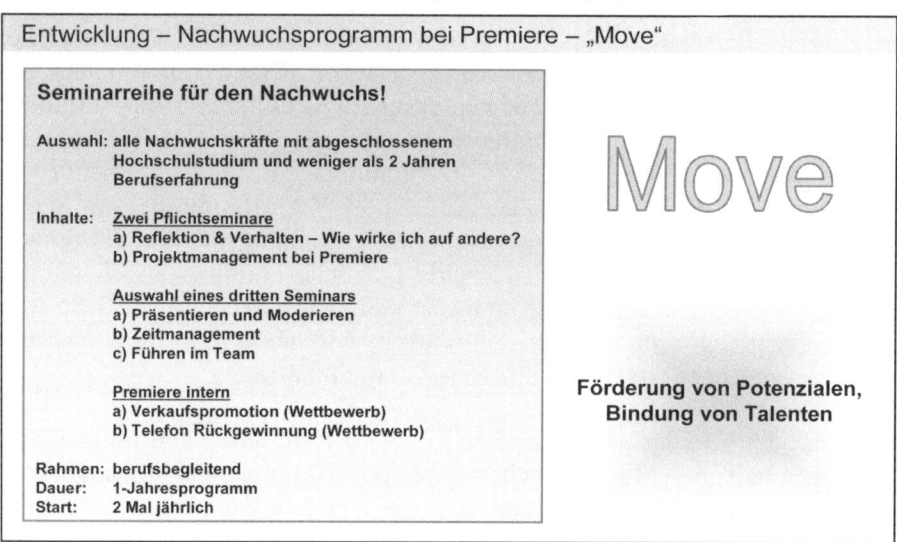

Abb. 1. Nachwuchsprogramm „Move" bei Premiere

Das Netzwerk untereinander wurde aktiv gefördert, um so das *Wir-Gefühl* wieder zu stärken. Zum ganzheitlicheren Verständnis von Premiere wurden gemeinsame Vertriebsaktionen wie z. B. die Organisation und Durchführung von Promotionveranstaltungen oder auch die Durchführung von Telefonaktionen z. B. *Rückgewinnung von Kunden* angeboten.

Aufbauend auf Move wurden die Führungskräfteprogramme Step und Lead geschaffen (vgl. Abbildungen 2a und 2b), welche neben dem Aufbau von Netzwerken der Führungskräfte im Unternehmen auch klassisches Führungswissen vermittelten. Regelmäßige Kamingespräche mit der Geschäftsführung und die Durchführung kleinerer Projekte rundeten die Führungsprogramme ab.

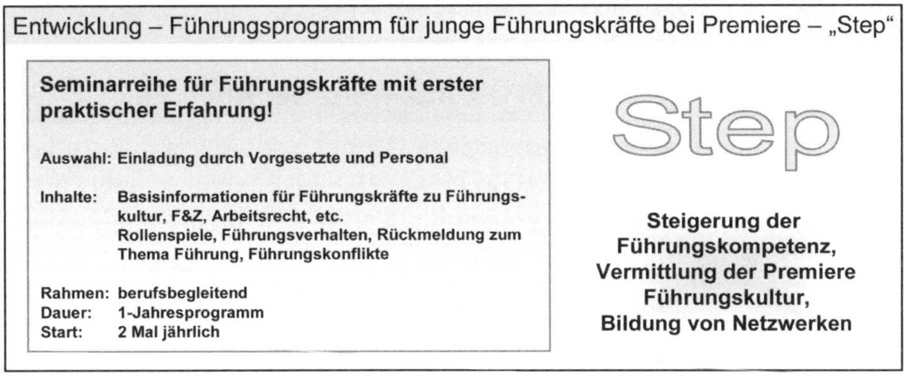

Entwicklung – Führungsprogramm für junge Führungskräfte bei Premiere – „Step"

Seminarreihe für Führungskräfte mit erster praktischer Erfahrung!

Auswahl: Einladung durch Vorgesetzte und Personal

Inhalte: Basisinformationen für Führungskräfte zu Führungskultur, F&Z, Arbeitsrecht, etc.
Rollenspiele, Führungsverhalten, Rückmeldung zum Thema Führung, Führungskonflikte

Rahmen: berufsbegleitend
Dauer: 1-Jahresprogramm
Start: 2 Mal jährlich

Steigerung der Führungskompetenz, Vermittlung der Premiere Führungskultur, Bildung von Netzwerken

Abb. 2a. Führungsprogramm „Step" bei Premiere

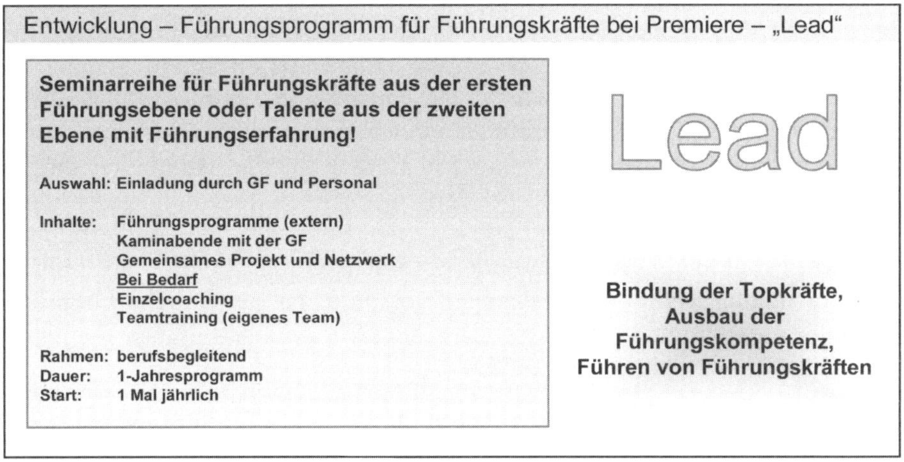

Entwicklung – Führungsprogramm für Führungskräfte bei Premiere – „Lead"

Seminarreihe für Führungskräfte aus der ersten Führungsebene oder Talente aus der zweiten Ebene mit Führungserfahrung!

Auswahl: Einladung durch GF und Personal

Inhalte: Führungsprogramme (extern)
Kaminabende mit der GF
Gemeinsames Projekt und Netzwerk
Bei Bedarf
Einzelcoaching
Teamtraining (eigenes Team)

Rahmen: berufsbegleitend
Dauer: 1-Jahresprogramm
Start: 1 Mal jährlich

Bindung der Topkräfte, Ausbau der Führungskompetenz, Führen von Führungskräften

Abb. 2b. Führungsprogramm „Lead" bei Premiere

Die Fluktuationsrate sank, die Zufriedenheit der Mitarbeiter mit Mitarbeiterprogrammen schaffte die gewünschten Bindungswirkungen und die Zufriedenheit mit den Entwicklungsmaßnahmen steigerte sich deutlich. Auch stieg mit diesen Programmen die Akzeptanz der Personalentwicklung im Unternehmen, so dass ein stärkeres Einbinden der Personalentwicklung durch die Führungskräfte erkennbar war.

Insgesamt fehlte der Personalentwicklung jedoch ein ganzheitliches, aufeinander aufbauendes Konzept. Entwicklungsmaßnahmen wurden überwiegend pauschal nach Mitarbeitergruppen durchgeführt. Es fehlte die Nachhaltigkeit der Maßnahmen. Ebenso fehlten eine konsequente Analyse der Stärken und Schwächen der einzelnen Führungskräfte sowie ein individuelles Feedback zu deren Entwicklungsstand.

1.2 Personalentwicklung in der Insolvenz der Kirch Pay TV

2002 war nicht nur für Premiere ein kritisches Jahr. Die deutsche, aber auch die Weltwirtschaft erlitt empfindliche Einbrüche insbesondere im Bereich der neuen und alten Medien. Die Kirch Gruppe, zu der Premiere gehörte, musste Insolvenz anmelden, ebenso auch die Holding der Premiere „Kirch Pay TV". Innerhalb weniger Tage wurden sämtliche Budgets eingefroren und ein Insolvenzverwalter übernahm die Verantwortung für die Holding Kirch Pay TV.

Große Restrukturierungs- und Abbaumaßnahmen standen bevor. Die Personalentwicklung konnte aufgrund nicht vorhandener finanzieller Mittel nur auf die eigenen Ressourcen zurückgreifen, um die Folgen der Insolvenz für das Unternehmen und für die Mitarbeiter erträglich zu machen. Abbaumaßnahmen wurden daher durch hausinterne Seminare für die Mitarbeiter begleitet (z. B. Bewerbungsmappen erstellen, Bewerbungsgespräche simulieren). Zudem wurde ein Job Center für die Mitarbeiter eingerichtet. Führungskräfte wurden bei den anstehenden Trennungsgesprächen begleitet und unterstützt. Sämtliche externen Seminare oder Weiterbildungen sowie das etablierte Mitarbeitergespräch wurden erstmal ausgesetzt. Die Personalentwicklung hat dagegen verstärkt das persönliche Gespräch mit Führungskräften gesucht und hausinterne Führungstrainings für junge bzw. neue Führungskräfte eingeführt.

Dieses aktive Vorgehen in einer Zeit der Erstarrung und Lähmung führte dazu, dass die Personalentwicklung frühzeitig in die Planung neuer Organisationsstrukturen eingebunden wurde. Die eigenen Seminare der Personalentwicklung schafften Vertrauen der Mitarbeiter in Premiere als Unternehmen, das sich trotz wirtschaftlicher Notsituation „kümmert". Regelmäßige persönliche Gespräche sowie eine intensive Kommunikation der Geschäftsführung, die auch persönliche Anschreiben an gekündigte Mitarbeiter beinhaltete, machten den gesamten Prozess aktiv steuerbar. Arbeitsgerichtliche Prozesse waren aus diesem Grund die Ausnahme bei Premiere und beschränkten sich auf wenige Einzelfälle. Auch die (ungewollte) Fluktuation nahm in dieser Zeit kaum zu.

1.3 Personalentwicklung in der Neuorientierung und Vorbereitung auf den Börsengang

Anfang 2002 hat Georg Kofler die Geschäftsführung von Premiere übernommen. Neuer Eigentümer im Rahmen der Neuausrichtung nach der Insolvenz wurde der Finanzinvestor Permira zusammen mit einigen Banken und dem Management. Für den Erfolg von Premiere waren umfassende Restrukturierungsmaßnahmen in allen Bereichen notwendig – auch eine weitere Reduzierung des Personals wurde Inhalt des Sanierungskonzepts.

Ziel der Personalentwicklung war es, das Unternehmen insbesondere hinsichtlich Führungskultur und Führungsfähigkeiten zu stabilisieren und somit die Themen Personalentwicklungsstrategie, Feedback- und Beratungskompetenz, Leistungstransparenz und Nachhaltigkeit zu erarbeiten. Die Personalentwicklung sollte das Umsetzungsinstrument der Unternehmensstrategie hinsichtlich personeller Notwendigkeiten werden. Der geplante Börsengang und die internationalen Anforderungen an ein börsennotiertes Unternehmen erforderten auch langfristig eine nachhaltige und strategische Personal- und Organisationsentwicklung.

Mit Blick auf diese Anforderungen wurde das zweigeteilte Projekt *Shape* mit Schwerpunkt auf die Organisationsentwicklung aufgesetzt. Weiterhin entstand die *Entwicklungsoffensive Premiere* mit Schwerpunkt auf die Bestimmung und Weiterentwicklung der Management-Fähigkeiten der insgesamt noch sehr jungen Führungsmannschaft.

Das Projekt „Shape" (vgl. abbildung 3) beinhaltete insbesondere eine Optimierung der Aufbau- und Ablauforganisation. Flache Hierarchien, Reduzierung und Klärung von Schnittstellen sowie eine Identifikation von Schlüsselpositionen sollten wichtige Ergebnisse sein. Vor dem anstehenden Börsengang sollten strukturierte Management-Ebenen geschaffen werden mit eindeutiger Titelstruktur und klaren Gehaltsbandbreiten. Um diese Ziele zu erreichen, war es für die Personalentwicklung von Premiere besonders wichtig, zunächst Klarheit über Rollen und Strukturen im Unternehmen zu schaffen. Unternehmensstrategie und -prozesse stellten die Basis dar, auf der systematisch aufgebaut wurde.

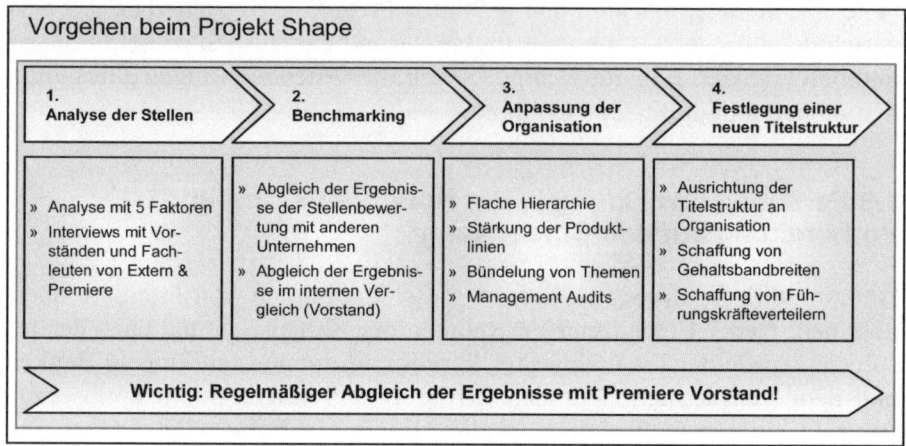

Abb. 3. Projektablauf *Shape*

Die Entwicklungsoffensive beinhaltete eine generelle Definition von Anforderungsprofilen und eine Überprüfung der fachlichen und persönlichen Eignung der ersten und zweiten Führungsebene (vgl Abbildung 4). Alle Führungskräfte nahmen an einem Entwicklungsaudit teil. Im Anschluss daran konnten gezielt und individuell zugeschnittene Entwicklungsmaßnahmen vereinbart und durchgeführt werden.

Eine umfassende Analyse von Mitarbeiterzufriedenheit inklusive der Beurteilung der eigenen Vorgesetzten und der Schnittstellen in angrenzenden Bereichen rundeten das Projekt ab. Individuelle Entwicklungsmaßnahmen wurden zum Abschluss vereinbart und durchgeführt. Nach Beendigung aller Maßnahmen hat die Personalentwicklung und damit auch der heutige Vorstand einen guten Überblick über die Leistungsträger des Unternehmens und den Entwicklungsbedarf der Führungskräfte.

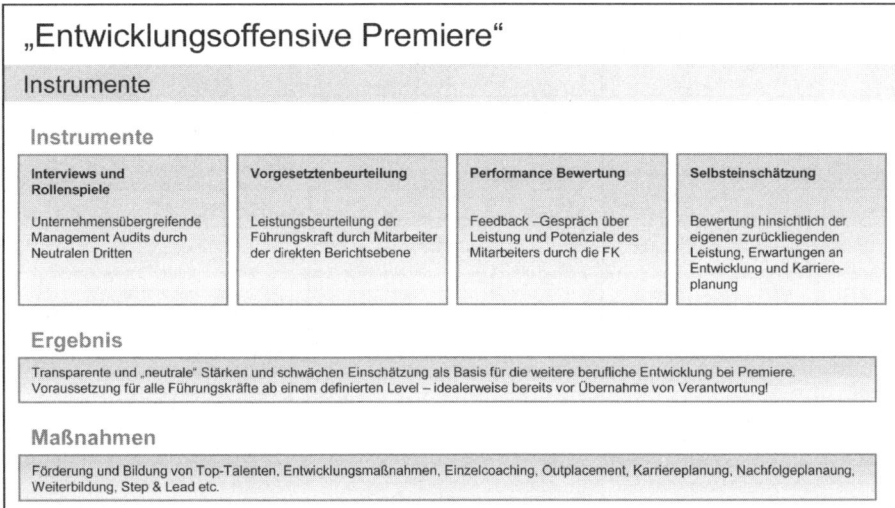

Abb. 4. Projekt *Entwicklungsoffensive Premiere*

Durch die parallele Umsetzung der Projekte *Shape* und *Entwicklungsoffensive* konnten neu geschaffene oder veränderte Positionen mit geeigneten internen Managern besetzt werden.

1.4 Personalentwicklung nach dem Börsengang von Premiere

Basierend auf den Erkenntnissen der Entwicklungsoffensive wurden die Managementprogramme von Premiere neu aufgesetzt und die Führungsinstrumente überarbeitet (vgl. Abbildung 5). Die Programme beinhalten immer individuelle Coachingmaßnahmen, standardisierte Führungstrainings, Netzwerkveranstaltungen (vgl. Abbildung 6) sowie Trainings nach Bedarf (Projektmanagement, Präsentation etc.).

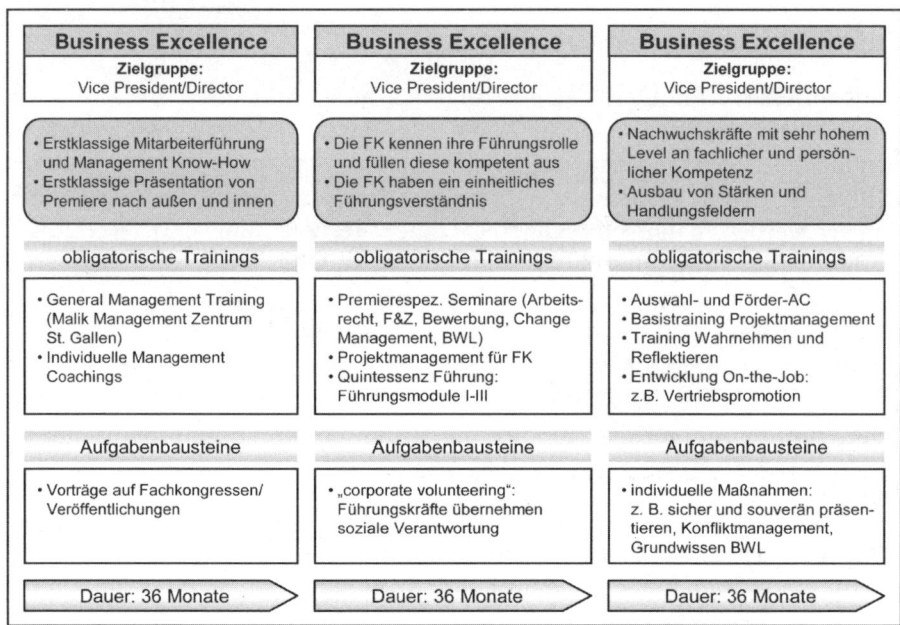

Abb. 5. Zielgruppenorientierte Führungskräfteentwicklung: Überblick

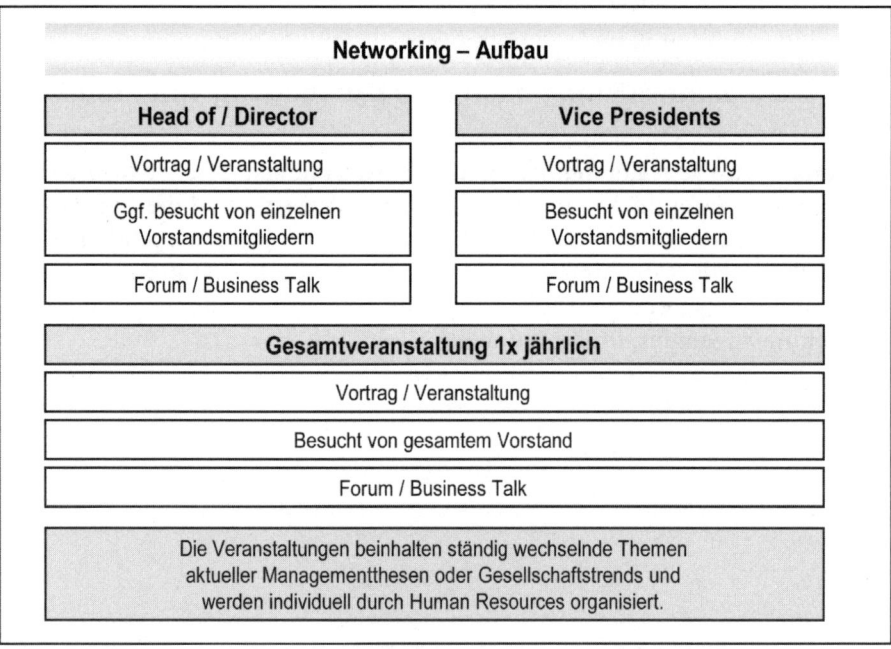

Abb. 6. Zielgruppenorientierte Führungskräfteentwicklung: Methodenmix

Besonders hervorzuheben als ein Instrument der Personalentwicklung von Premiere ist das Coaching. Coaching wurde im Zuge der „Entwicklungsoffensive Premiere" sehr erfolgreich eingeführt und wird sehr gerne von Führungskräften, aber auch von allen anderen Managern genutzt. Individuelles Coaching anhand der jeweiligen persönlichen und beruflichen Situation, deren Ansätze gemeinsam mit dem jeweiligen Vorgesetzten definiert werden, kann sehr schnell zu einer Verbesserung in der jeweiligen individuellen Situation führen. Zu beobachten ist hierbei, dass je besser der Einblick in die eigene Persönlichkeit und der daraus resultierenden beruflichen Situation der Betroffenen ist, desto nachhaltiger sind die zu erreichenden dauerhaften Veränderungen.

1.5 Fazit der Entwicklungen bei Premiere

Trotz hohem Restrukturierungsbedarf hat die Kirch Gruppe die Budgets drastisch reduzierer können. So wurden Nachwuchskreise und Führungskräfteschulungen kurzerhand ausgesetzt. Die Personalabteilung hat mit den ihnen zur Verfügung stehenden Möglichkeiten interne Maßnahmen organisiert. Dazu gehörte eine interne Führungskräfteschulung, die insbesondere die Themen rund um die Restrukturierungsmaßnahmen beinhaltete. In vielen Einzelgesprächen wurde über die besondere Situation sowie mögliche Handlungsoptionen und deren Kommunikation intensiv gesprochen. Restrukturierungs- und Personalabbaumaßnahmen wurden eng begleitet. Betroffene Mitarbeiter haben an internen – durch die Personalabteilung durchgeführte – Outplacementschulungen teilgenommen. Diese beinhalteten Informationen über den Arbeitsmarkt, Empfehlungen für die Erstellung von Lebensläufen, Rollenspiele von Vorstellungsgesprächen etc. Zusätzlich wurden offene Stellen kommuniziert und Computer und Drucker zur Verfügung gestellt.

Der Restrukturierungszeitraum von Premiere dauerte bis Ende 2004 an. Nach und nach konnte das Budget für Personalentwicklungsmaßnahmen wieder aufgestockt werden. Insbesondere wurden Outplacementmaßnahmen extern vergeben und konnten somit noch professioneller durchgeführt werden. Führungskräfteschulungen wurden im Rahmen von gezielten Einzelcoachings – denen ein Entwicklungsaudit vorausging – wieder aufgenommen.

Am Beispiel Premiere lässt sich zeigen, wie gezielte Entwicklungs- und Begleitungsmaßnahmen die Umsetzung unternehmerischer Ziele befördern können und wie aufgrund der Durchführung von Personalentwicklungsmaßnahmen gesamtunternehmerisch Kostenvorteile entstehen können. Auch zeigt sich, dass sich Notsituationen besonders eignen, den Nutzen von Personalentwicklungsmaßnahmen zu hinterfragen und als Anlass zu nehmen, diese gezielt an die Bedürfnisse des Unternehmens anzupassen. Der Trend geht dabei weg von den Angeboten von der Stange hin zu mehr auf die einzelne Person abgestimmten Maßnahmenplänen.

2. Leitfaden zur Positionierung der Personalentwicklung in drastischen Veränderungsprozessen

Für die Personalentwicklung bedeutet spätestens eine Krisensituation mit Budgetreduzierung, die strategische Relevanz und Wirksamkeit ihrer Maßnahmen zu analysieren. In seinem Artikel „Personalarbeit und Entwicklung im Zeichen der Arbeitskostenreduzierung" schlägt auch Sinnhold (2005) z. B. vor, Personalentwicklung im Rahmen eines sauberen Portfoliomanagements zu betrachten, um trotz Kostendrucks strategisch wirksam sein zu können.

Als Beispiel für ein Portfoliomanagement unterteilt Sinnhold (2005) in A-, B- und C-Mitarbeiter. Diese unterscheiden sich einerseits nach verschiedenen Kriterien hinsichtlich der Bedeutung der von ihnen wahrgenommenen Aufgaben für das Unternehmen – insbesondere aber auch hinsichtlich ihrer Ersetzbarkeit am Arbeitsmarkt. Andererseits werden persönliche Kompetenzen wie z. B. das Leistungspotenzial bewertet. Im Rahmen dieses Rasters werden dann Betreuungs-, Entwicklungs- und Bindungsschwerpunkte gesetzt.

Für die Personalentwicklung ist es entscheidend zu identifizieren, welches die großen Herausforderungen für das Unternehmen unmittelbar, aber auch mittel und längerfristig sein werden. Hilfreich dazu sind folgende Leitfragen:

Fragenkatalog zur Situation des Unternehmens:
- Welche Schwierigkeiten hat das Unternehmen zu meistern?
- Ist Personalabbau notwendig?
- Wird die Organisation verändert?
- Welche Ziele und Strategien hat das Unternehmen kurz-, mittel- und langfristig in dieser Krisensituation?
- Was sind die kurz-, mittel- und langfristigen Erfolgsfaktoren für

das Unternehmen?
- Wie ist der Handlungsdruck – welche Zeitschienen sind für mich relevant?
- Welche neuen Qualifikationen und Kenntnisse brauchen wir dafür im Unternehmen?
- Wie ist der Entwicklungsstand der Führungskräfte – sind die Führungskräfte den neuen Anforderungen gewachsen?
- Welche Änderungen haben sich in der Strategie ergeben?
- Was brauchen die Mitarbeiter, um auf dem neuen Weg des Unternehmens unterstützt zu werden?
- Welche speziellen und relevanten HR-Probleme hat das Unternehmen zurzeit (Fachkräftemangel, Fluktuation, Bewerbermangel, bevorstehende Entlassungen, Restrukturierungen, mangelnde Perspektiven)?
- Was muss unbedingt verhindert werden (Crash-Szenarien)?

Nach Analyse der Unternehmenssituation und Entwicklung einer entsprechend angepassten Personalstrategie sollten die bestehenden Instrumente und Angebote der Personalentwicklung überprüft werden. Allgemeine Weiterbildungsangebote, die keinen direkten Nutzen für das Unternehmen bringen und mittel- bis langfristig nicht nachhaltig notwendig für das Unternehmen sind, können i. d. R. reduziert oder eingestellt werden. Dazu kann für national operierende Unternehmen bspw. Fremdsprachenunterricht zählen, oder auch mögliche allgemeine Studiengänge, Ausbildungen oder sonstige allgemeine Seminare, die weitgehend ohne schädigende Wirkungen zumindest verschoben werden können.

Generell gehören alle Seminare auf den Prüfstand, die nicht individuell auf die Situation des Unternehmens zugeschnitten worden sind. Die Frage lautet, was passiert, wenn diese Seminare aus dem Programm genommen werden? Dahingegen ist es umso wichtiger zu analysieren, welche individuellen Maßnahmen für erfolgskritische Mitarbeiter durchgeführt werden sollten. Neben fachspezifischen Schulungen, deren Notwendigkeit sich meist leicht ermitteln lässt, sind die auf einen Manager zugeschnittenen Coachingmaßnahmen eine immer populärer werdende Möglichkeit, das Management in erfolgskritischen Situationen und an den individuellen Entwicklungsstand angepasst zu begleiten. Egal, ob Expansion, Personalabbau, Fusion oder sonstige Herausforderungen – Coachingmaßnahmen können die spezielle Situation und die individuellen Voraussetzungen des Managers berücksichtigen. Natürlich sind solche Maßnahmen nicht günstig – wenn man sich aber überlegt, dass z. B. im Rahmen von Abbaumaßnahmen die richtige Kommunikation und Vorgehensweise gegenüber den Mitarbeitern entscheidend sein kann für die Anzahl späterer Arbeitsgerichtsprozesse und damit verbundener juristischer und kultureller Kosten, können solche speziellen Entwicklungsmaßnahmen helfen, viel Geld zu sparen.

Viele Kennzahlen sind hier denkbar – wenige werden in der Regel zur Verfügung stehen. Fragen nach dem Nutzen von Förderprogrammen könnten ergründen, inwieweit Teilnehmer anschließend tatsächlich im Unternehmen Karriere machen – insbesondere auch im Vergleich zu Managern, die nicht an solchen Programmen teilnehmen. Fragen nach dem Wert von Audits für den weiteren Erfolg von Managern nach Veränderungen im Unternehmensalltag lassen sich bspw. anhand von Mitarbeiterbefragungen beantworten. Fachliche Schulungen werden auch einen direkten Nutzen ermitteln lassen – z. B. die Ausbildung zum Fachanwalt spart dem Unternehmen Rechtsanwaltskosten in Höhe von x Euro jährlich. Leichter jedoch sind vermutlich die folgenden Fragen zu beantworten:

- Was passiert wenn ich die Entwicklungsmaßnahme nicht mehr anbiete?
- Wie lässt sich die Folge finanziell bewerten?

Habe ich z. B. ein Nachwuchsprogramm, welches eher als Incentiveprogramm angelegt ist, wird es zwar zu Verstimmungen unter dem Nachwuchs kommen, vielleicht auch Auswirkungen auf die Rekrutierung haben – ansonsten werden aber keine Folgen analysiert werden und somit eine Entscheidungssituation herbeigeführt werden können. Je besser die Führungsmannschaft bei einem bevorstehenden Personalabbau vorbereitet und geschult ist, desto besser und reibungsloser werden diese ihren Job erfüllen können.

3. Fazit

Der Beitrag hat an der Unternehmensentwicklung der Premiere AG gezeigt, wie sich die PE in kritischen Phasen positionieren kann. Die folgenden Fragen haben sich als nützlich erwiesen, um in Zeiten von drastischen Veränderungsprozessen im Unternehmen einen „kühlen Kopf" zu behalten.

> Fragenkatalog zu Maßnahmen der Personalentwicklung:
> - Wie sind die Kosten-Nutzen-Relationen?
> - Welche Maßnahmen haben Incentive-Charakter oder sind für das Unternehmen nicht relevant (Bauchladen)?
> - Welche Maßnahmen können zeitlich verschoben werden?
> - Welche Maßnahmen müssen neu dazu kommen?
> - Welche Kosten lassen sich durch günstigere Rahmenbedingungen bei der Umsetzung von Maßnahmen erreichen?
> - Welche Maßnahmen können Inhouse durch Mitarbeiter des Unternehmens umgesetzt werden?

Aus den Ergebnissen dieser Analyse können dann entsprechend die Maßnahmen abgeleitet werden, die wirklichen Nutzen in den weiteren Unternehmensprozessen erzielen werden und damit im Sinne des Unternehmens effektiv die knappen finanziellen Ressourcen nutzen.

In aller Regel kann und muss die Personalentwicklung einen Beitrag zu notwendigen Kostenersparnissen auf Unternehmensseite liefern. Nur sollte dieser Beitrag nicht pauschal und unüberlegt sein, sondern reflektiert und der Situation des Unternehmens angemessen. Das bedeutet insbesondere, dass in Abstimmung mit der kurz-, mittel- und langfristigen Strategie des Unternehmens die Entwicklungsmaßnahmen der Gesamtsituation des Unternehmens Rechnung trägt. Gelingt diese Abstimmung gemeinsam zwischen Unternehmensleitung und Personalentwicklung, kann das knappe Budget somit sogar zum Anstoß werden, die Personalentwicklung strategischer und damit gezielter auszurichten.

Literatur

Sinnhold, H. (2005). Personalarbeit und -entwicklung im Zeichen der Arbeitskostenreduzierung. In K. Schuckow & J. Gutman (Hrsg.): *Jahrbuch der Personalpsychologie*. München, Unterschleißheim: Wolters Kluwer.

Wie reagieren? Umgang mit Budgetkürzungen

Thomas Hartmann

Mit dem Etikett der Kostenoptimierung wird mehr und mehr der Sinn von Personalentwicklungs- und Bildungsmaßnahmen in Frage gestellt. Die Unternehmensberater, die mit Benchmarkingprogrammen oder Prozessanalysen durch die Unternehmen ziehen, haben auch regelmäßig den Personalbereich im Fokus. Sollte dann in der Unternehmensleitung das Vorurteil bestehen, dass die jahrelangen Investitionen in die Persönlichkeitsentwicklung und persönliche Performance der Mitarbeiter wenig gebracht haben, ist die Entscheidung über eine deutliche Reduzierung der Personalentwicklungs- und Bildungsausgaben schnell getroffen. Die vielzitierten Investitionen in *unser wichtigstes Kapital, unsere Mitarbeiter* beschränken sich dann schnell nur noch auf Restbudgets zur fachlichen Fortbildung.

Da der skizzierte Vorgang kein vereinzeltes Phänomen beschreibt, sondern sich seit Jahren zum Trend entwickelt, stellt sich die Frage nach den Ursachen. Erst mit einem Verständnis für die Beweggründe der Reduzierungen von Budgets in der Personalentwicklung lassen sich geeignete Interventionen als *Gegenmaßnahmen* herausarbeiten. Die Energie, mit der man aus der Talsohle schrumpfender Budgets wieder herauskommt, sollte intelligent und zielgerichtet eingesetzt werden.

1. Budgetverluste – Vier Begründungen

Die Höhe der Bildungsbudgets in den Unternehmen liefert immer Stoff für Diskussion. Wie Personalentwicklungs- und Bildungsabteilungen an Argumentationskraft verlieren können, beschreiben folgende Erfahrungen:

1.1 Vom Verlust der strategischen Partnerschaft

Die strategische Partnerschaft der Personalentwickler mit der Unternehmensleitung ist selten belastbare Realität. Sicher ist die Notwendigkeit dieser Partnerschaft im System gut begründbar; die Wertschöpfung von Vernetzung der unterschiedlichen Systeme der Unternehmensführung erfreut sich hoher Plausibilität. Aber oft heißt es im Unternehmen für die engagierten Personaler und Bildungsmanager doch nur *Regionalliga* und nicht *Strategischer Business Partner* (Sattelberger, 1999, S. 16). Zu selten werden Machtpositionen besetzt, Profession wird eher im täglichen Reparaturbetrieb verunglückter Veränderungsprozesse verschlissen und zumeist nur von der Basis, also den vom Change-Management Betroffenen, adäquat gewürdigt. Auch interne Beziehungen aus geglückten Coachings zementieren eher selten einen dauerhaften Einfluss auf die Unternehmenspolitik.

Auch der Mythos von der Nicht-Imitierbarkeit oder Nicht-Substituierbarkeit von Personalentwicklungsdienstleistungen (vgl. z. B. Wagner, Dominik & Seisreiner, 1995) ist der Erfahrung gewichen, dass externe Berater oft beliebter sind, weil sie beispielsweise nicht widersprechen oder bei Nicht-Gefallen schnell ausgetauscht werden können. Sicher gelingt den internen Personalentwicklern oft ein symbiotisches Auftreten mit den externen Beratern, doch in der Profilierung sind die externen zumeist (im durchaus beabsichtigten) Vorteil. Damit lässt sich der Verlust der strategischen Partnerschaft vielfach durch mangelnde Positionsmacht im Unternehmen bei gleichzeitigem Verlust der Profession an externe Dienstleister erklären. Letztendlich sind es diese, die den Zustand der Ohnmacht interner Personalentwicklung durch geschicktes Marketing und beständige Verfügbarkeit weiter fixieren. Im Ergebnis verlieren sich interne Personalentwickler oft zwischen den Polen eines belächelten Omnipotenzanspruchs und übereifriger Dienstleistungsmentalität. Selbst wer dann die Chance im Outsourcing sucht, verbessert seine Situation nur bei nachgewiesener Marktfähigkeit seiner Personalentwicklungs- und Bildungsprodukte und Erschließung neuer Märkte außerhalb des Mutterhauses (vgl. Schumacher & Stockhinger, 1997; Hodel, Berger & Risi, 2004).

1.2 Die Mündigkeit der Markt- und Servicebereiche

Natürlich sollen an dieser Stelle die Effekte jahrzehntelanger Personalentwicklungs- und Bildungsarbeit nicht klein gemacht werden. Ganz im Gegenteil: Viele Personaler waren so erfolgreich, dass ihre mündig gewordenen Zöglinge sie heute kaum noch brauchen. So hatten die zahlreichen Kommunikations- und Moderationstrainings gewollte Ergebnisse. Performancemanagement hat Selbständigkeit als Konsequenz hervorgebracht, Coaching und Mentoring erzeugen Mündigkeit beim Klientel.

Die Entbehrlichkeit, die Personalentwickler und Bildungsmanager durch ihre Interventionen geschaffen haben, ist wohl ihr bedeutsamster, aber leider auch fatalster Erfolg. Die Kunden, sprich Unternehmensbereiche, sind zu methodenverwöhnten und selbstbewussten Einkäufern von Personaldienstleistungen geworden. Ist der freie Marktzugang nicht durch entsprechende Direktiven geregelt, wird gern extern zugekauft. So verkommt die Personalentwicklung leicht zum simplen Management des Einkaufs und der Dokumentation von Bildung.

1.3 Ohnmacht des Personalentwicklungs-/Bildungscontrollings

Der Begriff *Bildungscontrolling* etablierte sich Anfang der 90er Jahre des letzten Jahrhunderts. Aus der reinen Lernergebnis-Evaluation entwickelte sich ein *Transfer-Controlling*. Das Bewusstsein für betriebswirtschaftlich interessante Kennzahlen stieg. Konzepte des Personalentwicklungscontrollings folgten, verstanden sich aber oft noch nicht als elaborierte eigenständige Systeme, sondern eher als plausible Steuerung von PE-Interventionen (vgl. z. B. Peschke, 1997). Die konsequent geforderten Kosten-Nutzen-Analysen beschränkten sich zu sehr auf konsensorientierte Reviews oder entwickelten sich zu fragwürdigen Kennzahlenfriedhöfen. Auch durch die Umsetzungsschwierigkeiten in adäquate Reports in der SAP-Welt oder auf anderen Software-Plattformen ergibt sich häufig nicht das Berichtswesen, das notwendig ist, die Investitionen in Personalentwicklungs- und Bildungsmaßnahmen überzeugend zu legitimieren. Qualitätssicherung ist in diesem Kontext sicher ein guter Ansatz, aber aus einem sicheren Prozess resultiert noch nicht zwangsläufig betriebswirtschaftlicher Nutzen (vgl. Grilz, 1998).

Erst neuere Ansätze des Human Capital Management beginnen das Dilemma der ungenügenden Beweisführung systematisch aufzuarbeiten (vgl. Fitzenz, 2003; Scholz, Stein, Bechtel, 2004). Die Methodenverliebtheit vieler Personalentwickler, Trainer, Coaches, Change-Agents führt aber noch oft von dem Weg ab, sich mit den betriebswirtschaftlichen Ergebnissen des Tuns auseinanderzusetzen. Auch wenn es verständlich ist, dass beispielsweise von den Grundformen systemischer Strukturaufstellungen (vgl. Varga von Kibéd & Sparrer, 2003) mehr Reiz ausgeht als von Contollingansätzen, wird die Unverbindlichkeit in der Beweisführung der eigenen Effizienz heute bitter bestraft.

1.4 Bildung wird delegierbar

Waren die Konzepte des selbstgesteuertes Lernen oder der kooperativen Selbstqualifikation (vgl. Heidack, 1989) vor zwei Jahrzehnten noch das Ergebnis der Suche nach effektiven Lernformen, steht heute mehr die Eigenverantwortung der Lernenden im Vordergrund. Mit dem Anspruch auf Employability (vgl. z. B. Fischer & Steffens-Duch, 2000) wird die Erhaltung der Arbeitsmarktfähigkeit durch permanente Weiterbildung gefordert. Die Verantwortung für Bildung wird so mehr und mehr auf den lernenden Mitarbeiter übertragen. Die entsprechenden Investitionen in Zeit und Geld entlasten die betrieblichen Budgets. Personalentwickler werden zu Lernberatern, die das *Wie* und *mit Wem* skizzieren. Die Verzahnung der Bildungsmaßnahmen mit Personalentwicklungskonzepten bleibt, die Generierung eigener Produkte tritt jedoch in den Hintergrund.

2. Budgetkürzungen und nun?

Reduzierungen der Personalentwicklungs-/Bildungsbudgets können sehr unterschiedliche Ursachen haben. Neben drastischen Sparmaßnahmen sind nicht selten die unter 1. aufgeführten Gründe ausschlaggebend. Budgetverluste von mehr als 50% zwingen zur radikalen Reorganisation des eigenen Angebots.

Jammern bzw. den *Kopf in den Sand stecken* ist sicher eine emotional verständliche, aber nicht nur nach Sattelberger (1996, S. 236) wenig zielführende Reaktion. Sinnvoll ist dagegen, professionell zu reagieren, sich auf seine Kernkompetenzen bzw. Stärken zu konzentrieren und seine Vorteile als interner Dienstleister auszuspielen (ohne in Omnipotenzgehabe oder verzweifeltes Anbiedern zu verfallen).

Ansatz 1: Herausarbeiten des wirklichen Personalentwicklungs- und Bildungsbedarfs

Ansatz 2: Aufzeigen des Nutzen und exakte Kostenplanung

Ansatz 3: Professionalisierung des internen Marketings

Ansatz 4: Effiziente Lernarrangements gemeinsam mit internen Kunden und externen Partnern entwickeln

Voraussetzung für dieses mehr prozess- und weniger methodenorientierte Vorgehen ist jedoch ein hoher Grad an Profession, verbunden mit gezieltem *politischen und praktischen Handeln in der Unternehmensarena* (Sattelberger, 1996, S. 247). Konkret kann das bedeuten:

- Vernetzung mit den verbliebenen internen Partnern der Personalentwicklung (Networking mit gegenseitigen Mehrwerterfahrungen),
- Präsenz in Veränderungsprojekten mit ausgesprochener Dienstleitungsmentaliät (*Machen* statt *Drüberreden*),
- Beweisführung mit harten Zahlen (Berichtswesen mit belegbaren Schwächen in den Human Ressorucen).

So dürften Aufträge nicht lange auf sich warten lassen. Dann heißt es diese mit knappen Mitteln und spürbarem Erfolg umzusetzen.

2.1 Ansatz 1: Herausarbeiten des wirklichen Personalentwicklungs- und Bildungsbedarfs

Bedarfe sollten das Resultat eines strukturierten Informationsbeschaffungsprozesses sein. Fehlt eine systematische Routine in der Formulierung der Personalentwicklungs- und Bildungsbedarfe oder werden in Zeiten häufiger Umorganisationen derartige Abläufe (umfassende Abfragen) als wenig wertschöpfende Belastung empfunden, bleibt nur die direkte Analyse über Gespräche mit Schlüsselpersonen. Situative Defizitmeldungen können zu aktuellen und schnell umsetzbaren Personalentwicklungsmaßnahmen führen, die die Kompetenz der internen Akteure der Personal- und Bildungsarbeit unter Beweis stellen. Also geht es in der Wahrnehmung dringender Bedarfe darum, über Zugänge zu verfügen, d. h. konkret

- offene Ohren für Klagen über Unzulänglichkeiten zu haben,
- Einsicht in *Fehlerspeicher* (Beschwerdekarteien, Revisionsberichte) zu bekommen,
- Kundenbefragungen auszuwerten und
- Schlüsselpersonen zu identifizieren und zu interviewen.

Diese mehr reaktive Vorgehenweise (Einsiedler, Hollstegge, Janusch, & Breuer, 1999, S. 72) führt zwar zu *Quick wins*, ist aber langfristig kein sinnvolles Handeln. Strategieorientierte Bedarfsermittlungen betrachten auch die Zukunft, nehmen Trends wahr und antizipieren Defizite, bevor diese als solche empfunden werden. Hier ist die Gefahr, Opfer von interessengeleiteten Fehlwahrnehmungen zu werden, natürlich deutlich größer. Umso mehr gilt es dann, den Nutzen einer Maßnahme herauszuarbeiten.

Oft sind Bedarfsermittlungen gebetsmühlenartig zelebrierten Vorurteilen bzw. Mythen erlegen. Typische Beispiele sind:

- Manager führen zu wenig und sind generell konfliktscheu.
- Verkäufer haben nicht genug Biß,
- Verkäufer verstehen sich wenig im Cross-Selling oder
- Verkäufer können ihren Alltag nicht organisieren.

Mit solchen pauschalen Aussagen laufen sich vermeintliche Dauerbrenner in den Bildungsangeboten irgendwann tot und verstärken das Misstrauen gegenüber Bildungsverantwortlichen (*hat doch nichts gebracht*). Auch die häufig angewandte Planwirtschaft in der Bildung mittels umfassender Programme (*Baustein an Baustein*) wird den tatsächlichen Bedarfen nicht gerecht. Sie mutieren zu inhaltsleeren Pflichtveranstaltungen mit eingebauten Widerständen. Das dann folgende Abschaffen wird zum Befreiungsschlag und hinterlässt diskreditierte Personalentwickler und Trainer.

Derartige Fehlentwicklungen verschleiern die wirklichen Bedarfe. Zum besseren Herausarbeiten bzw. zur vertiefenden Analyse eigenen sich Audits und Assessments. Mit diesen Instrumenten sind indivduelle Gap-Analysen möglich und Bedarfe exakter bestimmbar. Ein Problem an Assessments und Audits sind der Aufwand, der mit ihnen oft verbunden ist. Neuere Entwicklungen in der Management-Diagnostik belegen jedoch,

- Assessments und Audits müssen nicht mehrtägige Veranstaltungen sein, um valide Ergebnisse zu bringen,
- mit Online-Verfahren lassen sich erhebliche Ressourcen (monetär und zeitlich) gewinnen (vgl. Etzel, Meifert & Etzel, 2005).

Und auch hier gilt: *Lieber ein Gramm Diagnostik im Vorfeld, als ein Kilo Personalentwicklung als Breitbandantibiotikum im Nachhinein.* Die Kosten für eine gründliche Diagnose lassen sich durch Ersparnisse in den Trainingsnotwendigkeiten in der Regel wieder kompensieren. Dazu kommt, dass die Ansatzpunkte (Verhaltenstraining oder Gruppendynamik) besser sichtbar werden und den Erfolg von anschließenden Personalentwicklungsmaßnahmen sicherer machen.

Eine weitere Möglichkeit zur Exaktifizierung der Bedarfe ist der Einsatz einer handlungstheoretischen Heuristik mit systematischer Ableitung von Personalentwicklungs- und Bildungsmaßnahmen.

Abbildung 1 zeigt den Aufbau eines handhabbaren Modells. Die Handlung wird in die Bestandteile **Wahrnehmung, Entscheidung, Verhalten** getrennt. Prozessrelevantes **Wissen** sowie **Verhaltensdispositionen** aus Einstellungen, Motivation (impliziter Abläufe) werden als weitere Modellelemente reflektiert. Der nach der Bestandsaufnahme (im Diskurs und über ein AC diagnostizierte) Personalentwicklungs- und Bildungsbedarf wird in bestimmte Trainingsaktivitäten überführt (z. B. Diskriminationstraining, gruppendynamische Übungen und Rollenspiele). Die Breite dieser Heuristik vermeidet einerseits blinde Flecken (z. B. über die Motivation der Teilnehmer), andererseits zeigt sie die Schwerpunkte der Interventionen auf (beispielsweise resultieren schwache Führungsleistungen oft nicht aus mangelndem Wissen oder dem Fehlen situationsadäquaten Verhaltensweisen, sondern eher aus einer unsensiblen Wahrnehmung bzw. unreflektierten Entscheidungsprozessen im Führungshandeln). Das Modell, das sich aus dem Ansatz der multimodalen Therapie (Lazarus et al., 1983) entwickelt hat, setzt zwar Erfahrung beim Anwender voraus, bindet aber keine umfangreichen Ressourcen.

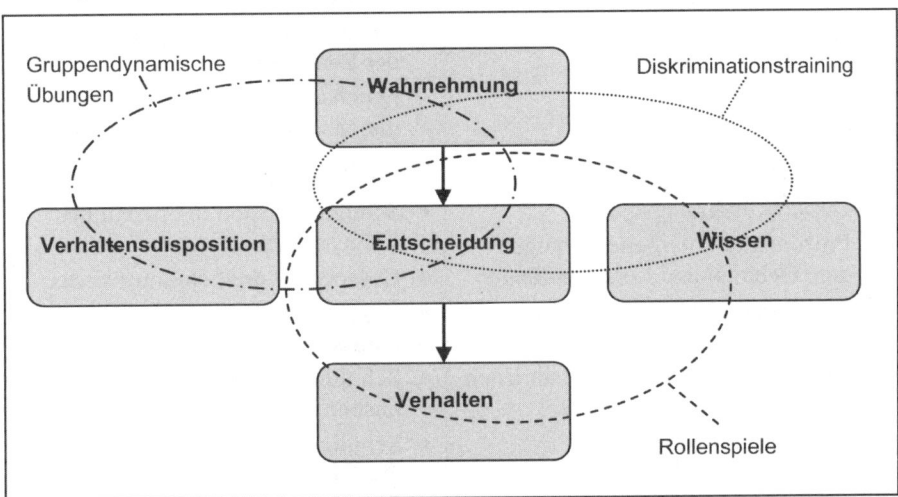

Abb. 1. Heuristik zur Ableitung von Personalentwicklungs- und Bildungsmaßnahmen (eigene Darstellung)

2.2 Ansatz 2: Aufzeigen des Nutzen und exakte Kostenplanung

Der Renditefaktor *Personal* wird immer wieder beschworen und in der täglichen Erfahrung bestätigt. Von Investitionen in Bildung wird in Zeiten knapper Mittel jedoch oft schnell Abstand genommen. Zwei bzw. drei Jahre deutliche Zurückhaltung bei den Ausgaben für Personalentwicklung und

Fortbildung liegt für viele Unternehmenslenker im Bereich tolerierbaren Managementverhaltens.

Der Wertverlust im *Human Capital* durch mangelnde Investitionen in Personalentwicklung lässt sich kaum exakt berechnen, doch neuere Ansätze gehen schon deutlich über die Alltagsplausibilität hinaus (vgl. Scholz et al., 2004). So verlässt Fitzenz (2003) mit seiner Humankapital-Scorecard die typischen Kennzahlensysteme, in dem er verschiedene Erhebungsfelder differenziert und miteinander in Beziehung setzt (vgl. Abbildung 2).

Gewinnung	**Pflege**
• Kosten pro Neuzugang • Zeit für die Stellenbesetzung • Zahl der Neuzugänge • Zahl der Stellenbesetzungen • Qualität der Neuzugänge	• Gesamtarbeitskosten in Prozent der Betriebsaufwendungen* • Durchschnittsvergütung pro Mitarbeiter • Nebenleistungskosten in Prozent der Lohnsumme • Durchschnittsleistung im Vergleich zum Umsatz pro VZÄ
Bindung	**Fortbildung**
• Gesamtkündigungsquote • Prozentsatz Mitarbeiterkündigungen: Gehalts- und Lohnempfänger • Kündigungen von Gehaltsempfängern nach Beschäftigungsdauer • Kündigungen der leistungsstärksten Gehaltsempfänger in Prozent • Fluktuationskosten	• Schulungskosten in Prozent der Lohnsumme • Gesamtzahl der Schulungskosten • Durchschnittliche Zahl von Schulungsstunden pro Mitarbeiter • Schulungsstunden nach Funktionsbereich • Schulungsstunden nach Berufsgruppe • Ertrag der Schulung
Zufriedenheit am Arbeitsplatz	Mitarbeitermoral

Abb. 2. Humankaptial-Scorecard (Fitzenz, 2003, S. 128) [* enhält Kosten für Zeitbeschäftigte]

Wahrscheinlich ist, dass im Rahmen von Ratingverfahren auch Agenturen sich mehr und mehr mit der Bewertung des Humankapitals auseinandersetzen werden. So erfasst das IC-Rating von Intellectual Capital Sweden AB das intellektuelle Kapital eines Unternehmens. Die Gestaltung des IC-Ratings erinnert (gewollt) an die typischen Bewertungen bekannter Rating-Agenturen. So werden Klassifikationen von AAA (z. B. extrem hohe Effizienz) bis D (keine Effizienz) vergeben. Die Bewertung konzentriert sich auf drei Bereiche:

1. Effizienz: Welchen Wert bzw. welche Effektivität besitzt das derzeitige intellektuelle Kapital?
2. Entwicklung und Erneuerung: Besitzt das Unternehmen den Willen und auch die Kraft, dieses Kapital zu erhalten und weiterzuentwickeln?
3. Risiko: Wie hoch ist das Risiko des mentalen Kapitalverlustes? (Scholz et al., 2004, S. 121 f.)

Auch wenn ein derartiges Verfahren stark Indikatoren-getrieben ist und nicht den Erfolg einer Personalentwicklungsintervention im Fokus hat, werden hier die Ergebnisse von Investitionen in Personal erfasst und vergleichbar gemacht. Damit steigt die Motivation der Unternehmen in der Personalentwicklung, nicht als Low-Performer eingestuft zu werden.

Nutzen im Vorfeld aufzuzeigen bzw. nach Durchführung der Maßnahmen zu beweisen, wird zur entscheidenden Erfolgsvariable in der Personalentwicklung werden. Nur wer hier als verantwortlicher Personalmanager professionell reagiert, wird aus der Talsohle seines Budgetverlaufs wieder herauskommen.

Für Kellner und Bosch (2004) beginnt die Legitimation der entstehenden Bildungskosten mit einer systematischen Vorbereitung. Im Rahmen einer kompetenzorientierten Entwicklung der Performance der Mitarbeiter fordern sie die in Tabelle 1 dargestellten Punkte.

Tabelle 1. Einleitungsphase Performance-Shaping (Kellner & Bosch, 2004, S. 101)

	Schirmherrschaft	Programmüberblick	Strategische Verbindungen
Aktion	• Einverständnis des Topmanagements einholen • Aktive Beteiligung der Manager absichern	• Ergebnisse der Bedarfsanalyse darstellen • Lernstruktur und Programmstruktur erklären	• Individuelle Kompetenzen mit Unternehmenszielen verbinden • Individuelle Kompetenzen und wichtige Erfolgsfaktoren verbinden
Fragen	• Wer muss mit den Programmergebnissen leben? • Wer kann den Transfer des neuen Verhaltens von der Theorie zur Praxis sichern?	• Wie kann das Programm die Leistung verbessern? • Warum ist das Programm für die Teilnehmer wichtig?	• Können wir ohne diese Kompetenzen erfolgreich sein? • Sind diese Kompetenzen für unsere zukünftigen Erfolge entscheidend?
Erfolgsfaktor	• Absichern, dass die Geschäftsführung den gesamten Trainings- und Entwicklungsprozess unterstützt	• Erklären, warum auf Kompetenzen basierendes Training bessere Ergebnisse erzielt	• Aufzeigen, warum das Unternehmen Kernkompetenzen braucht, um seine Ziele zu erreichen

In einer Return-on-Investment-Kalkulation stellen die Autoren dann Aufwand und Ergebnisse differenziert gegenüber. Selbst wenn die Ergebnisermittlung noch einige Fragen aufwirft und Phantasie in der Recherche verlangt, wird ein Weg aufgezeigt, sich den Forderungen nach einem Nutzennachweis zu stellen (s. Tabelle 2 und 3).

Tabelle 2. Return-on-Investment-Kalkulation 1 (Kellner & Bosch, 2004, S. 121)

1	Bedarfsanaylse	• Externe Assessment-Instrumente • Firmeninterne Analyseverfahren	Kosten:
2	Programmentwicklung	• Design der Module • Produktion und Überarbeitung • Testen und Validieren	Kosten:
3	Maßnahmendurchführung	• Material (Software, Video, Manuals etc.) • Tagungsstätte (Raum, Projektor, VHS etc.) • Reisekosten (Hotel, Verpflegung, Flug etc.)	Kosten:
4	Gehälter/ Honorare	• Teilnehmer ▪ Hilfspersonal • Trainer ▪ Schreibkräfte • Berater ▪ Computerspezialisten	Kosten:
5	Ausfallzeiten	• Erfassen Sie hier den Umfang des Leistungsausfalls der Teilnehmer	Kosten:
		Gesamtkosten:	

Tabelle 3. Return-on-Investment-Kalkulation 2 (Kellner & Bosch, 2004, S. 121)

1	Qualitätssteigerung	• Zufriedenere Kunden • Weniger Reklamationen • Höhere Servicebereitschaft	Wert:
2	Quantitätssteigerung	• Deutliche Umsatzsteigerung • Mehr Kundenbesuche • Höheres Besuchs-/Auftragsverhältnis	Wert:
3	Zeiteinsparungen	• Weniger Krankmeldungen • Schnellere Projektabwicklung • Besseres Zeitmanagement	Wert:
4	Motivationsverbesserung	• Verbesserte Teamarbeit • Weniger Konflikte • Gesteigerte Identifikation	Wert:
5	Unternehmenssituation	• Stärkere Konkurrenzfähigkeit • Größere Marktanteil • Geringere Fluktuation	Wert:
		Gesamtertrag:	

Solche Modelle stehen sicher noch am Anfang. Allerdings hat sich auch das Controlling in der BWL über Jahre entwickelt. Obwohl hier die Modelle heute differenzierter sind, beweisen sie damit aber noch nicht zwangsläufig höhere Validität. Das Bemühen eines kritisch-rationalen und gesunden Menschenverstandes ist immer ein akzeptabler Weg zur Erkenntnis und eine Möglichkeit aus der manchmal ohnmächtig machenden Komplexität. Dagegen ist die Scheu vor der damit verbundenen (oft als berufsfremd empfundenen) Arbeit fatal: Sie macht letztendlich arbeitslos.

2.3 Ansatz 3: Professionalisierung des internen Marketings

Wer den Return on Investment kalkulatorisch entwerfen bzw. sogar nachweisen kann, sollte seine Dienstleistung auch entsprechend verkaufen. Mit Sattelberger (1999, S. 244) ist jedoch festzustellen, dass manche Personalentwickler ein eher ambivalentes Verhältnis zum Marketing haben. So unterliegen viele der naiven Vorstellung, dass

- die Nachfrage schon durch Veröffentlichung eines Programms entsteht,
- ein gutes Produkt (also die erfolgreiche Arbeit am Menschen) allein überzeugt,
- Marketing nach innen unnötige Ressourcen bindet und eher peinlich ist.

Sicher sind in Zeiten knapper Budgets Überlegungen zum adäquaten Einsatz von *Werbung* sinnvoll. Hochglanzbroschüren und übertriebene Selbstdarstellung wirken eher negativ und bringen nicht die ersehnte Trendwende. Um seine Dienstleistung, z. B. ein Bildungsprodukt, erfolgreich zu platzieren, sollten in allen Feldern des Marketings systematische Überlegungen erfolgen (s. Abbildung 3).

Beispiele für Aktivitäten am Produkt:

- Eigenschaften (Lerninhalte, Erfahrungsfelder) festlegen und beschreiben,
- Sequenzierung (Gestaltung der Programmelemente) definieren, möglichst blended learning ermöglichen,
- Nutzen erlebbar machen, Transferelemente in das Produkt einarbeiten.

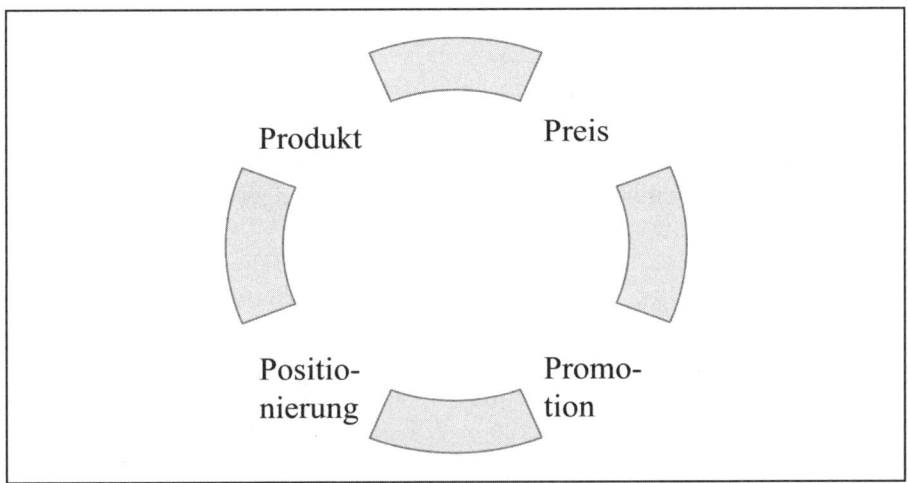

Abb. 3. Felder des Marketing

Beispiele für Aktivitäten in der Preisgestaltung:

- Bestimmung der Kundensegmente (z. B. Geschäftsführung, Abteilung, Führungskräfte, Mitarbeiter) und deren Preisverträglichkeit,
- Sicherung der Wettbewerbsfähigkeit durch Preis- und Leistungsvergleiche mit externen Anbietern,
- Gestaltung des Leistungsumfanges,
- Beschreibung des added value.

Beispiele für Aktivitäten zur Positionierung:

- Verfügbarkeit der Bildungsprodukte sicherstellen (Angebot und Response),
- Beratung im Sales-Prozess bieten, After-Sales-Aktivitäten entwickeln (z. B. Implementierungshilfen von Programmen auf Abteilungsebene, Transferhilfen aus Seminaren auf individueller Ebene, Zusatznutzen und Follow-ups anbieten),
- Nähe erzeugen (Hotline bei Problemen, als Coach vor Ort sein, Zufriedenheitsgrad in Reviews abfragen).

Beispiele für Aktivitäten für Promotion:

- Kommunikationsstrategie festlegen (z. B. regelmäßige Kundenbesuche, Auftritt im Unternehmsportal),

- Produktinformationen mit Wert platzieren (kein Hochglanz, jedoch professionell wirkend),
- Werbung mit Wiedererkennungswert (Coporate Design) platzieren.

Entscheidend ist es, die Bedarfslage seiner Auftraggeber zu treffen, Meinungsmultiplikatoren zu erreichen und die Budgetverantwortlichen zu überzeugen.

Internes Marketing zu professionalisieren heißt auch, zielgerichtetes Branding zu betreiben. Dazu gehören regelmäßige Imageanalysen und systematische Imagepflege durch gutes Beziehungsmanagement, Präsenz auf internen Marktplätzen (unternehmensinternen Schriften, Intranet) sowie innovative Angebote (vgl. Goerke & Wickel-Kirsch, 2002).

Gerade bei knappen Budgets erweisen sich die genannten Aktivitäten als existentiell. Die meisten der beschriebenen Aktionen sind dabei weniger mit Kosten verbunden, sondern erfordern eher Kreativität und Methodensicherheit.

2.4 Ansatz 4: Effiziente Lernarrangements gemeinsam mit internen Kunden und externen Partnern entwickeln

Die Ansatzpunkte aus 1 bis 3 sollen mögliche Auftraggeber vom Nutzen interner Personalentwicklung und entsprechender Bildungsangebote überzeugen. Auch wenn das Ziel der Revitalisierung der strategischen Partnerschaft damit zumeist nicht erreicht wird, ist die Zuschreibung von Professionalität in der Erstellung der Dienstleistung ein wesentlicher Schritt. Überzeugende Argumentationen zum Erfolg der Maßnahme und mehr Intensität in der Beweisführung sichern dann Aufträge.

Für die Generierung effizienter Lernarrangements verspricht gerade in Zeiten knapper Mittel die Mündigkeit der Klientel (von der Abteilung bis zum Mitarbeiter) zur Chance zu werden. Durch mehr Eigenverantwortung und damit mehr Initiative und Beteiligung an der Lernleistung können Budgets geschont und gleichzeitig Lernerfolge gesichert werden.

Handlungsorientierung im Lernen fokussiert Lernarrangements on the job. Eigenverantwortlichkeit impliziert Selbststeuerung im Lernen. Da Praxis in der Regel nicht allein gelebt wird, liegen Modelle der kooperativen Selbstqualifikation nahe. Hat man den scheinbaren Konflikt aus der bloßen Funktionalisierung pädagogischer Autonomieansätze durch erzwungene Kostenreduktion überwunden, sieht man die Chancen, die sich in dieser Form von Personalentwicklungs- und Bildungsarbeit ergeben.

Betz (1993) hat schon Anfang der 90er Jahre des letzten Jahrhunderts für ein neues Rollenverständnis in der Bildungsarbeit durch Einführung des action learnings plädiert. Durch ein projektorientiertes Vorgehen steigt die Verantwortung und Handlungskompetenz beim Lerner. Die Rolle der Personalentwickler verändert sich, Bildung wird bedarfsorientiert arrangiert und erfolgt *just in time*.

Konzepte des selbstgesteuerten Lernens, der kooperativen Selbstqualifikation oder des blended learnings erfordern jedoch eine neue Rollendefinition und entsprechendes Handeln bei allen Beteiligten (vgl. Schwarz, 2003):

Beim Mitarbeiter als Lerner:
- Chancen im aktiven Prozess der Selbstbestimmung sehen,
- Fähigkeiten und Kompetenzen zur Zielbestimmung, Gestaltung und Überprüfung des Lernens aufbauen,
- interaktive Kompetenzen im kollegialen Wissensaufbau entwickeln.

Bei den Abteilungen als Lernunterstützer:
- organisatorische Voraussetzungen schaffen (Lernmittel, zeitliche Freiräume),
- angemessene Lernumgebung bereitstellen (Räume), Verantwortung übertragen, die Fehlertoleranz erhöhen (z. B. im Projektlernen).

Bei den Personalentwicklern als Lehrenden:
- sich selbst *von der Bühne* nehmen,
- über ein breites didaktisches Methodenrepertoire verfügen (Instruktions- und Strukturierungselemente, Lernplattformen),
- Lernszenarien entwickeln, arrangieren, begleiten und controllen.

Die Entwicklung von ‚Supportstrukturen' (Amberger, 2003, S. 200) in der Organisations- und Personalentwicklung durch interne und externe Berater, Coaches oder Trainer ist hierfür Voraussetzung und erfordert systemisches Denken. So entsteht aus dem Arrangieren des Lernfeldes eine Handlungskompetenz für den Lerner, die das Lernarrangement in Abbildung 1 wie folgt modifiziert (vgl. Abbildung 4).

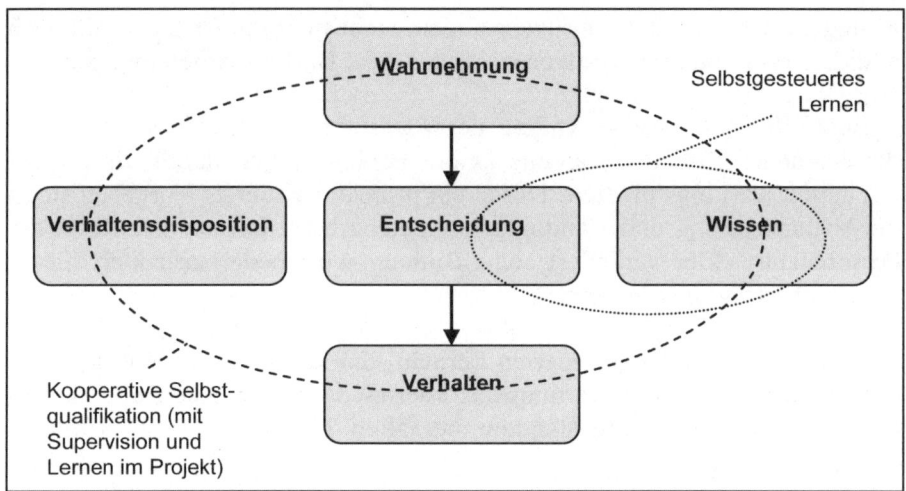

Abb. 4. Heuristik zur Ableitung von Personalentwicklungs- und Bildungsmaßnahmen unter dem Blickwinkel der Selbstqualifikation (eigene Darstellung)

Die Qualität von Lernerfahrungen in sozialen Bezügen ist tägliche Erfahrung im Unternehmen. Die Entwicklung des reinen Single-loop learning (Assimilationslernen) über das Double-loop learning (Veränderungslernen) bis zum Deutero learning (Meta-Lernen) ist für Schleiken (2001, S. 301 ff.) ein wesentlicher Effekt der kooperativen Selbstqualifikation. Dass diese Konzepte greifen, haben Implementierungen in Ausbildung und im Management-Development belegt (vgl. z. B. Schneider, 2001; Kreß & Oesterle, 2001).

Die anfänglich im Kontext selbstgesteuerten Lernens übertriebene Konzentration auf E-learning-Produkte (CBT, WBT) ist inzwischen durch pragmatische blended learning-Konzepte abgelöst worden (vgl. z. B. Repnik, 2004). Damit wird nicht nur die *friedliche Koexistenz* verschiedener pädagogischer Methoden möglich, auch die Kosten halten sich so in Grenzen.

3. Fazit

Aus der Not eine Tugend machen, so kann man die skizzierten Ansätze, die aus einer Krise der Budgetreduzierung führen können, umschreiben. Das *nichts mehr geht* lässt sich also widerlegen, vorausgesetzt natürlich, es ist etwas Handlungsmasse nach den Kostenoptimierungsprogrammen geblieben. Doch Nullbudgets kann sich glücklicherweise heute keiner mehr leisten. Auch wenn die Förderung der Mitarbeiter als *wichtigstes Kapital* schnell zur rhetorischen Floskel verkommt, ist das Bewusstsein für die Notwendigkeit von Bildungsinvestitionen doch breit verankert.

So kann die Krise für Personalentwickler zur Chance werden. Statt den Statusverlust zu beklagen, macht die professionelle Konzentration auf die geschilderten Prozesse der Bedarfsermittlung, des Marketings und des Controllings die Legitimierung der eigenen Arbeit möglich. Mit selbstverantwortlichen Lernern erzielt man dazu kostengünstig Effektivität und entspricht einem Bildungsideal, das den Menschen als reflexives, seine Wirklichkeit schaffendes Subjekt versteht.

Literatur

Amberger, W. (2003). Die Wechselwirkung zwischen selbstgeteuertem Lernen und externer Beratung bei Organisations- und Personalentwicklungsvorhaben in Weiterbildungseinrichtungen. In D. Behrmann & B. Schwarz (Hrsg.): *Selbstgesteuertes lebenslanges Lernen*, 195–229. Bielefeld: Bertelsmann.

Betz, G. (1993). Rhythmische Bildung. *Management Wissen, 10*.

Einsiedler, H. F., Hollstegge, S., Janusch, M. & Breuer, K. (1999). *Organisation der Personalentwicklung*. Berlin: Luchterhand.

Etzel, S., Meifert, M. T. & Etzel, A. (2005). eCompetence im Assessment Center. Qualitätsorientierte und trotzdem schlanke Assessment Center gestalten. In S. Etzel & A. Etzel (Hrsg.): *Managementdiagnostik in der Praxis*, 57–71. Aachen: Shaker.

Fischer, H. & Steffens-Duch, S. (2000). Beschäftigungsfähigkeit sichern. In K. Schwuchow & J. Gutmann (Hrsg.): *Jahrbuch Personalentwicklung und Weiterbildung 2000/2001*. Berlin: Luchterhand, 45–48.

Fitzenz, J. (2003). *Renditefaktor Personal*. Frankfurt am Main: Campus.

Goerke, S. & Wickel-Kirsch, S. (2002). *Internes Marketing für Personalarbeit.*. Berlin: Luchterhand.

Grilz, W. (1998). *Qualitätssicherung in Bildungsstätten*. Berlin: Luchterhand.

Heidack, C. (1989). Zum Verständnis von kooperativer Selbstqualifikation. In C. Heidack (Hrsg.): *Kooperative Selbstqualifikation*. München: Lexika, 16–29.

Hodel, M., Berger, A. & Risi, P. (2004) *Outsourcing realisieren*. Wiesbaden: Vieweg.

Kellner, J. K. & Bosch, P. A. (2004). *Performance Shaping*. Offenbach: Gabal.

Kreß, B. & Oesterle, H. (2001). Knowledge-Management bei Siemens. Vom Training zum Management-Lernen durch Kooperative Selbstqualifizierung. In C: Heidack (Hrsg.): *Praxis der Kooperativen Selbstqualifikation*. München, Mering: Hampp, 123–151.

Lazarus, A. A., Kreitzberg, C. B. & Sasserath, V. J. (1983). Multimodale Therapie. In R. J. Corsini (Hrsg.): *Handbuch der Psychotherapie*. Weinheim, Basel: Beltz, 697–715.

Peschke, M. A. (1997). Erfolgssteuerung in der Personalentwicklung. In J. Gutmann & K. Schwuchow (Hrsg.): *Jahrbuch Weiterbildung 1997*. Düsseldorf: Handelsblatt, 171–174.

Repnik, M. (2004). Nachhaltiger Erfolg durch bedarfsgerechte Blended-Learning-Lösungen. Trendbook E-Learning 2004/05. *Zeitschrift Wirtschaft und Weiterbildung*

Sattelberger, T. (1996). Klassische Personalentwicklung. Dominant aber tot. In T. Sattelberger (Hrsg.): *Human Resource Management im Umbruch*. Wiesbaden: Gabler, 232–251.

Sattelberger, T. (1999). *Wissenkapitalisten oder Söldner?* Wiesbaden: Gabler.

Schleiken, T. (2001). Beratungskompetenz – Kooperative Selbstqualifikationin einem Teamentwicklungs-Workshop für ein Leitungsteam. In C. Heidack (Hrsg.) *Praxis der kooperativen Selbstqualifikation*. München, Mehring: Hampp.

Schneider, P. (2001). KoKoSS- Kontinuierliche Kooperative Selbstqualifizierung und Selbstorganisation. Ausbildung bei der VW AG. In C. Heidack (Hrsg.): *Praxis der Kooperativen Selbstqualifikation*. München, Mering: Hampp, 65–84.

Scholz, C., Stein, V. & Bechtel, R. (2004). *Human Capital Management*. München, Unterschleißheim: Wolters Kluwer.

Schwarz, B. (2003). Selbstgesteuertes Lernen und professionelles Handeln in der Weiterbildung. In D. Behrmann & B. Schwarz (Hrsg.): *Selbstgesteuertes lebenslanges Lernen*. Bielefeld: Bertelsmann, 19–45.

Schumacher, O. & Stockhinger, W. (1997). Outsourcing der Weiterbildung. In J. Gutmann & K. Schwuchow (Hrsg.): *Jahrbuch Weiterbildung 1997*. Düsseldorf: Handelsblatt, 155–156.

Varga von Kibéd, M. & Sparrer, I. (2003). *Ganz im Gegenteil. Tetralemmaarbeit und andere Grundformen systemischer Strukturaufstellungen*. Heidelberg: Carl Auer.

Wagner, D., Dominik, E. & Seisreiner, A. (1995). Professionelles Personalmanagement als Erfolgspotential eines holistisch-voluntaristischen Managementkonzepts. In H. Wächter & T. Metz (Hrsg.): *Professionalisierte Personalarbeit.* München, Mering: Hampp.

Make or Buy? Für und Wider dem Outsourcing von PE

Michaela Seigfried

Die Personalentwicklung als viel diskutiertes und sich wandelndes Aufgabenfeld hat sich, hinsichtlich eines historischen Aufrisses, ausgehend von den 70er Jahren, kontinuierlich stark in ihrem Schwerpunkt verändert. Während man in den 70er Jahren stark auf die Entwicklung des Individuums fokussiert war, verschob sich die Personalentwicklung im Laufe der 90er zunehmend in Richtung Organisationsentwicklung. Folglich lautet der Auftrag an die PE im Zuge einer Erreichung strategischer Unternehmensziele, durch ein Gesamtkonzept bei der Strategieerstellung und somit bei einer längerfristig angelegten Unterstützung der Mitarbeiter und der Organisation mitzuwirken (vgl. Rothbauer & Windisch, 2001, S. 4).

Die Personalentwicklung wird daher nur dann erfolgreich sein, wenn sie sich auf die Definition zweier Ziele gleichzeitig konzentriert: zum einen muss *Zukunftssicherung von morgen* betrieben werden, beispielsweise indem für steigende Flexibilität und wachsende Beschleunigung in der Verwendung und Verwendbarkeit menschlicher Leistungspotenziale gesorgt wird. Zum anderen muss die *gegenwärtige Leistungsfähigkeit* der Mitarbeiter bei der Problemlösung von heute verfolgt und somit sicherstellt werden, dass trotz aller anstehenden strukturellen und strategischen Veränderungen in der Organisation die Stabilität der kooperativen produktiven Prozesse gewahrt bleibt. Die Personalentwicklung bewegt sich daher in einem positiven Spannungsfeld von kurzfristiger, Nutzen bringender Bedarfsorientierung und langfristigen Entwicklungskonzepten (vgl. Loos, 1995, S. 29 ff.).

Wie ist es möglich, dieses schärfer werdende Spannungsfeld der strategieorientierten Personalentwicklung zu managen? Folgt man bspw. der Lehrbuchweisheit „Struktur folgt Strategie", welche in der Managementlehre die Jahre zu überdauern scheint, dann kann man nunmehr auch fragen, *welche* Struktur dafür sinnvoll ist?

Für die Strukturierung der strategischen Personalentwicklung gibt es grundsätzlich zwei Gestaltungs-Elemente in Form von „Make" or „Buy". Dabei sind diverse Strukturierungsvarianten möglich, z. B. in Form von annähernd reinen „Make"-Strukturen (1), annähernd reinen „Buy"-Strukturen (2) oder Kombinationen aus beidem (3). Im folgenden Beitrag werden einige der möglichen Variationen kurz dargestellt, unter besonderer Berücksichtigung der jeweiligen Einflussfaktoren bzw. Ausgangslagen.

1. „Make"-Strukturen

Häufig ist es der Fall, dass in KMUs (klein- und mittelständischen Unternehmen) der *Ausbildungsbeauftragte* – aufgrund der unterstellten Artverwandtschaft der Ausbildung zur Personalentwicklung – zusätzlich die Personalentwicklungsaufgaben übertragen bekommt, oder die Personalentwicklungsaktivitäten pauschal der *Personalabteilung* zugeordnet werden.

Beide Lösungen sind allerdings unbefriedigend, da sowohl der Ausbilder als auch der Personalverantwortliche, mit seinem Schwerpunkt in der personalverwaltenden Tätigkeit, völlig andere Erfolgskonzepte bei ihrer Hauptaufgabe haben und ihnen die Kosmologie der strategieumsetzenden Personalentwicklung folglich eher fremd ist.

Als weitere Make-Lösung besteht auch die Möglichkeit, die strategische Personalentwicklung bei der Unternehmensspitze selbst anzusiedeln. Dabei übernimmt beispielsweise ein kleiner Kreis von Führungskräften in Form eines *Personalentwicklungsbeirates* gewisse Aufgaben der Personalentwicklung.

Eine weitere Variante besteht im *Aufbau einer eigenen Personalentwicklungsabteilung bzw. -stelle*, die beispielsweise als Stababteilung/-stelle der Geschäftsführung agiert, wie im Falle der Raiffeisenbank Kleinwalsertal AG.

Doch insbesondere bei derartigen Klein- und Mittel-Unternehmen gibt es beim Aufbau einer eigenen Personalentwicklungsabteilung praktische Sachzwänge des Arbeitsmarktes bzw. der Betriebsgröße, sowie der überragenden Stellung des Unternehmers in diesen Organisationen, die das Engagement eines eigenen, internen Personalentwicklungs-Spezialisten zwangsläufig eher unterlaufen könnten. Auf einige dieser möglichen begrenzenden Besonderheiten bei KMUs wird an einer anderen Stelle dieses Artikels nochmals ausführlicher eingegangen.

Vor allem bei größeren Unternehmen ist die Make-Variante eine durchaus wahrscheinliche, da es hierbei u. a. aufgrund der Unternehmensgröße sowie der Organisationsform durchaus eine zielführende Umsetzung der strategischen Personalentwicklung darstellt.

Was hierbei sehr häufig beobachtbar ist, ist die Gestaltung der strategieorientierten Personalentwicklung in Form von **Competence- bzw. Expert-Centern**, wie es beispielsweise bei der Quelle AG praktiziert wurde.
Dabei werden innerhalb einer Personalentwicklungsabteilung mehrere Personalentwicklungsspezialisten zusammengefasst. Für die Gliederung dieser Spezialisten-Einheiten innerhalb des Human-Resources-Bereiches gibt es die unterschiedlichsten Prinzipien – teilweise basierend auf der Fachspezialisierung/-beratung bzw. auf der Prozessspezialisierung/-beratung.

Bei der Quelle AG wurden diese beiden Gliederungsprinzipien kombiniert. Das bedeutet, dass ein Personalentwickler innerhalb dieser Spezialisteneinheit einerseits die Verantwortung für eines bzw. mehrere bestimmte strategische Personalentwicklungsprodukte hat. Hierzu gehören beispielsweise das Mitarbeiter-Jahres-Gespräch, die Potenzialeinschätzung oder auch Förder-/Qualifizierungsprogramme, wobei sich die Zuständigkeit von der Konzeption, über die Organisation, bis hin zur Evaluation dieser Produkte erstreckt. Auf der anderen Seite galt es, parallel zur Fachspezialisierung, für einen bzw. mehrere unternehmensinterne Fachbereiche die ganzheitliche strategische PE/OE-Prozessberatung und -begleitung sicher zu stellen – vergleichbar mit einem Key-Account-Manager.

Diese Kombination von Prozessberatung und Fachberatung bietet den enormen Vorteil, dass jeder Personalentwickler innerhalb dieses Competence-Centers – parallel zur Prozessberatungskompetenz – Kompetenzen bezüglich sämtlicher Personalentwicklungs-Produkte aufgebaut haben muss, um seine Kunden innerhalb der Organisation umfassend bei seinen Personalentwicklungsprozessen beraten sowie begleiten zu können. Das ermöglicht einen professionellen Umgang des internen Personalentwicklers mit den unterschiedlichsten Kundenbedürfnissen, bei denen er situativ und mit unterschiedlicher Intensität die verschiedenen Rollen eines Beraters im Kontext der Personalentwicklung – angelehnt an die Unterscheidung nach Schein (1990, S. 41-47): Prozessberater-, Experten- oder Arztrolle – übernehmen oder ablegen kann.

Auf der Suche nach anderen Make-Lösungen stößt man auch auf die Durchführung von strategisch ausgerichteter *Personalentwicklung in Projektform*. Dabei werden förderungswürdige Mitarbeiter aus dem Unternehmen mit der Projektleitung einzelner Personalentwicklungsprojekte betraut (vgl. Stiefel, 2002, S. 205 ff.).

2. Buy-Strukturen

Insbesondere beim *Neu-Aufbau einer strategischen Personalentwicklung* beobachtet man häufig eine Umsetzung unter zu Hilfenahme einer Art Buy-Struktur.

Dabei wird, insbesondere bei der Konzeptions- und Implementierungs-Phase im Zuge des Aufbaus einer internen strategischen Personalentwicklung, diese Personalentwicklungsarbeit in einem Unternehmen durch eine externe Personalentwicklungseinheit durchgeführt. Dies kann beispielsweise durch eine externen Unternehmens- bzw. Personal- und Organisationsentwicklungs-Beratungs-Gesellschaft erfolgen, die professionell die Personalentwicklungsfunktion für diese erste Phase steuert und im Zuge dessen auch eine Infrastruktur für die künftige strategische Personalentwicklung im Unternehmen aufbaut (vgl. Stiefel, 2002, S. 209).

Diese Art von Buy-Struktur war auch beim Aufbau der strategischen Personalentwicklung der Raiffeisenbank Kleinwalsertal AG vorherrschend, da die damaligen unternehmenseigenen Personalressourcen zu gering waren, um einen konsequenten Aufbau und Erhalt einer systematischen und ganzheitlichen Personalentwicklungsfunktion sicher stellen zu können. Aufgrund dieser Kapazitätsengpässe lief man Gefahr, ständig Dringendes vor Wichtigem zu behandeln, wodurch im Ergebnis dann nur ein „Personalentwicklungs-Flicken-Teppich" gestaltbar gewesen wäre. Im Vordergrund für diese Entscheidung stand insbesondere auch das größere Prozess-Know-how einer externen Beratungseinheit, die die Implementierung und Nachhaltigkeit der Personalentwicklung im Unternehmen sicherstellt. Wie in vielen anderen Fällen, so war hierdurch auch im Falle der Raiffeisenbank Kleinwalsertal AG step by step eine interne Struktur geschaffen worden, die eine Kombination von Make and Buy oder gar eine annähernd reine Make-Struktur im Laufe der Zeit ermöglichte.

An diesem Beispiel lässt sich auch verdeutlichen, dass reine externe Buy-Strukturen selten langfristig bzw. nicht in einer 100%-Ausprägung zu finden sein werden – bedingt dadurch, dass eine wesentliche Voraussetzung von Personalentwicklungsprozessen, die eine problemlösende, anschlussfähige und nachhaltige Infrastruktur schaffen möchten, in einer intensiven Auseinandersetzung und somit in einem umfangreichen gestaltungsrelevanten Wissen über Unternehmensspezifikationen besteht. Dabei sind insbesondere Informationen u. a. zur Unternehmenskultur, zur Führungsphilosophie, zu organisatorischen Rahmenbedingungen und zu unterneh-mensspezifischen Kommunikationsmöglichkeiten unerlässlich (vgl. Haase, 2002, S. 203). Das bedeutet, dass zumindest eine umfangreiche und enge Kooperation mit einem Unternehmensinternen unausweichlich ist.

3. Kombination von Make and Buy-Strukturen

Welche Variationen bei einer Verknüpfung von internen und externen Personalentwicklungs-Ressourcen auftreten können, wird im Folgenden weiter ausgeführt. So gibt es auf dem externen Personalentwicklungsberatungsmarkt dazu mittlerweile sehr ausgefeilte Pauschal-Angebote, die einem eine Make- and Buy-Kombination als sogenanntes „INEX-Modell" offerieren. Dabei kann sich beispielsweise ein kleines Unternehmen ohne fest angestellten internen Personalentwickler, eine *externe Personalentwicklung projektbezogen* einfach *mieten*, die es dem Unternehmen somit ermöglicht, dennoch notwendige PE-Maßnahmen zu realisieren. Dieses sogenannte INEX-Modell steht dabei für die Verknüpfung von INternen und EXternen Personalentwicklungs-Ressourcen. Dabei stellt der externe Berater dem Unternehmen seine Personalentwicklungs-Ressourcen in Form einer komplett ausgestatteten Personalentwicklungs-Instrumentenbox zur Verfügung und ist zugleich Fachcoach für das geplante Personalentwicklungs-Projekt. Die internen Personalentwicklungs-Ressourcen leistet das Unternehmen selbst durch eine Art Steuerkreis bzw. internes Personalentwicklungs-Board als kompatibles Verbundstück, das die kontinuierliche Orientierung am tatsächlichen Bedarf des Personalentwicklungs-Projektes sichert. Dieses Board ist unter anderem Ansprechpartner, Informationslieferant, Resonanzboden und Controller des externen Personalentwicklungs-Beraters für dieses Projekt (vgl. Richter, 2002).

Bei dieser Art von Make- and Buy-Kombination ist es allerdings von zentraler Bedeutung, dass das interne Personalentwicklungs-Board bzw. die Geschäftsleitung den strategischen Personalentwicklungs-Gesamtüberblick und die Steuerung dessen sicher stellen kann; denn hierbei übernimmt der externe Kooperationspartner nur punktuelle Fachberatung sowie evtl. bezogen auf das jeweilige Projekt die daraufhin klar begrenzte Prozessberatung.

Bei Großunternehmen mit eigener Personalentwicklungsabteilung, wie beispielsweise bei der Quelle AG, sind auch themenbezogen häufig Make- and Buy-Strukturen beobachtbar, bei denen die grundlegenden Personalentwicklungsprozesse fast komplett von internen Personalentwicklern gestaltet und begleitet werden, oft aber die ***Durchführung bestimmter einzelner Maßnahmen***, im Rahmen dieser Prozesse, ***extern vergeben*** werden. Das heißt, dass beispielsweise einzelne Workshopmoderationen bzw. Fach- oder Methoden-Trainings durch dafür beauftragte externe Trainer bzw. Berater ausgeführt werden; die Entscheidung der Sinnhaftigkeit von derartigen Maßnahmen wird dabei immer nur intern gefällt. Anders ausgedrückt behält die interne Personalentwicklung hier die Rollen der PE-Prozesshoheit sowie des Instrumentenexperten bei. Dadurch kann zum einen der Knappheit interner Ressourcen Rechnung getragen werden sowie zum anderen der Möglichkeit, hochprofessionelle Experten für die jeweilige Thematik einbinden zu können, ohne die Gesamtprozessbetreuung einschränken bzw. derartige Spezialisierungen innerhalb der internen Personalentwicklung zur Verfügung haben zu müssen. Eine solche Kombination von Make and Buy wie bei der Quelle AG lässt sich bei KMUs nur schwer durchführen, oft mangels genügender interner Personalentwicklungs-Kapazitäten sowie -Kompetenzen.

Eine Ausnahme stellt hierbei die Raiffeisenbank Kleinwalsertal AG dar, die mittlerweile über ca. 140 Mitarbeitern verfügt. So hat diese mittelständige Organisation durch Schaffung von dafür notwendigen internen Kapazitäten und Kompetenzen die notwendigen Investitionen in den Aufbau einer strategischen Personalentwicklungsinfrastruktur getätigt. Dies nicht zuletzt aufgrund des hohen Stellenwertes des Mitarbeiters als Kapital der Unternehmung, sowie der Bewusstheit über die Zukunftsrelevanz von Personal- und Organisationsentwicklungsprozess-Begleitung. Dadurch ist es auch in einem solchen KMU möglich, eine strategische Personalentwicklung zu gestalten, die einen überwiegenden Make-Anteil mit PE-Prozesshoheit und Instrumentenexpertentum hat, ergänzt durch Buy-Anteile, indem die Durchführung von einzelnen Maßnahmen externen Beratern überlassen wird.

Wie die Darstellung dieser unterschiedlichen Varianten von Make „and" bzw. „or" Buy von strategischer Personalentwicklung gezeigt hat, hängen diese Gestaltungsmöglichkeiten von verschiedenen **Ausgangslagen** bzw. **Einflussfaktoren** ab, die nachfolgend nochmals näher beleuchtet werden. Ein wesentlicher Einflussfaktor hierbei ist die *Unternehmensgröße*. Welche Bedeutung diese für die Gestaltung der Personalentwicklungsarbeit hat, zeigen u. a. auch die Ergebnisse wissenschaftlicher Untersuchungen zur Systematik von Personalarbeit bei KMUs. Danach arbeiten weniger als ein Prozent der gesamten Mitarbeiter eines KMU's hauptamtlich im Personalbereich, wohingegen es in Großunternehmen viermal so viele sind. Nur 25 Prozent der Unternehmen mit bis zu 150 Mitarbeitern und nur 38 Prozent der Unternehmen mit 150 bis 500 Mitarbeitern haben einen hauptamtlichen Personalleiter; bei Unternehmen mit mehr als 500 Mitarbeitern sind dies 72 Prozent. Dies belegt, dass die Rahmenbedingungen für eine systematisch organisierte Personalarbeit in KMUs im Vergleich zu größeren Unternehmen deutlich andere sind. Bezugnehmend zur strategischen Personalentwicklungsarbeit ist es nachvollziehbar, dass die Grundlage für systematische, strategieorientierte Personalentwicklungsarbeit eher sehr dünn beschaffen ist, angelehnt an die geringen Kapazitäten sowie zwangsläufig auch geringeren Kompetenzen des gesamten Personalbereiches. Dies hat oft zur Folge, dass sich die Personalentwicklung in KMUs häufig auf Weiterbildung des Managements beschränkt und weitgehend ad hoc erfolgt, also mehr in Form eines aktionistischen Reparaturhandwerkers. Das heißt, dass viele KMUs in allen Bereichen, die mit einer systematischen, strategieorientierten Personal- und Organisationsentwicklung zusammenhängen, Defizite haben. Die Ursache liegt zum einen in der Abwesenheit von Spezialisten sowie darin, dass die Personalverantwortlichen, die nebenbei meist auch für die Weiterbildung bzw. Personalentwicklung zuständig sind, ein enorm breites Aufgabenfeld haben. Hierdurch ist es schier unmöglich, zusätzlich noch Kapazitäten und Kompetenzen für strategisches Arbeiten zu erübrigen. Dieses behalten sich in vielen KMUs ohnehin die Geschäftsführer vor (vgl. Müller, 2004, S. 31 f.).

KMUs, die nicht in der Lage sind bzw. glauben, nicht in der Lage zu sein, interne Personalentwicklungsressourcen aufzubauen, durchaus aber gewillt sind, dafür Ausgaben zu tätigen, greifen als Kompromisslösung hierbei teilweise auf den Zukauf von umfassenden Personalentwicklungsleistungen durch den externen Beratermarkt zurück. Welche Vor- und Nachteile damit verbunden sind, wird an anderer Stelle nochmals ausführlicher diskutiert.

Allerdings sind einige Unternehmen der klein- und mittelständigen Wirtschaft, die den Bedeutungsgehalt der strategischen Personalentwicklung erkannt haben, dennoch bestrebt, eine eigene Personalentwicklungsabteilung aufzubauen, die dann beispielsweise der Geschäftsleitung direkt angehängt ist. So wie im Falle der Raiffeisenbank Kleinwalsertal AG, bei der die Stabstelle der Personal- und Organisationsentwicklung direkt beim Vorstand aufgehängt ist.

Wie schon weiter vorne kurz beschrieben, ist dieser Aufbau einer internen PE für kleine Unternehmen nicht sehr leicht. Das steht insbesondere auch im Zusammenhang damit, den „richtigen" Kandidaten bekommen zu können, der den Anforderungen an einen internen strategieumsetzenden Wertschöpfungsleister gerecht werden kann und dann zusätzlich auch bereit ist, eine Personalentwicklungsposition in einem KMU zu besetzen. Dabei setzt insbesondere der Arbeitsmarkt die Unternehmen unter praktische Sachzwänge. Die zwingend notwendigen Anforderungen an einen strategisch ausgerichteten Personalentwickler werden im Folgenden kurz dargelegt (angelehnt an Stiefel, 2002, S. 207):

- Wissen und Verständnis für unternehmerische Fragen, insbesondere hinsichtlich Erfahrungen für die Bearbeitung von Fragen der strategischen Marschrichtung eines Unternehmens.
- Mündliche und schriftliche Kommunikationsfähigkeiten, um strategisch relevante Sachverhalte adressatengerecht zu übersetzen bzw. umzusetzen.
- Mentale Passung an die Unternehmenskultur – der Personalentwickler als Träger der angestrebten Soll-Kultur bzw. als „Sozialisationsagent".
- Sachverstand sowie verinnerlichte Werte und nicht nur kognitives Wissen darüber.
- Initiative und Fähigkeiten für das „richtige" Ausfüllen von Freiräumen – Fähigkeit, die richtigen Projekte in Gang zu setzen statt aktionistischer Projekttätigkeit.
- Fähigkeit und Bereitschaft, mit Unvollkommenheiten der infrastrukturellen Ausstattung zu arbeiten – sich mit Sensibilität und Flexibilität so einzufügen, dass eine arbeitsfähige Ausgangsbasis für die Entwicklungsarbeit im Unternehmen hergestellt wird.
- "Persönlichkeit" als Entwickler und Veränderer – Bereitschaft und Begeisterung bei den Mitarbeitern im Unternehmen wecken, sich mit ihm in Veränderungsprojekte einzulassen.

Für den Fall, dass man einen derartig kompetenten Personalentwickler findet und er auch bereit wäre, diese Stelle anzunehmen, kann es in KMUs aufgrund der Unternehmensgröße durchaus dazu kommen, dass dieser Spezialist auf der Personalenwicklungs-Stelle nicht voll einsetzbar ist, da für die effektive Nutzung von 100% Personalentwicklungskapazitäten das Unternehmen eine zu geringe Größe haben könnte und somit noch andere Aktivitäten vom Personalentwickler zu übernehmen sind, was seine Wirkung hinsichtlich der Personalentwicklungsarbeit durchaus einschränken könnte (ebenda, S. 208).

Ein weiterer wesentlicher Einflussfaktor bezüglich der Gestaltungsmöglichkeiten von strategieorientierter Personalentwicklung ist die Art und Weise der *Anbindung bzw. Aufhängung der Personalentwicklungsfunktion im Unternehmen*. Diese verschiedenen Möglichkeiten, von Integration bei der Aus- und Weiterbildung bzw. beim Personalleiter etc., bis hin zur Anbindung als eigene Personalentwicklungsabteilung an die Geschäftsleitung wurden bereits an anderen Stellen ausführlicher erörtert.

Von entscheidender Bedeutung bei der Gestaltung von strategischer Personalentwicklung ist auch die *Reifephase der Personalentwicklungsarbeit* in einem Unternehmen. Anhand der Entwicklungsgeschichte der Personal- und Organisationsentwicklung bei der Raiffeisenbank Kleinwalsertal AG (RKWT) lässt sich die Bedeutung unterschiedlicher Reifephasen von Personalentwicklungsarbeit und ihre Gestaltung verdeutlichen.

Die RKWT bestand Anfang der 90er Jahre aus ca. 30 bis 40 Mitarbeitern und einem Vorstand mit ausgeprägter Affinität für strategische Personalentwicklungsarbeit. Damals war eine separat strukturierte PE noch nicht zwingend erforderlich, da die Geschäftsleitung genügend Transparenz über das Unternehmen und die damals bedeutsamen Personalentwicklungs-Prozesse hatte, sowie über die dafür notwendigen eigenen Kapazitäten und Kompetenzen verfügte. Dann kam es zu einer stetigen Zunahme der Unternehmensgröße, die eine andere Art von Instrumenten, Prozessen und Steuerung erforderlich machte, um Personalentwicklung ganzheitlich und mit Systematik betreiben zu können. Ende der 90er bestand die RKWT dann aus ca. 80 bis 100 Mitarbeitern. Um nun dem Anspruch an eine ganzheitliche strategieorientierte Personalentwicklung gerecht werden zu können, engagierte die RKWT zunächst eine externe Personal- und Organisationsentwicklungs-Gesellschaft, die für bestimmte Zeiteinheiten der RKWT als hauptamtliche Personalentwicklung in Form eines externen Beraters zur Verfügung stand. Zielsetzung dieser annähernd reinen Buy-

Struktur war, die unternehmensinternen Ressourcen nicht zu sehr ausweiten zu müssen und durch dieses Outsourcing eine flexible Kapazitätssteuerung erreichen zu können. Des Weiteren war es von Bedeutung, das Prozess-Know-how sowie diesbezügliche Erfahrungswerte einer externen Personalentwicklungs-Einheit in den Aufbau der unternehmensinternen Personalentwicklungs-Infrastruktur und deren Verankerung im Unternehmen einzubringen. In dieser Phase wurden Prozesse bzw. Instrumente wie bspw. Management by Objectives, Leitbild, Mitarbeiterjahresgespräch, Bewerbungsprozess u. v. m. für die RKWT gestaltet.

Nach Abschluss dieser Konzept- und Implementierungs-Phase wurde deutlich, dass die Personalentwicklungsarbeit der RKWT nun einen Reifegrad erreicht hatte, bei dem es von Vorteil ist, von einer annähernd reinen Buy-Struktur auf eine Misch-Struktur aus Buy and Make überzugehen, um dadurch u. a. eine größere Nähe zu unternehmensinternen Prozessen zu schaffen, die auch eine „RKWT-Kultur-Inhalation" ermöglicht. Des Weiteren galt es, eine größere zeitliche Flexibilität und Spontanität für Personalentwicklungsaktionen zu gewährleisten. Zusätzlich sollte diese Misch-Struktur auch einen Beitrag zur Kostenreduzierung für externe Beraterhonorare leisten. Im Fokus der internen Personalentwicklungsarbeit stand nun allerdings die Sicherstellung der Prozesskontinuität im Unternehmen.
2001 wurde dafür eine interne Stabstelle für Personal- und Organisationsentwicklung geschaffen und besetzt, die in enger Kooperation mit der externen Personal- und Organisationsentwicklungs-Gesellschaft die implementierten Prozesse und Instrumente ausbaute und nachhaltig deren Verankerung, Anschlussfähigkeit und Kontinuität sicherstellte.
Nach Schaffung sämtlicher für die RKWT relevanter Personalentwicklungs-Instrumente und -Prozesse und deren Konsolidierung im Unternehmen, entwickelte sich daraus bei einer aktuellen Unternehmensgröße von ca. 140 Mitarbeitern, wieder eine annähernd reine Make-Struktur. Dabei wird auf der Grundlage der geschaffenen umfangreichen unternehmensinternen Personalentwicklungs-Plattform, mit einem deutlichen Schwerpunkt in der Personal- und Organisationsentwicklungs-Prozessbegleitung, die strategieorientierte Personalentwicklung der RKWT ausschließlich intern gestaltet. Bei einzelnen Maßnahmen, insbesondere bei Fach-/Methodentrainings bzw. Moderationen, bietet es sich allerdings ergänzend an, auf Spezialisten des externen Beratermarktes zurückzugreifen.

Wie im Beispiel der Raiffeisenbank Kleinwalsertal AG schon verdeutlicht wurde, hat jede Form der Gestaltung von strategieorientierter Personalentwicklung sein Für und Wider. Zunächst werden die Vorteile von

Buy-Strukturen näher beleuchtet, die häufig einhergehen mit den Grenzen der Make-Strukturen oder anders ausgedrückt, **das Für des Outsourcings von PE-Leistungen:**

- Insbesondere für die Phase des systematischen Aufbaus von strategieorientiertem Personalentwicklungs-Know-how in der Linie einer Organisation ist die Buy-Struktur eine ideale Grundlage, um Ganzheitlichkeit bei der Gestaltung der Personalentwicklungsprozesse, gespickt mit dem Spezialwissen sowie den Prozesserfahrungen externer Experten als Träger des unternehmensübergreifenden Wettbewerbs um Organisations-Know-how, sicherzustellen.

- Eigens für Unternehmen, die beispielsweise keinen „richtigen" Personalentwicklungskandidaten am Arbeitsmarkt für ihr Unternehmen gewinnen können, bietet sich hierdurch auch die Chance, einen Personalentwicklungs-Neuling durch eine on-the-job-Begleitung der externen Personalentwicklungs-Spezialisten auszubilden und für die interne Begleitung der strategischen Personalentwicklung des Unternehmens vorzubereiten.

- Darüber hinaus ist eine annähernd reine Buy-Struktur für Klein-Unternehmen langfristig immer noch die bessere Lösung im Vergleich zu gar keiner systematischen Personalentwicklung; auch wenn dieser Vorteil einhergeht mit den Nachteilen des Outsourcing, bezogen auf bestimmte Phasen bzw. Themen, bei denen eine Make-Struktur vorteilhafter wäre.

- Der Zukauf von Personalentwicklungsleistungen bietet sich vor allem dann auch maßnahmenbezogen an, wenn Spezial-Know-how bzw. besondere Erfahrungen oder der Zugang zu Expertise auf neuen Gebieten erforderlich, aber intern nicht verfügbar bzw. zugänglich sind. Somit kann es auch eine sinnvolle Ergänzung zur internen Personalentwicklung darstellen, bestimmte Prozesse bis zu einem klar definierten Meilenstein des Prozesses out zu sourcen, wie beispielsweise im Falle des Recruitings.

- Des Weiteren ist Buy zieldienlich in Fällen, bei denen es darum geht, eine Sichtweise bzw. einen Standpunkt außerhalb der Organisation/des Systems erhalten zu können und somit auch die Chance von nötiger Irritation bzw. Provokation des Systems dadurch intensiv nutzen zu können.
Beispielsweise ist es in bestimmten Fällen bzw. für bestimmte Zielgruppen innerhalb der Organisation teilweise eine zielführendere Variante,

bestimmte Coaching- bzw. Moderationsthemen an einen externen Berater zu vergeben. Durch Abhängigkeitsverhältnisse des internen Personalentwicklers zu dieser Personengruppe bzw. durch zu große unternehmensinterne Nähe kann es bei spezifischen Themenstellungen zu einer Art „Beißhemmung" bzw. „Betriebsblindheit" des internen Personalentwicklers kommen, die den Fortschritt des Prozesses im Rahmen des Coachings bzw. der Moderation nicht in genügendem Maße unterstützen würde. Hierbei ist wiederum maßnahmenbezogen die Rolle eines externen Coaches/Beraters gefragt, der keine Rücksicht auf interne Bedürfnisse zu nehmen braucht und somit in der Rolle eines externen Schlichters/Vermittlers insbesondere bei interessensensitiven Projekten neutraler sein kann. Gelegentlich wird aber auch genau der „Hofnarr" gesucht, der gezielt „nein"! sagen kann und ungeliebte Wahrheiten ausspricht (vgl. Schöneberg, 2004, S. 35 – 40).

- Nicht zuletzt bietet das Outsourcing eine temporäre Hilfestellung und Ressourcenbereitstellung bei Bedarfsspitzen, wodurch eine Begrenzung der Kosten und des Zeitbedarfs bei Zusatzaufgaben möglich ist, da eventuelle Leerkapazitäten von zusätzlich aufzubauenden internen Kapazitäten vermieden werden.

Die oben aufgeführte Logik fortführend, liegen in vielen Fällen von Grenzen bei Buy-Strukturen die Vorteile von Make-Strukturen, oder anders ausgedrückt, **das Wider des Outsourcing von PE-Leistungen**, das nachfolgend angeführt wird:

- Als kontinuierliche Personalentwicklungseinheit ist es in einer Buy-Struktur für eine externe PE-Einheit fast unmöglich, den laufenden Kontakt ins Unternehmen sicher zu stellen, um somit die Kultur des Unternehmens, die eine wesentliche Arbeitsgrundlage darstellt, „atmen" zu können. Externe sind meist nur für bestimmte Zeiteinheiten und Themen gebucht, wodurch es äußerst schwierig ist, gestaltungsrelevantes Wissen aufzunehmen, da es nicht nach außen weitergegeben werden kann bzw. soll. Dieser Nachteil kann durch eine Make-Struktur umgangen werden.

- Oft kommt es auch zu Personalentwicklungs-Spontanaufträgen im Unternehmen, beispielsweise in Form von Moderationsaufträgen, die sehr zeitnah zu erledigen sind. Derartige Aufträge sind aufgrund der Begrenztheit bzw. fixierten Terminierung externer Beratungskontakte selten so kurzfristig bzw. spontan möglich. Auch in diesem Falle kann die Schaffung einer kontinuierlichen Kapazitätsbereitstellung und Präsenz einer internen Personalentwicklungseinheit den Bedarf befrieden.

- Eine interne Personalentwicklungseinheit hat zusätzlich den Vorteil der größeren Klarheit der Rolle des Personalentwicklungsspezialisten für die Organisation, die ins Unternehmen ausstrahlt.
Bei einem nur teilweise präsenten externen Personalentwicklungsspezialisten kann es zu Unklarheiten bezüglich seiner Rolle für verschiedene Personen im Unternehmen kommen, die zu Misstrauen der Mitarbeiter ihm gegenüber führen können. Dadurch, dass der externe Personalentwickler vom Vorstand beauftragt ist und dorthin auch ein regelmäßiger Kontakt gehalten wird, könnte das Gefühl bei den Mitarbeitern entstehen, dass der Externe sämtliche vertrauliche Informationen aus dem Unternehmen an den Vorstand weitergibt. Schließlich hat dieser ihn engagiert, so dass ein externer Berater somit in der Wahrnehmung der Mitarbeiter vom Vorstand abhängig sein könnte.

- Der Vorteil der genügenden Distanz von externen Beratern kann sich auch zum Nachteil umkehren, da dadurch ein Eintauchen in das Kundensystem sehr schwer möglich ist, wenn die Professionalisierung im „von außen draufschauen!" besteht. Diese Rollenflexibilität bezüglich des tiefen Eintauchens in den Kontext wäre vor allem bei längerfristigen Kooperationen erforderlich, die somit durch eine externe Einheit nur schwer bzw. nicht umsetzbar ist und für eine interne Personalentwicklungslösung spricht.

- Ein weiterer Vorteil einer internen Lösung besteht auch im Kostenargument, da die Tagessätze externer Berater erheblich über den internen Vollkosten liegen. Durch die projektbezogene Kalkulation von Beratern auf Honorarbasis ist eine langfristige Prozessbegleitung durch externe Einheiten keine effiziente Lösung, da hiermit ein enormer Kostenfaktor geschaffen wird. Damit einher geht auch das Denken von Beratern in Opportunitätskosten, was einen enormen Kosten- und Leistungsdruck verursachen kann. Allerdings ist diese Leistungsbasis ideal für Aufträge mit einer klar abgrenzbaren Expertenrolle, aber weniger bezüglich der Sicherstellung der Umsetzung. Das bedeutet, wie bereits erwähnt, dass für die Gewährleitung von Prozesskontinuität eine interne Besetzung wiederum der richtige Lösungsansatz ist.

- Des Weiteren bietet eine interne Lösung auch die Abwesenheit der Abhängigkeit des Personalentwicklers gegenüber dem Vorstand bezüglich Folgeaufträgen, die auch zu einem eher kontraproduktiven Leistungsdruck führen könnte. Externe Berater laufen hierbei Gefahr, aufgrund dieser "täglichen Akquise-Witterung" einem Erfolgsdruck ausgesetzt zu sein, die eine optimale Gestaltung einer Personalentwicklungsfunktion eher unterlaufen könnte.

- Nicht zu vernachlässigen ist hierbei auch, dass durch den Einsatz externer Beratungseinheiten enormes internes Wissen gesammelt und aufgebaut wird, das durch den Weggang der Externen nach Beendigung des Projektes zu einem immensen Wissensabfluss führen könnte. Durch eine interne Personalentwicklungseinheit kann dieses Wissen im Unternehmen gehalten werden.

- Abschließend gilt es nochmals zu betonen, dass nur eine interne Einheit aufgrund verschiedener Faktoren, die bereits in den oben angeführten Vorteilen von Make-Strukturen ausgeführt wurden, die ideale Struktur zur Wahrung der Prozesskontinuität und Sicherstellung der Umsetzung darstellt – insbesondere, da die Verantwortung hierfür bedingt ist durch die feste Integration im Unternehmen und sie sich somit auch nach Ende des Projekts verantwortlich fühlen.

4. Fazit

Durch das Abwägen des Für und Wider des Outsourcing von PE-Leistungen wird deutlich, dass weder nur Make noch Buy die jeweils einzig richtige Lösung für eine strategische Personalentwicklung darstellen. Auch hierbei ist der richtige Mix von Make and Buy, zum richtigen Zeitpunkt und im richtigen Kontext, entscheidend; abhängig von der Größe des Unternehmens, der Organisationsstruktur, der Reifephase der Personalentwicklungsarbeit und der Themenstellung im Unternehmen.

Kurzum kann zusammenfassend festgehalten werden, dass es von großer Bedeutung ist, die Personalentwicklungs-Prozesshoheit intern sicher zu stellen mit einem aktiven Netzwerk von Kooperationsbeziehungen zu externen Personalentwicklungsberatungsgesellschaften, die zu den jeweiligen Zeitpunkten bzw. Themenstellungen bspw. als Fachberater oder als Sparringspartner des Internen etc. eine größere Hebelwirkung in dieser Kombination stiften als die reine Make-Struktur.

Der richtige Mix macht's!

Literatur

Haase, A. (2002). *Make-or-buy-Entscheidung für die Unternehmensberatung. Ein Prinzipal-Agent-theoretischer Strukturierungsansatz.* Wiesbaden: Deutscher Universitäts-Verlag.

Loos, W. (1995). Personalentwicklung in turbulenten Zeiten. *Organisationsentwicklung, 3,* 29.

Müller, H. (2004). Nicht immer klein, aber fein. *Die Unternehmensberater, 5,* 31–32.

Richter, K. (2002). Personalentwicklung einfach mieten. *Wirtschaft + Weiterbildung, 1.*

Rothbauer, G. & Windisch, B. (2001). Odyssee in der PE. Entwicklung, Stand und Ausblick in der Personalentwicklung. *Hernsteiner, 1.*

Schein, E. H. (1990). Eine allgemeine Philosophie des Helfens – Der Experte, der Doktor, Hilfe zur Selbsthilfe. *GDI Impuls, 3,* 41–47.

Schöneberg, C. (2004). Erfolgsfaktoren Internal Consulting. Der richtige Mix macht's. *Unternehmensberater, 4,* 35–40.

Stiefel, R. T. (2002). *Personalentwicklung in Klein- und Mittelbetrieben. Innovationen durch praxiserprobte PE-Konzepte.* Leonberg: Rosenberger.

Wie messen? Umrisse eines modernen Bildungscontrollings

Klaus W. Döring

Im folgenden Kapitel wird am Beispiel eines modernen Bildungscontrolling-Ansatzes gezeigt, dass „strategische" PE im Betrieb heute letztlich „systematische" PE heißen muss. Denn nach herkömmlichem Verständnis ist Bildungscontrolling die Frage nach dem Verhältnis von eingesetzten Mitteln zu dem messbaren Erfolg betrieblicher Bildungsmaßnahmen. Bildungscontrolling in diesem Sinne fragt – wie alle Geschäftsbereiche eines Unternehmens – nach dem Mehrwert spezifischer Maßnahmen, also nach deren Produktivität, Rentabilität, Effizienz und Wertschöpfung.

Dieses einseitig kostenorientierte Controllingverständnis ist für Bildungscontrolling interessanterweise überholt. Es hat sich vielmehr ein modernes Verständnis von Controlling für diesen Bereich durchgesetzt, den man als vierdimensional kennzeichnen kann. Diesbezüglich spricht man bereits von einem „Mehrebenencontrolling" (von Landsberg, 1995), das für den vorliegenden Zusammenhang von besonderem Interesse ist:

1. Dimension: Kosten- und Wirtschaftlichkeitscontrolling
2. Dimension: Qualitätscontrolling
3. Dimension: Strategisches Controlling
4. Dimension: Reporting.

Dieser moderne, breite Bildungscontrollingansatz wird im Folgenden näher dargelegt. Er spiegelt den Gedanken wider, dass PE im betrieblichen Geschäftsprozess sowohl

- eine wirtschaftliche wie
- eine professionell-pädagogisch-psychologische als auch
- eine betrieblich-strategische wie
- eine kommunikative

Seite hat und sich nur in dieser Vierdimensionalität voll erfassen lässt. Von daher geht jede einseitige Sicht des Problems an der Sache vorbei (s. Abbildung 1).

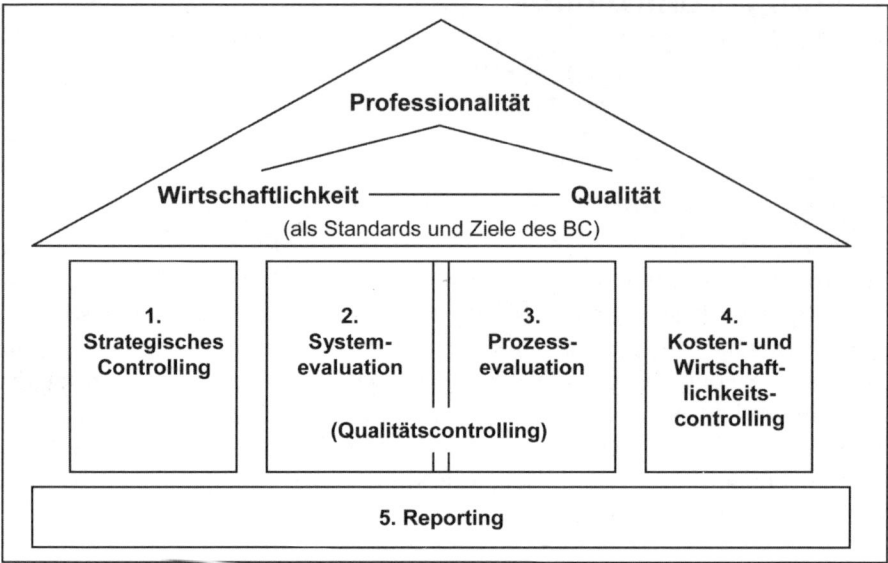

Abb. 1. Modell eines fünf Ebenen umfassenden Bildungscontrollings

1. Erste Begriffsklärung: Bildungscontrolling

Der Begriff *Bildungscontrolling* ist entwickelt worden aus einem allgemeinen betriebswirtschaftlichen Verständnis von Controlling. Dabei bezeichnet dieser Begriff entgegen verbreiteter Ansicht nicht so sehr den Aspekt der *Kontrolle* als vielmehr den der systematischen *Steuerung* auf der Basis spezieller Daten.

In diesem Verständnis ist er eng verwandt mit dem Begriff *Evaluation*. Dieser hat seinen Ursprung in der Erforschung schulischer Bildungsprogramme der 50er und 60er Jahre. Evaluation meint die systematische Anwendung aller wissenschaftlichen Methoden und Techniken:

1. zum Beweis der Nützlichkeit von Bildungsmaßnahmen und
2. zu deren praktischer Weiterentwicklung und Verbesserung.

In Kongruenz mit dem derzeitigen Sprachgebrauch ist aber *Bildungscontrolling* als Oberbegriff erhalten geblieben, während *Evaluation* bestimmte Teilbereiche von Bildungscontrolling terminologisch abdecken sollte, die sich ganz praktisch auf systemische und prozessuale Verbesserungen des betrieblichen Bildungsgeschehens beziehen. In diesem Sinne folgt die Begriffsbildung Wöltje und Egenberger (1996), die ausdrücklich kritisieren, dass der Begriff der Evaluation fälschlicherweise oft mit Erfolgskontrolle gleichgesetzt wird:

„Die Evaluation richtet sich demnach auf alle [...] Phasen der betrieblichen Weiterbildung. Evaluation soll damit beispielsweise auch prüfen, ob die Rahmenbedingungen optimal waren und in welchen Bereichen noch Verbesserungsmöglichkeiten liegen [...]. Der Erfolg einer Weiterbildungsaktivität hängt aber auch von Teilnehmern, Methoden, dem Trainer und den Rahmenbedingungen ab. Auch Medieneinsatz [...] oder Inhalte einer Weiterbildungsaktivität gehören zu diesen Erfolgsfaktoren [...]" (Wöltje & Egenberger, 1996, S. 208).

Für den vorliegenden Zusammenhang wird daher vorgeschlagen, den Bereich des Qualitätscontrolling mit den Termini

- Systemevaluation und
- Prozessevaluation

zu fassen:

> Bildungssystem- wie Bildungsprozessevaluation dienen nicht nur der Kontrolle und Steuerung der betrieblichen PE, sie dienen vor allem der ständigen Verbesserung und Förderung der Rahmenbedingungen und Prozesse betrieblicher Bildungsmaßnahmen.

Bildungscontrolling dient der Sicherung des Bildungserfolges durch systematische und professionelle Erfolgssteuerung. Welche Gründe sind es letztlich, die für eine systematische Erfolgssicherung der Weiterbildung sprechen?

2. Warum Bildungscontrolling?

Die jahre-, ja jahrzehntelange Vernachlässigung des betrieblichen Bildungscontrolling muss angesichts der enormen Finanzmittel, die insbesondere für die PE in den letzten Jahren aufgebracht wurden, überraschen. Diesbezüglich verhält es sich ähnlich wie beim Qualitätsmanagement. Auch hier glaubte man lange Zeit, sich die Mühe einer systematischen Qualitätssicherung der Bildungsprozesse schenken zu können, mit der Folge, dass das Niveau traditioneller Formen der Weiterbildung teilweise unverantwortlich absank.

Schaut man sich jedoch die folgenden sechs Begründungen für ein systematisches Bildungscontrolling genauer an, so staunt man über die Breite der Perspektiven. So betrachtet liegt es im Interesse jedes betrieblichen Bildungssystems, sich nicht nur unter Zwang oder unternehmensinternem Druck, sondern auch aus Eigeninteresse den Aufgaben des Bildungscontrolling aktiv zu stellen.

1. Etablierung des wettbewerbsbezogenen und kostenbewussten Denkens auch im Bildungssektor,
2. Nachweis der eigenen Leistungsfähigkeit, Professionalität und Legitimität,
3. Sicherstellung des Erfolges und der Qualität aller betrieblichen Bildungsprozesse,
4. Schaffung von Transparenz auch für das Geschäftsfeld Personalentwicklung,
5. Führung des Nachweises, dass die betriebliche Bildung ein „normales" investives und innovatives Geschäftsfeld des Unternehmens darstellt,
6. Nutzung des Bildungscontrolling für ein effektives innerbetriebliches Geschäftsfeld-Marketing.

3. Modellvorstellungen zum Bildungscontrolling

Es ist durchaus aufschlussreich – auch für die Praxis –, sich einmal verschiedene Modellbildungen zum Bildungscontrolling anzuschauen. Entsprechend dem uneinheitlichen Begriffsgebrauch von Bildungscontrolling weichen auch die Modellvorstellungen voneinander ab.

Zunächst ist der sogenannte *controle-cycle* von Interesse, weil er in allgemeiner Form über verschiedene Ansätze hinweg die Grundfunktionen eines modernen Bildungscontrolling rund um das Bildungsgeschehen – die „performance" also – erfasst (s. Abbildung 2).

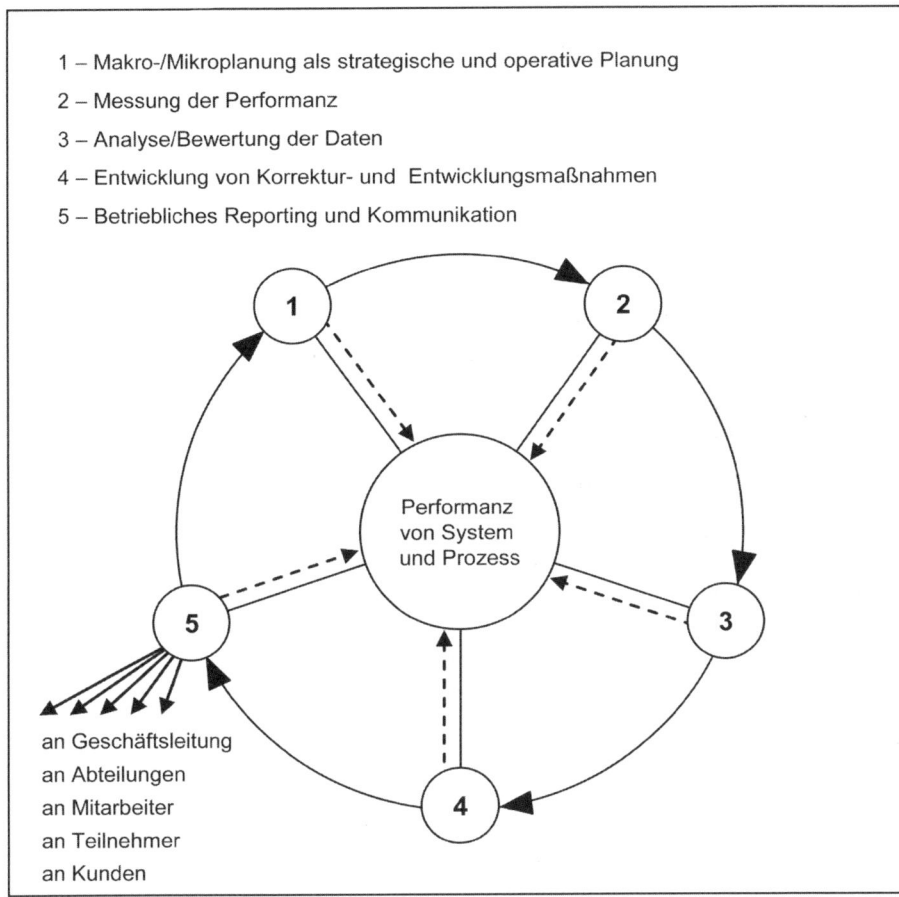

Abb. 2. *Control Cycle* des Bildungscontrollings

Das Modell überdeckt als solches alle drei Grundformen

- Kosten- und Wirtschaftlichkeitscontrolling,
- System- und Prozessevaluation,
- strategisches Controlling.

Wichtig ist, dass nach jedem abgeschlossenen Schritt alle verfügbaren Controllingdaten – im Sinne umfassender Transparenz nach innen – zunächst und unmittelbar wieder in das Bildungssystem und an alle Funktionsträger weitergeleitet werden. Dadurch lassen sich Korrekturen schon ins Auge fassen und einleiten, während der Gesamtprozess noch läuft.

Zwei grundlegend unterschiedliche Steuerungsmodelle des Bildungscontrolling lassen sich (nach von Landsberg, 1995, S. 358) weiter unterscheiden (s. Abbildungen 3 und 4):

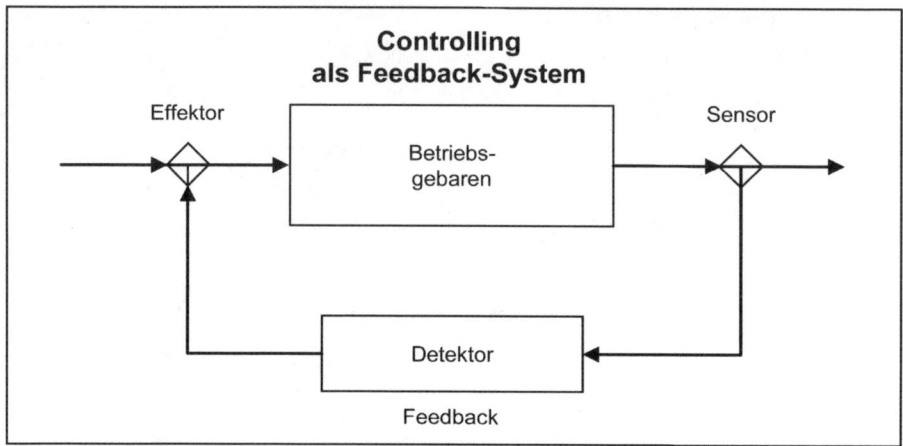

Abb. 3. Controlling als Feedback-Steuerung (nach von Landsberg, 1995, S. 358)

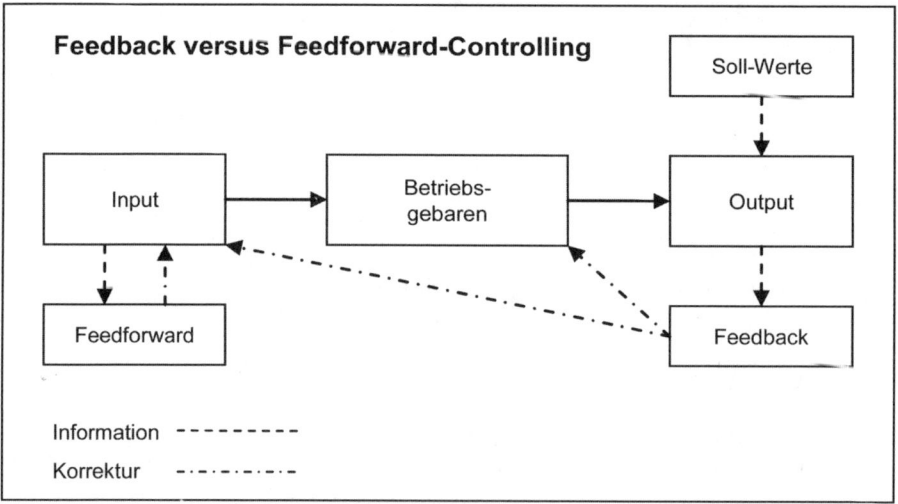

Abb. 4. Controlling als Feedforward-Steuerung

Beide Modelle unterscheiden sich letztlich dadurch voneinander, wie sie Bildungscontrolling als Steuerungsinstrument nutzen wollen:

- *Feedback-Steuerung* ist rückwärtsgewandt und versucht, aus Negativabweichungen zu Änderungen zu kommen.

- *Feedforward-Steuerung* ist vorwärtsgerichtet und versucht, aus allen verfügbaren Daten eine antizipierende Systemanpassung zu erreichen.

Entsprechend den beiden Modellen Feedback-Steuerung und Feedforward-Steuerung unterscheidet man die folgenden Controls (*Sensoren* als Mess-, *Effektoren* als Steuergrößen):

- *Steering Controls* beziehen sich auf die Feedforward-Steuerung, sind zukunftsbezogen und sollen Schäden verhindern (Bsp.: Ermittlung von Kunden-/Teilnehmererwartungen),
- *Post-Action-Controls* beziehen sich auf die Feedback-Steuerung und sind rückwärtsgerichtete Kontrollen über Vergangenes (Bsp.: Lernerfolgstests, Zufriedenheitstests),
- *Yes-No-Controls* beziehen sich auf prozessbegleitendes Controlling und stellen bestimmte Bedingungen auf, die mindestens erfüllt sein müssen, wenn der Prozess weiterlaufen soll (Bsp.: Zwischentests/Zwischenprüfungen).

4. Bildungscontrolling: Definition und Aufgabenstellungen

Nach dem bis hierher Gesagten lässt sich der Begriff *Bildungscontrolling* (BC) für den Bereich der betrieblichen Bildungsarbeit (PE) folgendermaßen definieren:

Der Begriff Bildungscontrolling

- bezeichnet die auf quantitative wie qualitative Betriebsdaten gestützte systematische wie operative Ausrichtung aller betrieblichen Bildungsprozesse auf Erfolg;
- zielt ab auf deren gezieltes Aussteuern, Verbessern und Weiterentwickeln von Professionalität, Wirtschaftlichkeit und Qualität;
- richtet sich auf den betrieblichen Rahmen ebenso wie auf geplante und realisierte Maßnahmen einschließlich deren Konsequenzen;
- verwendet dazu wissenschaftlich erprobte Methoden und Instrumente und
- mündet aus in einem detaillierten Reporting mit systeminterner wie -externer Zielrichtung.

Moderne Erfolgssteuerung der betrieblichen PE kann nur gelingen, wenn ausgehend von einem umsichtigen Bildungscontrolling-Konzept vorgestoßen wird zu einem praktizierbaren Bildungscontrolling-System. Dieses System besteht aus den folgenden fünf Subsystemen, die zugleich die relevanten Funktionen und Aufgabenfelder einer modernen betrieblichen PE bezeichnen:

1. Strategisches Controlling
2. Systemevaluation
3. Prozessevaluation
4. Kosten- und Wirtschaftlichkeitscontrolling
5. Reporting

Im Folgenden sollen die Hauptaufgabenbereiche dieser fünf Subsysteme des Bildungscontrollings kurz aufgeführt werden.

Zu 1.: Strategisches Controlling

- Einbettung der Personalentwicklung in die Unternehmenskultur, Unternehmensziele und Abteilungspolitik.
- Aufstellung von Leitlinien, Standards und Kriterien qualitativer Personalentwicklungsarbeit.
- Aufstellung strategisch ausgerichteter Personalentwicklungspläne.
- Aufbau eines Skill-Management-Systems.
- Aufbau eines betriebsinternen Bildungspass-Systems für alle Mitarbeiter.
- Aufbau eines strategischen Bedarfs- und Transfermanagement-Systems (besonders mit Blick auf lateralen Transfer).

Zu 2.: Systemevaluation

- Überprüfung und Entwicklung der Aufbau- und Ablauforganisation der betrieblichen Bildungsabteilung.
- Installierung, Betrieb und Entwicklung von Bildungsverwaltungs-Systemen.
- Qualitätssicherung aller systemischen Abläufe im Bildungsbereich.
- Vernetzung des betrieblichen Bildungssystems mit den Fachabteilungen (z. B. durch (Weiter-)Bildungsbeauftragte, Moderatoren, Verbesserungsteams, Qualitätszirkel etc.).

- Aufbau, Entwicklung und ständige Realisierung innovativen Performance Consultings (unter Einbeziehung von Benchmarking, TQM- und KVP-Ansätzen).

Zu 3.: Prozessevaluation

- Operatives Bedarfsmanagement:
  - Beobachtung und Befragung,
  - Moderationsmethode zur Bedarfsanalyse,
  - Einstellungs- und Klimaanalysen,
  - individuelle Bedarfsanalyse.
- *Professionelles Lernmanagement* – besonders nach folgenden Merkmalen:
  - Didaktische Qualifizierung des Lehrpersonals,
  - Umsetzung eines modernen Lernbegriffs und teilnehmerzentrierter Lernverfahren,
  - Anwendung von Techniken der Stoffreduktion und des exemplarischen Lernens,
  - Methodenmix und Methodenrepertoire,
  - Medienmix und Medienrepertoire (= keine Folienschleuderei),
  - Verhaltensrepertoire des Lehrpersonals,
  - Arbeits- und Lernklima.
- Transfermanagement:
  - Führungskräfte-Mitarbeiter-Gespräche,
  - Abteilungsgespräche: Mitarbeiter-Mitarbeiter,
  - Follow-up-Veranstaltungen (z. B. Erfa-Seminare),
  - Coaching und Supervision,
  - Mehrfachnachbefragungen,
  - Beratungs- und Performance-Consulting-Verfahren.

Zu 4.: Kosten- und Wirtschaftlichkeitscontrolling

- Aufstellung und Kontrolle des Gesamtbudgets,
- Kostencontrolling aller Bildungsbetriebsvorgänge und -maßnahmen.
- Entwicklung von übergreifenden Kennzahlen für die betriebliche Bildungsabteilung zu: Produktivität, Rentabilität, Effizienz und Wertschöpfung.
- Aufstellung jährlicher Weiterbildungspläne für alle Abteilungen mit folgenden Kennzahlen: Teilnehmerzahl, Teilnehmertage, Anzahl der Maßnahmen, Inhalte der Maßnahmen, Schulungskosten insgesamt, Lohnausfallkosten.

- Erfassung und Steuerung der abteilungsinternen Personalkosten über folgende Kenngrößen:
  - Personalbelastung und Verwendung der Arbeitszeit des Weiterbildungspersonals (z.B. Konzeptionierungen, Projekte, Realisierungen, Dozenten-/Moderatorentätigkeit etc.),
  - Zielvereinbarungen und Entwicklung von Leistungsanreizsystemen zur Erhöhung der Produktivität,
  - Leistungsstrukturanalysen zu den Arbeitsbereichen und Mitarbeitern.
- Entwicklung und Ausgestaltung eines controllinggerechten Rechnungswesens (z. B. Leistungsverrechnungssysteme, wonach die Bildungsabteilung ihre Dienstleistungen ganz normal wie andere auch zu marktüblichen Preisen anzubieten hat).

Zu 5.: Reporting

- Quartalsweise Berichterstattung über geleistete Bildungsarbeit mit den wichtigsten Kennzahlen im Rahmen des betrieblichen Personalcontrollings (inkl. Evaluations-, Qualitäts-, Zufriedenheitsdaten);
- Erstellung eines jährlichen Bildungsberichts mit folgenden Kennzahlen: Jahresbudget, Teilnehmerzahlen, Teilnehmertage, Verteilung der Teilnehmer auf die Abteilungen, Kosten pro Teilnehmertag, Weiterbildungskosten der Abteilungen, Lohnausfallkosten, Inhaltsübersicht der Schulungen, Qualitätsbericht gemäß Evaluationen, Teilnehmerzufriedenheit, Vorgesetztenzufriedenheit, Transfersicherungsreport;
- Entwicklung eines innerbetrieblichen (Weiter-)Bildungsinformationssystems (= Weiterbildungsreport, Weiterbildungsinfos, Weiterbildungszeitschrift);
- Erstellung eines turnusmäßigen halbjährlichen Bildungsprogrammberichts über Weiterbildungsmöglichkeiten innerbetrieblicher wie außerbetrieblicher Anbieter für Mitarbeiter und Führungskräfte;
- Aufstellung von Quartals- und Jahresstatistiken im Rahmen des abteilungseigenen Personalcontrolling der Bildungsabteilung mit folgenden Kennzahlen: Produktivität, Effizienz, Wertschöpfung;
- Erstellung und Kommunikation von betrieblichen Bildungsleitlinien (-grundsätzen) und betrieblichen Bildungsstandards.

5. Systembezogenes Bildungscontrolling: Kriterien, Praxis, Instrumente

Fasst man die bisher getroffenen Aussagen zum modernen Bildungscontrolling zusammen, so ergibt sich, dass ein so ausgestaltetes systemisches Bildungscontrolling mit der oben skizzierten systematischen PE deckungsgleich ist. Man kann es so formulieren: Modernes Bildungscontrolling ist praktischer Ausdruck systematischer und damit strategischer PE. Daher lässt sich feststellen:
1. Modernes Bildungscontrolling geht keinesfalls in Kosten- und Wirtschaftlichkeitscontrolling auf.
2. Vielmehr ist es erforderlich, das kostenbezogene Denken um ein
   - pädagogisch-psychologisches,
   - system- und prozessbezogenes sowie
   - kommunikatives Denken zu erweitern.
3. Als Kernaufgabe jedes betrieblichen Bildungswesens umfasst ein systembezogenes Bildungscontrolling heute also folgende Aspekte der betrieblichen Personalentwicklung (PE):
   - Strategische Aspekte der PE (Bildungsbedarfsmanagement; Transfermanagement),
   - Systemische Aspekte der PE (Bildungswesen/Bildungsbedingungen),
   - Prozessuale Aspekte der PE (Lehren, Lernen; operativer Bedarf und operativer Transfer),
   - Kosten- und wirtschaftlichkeitsbezogene Aspekte der PE (Budgetkontrolle, Marktorientierung),
   - Betriebsbezogene Berichterstattung zur PE (Statistiken, Qualitätsreports, Bildungsangebote).

Vor diesem Hintergrund stellt sich systembezogenes Bildungscontrolling im Alltag des betrieblichen Bildungswesens auf zweifache Art dar (vgl. Abbildung 5).

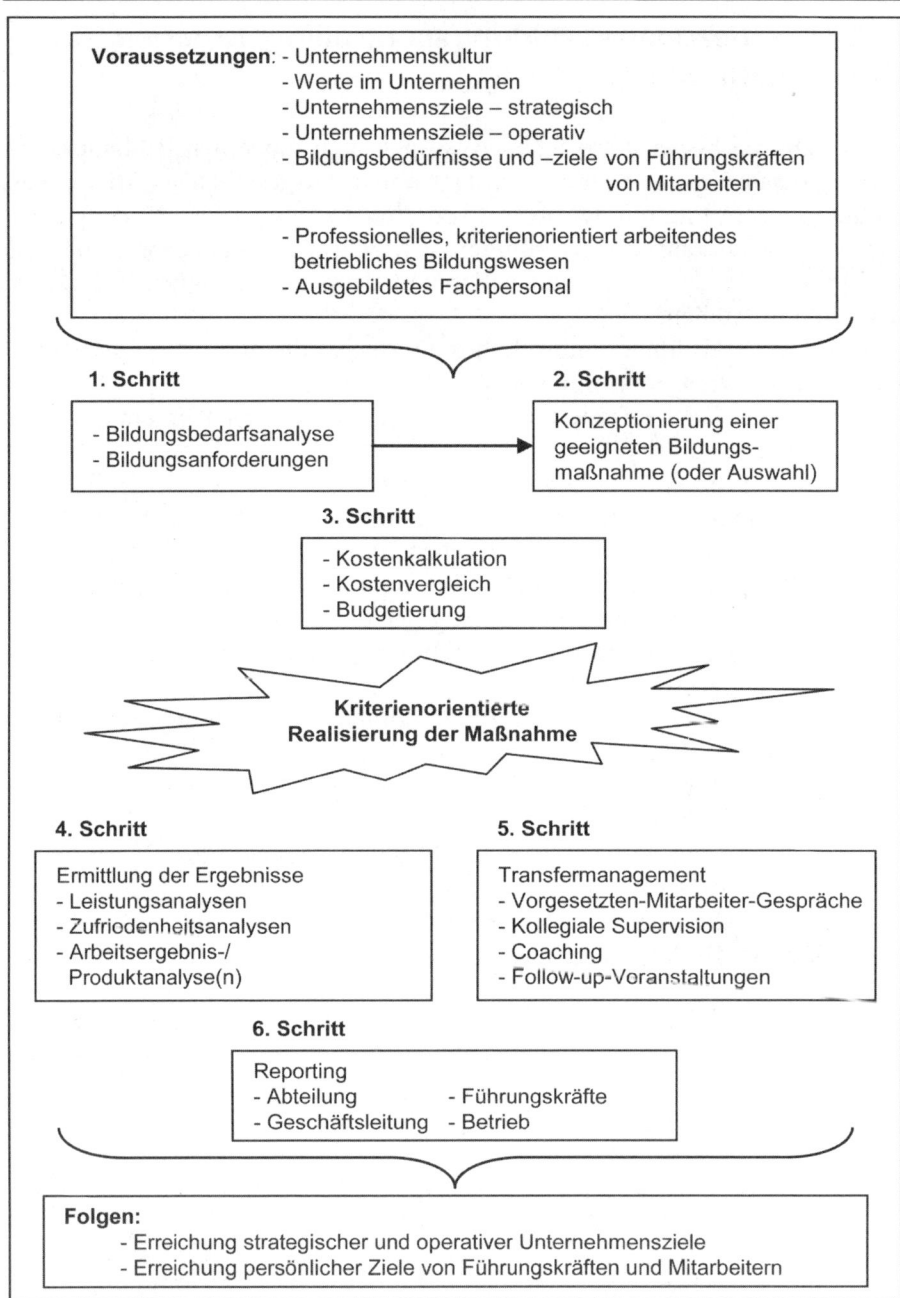

Abb. 5. Systembezogenes Bildungscontrolling als Kernaufgabe des betrieblichen Bildungswesens – bezogen auf die operative Ebene einer Maßnahme

Systembezogenes Bildungscontrolling

- ist zum einen in operativer Perspektive in jeder einzelnen Bildungsmaßnahme in das bezeichnete System der Aufgaben, Funktionen und Maßnahmen einer modernen PE einzuordnen und entsprechend konkret zu bearbeiten, um den Erfolg jeder einzelnen Maßnahme sicherstellen zu helfen,
- zum anderen ist es als Kernaufgabe jeder betrieblichen Bildungsabteilung eine ständige, übergeordnete, die einzelne Bildungsmaßnahme übersteigende strategische Aufgabenstellung, die die Erfolgssteuerung des gesamten Systems sicherzustellen hat.

Sowohl zum operativen wie strategischen Bildungscontrolling bedient man sich spezifischer Instrumente:

- Interviews und Befragungen,
- Kosten- und Wirtschaftlichkeitsrechnungen,
- Coaching- und Beratungsprozesse,
- Follow-up-Veranstaltungen,
- ständige mehrdimensionale betriebsinterne Berichte,
- betriebsinterne Medien,
- Weiterbildungsangebote für Dozenten, Trainer, Ausbilder, Weiterbildungsfachkräfte, Führungskräfte,
- Leitfäden, Grundsätze, Richtlinien, Verträge, Vereinbarungen.

Professionelles Bildungscontrolling – soviel ist klar – ist ein unverzichtbares und wichtiges Instrument zur Integration der betrieblichen PE in den normalen Geschäftsprozess des Unternehmens. Es ist durchaus kein bloßes Legitimationsinstrument zum Nachweis dafür, dass auch die betriebliche Weiterbildung einen Deckungsbeitrag zum unternehmerischen Erfolg beisteuert. System- und prozessorientiert ausgerichtet verbindet modernes Bildungscontrolling vielmehr Ziele miteinander, die für den gesamtunternehmerischen Erfolg von ausschlaggebender Bedeutung sind. Erst Professionalität, Wirtschaftlichkeit und Qualität machen auch den betrieblichen Bildungsbereich zu jenem kundenorientierten und kundenzentrierten Personalentwicklungssystem, das landauf, landab gefordert wird. Die betriebliche PE leistet einen ganz entscheidenden Beitrag dazu, dass Personalentwicklung als investives System zu einem ganz normalen Geschäftsfeld jeder Unternehmung werden kann, indem sie professionell als ein System ausgerichtet wird. Dieses System sollte die folgenden Kriterien erfüllen und entsprechend ausgestaltet werden:

- Strategisches Controlling,
- Bildungssystemevaluation,
- Bildungsprozessevaluation,
- Kosten- und Wirtschaftlichkeitscontrolling und
- Reporting.

Professionelles Bildungscontrolling und systematische betriebliche PE kommen somit zur Deckung. Das erstere ist nämlich praktischer Ausdruck des letzteren. Damit steht es jedoch keinesfalls zum Besten. In der Literatur finden sich dazu die folgenden sieben Problemzonen:

1. Unternehmensentwicklungen und Personalentwicklungen sind nicht abgestimmt aufgrund
   - struktureller und
   - methodischer Defizite.

2. Personalentwicklungsplanung (besonders mit langfristiger strategischer Bedeutung) funktioniert nicht mangels
   - Beteiligung anderer Ressorts,
   - Kompetenzen im Personal- und Bildungsbereich,
   - geeigneter Instrumente und Methoden zur Umsetzung von Unternehmens- und Organisationsentwicklung in Personalentwicklung.

3. Weiterbildungsanalysen und Prognosen sind meist nachfrage- oder bedarfsorientiert. Autonome Entwicklungstrends werden vernachlässigt oder zu spät eher reaktiv einbezogen und wirken in vielen Bereichen eher demotivierend und entwicklungshemmend.

4. Personalentwicklung und Personalpolitik sind nicht ausreichend miteinander verbunden aufgrund
   - von Steuerungsproblemen und
   - Methodendefiziten.

5. Defizite in der Ansteuerung, aber auch im Methodisch-Instrumentellen führen zu Problemen zwischen
   - Nachfrage und Lernzielen,
   - Bedarf und curricularer Ausgestaltung,
   - persönlichen Karriereabsichten und Bildungsaktivitäten.

6. Volumen und Bedeutung betrieblicher Bildung nahmen zwar in letzter Zeit tendenziell zu. Entsprechende Anwendungen sind aber in vielen Betrieben noch eher nachrangig und unterliegen dem Risiko, bei Verlagerung der Engpassproblematik auf andere Bereiche wieder zu-

rückgenommen zu werden – was jederzeit ja auch landauf, landab geschieht.

7. Bei der Einführung einer systematischen und professionellen betrieblichen PE entstehen erhebliche Durchsetzungsprobleme aufgrund von
   - falschen, nicht vorhandenen oder schlecht funktionierenden Regelkreisen,
   - mangelhaftem Verständnis, besonders im Linienbereich,
   - unvollständigen Informationsflüssen in beiden Richtungen,
   - fehlender Evaluation der Bildungsaktivitäten,
   - mangelhafter Vorbereitung der Betroffenen.

6. Fazit

Es gibt mehrere gute Beweggründe, die für die Einführung eines modernen, systematischen Bildungscontrollings sprechen und letztlich auch im eigenen Interesse eines jeden betrieblichen Bildungssystems liegen. Es wurde deutlich, dass eine einseitig kostenorientierte Sicht auf das Bildungscontrolling längst nicht mehr zeitgemäß und deswegen als überholt anzusehen ist. Durchgesetzt hat sich stattdessen ein Controlling auf mehreren Ebenen, welches aus den fünf Ebenen Kosten- und Wirtschaftlichkeitscontrolling, Systemevaluation, Prozessevaluation, strategisches Controlling sowie dem Reporting besteht.

Die Steuerung des Bildungscontrollings kann anhand von zwei grundlegend unterschiedlichen Modellen vorgenommen werden, der Feedforward-Steuerung sowie der Feedback-Steuerung. Eine moderne und erfolgsorientierte Steuerung der o. g. fünf Subsysteme gelingt jedoch nur mit einem praktizierbaren Bildungscontrolling-System, dass wiederum auf einem guten Bildungscontrolling-Konzept beruht.

Ein richtig eingeführtes, systemisches Bildungscontrolling ist mit einer systemischen PE so gut wie identisch und kann signifikant mit dazu beitragen, dass PE fortan als investives System wahrgenommen werden kann.

Literartur

Bernatzeder, P. & Bergmann, G. (1997). Qualität in der Weiterbildung sichern – aber wie? *Harvard Businessmanager, 2,* 107ff.

Döring, K. W. (1998). *Die Praxis der Weiterbildung*. Weinheim: Deutscher Studienverlag.

Landsberg, G. v. (1990). Weiterbildungscontrolling. In Schlaffke & Weiß (Hrsg.): *Tendenzen betrieblicher Weiterbildung*. Köln: Schaefer-Peoschel.

Schneck, O. (2000). *Betriebswirtschaft* . Frankfurt, New York: Campus.

Wöltje, J. & Egenberger, U. (1996). *Zukunftssicherung durch systematische Weiterbildung*. München: Lexika.

Was vergleichen? Zum Sinn von PE-Benchmarks

Robert Girbig & Matthias T. Meifert

Nach wie vor sehen sich Personaler in deutschen Unternehmen pikanten Fragen ausgesetzt: Warum ist die Personalentwicklung pro Mitarbeiter so teuer? Kommen wir nicht auch mit weniger Mitarbeitern in der Personalentwicklung aus? Oder Warum kann die Konkurrenz für 30 Prozent weniger Kosten das Veranstaltungsmanagement realisieren?

Im Kern geht es darum, welchen Wertschöpfungsbeitrag die Personalentwicklung für das Unternehmen erbringt. Die Sehnsucht ist groß, eine Antwort darauf anhand von personalwirtschaftlichen Kennzahlen zu finden, die die Personalentwicklung erfassbar und messbar machen. So verwundert es nicht, dass das Benchmarking für Personalbereiche aktueller ist denn je. Diese Methode, die auch gerne als systematischer Vergleich mit den Besten bezeichnet wird, ist recht alt. Bereits in den 70er Jahren war der Betriebsvergleich eine gängige Methode, die vor allem auf Kernprozesse der Unternehmen wie Produktion und Logistik angewandt wurde. Prominente Beispiele sind Rank Xerox oder Motorola. Beide Unternehmen haben sich ihre Zukunftsfähigkeit von anderen abgeschaut.

Die Logik des Benchmarkings im Personalbereich ist schlicht: Die eigenen Daten werden mit denen anderer Unternehmen verglichen. Fallen diese besser aus als bei der Konkurrenz, dann scheint der Personalbereich einen guten Job zu machen. Wenn nicht, besteht Handlungsbedarf. Tatsächlich? Der Personalökonom Drumm gibt sich eher pessimistisch: „Der Vergleich fremder mit eigenen personalwirtschaftlichen Methoden oder Leistungen sagt nichts darüber aus, wie diese innerhalb der eigenen Unternehmung auf die Unternehmensziele wirken." (Drumm, 2000, S. 676). Eins ist deutlich: Das Vorgehen ist umstritten. Vor diesem Hintergrund ist es unser Ziel aufzuzeigen, wann Benchmarking für Personalentwickler Sinn macht und was dabei berücksichtigt werden muss.

1. Grenzen der Aussagekraft

Wer sich intensiver mit dem Thema auseinandersetzt, erkennt schnell die begrenzte Aussagekraft des Benchmarking. In unseren Seminaren zu Kennzahlen in der Personalentwicklung führen wir regelmäßig ein so genanntes Ad-Hoc-Benchmarking durch. Die Teilnehmer werden dabei gebeten, anhand eines kurzen Fragebogens ihren Personalbereich und den Bereich der Personalentwicklung mit wenigen Angaben zu charakterisieren. Die Ergebnisse sorgen immer wieder für Überraschung. Selbst bei der gebräuchlichen Kennzahl Betreuungsquote des Personalbereichs[35] streuen die Ergebnisse stark. Noch stärker ist die Streuung bei der Betreuungsquote für die Personalentwicklung. Abbildung 1 zeigt die Daten aus einem Seminar.

Mitarbeiter des Unternehmens (Köpfe)	Mitarbeiter des Personalbereichs (Vollzeitbeschäftigte)	Betreuungsquote Personalbereich	Mitarbeiter mit PE-Funktionen (Vollzeitbeschäftigte)	Betreuungsquote Personalentwicklung
70.000	750,0	93	180,0	389
25.000	500,0	50	26,0	962
21.000	70,0	300	27,0	777
5.500	60,0	92	19,0	289
4.500	70,0	64	16,0	281
3.000	10,0	300	8,0	375
2.800	50,5	55	13,0	215
2.225	12,0	185	6,0	371
1.500	9,0	167	4,0	375
1.200	19,5	62	2,0	600
850	6,0	142	3,0	283
720	6,5	111	1,0	720
600	2,5	240	1,0	600
250	1,5	167	1,0	250
		Median: 98		Median: 250

Abb. 1: Ergebnisse eines Ad-Hoc-Benchmarking

Auch wenn sich der Median bei der Betreuungsquote Personalbereich für die Seminarteilnehmer oft in der Nähe der Ergebnisse unserer regelmä-

---

[35] Betreuungsquote des Personalbereichs ist das Verhältnis aus Mitarbeiter des Personalbereichs zu Mitarbeiter des gesamten Unternehmens. Unterschiede können sich bereits in der Definition der Kennzahl ergeben. Hier wurde sie als folgende Quote ausgedrückt: 1 Personaler (in Mitarbeiterkapazitäten) zu x Mitarbeitern des Unternehmens (in Köpfen). Andere Benchmarkinstitute vergleichen hier jeweils Full Time Equivalents (FTE).

ßig erhobenen Studien (Median 1:98) bewegt, so zeigt doch der Blick auf die Detailergebnisse eine große Bandbreite der Werte. Eine Varianz von 1:50 bis 1:300 ist keine Seltenheit. Das gleiche Bild zeigt sich bei der Betreuungsquote der Personalentwicklung. Die in diesem Seminar erhobenen Daten schwanken zwischen 1:215 und 1:962, während der Median (1:250) ebenfalls den Angaben von Benchmarking-Anbietern entspricht. Dafür gibt es eine Vielzahl von Gründen, die sich zum einen auf die Spezifika der Unternehmen beziehen, zum anderen der Organisation der Personalarbeit zuzuschreiben sind.

Unternehmensspezifika

Ein offensichtlicher Einflussfaktor ist die Unternehmensgröße. Hier liegt die Vermutung nahe, dass die Effizienz der Personalentwicklung mit der Zahl der Beschäftigten steigt. Dies bestätigt sich in der Betreuungsquote nicht immer, da parallel auch oft der HR-Leistungsumfang steigt. Ein typisches Beispiel ist das in größeren Unternehmen oft deutlich umfangreichere Angebot von Inhouse-erstellten Seminaren. Viel stärker jedoch macht sich auch die wirtschaftliche Situation des Unternehmens bemerkbar. Die jeweiligen Rahmenbedingungen des Unternehmens sind daher bei der Interpretation der Ergebnisse zwingend zu berücksichtigen. Es ist augenfällig, dass sich die Personalentwicklung und die dafür notwendigen Kapazitäten bei im Wachstum befindlichen Unternehmen deutlich von jenen unterscheidet, die von Stagnation oder gar Sanierung geprägt sind. Auch die Branchenzugehörigkeit kann ein starker Indikator für eine differierende Betreuungsquote der Personalentwicklung sein. So ist in z. B. in Kraftwerken ein gewisses Maß an Schulungen gesetzlich vorgeschrieben.

Organisation der Personalarbeit

Zu stark schwankenden Werten bei einem Benchmarking der Personalfunktion kann auch die Organisationsstruktur führen. Dies kann einerseits durch eine oftmals unsaubere bzw. teilweise auch schwer mögliche Abgrenzung beim Vergleich zentral vs. dezentral organisierter Personalbereiche geschehen, wenn Teile der Personalarbeit in die operativen Bereiche verlagert sind, z. B. Seminarauswahl und Abstimmung mit den Trainern. Andererseits wirkt sich die derzeitige Reorganisation vieler Personalbereiche in Richtung einer Business-Partner-Organisation aus: Durch das Oneface-to-the-customer-Prinzip wird die Beratungsintensität und -qualität für Führungskräfte durch die Business Partner erhöht, während auf Mitarbeiterebene durch Self-Service-Portale und schlanke Prozesse Optimierungspotenziale realisiert werden.

Eine entscheidende Rolle spielen auch der Grad der IT-Unterstützung sowie die Nutzung von Outsourcing-Potenzialen. Beides führt zwar zu günstigeren Betreuungsquoten, aber auch zu erhöhten Sachkosten der Personalentwicklung. In diesem Fall ist der reine Vergleich von Mitarbeiterkapazitäten nicht aussagekräftig, sondern es kommt auf die gesamten Kosten des Bereichs der Personalentwicklung an. Diese wiederum sind durch die Berücksichtigung unterschiedlichster Kostenarten (Personal- und Sach-, aber auch System- und Lizenzkosten) und die notwendige Periodisierung nicht minder schwierig zu benchmarken. Des Weiteren beinhaltet diese Betrachtungsweise die Schwierigkeit, wo die Schulungskosten budgetiert sind – in der Personalentwicklung oder auf den Kostenstellen der Teilnehmer.

Im Rahmen der zunehmenden Internationalisierung der Personalarbeit kommt ein weiterer Einflussfaktor hinzu, der die Vergleichbarkeit der Benchmarkdaten verringert. Es entsteht die Abgrenzungsproblematik, welche Leistungen für welche Betreuungsgruppen und welche Standorte erbracht werden.

Leichter sind offensichtliche Unterschiede im Leistungsspektrum der Personalentwicklung zu bereinigen. Werden z. B. eigene Trainer oder die Kapazitäten für die Berufsausbildung berücksichtigt? Diese Abgrenzung hat einen enormen Unterschied in der Betreuungsquote der Personalentwicklung zur Folge, die bei guten Anbietern von Benchmarkdaten aber entsprechend ausgewiesen sind. Die oben genannten Einflussfaktoren spielen bei der Interpretation von Benchmarkdaten eine nicht zu unterschätzende Rolle. Ähnliche Schwierigkeiten ergeben sich auch bei anderen typischen Benchmarkkennzahlen, wie z. B. Aufwand der Personalentwicklung je Teilnehmertag. Bei Interpretation und Transfer von Benchmarkzahlen auf das eigene Unternehmen ist das zu berücksichtigen.

Es besteht ein Dilemma der Anbieter von Benchmarkingdaten, eine möglichst homogene Gruppe zur Vergleichbarkeit zu definieren und dabei noch ausreichend viele Nennungen für die statistische Zuverlässigkeit zu gewährleisten. Selbst bei den Anbietern mit einer großen Grundgesamtheit an Unternehmen reduziert sich die Vergleichsgruppe durch das Setzen von nur wenigen Einschränkungen, z. B. auf Unternehmen eines Landes der gleichen Branche mit vergleichbarer Unternehmensgröße. Weitere Selektionsgrößen wie die Zahl der zu betreuenden Standorte und die Unterscheidung nach den verwendeten IT-Systemen liefern nur noch eine Scheingenauigkeit. Die so erhaltenen Vergleichstabellen geben zwar erste Aufschlüsse darüber, wo das Unternehmen im Vergleich zu anderen steht, liefern jedoch keine Gründe, warum die Werte so ausfallen. Gerade dieser Aspekt ist aber das ursprüngliche Ziel des Benchmarking: Lösungsmöglichkeiten von Best-Practice-Unternehmen zu erhalten, um die eigene Personalentwicklung besser gestalten zu können. Darüber hinaus stellen wir häufig den zu leichtfertigen Umgang mit Benchmarkdaten fest. Oft werden auf Basis nicht ausreichend vergleichbarer Kennzahlen Fehlentscheidungen getroffen. In Beratungsprojekten nutzen wir daher diese Daten nur gemeinsam mit dem Klienten und nach tiefergehenden Analysen.

2. Empfehlungen für wirksames Benchmarking

Diese kritische Betrachtung soll nicht das Benchmarking insgesamt in Frage stellen – im Gegenteil: Auf dem Weg zum akzeptierten Business Partner müssen Personalbereiche die Sprache der Geschäftsleitung und der Controller sprechen. Dabei helfen Kennzahlen und ihre Vergleiche. Vielmehr gilt es, den Blick darauf zu schärfen, die Stärken des Instruments sinnvoll auszunutzen und ein methodisch sauberes Benchmarking durchzuführen. Aus unseren Beratungsprojekten haben sich dabei folgende Empfehlungen für ein erfolgreiches Benchmarking heraus kristallisiert:

1. *Hinterfragen von Lösungen statt reiner Zahlenbetrachtung:* Benchmarking wird zu oft als reiner Vergleich von HR-Kennzahlen verstanden. Dabei geht es um viel mehr. Es geht um das konsequente Aufspüren von Verbesserungspotenzialen, bei denen die Kennzahlen sicherlich ein erster Schritt sein können. Darüber hinaus muss aber nach den Gründen für die besseren Werte bei anderen Personalbereichen gesucht werden. Daher ist ein Vergleich in eher kleineren Benchmarkingkreisen von 8 bis 12 Unternehmen besser geeignet, in denen auch alternative Vorgehensweisen hinterfragt werden können, als sich nur auf Benchmarking-Tabellen zu beschränken.

2. *Suche nach geeigneten Vergleichspartnern:* Erfolgskritisch in einem Benchmarking-Projekt ist die Auswahl geeigneter Vergleichsunternehmen. Dabei ist einerseits auf eine hohe Vergleichbarkeit zu achten. Andererseits gilt es, Unternehmen mit Best-Practice-Lösungen einzubeziehen. Mit Blick auf die Vergleichbarkeit bietet sich sicherlich ein konzerninternes Benchmarking an. Da hier meist schon eine

einheitliche Definition der Kennzahlen existiert, ist die Vergleichbarkeit – auch über unterschiedliche Standorte und Regionen hinweg – gewährleistet. Man läuft allerdings auch Gefahr, „Schlendrian" mit „Schlendrian" zu vergleichen. Eine weitere Option sind Vergleiche innerhalb von Branchen oder Verbänden. Auch hier ist die Vergleichbarkeit hoch, allerdings ist nicht in allen Branchen die Bereitschaft gegeben, die Daten den Personalbereichen von Konkurrenzunternehmen offen zu legen. Außerdem kann gerade ein Blick über den Tellerrand zu anderen Branchen sehr hilfreich sein. Die Partner sind oft auskunftswilliger und die anderen Sichtweisen führen häufig zu innovativen Ideen. Als hilfreich haben sich in diesem Zusammenhang DGFP-Erfa-Kreise oder andere Netzwerke erwiesen.

3. *Exakte Definition von Kennzahlen:* Unabdingbare Voraussetzung für ein seriöses Benchmarking ist die Einigung auf eine gemeinsame Definition der Vergleichszahlen. So kann bspw. die Berücksichtigung eigener Trainer in der Personalentwicklung zu enormen Unterschieden in der Betreuungsquote der Personalentwicklung führen. Ein weiteres Beispiel ist die stark differierende Definition bei Krankheitsquoten. Auch wenn die Definitions- und Abstimmungsphase mit den Benchmarkingteilnehmern oft sehr zeitintensiv ist und meist die zusätzliche Berechnung nach der neuen Definition zur Folge hat, so sichert doch nur eine einheitliche Verwendung der Kennzahlen deren Aussagefähigkeit.

4. *Kritische Betrachtung der Zahlen-Unterschiede:* Auch bei einer einheitlichen Definition der Kennzahlen sollten die Ergebnisse eines Benchmarking immer kritisch hinterfragt werden, denn meistens werden nur die Aufwandskomponenten normiert. Grund für die unterschiedlichen Werte können aber ebenso die unterschiedliche Qualität der Leistungen oder andere Prozessabläufe sein. Gerade Letztere können gute Ansatzpunkte für Verbesserungen bieten.

5. *Exakte Aktivitätenanalyse:* Selbst bei einer einheitlichen Definition der Kennzahl und detaillierter Abgrenzung ist eine hundertprozentige Vergleichbarkeit nicht gegeben. Es werden dann nicht mehr Äpfel mit Birnen verglichen, sondern „kalibrierte Äpfel mit kalibrierten Birnen". Unsere Erfahrung im Rahmen von Projekten zur Optimierung von Personalprozessen größerer Personalbereiche hat gezeigt, dass die Zerlegung der Personalarbeit in einzelne standardisierte Aktivitäten eine Reihe von Vorteilen mit sich bringt. Einerseits wird dadurch eine bessere Vergleichbarkeit realisiert, andererseits kann eine Transparenz über den Ressourceneinsatz, z. B. die Unterscheidung in

strategische oder administrative Personalentwicklung, geschaffen werden. Des Weiteren hilft eine solche Detailanalyse, um Ressourcenverschwendungen zu identifizieren.

6. *Verstärkter Einsatz von qualitativem Benchmarking:* Im ursprünglichen Sinn des Benchmarking, der Identifikation von Wettbewerbsvorteilen anderer Unternehmen bzw. Personalbereiche, empfiehlt sich eine stärkere Konzentration auf das qualitative Benchmarking, d. h. den Vergleich von PE-Prozessen oder -Instrumenten von Best-Practice-Unternehmen. Hierbei ist zu berücksichtigen, dass Personalbereiche nicht in allen Prozessen wirklich Benchmark sind. Es sollte daher für die einzelnen Prozesse durchaus nach unterschiedlichen Partnern gesucht werden und die Übertragbarkeit von Vorgehensweisen auf die spezifische Unternehmenssituation überprüft werden. Innerhalb von Konzernen hat sich das Etablieren einer Best-Practice-Plattform zum regelmäßigen Erfahrungsaustausch unter den Personalbereichen der Teilkonzerne bewährt.

7. *Genaue Planung eines Benchmarking-Projektes:* Erfolgreiches Benchmarking geht über einen einfachen Zahlenvergleich hinaus und bedarf wie jedes Projekt einer professionellen Planung und Durchführung. Ein beispielhafter Projektplan für ein Benchmarking ist in Abbildung 2 dargestellt.

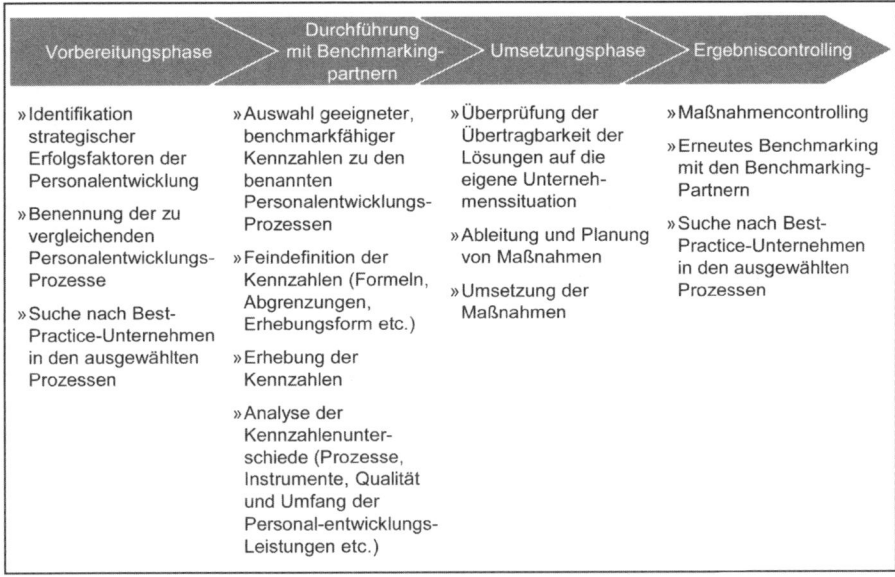

Abb. 2. Benchmarking-Projektplan

3. Fazit

Trotz aller Schwierigkeiten bei der Interpretation von PE-Kennzahlen kann das Benchmarking eine sehr wirkungsvolle Methode sein. Gerade die qualitative Sichtweise unterscheidet das Benchmarking von einem reinen Kennzahlenvergleich. Das Lernen von anderen ist die entscheidende Zielsetzung. Durch den Vergleich mit leistungsfähigeren Unternehmen wird eine kreative Unzufriedenheit geschaffen und es werden direkt praxiserprobte Lösungswege aufgezeigt. Durch die Beteiligung der Mitarbeiter bei der Identifikation der Ursachen von Leistungslücken kann eine höhere Veränderungsbereitschaft erreicht werden. Nicht zuletzt ist das aktive Nutzen von Benchmarking besser als durch die Geschäftsführung mit Ergebnissen von Benchmarkstudien konfrontiert zu werden, die auf die jeweilige Situation nicht unbedingt übertragbar sind. Im Benchmarking liegt somit ein Schlüssel, um als Personalentwickler dem dauerhaften Rechtfertigungszwang proaktiv zu begegnen.

Literatur

Böttcher, A. (2002). Mit Benchmarking zum prozessorientierten Personalmanagement. *Personal, 2,* 54 – 59.

Brandl, J. (2002). Die Problematik der Kennzahlen in Personalinformationssystemen. *Personalführung, 9,* 42 – 47.

Dietmar, M. & Koch, S. (2003). Benchmarking. Personalkennzahlen DAX 30-Unternehmen. *Personal, 9,* 44 – 46.

Drumm, H. J. (2000). *Personalwirtschaft, (4. Aufl.).* Berlin, Heidelberg, New York: Springer.

Komus, A. (2001). *Benchmarking als Instrument der intelligenten Organisation. Ansätze zur Steuerung und Steigerung organisatorischer Intelligenz.* Wiesbaden: Deutscher Universitäts-Verlag.

Pieler, D. (2003). *Neue Wege zur lernenden Organisation.* Wiesbaden: Gabler.

Schmidt, F. (2000). *Strategisches Benchmarking. Gestaltungskonzeptionen aus der Markt- und der Ressourcenperpektive.* Lohmar: Eul.

Wie lernen? Wissensmanagement in der lernenden Organisation

Silke Geithner, Veronika Krüger & Peter Pawlowsky

> **Unternehmensstrategie und Personalmanagement eines mittelständischen Automobilzulieferers – Status quo:**
>
> Herr Schulze ist seit 2004 Personaleiter des mittelständischen Automobilzulieferers Muster GmbH. Die Muster GmbH mit Sitz in Sachsen ist aus einem großen traditionellen Elektrotechnik-Unternehmen der DDR hervorgegangen und beschäftigt derzeit 220 Mitarbeiter.
>
> In den letzten Jahren hat das Unternehmen auf Anfrage eines Großkunden einen intelligenten Bremsassistenten entwickelt, der bei Unterschreiten eines Mindestabstandes den Fahrer eines PKWs warnt. Mit der aufwendigen Entwicklung dieser wissensintensiven und neuartigen Problemlösung wurde ein Wandel in der Unternehmensstrategie der Muster GmbH angestoßen. Die Bedürfnisse der Kunden werden als Ausgangspunkt genommen und auf sie zugeschnittene Problemlösungen angeboten. Hierzu sollen das Wissen und die Kompetenzen der Mitarbeiter genutzt werden.
>
> Der Bremsassistent wurde in enger Kooperation mit Spezialisten des Endproduzenten entwickelt. Auf Grundlage des gewachsenen Vertrauensverhältnisses zwischen der Muster GmbH und dem Endproduzenten kam ein Wissenstransfer zwischen den Mitarbeitern der F&E-Abteilungen der Unternehmen zustande.
>
> Seit Markteinführung des Bremsassistenten im Jahr 2003 zeichnet sich ein positiver Trend in der Geschäftslage der Muster GmbH ab. Nachdem in den 90er Jahren im Zuge der Transformation fast 70%

> der Belegschaft entlassen wurden, hat die gute Auftragslage nun zu Mitarbeiterengpässen im Unternehmen geführt.
>
> Aufgrund des sozialverträglichen Personalabbaus in den 90er Jahren ist die Belegschaft recht altershomogen. Die Hälfte der Mitarbeiter ist über 50 Jahre alt, unter ihnen die wichtigsten Leistungs- und Wissensträger des Unternehmens. Mit einem Ausscheiden dieser Mitarbeiter in den nächsten 5 bis 10 Jahren verliert die Muster GmbH innerhalb kurzer Zeit umfassendes, wettbewerbsrelevantes Wissen und Kompetenzen. Dringend benötigt werden Facharbeiter und Ingenieure. Trotz der anhaltend hohen Arbeitslosigkeit konnten bislang die bundesweit ausgeschriebenen Stellen nicht besetzt werden.
>
> Nachdem sich die Anforderungen an die Personalarbeit in den letzten Jahren erhöht hatten, wurde ein Personalleiter eingestellt. Vor Einstellung von Herrn Schulze erledigte der Geschäftsführer der Muster GmbH die Personalarbeit quasi „nebenbei". Der neue Personalleiter soll nun den Wandel in der Unternehmensstrategie sowie den Aufwärtstrend der Muster GmbH durch eine Neuausrichtung des Personalmanagements unterstützen. In den 90er Jahren war die Personalarbeit im Unternehmen durch massiven Personalabbau geprägt und stark operativ ausgerichtet. Personalentwicklung (PE) spielte in der Muster GmbH bislang nur eine untergeordnete Rolle. Dies ist u. a. an der niedrigen Ausbildungsquote des Unternehmens abzulesen. Die PE-Maßnahmen in der Muster GmbH basierten weder auf systematischen Bedarfsanalysen, noch auf einer Personalentwicklungsplanung oder einer umfassenden Strategie.
>
> Der Personalleiter steht nun vor der Frage, wie die Neuausrichtung des Personalmanagements und insbesondere der Personalentwicklung zu gestalten ist, um organisationalen Wandel zu ermöglichen.

1. Personalentwicklung als Motor organisationalen Lernens?

So wie die Muster GmbH stehen gegenwärtig viele Unternehmen und deren Mitarbeiter vor komplexen Herausforderungen und einschneidenden Veränderungen: Traditionelle Unternehmensstrategien und -strukturen werden durch einen verschärften, zunehmend internationalen Wettbewerb in Frage gestellt; die Ansprüche an Produkt- und Dienstleistungsangebote steigen; kundenorientierte, nicht selten maßgeschneiderte Problemlösungskonzepte sind gefragt.

Das derzeitige Management dieser Herausforderungen lässt Schwachstellen in der betrieblichen Personalenwicklung erkennen: Es mangelt an strategischer Ausrichtung, so dass die Entwicklung der Mitarbeiter häufig verspätet erfolgt und wenig zur Handlungsfähigkeit der Unternehmen beiträgt. Zudem liegt der Fokus der Personalentwicklung auf den einzelnen Mitarbeitern. Die organisationale Ebene wird ausgeklammert. Bislang gehen von der Personalentwicklung in den seltensten Fällen Impulse aus, welche über individuelles, regelbasiertes Lernen und die Deckung von Qualifikationsdefiziten hinausgehen.

Die Personalentwicklung in den neuen wie in den alten Bundesländern ist gefordert, die Handlungsfähigkeit der Unternehmen als Ganzes zu erhalten und zu fördern. Diese ist vor dem Hintergrund zunehmender Umweltdynamik und Komplexität untrennbar mit der Lernfähigkeit der Unternehmen verknüpft.

Welches sind die Bausteine einer solchen lernorientierten Personalentwicklung? Wie kann PE den aktuellen Herausforderungen gerecht werden und als Motor für organisationales Lernen dienen? Für die Personalentwicklung ergibt sich die Chance, ihre Rolle im Unternehmen neu zu gestalten. Sie beschäftigt sich ursächlich mit Wissen und Lernen.

2. Wissensbasierte Wirtschaft: Herausforderung für die Personalpolitik

Die Diskussion über zunehmende Umweltdynamik und Komplexität als Rahmenbedingung für wirtschaftliches Handeln ist allgegenwärtig. Die nachfolgend skizzierten Entwicklungen stellen Puzzleteile des umfassenden gesellschaftlichen Strukturwandels dar. Dieser Wandel von einer industriell geprägten zu einer wissensbasierten Wirtschaft und Gesellschaft hat sich zunehmend ausgedehnt und drastisch beschleunigt:

Wissensintensivierung

Wie exemplarisch an der Muster GmbH verdeutlicht, werden Unternehmen zunehmend wissensintensiv. Sowohl im Dienstleistungsbereich als auch in der Industrie gewinnt Wissen als Produktionsfaktor an Bedeutung (vgl. Wilkens & Pawlowsky, 2003). Der Wert eines Produktes – wie beispielsweise des intelligenten Bremsassistenten der Muster GmbH – basiert zunehmend weniger auf materiellen Ressourcen, sondern stärker auf dem ganzheitlich am Kunden orientierten Problemlösungsangebot. Um dem Kunden eine spezifische Problemlösungskompetenz vermitteln zu können, müssen sich Unternehmen intensiv mit den Anliegen Ihrer Kunden befassen.

Durch eine zunehmende Wissensanreicherung in der Wirtschaft werden herkömmliche Wertschöpfungsketten dekonstruiert. Ein Beleg hierfür ist, dass der Anteil wissensintensiver Tätigkeiten in den Unternehmen steigt und in zahlreichen Unternehmen wie in der Muster GmbH hochqualifizierte Mitarbeiter dringend gesucht werden.

Aufweichung von Unternehmensgrenzen

Mit der Wissensanreicherung von Wertschöpfungsketten und Produkten weichen die Grenzen von Unternehmen zunehmend auf. Lange Zeit wurden Unternehmen durch die „Werksmauern" zusammengehalten. Heute basiert eine gemeinsame organisationale Identität stärker auf gedanklichen Verknüpfungen wie gemeinsamen Zielen, gemeinsamem Wissen, der prozessualen Einbindung in Wertschöpfungs- und Problemlösungsprozesse, kooperativen Allianzen und dem Vertrauen der Individuen (vgl. Wilkens & Pawlowsky, 2003).

Die Aufweichung und Virtualisierung von Unternehmensgrenzen stehen mit sinkender Fertigungstiefe und einer steigenden Bedeutung von Kooperationen und Netzwerkbeziehungen in Zusammenhang. Diese setzten voraus, dass die Netzwerk- oder Kooperationspartner ihre Grenzen so weit öffnen, dass Synergien zwischen den Unternehmen entstehen können. Die erfolgreiche Kooperation zwischen der Muster GmbH und dem Endproduzenten baut auf dem gemeinsamen Ziel auf, als erste in der Branche einen funktionsfähigen Bremsassistenten als Problemlösung anbieten zu können.

Die zunehmende Aufweichung und Virtualisierung von Unternehmensgrenzen impliziert, dass der Blickwinkel der Personalentwicklung geweitet werden muss. Für die Personalentwicklung stellt sich damit die Frage nach dem Bezugspunkt ihrer Maßnahmen neu. Um die Handlungsfähigkeit der Netzwerke zu sichern, gilt es, auch die Lernfähigkeit auf dieser interorganisationalen Ebene zu fördern. In einem ersten Schritt muss die Personalentwicklung den Aufbau einer gemeinsamen Identität unterstützen. Dies stellt insbesondere in internationalen Kontexten eine neue Herausforderung dar.

Technikdynamik

Technische Innovationen werden in immer kürzeren Abständen auf den Markt gebracht, so dass von einer steigenden Technikdynamik gesprochen werden kann. Insbesondere die Entwicklungen im Bereich der Informations- & Kommunikationstechnologien zeigen deutliche Auswirkungen auf Produkt- und Prozessinnovationen in den Betrieben.

Immer kürzer werdende Produkt- und Prozessinnovationen entwerten Qualifikationen so rasch, dass die traditionelle Strategie der Deckung von aufgetretenen Qualifikationsdefiziten der neuen Anforderungsgeschwindigkeit nicht mehr gerecht wird.

Die zunehmende Dynamik wirft daher für die Personalentwicklung die Frage nach neuen Lernformen auf, welche nicht reaktiv ausgerichtet sind, sondern z. B. die Selbstlernkompetenz und reflexives Handeln der Mitarbeiter fördern. Lernprozesse werden selbst zum Gegenstand des Lernens gemacht.

Veränderte Belegschaftsstrukturen und Regulationsformen

Aufgrund der Subjektivierung bzw. Individualisierung von Arbeit (vgl. Moldaschl & Voß, 2002) ist es notwendig, auch die betriebliche Personalarbeit zu individualisieren. Existieren zahlreiche unterschiedliche Beschäftigungsformen in einem Unternehmen, so ist Personalmanagement nach dem „Gießkannen-Prinzip" ungeeignet. Benötigt werden neue Arbeits- und Zeitstrukturen, neue Arbeitsvertragsformen, neue Karriere-, Lern- und Rollenmuster, die eine differenzierte Behandlung der Mitarbeiter zulassen. Die Subjektivierung von Arbeit verlangt von der Personalentwicklung einerseits differenzierte Konzepte und Instrumente. Andererseits besteht die Herausforderung für die Personalentwicklung darin, das Zusammenspiel der Einzelnen zu managen. Ziel ist es, Lernen auf allen Ebenen des Unternehmens zu fördern. Personalentwicklung gewinnt zudem als Instrument der Motivation und Mitarbeiterbindung an Bedeutung, da traditionelle Modelle bei den neuen Arbeitskrafttypen nicht mehr greifen (vgl. Wilkens, 2004).

Demografische Entwicklung

Die demografische Entwicklung stellt eine große Herausforderung für das betriebliche Personalmanagement dar, welche von den meisten Unternehmen nach wie vor unterschätzt oder zumindest vernachlässigt wird (vgl. WIREG, 2005). Da die Mehrzahl der Unternehmen in Deutschland bislang keine vorbeugenden Maßnahmen ergriffen hat und demnach ein personalwirtschaftliches Moratorium vorherrscht, droht der massive Geburtenrückgang zur demografischen Falle zu werden (vgl. Lutz & Wiener, 1999; Behr & Engel, 2001; Pawlowsky, 2001). In Ostdeutschland wird die Problematik des Geburtenrückgangs zusätzlich durch die Abwanderung junger, hochqualifizierter Absolventen und Arbeitnehmer verstärkt.

Obwohl der demografische Wandel schon seit Jahren diskutiert wird (vgl. ebd.), trifft er viele Unternehmen ebenso unvorbereitet wie die Muster GmbH. Unter dem Eindruck des langjährigen Personalüberhangs wird bislang kaum eine Handlungsnotwendigkeit für systematische Personalentwicklung und für Wissensmanagement gesehen. Ein Verlust wettbewerbsrelevanten Wissens der älteren Mitarbeiter und ein massives Nachwuchsproblem drohen. Hierdurch wird die Dringlichkeit und Relevanz organisationalen Lernens unterstrichen.

Die Bedeutung von Wissen als Wettbewerbsfaktor, die Aufweichung und Virtualisierung von Unternehmensgrenzen, die große Technikdynamik sowie veränderte Belegschaftsstrukturen und der demografische Wandel verändern die bisherigen Gestaltungsprinzipien von Arbeit. Die Lernfähigkeit eines Unternehmens wird damit Dreh- und Angelpunkt zur Bewältigung der Herausforderungen. Organisationale Lernfähigkeit meint das „Potenzial einer Organisation, sich im Vergleich zum Wettbewerb durch eine proaktive Veränderung interner Prozesse und Strukturen schneller an beliebige Umwelten anpassen zu können" (Reinhardt, 1993, S. 82 f.). Damit verändern sich auch der Fokus und die Aufgabenstellung der Personalentwicklung.

3. Organisationales Lernen: Gestaltungsansätze in Theorie und Praxis

Wollen Unternehmen ihre Lernfähigkeit verbessern, stoßen sie immer wieder auf grundlegende Fragen: Wer lernt eigentlich im Unternehmen? Sind es nur die Mitarbeiter, die z. B. gerade auf einer Weiterbildungsmaßnahme sind? Können Teams oder das Unternehmen als Ganzes überhaupt lernen? Wie und wo findet Lernen statt und wie kann Lernen gefördert werden?

Komplexe und zunächst nicht sichtbare Zusammenhänge lassen das Konzept organisationalen Lernens für die Unternehmenspraxis häufig zu abstrakt, nebulös und wenig nachvollziehbar erscheinen. Insbesondere die Managementlehre ist daher aufgefordert, durch analytisches und systematisches Herangehen organisationales Lernen für die Praxis greif- und gestaltbar zu machen.

In der Literatur hat sich ein **analytisches Rahmenmodell** (vgl. Abbildung 1) etabliert, das unterschiedliche Dimensionen des organisationalen Lernens beleuchtet bzw. verschiedene „Brillen" aufsetzt (vgl. Pawlowsky, 1998):

- Dimension der Lernebenen: „Wer lernt?"
- Dimension der Lernformen: „Wie wird gelernt?"
- Dimension der Lerntypen: „Wie hoch ist die Lernintensität?"
- Dimension der Lernphasen: „Welche Phasen umfasst der Lernprozess?"

Im Sinne einer analytischen Trennung können diese vier Elemente des Lernens zwar abgegrenzt werden; sie stehen allerdings in vielfältiger Weise in Wechselwirkung miteinander (vgl. Pawlowsky & Geppert, 2005, S. 277 ff.). Für die Personalentwicklungsfunktion liefern sie Ansatzpunkte für eine Neuausrichtung.

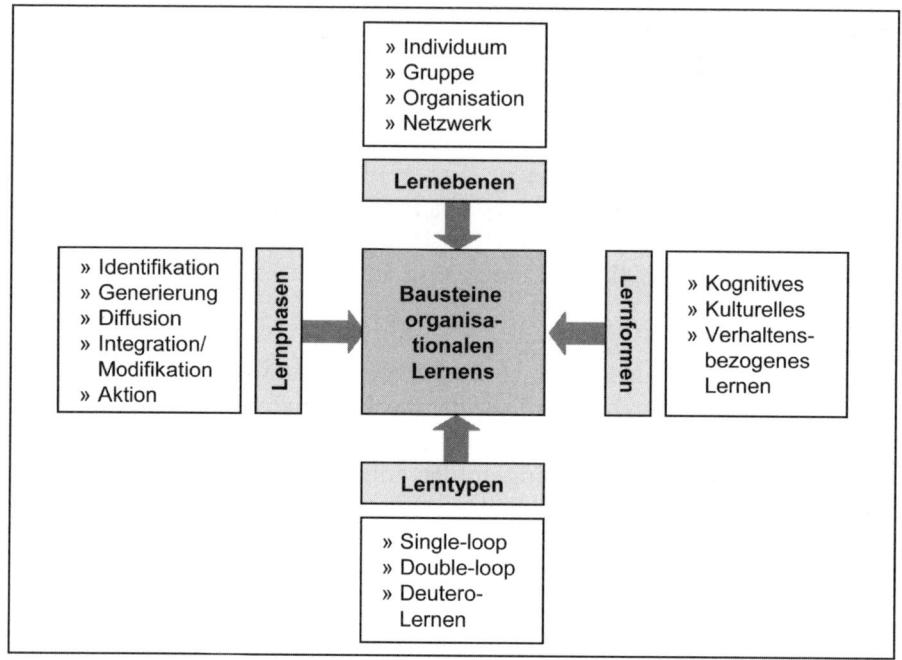

Abb. 1. Bausteine des organisationalen Lernens (nach Pawlowsky & Reinhardt, 2002, S. 4)

3.1 Wer lernt?

Lernen kann sich auf unterschiedlichen Ebenen der Organisation vollziehen. Die *individuelle Ebene* fokussiert Lernprozesse des Einzelnen, z. B. das Gelernte eines Mitarbeiters durch eine Schulung oder die Mitarbeit in einem Projekt. Eine besondere Bedeutung kommt der *Gruppen- oder Teamebene* zu, weil Gruppen die zentralen Einheiten organisationalen Lernens sind (vgl. Pawlowsky & Geppert, 2005, S. 278). Es geht beim Gruppenlernen um solche Handlungsweisen, die nur durch kollektive Lernprozesse möglich sind. Gruppen entwickeln im Zeitverlauf gemeinsam geteilte Konstruktionen und Interpretationen der Wirklichkeit. Ein Beispiel für Gruppenlernen ist das gemeinsame Spielen einer Fußballmannschaft und die daraus resultierende Perfektionierung von Spielzügen. Beim *Lernen von Organisationen* geht es um die Frage, wie eine Organisation als Gesamtheit lernen kann: Wie kann z. B. ein Erfahrungstransfer zwischen Projekten oder im Rahmen von F&E-Prozessen erfolgen? Die *Netzwerkebene* bezieht sich auf Lernprozesse, die sich durch die Beziehungen von Unternehmen zu Kunden, Zulieferern oder anderen Unternehmen ergeben. Häufig geht es hier um die Frage des Wissenstransfers mit dem Ziel, externe Wissenssysteme zur Förderung des Lernens zu nutzen.

Die Personalentwicklung setzt klassischerweise beim einzelnen Mitarbeiter an: Stellenanforderungen und Entwicklungsbedarfe werden ermittelt (Soll-Ist-Vergleich), zur Deckung des Bedarfs werden verschiedene Maßnahmen durchgeführt, danach soll das Gelernte in der Arbeitstätigkeit umgesetzt werden (Transfer) und schließlich wird der Erfolg der Maßnahme durch Befragung des Teilnehmers evaluiert. Problem dieser Verfahrensweise ist die zu Grunde liegende individuumszentrierte Perspektive. Das Wissen des Einzelnen steht nicht automatisch den Kollegen der Arbeitsgruppe oder dem gesamten Unternehmen zur Verfügung. Dies wird Unternehmen häufig schmerzlich bewusst, wenn Wissensträger ausscheiden und keiner der Kollegen sofort in der Lage ist, die Tätigkeit zu erfüllen. Angesichts der demografischen Entwicklung und der zunehmenden Wissensintensivierung ist die Lösung dieses Problem entscheidend. Zudem sind individualisierte PE-Konzepte unzureichend, um Normen, Werte und Handlungsweisen zu vermitteln, die eine gemeinsame Bezugsbasis haben. Beispiel für das Ergebnis kollektiver Lernprozesse sind geteilte Überzeugungen über kundenorientierte Qualitätsstandards innerhalb von Arbeitsgruppen oder der Organisation.

Aus wissens- und lernorientierter Perspektive kann Personalentwicklung daher nicht mit dem Entlassen des Mitarbeiters aus einer Bildungsmaßnahme beendet sein, sondern erstreckt sich darüber hinaus auf den Prozess der Wissensteilung und Integration in die kollektive Wissensbasis eines Unternehmens (vgl. hierzu die Phasen des Lernens, Kap. 3.4).

3.2 Wie wird gelernt?

Bei der Betrachtung von Lernformen werden unterschiedliche lerntheoretische Verständnisse thematisiert. **Kognitives Lernen** bezieht sich auf veränderte individuelle und kollektive kognitive Strukturen z. B. in Form von veränderten Wissensstrukturen, einer veränderten Wissensbasis oder anderen Werten und Einstellungen. **Kulturbezogenes Lernen** beschreibt kollektive Lernprozesse, die mit der Veränderung gemeinsam geteilter Wirklichkeitsinterpretationen einhergehen. Gemeinsame Symbole, Metaphern, Rituale oder Mythen sind Ergebnis dieser Form des Lernens. **Verhaltensorientiertes Lernen** thematisiert die Wechselwirkung von Handlung und

Erfahrungslernen, wobei die Umsetzung des Gelernten in konkretes Handeln im Mittelpunkt steht.

Betrachtet man die Lern- und Bildungsmaßnahmen im Rahmen der traditionellen Personalentwicklung, so lässt sich feststellen, dass kognitives Lernen überwiegt. So legen Seminare den Schwerpunkt auf die Vermittlung expliziten Wissens. Nach und nach nimmt die Personalentwicklung auch die Bedeutung des impliziten, erfahrungsbasierten Wissens für die Handlungsfähigkeit des Unternehmens wahr. Dies ist daran abzulesen, dass handlungsorientierte Schulungen eingesetzt werden. Auch den verhaltensorientierten Lernformen wird im Zuge der neueren Kompetenzdiskussion durch Formen des Lernens im Prozess der Arbeit wachsende Aufmerksamkeit geschenkt.

Insbesondere für die Wissensausbreitung im gesamten Unternehmen ist eine Kultur der Wissensteilung wichtig (Pawlowsky & Reinhardt, 2002, S. 17). Eine solche Kultur, als gemeinsam geteilte Werte und Normen verstanden, basiert auf einem kollektiven Lernprozess in Form kulturbezogenen Lernens. Konsequenterweise werden dabei nicht nur tradierte Handlungsmuster in Frage gestellt und modifiziert, sondern der Lernprozess an sich reflektiert (vgl. Typen des Lernens, Kap. 3.3)

3.3 Wie hoch ist die Lernintensität?

Die Unterscheidung in Lerntypen betont, dass Lernen in unterschiedlichen Entfaltungs- und Intensitätsgraden erfolgen kann (vgl. Argyris & Schön, 1978). *Single-loop-learning* ist Anpassungslernen: Bei Nichterreichen eines Ziels werden im Rahmen definierter Parameter die Steuerungsmechanismen angepasst. Als reine Verhaltensanpassung an die interne oder externe Umweltdynamik bleiben die vorgegebenen Ziele (z. B. für Produktqualität, Umsatz oder Leistung) unberührt. Es werden nur Maßnahmen und Mittel zur Zielerreichung modifiziert. Dies ist vergleichbar mit der Kurskorrektur eines Navigationssystems. *Double-loop-learning* ist Veränderungslernen und geht einen Schritt weiter, indem zu Grunde liegende Normen und Handlungsweisen hinterfragt und verändert werden. Ziele werden selbst zum Objekt der Anpassung. Der Wandel in der Strategie eines Unternehmens von der technologischen Produktorientierung hin zur kundenorientierten Problemlösung ist ein Beispiel. Der dritte Lerntyp, das *deutero-learning* (Prozesslernen), hat die Lernfähigkeit einer Organisation selbst zum Gegenstand des Lernprozesses. Hier stehen z. B. Fragen des Abbaus von Lernhemmnissen im Interesse, die durch die Verdeutlichung und Verinnerlichung der Prozesse des Lernens erreicht werden sollen. Es geht somit um Reflexion und Bewusstwerden der Sinnzusammenhänge und Vorgänge des Anpassungs- und Veränderungslernens.

Bei der Personalentwicklung steht bis heute individuumszentriertes Anpassungslernen (single-loop-learning auf der Lernebene der Mitarbeiter) im Vordergrund. Auf Basis vorgegebener Unternehmensziele werden Anforderungsprofile erarbeitet. Die Qualifikationsausstattung der Mitarbeiter wird anschließend daran gespiegelt, um den Qualifizierungsbedarf zu ermitteln. Darauf folgen dann Bildungsmaßnahmen, um mögliche Lücken zu schließen. Dieses Vorgehen macht bei bestimmten Tätigkeiten wie z. B. repetetiven Fließbandtätigkeiten, standardisierten Bürotätigkeiten auch weiterhin Sinn. Probleme bereitet Anpassungslernen allerdings bei den zunehmend wissensintensiven Tätigkeiten, die ein viel stärkeres reflexives Handeln auf der Grundlage von double-loop-learning erfordern (z. B. Projektarbeit).

Die betriebliche Personalentwicklung selbst hinterfragt in den seltensten Fällen die ihr vorgegebenen Ziele. Möglich wird dies, wenn der Personalentwicklung im Unternehmen auch andere Funktionen als nur die Erfüllung von Strategien zugesprochen wird. Die Fokussierung auf Veränderungs- und Prozesslernen durch die PE geht mit einer veränderten strategischen Ausrichtung dieser einher. Wird Personalentwicklung als wichtiger Partner der Strategiegestaltung gesehen, so kann sie der Bereich sein, der Veränderungsprozesse initiiert. Es geht darum, gegenwärtige Handlungsstrategien und Ziele, zu Grunde liegende Werte, Normen und Einstellungen auf Ebene der gesamten Organisation zu analysieren und auf ihre Tauglichkeit hin zu überprüfen. Dabei stehen auch die Lernprozesse und Lerninstrumente des gesamten Unternehmens zur Disposition (vgl. deutero-learning).

3.4 In welchen Phasen wird gelernt?

Der Differenzierung in unterschiedliche Lernphasen liegt ein Prozessverständnis zu Grunde. Im Kern geht es dabei um die folgenden Aktivitäten (vgl. Pawlowsky, 1992, 1994, 1998):

- Systematische *Identifikation* von Wissen: Welches Wissen ist bereits im Unternehmen vorhanden? Wo bzw. bei wem liegt dieses Wissen? Welches externe Wissen (Wissen des Herstellers, der Zulieferer, der Fahrzeugkunden, von Forschungsinstitutionen) ist nützlich?

- *Generierung* von Wissen: Wie wird neues Wissen entwickelt?
- *Wissensdiffusion*: Wie wird Wissen im Unternehmen verteilt? Wie kann der Austausch von Wissen erfolgen?
- *Integration* und *Modifikation* von Wissen: Wie wird Wissen in die organisationale Wissensbasis des Unternehmens integriert? Wie verändert sich diese dadurch?
- *Aktion* und Nutzung von Wissen: Wie werden Erkenntnisse und neues Wissen in Handeln umgesetzt, damit es zur Verbesserung der Unternehmensprozesse und -leistungen führt?

Die Generierung von Wissen auf individueller Ebene ist klassischerweise Aufgabe der Personalentwicklung (vgl. externe Seminare). Die Entwicklung des Einzelnen bedeutet aber noch lange nicht, dass das gewonnene Wissen für das Unternehmen verfügbar ist. Da organisationales Lernen das Unternehmen als Ganzes zur Bezugsgröße hat, stellt sich die Frage, wie das neue Wissen eines Mitarbeiters für die Organisation nutzbar gemacht werden kann. Gedanklich befinden wir uns hier bei der Phase der Wissensintegration. Mit dieser Lernphase beschäftigt sich die Personalentwicklung in der Praxis bisher nicht. Es geht dabei nicht um den bloßen Austausch von Informationen oder die punktuelle Diffusion neuen Wissens, sondern um die Entwicklung des Wissenssystems der Organisation. Dieses zeigt sich in einem gemeinsamen Verständnis und bietet als übergeordnetes Muster Orientierung für die Handlungen von Einzelnen und Arbeitsgruppen (vgl. Pawlowsky, 1995, S. 450). Hier ist die Verknüpfung individuellen mit kollektivem Lernen sichtbar. Wissen in Organisationen kann dabei

- *horizontal* integriert werden, d. h. zwischen Subsystemen auf einer Hierarchieebene: Mitarbeiter teilen ihr Wissen mit Mitgliedern der Arbeitsgruppe.
- *vertikal* integriert werden, d. h. zwischen unterschiedlichen Hierarchieebenen: Mitarbeiter teilen ihr Wissen mit Vorgesetzten und Untergebenen.
- *temporal* integriert werden, d. h. zwischen vor- und nachgelagerten Systemebenen: Mitarbeiter oder Arbeitsgruppen teilen ihr Wissen mit Mitarbeitern/Arbeitsgruppen, die vor- oder nachgelagerte Arbeitsschritte ausführen (vgl. ebenda).

In der Regel deintegrieren klassische Personalentwicklungs-Konzepte jedoch, indem sie nur das Individuum und dessen Wissen fokussieren und nicht die Organisation als Ganzes im Blick haben.

Auch die Phase der Aktion (Wissen wird in Handeln umgesetzt) wird seitens der Personalentwicklung (bisher) eher stiefmütterlich behandelt – und dass, obwohl die Transferproblematik zwischen Lern- und Anwendungsfeld bereits seit längerem bekannt ist (vgl. Pawlowsky & Bäumer, 1996). Neue Konzepte wie das Lernen im Prozess der Arbeit sind Ansatzpunkte. Allerdings kann weder von einem befriedigenden Verbreitungsgrad in den Unternehmen, noch von einer expliziten Berücksichtigung der Organisation als Ganzes ausgegangen werden. Personalentwicklung kann dies als Chance zur Gestaltung ansehen.

Mit dem analytischen Blick anhand des Rahmenmodells wird organisationales Lernen für die Unternehmenspraxis fassbar. Ziel ist es, die Wissensarchitektur einer Organisation zu beobachten und zu gestalten. Wichtig ist ein integratives Vorgehen, das die unterschiedlichen Lernebenen, -formen, -typen und -phasen gleichermaßen berücksichtigt. Angesetzt werden kann dabei bei einzelnen Mitarbeitern, bei den Prozessen und Strukturen im Unternehmen sowie bei der technischen Infrastruktur.

4. Lernwerkzeuge der Personalentwicklung

Unter Lernwerkzeug verstehen wir ein Instrument oder eine Intervention, mit dessen bzw. deren Hilfe organisationales Lernen gestaltet werden kann. Personalentwicklung kann diese im Unternehmen einsetzen, um Lernprozesse zu fördern und Lernbarrieren zu beseitigen. Anhand des Rahmenmodells können die Lernwerkzeuge dahingehend beschrieben werden, welche Effekte entsprechend der vier Dimensionen angestrebt werden (vgl. Pawlowsky & Reinhardt, 2002, S. 3 f.):

- **Lernebene**: Wird das Instrument zur Förderung des Lernens bei Individuen oder bei Gruppen eingesetzt? Zielt es auf die organisationale oder interorganisationale Ebene ab?
- **Lernformen**: Soll das Lerninstrument kognitives, kulturelles, verhaltensorientiertes Lernen oder alle drei Formen unterstützen?
- **Lerntypen**: Ermöglicht das Instrument einfaches Feedback über Fehler oder werden Lerntypen höherer Ordnung (double-loop und deuterolearning) gefördert?
- **Lernphasen**: Unterstützt ein Instrument eher einzelne Phasen wie z. B. die Identifikation oder Verteilung von Wissen im Unternehmen bei, oder bezieht es sich sogar auf alle Phasen des organisationalen Lernens?

Tabelle 1[36] beschreibt Werkzeuge organisationalen Lernens hinsichtlich der Dimensionen. Sie kann Personalentwicklern dazu dienen, zielbezogen die Lerninstrumente einzusetzen.

Tabelle 1. Kategorisierung von Lernwerkzeugen (nach Pawlowsky & Reinhardt, 2002, S. 30)

Werkzeug	Lern-ebene	Lern-typ	Lern-form	Lern-phase
Quick market intelligence				
• Strukturierte Treffen verschiedener am Geschäftsprozess Beteiligter aus unterschiedlichen Bereichen, um Informationen aus verschiedenen Perspektiven und Positionen heraus zu sammeln, zu interpretieren und in praktische Problemlösungen zu übersetzen	Gruppen Organisation	single- und double-loop learning	kognitives und kulturbezogenes Lernen	Identifikation
• Ziel: Prozess der Informationssammlung, Interpretation, Entscheidungsfindung und Aktionsumsetzung zu beschleunigen				
Gamma				
• Softwaretool, das die Methodik des vernetzten Denkens unterstützt	Gruppen	double-loop und deutero-learning	kognitiv mit Einfluss auf kulturelle Faktoren	Identifikation und Entwicklung
• Komplexe Zusammenhänge können einfach und schnell visualisiert und anschließend analysiert werden				

---

[36] Eine ausführliche Beschreibung der Lerninstrumente sowie weitere Beispiele aus der Unternehmenspraxis finden sich bei Pawlowsky & Reinhardt (2002).

Werkzeug	Lern-ebene	Lern-typ	Lern-form	Lern-phase
Yellow Pages und Wissenslandkarten				
• (IT-unterstützte) Systematisierung von Wissen, indem Wissen geordnet in einem Personenregister oder Lexikon abgelegt wird	Organisation		kognitives Lernen	Identifikation
• Systematisierung nach Wissensträgern oder Wissensinhalten	Interorganisational			
Open Space Technology				
• Ansatz zur Gestaltung von Großkonferenzen	Gruppen	double-loop und deutero-learning	kognitives und kulturbezogenes Lernen	Identifikation und Entwicklung
• Elaborierte Moderationstechnik mit dem Ziel, neue Ideen zu entwickeln	Organisation			
Work-out				
• Zweieinhalb-tägiges Work-out Treffen zur Bearbeitung vorher durch Interviews im Unternehmen eruierter Problembereiche	Gruppen	double-loop und deutero-learning		Entwicklung
• Manager verpflichten sich, Problembereiche tatsächlich zu bearbeiten				
• Initiierung eines Teamentwicklungsprozesses				

Werkzeug	Lernebene	Lerntyp	Lernform	Lernphase
GrapeVINE				
• IT-System, um Informationen, die in der Datenbank Lotus Notes oder im LAN gespeichert sind, abhängig vom speziellen Wissenssuchprofil eines Benutzers zu finden	Interorganisational		kognitives Lernen	Identifikation, Diffusion und Integration
• Automatisches Organisieren und Verteilen von Informationen in einer Organisation auf Basis einer Stichwort-Datenbank				
Dialog				
• Schaffung eines gemeinsamen Raums des Hinterfragens, indem die Aufmerksamkeit der Gruppenteilnehmer neu ausgerichtet wird	Gruppen		kognitives und kulturbezogenes Lernen	Integration und Modifikation
• Entwicklung eines kollektiven Verständnisses der Situation/des Problems				
Learning histories				
• Dient der Dokumentation von Fakten und Ereignissen, die in einem bestimmten Zeitraum (z. B. Projekt) passiert sind	Interorganisational	Deuterolearning	kognitives und kulturbezogenes Lernen	Diffusion
• Ziel: systematischer Zugang zu Erfahrungen aus früheren Veränderungsprozessen, damit andere davon lernen können				

Werkzeug	Lern-ebene	Lern-typ	Lern-form	Lern-phase
Learning contracts				
• Lernverträge sind formale Abkommen zwischen einem Lernenden und einem Trainer über Lernziele • Der Lernende übernimmt eine aktive Rolle und Verantwortung für das Lernen	Individuen	Deuterolearning	Kognitives und verhaltensbezogenes Lernen	Aktion
Shadowing				
• Lernprozess, bei dem der Lernende einen Kollegen bei der Arbeit beobachtet • Ziel: Übermittlung impliziten Wissens von erfahrenen auf jüngere Mitarbeiter	Individuen	Deuterolearning	Verhaltensbezogenes Lernen	Aktion
Learning laboratories/Mikrowelten				
• Computerbasierte Simulationen und Fallstudien • Praktisches Feld zum Probieren von Handlungen und anschließendes Diskutieren und Reflektieren	Gruppen	double-loop und deuterolearning	Verhaltensbezogenes Lernen	Aktion

5. Fazit und Ausblick

Personalentwicklungsaktivitäten erfolgen in der Praxis weitgehend unsystematisch und reaktiv. Im Vordergrund steht nach wie vor eine Qualifizierungspraxis, die meist technisch determinierte Anforderungen zum Ausgangspunkt hat. Personalentwicklung unterstützt als letztes Glied einer hierarchischen Kette innerhalb eines „top-down"-Ansatzes die Strategieumsetzung: Nach Entwicklung einer Unternehmensstrategie werden Qualifikationsanforderungen formuliert. Ziel ist, eine optimale Deckung zwischen Anforderungen und Qualifikationen ohne Überschussressourcen herzustellen. Inhaltlich und zeitlich ordnet sich die PE allen strategischen Entscheidungen unter. Der Stellenwert von Wissen als eigenständiges Kapital wird unterschätzt. Wissenspotenziale werden selten als erstrebenswert erachtet (vgl. Pawlowsky & Bäumer, 1996).

Für die industriell geprägte Wirtschaft mag diese Vorgehensweise sinnvoll gewesen sein. Unternehmen in der wissensbasierten Wirtschaft sind unserer Ansicht nach gut beraten, die klassischen Prinzipien und Praktiken der Personalentwicklung in Frage zu stellen und zu verändern, da die Steuerungsprinzipien der wissensbasierten Wirtschaft – wie gezeigt – gänzlich anders sind als in der Industriegesellschaft. Die Erneuerung und Entwicklung der organisationalen Wissensbasis mit dem Ziel der Lernfähigkeit steht im Vordergrund. Das Rahmenmodell organisationalen Lernens und die Lernwerkzeuge dienen als Blaupause zur Analyse und Gestaltung der Personalentwicklungsaktivitäten. Die organisationale Lernfähigkeit liegt in der Verantwortung der Personalentwicklung. Damit verändert sich die Zielperspektive der Personalentwicklung: Maßstab für erfolgreiche Bildungsarbeit ist die Fähigkeit organisationale (nicht individuelle) Lernprozesse zu initiieren und zu fördern.

Literatur

Argyris, C. & Schön, D. A. (1978). *On Organizational Learning*. Malden, MA: Blackwell Publishers Inc.

Behr, M. & Engel, T. (2001). Entwicklungsverläufe und Entwicklungsszenarien ostdeutscher Personalpolitik. Ursachen, Folgen und Risiken der personalpolitischen Stagnation. In P. Pawlowsky & U. Wilkens (Hrsg): *Zehn Jahre Personalarbeit in den neuen Bundesländern. Transformation und Demographie. München*. München, Mering: Hampp, 255–278.

Lutz, B. & Wiener, B. (1999). *Wege aus der demographischen Falle. Materialband II des Zentrums für Sozialforschung Halle „Industrielle Fachkräfte für das 21. Jahrhundert"*. Halle: Zusammenkunft der Steuerkreises vom 15.04.1999.

Moldaschl, M. & Voß, G. G. (2002). *Subjektivierung von Arbeit*. München, Mering: Hampp.

Pawlowsky, P. (1995). Von der betrieblichen Weiterbildung zum Wissensmanagement. In H. Geißler (Hrsg): *Organisationslernen und Weiterbildung.* Berlin: Luchterhand.

Pawlowsky, P. (1998). *Wissensmanagement. Erfahrungen und Perspektiven.* Wiesbaden: Gabler.

Pawlowsky, P. (2001). Personalentwicklungsstrategien und die demographische Falle in den neuen Bundesländern. In P. Pawlowsky & U. Wilkens (Hrsg): *Zehn Jahre Personalarbeit in den neuen Bundesländern. Transformation und Demographie.* München, Mering: Hampp, 107–120.

Pawlowsky & Reinhardt (2002). *Wissensmanagement für die Praxis. Methoden und Instrumente zur erfolgreichen Umsetzung.* Neuwied/Krieftel: Luchterhand.

Pawlowsky, P. & Bäumer, J. (1996). *Betriebliche Weiterbildung. Management von Qualifikation und Wissen.* München: Beck.

Pawlowsky, P. & Geppert, M. (2005). Organisationales Lernen. In E. Weik & R. Lang (Hrsg): *Moderne Organisationstheorien 1.* Wiesbaden: Gabler, 259–293.

Pawlowsky, P. & Reinhardt, R. (2002). Instrumente Organisationalen Lernens. Die Verknüpfung zwischen Theorie und Praxis. In P. Pawlowsky & R. Reinhardt (Hrsg): *Wissensmanagement für die Praxis. Methoden und Instrumente zur erfolgreichen Umsetzung.* Berlin: Luchterhand.

Reinhardt, R. (1993). *Das Modell organisationaler Lernfähigkeit und die Gestaltung lernfähiger Organisationen. Volks- und Betriebswirtschaft, Band.* 1425, Frankfurt am Main: Lang.

Wilkens, U. (2004). *Management von Arbeitskraftunternehmern. Psychologische Vertragsbeziehungen und Perspektiven für die Arbeitskräftepolitik in wissensintensiven Organisationen.* Wiesbaden: DUV.

Wilkens, U. & Pawlowsky, P. (2003). Personalarbeit in einer wissensbasierten Wirtschaft. In M. Becker & G. Rother (Hrsg): *Personalwirtschaft in der Unternehmentransformation. Stabilitas et Mutabilitas.* München, Mering: Hampp, 239–253.

WIREG – Wirtschaftsförderungsgesellschaft (2005). Fachkräftebedarf in der Wirtschaftsregion Chemnitz-Zwickau. Teil 1: Ergebnisse der Unternehmensbefragung. Pressekonferenz vom 23.09.2005.

Kapitel 4

Alltag der strategischen Personalentwicklung

Führungskräfteentwicklung in der Praxis

Stephanie Christina Schorp & Stefan Heuer

Führungskräfteentwicklung im 21. Jahrhundert steht in einem nie da gewesenen Spannungsfeld zwischen erhöhten Anforderungen, die an Führungskräfte vom ersten Tag an gestellt werden, Verantwortung, die jede Führungskraft in flachen Hierarchien tragen muss, knappe Ressourcen, über die jede Führungskraft in einer schlanken Organisationen nur verfügt, und Performance, die jede Führungskraft auch in Form von Entscheidungen täglich bringen muss, um jeden Beteiligten in ihrem Umfeld zufrieden zu stellen. Wie kann eine bedarfs- und zielgerichtete Führungskräfteentwicklung in diesem Umfeld aussehen?

Im folgenden Kapitel möchten wir ein aus klassischen Führungsentwicklungsinstrumenten kombiniertes Modell vorstellen, das die Stärken der einzelnen Instrumente kombiniert, um die jeweiligen Schwächen zu kompensieren. Dieses ermöglicht es, die zur Verfügung stehenden Ressourcen „Zeit" und „Führungskraft" unter Würdigung unterschiedlichster Ausgangssituationen effizient zu nutzen, um ein definiertes Ergebnis sicher zu erreichen. Dabei ist die Ausrichtung des Instruments auf das Individuum der wesentliche Erfolgsfaktor, ohne jedoch organisatorische Rahmenbedingungen und Herausforderungen aus dem Auge zu verlieren.

Um die geschilderten Inhalte möglichst interessant und praxisnah zu vermitteln, haben die Autoren ein Praxisbeispiel integriert, das vor allem die kleinen Fallstricke der Realität verdeutlichen soll. Zur besseren Unterscheidung sind diese Textpassagen *kursiv* abgesetzt.

1. Grenzen der klassischen Führungskräfteentwicklung

Ein Wechsel im Top-Management eines mittelständischen Dienstleistungsunternehmens führte zu einer neuen strategischen Ausrichtung der Gesamtorganisation. Nicht zuletzt, um dem aggressiven Wettbewerb in einem

Verdrängungsmarkt standhalten zu können, hatte sich das Unternehmen eine umfassende Vertriebs- und Qualitätsoffensive auf allen Ebenen zum Ziel gesetzt: Produkte, Prozesse und Personen sollten nach und nach den neuen Anforderungen des Marktes angepasst werden. Ein besonderes Augenmerk lag dabei auf der Verbesserung der Führungsqualität der ersten und zweiten Ebene unter dem Vorstand, da die Geschäftsleitung aufgrund bestimmter Indizien annahm, dass hier ein wesentlicher „Knackpunkt" für den mangelnden Erfolg des Gesamtunternehmens lag. Trotz zahlreicher und langjähriger, klassischer, interner und externer Qualifizierungs- und Trainingsangebote waren wesentliche Managementkompetenzen – im Marktvergleich – unterdurchschnittlich schwach ausgeprägt.

So waren z. B. Kompetenzen wie strategisches Denken und Handeln der Führungskräfte wenig ausgeprägt, die meisten agierten stark operativ, eher reaktiv und auf Zuruf. Ebenso waren die Kompetenzen, sich als Unternehmer oder Change Agent zu verstehen und die Veränderungsprozesse zu steuern und erfolgreich zu begleiten, schwach ausgeprägt. Aber auch personelle und motivationale Faktoren schienen ausbaufähig. So war vielen ein klarer Leistungsanspruch und die Motivation abhanden gekommen, sich sowohl persönlich als auch das Unternehmen kontinuierlich zu verbessern. Einige der Führungskräfte hatten sich in eine bequeme „Komfortzone" zurückgezogen, nahmen kaum noch ihre originären Führungsaufgaben war und agierten konträr zu der von dem neuen Vorstand geforderten Leistungskultur.

Im Hinblick auf die neue strategische Ausrichtung mit ehrgeizigen unternehmerischen Zielen beauftragte der Vorstand die Abteilung Führungskräfteentwicklung nun damit, auf Grundlage einer detaillierten und differenzierten Bestandsaufnahme der Stärken und Schwächen der Führungsmannschaft, das Bewusstsein und die Eigenverantwortung der Führungskräfte für ihre Weiterbildung zu verändern und zu schärfen sowie durch entsprechende Maßnahmen die Führungsqualität kontinuierlich und nachhaltig zu verbessern.

Das beschriebene Beispiel ist sicher kein Einzelfall. Zahlreiche Unternehmen im In- und Ausland investieren Jahr für Jahr hohe Summen in die interne und externe Weiterentwicklung von Mitarbeitern und Führungskräften.

Woran scheitert insbesondere die Führungskräfteentwicklung? Liegt es an einzelnen Personen – handelt es sich also um ein individuelles Problem – oder ist es eher ein kollektives bzw. systemisches d. h. auf dieses Unternehmen als Gesamtorganisation bezogenes Problem? Liegt es an althergebrachten Methoden wie Trainings und Seminaren, die vielleicht als Instrument in modernen Unternehmen ausgedient haben, an dem mangelnden Stellenwert der Führungskräfteentwicklung an sich oder an der mangelnden Konsequenz, mit der diese betrieben wird?

2. Kritische Erfolgsfaktoren der Führungskräfteentwicklung

Die Ursachen für das Scheitern von Führungskräfteentwicklungskonzepten im Gesamten oder das Nicht-Greifen von einzelnen Führungsentwicklungsmaßnahmen sind vielfältig und vielschichtig. Betrachtet man die Qualifizierung von Führungskräften als Teil von Management und folgt einer der Definitionen von Peter Drucker des modernen Managements als: „Menschen durch gemeinsame Werte, Ziele und Strukturen durch Aus- und Weiterbildung in die Lage zu versetzen, eine gemeinsame Leistung zu vollbringen und auf Veränderungen zu reagieren", wird die herausragende Stellung der Führungskräfteentwicklung deutlich.

In engem Zusammenhang mit der Selbstverantwortung jeder einzelnen Führungskraft für die eigene Weiterentwicklung und Qualifizierung stehen die Bedeutung der Führungskräfte und deren Qualität. Unternehmen, die nicht erkannt haben, dass ein Stab an qualitativ hochwertigen Führungskräften essentiell für das Bestehen und die positive Entwicklung des Unternehmens am Markt ist, weisen dem Thema Führungskräfteentwicklung auch keine hohe Bedeutung zu. Dies zeigt sich unter anderem sowohl in der mangelnden Transparenz bzw. im Nichtvorhandensein von definierten Anforderungen an die Führungskräfte. Wohingegen Unternehmen, die der Entwicklung Ihrer Mitarbeiter und Führungskräfte hohe Bedeutung beimessen, über ein aus der Strategie abgeleitetes Kompetenzmodell verfügen, das allen Führungskräften bekannt und zugänglich gemacht wird und Basis für alle in dem Unternehmen durchgeführten Auswahl-, Beurteilungs- und Entwicklungsprozesse ist.

Die regelmäßige Durchführung von Beurteilungs- und Feedbackprozessen zur Evaluierung von strategisch relevanten Kompetenzen der Führungsqualität führt sowohl zur kontinuierlichen Erhebung des Status quo der gesamten Führungsmannschaft als auch zur Standortanalyse jeder einzelnen Führungskraft und in der Folge zur Ableitung von unternehmensbezogenen und individuellen Entwicklungsbedarfen. Zudem unterziehen sich die Führungskräfte so einem permanenten Abgleich von Selbst- und Fremdbild, welcher die kritische Selbstreflexion unterstützt, Selbstüberwie -unterschätzungen möglicherweise vermeidet und zu einen positiven internen Wettbewerb führen kann.

Unternehmen hingegen, welche die Qualität Ihrer Führungskräfte nicht regelmäßig erheben, können schwerlich konkrete Aussagen zum Entwicklungsstand und der Kluft zwischen dem, was die Organisation benötigt und dem Vorhandenen treffen. Häufig wird dann bei der Vergabe von Weiterbildungen nicht selten nach dem berühmten Gießkannenprinzip agiert – so werden z. B. bei einem schlecht laufenden Vertrieb alle Verantwortlichen zu einem Verkaufstraining geschickt.

Die Komplexität der Anforderungen an heutige Führungspositionen führen nicht selten zur mangelnden Passung der Inhalte von Führungstrainings zu den individuellen wie unternehmerischen Anforderungen. Um diesen Kompetenzen zu genügen, ist die klare Trennung der Vermittlung von Führungsmethoden und Techniken einerseits und Fähigkeiten, welche die Führungskraft als Person betreffen, andererseits notwendig. Während manche Führungsmethoden wie z. B. das Führen von Zielvereinbarungsgesprächen unter Umständen auch in offenen Seminaren vermittelt werden können, sollten unternehmensspezifische Seminare und Trainings für die Vermittlung von aktuell strategischen oder branchenspezifisch relevanten Themen genutzt werden. Individuell maßgeschneiderte Methoden wie z. B. Coaching finden demgegenüber ihren Einsatz für sehr personenbezogene Inhalte wie z. B. die Beschäftigung mit dem Selbstverständnis als Führungskraft.

Die Wahl der falschen Methode zur Vermittlung bestimmter Kompetenzen, die geringe Unternehmensbezogenheit und/oder mangelnde strategische Relevanz der Inhalte sowie falsche oder schlechte Anbieter sind weitere Stolpersteine auf dem Weg zu einer professionellen Führungskräfteentwicklung.

Ein häufig bestätigter Vorwurf vieler Weiterbildungen ist deren unzureichende Transfersicherheit und/oder die mangelhafte Übertragung des Gelernten in die Arbeitspraxis aufgrund der häufigen Laborsituationen im Training. Das Gelernte kann häufig durch mangelnde Anwendungsmöglichkeit oder schwierige Rahmenbedingungen nicht genutzt bzw. weiterentwickelt werden und verpufft so nicht selten in seiner Wirkung. Meistens handelt es sich auch um einmalige Maßnahmen, die nicht kontinuierlich und in regelmäßigen Abständen aufgefrischt bzw. wiederholt und in der Praxis geübt werden, wodurch ebenfalls – wie man aus der klassischen Lerntheorie weiß – der Kosten-/Nutzenaspekt extrem geschmälert wird.

Durch mangelndes oder oberflächliches Bildungscontrolling werden weder die Entwicklungsfortschritte durch die Maßnahme noch die weiter vorhandenen und zu schließenden Entwicklungslücken aufgezeigt. Der Einsatz von Feedbackbögen, die meist nur unmittelbar nach der Maßnahme und lediglich nur von dem Teilnehmer ausgefüllt werden, sind sicherlich nicht aussagekräftig genug, um den Aufwand in Relation zum Nutzen (Return on Investment) darstellen zu können.

Gemäß dem Auftrag des Vorstandes setzte die Leitung der Führungskräfteentwicklung ein internes Projekt auf, dessen Ziele zusammenfassend darin bestanden:

- *Einen kulturellen Wandel weg von einer angstgeprägten Absicherungskultur hin zu einer offenen Leistungskultur anzustoßen,*
- *generelle, über alle Führungskräfte bestehende Entwicklungsbedarfe aufzuzeigen,*
- *individuelle Standortanalysen vorzunehmen sowie*
- *aufgezeigte unternehmerisch-kulturelle und individuelle Defizite durch geeignete Entwicklungsmaßnahmen schnell und effizient zu beheben.*

Zur Bestandsaufnahme individueller wie unternehmerischer, erfolgsentscheidender Entwicklungsfelder boten sich letztendlich unterschiedliche diagnostische Instrumente wie Assessments, Potenzialanalysen, Audits etc. an. Da die beschriebene Organisation schon seit einigen Jahren Assessment- und Auditierungsverfahren im Einsatz hatte und ein nicht unerheblicher Fokus nun auch auf der Organisationsentwicklung liegen sollte, entschied man sich für ein Führungskräftefeedback in Form eines 360°-Feedbacks.

Dieses Verfahren bot den Vorteil, dass es im Gegensatz zu den seit Jahren praktizierten, einseitigen Feedbackverfahren (Vorgesetztenbeurteilung) unterschiedlichste Perspektiven innerhalb und eventuell außerhalb (Kundenperspektive) des Unternehmens einbezog und man somit zu einer wesentlich umfassenderen Bestandsaufnahme gelangte.

Durch die Beteiligung aller im Unternehmen und das Transparentmachen von aus der Strategie abgeleiteten, zukünftigen Anforderungen und

Erwartungen speziell an Führungskräfte im Unternehmen wurde zudem ein kultureller Wandel im Hinblick auf offene Kommunikation einerseits und den Anspruch an mehr Leistung und Qualität anderseits eingeleitet.

Auch über die im Anschluss an das Feedbackverfahren einzusetzenden Entwicklungsmaßnahmen machte man sich im Vorfeld Gedanken. Ein seit Jahren bestehendes, internes Bildungsprogramm mit zahlreichen Trainings und Seminaren und die Möglichkeit, an Programmen bei externen Bildungsanbietern teilzunehmen, hatte nicht den erwünschten Nutzen und Erfolg gebracht.

Da die Vermutung nahe lag, dass die vorhandenen Entwicklungsfelder vor allem im Bereich der Persönlichkeit wie z. B. in einem mangelnden Selbstverständnis als Führungskraft, einem zu geringen Leistungsanspruch an sich selbst, einer unterdurchschnittlich serviceorientierten Einstellung und einer zu geringen Eigenmotivation lagen, erwiesen sich die meisten Instrumente der klassischen Führungskräfteentwicklung hier als zu oberflächlich.

Eingedenk dessen und dem Anspruch, die Führungsqualität sowohl einheitlich im Sinne der neuen strategischen Ausrichtung bei allen Führungskräften zu optimieren als auch ein Höchstmaß an Individualität im Eingehen auf persönliche Stärken und Schwächen zu gewährleisten, entschied man sich für die Kombination aus einem vorgeschalteten 360°-Feedback mit anschließenden Einzelcoachings für Führungskräfte auf Schlüsselpositionen.

3. Feedback und Coaching als Instrumente der Führungskräfteentwicklung

Nach der Definition der Ziele und der Wahl der Instrumente galt es nun, den Weg zum Ziel unter Einsatz der Instrumente genau zu beschreiben bzw. festzustellen, an welchen Stellen noch Unklarheiten zu finden waren. Die Führungskräfteentwicklung wähnte sich gut aufgestellt und vor dem Hintergrund der seit Jahren durchgeführten diagnostischen und entwickelnden Verfahren bestens präpariert. Einzig die nachweislich unbefriedigenden Ergebnisse dieser Arbeit störten die Zufriedenheit bei allen Beteiligten. Aus diesem Grund entschloss man sich, einen erfahrenen externen Berater mit in den Prozess einzubeziehen.

3.1 Der Prozess

Der Name „feedbackbasiertes Coaching" und die darin kombinierten, klassischen Instrumente der Führungskräfteentwicklung bestimmen den Aufbau und Ablauf eines Entwicklungsprozesses. Insgesamt sind 5 Phasen (vgl. Abbildung 1) zu unterscheiden. Neben den beiden Durchführungsphasen von Feedback und Coaching ist insbesondere die abschließende Reviewphase von besonderer Bedeutung, weil in dieser Phase die Wirksamkeit überprüft wird. Insofern unterscheidet sich der vorgestellte Ansatz von vielen anderen Entwicklungsmaßnahmen, die Erfolgskontrolle ist integrierter Bestandteil des Instruments und kann zu einer erneuten Initiierung des Prozesses führen.

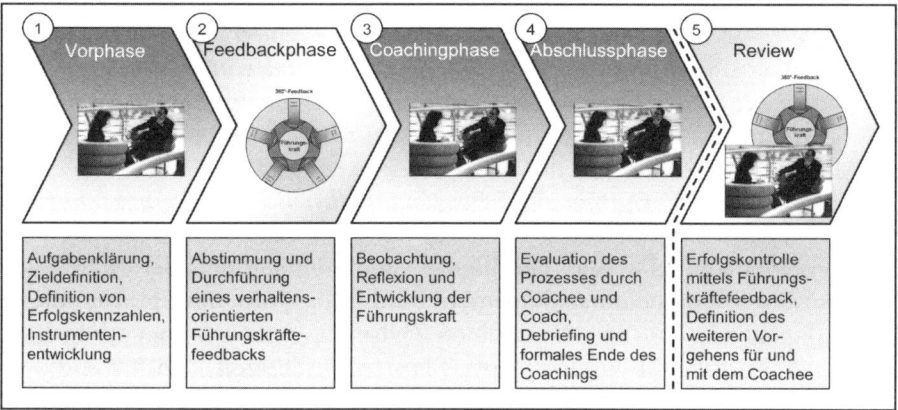

Abb. 1. Die 5 Prozessphasen des feedbackbasierten Coachings

Eingeleitet wird der Entwicklungsprozess durch eine einmalig zu absolvierende Vorphase, in der neben der Aufgabenklärung vor allem die Zielsetzung definiert wird. Ausgehend von diesen Festlegungen werden dann alle weiteren Elemente des Prozesses entwickelt und festgelegt, bevor das Führungskräftefeedback als erster Umsetzungsschritt gestartet wird.

Zum Ende der Coachingphase ist auch die Abschlussphase von größter Bedeutung für den übergreifenden Erfolg. Es gilt die von Coach und Coachee gemachten gemeinsamen Entwicklungsschritte in einen Zusammenhang zu stellen und ein Fazit aus beider Perspektive zu ziehen. Dies ist aber umso wichtiger, als dass die Entwicklungsarbeit durch die einzelne Führungskraft in den folgenden Monaten fortzusetzen ist. Nur wenn dies ermöglicht wird, ist auch von einer nachhaltigen Veränderung von Verhalten und den diesem zugrunde liegenden Motiven auszugehen.

3.2 Die Vorphase – Entwickeln eines strategischen Kompetenzmodells

Über die Aufgabenstellung und die Situation informiert, empfahl der Berater eine genaue Überprüfung des vorhandenen Kompetenzmodells, das als Basis für alle Diagnostikverfahren und die Führungskräfteentwicklung diente. Das Ergebnis war wenig überraschend: Im vorhandenen Kompetenzmodell war Leistung im Wesentlichen mit Fehlerfreiheit beschrieben, Durchsetzungsvermögen als Finden einer gemeinsamen Position, der alle zustimmen, kurz: Das vorhandene Kompetenzmodell beschrieb all die Verhaltensweisen, die zukünftig verändert werden sollten.

Ausgehend von diesem Analyseergebnis war es mit relativ wenig Aufwand verbunden, das Kompetenzmodell auf die neuen Ziele auszurichten. In einem Abstimmungsworkshop mit dem Vorstand wurde der Vorschlag für das neue Kompetenzmodell finalisiert und verabschiedet. Auf Basis dieses Arbeitsstands wurde als nächstes ein Fragebogen entwickelt, der es ungeschulten Beobachtern auf Basis ihrer persönlichen Eindrücke ermöglichen sollte, das Verhalten einer Person aus Ihrem Umfeld einzuschätzen.

Kompetenzmodelle und der häufig damit einhergehende Begriff des strategischen Kompetenzmanagement sind *en vogue*. Häufig wird dieses Begriffspaar eng mit der allgemeinen Zielsetzung der Personalarbeit („die richtigen Mitarbeiter am richtigen Platz zur richtigen Zeit") verknüpft. Doch was lässt ein Kompetenzmodell wirklich „strategisch" werden?

In einem Kompetenzmodell werden sowohl die persönlichen als auch die sozialen und methodischen Kompetenzen abgebildet. Selbstverständlich sind auch die fachlichen Kompetenzen von entscheidender Bedeutung, diese werden jedoch in der Regel aufgrund der sehr heterogenen Anforderungen nicht als Bestandteil des generischen Kompetenzmodells angesehen. Vielmehr steht im Fokus, die von Unternehmensseite her erforderlichen, überfachlichen Kompetenzen zu bestimmen, die heute und in Zukunft gebraucht werden, um sie in der Folge bei Mitarbeitern und Führungskräften aufzubauen (vgl. Abbildung 2).

		1 2 3 4 5
Führungskompetenz	Motivationsfähigkeit Zielmanagement/Steuerung Partizipation Informationsweitergabe Personalentwicklung	○ ○
Sozialkompetenz/Interaktion	Kooperation Kommunikation Durchsetzungsvermögen Überzeugungsfähigkeit	○ ○ ○ ○ ○ ○ ○ ○ ○ ○ ○ ○ ○ ○ ○ ○ ○ ○ ○ ○
Methodenkompetenz	Selbst- und Zeitmanagement Projektmanagement Arbeitstechniken Handlungs-/Resultatsorientierung Strategieinstrumentarium	○ ○
Veränderungskompetenz	Lernfähigkeit Veränderungsbereitschaft Flexibilität in Denken und Handeln Veränderungsmanagement	○ ○ ○ ○ ○ ○ ○ ○ ○ ○ ○ ○ ○ ○ ○ ○ ○ ○ ○ ○

Abb. 2. Kompetenzmodell eines Dienstleistungsunternehmens

Ein unternehmensspezifisches Kompetenzmodell ist dabei das Bindeglied zwischen Unternehmensstrategie und einer zusammenhängenden Personalentwicklung mit zielgerichteten, ineinander greifenden und pragmatischen Instrumenten und Prozessen. Als „strategisch" ist ein Kompetenzmodell dann zu bewerten, wenn es die aus der Unternehmensstrategie resultierenden, zukünftigen Anforderungen integriert. Ein deutscher Mittelständler, der heute primär in Europa tätig ist, wird bei einer Globalisierungsstrategie in allen Geschäftsfeldern und -bereichen zukünftig andere, erweiterte Anforderungen an die Mitarbeiter und Führungskräfte stellen. Fernostasien ist wirtschaftlich und kulturell mit anderen Anforderungen an die Handelnden verbunden als Frankreich oder die Niederlande.

Doch benötigt man zur unternehmensinternen Identifikation, Bindung und Entwicklung von Leistungsträgern und zur Rekrutierung neuer Mitarbeiter Instrumente, die eine Einschätzung von Personen hinsichtlich ihrer Fähigkeiten, Potenziale und Passung zum Unternehmen sicherstellen. Ein Kompetenzmodell bildet lediglich die Basis von Personalentwicklungsinstrumenten.

In der Literatur wird der Begriff „Kompetenzmodell" als „Konfiguration oder Muster an Wissen, Fähigkeiten, Motivation, Interessen, Fertigkeiten,

Verhaltensweisen und anderen Merkmalen, die eine Person oder Gruppe für die erfolgreiche Bewältigung ihrer Aufgaben benötigt" definiert. Um zu verdeutlichen, wie diese theoretisch abstrakte Definition zu verstehen ist, soll an dieser Stelle kurz der Entwicklungsprozess für ein Kompetenzmodell dargestellt werden (s. Abbildung 3).

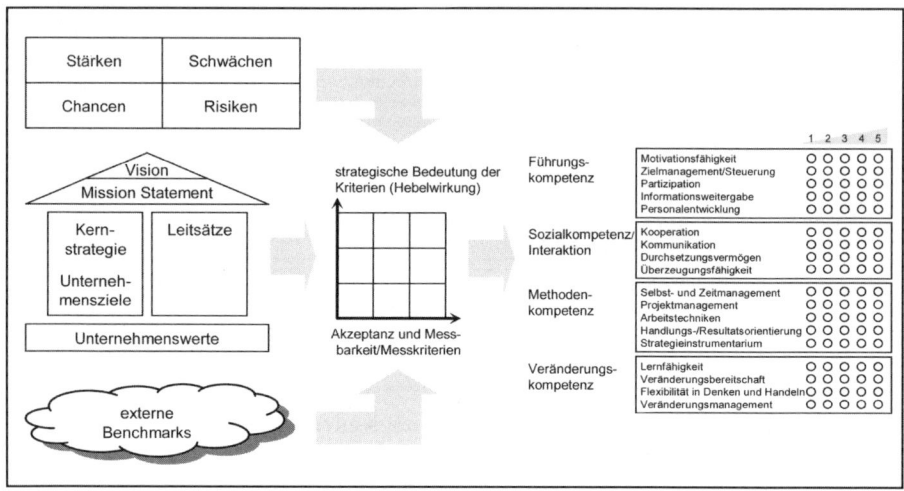

Abb. 3. Elemente der Kompetenzmodellentwicklung (nach McClelland, 1998)

Das Kompetenzmodell ist das Ergebnis einer systematischen Anforderungsanalyse, die immer aus einer Aufgabenanalyse verschiedener Mitglieder der Organisation und meistens zusätzlich Behavioral Event Interviews[37] oder Befragungen, die die Critical Incident Technique[38] benutzen, basiert. Im Unterschied zur traditionellen Beschreibung bestehender Anforderungen wird in die Anforderungsanalyse auch die Auswertung der Unternehmensstrategie zur Beschreibung zukünftiger Anforderungen einbezogen.

Im nächsten Schritt werden die gewonnenen Erkenntnisse mit Hilfe statistischer Verfahren verdichtet und reduziert. Ziel ist es nicht, alle vorhan-

---

[37] Systematische Befragung der leistungsstärksten und durchschnittlichen Stelleninhaber (jeweils ca. 3 bis 6 Repräsentanten); anschließend Herausarbeiten der spezifischen Unterschiede zwischen den Gruppen (vgl. McClelland, 1998)

[38] Systematische Befragung von Stelleninhabern, Vorgesetzten oder Experten zur Aufdeckung effektiven oder ineffektiven Verhaltens (vgl. Bernardin, 1988)

denen Einzelfälle bis ins Detail beschreiben zu können, sondern dem Pareto-Prinzip folgend ein Modell zu entwickeln, das die Mehrheit der Anforderungen erfasst. Bei der Auswahl der Elemente des Kompetenzmodells sind die jeweilige strategische Relevanz und die Messbarkeit der Anforderung entscheidend.

3.3 Die Feedbackphase – Erheben der Ist-Situation

Damit waren die wichtigsten Vorarbeiten für das Führungskräftefeedback abgeschlossen. Bevor das Verfahren gestartet werden konnte, mussten noch einige Rahmenbedingungen geklärt werden. Aufgrund des vor allem internen Zwecks der Durchführung verzichtete man auf die Einbeziehung von externen Feedbackgebern. Da das Ergebnis ein realistisches Bild von der Führungskraft widerspiegeln sollte, entschied man sich dafür, eine Vollerhebung durchzuführen und auf Benennungen der Feedbackgeber durch die Feedbacknehmer zu verzichten. Um eine möglichst kurze Prozesslaufzeit für das Feedback und folglich einen früheren Start des Coaching zu gewährleisten, entschloss man sich zum Einsatz eines internetbasierten Instruments, das durch einen externen Dienstleister administriert werden sollte. Damit sollte auch ein höheres Maß an Unabhängigkeit und Anonymität in der Aufbereitung der Ergebnisse erzielt werden.

Drei Wochen nach Projektstart war es schließlich soweit, das Führungskräftefeedback wurde gestartet. Mit einer persönlichen E-Mail, in der Ziel und Zweck des Verfahrens erläutert wurde, wurde jede Führungskraft zur Abgabe ihrer Selbsteinschätzung aufgerufen sowie jeder Feedbackgeber zur Abgabe der vorgesehenen Fremdeinschätzungen aufgefordert. Da einige leitende Führungskräfte rund 20 Fragebögen zu bearbeiten hatten, gewährte man eine Bearbeitungszeit von 3 Wochen.

Die Beteiligung war sehr zufrieden stellend. Für jeden Feedbacknehmer konnten alle Feedbackgebergruppen einzeln ausgewiesen werden, weil mehr als 5 Feedbacks eingegangen waren. Die Grundlage für den folgenden Coachingprozess war gelegt, für alle Feedbackgeber konnten Entwicklungsfelder aus den Feedbacks deutlich identifiziert werden.

Oberflächlich betrachtet hat das Feedbackverfahren den Zweck, Informationen und Einschätzungen aus der Organisation einzusammeln, also eine „Einbahnstraßenkommunikation" zu unterstützen. Tatsächlich greift dieser Blick auf das Führungskräftefeedback zu kurz, denn wie von Paul Watzlawick festgestellt wurde, „man kann nicht nicht kommunizieren".

Deshalb sollte jedem Element des Feedbackprozesses (vgl. Abbildung 4) ausreichend Planung und Aufmerksamkeit zu teil werden.

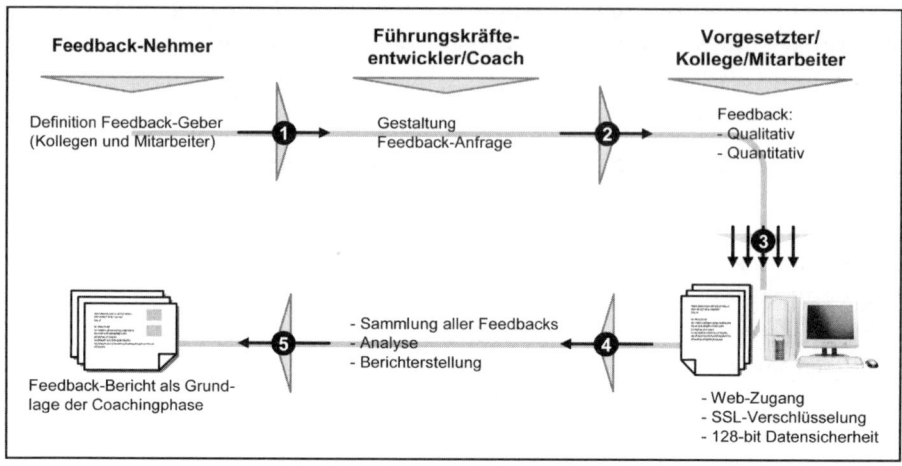

Abb. 4. Der strukturelle Ablauf des Führungskräftefeedbacks

3.3.1 Ablauf des Feedbacks

Der Feedbackprozess gliedert sich in 5 Schritte, die jeweils situations- und unternehmensspezifisch zu gestalten sind (vgl. Abbildung 4). Ausschlaggebende Entscheidungskriterien sollten die Situation, in der ein Feedback durchgeführt wird, die Ziele, die mit dem Feedback verknüpft werden und die Unternehmenskultur, die in der Organisation ausgeprägt ist, sein.

In Abhängigkeit der skizzierten Kriterien werden in den folgenden Abschnitten Entscheidungs- und Gestaltungsspielräume bei der Durchführung eines Feedbackverfahrens aufgezeigt.

3.3.2 Ableitung des Feedbackinstruments

Ein Kompetenzmodell, wie es häufig dimensionsbasiert (vgl. Abbildung 2) existiert, kann nicht in einer standardisierten Befragung eingesetzt werden. Es ist notwendig, die verwendeten Bezeichnungen genauer zu beschreiben, um alle in den einzelnen Oberbegriffen subsumierten Facetten genau zu definieren und somit das zusammenfassende Konzept bewertbar zu machen. Häufig existieren entsprechende Operationalisierungen in Form von Verhaltensankern bereits aus der Entwicklung anderer Instrumente, wie Bewertungsbögen für Assessment Center oder Beurteilungsbögen für Mitarbeitergespräche. Wie im Fallbeispiel geschildert, müssen die Einsatzszenarien und damit verbundenen Ziele jedoch nicht mit denen des Feedbacks übereinstimmen. Es ist notwendig, die vorhandenen Operationalisierungen zu überarbeiten.

Bei dieser Arbeit ist es erfolgsentscheidend, dass alle Facetten der einzelnen Kompetenz in beobachtbare, trennscharfe, eindeutige und unmissverständliche Aussagen übersetzt werden. Die einzelnen Aussagen oder auch „Items" des Fragebogens müssen auf einer einheitlichen Skala bewertet werden können.

Hinsichtlich der zu verwendenden Antwortskala hat sich in den letzten Jahren die Verwendung von Likert-Antwortskalen mit der bekannten Bandbreite „Stimme voll zu" bis „Stimme überhaupt nicht zu" etabliert. Ob man diese Bandbreite in 5 oder 7 Schritte unterteilt ist ergebnisneutral (vgl. Borg, 2000, S. 85). Von weniger Skalenstufen rät Borg ab, da „sich die Befragten [...] oft in ein allzu enges Antwortkorsett gepresst" (ebenda) fühlen. Mehr Kategorien sind weder aus Gründen der Reliabilität noch der Validität sinnvoll (vgl. Krosnik & Fabrigar, 1997).

Gerade für die subjektive Einschätzung von Verhalten anderer Personen wird jedoch von der Reduktion auf geradezahlige (4- oder 6-stufige) Antwortskalen abgeraten, da nicht ausgeschlossen werden kann, dass ein Befragter mit einem Item mehrere Facetten verbindet, die er mit einem mittleren Antwortwert einschätzen möchte (Borg, 2000, S. 85).

Im Vorfeld von Entwicklungsmaßnahmen hat sich die Ergänzung von einzelnen Freitextfeldern bewährt, in denen die Feedbackgeber bestimmte Entwicklungsfelder auch in komplexeren Zusammenhängen schildern können.

Insgesamt gibt ein Führungsfeedbackfragebogen eine detaillierte und umfassende Beschreibung der Anforderungen an die Führungskräfte und das Führungsleitbild der Organisation wider. Da dies in den meisten Organisationen jedoch nicht explizit und veröffentlicht wird, muss man jede einzelne Formulierung hinsichtlich ihrer Erfüllbarkeit und Passung mit der Unternehmenskultur überprüfen. Allzu schnell kann es nämlich sein, dass bei einer fehlenden Passung mit dem Unternehmensalltag der Feedbackfragebogen an Akzeptanz bei Mitarbeitern und Führungskräften verliert. Deshalb ist vor dem flächendeckenden Roll-Out ein Pretest mit einer kleinen Stichprobe durchzuführen.

3.3.3 Festlegung der Feedbackgeber

Die Art und Weise, wie die Feedbackgeber für eine Führungskraft festgelegt werden, ist die erste Entscheidung in der Vorbereitung des Verfahrens mit starker Außenwirkung, die maßgeblichen Einfluss auf den Erfolg des Gesamtverfahrens hat. Grundsätzlich gibt es zwei Varianten, die Feedbackgeber festzulegen:

1. Für alle Teilnehmer wird einheitlich festgelegt, dass sich die Feedbackgeber aus dem organisatorischen Umfeld ergeben, die Organisation die Zusammensetzung bestimmt.
2. Alternativ kann jeder Teilnehmer eine festgelegte Anzahl (5–7 Namen) von Feedbackgebern persönlich einladen.

Für beide Alternativen gibt es Vor- und Nachteile. Der erhöhte Aufwand in der Organisation und deren Mitglieder wird bei der ersten Variante durch die größere Repräsentativität aufgewogen. Im vorgestellten Fallbeispiel war dies von großer Bedeutung. Genau entgegengesetzt sind die Auswirkungen der zweiten Variante. Insgesamt ist das Verfahren unaufwendiger, die Rückmeldungen können durch die Auswahl der Feedbackgeber beeinflusst werden. Dies ist insbesondere problematisch, wenn man mit dem Ziel der Entwicklung einzelner Führungskräfte ein möglichst breites Feedback sammeln oder die Unternehmenskultur und -kommunikation offener gestalten möchte.

3.3.4 Gestaltung der Kommunikationsinstrumente

„Es gibt keine zweite Chance für den ersten Eindruck". Dieses geflügelte Wort wird für viele interne Informationskampagnen leider allzu oft vergessen. Tatsächlich sollten alle Kommunikationsmaßnahmen rund um ein Feedbackverfahren mit anschließendem Führungskräftecoaching gut geplant und sorgfältig abgestimmt werden. Folgende Punkte sollten unbedingt beachtet werden:

- Vor Beginn des eigentlichen Verfahrens informiert ein Mitglied aus der Unternehmensführung, idealerweise der Vorsitzende des Vorstands oder der Geschäftsführung, über die bevorstehende Maßnahme und erklärt dezidiert Beweggründe, die zur Durchführung geführt haben und die Ziele, die damit erreicht werden sollen. Die Resonanz ist besonders groß, wenn dies in Form einer Ansprache an einen möglichst großen Teil der Mitarbeiterschaft geschieht.
- Alle unmittelbar beteiligten Führungskräfte sollten parallel in einer Informationsveranstaltung über den Sinn und Zweck, die Motive und Zie-

le sowie den Ablauf und die organisatorischen Details informiert werden.
- Sinn und Zweck müssen auch aus dem Anschreiben, das jeder Feedbackgeber erhält, klar hervorgehen. Weiterhin muss deutlich werden, wie die gemachten Einschätzungen verarbeitet und aufbereitet werden und wann und in welcher Form die Feedbackgeber über das Ergebnis informiert werden. Bei einem nachfolgenden Coaching ist es durchaus legitim, auf die Veröffentlichung der Ergebnisse zu verzichten, so lange die Feedbackgeber, insbesondere die Mitarbeiter, darüber informiert werden, in welcher Phase der Prozess sich befindet.

Generell gilt, nur mit einem größtmöglichen Maß an Offenheit und Transparenz kann das Feedbackverfahren als Instrument langfristig etabliert werden.

3.3.5 Wahrung des Datenschutzes

Zur Wahrung des Rechts auf informationelle Selbstbestimmung erfolgt die Teilnahme am Führungsfeedback freiwillig und anonym (vgl. BDSG, 1990). Die Anonymität muss insbesondere bei der Auswertung durch geeignete Gruppengrößen gewährleistet werden. Sollten im Einzelfall in den Organisationseinheiten kleinere Gruppen entstehen, erfolgt eine Teilnahme und die Auswertung des Fragebogens nur, sofern der Teilnahme freiwillig und schriftlich zugestimmt wurde und eine Mindestzahl an Datensätze zur Auswertung eingegangen ist. Prinzipiell ist jede Zustimmung widerruflich (ebenda). Im Fragebogen und dem Begleitschreiben muss explizit auf die Freiwilligkeit der Beantwortung und das mit der Beantwortung gegebene Einverständnis zur Auswertung hingewiesen werden.

Die mit dem Führungsfeedback angesprochenen Führungskräfte erhalten Rückmeldungen bezüglich ihres eigenen Führungsverhaltens ausschließlich in aggregierter Form, d. h. ohne Rückschließbarkeit auf Bewertungen durch einzelne Personen. Darüber hinaus erhalten sie Rückmeldung zu Vergleichswerten ebenfalls in aggregierter Form, d. h. ohne Rückschließbarkeit auf die Bewertung einzelner Führungskollegen/innen.

3.3.6 Durchführung des Feedbackverfahrens

Hinsichtlich der Durchführung und Auswertung des Führungskräftefeedbacks ist zuerst zu klären, ob das Verfahren mit internen Mitteln oder von einem externen Dienstleister durchgeführt werden soll. In vielen Organisationen ist die interne Durchführung ein Problem, weil Führungskräfte und

Feedbackgeber die Anonymität und Vertraulichkeit in der Behandlung der Daten bezweifeln.

Als initiierendes Ereignis erhält jeder Feedbacknehmer einen Selbsteinschätzungsfragebogen, in dem er sich selbst relativ zu den gemachten Aussagen beurteilt. Im Rahmen der Selbsteinschätzung können ggf. die Namen der zu benennenden Feedbackgeber erhoben werden. Anschließend erhält jeder der Feedbackgeber seine persönliche Aufforderung zur Abgabe eines Feedbacks, aus der explizit hervorgeht, aus welcher Perspektive das Feedback gegeben werden soll. Alle Feedbackfragebögen werden anonym beantwortet und ebenso an die administrierende Stelle zurückgesandt. Lediglich die Zuordnung zum Feedbacknehmer muss gewährleistet werden.

Die administrierende Stelle aggregiert alle eingegangenen Antwortdatensätze zu einem Gesamtfeedback und mehreren Gruppenfeedbacks, die der Selbsteinschätzung des Feedbacknehmers gegenübergestellt werden. Außerdem werden die stärksten und schwächsten Aussagen jedes Feedbacknehmers herausgefiltert und aufgelistet (s. Abbildung 5).

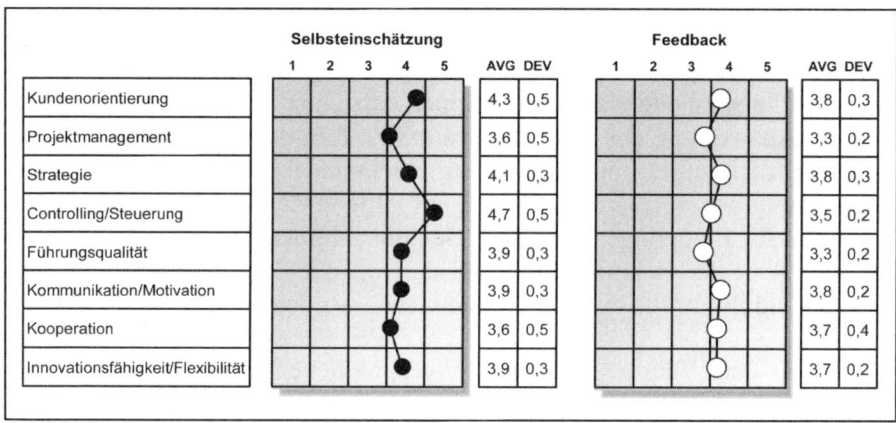

Abb. 5. Gegenüberstellung Selbsteinschätzung und aggregierter Feedbackkurve (in diesem Projektbeispiel steht AVG für Average, also den Durchschnittswert, und DEV für Deviation, also die Standardabweichung)

3.3.7 Auswertung und Aufbereitung der Ergebnisse

Der zu erstellende Feedbackbericht basiert auf der Struktur und den Inhalten des Fragebogens, nur erhobene Inhalte können auch ausgewertet werden. In Abhängigkeit des Ziels des Feedbacks kann der Ergebnisbericht auch mehr oder weniger detailliert werden. Grundsätzlich wird immer das Selbstbild mit dem Fremdbild verglichen. Ob dies in Form einer aggregierten Feedbackkurve geschieht (vgl. Abbildung 6) oder durch die Darstellung einzelner Kurven für jede Feedbackgebergruppe, ist konfigurierbar.

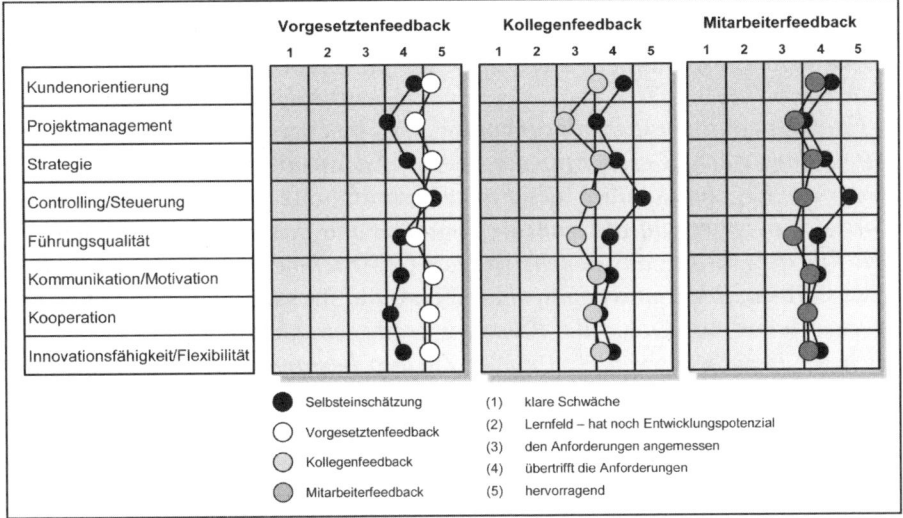

Abb. 6. Vergleich einzelner Feedbackkurven mit der Selbsteinschätzung (Projektbeispiel)

Um für den Coachingprozess ein facettenreiches Bild mit möglichst vielen Anknüpfungspunkten zur Verfügung stellen zu können, sollte eine möglichst umfangreiche und im Rahmen des Datenschutzes (siehe oben) detaillierte Auswertung erfolgen. Dies sollte auch die Auswertung der stärksten und schwächsten Einzelitems für jeden Feedbacknehmer mit einschließen, weil hierdurch konkreter Handlungsbedarf identifiziert werden kann.

Nach der Auswertung der Ergebnisse werden diese dem Feedbacknehmer durch den Ergebnisbericht dargelegt und erläutert. Dies sollte in Form eines Feedbackgespräches zwischen Feedbacknehmer, eventuell seinem Vorgesetzten, dem externen Dienstleister und einer Vertretung aus der Führungskräfteentwicklung geschehen. Wird das Führungsfeedback gleichzeitig als Beurteilungsinstrument genutzt, deren Ergebnisse auch Eingang in die Personalakte finden, muss der Vorgesetzte auf jeden Fall in das Feedbackgespräch einbezogen werden, während der externe Dienstleister gut durch die interne Führungskräfteentwicklung ersetzt werden kann. Dieses sollte allerdings eine Wahlmöglichkeit für die jeweilige Führungskraft sein. Es wird empfohlen, dass das Führungsfeedbackgespräch von dem Erst- oder Kennenlerngespräch des Coachingprozesses abgekoppelt wird. Generelle Fragen zu dem Verfahren und den Auswertungen, die aufgrund der Ergebnisse bei dem Feedbacknehmer auftauchen, sollten in diesem Feedbackgespräch geklärt werden und nicht Bestandteil der ersten Coachingsitzung sein.

Nachdem nun alle Einzelergebnisse und Feedbackberichte vorlagen, bereitete der externe Berater für die Vorstandsklausur eine Präsentation vor, in der die Ergebnisse über alle Führungskräfte aggregiert wurden und ein Portfolio bezogen auf die Führungsqualität und das Potenzial der jeweiligen Führungskräfte des beschriebenen Unternehmens erstellt wurde. Differenziert nach Verantwortungsbereichen und hierarchischen Ebenen war es nun leicht möglich, die Führungskräfte zu identifizieren, bei denen höchster Handlungsbedarf in naher Zukunft bestand sowie diejenigen, die gut als Träger und Treiber des kulturellen Wandels einsetzbar waren. Allen beteiligten Führungskräften wurden diese Gesamtergebnisse genauso transparent gemacht wie ihre Individualergebnisse. So erhielt jeder seine Ergebnisse auch in Relation zu den Ergebnissen seiner Kollegen.

Im Vorfeld hatte die Führungskräfteentwicklung im Rahmen der Nachfolge- und Stellvertreterregelung die für den Erfolg des Unternehmens wesentlichen Schlüsselpositionen definiert. Die Inhaber dieser Schlüsselpositionen und Führungskräfte mit geringen und durchschnittlichen Werten sollten nun Coachingprozesse durchlaufen, die einerseits ihre individuellen Entwicklungsbedarfe bearbeiten, andererseits bei allen die neue strategische Ausrichtung verankern und ein gemeinsames neues Führungsverständnis schaffen sollten. Der nächste Schritt für die Führungskräfteentwicklung war es nun, bei den identifizierten Personen Akzeptanz für das Instrument Coaching zu erlangen und die passenden Coaches zu finden.

Für die kleine Gruppe der Leistungsträger wurde ein Workshop veranstaltet, der zum Ziel hatte, diese Zielgruppe für ihre Rolle als Kulturträger zu sensibilisieren und Commitment für ihre Funktion als Change Agents zur Umsetzung der neuen strategischen Ausrichtung zu schaffen.

3.4 Die Coachingphase – Arbeit an den Entwicklungsfeldern

Da Coaching seit Jahren ein inflationär gebrauchter Begriff mit unterschiedlichsten Facetten und Begrifflichkeiten ist, die bei Laien häufig

Verwirrung und Unbehagen auslösen, ist ein gemeinsames Verständnis der Beteiligten von Coaching im Vorfeld einer der wesentlichen Erfolgsfaktoren.

Die Führungskräfteentwicklung tut gut daran, ein für das Unternehmen eigenes Coachingkonzept zu entwickeln und dieses durch ausreichende Information und Kommunikation vor dem gesamten Feedbackprozess einzuführen. Bestandteile eines solchen Konzeptes sind vor allem ein unternehmensspezifisches Coachingverständnis, die grobe Festlegung von Anlässen, bei denen der Einsatz von Coaching Sinn macht, die Spezifizierung von Anforderungen an den Coach, die Entscheidung, ob interne Mitarbeiter oder Externe die Coachings durchführen, die konkrete Beschreibung des gesamten Prozessablaufes und der angewandten Methoden und nicht zuletzt die Regelung von Zuständigkeiten und Verantwortlichkeiten im Prozess.

Unter Coaching verstehen die Autoren hier allgemein nicht eine Form des Führungsstils (*Die Führungskraft als Coach*), sondern die zeitlich begrenzte Unterstützung von Führungskräften im beruflichen Kontext durch einen Experten zur nachhaltigen Steigerung der beruflichen Performance. Grundlegende Voraussetzung für den Erfolg sind Freiwilligkeit, Veränderungswille und die Bereitschaft des Klienten, für seine eigene Weiterentwicklung Verantwortung zu übernehmen und den Coachingprozess aktiv mit zugestalten. Mit Hilfe von Coaching werden Personen befähigt, ihre beruflichen Herausforderungen zukünftig eigenständig zu lösen. Spezifika des Coachings sind vor allem die Dauer (mehrere Sitzungen im Verlauf eines längeren, aber begrenzten Zeitraumes) und die individuelle Lösungsorientierung sowie die klare inhaltliche Abgrenzung zu Training, Mentoring, Supervision und Psychotherapie.

Die Anlässe für Coaching sind so individuell verschieden wie die Menschen, die sich coachen lassen. Für Unternehmen, die Coaching einführen, sollten vor allem die Anlässe betont werden, die strategische Relevanz haben und messbar zur Steigerung der Führungsqualität beitragen, um einem verantwortungsvollen Umgang mit den Kosten zu gewährleisten.

Der Coach in seiner Funktion als z. B. Sparringspartner, „Spiegel", Impulsgeber, Katalysator, Problemlöser erlangt bei seinem Klienten neue Einsichten, dauerhafte Verhaltensoptimierungen und erarbeitet gemeinsam Bewältigungsstrategien für den beruflichen Alltag. Von der Nutzung interner Coaches, z. B. Mitarbeitern und Führungskräften aus dem Personalbereich, ist in den meisten Fällen abzuraten. Mit Ausnahme von Führungskräften, die sich bewusst und explizit einen internen Coach suchen, führt das häufig implizite neue Wissen aus dem Coachingprozess nicht selten zu Rollendiffusionen. Bei der häufigen Nutzung von Coaching als Personalentwicklungsinstrument bietet sich die Eröffnung eines Coachingpools mit mehreren externen Coaches an, die gleiche Kriterien erfüllen und dennoch je nach Anliegen und spezieller Persönlichkeit des Klienten, ortsabhängig unterschiedlich einsetzbar sind.

Bestimmte Anforderungen als Auswahlkriterien sind dabei hilfreich, wie z. B. eine anerkannte Coachingausbildung (von Anbietern, die allgemein bekannt sind), mehrere Jahre praktische Erfahrung als Coach, Referenzen in namhaften Wirtschaftsunternehmen, psychologisches Knowhow, organisationale und Branchenkenntnis, das gesamte Konglomerat an so genannten sozialen Kompetenzen, Führungserfahrung, räumliche Nähe etc. Beim Aufbau eines solchen Coachingpools wird der Einsatz von strukturierten Interviews bzw. kleinen Arbeitsproben zur Vorauswahl empfohlen, da der Markt doch jährlich unübersichtlicher wird und voll von unseriösen „Trittbrettfahrern" ist. Wie die aktuellste Studie von Professor Dr. Kühl (2005) aufzeigt, ist auch die Mitgliedschaft in Coachingverbänden, die Vergabe von DIN-Normen oder sonstigen Akkreditierungen keine sichere Garantie für die Qualität eines Coaches. „Viele dieser Professionalisierungsversuche sind lediglich Versuche zur Herstellung eines besseren *Marktzugangs*. Die Schwierigkeit der Zertifizierer, Auditierer und Berufsverbände besteht darin, für ihre eigene Arbeit Legitimation zu erzeugen (Kühl, 2005, S.24 f.).

3.4.1 Zuordnung Coach – Coachee und Erstgespräch – psychologischer Kontrakt

Besteht nun ein umfassender Coachingpool und sind alle betroffenen Führungskräfte über das Coachingkonzept informiert, folgt nun durch die Führungskräfteentwicklung eine erste Zuordnung (Matching) der Coaches zu den entsprechenden Führungskräften.

Dabei werden Passungen hinsichtlich Alter, berufliche Hintergründe etc. berücksichtigt. Das unverbindliche Erstgespräch dient zum Kennenlernen und Festlegen der Entwicklungsziele sowie zur ersten Auftragsklärung und sollte von der Führungskräfteentwicklung in die Wege geleitet werden. Bei dieser ersten Begegnung zeigt sich, ob gegenseitige „Sympathie" besteht, die stärker als bei anderen Personalentwicklungsinstrumenten für die Effektivität des Prozesses entscheidend ist.

Können sich Coach und Coachee nach dieser Sitzung einen gemeinsamen Coachingprozess vorstellen, sollten sie die Organisation der zukünftigen Sitzungen selbst übernehmen, wobei die Führungskräfteentwicklung über die geplante Anzahl der Sitzungen, deren Dauer und groben Inhalte informiert sein sollte. Empfehlenswert ist zudem die Schließung eines Vertrages bzw. psychologischen Kontraktes, der neben der erneuten Bewusstmachung von Entwicklungszielen vor allem Verbindlichkeit und Verpflichtung bei dem Coachee erzeugen soll.

3.4.2 Der Coachingprozess

Der Coachee wird zu Beginn nochmals sensibilisiert für seine Entwicklungsfelder und beginnt dann, in mehreren Sitzungen, unter Zuhilfenahme verschiedener Methoden diese gemeinsam mit dem Coach zu verbessern.

Auf Grund des Feedbackergebnisberichtes ist die Auftragsklärung sowie die Priorisierung nach Bedeutung und Dringlichkeit wesentlich einfacher und besitzt wegen der kompetenzbasierten Entwicklungsfelder eine erheblich gesteigerte strategische Relevanz und weniger Willkür im Abgleich zu Coachingprozessen ohne vorgeschalteten Feedbackprozess. Auch bestehen im Vergleich zu herkömmlichen Coachingprozessen die Vorteile des feedbackbasierten Coachings vor allem darin, dass der Coach durch die Einschätzung des Coachee von mehreren Feedbackgebern viel mehr Datenmaterial hat, mit dem er arbeiten kann.

Die durch mehrere Feedbackgeber objektivierte Einschätzung wird als wesentliches Instrument immer wieder für den Coachingprozess genutzt. Es hebt sich vom Normalfall ab, bei dem er sich lediglich selbst ein Bild von dem Coachee macht, dieses mit dessen Selbsteinschätzung und eventuell noch der des Vorgesetzten abgleicht. Das Feedback ist somit die wichtigste Methode in diesen Coachingsitzungen und dient dazu, langfristige und kontinuierliche Lernprozesse anzustoßen. "To know one's strengths, to know how to improve them, [...] are the keys to continous learning" (Drucker, 2004, S. 26).

Zu unterschiedlichen Zeitpunkten vor, während und vor allem nach dem Coachingprozess wird der Feedbackfragebogen immer wieder als Rückkoppelungsinstrument eingesetzt, das unmittelbare Entwicklungsfortschritte aufzeigt und dokumentiert. Die ständige Selbstreflexion und Schulung der Eigenwahrnehmung im Vergleich zur erwarteten und tatsächlichen Fremdwahrnehmung unterstützt den gesamten Coachingprozess und ist besonders förderlich zur Bewusstmachung von persönlichen Entwicklungsfeldern wie mangelndes Selbstverständnisses als Dienstleister, Führungskraft, ausbaufähige Außenwirkung, zu geringes Selbstmarketing, geringe Motivation und Eigenverantwortung etc. oder fachlichen Schwächen wie Führungsmethoden, strategisches Denken und Handeln, Change Management etc.

3.5 Die Abschlussphase – Sicherstellung des Entwicklungseffekts

Die persönliche Entwicklung einer Führungskraft ist nie beendet, auch wenn zahlreiche Wirtschaftstreibende dies anders sehen. Man könnte immer weiter an bestimmten Themen arbeiten, wenngleich die Entwicklungsfortschritte immer weniger gravierend wären. Um die Wirksamkeit eines Coachings nicht zu gefährden, ist es deshalb von enormer Bedeutung, dass die Intervention auf die vorher vereinbarten Inhalte beschränkt bleibt und auch zeitlich begrenzt ist. Unter dem Leitgedanken „Hilfe zur Selbsthilfe" wird das Erfahrene auf allen Ebenen abschließend reflektiert und der Coachee dazu aufgefordert, seine Eindrücke zu schildern.

Erfahrene Coaches berichten von Klienten, die erst als das Verfahren beendet war, den eigentlichen Entwicklungsschritt gemacht haben. Dies kann und sollte durch einen Vorher-Nachher-Vergleich aller Beteiligter unterstützt werden. Gleichzeitig geht es darum, konkrete Maßnahmen für die Monate nach Beendigung des Coachings zu planen.

3.6 Die Reviewphase – Evaluation der Ergebnisse

Vielen Personalentwicklungskonzepten mangelt es an einer integrierten Erfolgskontrolle. „Die Bewertung weicher Faktoren wie etwa die Verbesserung der Führungsqualität ist sehr aufwändig und damit kostenintensiv" (Spies, 2002). Die Evaluierung von Entwicklungsmaßnahmen konzentriert sich auf die Qualitätssicherung von Veranstaltungen selbst und weniger auf die Überprüfung der langfristigen Wirkungen. Zum einen liegt dies daran, dass häufig vergessen wird die Ausgangssituation zu messen und hinterher gar nicht bekannt ist, von welchem Niveau gestartet wurde.

Auch Coachingprozesse erliegen häufig dem Vorwurf, dass man ihren messbaren Nutzen für den Klienten und die Organisation nicht feststellen kann. So schreibt Professor Dr. Kühl (2005, S. 15): „Der Missing Link ist im Moment in vielen Organisationen noch die Fortschrittsevaluation." Die erneute Durchführung des Feedbacks unter Verwendung des gleichen Instruments mit analog zusammengesetzten Feedbackgebern erlaubt die vergleichende Messung einer in der Zwischenzeit gemachten Entwicklung. Die Festlegung des Zeitraums ist dabei eine weitere Entscheidung, die es zu treffen gilt. Mit immer größer werdendem zeitlichem Abstand zwischen Coaching und Review ist die Ursache-Wirkungsbeziehung bzw. die Kausalität für bestimmte Veränderungen nicht mehr als stark anzusehen. Um dem gegenüber ausreichend Zeit für wahrnehmbare Verhaltensänderungen zu geben, darf der Zeitraum nicht zu klein gewählt werden. Im Allgemeinen wird ein Zeitraum von einem halben bis ganzen Jahr zwischen den Feedbacks als sinnvoll erachtet.

Im Abgleich mit dem Ergebnis des ersten Feedbacks lässt sich mit Einschränkungen feststellen, welchen Effekt das Coaching hatte. Die gewonnenen Erkenntnisse werden mit dem Coachee besprochen, um positive Entwicklungen zu verstärken und negativen Tendenzen zu begegnen. Hierzu kann auch die erneute Vereinbarung von Maßnahmen zählen. Im Unterschied zum ersten Feedback sollte dies jedoch kein Coaching beinhalten (vgl. Kühl, 2005), um den Prozess nicht zu einem selbst erhaltenden Verfahren werden zu lassen. Coaching ist und muss, um besonders wirksam zu sein, als zeitlich begrenzte Intervention verstanden werden. Abbildung 7 verdeutlicht den Ablauf eines feedbackbasierten Coachings.

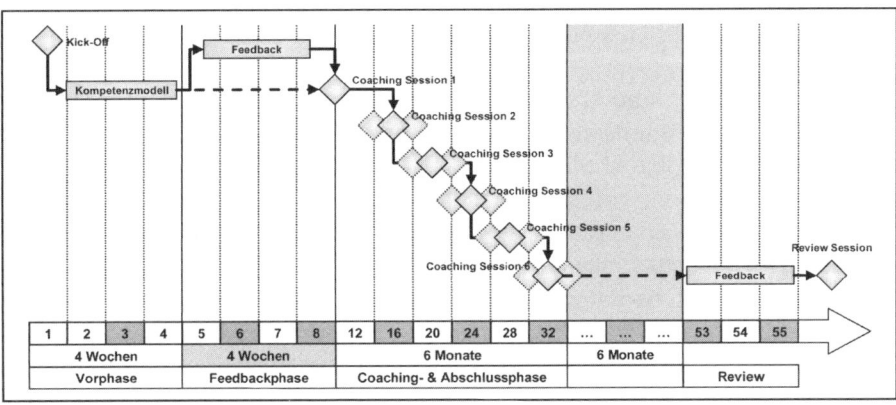

Abb. 7. Zeitplan für die Durchführung

4. Erfolgsfaktoren für die Durchführung

Warum sollten Unternehmen in Zeiten der permanenten Kosteneinsparungen, des Personalabbaus und Outsourcings sich der Führungskräfteentwicklung annehmen?

Vor allem dann, wenn es um die Konzentration auf Kernprozesse und das Kerngeschäft geht, könnte die Vermutung nahe liegen, dass die Einführung von Feedback- und Coachingverfahren, welche eher einen soften, sozialromantischen Touch haben, wenig zielführend ist.

Nun ist aus der Praxis wie aus der Theorie aber bekannt, dass Individuen wie Organisationen langfristig nur erfolgreich sind, wenn sie permanente Rückmeldungen zur Verbesserung ihrer Effizienz, ihrer Prozesse und persönlichen Leistungen aus ihrer Umwelt bekommen.

Gerade Dienstleistungs- und Vertriebsunternehmen, die von der Zufriedenheit ihrer Kunden abhängig sind, sollten sich regelmäßig Feedback über ihre Produkte, ihre Mitarbeiter und kundenwirksamen Prozesse – die so genannten *Moments of truth* – einholen. Durch die Implementierung einer Feedbackkultur mit regelmäßigem Feedback sind Unternehmen wie auch einzelne Führungskräfte und Mitarbeiter in der Lage, ihre Dienstleistungen durch ständige Lernprozesse und Optimierungen kontinuierlich zu verbessern und bleiben so letztendlich wettbewerbsfähig.

Nichtsdestotrotz sind aber laut einer aktuellen Studie momentan erst die Hälfte der Top 100 umsatzstärksten Unternehmen auf dem Wege zu einer konstruktiven Feedbackkultur (Jöns & Bungard, 2005).

Feedbackprozesse werden allerdings nur dann als positiv und wirtschaftlich sinnvoll gewertet, wenn von vornherein klar ist, wie man mit den Ergebnissen umgeht und wenn daraus resultierende Aktivitäten und Maßnahmen zur nachhaltigen Verbesserung initiiert werden. In der Praxis scheitern solche Prozesse häufig gerade an der mangelnden Umsetzung von Maßnahmen. Die grobe Auswertung der Ergebnisse, die mangelnde oder nicht vorhandene Integration in vorhandene Managementkonzepte oder die geringe Validierung an der Unternehmensrealität sind Stolpersteine, die es dringend zu vermeiden gilt. Die Kombination aus zwei sehr unterschiedlichen Instrumenten in unmittelbarer Abfolge und wechselndem Einsatz wirken dem entgegen.

Auch dem „schwachen Hebel von Personalentwicklungsmaßnahmen" (Kühl, 2005, S. 27) wird durch die Kombination der beiden Instrumente begegnet. So können die Schwächen des einen – z. B. was geschieht mit den Ergebnissen des Feedbackverfahrens – durch das unmittelbare Coaching kompensiert werden. Den Schwächen des herkömmlichen Coachings wie z. B. zu individuelles Datenmaterial, kein Vorher-Nachher-Vergleich und mangelnde Fortschrittsevaluation begegnet man durch den wiederholten Einsatz von Feedback.

Weitere Erfolgsfaktoren, die auch für die Einführung dieser beiden Instrumente sprechen, sind das Commitment und die Befürwortung der Instrumente durch das Top-Management bzw. die Unternehmensleitung, der klare Bezug zur strategischen Ausrichtung des Unternehmens, die Transparenz über die Ziele, Sinn und Zweck des Einsatzes sowie die ausreichende und umfassende Information vor, während und nach dem Prozess.

4.1 Sinnvolle Einsatzgebiete

Feedbackbasiertes Coaching ist sicherlich kein Allheilmittel – und weniger *nice to have* als *hard to work* (Jöns & Bungard, 2005, S. 313). Wesentlich für den Erfolg ist nicht nur die Existenz von Feedbackinstrumenten in Unternehmen, sondern die daran anschließende Ableitung von individuellen wie organisationalen Optimierungsfeldern und die Umsetzung von entsprechenden Maßnahmen. Professor Kühl (2005) betrachtet in seiner Studie kritisch die Wirksamkeit von Personalentwicklungsinstrumenten im Allgemeinen und Coaching im Speziellen: „Die Chancen, über Coaching Veränderungen in der Funktionsweise von Organisationen zu erreichen, ist relativ gering" (Kühl, 2005, S. 28). Gerade für kulturelle, die gesamte Organisation betreffende Veränderungsprozesse ist eine Kombination von verschiedenen Methoden zwingend, um relativ zeitnah eine Veränderung einzuleiten. Für welche Zielgruppen die beschriebene Kombination aus Feedback und Coaching besonderen Nutzen bringen kann, darauf wird in den folgenden Abschnitten detaillierter eingegangen.

4.1.1 Individuelle Führungskräfteentwicklung

Gerade für Führungskräfte, die schon länger Führungsverantwortung haben und im Verlauf ihres Berufslebens einige Führungstrainings- und -seminare besucht haben, bietet die Kombination aus Feedback und Coaching vor allem für die tiefgehende und nachhaltige Entwicklung andere und neue Ansatzpunkte. Aber auch neu ernannte oder junge Führungskräfte können gerade bei ihren ersten Schritten in der neuen Funktion nicht genug Rückmeldung zu ihrem Verhalten bekommen und profitieren von einem zusätzlichen, externen Austausch.

Der häufig eingeschränkten Informationsbasis des reinen Coachingprozesses, die sich meist nur aus der Selbsteinschätzung des Klienten, vielleicht noch dessen Führungskraft und der Wahrnehmung des Coaches speist, kann durch das vorgeschaltete Feedback begegnet werden. Somit werden gravierende Abweichungen zwischen Selbst- und Fremdbild, die unter Umständen Bestandteil des Coachinganlasses sein können, frühzeitig erkannt und thematisiert und behindern den Prozess nicht unnötig.

Führt man das Feedback – wie im dargestellten Fallbeispiel – für alle Führungskräfte durch, so bietet sich Anschluss der vertrauliche und geschützte Rahmen des Coachings zur Besprechung der Ergebnisse bis auf Top-Managementebene an, was für andere Personalentwicklungsinstrumente sicherlich nicht der Fall ist. Je nach Qualität des Coaches kann dieser auch auf oberster Ebene Sparringspartner sein und zur jobspezifischen „Psychohygiene" ganz wesentlich beitragen.

Feedback und Coaching sind aufgrund ihrer individuellen Ausrichtung besonders geeignet und greifen stärker als andere Methoden an Einstellungen, persönlichen und motivationalen Aspekten an.

4.1.2 Entwicklung von Nachwuchsführungskräften

Bei der individuellen Entwicklung und/oder Förderung von Nachwuchsführungskräften innerhalb eines dafür aufgesetzten Programms wurden ebenfalls sehr gute Erfahrungen mit der Kombination der beiden Instrumente gemacht.

Bereits bei der Bewerbung und Auswahl für Nachwuchsentwicklungsprogramme können die Selbsteinschätzung des potentiellen Teilnehmers sowie die Fremdeinschätzung seines Vorgesetzten genutzt werden und später in Beziehung gesetzt werden zu den Fortschritten während und vor allem nach dem Programm.

Die Vielfalt an unterschiedlichen Methoden wie Trainings, Fachvorträge, Coaching, Mentoring, Hospitanzen in anderen Verantwortungsbereichen und Selbstlerneinheiten mit integrierten Feedbacks von unterschiedlichen Feedbackgebern während des Programms bereiten die Teilnehmer optimal auf die neue Führungsaufgabe vor. Insbesondere zur Ausbildung eines differenzierten Führungsselbstverständnisses sind diese Methoden erfolgsversprechend.

Durch die Sammlung von Feedbackdaten davor und danach ist man in der Lage, eine „Entwicklungshistorie" anzulegen, die auch für die weitere Karriereplanung immer wieder genutzt werden kann.

4.1.3 Entwicklungsprogramme

Einen ähnlichen Einsatz findet die Kombination der hier beschriebenen Instrumente in verschiedenen Entwicklungsprogrammen im Unternehmen. Nicht nur die Entwicklung in eine Führungsaufgabe kann durch ein feedbackbasiertes Coaching erleichtert und erfolgsversprechender gestaltet werden, sondern auch die Einnahme verantwortungsvollerer Fachpositionen.

Die Kombination aus Feedback und Coaching liefert ein umfassendes Bild der Stärken und Entwicklungsfelder der betroffenen Person bezogen auf die erfolgskritischen Kriterien für das Unternehmen und Positionen, gesehen durch die Brille des beruflichen Umfeldes – und seiner verschiedenen Rollen. Aufbauend auf dieses Ergebnis können gezielt die verschiedenen Entwicklungsmethoden erarbeitet werden. Das Coaching findet seinen Einsatz vor allem für persönlichkeitsbezogene Kriterien, kann jedoch auch die Umsetzung von Trainingsinhalten in den beruflichen Alltag gestalten. Ein anschließendes Feedback ist umso wichtiger, als dass durch dieses evaluiert werden kann, in welchem Maße an den erfolgskritischen Kriterien zur Einnahme einer Position gearbeitet wurde.

Entwicklungsprogramme sind für Unternehmen in verschiedener Hinsicht wichtig: zur Entwicklung, Umorientierung und somit Motivation ihrer „High Potentials" sowie zur Besetzung verschiedener Schlüsselpositionen. Ein Beispiel hierfür ist die Ausbildung und Entwicklung von Projektmanagern. Synchronisiert mit den Projektzeitplänen, beispielsweise vor Abschluss eines Projektes, stellt der Prozess einen guten Ansatz dar, dem dynamischen Umfeld von Projektmanagern Rechnung zu tragen.

4.1.4 Alle Führungskräfte einer Organisationseinheit

Organisationseinheiten, die vor grundlegenden Umbrüchen im Bereich des Geschäftsmodells oder der Organisation stehen, haben prinzipiell die Option, die komplette Führungsmannschaft auszutauschen. Die Erfahrung zeigt, dass dies jedoch in den seltensten Fällen umsetzbar ist. Wie im beschriebenen Fallbeispiel stellt sich die Frage, wie die vorhandene Mannschaft effektiv und zielgerichtet entwickelt werden kann.

Feebackbasiertes Coaching kann ein Entwicklungsinstrument sein, wenn die angesprochenen Veränderungen starke Auswirkungen auf das Selbstverständnis der Führungskräfte haben. Aber auch in Fusions- und Akquisitionsprozessen macht ein Feedbackverfahren zur Bestandsaufnahme der kulturellen Strömungen und der wahrgenommenen Rolle der Führungskräfte in den Kulturprozessen Sinn. Der sich anschließende Coachingprozess kann, auf der Bestandsaufnahme aufbauend, den Führungskräften bei ihrer Orientierung in der neuen Organisation helfen.

4.2 Kommunikation und Information

Ein auf keinen Fall zu vernachlässigender Erfolgsfaktor ist die frühzeitige Einbindung und Information aller am Prozess beteiligten Personen. Insbesondere die Ziele des Projektes sollten allen Betroffenen frühzeitig und ausreichend transparent gemacht werden.

Im Folgenden wird auf die wesentlichen Akteure und deren Rolle im Rahmen eines umfassenden Kommunikations- und Informationsmanagement eingegangen.

4.2.1 Unternehmensleitung

Besondere Bedeutung für den Erfolg des Prozesses kommt der frühzeitigen Einbindung und somit der Unterstützung der Unternehmensleitung zu. Diese sollte maßgeblich die Ziele des Prozesses in Zusammenarbeit mit den Prozesspartnern definieren und über die einzusetzenden Instrumente sowie die damit verbundenen Investitionen informiert sein.

Um Konflikte, welche während und nach dem Prozess auftreten können, im Vorfeld zu verhindern, sollten konkrete Einzelaspekte des Führungsleitbildes und des strategischen Kompetenzmodells mit der Unternehmensleitung abgestimmt werden. Hierdurch wird eine Fehlinterpretation und -umsetzung in den Prozess verhindert. Ein einheitliches Verständnis ist für den Erfolg aller im Unternehmen umzusetzenden Instrumente entscheidend.

Besonders der kulturelle Aspekt im feedbackbasierten Coaching bedarf der uneingeschränkten Unterstützung der Unternehmensleitung. Die damit verbundenen Risiken sind im Vorfeld zu erläutern und zu diskutieren.

4.2.2 Sozialpartner/Betriebsrat

Bei Unternehmen, die über einen Betriebsrat verfügen, ist es zwingend, bei Einführung bestimmter Personalinstrumente zu prüfen, ob diese informations-, beratungs- oder mitbestimmungspflichtig sind. Abgesehen von der rein rechtlichen Prüfung ist es empfehlenswert, den Betriebsrat frühzeitig und umfassend, d. h. bereits bei der Planung solcher Vorhaben, mit ein zu beziehen, um die notwendige Akzeptanz und Kooperation zu erlangen. Die nicht genaue Kenntnis oder Nichtbeachtung des Betriebsverfassungsgesetzes hat schon so manches Feedback- und/oder Beurteilungsverfahren unnötig aufgeschoben oder sogar verhindert. Was frühzeitige und umfassende Information bedeutet, kann Auslegungssache sein. Als Daumenregel gilt: „Der Informationsfluss muss so organisiert werden, dass Änderungs- und Ergänzungswünsche des Betriebsrates, wenn man sie denn berücksichtigen wollte, auch tatsächlich berücksichtigt werden könnten." „Für das Management und auch die mit Feedback-Prozessen beauftragten Institutionen sollte bei der Information des Betriebsrates die Maxime gelten: Lieber eine Woche zu früh als einen Tag zu spät – lieber einen Satz zu viel als ein Wort zu wenig" (Jöns & Bunghard, 2005, S. 292).

Werden „mit technischen Einrichtungen Daten über das Verhalten oder die Leistung erhoben (...)" gilt das Mitbestimmungsrecht des Betriebsrats (§87 Abs. 1 Nr. 6 BetrVG). Bei systematisch durchgeführten und organisierten Feedbackprozessen wie dem hier beschriebenen verdrängt zudem das Datenschutzgesetz als speziellere gesetzlichere Regelung typischerweise den individuellen Schutz.

Ebenfalls sämtliche standardisierten Personalfragebögen, so auch die im Feedbackverfahren gebrauchten Feedbackbögen, bedürfen gemäß § 94 BetrVG Abs. 1 der Zustimmung des Betriebsrates. Wird das Feedbackverfahren wie im beschriebenen Fallbeispiel zugleich als Beurteilungsinstrument genutzt, gilt umso mehr ebenfalls § 94 des BetrVG.

Größtmögliche Transparenz über das Verfahren im Hinblick auf den Gesamtprozess, Chancen und Risiken und die Miteinbeziehung bei der Gestaltung des Feedbackbogens sind aus praktischer Erfahrung Erfolg versprechend. Inhaltlichen Diskussionen, z. B. den Fragebogen betreffend, können durch eine klare Ableitung der Inhalte aus dem bereits bekannten, unternehmensspezifischen Kompetenzmodell begegnet werden. In der Praxis haben sich zur konstruktiven Zusammenarbeit mit dem Betriebsrat wöchentliche Jour-Fixes bewährt, bei denen regelmäßig über den Stand und Verlauf solcher Projekte berichtet und diskutiert wird. Der Abschluss von förmlichen Betriebsvereinbarungen kann bei der Einführung eines solchen Systems Signalwirkung und höhere Akzeptanz bei allen Beteiligten erzeugen und dabei helfen, noch bestehende Befürchtungen hinsichtlich der Vertraulichkeit und des Datenschutzes einzudämmen.

4.2.3 Feedbacknehmer

Die Information und offene Kommunikation mit dem Feedbacknehmer ist vor dem Hintergrund dessen Motivation entscheidend. Die Transparenz über die Ziele und das Vorgehen im Prozess erleichtern die Akzeptanz des Verfahrens. Dieses hat deutlichen Einfluss auf die Zusammenarbeit im Coaching und somit auf die Umsetzung der Coachinginhalte in den beruflichen Alltag. Zusammenfassend ist hervorzuheben, dass nur hierdurch der Prozess erfolgsversprechend wird.

Neben der Kommunikation über die Ziele, die Inhalte und den Prozess insgesamt, sollte sollte jedem Teilnehmer verdeutlicht werden, dass dieser Teil der mittel- bis langfristigen Führungskräfteentwicklung ist. Jeder Feedbacknehmer, ob er unmittelbar Entwicklungspotenziale bei sich sieht oder nicht, muss einen Nutzen für sich erkennen können. Ihm muss deutlich gemacht werden, dass nicht nur die Arbeit an Entwicklungsfeldern maßgeblich für seinen beruflichen Erfolg ist, sondern der Ausbau seiner Stärken durch deren weitere Entwicklung ebenso wichtig ist. Demzufolge sollte in der Kommunikation herausgestellt werden, dass das feedbackbasierte Coaching dieses unterstützt.

4.2.4 Feedbackgeber

Erfolgsentscheidend für die Ergebnisse des Verfahrens ist – neben der Information und Kommunikation mit den oben beschriebenen Gruppen – die Information der Feedbackgeber. Die Transparenz über das Verfahren, den Prozess, die Ziele und den Ablauf sind vital, den Feedbackgebern muss deutlich gemacht werden, welchen Beitrag ihr Feedback in dem Gesamtergebnis liefert und in welcher Art mit diesem verfahren wird. Andererseits ist es umso entscheidender für die Offenheit des Feedbacks, dass die Feedbackgeber keinerlei Zweifel an der Vertraulichkeit in der Bearbeitung zu hegen brauchen. Die Zusammenarbeit mit einem externen Anbieter hebt deutlich das Vertrauen der Feedbackgeber in den Prozess und in die vertrauliche Bearbeitung.

Gleichzeitig sollte ersichtlich werden, dass das Feedbackverfahren in der Unternehmensleitung nicht nur Akzeptanz findet, sondern dem Prozess und dessen Ergebnissen besondere Bedeutung zuspricht. Die Erfahrung zeigt, dass durch ein persönliches Anschreiben der Geschäftsführung bzw. des Vorstands den Feedbackgebern, sprich den Mitarbeitern, deutlich gemacht werden sollte, dass sie für den Erfolg des Prozesses Verantwortung tragen.

4.3 Effiziente Umsetzung mittels IT-Unterstützung

Aufgrund der enormen Potenziale, die IT-Systemen für die Verbesserung der Personalarbeit zugeschrieben werden, wurde in den letzten Jahren wenig über die grundlegende Sinnhaftigkeit diskutiert. Die Erfahrungen der letzten Jahre zeigen, dass der Einsatz von IT-Systemen nicht in jedem Anwendungsszenario sinnvoll ist. Wesentliche Bewertungskriterien in dieser Frage sind:

- Anzahl der durchzuführenden Verfahren
- Häufigkeit der Wiederholung
- Weiterverwendung der Ergebnisse
- IT-Strategie/vorhandene IT-Infrastruktur
- Investitionsbudgets
- Zeitraum bis zur Erstdurchführung

Zusammengefasst geht es um ein gesundes Aufwand-Nutzen-Verhältnis (vgl. Brüggmann, 2002), das durch die angeführten Kriterien wesentlich bestimmt wird.

Hinsichtlich einer Systemlösung zur Unterstützung des feedbackbasierten Coachingprozesses, bieten sich drei Alternativen an. Zum einen kann man den Prozess im implementierten Personalinformationssystem wie z. B. mySAP ERP HCM, Peoplesoft oder P&I Loga abbilden. Alternativ gibt es auf dem Markt mehrere spezialisierte Personalentwicklungssysteme. Die häufig am kostengünstigste Alternative ist die Durchführung mit einfachen Bordmitteln, wie E-Mail und Standardanwendungen, wie z. B. Mircrosoft Office. Die Vor- und Nachteile der einzelnen Alternativen werden im Folgenden genauer beleuchtet. Besonderes Augenmerk wird dabei auf die Abwicklung des Führungskräftefeedbacks gelegt, da dieses von den beiden Teilinstrumenten als das aufwendigere angesehen wird.

4.3.1 Unterstützung mit Bordmitteln

Bewertet nach den benötigten Budgets und der Dauer bis zur Erstdurchführung des Verfahrens, ist diese Alternative die eindeutig beste. Alle benötigten Hilfsmittel stehen in der Regel zur Verfügung, die Inhalte können ohne Schulung umgesetzt und der Prozess initiiert werden. Da diese Lösung jedoch in vielen Prozessschritten händische Intervention verlangt, wird die Durchführung mit Bordmitteln bei steigender Anzahl der durchzuführenden Verfahren immer ressourcenintensiver. Gleiches gilt für eine regelmäßige Wiederholung des Verfahrens, die beim vorgestellten Vorgehen bei mindestens einer Wiederholung liegt.

Was die Weiterverwendung der Ergebnisse betrifft (vgl. folgendes Kapitel), so nutzt diese Variante mögliche Synergieeffekte mit vorhandenen Systemen nicht, schließt die Weiterverwendung in diesen Systemen aber auch nicht aus. Eine Umsetzung mit Bordmitteln ist vor allem bei geringer Teilnehmerzahl, wenigen geplanten Wiederholungen, knappen Zeiträumen bis zur Durchführung, geringen Budgets und isolierter Anwendung des Instruments in kleinen bis mittelständischen Unternehmen zu empfehlen.

Für die Pilotierung und Erprobung des Instruments ist dieser Ansatz sicherlich auch in größeren Organisationen vertretbar. Spätestens bei der Etablierung als reguläres Instrument der Führungskräfteentwicklung sollte man, um unnötige administrative Aufwände in der Durchführung zu vermeiden, zu einer der beiden folgenden Alternativen wechseln.

4.3.2 Einsatz eines spezialisierten Personalentwicklungssystems

Alle ausgewiesenen Spezialwerkzeuge für das Personalmanagement und die Personalentwicklung wie z. B. Executrack ETWeb, persisSQL oder perbit.views beinhalten neben grundlegenden Funktionen zum Personalmanagement auch Module zur Unterstützung von Personalentwicklungsprozessen, welche die Durchführung von Feedbacks via Intranet einschließen. Mit diesen Systemen lässt sich ein umfassender Entwicklungsansatz (vgl. folgendes Kapitel) gut unterstützen, ohne allzu große Investitionen in IT mit den verbundenen Projektlaufzeiten tätigen zu müssen.

Sicherlich ist ein Livegang übermorgen nicht möglich, was bei einer Durchführung mit vorhandenen Bordmitteln im Bereich des möglichen liegen würde. Gerade was die Wiederholung der Durchführung bei steigenden Teilnehmerzahlen angeht, haben diese Lösungen deutliche Kostenvorteile gegenüber den integrierten ERP-Lösungen.

Hinsichtlich der IT-Strategie kann es jedoch zu Konflikten mit vorhandenen Standards kommen, da alle Systeme, dem Grundgedanken der Offenheit und Erreichbarkeit Rechnung tragend, ganz oder teilweise Web- bzw. Intranet-basiert sind.

4.3.3 Unterstützung im eingesetzten Personalinformationssystem

Vielfach sind in Organisationen Systeme für das elektronische Personalmanagement vorhanden, deren Funktionalitäten nicht vollständig genutzt werden. SAP HR ist eines der am weitesten verbreiteten Personaladministrations- und Abrechnungssysteme, das insbesondere bei großen Organisationen in Betrieb ist. Das System unterstützt auch den Prozess der Personal- und Führungskräftebeurteilung (vgl. Baron & Witt, 2002), jedoch wird es von den wenigsten SAP-Kunden in der qualitativen Personalarbeit eingesetzt.

Gründe hierfür sind die – zumindest bisher – vergleichsweise hohen Lizenzkosten und langen Einführungsprojekte. Legt man jedoch eine integrierte, funktionsübergreifende IT-Strategie zugrunde, so kann es durchaus Sinn machen, diese Investitionen zu tätigen. Nicht zuletzt die Weiterverwendung der gewonnenen Daten für andere Prozesse kann hier ein schlagendes Argument sein. Dem Personalcontrolling und der Balanced Scorecard vieler Unternehmen fehlt es häufig an personalwirtschaftlichen Kennzahlen, da für die Berechnung der Kennzahlen die Datenbasis im zentralen ERP-System fehlt. Tabelle 1 gibt einen Überblick über die Anwendbarkeit der vorgestellten Alternativen in Abhängigkeit der genannten Kriterien.

Tabelle 1. Kosten-Nutzen-Bewertung der vorgestellten Alternativen

		Alternative		
		1	2	3
Anzahl der Verfahren	wenige	+	o / -	-
	viele	-	+	+

		Alternative		
		1	2	3
Häufigkeit der Wiederholung	wenige	+	+	-
	viele	-	+	+
Weiterverwendung der Ergebnisse	keine	o	+	-
	umfassend	o	o / -	+
IT-Strategie	offen	+	+	O
	definiert	o	o / -	+
Investitionsbudgets	gering	+	o / -	O
	hoch	o	+	+
Zeitraum bis zur Erstdurchführung	kurz	+	o	-
	lang	-	+	+

Legende zur Tabelle:
„1" Unterstützung mit Bordmitteln,
„2" Einsatz eines spezialisierten Üersonalentwicklungssystems,
„3" Unterstützung im eingesetzten Personalinformationssystem;
„-" nicht empfohlen,
„o" eingeschränkt empfohlen,
„+"empfohlen

5. Ausblick: Integration des Instruments mit anderen Führungskräfteentwicklungsprozessen

Feedbackbasiertes Coaching bietet ein in sich geschlossenes Instrument für die Personal- und Führungskräfteentwicklung. Von der Anforderungsanalyse über die eigentliche Entwicklungsarbeit bis hin zur Evaluation muss das Verfahren als Maßnahme gesehen werden, die als eigenständiges Instrument funktioniert. Doch wie kann der Nutzen, den das feedbackbasierte Coaching wie beschrieben stiftet, durch eine Integration mit anderen Instrumenten, speziell der Führungskräfteentwicklung, erhöht werden?

Ein wesentliches Problem der Führungskräfteentwicklung ist die Verfügbarkeit und Vergleichbarkeit von Daten. Entscheidungen werden häufig nur auf Basis von subjektiven Eindrücken und Einzelmeinungen gefällt. Hier bietet sich der Feedbackprozess als „Datensammler" an, der aufgrund der vielfältigen integrierten Perspektiven die Informationsbasis deutlich verbreitert. Vorraussetzung hierfür ist selbstverständlich die bereits erwähnte Vergleichbarkeit der Ergebnisse, die nur mittels der Verwendung eines einheitlichen, unternehmensweit gültigen Kompetenzmodells gewährleistet werden kann. Abbildung 8 stellt ein personalstrategisches Gesamtkonzept dar.

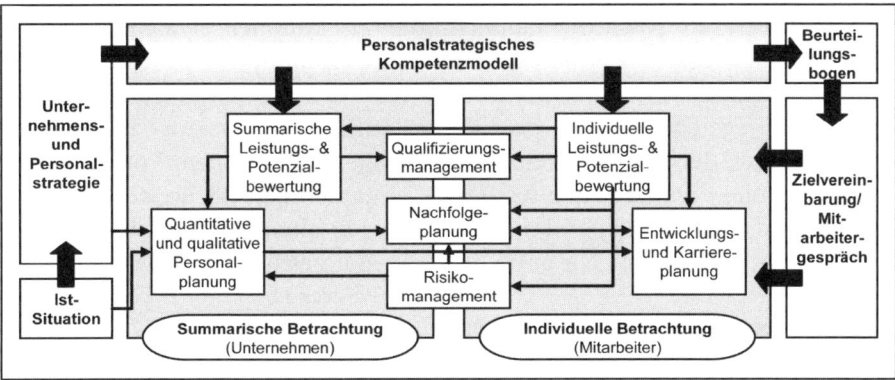

Abb. 8. Personalstrategisches Gesamtkonzept

Zum Abschluss des Beitrags wird in den folgenden Abschnitten auf einige Personal- und Führungskräfteentwicklungsinstrumente eingegangen, die mit dem vorgestellten feedbackbasierten Coaching sinnvoll integriert werden können.

5.1 Laufbahn- und Karriereplanung

Für die Laufbahn- und Karriereplanung, speziell für Nachwuchsführungskräfte, kann das feedbackbasierte Coaching ein wesentliches Instrument der Planung sein, das der Organisation hilft, die Umsetzung der festgelegten Planung zu gewährleisten und die Plan-Ist-Abweichung zu überwachen. In der Praxis leiden Karriereplanungen häufig an dem Problem, dass der bestmögliche Zeitpunkt für den nächsten Entwicklungsschritt nicht zu bestimmen ist. Die Folge ist eine situative Unter- oder Überforderung des Mitarbeiters. Eine Integration des feedbackbasierten Coachings mit entsprechenden Planungsprozessen kann helfen, die Bereitschaft zielgerichtet zu steuern bzw. den bestmöglichen Zeitpunkt festzustellen. Das feedbackbasierte Coaching als zentraler Entwicklungsprozess, an den weitere Maßnahmen angegliedert werden, funktioniert als Instrument zur gezielten, personenorientierten und zielgerichteten Umsetzung der Planung, welches gleichzeitig die Entwicklung messbar macht.

5.2 Nachfolgemanagement

Das Nachfolgemanagement benötigt, mehr als jeder andere Personalentwicklungsprozess, eine gute Daten- und Informationsbasis, um zu sichern und umsetzbaren Nachfolgekandidaturen zu kommen. Daten zur Leistungsfähigkeit sind in Form von Zielerreichungsgraden in vielen Organisationen vorhanden. Doch zusätzlich zu diesen Informationen werden vor allem auch gesicherte und detaillierte Informationen zur qualitativen Eignung bzw. der persönlichen Entwicklungsfähigkeit, dem Potenzial, benötigt. Da diese Daten in den wenigsten Unternehmen flächendeckend verfügbar sind, werden Nachfolgeentscheidungen situativ und auf Basis von Einzelmeinungen, dem „Nasenfaktor" folgend, getroffen.

Wie oben beschrieben, kann speziell der Feedbackprozess als „strategisches Aufklärungsinstrument" wichtige Informationen in den Nachfolgemanagementprozess einspeisen.

5.3 Risikomanagement

Der Begriff Risikomanagement ist eines der Modewörter des Jahres 2005, das insbesondere im Zusammenhang mit dem prophezeiten demographischen Wandel als probates Instrument genannt wird. Im Sinne eines Steuerungsinstruments soll Risikomanagement nicht als eine spezielle Form des Personalberichtswesens verstanden werden. Feedbackbasiertes Coaching kann ein leistungsfähiges Mittel sein, um verschiedenen Risikoarten aktiv zu begegnen. Als Entwicklungsinstrument kann feedbackbasiertes Coaching in Kombination mit einem systematischen Portfoliomanagement dazu dienen, das Portfoliorisiko zu reduzieren, das sich vor allem in einer unausgewogenen Kompetenzverteilung und den damit verbundenen Leistungsdefiziten äußert.

Seit den Hawthorne-Experimenten ist weiterhin bekannt, dass sich die Motivation und Leistungsbereitschaft von Mitarbeitern steigern lässt, indem man sich aktiv mit ihnen auseinandersetzt. In dieser Hinsicht kann durch die Entwicklungsarbeit das Retention-Risk von Fach- und Führungskräften gesenkt werden. Gleichwohl wird auch feedbackbasiertes Coaching hier nicht als Allheilmittel dienen.

Literaturverzeichnis

Baron, P. & Witt, T. (2002). Leistungs- und Potenzialbeurteilung. Chancen und Grenzen der Virtualisierung. *Personalführung, 9,* 32 – 36.

BDSG (1990). *Bundesdatenschutzgesetz vom 20. Dezember 1990* (BGBl. I S. 2954), Neugefasst durch Bek. vom 14.01.2003 I 66; geändert durch § 13 Abs. 1 G vom 05.09.2005 I 2722.

Borg, I. (2000). *Führungsinstrument Mitarbeiterbefragung.* Göttingen: Verlag für Angewandte Psychologie.

Brüggmann, M. (2002). Online Befragungen zur Entscheidungsfindung. Integrierte Datenverarbeitungsprogramme stellen Informationen zeitnah bereit. *Unternehmen der Zukunft, 3*(3), 14 – 15.

Drucker, P. F. (2004). *The Daily Drucker, 366 Days of Insights and Motivation for getting the right things done.* New York: Harper Collins.

Jöns, I. & Bunghard, W. (2005). *Feedbackinstrumente im Unternehmen. Grundlagen, Gestaltungshinweise, Erfahrungsberichte.* Wiesbaden: Gabler.

Kühl, S. (2005). *Das Scharlatanerieproblem. Coaching zwischen Qualitätsproblemen und Professionalisierungsbemühung. 90 kommentierte Thesen zur Entwicklung des Coachings.* Köln: Studie der Deutschen Gesellschaft für Supervision e.V.

Krosnik, J. A. & Fabrigar, L. R. (1997). Designing rating scales for effective measurements in surveys. In L. Lyberg, P. Biemer, M. Collins et al. (Hrsg.): *Survey Measurement and Process Quality.* New York: John Wiley & Sons.

McClelland, D. C. (1998). Achievement motivation can be developed. *Entrepreneurship,* 75 – 85.

Rauen, C. (2004). *Coaching-Tools. Erfolgreiche Coaches präsentieren 60 Interventionstechniken aus ihrer Coaching-Praxis.* Bonn: ManagerSeminare Verlags GmbH.

Rauen, C. (2000). *Handbuch Coaching.* Göttingen: Verlag für Angewandte Psychologie.

Scherm, M. & Sarges, W. (2002). *360°-Feedback*. Göttingen: Hogrefe.

Schreyögg, A. (1999). *Coaching. Eine Einführung für Praxis und Ausbildung. Coaching für den Coach*. Frankfurt: Campus.

Spies, R. (2002). *Herausforderung Controlling*. Abgerufen am 28.12.2005 von http://www.jobpilot.de/content/journal/hr/thema/pe33-02.html.

Teuber, S. (2005). *Praxishandbuch Coaching. Einsatzfelder, Grenzen und Chancen*. München: Vahlen.

Weiterbildung in einem führenden deutschen Industrieunternehmen

Gerd Feninger & Horst-Dieter Bruhn

Der globale Wettbewerb erfordert die strategische Ausrichtung von Unternehmen laufend auf den Prüfstand zu stellen und bei geringsten Abweichungen von den Zielvorgaben nachzuschärfen. Ist in den meisten Großunternehmen die Orientierung der zentralen wertschöpfenden Bereiche an Unternehmensstrategie und Leitbildern die Regel, so stellt für die Personalentwicklung und speziell für die berufliche Weiterbildung die Umsetzung einer integrierten Strategie nicht selten eine schwer zu lösende Aufgabe dar. Warum ist das so?

Nicht wenige Personalentwickler kritisieren ein vielen Unternehmensstrategien zugrunde liegendes kurzfristiges Streben nach Erfolgen – meist verbunden mit konsequenten Kostensenkungen und fehlendem Nachweis der Nachhaltigkeit. Viele Personalentwickler sehen den eigenen Beitrag zur Wertschöpfung mit mittel- bis langfristiger Wirkung und verweisen darauf, dass Veränderungen in den Einstellungen und dem Leistungsvermögen des Humankapitals in den geforderten kurzen Zeithorizonten schwer umzusetzen sind, zumal dann, wenn strategische Vorgaben und Organisationsentwicklungen – was vorkommt – nur geringe Halbwertszeiten haben und nach ständigen Synchronisationsleistungen der Personalentwicklung verlangen.

Nun ist über das Selbstbild und den Wertschöpfungsbeitrag der Personalentwicklung mindestens genauso viel geschrieben worden wie über das Ziel, aufgrund nachweisbarer Wertschöpfung ein strategischer Partner des Managements zu sein. Wenn dieses Bestreben nun schon seit über 10 Jahren Konjunktur hat, scheint es strukturelles Unvermögen zu sein, das der pünktlichen Ankunft am Ziel im Wege steht. Die berufliche Weiterbildung macht dabei innerhalb der Personalentwicklung keine Ausnahme.

Für die gesamte Personalentwicklung werden seit Jahren aus Wissenschaft und Beratungsunternehmen durchgängige Instrumente und Prozesse auf der Basis kompetenzorientierter Beschreibungen und Bewertungen des Humankapitals eingefordert. Dass die konsequente Umsetzung bis heute meist nicht gelungen ist, beschreibt zwar ein Dilemma der gesamten Personalentwicklung. Die berufliche Weiterbildung im Besonderen aber spürt die Auswirkungen sehr direkt. Das Management greift immer zögerlicher auf vorgefertigte Angebote in gedruckten oder elektronischen Weiterbildungskatalogen zurück, weder für die eigene noch für die Entwicklung der Beschäftigten. Der Rückgang bei den Teilnehmertagen ist teilweise so gravierend, dass Outsourcing und radikale Marktorientierung als Ultima Ratio die Strohhalme sind, an die sich die Weiterbildung klammert.

Sieht man sich den Nachfragerückgang jedoch genauer an und spricht mit dem verantwortlichen Management, so ergibt sich ein viel differenzierteres Bild: Die Budgets für die berufliche Weiterbildung schrumpfen nur aus der Sicht der Personalentwicklung. Führungskräfte und Projektmanager jedoch sagen, dass der Eindruck rückläufiger Personalentwicklungsmaßnahmen täusche und dass sehr viele Angebote der beruflichen Qualifizierung und Weiterbildung unabhängig von den Personalentwicklungsabteilungen organisiert werden. Die klassische Weiterbildung im Unternehmen hätte die Zeichen der Zeit noch nicht hinreichend verstanden und würde mit einem Bauchladen voller Angebote hausieren gehen, dabei aber übersehen, dass die Nachfrage nach integrierten, strategieorientierten Weiterbildungsangeboten vorhanden ist, aber nicht bedient wird.

In diesen Rückmeldungen wird offensichtlich, dass der Veränderungsprozess der beruflichen Weiterbildung vom angebotsorientierten Allrounder zum nachfrageorientierten Partner des Managements andere Ansätze der Strategie, des Produkts und des Change Managements erfordert. Aber auch methodisch gilt es Abschied zu nehmen vom reinen Präsenztraining. Blended Learning-Szenarien erhöhen die Flexibilität auf Seiten der Beschäftigten, reduzieren Arbeitsplatzabwesenheiten und Reisespesen und können im Pilotbetrieb hervorragende Lerntransfers in die berufliche Praxis unter Beweis stellen.

Wunschdenken? Nicht unbedingt! Wie der Veränderungsprozess eines angebotsorientierten Service Centers zu einem nachfrageorientierten (Projekt-) Partner des Managements aussehen kann, wollen wir am Beispiel der unternehmensinternen Qualifizierung in einem weltweit führenden Industrieunternehmen der deutschen Elektrogeräteindustrie beschreiben.

1. Ausgangslage

Die interne Qualifizierung war zum Zeitpunkt der organisatorischen Neupositionierung im Januar 2000 – nicht zuletzt bedingt durch die Kundenerwartungen – auf ein angebotsorientiertes Trainingsportfolio ausgerichtet. Dieses traditionelle Verständnis von formalen, primär trainergesteuerten Standardtrainings war die erfolgreiche Basis für ein kontinuierlich wachsendes Weiterbildungsbudget. Bildung aus dem Trainingskatalog war das bekannte und vertraute Geschäftsmodell, bei dem die zentrale berufliche Weiterbildung als Service Center die alleinige inhaltliche und finanzielle Verantwortung trug.

Dieses Selbstverständnis gründete auf einem Verständnis vom Lernen als einer Vermittlung überwiegend kognitiver Inhalte im Rahmen von Fach- und Methodentrainings. Bedeutsam für dieses Lernsetting war auch die Begegnung der Teilnehmer aus unterschiedlichsten Geschäftsbereichen des Konzerns. Der „Blick über den fachlichen Zaun" war ein geschätzter Zusatznutzen in zentralen Trainings.

Es waren grundsätzlich der Veranstalter und der Trainer in der Pflicht, diese Erwartungen zu erfüllen. Das Feedbacksystem gründete sich auf dem bekannten „Happiness-Sheet". Der Transfer in die Praxis und die Nachhaltigkeit in der Umsetzung blieben weitgehend in der Hand des Teilnehmers. Erste Ansätze, auch die Vorgesetzten in die Messung der Kundenzufriedenheit einzubinden, stießen auf grundsätzliche Skepsis, insbesondere bei verhaltensorientierten Trainings. Die Skepsis reichte bis zur deutlichen Reserviertheit gegenüber solchen eher als „Kontrolle" empfundenen Transferinstrumenten.

Die erhöhte Kostensensibilität im Unternehmen zwang den internen Bildungsdienstleister zunehmend, das Verhältnis von Aufwand und erkennbarem Nutzen nachvollziehbar zu belegen. Dabei fielen aus der Sicht der entsendenden Vorgesetzten vor allem Opportunitätskosten durch Reiseaufwand und Ausfallzeiten zunehmend ins Gewicht. Auch war ein Nachfragerückgang nach Fach- und Methodentrainings messbar, nachdem sehr viele Beschäftigte an diesen bereits teilgenommen hatten.

1.1 Das angebotsorientierte Service Center: Veränderte Nachfrage und schwerfälliger Anpassungsprozess

Ein erstes Nachdenken über die Strategie der zentralen beruflichen Weiterbildung resultierte aus deutlich sichtbaren Veränderungen im Buchungsverhalten der Teilnehmer. Wurden mehrtägige Trainings früher ohne kritische Nachfrage akzeptiert, wurde es zunehmend eine Ausnahme, wenn zentrale Trainings von mehr als 3 Tagen überhaupt noch nachgefragt wurden. Die Entsendebereitschaft des Managements hatte unter dem Kostendruck deutlich abgenommen, und die meisten Beschäftigten hatten diese Strategie längst internalisiert.

Mit der konsequenten Einführung von eLearning als methodischer Antwort auf den Wunsch nach höherer Flexibilität und wirtschaftlicherer Durchführung wurden didaktisch-methodische Konzepte im Sinne arbeitsplatznaher Blended Learning-Szenarien weiterentwickelt. Die Bildungsadministration konnte über automatisierte Workflows und Employee Self Services im Lernportal optimiert werden.

Der sukzessiv vollzogene Paradigmenwechsel vom defizitorientierten, linear-rationalen und trainergesteuerten Training zur Integration von realen Geschäftsprozessen unter konstruktivistischen didaktischen Gesichtspunkten war hilfreich, konnte jedoch angesichts eines schwerfälligen Organisationswandels und unklarer Gesamtstrategien nicht die erforderliche Dynamik entfalten. Und die Erfordernisse traten immer offensichtlicher zutage: Die zunehmend geforderten Schlüsselkategorien einer ganzheitlichen und selbstgesteuerten Kompetenzentwicklung, bei der Lernen und Tun stärker miteinander verbunden werden, erforderten es, die Grenzen zwischen Training, Workshop und Projektarbeit zugunsten flexibler Lernsettings aufzuweichen. Dieser Perspektivenwechsel reduzierte das Lernen auf Vorrat in Richtung eines messbaren, prozess- und transferorientierten Qualifizierungsprozesses. Aber wie sollte eine weitgehend angebotsorientierte Organisation mit diesem Wandel umgehen? Zumal das Trainingsangebot bei leicht rückläufigen Teilnehmertagen gleich blieb, sodass das Budget und personelle Ressourcen im Standardkatalog weitgehend gebunden waren.

Maßnahmen zur Optimierung des Ressourceneinsatzes – vor allem Umschichtungen zugunsten der die Hitliste anführenden Trainings und neu aufgelegter Angebote – waren hilfreich, konnten aber den gegen die berufliche Weiterbildung laufenden Trend nicht stoppen.

1.2 Erfolge in der Entwicklung von Führungskräften: Junior Executive Pool und International Executive Pool

Als Bestandteil der Personal- und Unternehmensentwicklung trägt die Nachwuchssicherung zur Unternehmensstrategie und zum Unternehmenserfolg maßgeblich bei.

Die Rekrutierung von Nachwuchs für alle Managementebenen erfolgt vorrangig aus den eigenen Reihen zur Sicherung von Managementressourcen. Das Nachwuchspotenzial für verantwortungsvolle Aufgaben in der Führungs-, Projekt- und Fachlaufbahn wird jährlich konzernweit nach abgestimmten Kriterien identifiziert.

Im Folgenden werden zwei Entwicklungsprogramme beschrieben, die innerhalb des zentralen Personalbereichs in besonders enger inhaltlicher und konzeptioneller Abstimmung zwischen interner Qualifizierung und der zentralen Personalentwicklung als zielgruppenspezifische Maßnahmen entwickelt wurden und laufend optimiert werden.

Die Integration in ein konzernweites Personalentwicklungsprogramm ist für die Zielgruppen im *Junior Executive Pool* und im *International Executive Pool* ein strategischer Beitrag des unternehmensinternen Qualifizierungspartners zur Nachwuchssicherung und Führungskräfteentwicklung:

- Der Junior Executive Pool richtet sich an junge, hochmotivierte Leistungsträger mit mindestens 2–3 Jahren Berufserfahrung, die das Potenzial zur Übernahme einer weiterführenden Funktion im Rahmen einer Führungs-, Projekt- oder Expertenlaufbahn haben. Diese Zielgruppe des Führungskräfteentwicklungsprogramms sind Mitarbeiter der oberen beiden Tarifgruppen, Mitarbeiter des mittleren Führungskreises in Deutschland sowie in vergleichbaren Funktionen im Ausland.
Die Förderung der Mitglieder im JEP zielt insbesondere auf die Weiterentwicklung der Persönlichkeit, die Intensivierung eigenverantwortlichen Handelns, die Erarbeitung der künftigen beruflichen Rolle und Laufbahn, die Vermittlung von Unternehmensphilosophie und -leitbild sowie von Steuerungs- und Managementinstrumenten und Führungsgrundsätzen.
Gemeinsam mit einer englischen Business-School wurden Trainingsmodule unter Einbezug von Blended Learning-Elementen erfolgreich entwickelt und implementiert.
- Die zweite Fördergruppe, der International Executive Pool, umfasst herausragende Leistungsträger des mittleren Führungskreises mit internati-

onaler Ausrichtung und Potenzial für eine erfolgreiche Übernahme einer internationalen Führungsaufgabe in einer höheren Funktionsgruppe. Die Mitarbeiter haben bereits erste erfolgreiche Führungs- bzw. Projektleitungsaufgaben übernommen.

Das global tätige Insdustrieunternehmen bietet ihrem internationalen Managementnachwuchs individuelle Unterstützung und Förderung durch Patenschaften. Die Mitglieder werden dadurch in ihrer Weiterentwicklung intensiv und persönlich begleitet. Mit einem ebenfalls modular strukturierten Qualifizierungsprogramm wird das Verständnis für internationale Management- und Führungsaufgaben sowie das gesamtunternehmerische und strategische Denken und Handeln vermittelt und weiter gefördert.

1.3 Veränderte Konzernstrategie und Time-to-Market von Produkten der Weiterbildung

Die ehrgeizigen Ziele des Konzerns, bis zum Ende des Jahrzehnts einen deutlichen Umsatz- und Ergebniszuwachs im weltweichen Wettbewerb gegenüber den erfolgreichen Daten aus dem Jahr 2005 zu erreichen, erfordert auch im HR-Bereich neue bzw. veränderte Strategien für eine konzernweite Qualifizierung und Personalentwicklung. Die unternehmensinterne Qualifizierung sieht sich als strategischer Partner in der Pflicht, durch professionelle Qualifizierungsprozesse diese Ziele gemeinsam mit den Produkt- und Zentralbereichen zu erreichen.

Das Denken in „Seminar-Titeln" und die „Bildung aus dem Katalog" war gestern. Die deutlich veränderten Erwartungen an eine strategisch verankerte Personalentwicklung finden ihren Ausdruck auch in den Ergebnissen der jährlich stattfindenden strategischen Bildungsbedarfsgespräche. Gefordert sind verstärkt zeitnahe und projektbezogene Qualifizierungsmaßnahmen mit transparenten Transferwirkungen, welche die bisherigen „Standardangebote" – eher als „Lernen auf Vorrat" zu beschreiben – verändern bzw. ersetzen.

2. Der Prozess der Strategiefindung

Aus den oben geschilderten Anforderungen wird ersichtlich, welche Bedeutung einer neugefassten Gesamtstrategie der zentralen beruflichen Weiterbildung zukam. Zwar entwickelte eine Arbeitsgruppe bereits eine Strategie, aber diese beschränkte sich auf die Einführung eines Lernmanagementsystems, mit dem zentrale Arbeitsabläufe der Administration optimiert werden und bisher marginal eingesetzte Selbstlernangebote in der Breite nutzbar gemacht werden konnten. Im Rahmen der Planung für die System- und Methodeneinführung sollte eine eLearning-Strategie die im Business Case ermittelte Wirtschaftlichkeit der Systemeinführung absichern.

Im Laufe dieser Strategiediskussion kristallisierte sich heraus, dass es nicht zielleitend war, eine singuläre eLearning-Strategie zu verfolgen. Alle Indikatoren der zur Verfügung stehenden Feedbacksysteme verlangten danach, das Gesamt-Produkt der zentralen beruflichen Weiterbildung darauf hin zu untersuchen, wie nah es noch an den Business-Erfordernissen des Konzerns lag, kurz: Dass es einer neuen Gesamtstrategie in der internen Qualifizierung bedurfte, um synchron zur Konzernstrategie und zu den Erwartungen des Managements zu operieren.

Nach einem Abgleich der Konzernziele und des Unternehmensleitbildes mit den Leitsätzen und der strategischen Ausrichtung der unternehmensinternen Qualifizierung wurden in Workshops zunächst die offenbar gewordenen Abweichungen bestimmt. Die Analyse der Veränderungen in der Bildungslandschaft des Konzerns ergab folgendes Bild:

- Der Konzern und seine Führungskräfte stellen sich der Globalisierung, das bisherige interne Weiterbildungsangebot ist dagegen stark national ausgerichtet.
- Die Führungskräfte verlangen nach Lösungen für konkrete Business- und Führungsaufgaben. Das Angebot umfasst primär nur vorkonfigurierte Standard-Seminarangebote mit zunehmend geringer Kongruenz zum Kompetenz-Entwicklungsbedarf an.
- Das Management misst die internen Qualifizierungsangebote an den gleichen Standards, die an externe Lieferanten gestellt werden. Daher müssen Transfererfolge gegenüber dem Management zunehmend belegbar werden.
- Erfahrungslernen vor dem Hintergrund von ad-hoc-Anforderungen bestimmt zunehmend die Strategie der Beschäftigten (on und near the Job). Dabei treten trainergesteuerte Lernformen in den Hintergrund und traditionelle Bildungsprodukte aus dem Katalog werden weniger nachgefragt. Projektlandschaften mit kurzen Zeiträumen für Entwicklung und Umsetzung geben zunehmend den Takt der Bildung vor.

- Der Arbeitsplatz wird zunehmend Teil des Lernortes. Dabei nimmt die Selbst-Verantwortung der Beschäftigten und deren Fähigkeit zur Selbst-Initiierung ihrer Qualifizierung zu.
- Von Zentral-, Vertriebs- und Produktbereichen wird zunehmend Beratungs-Know-how zu handlungsorientiertem Kompetenzaufbau unter Zuhilfenahme von neuen Medien nachgefragt.
- Administrative Prozesse treten zugunsten von Workflows und Employee Self Services in den Hintergrund.

Aus dieser Analyse wurden die wesentlichen Konsequenzen für die unternehmensinterne Qualifizierung abgeleitet:

- Die zentrale Weiterbildung muss sich als Business Partner zunehmend global aufstellen für Vertriebs-, Zentral- und Produktbereiche sowie die jeweils lokalen Weiterbildungsverantwortlichen.
- Die unternehmensinterne Weiterbildung muss sich an der Business-Strategie der Kunden ausrichten und der bevorzugte Lösungspartner für die Kompetenzentwicklung aller Beschäftigten werden.
- Die unternehmensbezogene Weiterbildung muss das angebotsorientierte Produktportfolio am veränderten Markt ausrichten und nachfrageorientiert im Rahmen eines Bildungs-Lifecycle agieren (Business verstehen; Probleme und Chancen identifizieren; Ursachen und Hebel analysieren; nachhaltige Lösungen entwickeln; Lösungen implementieren; Ergebnisse evaluieren). Die Organisation des Weiterbildungsdienstleisters muss neu aufgestellt werden.
- Die unternehmensinterne Qualifizierung als zentraler Bildungsanbieter muss festlegen, welche Richtlinienkompetenzen eingefordert und gelebt werden (z.B. Zentraleinkauf strategischer Produkte, Qualitätssicherung, globale Führungskräfte, IT-Systeme).
- Das Veranstaltungsmanagement muss im Sinne effizienten Ressourceneinsatzes schlanker werden.

Für die Findung einer neuen Strategie wurden daraufhin strategische Handlungsfelder festgelegt, nach denen die Gesamt-Strategie geclustert werden konnte. Die folgenden sieben Handlungsfelder und zugeordneten Leitfragen wurden definiert (s. Tabelle 1).

Tabelle 1. Handlungsfelder und Leitfragen zum Clustern der Gesamt-Strategie

Handlungsfeld	Leitfrage
Kunden-Strategie	Wer sind zukünftig unsere Kunden?
Produkt-Strategie	Was ist das zukünftige Produkt-Portfolio der internen Weiterbildung?
Marketing- und Vertriebs-Strategie	Wie kann das Produkt-Portfolio den Erwartungen unserer Kunden entsprechen, und wie wird es ihnen bekannt?
IT-Strategie	Welche IT-Systeme benötigt die Organisationseinheit Qeiterbildung zur optimalen Unterstützung der Strategieumsetzung?
Einkaufs-Strategie	Welche Produkte stellt der interne Weiterbildungsdienstleister selbst bereit, welche werden im Markt erworben?
Organisations- und Personal-Strategie	Welche Organisation und welche Kompetenzen benötigt die konzerninterne Weiterbildung für die Umsetzung der Strategie?
Strategischer Einbezug der Sozialpartner	Wie können die Sozialpartner zu Stakeholdern der Strategieumsetzung werden?

Die neugefassten Strategien der einzelnen Handlungsfelder wurden explizit in Form von deutlichen Willensäußerungen formuliert. Zum Beispiel wurde damit für das Handlungsfeld der Produkt-Strategie eine vollständig neue Sicht auf das eigene Produkt etabliert, wie die folgenden Formulierungen zeigen:

- Wir wollen unser Standard-Trainingsprogramm zurückfahren zugunsten nachfrageorientierter unterjähriger Angebote, für die eine neu aufzubauende Organisationseinheit bei uns verantwortlich ist.
- Wir offerieren kein Produkt ohne Auftrag durch einen Kunden oder eine durch eigene Evaluationen nachgewiesene Nachfrage.
- Wir sorgen für den Abbau von Angebots-Redundanzen im Konzern Deutschland.

- Wir wollen die dafür geeigneten Trainings im Rahmen von Blended Learning-Konzepten umsetzen, um wirtschaftlicher zu agieren.
- Wir wollen reinem Selbstlernen (eLearning) einen wachsenden Anteil an unserem Programm zuweisen und neue Formen der virtuellen Zusammenarbeit (Kollaboration) in geeigneter Weise in die Trainings integrieren.
- Wir wollen die Beratung zu Tools, Konzepten und deren Umsetzung für globale Geschäftsbereiche und Weiterbildungsverantwortliche zu einem Kernprodukt entwickeln.
- Wir wollen unsere Angebote zu einem Baustein des konzernweiten Kompetenzmanagements entwickeln und dadurch unser Bildungsangebot mit dem tatsächlichen Bedarf im Rahmen der Führungskräfteentwicklung auf allen Führungsebenen synchronisieren.
- Wir wollen das Lernportal und das Veranstaltungsmanagement als Leitsysteme durchsetzen und global das Produkt zur Nutzung anbieten.

Nachdem zu sämtlichen Handlungsfeldern aus Tabelle 1 die Strategie festgelegt worden war, konnte mit deren Umsetzung und – daran anschließend – mit der Re-Strukturierung der Organisation begonnen werden. Die Ziele wurden auf einer Zeitachse von 3 Jahren operationalisiert, die Change-Agents bestimmt und das Gesamt-Team über die Strategie informiert. Dabei zeigte sich als besondere Herausforderung die Synchronisation der Einzelstrategien bzw. die laufende Abwägung bei Konflikten zwischen einzelnen strategischen Handlungsfeldern. Nachdem aber die Strategien aller sieben Handlungsfelder nachgeschärft und Widersprüche beseitigt waren, konnte der Change-Prozess gestartet werden.

Die vorrangigen Ziele waren der organisatorische Umbau des unternehmensbezogenen Weiterbildungsbereichs, die Definition der Aufgaben jeder der künftig veränderten Organisationseinheiten, die Abgrenzung laufender Funktionen und Aufgaben sowie die zügige Etablierung einer neuen Organisationseinheit, deren wesentliche Aufgabe es ein sollte, die strategische Bedarfsplanung für das kommende Jahr zu konzipieren und umzusetzen.

3. Instrumente der strategischen Bedarfsermittlung

Veränderungen in Unternehmen lassen sich erfolgreich gestalten, wenn die Erfahrungen und Bewertungen der beteiligten Menschen mit einbezogen werden können. Ein wesentlicher Teil handlungsleitender Entscheidungen ist jedoch nicht unmittelbar rational verfügbar, sondern nur intuitiv zugänglich. Dieser grundsätzlichen Sicht auf das Feedback von Kunden verwehrt sich ein auch bei der unternehmensinternen Qualifizierung lange Zeit eingesetztes Verfahren, das als traditionelle Abfrage der Zufriedenheit der Kunden mit den angebotenen Seminaren zu betrachten ist. Die Gesprächspartner im Management signalisierten eine zunehmende Unzufriedenheit mit dieser beschränkten Form der Beeinflussbarkeit des Angebots. Sie wollten keinen „Wunschzettel" zu noch mehr Seminarangeboten ausfüllen, sondern erwarteten von der beruflichen Weiterbildung selbst initiierte Beitrage zur Wertschöpfung der einzelnen Geschäftsbereiche.

Aus diesem Grund galt es, ein Instrument für die zukünftige strategische Bedarfsermittlung zu identifizieren und im Rahmen einer Pilotphase einzusetzen, das intuitive Bewertungen der Führungskräfte im Konzern zum Leistungsstand der internen Weiterbildung in Einzelbefragungen erhebt, ohne durch vorgefertigte Antwortmöglichkeiten das Feedback einzuschränken. Mit anderen Worten: Die inhaltliche Aussagekraft frei geführter Interviews und die Vergleichbarkeit standardisierter Fragebögen in einem Instrument zu vereinen, war das Ziel.

Mit dem 2005 erstmalig eingeführten Interview- und Analysetool[39] stand ein Instrument zur Verfügung, das den aktuellen Standort der Weiterbildungsabteilung aus Sicht der Produktbereichs- und Zentralbereichsleitungen aufzeigte und den noch langen Weg zu einem Partner auf Augenhöhe verdeutlichen konnte.

Die Befragten konnten sich in Interviews mit eigenen Worten zur internen Weiterbildung äußern. Diese Befragungstechnik spiegelt dadurch vorurteilsfrei die Sichtweise der Befragten wider. Durch Verwendung des assoziativen Paarvergleichs[40] bietet das Instrument die Vorteile eines quantitativen Verfahrens, das die Ergebnisse mathematisch miteinander in Beziehung setzt, auswertet und in dreidimensionalen Grafiken anschaulich darstellen kann. Als psychometrische Methode zur Beschreibung und Evaluation der Ähnlichkeiten und Unterschiede von Begriffsnetzen war es ein geeignetes Instrument, um Führungskräfte zu interviewen und den ausge-

---

[39] Es kam der nextexpertizer zum Einsatz. Siehe dazu Rosenstiel & Erpenbeck, 2003, S. 405 ff.

[40] Vgl. dazu: Kruse, Dittler & Schomburg (2003, S.418).

tretenen Pfad der Zufriedenheitsmessung für die Vorbereitung der Strategiefindung zu verlassen.

Bis zu 30 Vergleichselemente (z. B. Strategiepassung, Organisation, Time-to-market des Produkts, Qualitätsmanagement etc.) wurden paarweise miteinander verglichen, assoziativ beschrieben und anschließend bewertet. Dieser Vorgang wurde mit immer neuen Paarbildungen wiederholt, bis der Befragte glaubte, sein Feedback umfassend gegeben zu haben. Das nach ca. einstündigen Interviews unmittelbar vorliegende Resultat war eine Matrix aus vorgegebenen Vergleichselementen und frei genanten Beschreibungsdimensionen. Sämtliche Befragten zeigten sich überrascht von der Präzision, mit der die eigene Sicht auf die berufliche Weiterbildung innerhalb der zentralen Weiterbildung wiedergegeben wurde.

In der Gruppenauswertung aller erzielten Feedbacks konnten vielfältige repräsentative Sichten zusammengefügt und verdichtet werden. Die Ergebnisse zeigten, dass die Strategie der organisatorischen Weiterbildungseinheit als nicht ausreichend deckungsgleich zur Strategie und zu den Anforderungen des Managements gesehen wurde. Die grundsätzliche Veränderungsfähigkeit der Organisation wurde bejaht. Zentrale inhaltliche Angebote wurden bereits als stark lösungsorientiert bewertet, wobei aber auffiel, dass das Gesamtangebot in der Bewertung teilweise stark abfiel. Zeitnahe Lösungen mit hoher Projektorientierung wurden als fehlend bemängelt, wie die folgenden Detailergebnisse zeigen:

- Insgesamt beschreiben die befragten Führungskräfte die zentrale Weiterbildung als etablierten, professionellen Bildungsanbieter, der seine Kunden mit breitem Angebot zielgruppenspezifisch unterstützt.
- Verstärkt nachgefragt werden kurzfristige, proaktive Angebote mit projektspezifischem, themenübergreifendem und internationalem Fokus. Vermisst werden regelmäßige Auffrischungsveranstaltungen in kürzeren Intervallen.
- Hinsichtlich der Vorstellung einer optimalen unternehmensinternen Qualifizierung lassen sich die befragten Führungskräfte in zwei Gruppen unterteilen:
    - Die eine Gruppe setzt den Schwerpunkt auf Professionalität, persönliche Unterstützung, zielgruppen-spezifische Angebote und internationale Ausrichtung. Sie favorisiert einen *programmorientierten Anbieter*. Diese Gruppe bewertet die Angebote der zentralen Weiterbildung insgesamt positiv. In den heute noch leicht kritisierten Themen „Individualität" und „Internationalität" wird eine Positiventwicklung erwartet.

- Die zweite Gruppe legt Wert auf übergreifende Managementthemen und projektspezifische, zeitnahe Angebote, die kooperativ abgestimmt werden. Sie favorisiert eher einen *projektorientierten Partner*. Trotz insgesamt optimistischer Zukunftsperspektive erwartet diese eher kritische Gruppe von der konzerninternen Qualifizierung zukünftig mehr projektausgerichtete und bereichsübergreifende Inhalte in Form von kombinierten Fach- und Management-Qualifizierungen sowie verstärkt strategieunterstützende Trainings.
- Die befragten Personen bringen den Führungskräfte-Trainings eine besonders hohe Wertschätzung entgegen.
- Verglichen mit den Qualifizierungsmaßnahmen generell schneiden die Führungskräfte-Trainings vor allem hinsichtlich Individualität, proaktiver Kooperation und internationaler Ausrichtung besonders gut ab.
- Verglichen mit den Führungskräfte-Trainings schneiden die Qualifizierungsmaßnahmen dagegen etwas besser hinsichtlich der persönlichen Unterstützung und der Angebotsbreite ab.

Durch diese neue Form der Befragung konnten attraktive Perspektiven einer neuen Strategie identifiziert werden, die im Rahmen des täglichen Geschäfts verdeckt blieben. Nach Auswertung aller Interviews lagen repräsentative Aussagen der Kunden vor, die Rückschlüsse auf die Kundenzufriedenheit, die Projekt- und Produktbewertung, die Kompetenzen der Beteiligten sowie die Organisation zuließen. Eine sehr gute Basis für die Strategiefindung war dadurch gelegt.

4. Management der Veränderungen

Um die Veränderungen innerhalb der Konzern-Weiterbildung nicht über die Köpfe der Beteiligten hinweg umzusetzen, kam dem Change Management eine sehr große Bedeutung zu. Das Ziel einer klareren Positionierung der zentralen beruflichen Weiterbildung konnte nur unter Einbeziehung aller Teammitglieder erreicht werden, da der organisatorische Umbau und die veränderten Anforderungen an die Kompetenzen allen Beteiligten teilweise erhebliche Veränderungen zumutete.

Im Laufe des Change-Prozesses erwiesen sich die veränderten Anforderungen an all diejenigen Teammitglieder als eine hohe Hürde, die bisher Standardangebote aus dem Bildungskatalog betreut hatten und zukünftig zusammen mit Führungskräften projektbezogene Weiterbildungsprodukte entwickeln und realisieren mussten, an die hohe Erwartungen bezüglich der Umsetzungsgeschwindigkeit, der Qualität und der Synchronisation mit den Business-Prozessen gerichtet wurden. Wie aber konnten Personalentwickler zu Partnern des Managements werden, ohne das Business in der erforderlichen Tiefe zu verstehen?

Hilfreich für diese Phase der Umsetzung war es, dass mit den vorliegenden Ergebnissen aus den Interviews auf Basis des nextexpertizers ein zentrales Projekt mit hoher strategischer Bedeutung identifiziert worden war, das bisher nicht auf dem Radarschirm der beruflichen Weiterbildung sichtbar geworden war. Im Rahmen der Konzeption und Realisierung dieses Projekts sollte die Kompetenzentwicklung innerhalb der zentralen Weiterbildungsorganisation enorme Fortschritte machen.

5. Das erste strategische Projekt nach der Strategiefindung

Der erfolgreich umgesetzte Strategieprozess sowie die neu aufgestellte strategische Bedarfsermittlung führten bald schon zu ersten Resultaten. Auf der Grundlage der Ergebnisse aus den strategischen Bildungsbedarfsgesprächen konnten zu einem frühen Zeitpunkt für inzwischen konzernweit relevante Qualifizierungsanforderungen inhaltliche wie didaktisch-methodische Lösungsansätze gemeinsam mit den Produkt- und Zentralbereichen abgestimmt und entwickelt werden. Die unternehmensinterne Qualifizierung entwickelte als projektorientierter Partner der Unternehmens- und Zentralbereiche ein Schulungssystem zur Unterstützung der Einführung eines unternehmensweiten Produktionssystems.

Dabei kommt ein in Vorgesprächen positiv bewertetes modulares Qualifizierungskonzept zum Einsatz, das sich durch eine neuartige integrierte Management- und Technik-Qualifizierung auszeichnet. Die fachlichen Inhalte werden von den Mitarbeitern anhand aktueller Arbeitsaufgaben und Geschäftsprozesse erarbeitet und von Anfang an wertschöpfend umgesetzt. Konkrete Aufgabenstellungen (Company-Cases, kurz: C-Cases) aus dem Arbeitsumfeld der Teilnehmer werden bearbeitet und in selbstgesteuerten kleinen Teams gelöst. Das zum jeweiligen Zeitpunkt benötigte Wissen (Theorie, Werkzeuge, Informationen, ...) wird „on demand" bereitgestellt und auch über elektronisch unterstützte Informationsplattformen genutzt.

Ein Facilitator (Prozessbegleiter) coacht die Teams in den Modulen und fördert die aktive Einbindung aller Teilnehmer. Die Ergebnisse werden vor den übrigen Teilnehmern, Experten und Entscheidungsträgern in den Präsenzphasen dieses Blended Learning-Ansatzes präsentiert. Die Teams erhalten vom Experten individuelles und anwendungsbasiertes Feedback zu Inhalt und Umsetzungsfähigkeit der Lösung.

Durch die Einbindung der oberen Management-Ebene als Experten sowie durch die Nutzung erfahrener interner und ggf. externer Experten aus der Industrie wird zum einen die ganzheitliche Einführung der bearbeiteten Themen sichergestellt, zum anderen können bewährtes Know-how und Erfahrungswissen genutzt werden. Aufgrund der Zusammenarbeit über mehrere Module in einem definierten Zeitraum entstehen nachhaltige und dauerhafte Kommunikationsnetzwerke. Dies ermöglicht ein aktives und ergebniswirksames „Wissensmanagement", das in den Netzwerken schon in der Problemlösungsphase kurzfristig weltweit zur Verfügung steht. Damit entsteht auch eine Win-Win-Situation für Mitarbeiter und Unternehmen insgesamt.

6. Blended Learning als methodische Antwort auf die veränderte Strategie

Im Rahmen der Umsetzung der Strategie kam der Einführung von Blended Learning als Lern-Arrangement unterschiedlicher Lehrmethoden eine große Bedeutung zu. Bis zur Implementierung eines konzernweiten Lernmanagementsystems war eLearning in unterschiedlichen Ausprägungen zum Einsatz gekommen. Blended Learning-Angebote gehen aber qualitativ viel weiter. Sie verbinden die systematische Wissensvermittlung im Klassenraum mit Phasen selbstgesteuerter Exploration. Die Methode ist flexibler als reines eLearning. Die Nachhaltigkeit und der Lerntransfer sind nachweislich höher als reines Präsenztraining. Dem strategischen Ziel der Nachhaltigkeit kann somit genauso entsprochen werden wie dem Ziel einer konsequent wirtschaftlichen Durchführung der beruflichen Weiterbildung. Zumal durch Blended Learning bei der zentralen Weiterbildung bis zu 10% aller Präsenzzeiten substituiert werden können und dadurch Arbeitsplatzabwesenheiten, Reisekosten und Kosten durch Trainertage wegfallen.

Baumgartner und Payr (1994) haben hinreichend beschrieben, dass Blended Learning den Handlungsrahmen der beruflichen Weiterbildung in den drei Dimensionen der Lern- und Lehrziele sowie der Lehrstrategien im

Rahmen eines zunehmend virtueller werdenden Lernsettings erweitert. Präsenztraining kann von Elementen der reinen Wissensvermittlung befreit werden und handlungsorientierte Ansätze umsetzen. Damit erfüllt die Weiterbildung eine zentrale Forderung des Managements (s. Abbildung 1).

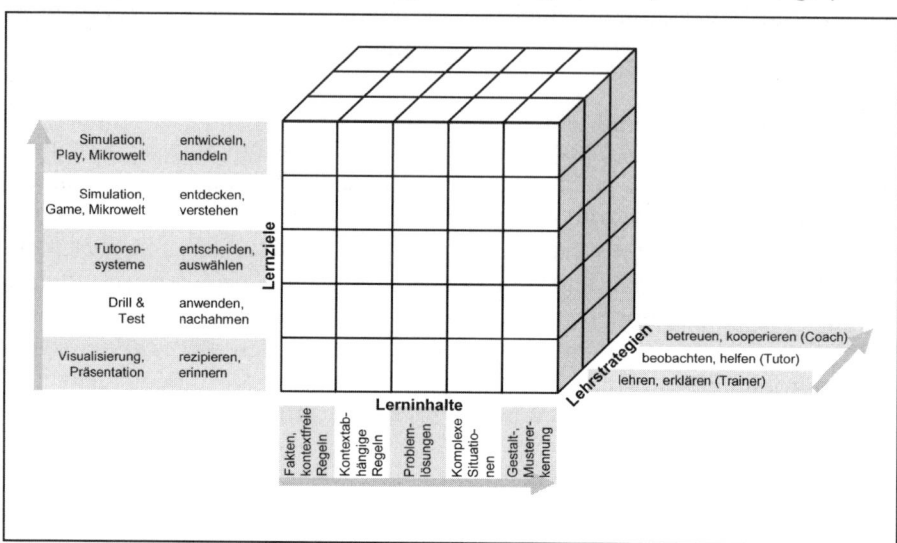

Abb. 1. Würfelmodell zur Klassifikation von Lehr- und Lernformen nach Baumgartner & Payr (1994)

Blended Learning-Szenarien sind überaus geeignet für die Kompetenzentwicklung, da sie Erfahrungsräume für die Entwicklung in den zentralen Kompetenzfeldern schaffen und der beruflichen Weiterbildung dabei helfen können, die Aneignung von Wissen zunehmend in die Selbstverantwortung der Beschäftigten zu übertragen.

Das in der Strategie formulierte ambitionierte Substitutionsziel zeigte sich in der Umsetzungsphase als realistisch, wobei der Zeitraum bis zur Zielerreichung etwas länger war. Nicht nur im Standardangebot konnten eLearning-Elemente zu Einsparungen genutzt werden, auch und gerade bei der Konzeption neuer Angebote kommt Blended Learning und virtuellen Lernszenarien eine große Bedeutung zu. Blended Learning unterstützt somit als Methode die Strategie der unternehmensinternen Weiterbildung nachhaltig und nachweisbar.

7. Ausblick

Im weltweiten Wettbewerb stehen Unternehmen vor neuen Herausforderungen, insbesondere auch in der Entwicklung und Qualifizierung ihrer Mitarbeiter. Die Fähigkeit, zu lernen und sich auf neue Anforderungen aktiv einzustellen, wird zu einem entscheidenden Wettbewerbsfaktor.

Qualifizierte und unternehmerisch denkende und handelnde Mitarbeiter gewinnen bei diesen veränderten Rahmenbedingungen zunehmend an Bedeutung. Im Konzern als einem weltweit führenden Unternehmen der Hausgeräteindustrie wird im Rahmen einer ganzheitlichen Personalentwicklung und -qualifizierung eine personen- und funktionsbezogene Kompetenzentwicklung umgesetzt. Diese trägt ihren Teil dazu bei, die Unternehmensstrategie in Markterfolge umzusetzen.

7.1 Von der Qualifizierung zur Kompetenzentwicklung

Ein essentieller konzeptioneller Paradigmenwechsel erfordert die zunehmende Integration von Lernen und Tun, unabhängig von der nationalen oder internationalen Perspektive. Die Gestaltungsfelder in der kompetenzorientierten Qualifizierung umfassen künftig stärker das individuelle Selbstlernen, die kooperative Selbstqualifikation (Lernen voneinander und miteinander), das Coaching und die Supervision.

Kompetenz wird dabei im Sinne von Heyse, Erpenbeck und Max (2004) verstanden als Disposition (persönliche Voraussetzung) zur Selbstorganisation bei der Bewältigung von insbesondere neuen, nicht routinemäßigen Aufgaben in einem komplexen, dynamischen Umfeld. Zum Handlungsrahmen werden dabei zukünftig vor allem vier grundlegenden Kompetenzfelder:

- Personale Kompetenz (Learning to be)
- Aktivitäts- und Handlungskompetenz (Learning to do)
- Fach- und Methodenkompetenz (Learning to know)
- Sozial-kommunikative Kompetenz (Learning to live together)

In einem ganzheitlichen Qualifizierungsansatz ist es notwendig, neben der individuellen Kompetenzentwicklung gleichgewichtig die organisationsbezogene Kompetenzentwicklung voranzubringen (Gestaltungsfaktoren hierzu sind das Strategie-/Management-System, das Technologie-System, Werte und Normen/Leitbild). Dabei genügt nicht mehr die Optimierung des Bestehenden, sondern es wird zunehmend notwendig, reale Geschäftsprozesse unter didaktisch-methodischen Aspekten zu strukturieren (on- und near the job-Training). Kennzeichnend dafür ist das potenzialorientierte, ganzheitliche und selbstgesteuerte Lernprozessverständnis im Gegensatz zum konventionellen Lernverständnis der „Defizit-Orientierung" mit linear-rationalen Prozessen und trainergesteuerten Lernszenarien.

Da sich Kompetenzen auf grundlegende Dispositionen beziehen, sind sie besser als Qualifikationen geeignet, Potenziale erkennen zu lassen. Qualifikationen sind in der Regel primär auf die Erfüllung eines vorgegebenen Zwecks gerichtet, also fremdbestimmt, sie sind unmittelbar tätigkeitsbezogen und vermitteln Kenntnisse, Fähigkeiten und Fertigkeiten; sie vermitteln eher ein mechanistisches Lernverständnis. Kompetenzen beinhalten Selbstorganisationsfähigkeiten, sind subjektbezogen und beziehen sich auf die ganze Person, verfolgen also einen ganzheitlichen Anspruch. Kompetenzen sind nicht lehrbar, aber durch ergebnisoffene Handlungssituationen trainierbar und beobachtbar. Sie setzen Qualifikationen voraus, ersetzen diese aber nicht, sondern schließen sie ein.

Damit werden Trends in den Trainingskonzepten beschrieben, die verstärkt auf die Selbstanpassung an den Wandel sowie den Umgang mit Komplexität und Dynamik in den Prozessen ausgerichtet sind. Dabei geht es nicht nur um die formale Zielerreichung, sondern auch um die kognitiven Muster, mentalen Prozesse, Handlungsmaxime, Sinnreflexion, verschiedene Lehr- und Lernebenen.

Funktionen und Aufgabenfelder im Bereich der betrieblichen Qualifizierung verändern sich in einem Unternehmen grundlegend, wenn nicht mehr die klassische Durchführung und Verwaltung von Seminaren im Vordergrund steht, sondern durch betriebliche Weiterbildung die Handlungs- und Lernpotenziale der Mitarbeiter Bezugspunkte für einen ständigen Lernprozess des gesamten Unternehmens werden.

Eine Weiterbildung, die betriebliche Wissenspotenziale identifiziert, entfaltet und im Unternehmen nutzbar macht, bestimmt den Trend weg von „isolierten" Seminarangeboten zu kontinuierlichen, die persönlichen und organisatorischen Entwicklungs- und Veränderungsprozesse begleitenden Qualifizierungsformen.

7.2 Prozessschnittstellen sind auch IT-Schnittstellen

Der sukzessive Umbau des Bildungsprodukts der zentralen Weiterbildung zu einem zentralen Modul der Kompetenzentwicklung verändert nicht nur die grundlegenden Prozesse, sondern auch die IT-Landschaft. Um diese im Sinne der Kunden erfolgreich zu managen, sind nicht nur optimale, auf die eigenen Prozesse zugeschnittene IT-Lösungen zu identifizieren und zu implementieren. Der kritischste Erfolgsfaktor ist ein reibungsloses Ineinandergreifen aller beteiligten IT-Systeme ohne manuelle Schnittstellen und damit verbundene Soll-Bruchstellen. Zudem zählen in der Kompetenzentwicklung Portal-gestützte Interfaces für sämtliche Prozessbeteiligten zu den Muss-Leistungen, um die erforderliche Transparenz für sämtliche Prozessphasen sicher zu stellen. Employee-Self-Services verlagern wichtige Teilschritte des Gesamtprozesses auf die Seite der Beschäftigten und machen aus Fremd-Bewerteten Manager der eigenen Kompetenzentwicklung.

Wer schon einmal in eine bestehende IT-Landschaft neue Systeme implementiert bzw. neue Prozesse zu bestehenden ERP-Lösungen (z. B. SAP, Peoplesoft) hinzugefügt hat, weiß, wie wichtig die Integration der IT-Kompetenzträger in den Gesamtprozess der Prozesseinführung ist. Mehraufwände durch unzureichende Systeme bedingen Unzufriedenheiten, die meist in kritischen Phasen des Kompetenzmanagements (z. B. Diagnose- und Feedbackphasen) zu unbefriedigenden Datenrückläufen in die Systeme führen. Jeder Change Agent kennt diese Gefahren und sorgt vorausschauend dafür, dass der Entwicklung hinreichender IT-Systeme beim Aufbau des aktiven Kompetenzmanagements die notwendige Aufmerksamkeit geschenkt wird.

Personalentwickler müssen eigene IT-Kompetenzen entwickeln, um die eigene Wertschöpfung zu optimieren. Das ist für viele PE-Professionals zwar keine neue Erkenntnis. Trotzdem wird der IT keine hinreichende Aufmerksamkeit geschenkt, sodass am Ende der Leistungsstand einzelner IT-Systeme die Prozessmodellierung vorgibt (die Macht des Faktischen) anstatt dass die Prozesse im Sinne der Experten aus der Personalentwicklung implementiert.

8. Fazit

Die Zeit des Lamentierens über schrumpfende Budgets der beruflichen Weiterbildung ist vorbei. Es sind nicht weniger Weiterbildungs-Budgets vorhanden, sondern die Budgets gehen an der Weiterbildung vorbei, wenn diese nicht strategieorientiert operiert.

Im Zuge der Strategiefindung muss das Hauptaugenmerk auf die Neu-Ausrichtung der beruflichen Weiterbildung von der Qualifizierung zur Kompetenzentwicklung gerichtet werden. Sind die für das Unternehmen zentralen Kompetenzen definiert und die Stellenprofile operationalisierbar, schlägt die Stunde der beruflichen Weiterbildung, deren Angebot sich neu ausrichtet an den tatsächlich identifizierten Kompetenz-Entwicklungsbedarfen der Beschäftigten. Auf diesem Wege versiegt zwar die Gießkanne, nach deren Wirkprinzip berufliche Weiterbildung lange funktioniert hat. Als Investition in das Humankapital jedoch wird die berufliche Weiterbildung zielgerichteter und nachweislich effizienter.

Im Zuge der veränderten Aufgaben-Fokussierung gilt es, neue Instrumente der strategischen Bedarfsermittlung einzusetzen, um mit den eigenen Produkten näher an die Business-Anforderungen zu gelangen. Es gilt, Abschied zu nehmen vom standardisierten Bildungskatalog, der lange Jahre als Symbol für die Angebotsorientierung der beruflichen Weiterbildung stand. Projekte und zeitnah bereit zu stellende Qualifizierungslösungen prägen das Produktportfolio der strategieorientierten beruflichen Weiterbildung, die konsequent Nachfrage-orientiert agiert.

Die unternehmensinterne Qualifizierung ist diesen Weg gegangen und hat den Beweis erbracht, dass mit weniger Teilnehmertagen ein Mehr an Lerntransfer erbracht werden kann. Das Gebot der Wirtschaftlichkeit spiegelt sich in einem Programm wider, das dank konsequenter Ausrichtung an Kompetenz-Entwicklungsbedarfen ein Spiegelbild des globalen Business der Zentral- und Geschäftsbereiche geworden ist. Der Nachweis über tatsächliche Lerntransfers und eine entsprechende Nachhaltigkeit der Qualifizierung muss erbracht werden über Kennzahlen, die in einer Balanced Scorecard zu einem Gesamtbild verdichtet werden.

Um zu diesem Ergebnis zu gelangen, war es erforderlich, die eigene Strategie einer schonungslosen Revision zu unterziehen und die eigene Organisation neu aufzustellen. Die Veränderungen sind gravierend. Ohne ständiges Nachschärfen an der Strategie und integrierende Maßnahmen bei der Motivation aller Beteiligten im Rahmen des Change Management können die Zielerreichungen in weite Ferne rücken. Strategieprojekte sind Change-Projekte, die alle einen langen Atem brauchen. Aber es lohnt sich:

Die neu aufgestellte zentrale berufliche Weiterbildung im Konzern ist auf dem Weg, ein gesuchter und respektierter Business-Partner zu werden.

Literaturverzeichnis

Baumgartner, P. & Payr, S. (1994). *Lernen mit Software. Reihe Digitales Lernen.* Innsbruck: Österreichischer StudienVerlag.

Kruse, P., Dittler, A. & Schomburg, F. (2003). nextexpertizer und nextcoach: Kompetenzmessung aus der Sicht der Theorie hognitiver Selbstorganisation. In J. Erpenbeck & L. von Rosenstiel (Hrsg.). *Handbuch Kompetenzmessung* (S. 405 – 427). Stuttgart: Schäffer-Poeschel.

Heyse, V., Erpenbeck, J. & Max, H. (2004). *Kompetenzen erkennen, bilanzieren und entwickeln.* Münster, New York, München, Berlin: Waxmann.

Anhang

Verzeichnisse

Glossar

Balanced Scorecard (BSC):

Kennzahlensystem, welches finanzielle Kennzahlen vergangener Leistungen um die treibenden Faktoren zukünftiger Leistungen ergänzt. Alle Kennzahlen werden über Ursache-Wirkungsbeziehungen mit den finanziellen Zielen des Unternehmens verknüpft. Die Unternehmensleistung wird aus vier Perspektiven betrachtet: die finanzielle Perspektive, die Kundenperspektive, die Perspektive der internen Geschäftsprozesse sowie die Innovationsperspektive.

Bedarfsmanagement:

Systematische Personalentwicklung auf der Grundlage spezifischer innerbetrieblicher Bildungsarbeit mit Hilfe von Techniken wie Skill-Analysen berufsrelevanter Tätigkeiten, Befragungen von Mitarbeitern und Fachleuten, Prozessanalysen durch Beobachtungen vor Ort, betriebsspezifische Produktanalysen (Verkaufszahlen, Regresse, Fehleranalysen etc.), Fachgespräche mit der Führung, fachliche Trendanalysen und Zukunftsperspektiven, Außenkontakte zum Weiterbildungsmarkt, betriebliche Vorgaben an systematisch/strategisch ausgerichteter Innovationsarbeit.

Benchmarking:

Methode zur Prüfung einer Leistung anhand eines dazu jeweils vorgegebenen Maßstabes. Zu den Zielen gehören die Positionierung des Betriebes im Vergleich zum Wettbewerb, die Erstellung und Umsetzung eines Maßnahmenplans zur Leistungsverbesserung und das Identifizieren von Stärken und Schwächen des Unternehmens.

Betriebspädagogik:

Wissenschaft der betrieblichen Lern-, Entwicklungs- und Veränderungsprozesse. Zu den betriebspädagogischen Aufgabenbereichen gehören unter anderem die Personalentwicklung, die betriebliche Aus- und Weiterbildung, die Organisationsentwicklung, die Unternehmenskultur, Führungskonzepte sowie Coaching.

Bildungsbedarfsanalyse:

Systematische Erfassung des individuellen, bereichs- und organisationsbezogenen Bildungsbedarfs. Eine Bildungsbedarfsanalyse liefert die Ziele und die Inhalte für Maßnahmen der Personalentwicklung. Durch aktuelle und zukünftige Anforderungsprofile können Bildungsmaßnahmen zielgruppenorientiert gesteuert und Fehlplanungen verhindert werden.

Bildungscontrolling:

Controlling von Bildungsaktivitäten, insbesondere von betrieblicher Fort- oder Weiterbildung mit dem Ziel, Planung, Durchführung und Kontrolle der Bildungsaktivitäten durch kontinuierliche Informationen zu unterstützen, diese aufzubereiten und Empfehlungen zu geben. Es unterstützt damit auch die Personalentwicklung und das Personalmanagement.

Bildungsevaluation:

Bewertung der Angebote aus dem Bildungssektor: Evaluation in der Aus- und Weiterbildung, an Hochschulen, an Schulen in der beruflichen und betrieblichen Bildung sowie von Medien.

Bildungsmanagement:

Leitungsaktivitäten, mit Hilfe dessen in Bildungseinrichtungen Lehr- und Lernprozesse initiiert, geplant, durchgeführt und ausgewertet werden. Zwei Formen können unterschieden werden: 1. Bildungsprozessmanagement: das Initiieren und Gestalten von Lehr- und Lernprozessen innerhalb eines organisationalen Rahmens. 2. Bildungsbetriebsmanagement: die Steuerung und Gestaltung von organisationalen, personalen und finanziellen Rahmenbedingungen einer Bildungseinrichtung (z. B. Organisationsentwicklung, Controlling).

Bildungspass-System:

Der Bildungspass ist eine Portfolio-Methode und soll durch Beschreibung und Dokumentation ein umfassendes Bild von fachlichen und nonfachlichen Kompetenzen eines Beschäftigten zeichnen. Es werden neben der formalen Bildung und Ausbildung auch Erfahrungen und praktische Anwendungen dokumentiert. Der Bildungspass soll einerseits als Standortbestimmung und Zwischenbilanz von bisher erworbenem Wissen und Fähigkeiten dienen, zum anderen aber auch eine vorausschauende Personalentwicklung ermöglichen.

Blended-Learning:

Kombination der systematischen Wissensvermittlung im Präsenzlernen mit Phasen selbstgesteuerter Exploration durch das E-Learning.

Business Partner:

Als Business Partner werden eigentlich Unternehmen bezeichnet, die eine enge Kooperation untereinander eingehen. Ein Business Partnership ist aber auch innerhalb eines Unternehmens zwischen verschiedenen Kostenstellen sinnvoll. Es wird eine gemeinschaftliche Maximierung der Effizienz der Zusammenarbeit angestrebt und ein bestmögliches Ergebnis zu erzielen.

Business Plan:

Schriftliche Fixierung der Unternehmensplanung zur betriebswirtschaftlichen Absicherung von Chancen und Risiken bei einer Neugründung oder Unternehmenserweiterung. Er enthält neben der Marktforschung vor allem die Wettbewerbsabgrenzung im Marketing sowie detaillierte Zielformulierungen für den Einsatz einzelner Produktionsfaktoren. Er beinhaltet klare Aussagen zur Strategie des Unternehmens in allen Einzelbereichen, insbesondere Personalentwicklung, Produktentwicklung, Patente, Investitionen in Anlagen, Gebäude und Vertrieb.

Business Process Reengineering (BPR):

Organisatorische Maßnahme, die auf die völlige Neugestaltung der Organisationsstruktur des Betriebs über eine tief greifende Analyse der bestehenden Abläufe abzielt. BPR beruht im Wesentlichen auf vier Grundaussagen: 1. Orientierung an den kritischen Geschäftsprozessen, 2. Ausrichtung der Prozesse auf die Kunden, 3. Konzentration des Unternehmens auf seine Kernkompetenzen, 4. Intensive Nutzung der Möglichkeiten der aktuellen Informationstechnologie zur Prozessunterstützung.

Buy-Strukturen:

Bezeichnung für eine externe, d. h. outgesourcte Personalentwicklungseinheit, z. B. in Form von externen Unternehmens-, Personal- und Organisationsentwicklungs-Beratungsgesellschaften. Buy-Strukturen bedeuten für einen Betrieb die professionelle Steuerung der Personalentwicklungsfunktion und der anschließende Aufbau einer Infrastruktur für die künftige strategische Personalentwicklung.

Center of Competence:

S. Competence-Center.

Change Agent:

Experte für die konstruktive Herbeiführung von Klärungen in Entscheidungs- und Konfliktsituationen sowie von Innovationen bzw. Neuerungen und Veränderungen im persönlichen, organisatorischen, wirtschaftlich-technologischen oder politisch-sozialen Bereich.

Changemanagement:

Alle Aufgaben, Maßnahmen und Tätigkeiten, die eine umfassende, bereichsübergreifende und inhaltlich weitreichende Veränderung – zur Umsetzung von neuen Strategien, Strukturen, Systemen, Prozessen oder Verhaltensweisen – in einer Organisation bewirken sollen.

Coaching:

Zeitlich begrenzte Unterstützung von Führungskräften im beruflichen Kontext durch einen Experten zur nachhaltigen Steigerung der beruflichen Performance.

Competence-Center:

Organisatorische Teileinheit des Unternehmens mit der Aufgabe, Mitarbeiterkompetenzen zu beschreiben, sie transparent zu machen und den Transfer, die Nutzung und Entwicklung der Kompetenzen hinsichtlich strategischer Unternehmensziele sicherzustellen.

Curriculum:

Lehrplan, Lehrzielvorgabe.

CVTS II:

(engl. Continuing Vocational Training Survey) Bezeichnet die zweite Weiterbildungserhebung, die im Jahre 2000 von 25 europäischen Ländern in 76.000 Unternehmen durchgeführt wurde. Das von dem Bundesinstitut für Berufsbildung koordinierte Projekt hatte zum Ziel, vergleichbare Daten zu den quantitativen und qualitativen Strukturen der betrieblichen Weiterbildung für alle Mitgliederstaaten der EU (inkl. der 9 Beitrittsländer und Norwegen) zu generieren. Eine weitere Erhebung fand im Jahre 2006 statt.

Deutero-Learning:

Prozess- und Metalernen, das aus der Reflektion der bisherigen Lernprozesse und Einflussfaktoren sowie der Entwicklung von neuem Lernverhalten besteht.

DIN EN ISO 9000 ff:

Qualitätsmanagement-System in Form mehrerer ISO-Normen zur Qualitätssicherung in einem Unternehmen.

Double-Loop-Learning:

Veränderungslernen: Lernen durch aktives Arbeiten an den eigenen mentalen Modellen, das zur Steigerung der Handlungsalternativen und der Verhaltensvielfalt führt.

European Foundation for Quality Management (EFQM):

Vertraglich geregeltes Netzwerk europäischer Qualitätsgesellschaften mit dem Ziel der intensiveren nationalen Verbreitung des EFQM-Exellence Gedankenguts. Das EFQM-Modell für Excellence ist ein Total Quality Management Modell, das alle Managementbereiche abdeckt und die Anwender zu exzellentem Management und exzellenten Geschäftsergebnissen führen soll.

E-Learning:

Lernen mit Hilfe elektronischer Medien und in computer- und netzwerkgestützten Umgebungen. Zu den Zielen gehören die Vermittlung von Inhalten auf der Wissens- und Verhaltensebene sowie die Stärkung der Eigenverantwortung der Mitarbeiter für ihren Lernfortschritt. Kennzeichen sind Multimedialität (Medienintegration), Multimodaliät, Multicodalität (Vernetzung, Elaboration mentaler Modelle), Interaktivität und Kommunikabilität, Globalität sowie Reusability und Flexibilität (Modularisierung).

Employee-Self-Services (ESS):

Dienstleistung für Arbeitnehmer zur eigenen Stamm- und Referenzdatenverwaltung.

Entwicklungsaudit:

HR-Instrument zur Erfassung und Beurteilung von Entwicklungspotenzialen.

ERP-System:

(engl. Enterprise-resource-planning) Besteht aus einer komplexen Anwendungssoftware zur Unterstützung der Ressourcenplanung einer ganzen Unternehmung.

Executrack ETWeb:

Web-basierte Software in Form eines Personalentwicklungssystems, das alle Bereiche des Human Capital Managements abdeckt.

Feedbackbasiertes Coaching:

Instrument einer strategieorientierten und bedarfsgerechten Führungskräfteentwicklung bestehend aus fünf Phasen, die den Aufbau und Ablauf eines Entwicklungsprozesses bestimmen: 1. Vorphase, 2. Feedbackphase, 3. Coaching-Phase, 4. Abschlussphase, 5. Reviewphase.

Gamma:

Softwaretool, das die Methodik des vernetzten Denkens unterstützt und der einfachen und schnellen Visualisierung und der anschließenden Analyse dient.

Governance/Guidelines:

Regelung und Steuerung eines Betriebs in Bezug auf Verhaltensregeln, nach denen ein Betrieb geführt werden soll. Insbesondere werden hier Verantwortlichkeiten, Ausführungskapazitäten und ggf. Verrechnungsregeln festgelegt. Diese Rahmenbedingungen können von unterschiedlichsten Interessensgruppen wie Gesetzgeber, Eigentümer, die Mitarbeiter, den Aufsichts- und Verwaltungsrat, das Management oder Geschäftspartner gesteckt werden.

GrapeVINE:

IT-System zum automatischen Organisieren und Verteilen von Informationen in einer Organisation auf Basis einer Stichwort-Datenbank. Ziel ist das Abrufen von Informationen, die in der Datenbank Lotus Notes oder im LAN gespeichert und vom speziellen Wissenssuchprofil eines Benutzers abhängig sind.

International Management Pool (IMP):

Umfasst herausragende Leistungsträger des mittleren Führungskreises mit internationaler Ausrichtung und Potenzial für eine erfolgreiche Übernahme einer internationalen Führungsaufgabe in einer höheren Funktionsgruppe. Die Mitarbeiter haben bereits erste erfolgreiche Führungs- bzw. Projektleitungsaufgaben übernommen.

Junior Executive Pool (JEP):

Führungskräfteentwicklungsprogramm, das sich an junge, hoch motivierte Leistungsträger mit mindestens 2–3 Jahren Berufserfahrung richtet, die das Potenzial zur Übernahme einer weiterführenden Funktion im Rahmen einer Führungs-, Projekt- oder Expertenlaufbahn haben. Die Zielgruppe sind Mitarbeiter der oberen beiden Tarifgruppen, Mitarbeiter des mittleren Führungskreises in Deutschland sowie in vergleichbaren Funktionen im Ausland.

Kaizen:

Methode zur ständigen Verbesserung der Wettbewerbsposition von Führungskräften und Mitarbeitern. Gemäß der Philosophie des Kaizen weist nicht die sprunghafte Verbesserung durch Innovation, sondern die schrittweise Perfektionierung und Optimierung des bewährten Produktes den Weg zum Erfolg. Im Vordergrund steht nicht der finanzielle Gewinn, sondern die stetige Bemühung, die Qualität der Produkte und Prozesse zu steigern.

Kirkpatrick-Modell:

Mit Hilfe des Kirkpatrick-Modells lässt sich der Erfolg von Personalentwicklungsmaßnahmen stufenweise bewerten sowie der Reifegrad des Bildungscontrollings wiedergeben. Es werden die Stufen Zufriedenheitserfolg, Lernerfolg, Transfererfolg, Geschäftserfolg und Investitionserfolg unterschieden. Von Stufe 1 bis Stufe 5 nimmt die Verbreitung im Unternehmen stetig ab, die Aussagekraft, welche die jeweilige Stufe für den Erfolg der PE-Maßnahme hat, nimmt jedoch stark zu.

Key Performance Indicator (KPI):

Kennzahlen, anhand derer man den Fortschritt oder den Erfüllungsgrad hinsichtlich relevanter Zielsetzungen oder kritischer Erfolgsfaktoren innerhalb einer Organisation messen und/oder ermitteln kann.

KMU:

Kleine und mittlere Unternehmen mit einem Mitarbeiterstand von 10 bis 250 Mitarbeitern und einem jährlichen Umsatz von 2 bis 50 Mio Euro; von der gewählten Rechtsform unabhängige Unternehmen des Mittelstandes.

Kompetenzmodell (strategisches):

In einem Kompetenzmodell werden sowohl die fachlichen als auch die sozialen und methodischen Kompetenzen abgebildet. Es gilt, die von Unternehmensseite her erforderlichen, überfachlichen Kompetenzen zu bestimmen, die heute und in Zukunft gebraucht werden, um sie in der Folge bei Mitarbeitern und Führungskräften aufzubauen. Als „strategisch" ist ein Kompetenzmodell dann zu bewerten, wenn es die aus der Unternehmensstrategie resultierenden, zukünftigen Anforderungen integriert.

KVP (Kontinuierlicher Verbesserungsprozess):

Bezeichnung für den aus dem japanischen Management-Prinzip des Kaizen entwickelte Versuch, positive Veränderungen im Unternehmen nicht in großen Sprüngen, sondern durch viele kleine Verbesserungen herbeizuführen. Im Vordergrund steht die Verbesserung der Produkt- und Prozessqualität. Besonderes Gewicht kommt dabei den Mitarbeitern zu, die ermutigt werden sollen, Verbesserungsvorschläge einzureichen. Es stehen aber nicht mitarbeiterbezogene Einzelvorschläge im Vordergrund, der Fokus liegt auf der Erarbeitung von gruppen-/teambezogenen Vorschlägen.

Learning histories:

Methode zur Dokumentation von Fakten und Ereignissen, die in einem bestimmten Zeitraum (z. B. Projekt) aufgetreten sind mit dem Ziel, einen systematischen Zugang zu Erfahrungen aus früheren Veränderungsprozessen zu erhalten.

Learning contracts:

(engl. Lernverträge) Formale Abkommen zwischen einem Lernenden und einem Trainer über Lernziele, wobei der Lernende eine aktive Rolle und Verantwortung für das Lernen übernimmt.

Learning laboratories/Mikrowelten:

Computerbasierte Simulationen und Fallstudien als praktisches Feld zum Probieren von Handlungen und anschließendes Diskutieren und Reflektieren.

Long Term Incentives (LTI):

Anreizsystem zur Orientierung der Vergütung an der langfristigen Wertsteigerung des Unternehmens.

Make-Strukturen:

Interne Personalentwicklungseinheit wie Ausbildungsbeauftragter, betriebsinterne Personalabteilung, Unternehmensspitze, Personalentwicklungsbeirat, Competence- bzw. Expert-Center. Auch in Projektform möglich.

Management Appraisal:

Wir häufig als Überbegriff für eignungsdiagnostische und potenzialanalystische Verfahren (hauptsächlich in Bezug auf das obere Management) verwendet. Subsummierte Verfahren sind das Einzel Assessment Center und das Management Audit.

Management Audit:

Ein Management Audit bezeichnet in der Betriebswirtschaftslehre – insbesondere im Personalmanagement – ein in der Regel von unternehmensexternen Beratungsfirmen durchgeführtes Verfahren zur Evaluation von Managern und Führungskräften. Auditierungen stellen dabei eine Mischform verschiedener Analyse- und Beratungsmethoden dar, die oftmals für den konkreten Einzelfall konzipiert bzw. zusammengestellt werden. Das Management Audit bedient sich hierbei verschiedenster Methoden und Inhalte aus der Eignungsdiagnostik, der Organisationsentwicklung, der Cultural Due Diligence und der klassischen Unternehmensberatung.

MRP II:

(engl. Manufacturing Resource Planning) Konzept zur Planung und Steuerung von Produktionsunternehmen, das eine Sukzessivplanung nach hierarchischen Planungsstufen vorsieht. Das MRP II berücksichtigt zusätzlich wirtschaftliche und strategische Gesichtspunkte der Produktionsplanung.

On-the-Job-Training:

Form der beruflichen Weiterbildung, die am jeweiligen Arbeitsplatz sowohl in der Einarbeitungsphase als auch in der Routinephase erfolgt, um dann durch Einbringen weiterer und neuer Aspekte in den jeweiligen Tätigkeitsablauf die Betriebsblindheit in einem Unternehmen zu vermeiden oder zurückzubilden.

Open Space Technology:

Ansatz zur Gestaltung von Großkonferenzen. Elaborierte Moderationstechnik mit dem Ziel, neue Ideen zu entwickeln.

Organisationsentwicklung (OE):

Systemische Neu- oder Umgestaltung von Aufbauorganisation und Ablauforganisation im Unternehmen. Die Organisationsentwicklung umfasst das Veränderungsmanagement des gesamten Unternehmens und wird als eigenständiger Prozess innerhalb des Managements verstanden. Sie ist eng mit der Personalentwicklung und dem Qualitätsmanagement verbunden.

Outsourcing:

Abgabe von Unternehmensaufgaben und -strukturen an Drittunternehmen. Outsourcing ist eine spezielle Form des Fremdbezugs von bisher intern erbrachter Leistung, wobei die Dauer wie der Gegenstand der Leistung vertraglich fixiert werden.

People Strategy:

Ganzheitliche Strategie zur Weiterentwicklung des Humankapitals der Organisation, die sich an den strategischen Erfordernissen der Organisation orientiert.

perbit.views:

Softwaregestütztes Personalentwicklungssystem.

persisSQ:

Software für die Personalverwaltung und -entwicklung.

PE-Scorecard:

Kennzahlensystem zur Messung der Effizienz und Effektivität der Personalabteilung ausgehend von vier Perspektiven: die finanzielle Perspektive, die Kundenperspektive, die Perspektive der internen Geschäftsprozesse sowie die Innovationsperspektive.

Performancemanagement:

Stark an den Unternehmenszielen orientierte Unternehmenssteuerung mit dem Zweck, die Strategieumsetzung durch die Weitergabe der Unternehmensziele und davon abgeleiteter Ziele sowie die Erreichung des Unternehmensergebnisses zu unterstützen.

Personalcontrolling:

Integrierte Managementmethode zur Optimierung der Personalstrukturen und -kosten, die im Sinne des Controlling auf der Basis von bereits vorhandenen oder zu beschaffenden Personaldaten analysiert, plant, steuert und kontrolliert.

Personalentwicklungssystem:

Software-System für die Personalentwicklung, durch das die Mitarbeiter eine auf ihre mit den dienstlichen Interessen abgestimmte persönliche Weiterbildung erfahren können. Zu den web-basierten Spezialwerkzeugen für das Personalmanagement und die Personalentwicklung gehören das Executrack ETWeb, persisSQL oder perbit.views.

Personalentwicklungsstrategie:

Die Personalentwicklungsstrategie dient dazu, die organisationsspezifischen Ziele der Personalentwicklung zu definieren und ihren Beitrag zum Unternehmenserfolg darzustellen. Sie definiert Regeln (Guidelines/Governance), wie PE-Arbeit in der Organisation funktioniert.

Personalinformationssystem (PIS):

System zur Gewinnung, Speicherung, Verarbeitung, Auswertung und Übertragung personal- und arbeitsplatzbezogener Informationen mit Hilfe technischer, methodischer und organisatorischer Mittel zur Versorgung der Führungskräfte, Personalsachbearbeiter und Arbeitnehmervertreter mit denjenigen relevanten Informationen, die eine zielorientierte Bewältigung der Führungs- und Administrationsaufgaben im Personalbereich unterstützen; z.B. SAP HR als Personaladministrations- und Abrechnungssystem.

Profit-Center:

Basiert auf dem Grundgedanken, innerbetriebliche Systeme wettbewerblich zu gestalten. Organisatorische Teileinheit eines Unternehmens, für die ein Gewinn ermittelt werden kann und deren Leitung gewinnverantwortlich ist.

Qualitätsmanagement:

Teil des funktionalen Managements mit dem Ziel der Optimierung von Arbeitsabläufen und Produktionsprozessen unter der Berücksichtigung von materiellen und zeitlichen Kontingenten sowie des Qualitätserhalts von Produkten bzw. Dienstleistungen und deren Weiterentwicklung. Von Belang sind die Optimierung von Kommunikationsstrukturen, professionelle Lösungsstrategien, die Erhaltung oder Steigerung der Zufriedenheit von Kunden oder Klienten sowie Motivation der Mitarbeiter, die Standardisierungen bestimmter Handlungs- und Arbeitsprozesse, Normen für Produkte oder Leistungen, Dokumentationen.

Qualitätssicherung:

Unternehmensinterner Prozess, der sicherstellen soll, dass ein hergestelltes Produkt ein festgelegtes Qualitätsniveau erreicht. Dabei geht es nach DIN EN ISO 9000 nicht etwa darum, die Qualität eines Produktes zu optimieren, sondern ein vorgegebenes Niveau zu halten. Das Produkt kann dabei sowohl materiell, als auch eine erbrachte Leistung oder eine verwendete Verfahrensweise sein.

Quick market intelligence:

Werkzeug organisationalen Lernens. Strukturiertes Treffen verschiedener am Geschäftsprozess Beteiligter aus unterschiedlichen Bereichen, um Informationen aus verschiedenen Perspektiven und Positionen heraus zu sammeln, zu interpretieren und in praktische Problemlösungen zu übersetzen. Ziel ist es, den Prozess der Informationssammlung, der Interpretation, der Entscheidungsfindung und Aktionsumsetzung zu beschleunigen.

Reporting:

(engl. Berichtswesen) Einrichtungen, Mittel und Maßnahmen eines Unternehmens zur Erarbeitung, Weiterleitung, Verarbeitung und Speicherung von Informationen über den Betrieb und seine Umwelt in Form von Berichten mit unter einer übergeordneten Zielsetzung zusammengefassten Informationen.

Retentionmanagement:

Ziel des Retentionmanagement ist es, die Mitarbeiter an ihr Unternehmen zu binden, indem sie ein persönliches Commitment herstellen. Es geht darum, eine Umgebung zu schaffen, die die Leistung und Loyalität und damit die Identifikation des Mitarbeiters mit dem Unternehmen fördert.

Return-on-Investment (ROI):

Der ROI ist ein Kennzahlensystem, das die Bestimmung der Rendite des investierten Kapitals und dessen Rückflussdauer ermöglicht. Er ist im Kennzahlensystem des Du-Pont Konzerns als Spitzenkennzahl durch Multiplikation von Umsatzrenditen und Kapitalumschlag definiert.

Reviewphase:

(engl. Rückblickphase) Teil des feedbackbasierten Coachingprozesses, in dem es zur Evaluation der Ergebnisse aus dem Coachingprozess kommt.

Shadowing:

Lernprozess, bei dem der Lernende einen Kollegen bei der Arbeit mit dem Ziel beobachtet, das implizite Wissen von einem erfahrenen auf einen jüngeren Mitarbeiter zu übermitteln.

Short Time Incentives (STI):

Kurzfristiger Anreiz, der sich auf das Geschäftsjahr bezieht.

Single-Loop-Learning:

Anpassungslernen. Anpassen des Verhaltens an die reale Welt, ohne das Verhalten grundlegend in Frage zu stellen bzw. fundamental zu ändern.

Skill-Management-System:

System zur Auswahl von Mitarbeitern mit bestimmten Qualifikationen. Unterstützt die Aufdeckung und das systematische Nutzen von vorhandenen und zukünftigen Wissenspotenzialen im Unternehmen.

Stakeholder:

(engl. Interessenvertreter, Anspruchsberechtigter) Person oder Gruppierung, die ihre berechtigten Interessen wahrnimmt.

Strategieorientiertes Weiterbildungsmanagement:

Fundamentale unternehmerische Aufgabe, bei der es darum geht, Humanressourcen auf strategische Ziele auszurichten und zu entwickeln. Strategieorientiertes Weiterbildungsmanagement verfolgt ebenso Ziele innerbetrieblicher Konfliktmoderation und fungiert als interne Beratungs- und Moderationsinstanz im Change Management.

Strategische Personalentwicklung:

Das Ziel der strategischen Personalentwicklung liegt in der konsequenten Orientierung der Personalentwicklung an der Unternehmensstrategie. Dies bedeutet, dass sämtliche Personalentwicklungsinstrumente und -aktivitäten auf die Unternehmensstrategie abgestimmt werden. Dadurch wird erreicht, dass die Personalentwicklung stärker an die anderen Organisationseinheiten heranrückt und stärker als Business Partner wahrgenommen wird. In der Folge entwickelt sich die Personalentwicklung zu einem Geschäftsbereich mit eigenem Leistungsspektrum anstatt ausschließlich kostenproduzierend zu sein.

SWOT-Analyse:

Die **SWOT-Analyse** (aus dem Englischen für **S**trengths (Stärken), **W**eaknesses (Schwächen), **O**pportunities (Chancen) und **T**hreats (Gefahren)) ist ein Instrument des strategischen Managements. In ihrer Grundform werden sowohl innerbetriebliche Stärken und Schwächen (Strength-Weakness), als auch externe Chancen und Gefahren (Opportunities-Threats) betrachtet. Aus der Kombination der Stärken/Schwächen-Analyse und der Chancen/Gefahren-Analyse kann eine ganzheitliche Strategie für die weitere Ausrichtung der Organisation (-seinheit PE) abgeleitet werden.

Teilautonome Arbeitsgruppe:

Gruppe von bis zu 10 Mitarbeitern, die sich eigenständig in Fragen der Urlaubs- und Einsatzplanung, der Auftragssteuerung, der Prozessverbesserung sowie in Teamkonflikten steuert.

Total Compensation Ansatz:

Ansatz, der zu den Komponenten der Vergütung sowohl das Grundgehalt, die variable Vergütung, die Altersversorgung und weitere Benefits bis hin zum Dienstwagen zählt. Ziel ist es, den Gesamtwert der gewährten Leistungen in den Vordergrund zu stellen und sich von der isolierten Betrachtung einzelner Entgeltkomponenten zu lösen.

Total Quality Managements (TQM):

Konzept zur ständigen Leistungsverbesserung aller Unternehmensbereiche, zur bestmöglichen Befriedigung der externen und internen Kundenerwartungen sowie zur Optimierung der Qualitätskennzahlen und Minimierung der Qualitätskosten.

Transfercontrolling:

Instrument der Qualitätssicherung und Teil des Bildungscontrollings zur Planung, Steuerung und Kontrolle des Lerntransfers vom Lern- ins Funktionsfeld.

Transfermanagement:

Form des Innovativen Managements mit der Annahme, dass der Transfer von Weiterbildungsmaßnahmen vom Lern- zum Arbeitsplatz gestaltbar ist. Transfermanagement ist ein Synonym für eine aktive Gestaltung von Weiterbildung im Sinne einer Verbesserung der Effektivität.

Value Based Job Grading:

Wertorientierter Stellenbewertungsansatz, der maßgeblich zum Unternehmenserfolg beitragen und langfristig die Wettbewerbsfähigkeit der Organisation sicherstellen soll.

Weiterbildungsmanagement:

Management der Fortsetzung oder Wiederaufnahme organisierten Lernens nach Abschluss einer unterschiedlich ausgedehnten ersten Bildungsphase.

Wirtschaftlichkeitscontrolling:

Unternehmenssteuerung mit Fokus auf der Produktivität der Personalarbeit. Zu den Aufgaben gehören die Analyse und Evaluation der Durchführung von Aktivitäten im Personalbereich.

Wissensmanagement:

Prozess der systematischen Beschaffung, Erzeugung, Aufbereitung, Verwaltung, Präsentation, Verarbeitung, Publikation und Wiederverwendung von Wissen in Unternehmen. Unter der Wissensbasis eines Unternehmens werden alle Daten und Informationen, alles Wissen und alle Fähigkeiten verstanden, die diese Organisation zur Lösung ihrer vielfältigen Aufgaben benötigt. Dabei werden individuelles Wissen und Fähigkeiten (Humankapital) systematisch in der Organisation verankert.

Autoren

Piotr Bednarczuk, Dr., Jg. 1962, ist seit 2001 Geschäftsführer der Hewitt Associates GmbH in Deutschland. Seine aktuellen Beratungsschwerpunkte liegen in den Bereichen Entwicklung von Unternehmens- und HR-Strategien sowie Implementierung strategischer Personalinstrumente wie z. B. BSC (Balanced Scorecard), Nachfolgemanagement und Effizienzsteigerung im HR-Bereich. Gleichzeitig ist Dr. Bednarczuk Market Manager für die Region Deutschland, Österreich und Schweiz sowie Mitglied des European Consulting Leadership Team von Hewitt. Vor der Übernahme des Geschäftsführerpostens in Deutschland war er bis 2001 Managing Consultant mit Schwerpunkt M & A (Mergers and Acquisitions) bei Hewitt Associates in Chicago, USA. Dr. Piotr Bednarczuk hat im Mai 2007 die neue Rolle des Globalen Leaders für das Projekt 3T (Transformation, Transition & Transaction) in Chicago übernommen.
E-Mail: piotr.bednarczuk@hewitt.com

Bittlingmaier, Torsten, Jg. 1965, trat nach dem Studium der Betriebswirtschaftslehre in den Zentralbereich Personal- und Sozialwesen der ABB Management Services GmbH ein. Von 1994 bis 1997 war er im Bereich Personalentwicklung und -beschaffung bei der ABB Netzleittechnik GmbH tätig. Er wechselte als Spezialist für Personalverwaltung, Ausbildung und Altersversorgung zur Württembergischen und Badischen Versicherungs-AG, um anschließend als Referatsleiter Personalpolitik und Personalentwicklung bei der Linde AG Zentralverwaltung in Wiesbaden tätig zu werden. Von 2003 bis 2007 arbeitete Bittlingmaier als Leiter Personal- und Organisationsentwicklung für die MAN Nutzfahrzeuge AG in München. Seit April 2007 ist er als Vice President Human Resources für die Software AG in Darmstadt tätig.
E-Mail: torsten.bittlingmaier@softwareag.com

Blang, Hans-Georg, Dr., Jg. 1953, gehört dem Bereich Human Resource Management der Kienbaum Management Consultants GmbH an. Als Mitglied der Geschäftsleitung und Partner ist er dort verantwortlich für die

Entwicklung von Performancemanagement- und Vergütungssystemen. Seine Erfahrungen in über 15-jähriger Beratungstätigkeit umfassen die Beratung international ausgerichteter Unternehmen in Fragen des HRM und der strategischen und geschäftsorientierten Ausrichtung der Vergütungssysteme. Daneben besitzt Blang Erfahrungen in der Optimierung der Personalkosten und der Organisation. Er hat zahlreiche Projekte verantwortet für Klienten in Industrie, Verkehr und Logistik, Handel und Medien.

E-Mail: hansgeorg.blang@kienbaum.de

Bruhn, Horst-Dieter, Jg. 1958, ist seit über 15 Jahren als Berater in der Personalentwicklung tätig, seit 2002 als Seniorberater bei Kienbaum Management Consultants GmbH. Seine Beratungsschwerpunkte liegen in der Kompetenzanalyse und –entwicklung, in der Implementierung dabei unterstützender IT-Systeme sowie in der Einführung von Selbstlernmedien in der beruflichen Weiterbildung.

Email: horst-dieter.bruhn@t-online.de

Costa, Giuseppe, Dott., Jg. 1971. Nach seinem Studium der Betriebswirtschaftslehre an der Universitá Commerciale „Luigi Bocconi", Milano ist er seit 1998 bei der Kienbaum Management Consultants GmbH in Gummersbach tätig. Als Seniorberater zählen zu seinen Arbeitsschwerpunkten im Geschäftsfeld Compensation die Durchführung von Projekten mit den Schwerpunkten Vergütungssysteme, Performancemanagement sowie die Einführung von Job-Evaluation auf Grundlage des Value Based Job Grading-Ansatzes in Unternehmen verschiedener Größenordnungen und verschiedener Branchen.

E-Mail: giuseppe.costa@kienbaum.de

Döring, Klaus W., Prof. Dr., Jg. 1938 war von 1974 bis 2006 Ordinarius an der Technischen Universität Berlin. Seine Arbeitsgebiete sind Personalentwicklung im Betrieb, Unternehmensführung, sowie Organisation und Didaktik der betrieblichen Bildung. Er ist seit über 25 Jahren als Unternehmensberater im In- und Ausland tätig. Von 1988 bis 1992 leitete Döring für den Senat von Berlin die Begleitforschung Weiterbildung und organisierte im Rahmen der Qualifizierungsinitiative die Gründung von 38 Einrichtungen der Weiterbildung im Stadtraum von Berlin. Von 1992 bis 1996 war er im Topmanagement eines großen Berliner Unternehmens als

Personalmanager tätig. 1998 war Döring für zwei Monate zu einem Arbeitsaufenthalt in China. Er ist Autor zahlreicher Artikel und Bücher. Trotz seiner Emmeritierung im Jahre 2006 engagiert er sich nach wie vor stark in Forschung und Praxis.

E-Mail: k.w.doering@t-online.de

Eidel, Antje, Jg. 1970, ist seit Ende 2006 Leiterin Personal bei der Premiere AG in München. Ihre Schwerpunkte liegen im Bereich Grundsatzfragen rund um Personal inklusive aller arbeitsrechtlichen Belange sowie in der Personal- und Organisationsentwicklung. Hier sind es vor allem die Themen Führungsinstrumente, Entwicklungs-Audits für alle Führungskräfte und die Entwicklung von Nachwuchsführungskräften sowie die Begleitung von Umstrukturierungen und Veränderungen. Eidel ist Volljuristin und stieg nach Ihrer Tätigkeit in der zentralen Personalabteilung bei Unilever Deutschland bei Premiere ein und hat das Unternehmen durch die Fusion sowie durch die Insolvenz und den Wiederaufbau an die Börse begleitet, davon fast fünf Jahre als Stellvertretende Personalleitung. Sie hat jeweils einjährige Ausbildungen zur Change Managerin und zur Mediatorin absolviert.

E-Mail: antje.eidel@premiere.de

Feninger, Gerd, Jg. 1946, Studium der Volks- und Betriebswirtschaft in Freiburg mit Schwerpunkten Psychologie, Soziologie, Arbeitsrecht, EDV und Personalwirtschaft. Start 1974 in der Siemens AG im zentralen Personalbereich in München. Seine Arbeitsschwerpunkte sind Analysen und Konzepte zu unternehmensweiten Fragen und Projekten der Personal- und Bildungsarbeit. Nach mehreren Jobrotationen zwischen Stab- und Linienaufgaben inkl. Auslandsprojekten in den Tätigkeitsfeldern Personalbeschaffung und Mitarbeiterqualifizierung wechselte Feninger 1991 zu einer Beteiligungsgesellschaft des Konzerns. Dort war er zunächst an einem Produktionsstandort als Personalreferent verantwortlich für die Personalbeschaffung und -entwicklung. Daran anschließend waren die Schwerpunkte der Gestaltungsfelder in der zentralen Weiterbildung die inhaltliche und methodische Weiterentwicklung von Qualifizierungsmaßnahmen im nationalen und internationalen Umfeld des Unternehmens sowie weiterer Ausbau und unternehmensweite Integration von multimedialen Informations- und Lernsystemen. Auf der Grundlage der langjährigen Berufspraxis im Personal- und Bildungsbereich seit August 2006 externe Beratungstä-

tigkeit für ein strategisches, kompetenzbasiertes HR-Management sowie die effiziente Nutzung von elektronisch unterstützten Informations-, Kommunikations- und Lernprozessen.
E-Mail: gerd.feninger@gmx.de

Fredersdorf Frederic, Prof. Dr. phil. Jg. 1955, leitet den Diplomstudiengang Sozialarbeit und den Forschungsschwerpunkt „Gesellschaftliche und sozialwirtschaftliche Entwicklung" an der Fachhochschule Vorarlberg (Österreich). Nach Studium der Leibeserziehung und Geschichte, Promotion in Soziologie und Habilitation in Erziehungswissenschaft (Weiterbildung) ist er seit 1988 im Bildungsmanagement tätig. Fredersdorf arbeitet als Trainer und Sozialforscher von Profit- und Non-Profit-Unternehmen, davon vierzehn Jahre in leitender Position und ist Mitherausgeber des in Gründung befindlichen Online-Journals „Soziales Kapital".
E-Mail: fre@fhv.at

Geithner, Silke, Dipl.-Hdl., Jg. 1977, War nach ihrem Studium der Wirtschaftspädagogik an der TU Chemnitz im Netzwerkmanagement von Schulen tätig und ist seit Januar 2003 wissenschaftliche Mitarbeiterin am Lehrstuhl Personal und Führung der TU Chemnitz. Forschungsinteressen sind u.a. Kompetenz- und Expertiseforschung, Lern- und Lehrtheorien, Personalmanagement in einer wissensbasierten Wirtschaft.
E-Mail: silke.geithner@wirtschaft.tu-chemnitz.de

Glasmacher, Beate, Jg. 1957, ist als Diplom-Volkswirtin Bereichsleiterin der Akademie Deutscher Genossenschaften, Schloss Montabaur. Hier ist sie verantwortlich für die Bereiche Strategieorientiertes Personalmanagement, Führung, Training und Coaching.
E-Mail: beate_glasmacher@adgonline.de

Girbig, Robert, Jg. 1974, war Seniorberater in der Division Human Resources bei der Kienbaum Management Consultants GmbH. Nach seinem Studium der Betriebswirtschaftslehre war er 2000 als Assistent der Geschäftsleitung zu Kienbaum gekommen. Seit 2002 hat er sich als Fachberater auf die Felder HR-Strategie und -Organisation, Personalcontrolling sowie Kompetenzmanagement spezialisiert. Seine Projekterfahrungen liegen insbesondere in der Entwicklung von Personalstrategien, der Restrukturierung von Personalbereichen, der Optimierung von Personalprozessen, der Messung und Gestaltung von Arbeitgeberattraktivität, der Karriere- und Nachfolgeplanung sowie der Einführung von HR-Planungs- und HR-Controllingsystemen wie der HR-Scorecard. Seit August 2007 ist er bei McKinsey im Bereich Business Support Functions tätig. Er optimiert dort unternehmerische Querschnittsfunktion wie Personal, Controlling und Einkauf mit Blick auf Effektivität und Effizienz.

E-Mail: robert.girbig@web.de

Hartmann, Thomas, Jg. 1957, Bankkaufmann, Dipl.-Pädagoge studierte in Braunschweig Erziehungswissenschaft, Psychologie und Soziologie und war als Ausbilder, Trainer, Coach, Personalentwickler und -referent tätig. Zurzeit ist er Leiter der Berufsbildung einer Landesbank, Lehrbeauftragter der Bankakademie, WelfenAkademie und Hochschule Harz im Bereich Personalmanagement und Führung. Hartmann ist außerdem im Vorstand der WelfenAkademie, University of Cooperative Education. Seine Kernkompetenzen liegen auf den Gebieten des Bildungsmanagements, der Managementdiagnostik, der Didaktik und des multidimensionales Training.

E-Mail: hartmanns-gbr@t-online.de

Heuer, Stefan, Dipl.-Wirtschaftsingenieur, Jg. 1975, ist Senior Project Manager und beschäftigt sich schwerpunktmäßig mit der Entwicklung leistungsfähiger Organisationsstrukturen und Kommunikationssysteme. In verschiedenen Tätigkeiten (u. a. DaimlerChrysler AG, debis Systemhaus) sammelte Heuer Projekterfahrung in den Bereichen Organisation, Personalmanagement, Personalcontrolling, Wissensmanagement und IT. Seit seinem Abschluss als Dipl.-Wirtschaftsingenieur ist Heuer im Bereich Human Resource Management Kompetenzteam HR Strategie und Organisation der Kienbaum Management Consultants mit dem Schwerpunktthema eHR tätig. Nebenberuflich ist er Dozent bei IIR Deutschland für das Thema Personalcontrolling.

E-Mail: stefan.heuer@kienbaum.de

Hölzle, Philipp, Dr. rer. Pol., Jg. 1970, Dr. Philipp Hölzle ist Bereichsleiter des Geschäftsbereiches HR-Strategie- und Organisation der Kienbaum

Management Consultants GmbH in Berlin. Seine Beratungsschwerpunkte liegen im Design neuer HR-Prozessmodelle und in der Optimierung strategischer Personalprozesse vom Konzept bis zur Implementierung inklusive IT-Abbildung und Change Management. So entwickelte er beispielsweise für verschiedene DAX-Konzerne strategische Talent- und Nachfolgemanagement-Systematiken, die er bis zur „schlüsselfertigen" Lösung begleitet. Nach seinem Studium des Wirtschaftsingenieurwesens und der Promotion zum Thema „Prozessoptimierung in der Personalarbeit" sowie mehrjährigen operativen Tätigkeit als Personal-Controller in einem führenden Automobilkonzern war Herr Hölzle als Organisations- und IT-Berater in einem Systemhaus tätig. Seit dem Jahr 2000 berät der promovierte Wirtschaftsingenieur bei Kienbaum Klienten unterschiedlicher Branchen und Größe zur Optimierung des HR-Managements.

E-Mail: philipp.hoelzle@kienbaum.de

Honsel, Barbara, Dipl.-Psych., Jg. 1979, studierte Psychologie an der Universität Münster und der University of Edinburgh mit dem Schwerpunkt Arbeits- und Organisationspsychologie. Sie ist als Fachberaterin der Kienbaum Management Consultants GmbH in Düsseldorf und Berlin tätig. Dort begleitet sie Projekte im Geschäftsfeld Human Resource Management und unterstützt HR-Manager bei der Einführung von Kompetenzmanagement. Neben ihren Schwerpunkten in den Bereichen Betriebs- und Organisationspsychologie hat sie fundierte Kenntnisse in den Themenbereichen Personalentwicklung, Personaldiagnostik und Mitarbeiterführung.

E-Mail: barbara.honsel@kienbaum.de

Jochmann, Walter, Dr. phil., Jg 1957. Dr. Walter Jochmann ist seit 1983 bei der Kienbaum Unternehmensgruppe. Seit 1997/98 ist er Vorsitzender der Geschäftsführung der Kienbaum Management Consultants GmbH, in der die Unternehmensberatungs-Aktivitäten der Kienbaum-Gruppe gebündelt sind und seit 1999 Geschäftsführer in der Kienbaum Holding. Operativ führt er den Bereich Human Resources Management mit den Kompetenzfeldern HR-Strategie & Organisation, Diagnostik, Training & Coaching sowie PE-Prozesse und Instrumente. Dr. Walter Jochmann berät das Topmanagement zahlreicher Großunternehmen sowie mittelständischer Firmen, insbesondere in Feldern der Entwicklung von Personalstrategien einschließlich ihrer Umsetzung über fachliches Coaching, Neubesetzungen, Prozessoptimierung und Einführung von Steuerungsmodellen.

Er moderiert und begleitet die Entwicklung von Unternehmensstrategien sowie deren konsequente Verzahnung mit HR-Strategieprozessen. Ein weiterer Beratungsschwerpunkt liegt in der Durchführung von Management Audits/Management Appraisals auf der Basis strategischer Anforderungsanalysen für die Ebene Top- und Mittelmanagement sowie der Betreuung von Einzel-Assessments und internationalen Development Center-Projekten. Dr. Walter Jochmann publiziert regelmäßig in führenden Personalzeitschriften, u.a. zu Fragen der strategischen Ausrichtung von Personalbereichen, dem strategischen Kompetenzmanagement sowie effektiven Formen unternehmensweiten Change Managements.

E-Mail: walter.jochmann@kienbaum.de

Krüger, Veronika, Dipl.-Soz., Jg. 1977, ist Referentin für HR-Projekte und zentrale Ausbildung bei der Schüco International KG. Zuvor war sie wissenschaftliche Mitarbeiterin am Lehrstuhl Personal und Führung der Technischen Universität Chemnitz. Sie studierte Soziologie mit Praxisschwerpunkt Personal und Organisation und Sozialpsychologie.

E-Mail: vkrueger@schueco.com

Kuhnert, Bernd, Jg. 1973, ist seit dem Abschluss seines Studiums der Betriebswirtschaftslehre in Hamburg und Münster im Jahre 2000 bei der Kienbaum Management Consultants GmbH in Gummersbach tätig. Als Seniorberater zählen zu seinen Arbeitsschwerpunkten im Geschäftsfeld Compensation die Konzipierung von empirischen Vergütungsstudien, die Bearbeitung von Beratungsprojekten nationaler und internationaler Kunden sowie die Entwicklung der Management Software ProVari zur Führung und Steuerung variabler Vergütungssysteme.

E-Mail: bernd.kuhnert@deutschepost.de

Leinweber, Stefan, Dipl-Psych., Jg. 1976 ist Seniorberater im Geschäftsfeld Human Resource Management der Kienbaum Management Consultants GmbH in Berlin und Düsseldorf. Nach seiner Ausbildung zum Industriekaufmann studierte er Psychologie mit den Schwerpunkten Arbeits-, Betriebs- und Organisationspsychologie. Seine Beratungsschwerpunkte bei Kienbaum liegen in der Managementdiagnostik, dem Kompetenzmanagement sowie im Training von Fach- und Führungskräften. Als ausgebildeter Coach begleitet er Führungskräfte mit Blick auf Persönlichkeitsentwicklung, die Steuerung von Veränderungsprozessen sowie hinsichtlich ihres Führungsstils. Daneben leitet er Seminare u. a. zu den Themenfeldern Führung, Psychologie, Teamentwicklung und Konfliktmanagement.

E-Mail: stefan.leinweber@kienbaum.de

Meifert, Matthias T., Prof. Dr. phil., Jg. 1968, ist Partner der Kienbaum Management Consultants GmbH, Berlin, und leitet einen Teil des Geschäftsfelds Human Resource Management. Er ist als Managementberater, Coach und Trainer tätig. Seine Beratungsschwerpunkte liegen in den Themen strategische Personalentwicklung, Diagnostik, Projektmanagement, wirkungsvolles Personalmanagement sowie Management von komplexen Veränderungsprojekten und Mitarbeiterführung. Er hat zahlreiche Unternehmen und Manager zur Mitarbeiterführung und zu Führungsinstrumenten beraten und gecoacht. Sein Consultingansatz ist stark praxisorientiert und ganzheitlich ausgerichtet. Seine Beratertätigkeit berücksichtigt neben seiner Ausbildung zum Wirtschaftspädagogen auch seine zwölfjährige Managementerfahrung in einer deutschen Großbank. Er ist Autor zahlreicher Publikationen, unter anderem auch zum Thema Strategische Personalentwicklung, und lehrt an der Technischen Universität Berlin. Weitere Hochschulkooperationen unterhält er beispielsweise mit der European Business School, Oestrich-Winkel. Seit Oktober ist Meifert Hochschullehrer für das Fach Personalmanagement im Nebenamt an der University of Management and Communication Potsdam.

E-Mail: matthias.meifert@kienbaum.de

Pawlowsky, Peter, Prof. Dr. rer. pol. habil., Jg. 1954, studierte Sozial- und Wirtschaftswissenschaften in Schweden, den USA und in Deutschland. Seit 1994 ist er Inhaber des Lehrstuhls Personal und Führung an der Technischen Universität Chemnitz und Direktor der Forschungsstelle für organisationale Kompetenz und Strategie (FOKUS; ehem. Forschungsstelle Sozialökonomik der Arbeit - FSA). Dort leitet er aktuell das Forschungsprojekt „METORA - Netzwerk für Wissenskooperation" (www.metora.de) sowie weitere internationale Forschungsprojekte zu Personalentwicklung, Organisationalem Lernen, Knowledge Management, Human Resource Management und Hochleistungsmanagement.

E-Mail: p.pawlowsky@wirtschaft.tu-chemnitz.de

Rütter, Sebastian, Dipl.-Betriebswirt (FH), Jg. 1964, ist Bereichsleiter der Kienbaum Management Consultants GmbH, Düsseldorf und Berlin, und leitet Großprojekte im Geschäftsfeld Human Resource Management. Er ist Managementberater, Prozessbegleiter, Coach und Trainer. Seine Beratungsschwerpunkte liegen in den Themen Organisationsentwicklung und Management von komplexen Veränderungsprozessen, Personalentwicklung, Unternehmens- und Mitarbeiterführung sowie Projektmanagement. Er hat zahlreiche Unternehmen bei umfassenden Veränderungsprojekten beraten. Sein Beratungsansatz basiert auf seinem betriebswirtschaftlichen, diagnostischen sowie prozesstheoretischen Erfahrungsschatz, welchen er in über 10 Jahren Beratungstätigkeit für Großunternehmen unterschiedlichster Branchen erworben hat.
E-Mail: sebastian.ruetter@kienbaum.de

Seigfried, Michaela T., Dipl-Hdl., Jg. 1973, ist Leiterin des Personalmanagements der österreichischen Raiffeisenbank Kleinwalsertal AG, die neben dem Universalbankgeschäft hauptsächlich im Private Banking tätig ist. Die Themenschwerpunkte von Michaela Seigfried liegen hierbei u. a. in den Bereichen Compensation & Performancemanagement, Personal- & Organisationsentwicklung sowie Personalmarketing & Recruiting. Seigfried studierte an der Universität Hohenheim sowie an der Handelshögskolan Göteborg (Schweden) Wirtschaftspädagogik/Wirtschaftswissenschaften mit den Schwerpunkten Personal & Organisation, Konsumökonomik & Verbraucherforschung sowie Berufs- & Wirtschaftspädagogik. Später vertiefte Sie ihre Personalmanagement-Kompetenzen durch eine Ausbildung zur Nachwuchsführungskraft im Rahmen einer Anstellung als Personal-Trainee bei der Quelle AG. Infolgedessen war sie 4 Jahre als Spezialistin im Competence Center für Personal- und Organisationsentwicklung der Quelle sowie Neckermann AG engagiert, in denen sie berufsbegleitend zur systemischen Beraterin/Veränderungs-Managerin qualifiziert wurde. Mitte 2004 wechselte Michaela Seigfried in die Verantwortung des Stabsbereiches Personal- und Organisationsentwicklung bei der Raiffeisenbank Kleinwalsertal AG und übernahm ab 2007 die Gesamtverantwortung für das Personalmanagement. Begleitend zu dieser Tätigkeit qualifizierte sie sich als Business-Coach im Rahmen eines vom DBVC (Deutscher Bundesverband Coaching e.V.) anerkannten Fortbildungscurriculums: "Kompetenz-aktivierende hypnosystemische Konzepte für Coaching, Persönlichkeits-, Team- und Organisations-Entwicklung".
E-mail: m.seigfried@raiffeisen-kwt.at

Schorp, Stephanie Ch., Jg. 1972, studierte Psychologie und Betriebswirtschaftslehre an der Technischen Universität Berlin. Während des Studiums mehrere Praktika im Personal-, Marketing-, PR-Bereich im In- und Ausland und ehrenamtliche Tätigkeit bei der Berliner Aidshilfe als Beraterin. Frau Schorp verfügt über eine Ausbildung zum Management-Coach und mehrjährige Erfahrung als Trainerin im Bereich Personalauswahl und -entwicklung. Sie war Mitarbeiterin im Bereich HR Communications & Recruiting bei Daimler Chrysler Services im Bereich Finanzdienstleistungen. Anschließend Beraterin bei Kienbaum Management Consultants, schwerpunktmäßig tätig im Bereich Management Diagnostics, Feedback-Systeme, Coaching, Training und Outplacement. Derzeit ist sie als Leiterin der Abteilung Strategisches und operatives Personalmanagement für die VPV Versicherungen in Stuttgart für 14 Mitarbeiter verantwortlich. Neben den Themen Personalstrategie und Personalpolitik fallen sämtliche Aufgaben entlang der Wertschöpfungskette Personal von der Suche, Auswahl, Einstellung und Austritt von Mitarbeitern und Führungskräften im Innen- wie Außendienst sowie die Personal- und Führungskräfteentwicklung, Erstausbildung, Veränderungsmanagement und Mitarbeiterkommunikation in ihren Verantwortungsbereich.

E-Mail: stephanie.schorp@vpv.de oder steph_schorp@web.de

Teschner, Carsten, Jg. 1969, war von 1999 bis Ende 2006 für den Bereich Human Resources & Organisation bei der Premiere AG verantwortlich. In diesem Rahmen hat er personalseitig zunächst den Merger zwischen Premiere und dem Digitalen Fernsehen (DF1) von Kirch begleitet. Im Rahmen der Insolvenz der Kirch-Gruppe hat sein Bereich maßgeblich die interne Reorganisation von Premiere nach der Loslösung von der Kirch-Gruppe gestaltet und umgesetzt. Mit dem Börsengang Anfang 2005 hat dieser Strukturierungsprozess seinen vorläufigen Abschluss gefunden. Teschner hat 1994 seinen Abschluss als Diplom-Kaufmann an der Universität Hamburg erworben und war zunächst Assistent der Geschäftsführung der in den Bertelsmann integrierten Premiere Medien GmbH & Co. KG. Seit Anfang 2007 ist er als Direktor Human Resources für die L'Oréal Deutschland GmbH tätig.

E-Mail: cteschner@de.loreal.com

Ulrich, Dave, Prof. PhD., Jg. 1953, ist Hochschullehrer für Business Administration an der University of Michigan und gilt als international führender Experte für das strategische Personalmanagement. Er ist ein viel gefragter Redner auf internationalen Konferenzen, lehrt regelmäßig im Michigan Executive Programm und ist Co-Direktor des Michigan's Human Resource Executive Programm sowie Advanced Human Resource Executive Programm. Seine Forschungsarbeiten widmet er der Frage: Wie muss eine Organisation gestaltet sein, damit sie einen Mehrwert für die Mitarbeiter, Klienten und Investoren liefert? Von der Business Week wurde er als einer der „top ten educators" im Management und als „the top educator" im Human Ressources Management gelistet. Er hat über 90 Artikel und Buchbeiträge veröffentlicht u. a. Organizational Capability: Competing from the Inside/Out; The Boundaryless Organization: Breaking the Chains of Organization Structure; Human Resource Champions: The Next Agenda for Adding Value and Delivering Results; Tomorrow's (HR) Management; Learning Capability: Generating; Results Based Leadership: How Leaders Build the Business and Improve the Bottom Line; HR Scorecard: Linking People, Strategy, and Performance. Ulrich berät Unternehmen zu seinem Forschungsschwerpunkt und hat mit der Hälfte der Fortune 200-Unternehmen zusammengearbeitet. Er wurde mehrfach von der Society for Human Resource Management der International Association of Corporate and Professional Recruitment und der International Personnel Management Association sowie der Employment Management Association für seine Arbeiten und sein Lebenswerk ausgezeichnet.

E-Mail: dou@umich.edu

von Preen, Alexander, Dr., Jg. 1965, ist Geschäftsführer und Partner der Kienbaum Management Consultants GmbH. Nach seiner Offiziersausbildung studierte von Preen an der LMU München und promovierte über die „Sozioökonomische Leitbildentwicklung". 1997 trat er als Assistent der Geschäftsleitung in den Geschäftsbereich Vergütungsberatung der Kienbaum Management Consultants GmbH ein. Von Preen wurde 1999 Geschäftsführer der Kienbaum AG Zürich. Zwei Jahre später erfolgte die Ernennung zum Partner der Kienbaum Management Consultants GmbH. Seit 2001 verantwortet er das internationale Geschäft von Kienbaum Human Resource Management in West- und Osteuropa. Im Jahr 2003 wurde von Preen zum Geschäftsführer der Kienbaum Management Consultants GmbH berufen. Von Preen betreut europäische und internationale Unternehmen in der Vergütungsgestaltung und ist zentraler Ansprechpartner für strategische Management- und Steuerungssysteme.

E-Mail: alexander.vonpreen@kienbaum.com

Weh, Saskia-Maria, Dr. rer. nat., Jg. 1974, Dr. Saskia-Maria Weh ist Beraterin bei der Kienbaum Management Consultants GmbH, Gummersbach. Sie studierte an der Universität Marburg Psychologie und hat sich im Rahmen ihrer Dissertation mit der Konzeption und Evaluation von Trainings zum Erholungs- und Stressmanagement auseinandergesetzt. Heute ist sie als Managementberaterin und Trainerin im Geschäftsfeld Human Resource Management tätig. Ihre Beratungsschwerpunkte liegen branchenübergreifend in den Themenfeldern Kulturmanagement, Diagnostik und Training. So hat sie eine Vielzahl von Kulturentwicklungs- und Umsetzungsworkshops moderiert und zahlreiche Unternehmen bei der anschließenden Implementierung von Unternehmenswerten beraten. Im Bereich der Diagnostik ist sie schwerpunktmäßig mit der Entwicklung und Durchführung von Management Audits, Potenzialanalysen und Assessment Centern betraut. Ihre Trainingsschwerpunkte liegen u.a. im Bereich der Führung für Projektleiter und dem Stressmanagement. Darüber hinaus hat sie Mitarbeiterbefragungen und HR-Studien konzipiert, durchgeführt und ausgewertet.

E-Mail: saskia-maria.weh@kienbaum.de

Nadja Wendenburg, Jg. 1976, Nadja Wendenburg ist seit 2007 Projektleiterin bei Price Waterhouse Coopers/ PwC für die Führungskräfteentwicklung im Bereich Strategisches Personal Monitoring. Ihre Schwerpunkte liegen hierbei der Ausgestaltung der überfachlichen Qualifikationssysteme und Module für die Senior-Manager und Partner-Pools, in denen identifizierte Führungstalente gezielt auf die Anforderungen der nächsten Führungsebenen vorbereitet werden. Nach ihrem Studium der Volks- und Betriebswirtschaft an der University of Edinburgh sammelte sie zunächst Erfahrung als Management Trainee für Bosch in Hong Kong und China sowie in einer Londoner Investment Bank um anschließend als Analystin im Bereich Finazdienstleister bei Accenture auf Projekten zum Thema Prozessoptimierung und Systemeinführunge erste Beratungserfahrung zu sammeln. Als Beraterin bei den Kienbaum Management Consultants arbeitete sie von 2002-2007 als Managementberaterin, Coach und Trainerin mit Schwerpunkten im Bereich strategische Personalentwicklungssysteme, Diagnostik, Projektmanagement, internationales Personalmanagement sowie Change Management in Deutschland und Europa.

E-Mail: nadja.wendenburg@de.pwc.com

Stichwortverzeichnis

A

Acht-Etappen-Konzept 23, 73

Aktivitätenprofil des Unternehmens 17

Arbeitgeberimage 9

Arbeitsmarkt 88, **267 – 271**

Arbeitsstrukturierung 4

Auslandsentsendung 37

B

Balanced Scorecard **111 – 137**, 249 – 260, 301, 303, 450, 475, **480**

Benchmarking 34, 78, 99, 136, 159, 249, 252, 253, 379, **388 – 395**, 480

Betreuungsfunktion 31

Betriebliche Bildung 49

Betriebliche Weiterbildung 221, 223, 234

Betriebspädagoge 53

Betriebsrat 226, 230, 446, 447

Bildungsarbeit 45 – 65, **221 – 265**, 238, 258, 337, 340, 350, 378, 381, 413, 480

Bildungsbeauftragter 64, 379

Bildungsbedarfsanalyse 29, 30

Bildungsberater 64, 258

Bildungscontrolling 9, 10, 55 – 58, 61, 64, **111 – 137**, 162, **221 – 265**, 338, **372 – 387**, 422, 481

Bildungsmanagement 222, 223, 226 – 228, 240, 242, 245, 247, 248, 260, 481

Blended Learning 12, 235, **456 – 476**

Budgetkürzung 9, 107, 320, **336**, 339

Bundesinstitut für Berufsbildung (BIBB) 238, 246, 254 – 256, 484

C

CBT 12, 351

Ceteris Paribus-Bedingung 8

Change Management 40, 163, 227, 439, 457, 468, 475, 493

Change Scorecard 38

Coach 6, 39, 41, 239, 249, 338, 348, 350, 360, 367, **418 – 455**

Coachee 418 – 455

Coaching 11, 36, 162, 206, **221 – 265**, 329, 331, 333, 337, 367, 380, 384, **418 – 455**, 472, 481, 483, 485

Coaching, feedbackbasiertes 418 – 455

Computerdidaktik 51, 52

Control Cycle 376

Critical Incident Technique 147, 161, 427

Curriculare Inhalte 233

D

Demographische Entwicklung 89, 203, 204

DIN ISO 9000 - 9004 47, 49

E

Economic Value Added (EVA) 128, 130, 192

Eingliederungsrisiko 92

E-Learning 12, 103, **221 – 265**, **456 – 476**, 482, 484

Evaluationsschleifen 36

F

Feedback 5, 41, 74, 75, 100, 101, 116, 156, 160, 163, 246, 248, 311, 313, 316, 326, 327, 377, 378, 386, 408, 418 – 455, 456 – 476, 485

Fluktuation

Begriff 116, 123, 133, 135, 212, 215, 267 – 288, 321, 322, 324, 327, 333, 346

Kosten 269 – 271, 343

Risiken 273, 282 – 284

Folienschleuder 48, 61, 380

Führungskompetenz 83, 123, 129, 149, 199, 324

Führungskräfteentwicklung 31, 330, 418 – 455, 460, 465, 485, 486

Erfolgsfaktoren 420

Funktionsfeld 54, 494

Funktionsstrategien 21

G

Geschäftserfolg 133, 170, 487

Geschäftsfeldstrategie 3, 90

Geschäftsmodell der PE 101

Governance Regelungen 86, 91, 146, 485, 491

Grundgehalt 174 – 176, 494

Guidelines 86, 91, 187, 485, 491

H

High Potential 444

High-Potential-Pool 37

HR

Portal 122, 126

Professionals 31, 42

Prozesslandkarte 34

Risikomanagement 83, 92, 93

Management (HRM) 180

Human Capital Club 86, 128

Humankapital 10, 20, 29 – 44, 85, 98, 111 – 137, 253, 343, 475, 495

I

Innovationsperspektive 64, 231, 480, 490

Intangible Assets 33

Intellektuelles Potenzial 129

J

Jobfamilien 74, 152, 153, 156, 158 – 161, 164

Job-Resultate 37

K

Kampagnenmanagement 21

Karriere 19, 38, 95, 205, 207, 334, 400

Karriereplanung 4, 160, 444, 452

Kennzahlen 42, 71, **111 – 137**, 167, 181, 190 – 192, **221 – 265**, 317, 334, 338, 380, 381, **388 – 395**, 450, 475, 480, 487, 494

Kernprozesse der PE 49, 96, 100, 117, 125, 136, 388, 441

Key Performance Indikator **111 – 137**, **167 – 197**, 212, 214, 217, 301, **487**

Kirkpatrick-Modell 36, 132, 249, 250, **487**

Kommunikationsfähigkeit der Personalentwickler 16

Kompetenzanforderung 153, 202, 209, 213, 214, 231, 235

Kompetenzdimensionen 35, 100, **139 – 164**

Kompetenzen

    Entwickelbarkeit 140, 143

    Kompetenzfelder **139 – 164**, 472

Kompetenzmanagement 23, 31, 34, 36, 40, 73, 74, 80, 89, **139 – 164**, 200, 215, 231, 425

Kompetenzmodell 15, 35, 38, 72, 79, 95, 102, 118, **139 – 164**, 206, 235, 237, 302, 418 – 456, **487**

    Entwicklung 161

Kompetenzprofil 13, 18, 162

KPI-Quality-Report 125

Kulturanalyse 295, 298

Kulturmanagement 75, 291

L

Laufbahnentwicklung 30

Lehr- und Sozialformen 52, 242, 246

Leistungsmotivation 143

Leistungsverbesserung 30, 480, 494

Leitbild 41, 90, 146, 252, 292 – 304, 365, 456, 472

Leitlinien 258, 259, 292 – 304, 379

Lernfeld 51, 54, 55, 350

Lernkultur 60, 64

Lernmanagement 51, 52, 64, 380

Lernziele 233, 244, 412, 488

M

Managementkompetenz 150, 238, 241, 242, 419

Manager Desktop 126, 127

Medienrepertoire 52, 61, 380

Methoden der Weiterbildung 242

Methodenmix 52, 61, 330, 380

Methodenvielfalt 61

Mid-/Long-Term-Incentive 174, 175, 189

Mission Statement 19, 97, 98

Mitarbeiterbindung 72, 175, 187, 256, **267 – 288**, 301, 401

Motivationsstruktur 143, 149, 150

N

Nachfolgemanagement 122, 123, 169, 184, 206, 214, 215, 217, 453

Neuausrichtung der PE 77

Normativer Rahmen der PE 23

O

Off-the-Job-Qualifizierung 31

On-the-Job-Qualifizierung 31, 234, 242, 489

Organisation

  Form 358

  Projekt 322

  Struktur 170, 172, 183, 369, 390, 482

  Umbau 322

Outsourcing der PE 356, 367, 369

Overperformance 182

P

People Development Strategy 84

People Strategy 41, 84, 490

PE-Projekte 121, 307, 309, 311, 313, 315, 316

Performance Improvement Ansatz 251

Performancemanagement 23, 37, 39, 75, **167 – 197**, 209, 214, 234, 337, 490

Performanceorientierung 167 – 197

Personalbedarfe 37, 92, 203, 206, 274

Personalbericht 112

Personalbetreuung 29, 101

Personalcontrolling 29, **111 – 137**, 381, 450, 490

Personaldiagnostik 140, 160, 161

Personalentwicklung

  Akteure 12

  Steuerung 111, 483

  Strategie 56

  strategische PE **3, 69 – 81**, 199, 357, 358, 359, 361, 364, 369, 483

  Träger und Akteure 39

Personalentwicklungsplanung 38, 56, 57, 293, 385, 397

Personalentwicklungsprogramm 460

Personalstrategie 21, 29, 78, 125, 309, 333

Personalverwaltung 29, 490

Portfoliorisiko 92, 453

Positionsbewertung 170, 171

Potenzial

  Ausschöpfung 30

Problemlösekompetenz 149

Professionalisierung 7, 8, 60 – 64, 238, 339, 347, 368, 437

Professionalisierungsdebatte 7

Projektphasenmodell 77

Q

Qualifizierungsinvestition 30, 42

Qualitätsmanagement 47, 64, 184, 240, 247, 249, 258, 260, 375, 467, 484, 489, **491**

R

Recruiting 213, 366

Rentabilität 30, 40, 42, 253, 254, 372, 380

Retentionmanagement 24, 75, 77, 216, **267 – 288**, **492**

Return on Capital Employed (ROCE) 128

Return on Investment (ROI) 128, 134, 136, 251, 255, 492

Risiko

   Eingliederungsrisiko 92

   Portfolio-Risiko 92, 453

   Vakanzrisiko 92

   Verfügbarkeitsrisiko 92

Rollen der PE 98

S

Saarbrücker Formel 130, 131

Schlüsselqualifikation 83, 223

Selbstorganisiertes Lernen 12

Seminarvorbereitung 258

Short-Term-Incentive 175, 182

Sozialisation 8, 19, 143, 363

Sozialkapital 221, 241

Sozialpartner 446, 464

Stakeholder der PE 221 – 264, 464, **493**

Stellenbesetzung 9, 142, 164, 271, 343

Steuerung des Humankapitals 129

Steuerungsansätze 129

Steuerungsgröße 174, 181, 186

Stoffreduktion 52, 380

Strategiedefizite 46, 63

Strategieorientierte Weiterbildung 221 – 264

Strategieumsetzung 20, 31, 140, 167, 464, 490

Strategievergessenheit 6, 14, 16, 25

Strategische Planung 46

Strategisches Kompetenzmanagement 35, 73, **139 – 164**, 176

Substrategie 21

Subsystem PE 4, 227, 249, 379, 386, 407

SWOT-Analyse 5, 79, 94, 95, 494

System-Umwelt-Fit 18

T

Talentmanagement 23, 75, 158, 160, 161, 164, **199 – 218**

Talentpipeline 211, 214, 217, 218

Technikdynamik 400, 401

Teilkompetenzen 151

Teilnehmerzentrierung 52

Telelearning 12

Total Compensation Ansatz 174, 175, 494

Total Quality Management 49, 249, 250, 257, 379, 484, 494

Transfermanagement 53 – 55, 59, 64, 379, 380, 382, 495

U

Unique Competence Proposition 32

Unique Selling Proposition 319

Unternehmensleitbild 292, 293

Unternehmensumwelt 18

Unterweisung 51, 233, 242

V

Vakanzen 202, 214, 281

Vakanzrisiko 92

Value-Based Job Grading 171, 172, 176

Verfügbarkeitsrisiko 92

Vergütung
   Bestandteile 175
   Modell 38
   System 173, 176
   variable 174, 179, 181, 494

Vorgesetzten-Einschätzung 38

W

Web based Training (WBT) 12, 351

Weiterbildungsmanager 61, 64, 238, 258

Weiterbildungsmarkt 50, 223, 480

Wettbewerbsposition 9, 486

Z

Zielvereinbarungsprozess 167, 185

Zusatzleistungen 175